开源.NET 生态软件开发

C# 10 和.NET 6 入门与跨平台开发

(第 6 版)

[美] 马克・J. 普莱斯(Mark J. Price) 著
叶伟民 译

清华大学出版社
北 京

北京市版权局著作权合同登记号　图字：01-2022-2128

图书在版编目(CIP)数据

C# 10 和.NET 6 入门与跨平台开发：第 6 版 / (美)马克 • J. 普莱斯(Mark J. Price) 著；叶伟民译. —北京：清华大学出版社，2022.8
(开源.NET 生态软件开发)
书名原文：C# 10 and .NET 6 - Modern Cross-Platform Development: Build Apps, Websites, and Services with ASP.NET Core 6, Blazor, and EF Core 6 Using Visual Studio 2022 and Visual Studio Code, Sixth Edition
ISBN 978-7-302-61272-8

Ⅰ.①C… Ⅱ.①马…②叶… Ⅲ.①C 语言—程序设计②网页制作工具—程序设计 Ⅳ.①TP312.8 ②TP393.092.2

中国版本图书馆 CIP 数据核字(2022)第 120017 号

责任编辑：王　军　韩宏志
装帧设计：孔祥峰
责任校对：成凤进
责任印制：宋　林

出版发行：清华大学出版社
　　网　　址：http://www.tup.com.cn，http://www.wqbook.com
　　地　　址：北京清华大学学研大厦 A 座　　**邮　　编**：100084
　　社 总 机：010-83470000　　**邮　　购**：010-62786544
　　投稿与读者服务：010-62776969，c-service@tup.tsinghua.edu.cn
　　质 量 反 馈：010-62772015，zhiliang@tup.tsinghua.edu.cn
印 装 者：小森印刷霸州有限公司
经　　销：全国新华书店
开　　本：170mm×240mm　　**印　　张**：45.75　　**字　　数**：1263 千字
版　　次：2022 年 9 月第 1 版　　**印　　次**：2022 年 9 月第 1 次印刷
定　　价：168.00 元

产品编号：096147-01

译 者 序

本书针对上一版进行了全面改写，内容简洁明快、行文流畅，每个主题都配有实际动手演练项目。本书还是一本循序渐进的指南，可用于通过跨平台的.NET 学习现代 C#实践，书中还简要介绍可以使用它们构建的主要应用程序类型。本书分为 20 章，还包含一个附录，具体内容包括：C#与.NET 入门，C#编程基础，控制程序流程、转换类型和处理异常，编写、调试和测试函数，使用面向对象编程技术构建自己的类型，实现接口和继承类，理解和打包.NET 类型，使用常见的.NET 类型，处理文件、流和序列化，使用 Entity Framework Core 处理数据库，使用 LINQ 查询和操作数据，使用多任务提高性能和可伸缩性，C#和.NET 的实际应用，使用 ASP.NET Core Razor Pages 构建网站，使用 MVC 模式构建网站，构建和消费 Web 服务，使用 Blazor 构建用户界面，构建和消费专业服务，使用.NET MAUI 构建移动和桌面应用程序，保护数据和应用程序；附录包含每一章末尾的测试问题的答案。

本书适合 C#和.NET 初学者阅读，不要求读者具有任何编程经验；同时适合使用过 C#但感觉在过去几年自身技术已落伍的程序员阅读；既可供软件项目管理人员、开发团队成员学习参考，也可作为高等院校计算机专业的教材或教学参考用书，甚至可作为通信、电子信息、自动化等相关专业的教材。

这里要感谢清华大学出版社的编辑，他们为本书的翻译出版投入了巨大的热情并付出了很多心血。没有他们的帮助和鼓励，本书不可能顺利付梓。

对于这本经典之作，译者本着“诚惶诚恐”的态度，在翻译过程中力求“信、达、雅”，但是由于译者水平有限，失误在所难免，如有任何意见和建议，请不吝指正。

译 者 简 介

叶伟民

- 广州.NET 俱乐部主席
- 全国各地.NET 社区微信群/联系方式名录维护者
- 《.NET 并发编程实战》译者
- 《.NET 内存管理宝典》合译者
- “神机妙算 Fintech 信息汇总”公众号号主
- 17 年.NET 开发经验
- 曾在美国旧金山工作

软件质量需要程序员和测试员一起来保证，书的质量同样如此。十分感谢来自以下.NET 社区的试读者：

- 胶东.NET 社区——陆楠
- 广州.NET 俱乐部、微软 MVP——周豪
- 广州.NET 俱乐部、微软 MVP——林德熙
- 广州.NET 俱乐部——张陶栋
- 广州.NET 俱乐部、微软 Regional Director、微软 MVP ——卢建晖

译者叶伟民拥有全国各地.NET 社区微信群/联系方式名录，欢迎全国各地.NET 开发者加入所在地区的.NET 社区。

专家推荐

Mark 的书籍的每个版本都被认为是值得纪念的。Mark 在精心描述 C#世界的每个细节时所付出的心血是令人感动的。感谢 Mark 多年来的艰辛付出；Mark 做了一件出色工作，为 C#社区奉献了一本卓越书籍！

——Gabriel Lara Baptista 教授，拥有逾 20 年经验的软件架构师，
《Azure、DevOps 和微服务软件架构实战(第 2 版)》的作者

本书第 6 版涵盖基础知识到高级主题，帮你学习 C#技能，教你如何使用.NET 6 创建跨平台和现代应用程序、网站和服务。

——David Pine，Microsoft 高级内容开发者

Mark 编写了一本通俗易懂的 C#和.NET 指南，在大量示例代码的引导下演示各种概念。读者可按任意顺序阅读本书的各个章节；无论是初学者，还是经验丰富的开发人员，阅读本书都将获益匪浅。

——Toi B. Wright，*Blazor WebAssembly by Example* 一书的作者，Microsoft 开发技术 MVP

阅读本书，将经历一次完整的 C#和.NET 开发体验。你可在书中找到诸多令你印象深刻的主题；本书结构紧凑，直击要害。这是我开始学习.NET 时想要的书，也是我将向学生推荐的书！

——Daniel Costea，Microsoft MVP

作 者 简 介

Mark J. Price 是一位拥有 20 多年教育和编程经验的微软认证技术专家，他专注于 C#编程以及构建 Azure 云解决方案。

自 1993 年以来，Mark 已经通过了 80 多项微软编程考试，他特别擅长传道授业。从 2001 年到 2003 年，Mark 在美国雷德蒙德全职为微软编写官方课件。当 C#还处于 alpha 版本时，他的团队就为 C#编写了第一个培训教程。在微软任职期间，他为“培训师”上课，指导微软认证培训师快速掌握 C#和.NET。目前，Mark 为 Optimizely 的数字体验平台(DXP)提供培训课程，他拥有计算机科学学士学位。

审校者简介

Damir Arh 拥有多年的软件开发和维护经验，其中包括复杂的企业级软件项目以及现代的面向消费者的移动应用。尽管他使用过各种不同的语言，但他最钟爱的语言仍然是 C#。在对更出色的开发过程的不懈追求中，他是测试驱动开发、持续集成和持续部署的忠实支持者。他通过在本地用户组和会议上演讲、撰写博客和文章来分享自己的渊博知识。他曾连续 10 次获得微软 MVP 称号。在业余时间，他总是喜欢运动，比如徒步旅行、地理探索、跑步和攀岩。

Geovanny Alzate Sandoval 是一位来自哥伦比亚 Medellín 的系统工程师，他喜欢与软件开发、新技术、设计模式和软件架构相关的一切。他拥有 14 年以上的开发、技术领导和软件架构师经验，主要从事微软技术工作。他喜欢为 OSS 做贡献，也为 ASP.Net Core SignalR、Polly 和 Apollo Server 等做过贡献。他也是 Simmy 的合著者，Simmy 是一个基于 Polly 的.NET 混沌工程 OSS 库。他也是 DDD 爱好者和云爱好者。此外，他还是.NET 基金会的成员和 MDE.NET 社区的联合组织者，MDE.NET 社区是一个位于 Medellín/Colombia 的.NET 开发者社区。近年来，他一直专注于使用分布式架构和云技术构建可靠的分布式系统。最后但同样重要的是，他坚信团队合作，正如他所说:“如果我没有从所有与我共事的有才华的人身上学到那么多，我就不会在这里了。”

Geovanny 目前在总部位于加州的美国初创公司 Curbit 工作，担任工程总监。

前　　言

有些 C#书籍长达数千页，旨在全面介绍 C#编程语言、.NET 库、应用程序模型(如网站)、服务、桌面应用程序和移动应用程序。

本书与众不同，内容简洁明快、行文流畅，每个主题都配有实际动手演练项目。进行总体叙述的广度是以牺牲一定深度为代价的，但如果愿意，你就会发现许多主题都值得进一步探索。

本书也是一本循序渐进的学习指南，可用于通过跨平台的.NET 学习现代 C#实践，并简要介绍可以使用它们构建的主要应用程序类型。本书最适合 C#和.NET 初学者阅读，也适合学过 C#但感觉在过去几年自身技术已落伍的程序员阅读。

如果有使用旧版本 C#语言的经验，那么可以跳过第 2 章的前半部分。

如果有使用较旧版本的.NET 库的经验，那么可以跳过第 7.1 节。

本书将指出 C#和.NET 的一些优缺点，这样就可以给你留下深刻的印象，并快速提高工作效率。本书的解释不会事无巨细，以免因放慢速度导致读者感到无聊，而是假设读者足够聪明，能够自行对一些初、中级程序员需要了解的主题进行解释。

本书内容

第 1 章介绍如何设置开发环境，并通过 C#和.NET，使用 Visual Studio 或 Visual Studio Code 创建最简单的应用程序。通过学习该章，你将了解如何在任何受支持的操作系统(Windows、macOS 和 Linux 发布版)中编写和编译代码，对于简化的控制台应用程序，可以使用 C# 9.0 中引入的顶级程序功能。为了学习如何编写简单的语言构造和库特性，需要学习.NET Interactive Notebooks 的使用。该章还介绍了可以从哪里寻求帮助，以及与我联系的方法，以便在某个问题上获得帮助，或通过其 GitHub 存储库提供反馈，以改进本书和未来版本。

第 2 章介绍 C#的版本，并通过一些表介绍各个版本的新特性，然后解释 C#日常用来为应用程序编写源代码的语法和词汇。特别是，该章将讲述如何声明和处理不同类型的变量。

第 3 章讨论如何使用操作符对变量执行简单的操作，包括比较、编写决策，C# 7～C# 10 中的模式匹配，以及重复语句块和类型之间的转换。该章还介绍在不可避免地发生错误时，如何编写防御性代码来处理这些错误。

第 4 章讲述如何遵循 Don't Repeat Yourself (不要重复自己，DRY)原则，使用命令式和函数式风格编写可重用的函数。你将学习使用调试工具来跟踪和删除 bug，在执行代码时监视代码以诊断问题，以及在将代码部署到生产环境之前严格测试代码，以删除 bug 并确保稳定性和可靠性。

第 5 章讨论类可以拥有的所有不同类别的成员，包括存储数据的字段和执行操作的方法。涉及面向对象编程(Object-Oriented Programming，OOP)概念，如聚合和封装。你将学习一些语言特性，比如元组语法支持和 out 变量，默认的字面值和推断出的元组名称。你还将学习如何使用 C# 9.0 中引入的 record 关键字、init-only 属性和 with 表达式来定义和使用不可变类型。

第 6 章解释如何使用面向对象编程(OOP)从现有类派生出新的类。你将学习如何定义操作符、本地函数、委托和事件，如何实现关于基类和派生类的接口，如何覆盖类型成员以及使用多态性，如何创建扩展方法，如何在继承层次结构中的类之间进行转换，以及 C# 8 中引入的可空引用类型带来的巨大变化。

第 7 章介绍.NET 的版本，并给出一些表来说明哪些版本引入了一些新特性，然后介绍与.NET Standard 兼容的.NET 类型以及它们与 C#的关系。你将学习如何在任何受支持的操作系统(Windows、macOS 和 Linux 变体)上编写和编译代码。你将学习如何打包、部署和分发自己的应用程序和库。

第 8 章讨论允许代码执行的实际任务的类型，例如操作数字和文本、日期和时间、在集合中存储项、使用网络和操作图像，以及实现国际化。

第 9 章讨论与文件系统的交互、对文件和流的读写、文本编码、诸如 JSON 和 XML 的序列化格式，还涉及改进的功能以及 System.Text.Json 类的性能问题。

第 10 章解释如何使用 ORM(技术名称是 Entity Framework Core)来读写数据库，如 Microsoft SQL Server 和 SQLite。了解如何定义映射到数据库中现有表的实体模型，以及如何定义可以在运行时创建表和数据库的 Code First 模型。

第 11 章介绍 LINQ，LINQ 扩展语言增加了处理项目序列、筛选、排序，以及将它们投影到不同输出的能力。了解并行 LINQ (PLINQ)和 LINQ 到 XML 的特殊功能。

第 12 章讨论如何通过允许多个动作同时发生来提高性能、可伸缩性和用户生产率。你将了解 async Main 特性以及如何使用 System.Diagnostics 名称空间中的类型来监视代码，以度量性能和效率。

第 13 章介绍可以使用 C#和.NET 构建的跨平台应用程序的类型。该章还将通过构建 EF Core 模型来表示 Northwind 数据库。Northwind 数据库将贯穿用于本书的剩余部分。

第 14 章介绍在服务器端通过 ASP.NET Core 使用现代 HTTP 架构构建网站的基础知识。你将学习如何实现 ASP.NET Core 特性(称为 Razor Pages)，从而简化为小型网站创建动态网页以及构建 HTTP 请求和响应管道的过程。

第 15 章讨论程序员团队如何利用 ASP.NET Core MVC 以一种易于进行单元测试和管理的方式构建大型、复杂的网站。你将了解启动配置、身份验证、路由、模型、视图和控制器。

第 16 章解释如何使用 ASP.NET Core Web API 构建后端 REST 体系结构 Web 服务，以及如何使用工厂实例化的 HTTP 客户端正确地使用它们。

第 17 章介绍如何使用 Blazor 构建 Web 用户界面组件，这些组件既可以在服务器端执行，也可以在客户端的 Web 浏览器中执行。该章还讨论 Blazor Server 和 Blazor WebAssembly 的区别，以及如何构建能够更容易地在这两种托管模型之间进行切换的组件。

第 18 章介绍如何使用 gRPC 构建服务，使用 SignalR 实现服务器和客户端之间的实时通信，使用 OData 公开 EF Core 模型，以及在云中使用 Azure 函数托管响应触发器的函数。

第 19 章介绍为 Android、iOS、macOS 和 Windows 构建跨平台移动和桌面应用程序。你将学习 XAML 的基础知识，它可用于定义图形应用程序的用户界面。

第 20 章探讨如何使用加密方法来保护数据不被恶意用户查看，使用哈希和签名防止数据被操纵或破坏。你将了解如何通过身份验证和授权来保护应用程序免受未授权用户的攻击。

附录 A 提供了各章练习的解决方案。

要做的准备工作

可在许多平台上使用 Visual Studio Code 开发和部署 C#和.NET 应用程序，包括 Windows、macOS 和各种 Linux 发行版。

只需要一个支持 Visual Studio Code 和互联网连接的操作系统就可以完成几乎所有内容。

如果更喜欢在 Windows 或 macOS 上使用 Visual Studio，或者使用像 JetBrains Rider 这样的第三方工具，那么也可以完成本书的阅读。

拥有支持 Visual Studio Code 和互联网连接的操作系统是学习第 1~20 章所必需的。

另外，第 19 章需要使用 macOS 来构建 iOS 应用程序，拥有 macOS 和 Xcode 是编译 iOS 应用程序的必要条件。

下载资源

书中的一些屏幕截图和图表用彩色效果可能更佳，因为这样有助于你更好地理解输出中的变化。为此，我们专门制作了一份 PDF 文件。可扫描封底二维码下载该文件。

另外，可扫描封底二维码，下载分步指导任务和练习的解决方案。

目　　录

第1章 C#与.NET入门

本章的目标是建立开发环境，让你了解现代.NET、.NET Core、.NET Framework、Mono、Xamarin和.NET Standard之间的异同，使用各种代码编辑器通过C# 10和.NET 6创建尽可能简单的应用程序。然后指出寻求帮助的方式。

本书的GitHub存储库包含了解决方案，这些解决方案为所有代码任务和Notebook使用了完整的应用项目，GitHub存储库的地址为https://github.com/markjprice/cs10dotnet6。

只需要按下.(点)键或在上面的链接中将.com更改为.dev，即可使用Visual Studio Code for the Web将GitHub存储库更改为实时编辑器，如图1.1所示。

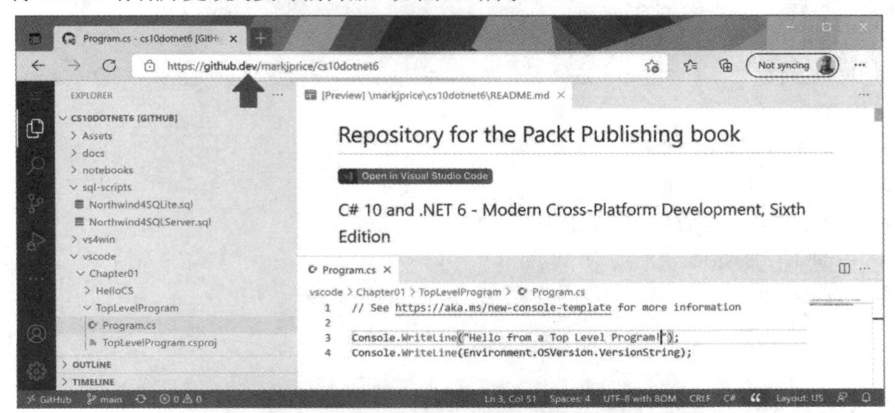

图1.1　用于实时编辑本书的GitHub存储库的Visual Studio Code for the Web

完成本书的编码任务时，Visual Studio Code for the Web非常适合与所选的代码编辑器一起运行。如有必要，可以比较自己的代码与解决方案代码，并轻松地复制和粘贴需要的部分。

本书用“现代.NET”来指代.NET 6和前身.NET 5(来自.NET Core)。用“旧.NET”这个术语来指代.NET Framework、Mono、Xamarin和.NET标准。现代.NET是这些传统平台和标准的统一。

在第1章之后，本书可以分为三大部分：第一大部分介绍C#语言的语法和词汇；第二大部分介绍.NET中用于构建应用程序功能的可用类型；第三大部分介绍可以使用C#和.NET构建的一些常见的跨平台应用程序。

大多数人学习复杂主题的最佳方式是模仿和重复，而不是阅读关于理论的详细解释。因此，本书不会对每一步都做详细解释，而是编写一些代码，利用这些代码构建应用程序，然后观察程序的运行。

你不需要立即知道所有细节。随着时间的推移，你将学会创建自己的应用程序，你所获得的知识将超越任何书籍所能教你的。

借用 1755 年版《英语词典》的作者 Samuel Johnson 的话来说，我犯了“一些愚蠢的错误，书中有一些可笑的荒谬之处，这些错误和荒谬之处是任何具有如此多样性的作品都无法避免的。”我对这些问题负全部责任，希望你能理解我面临的挑战；为了解决这些问题，我所编写的这本书涉及一些快速发展的技术(如 C#和.NET)，而读者可以用它们构建应用程序。

本章涵盖以下主题：

- 设置开发环境
- 理解.NET
- 使用 Visual Studio 2022 构建控制台应用程序
- 使用 Visual Studio Code 构建控制台应用程序
- 使用.NET Interactive Notebooks 探索代码
- 检查项目的文件夹和文件
- 充分利用本书的 GitHub 存储库
- 寻求帮助

1.1 设置开发环境

在开始编程之前，需要准备一款针对 C#的代码编辑器。微软提供了一系列代码编辑器和集成开发环境(IDE)，包括：

- Visual Studio 2022 for Windows
- Visual Studio 2022 for Mac
- Visual Studio Code (用于 Windows、Mac 或 Linux)
- GitHub Codespaces

第三方已经创建了自己的 C#代码编辑器，如 JetBrains Rider。

1.1.1 选择适合学习的工具和应用程序类型

学习 C#和.NET 最好的工具和应用程序类型是什么？

在学习时，最好使用能够帮助编写代码和配置，但不会隐藏实际情况的工具。IDE 提供了易用的图形用户界面，但它们在底层做了什么呢？更接近操作、更基本的代码编辑器同时为编写代码提供帮助，在学习过程中效果更好。

话虽如此，可以认为最好的工具是已经熟悉的工具，或者团队用作日常开发工具的工具。出于这个原因，希望读者可以自由选择任何 C#代码编辑器或 IDE 来完成本书中的编码任务，包括 Visual Studio Code、Visual Studio For Windows、Visual Studio For Mac，甚至 JetBrains Rider。

本书的第 3 版详细说明了如何使用 Visual Studio for Windows 和 Visual Studio Code 完成所有编码任务。遗憾的是，这很快就变得混乱不堪。在这个第 6 版中，第 1 章详细说明了如何在 Visual Studio 2022 for Windows 和 Visual Studio Code 中创建多个项目。之后，给出了与所有工具一起工作的项目名称和通用说明，以便你使用自己喜欢的任何工具。

为学习 C#语言构造和许多.NET 库，最好编写不会因不必要的代码而分心的应用程序。例如，不需要仅仅为了学习如何编写switch语句而创建整个Windows桌面应用程序或网站。

因此，学习第1章到第12章中的C#和.NET主题的最好方法是构建控制台应用程序。此后，在第13~19章，将构建网站、服务、图形桌面和移动应用程序。

1. .NET Interactive Notebooks扩展的优缺点

Visual Studio Code的另一个好处是带来了.NET Interactive Notebooks扩展。这个扩展提供了一个简单、安全的地方编写简单的代码片段。它能够创建一个简单的Notebook文件，混合了Markdown的"单元格"(格式丰富的文本)和C#以及其他相关语言代码，如PowerShell、F#和SQL(用于数据库)。

然而，.NET Interactive Notebooks确实存在一些限制：

- 无法读取用户输入，例如，不能使用ReadLine或ReadKey。
- 不能将参数传递给它们。
- 不允许定义自己的名称空间。
- 没有任何调试工具(但将来会有)。

2. 使用Visual Studio Code进行跨平台开发

可以选择的最现代、最轻量级的代码编辑器是Visual Studio Code，这也是唯一一个来自微软的跨平台代码编辑器。Visual Studio Code可以运行在所有常见的操作系统中，包括Windows、macOS和许多Linux发行版，例如Red Hat Enterprise Linux (RHEL)和Ubuntu。

Visual Studio Code是现代的跨平台开发代码的最佳选择，因为它提供了一个广泛的、不断增长的扩展集来支持除C#外的多种语言。

Visual Studio Code是跨平台的、轻量级的，可以安装在所有平台上(应用程序将被部署到这些平台上)，可以快速修复bug，等等。选择Visual Studio Code意味着开发者可以使用跨平台代码编辑器来开发跨平台应用。

Visual Studio Code对Web开发有强大的支持，尽管它目前对移动和桌面开发的支持很弱。

ARM处理器支持Visual Studio Code，这样就可以在Apple Silicon电脑和Raspberry Pi上进行开发。

Visual Studio Code也是目前最流行的开发环境，根据Stack Overflow在2021年所做的调查，超过70%的开发者选择了它。

3. 使用GitHub Codespaces进行云开发

GitHub Codespaces是一个基于Visual Studio Code的完全配置的开发环境，可以在云环境中运行，并通过任何Web浏览器访问。它支持Git repos、扩展和内置命令行界面，因此可以从任何设备进行编辑、运行和测试。

4. 使用Visual Studio for Mac进行通用开发

Microsoft Visual Studio 2022 Mac版可以创建大多数类型的应用程序，包括控制台应用程序、网站、Web服务、桌面应用程序和移动应用程序。

要为苹果操作系统(如iOS)编译应用程序，以便在iPhone和iPad等设备上运行，就必须有Xcode，Xcode只能在macOS上运行。

5. 使用 Visual Studio for Windows 进行通用开发

Microsoft Visual Studio 2022 for Windows 可以创建大多数类型的应用程序，包括控制台应用程序、网站、Web 服务、桌面应用程序和移动应用程序。尽管可以使用 Visual Studio 2022 for Windows 及其 Xamarin 扩展来编写跨平台移动应用程序，但仍然需要 macOS 和 Xcode 来编译它。

它只能在 Windows 7 SP1 或更新版本上运行。必须在 Windows 10 或 Windows 11 上运行它才能创建通用 Windows 平台(UWP)应用程序，这些应用程序是从微软商店安装的，并在沙箱中运行，以保护电脑。

6. 你使用什么

为了编写和测试本书的代码，使用的硬件如下：

- HP Spectre(英特尔)Notebook 电脑
- Apple Silicon Mac mini (M1)台式电脑
- Raspberry Pi 400 (ARM v8)台式电脑

使用的软件如下：

- Visual Studio Code
  - Apple Silicon Mac mini (M1)台式电脑上的 macOS 操作系统
  - HP Spectre(英特尔)笔记本电脑上的 Windows 10
  - Raspberry Pi 400 台式电脑的 Ubuntu 64
- Visual Studio 2022 for Windows
  - HP Spectre(英特尔)Notebook 电脑上的 Windows 10
- Visual Studio 2022 for Mac
  - Apple Silicon Mac mini (M1)台式电脑上的 macOS 操作系统

希望读者可以访问各种各样的硬件和软件，因为看到平台的差异可以加深对开发挑战的理解，尽管上述任何一个组合足以学习 C#和.NET 的基础知识并了解如何构建实际的应用程序和网站。

更多信息

可以通过阅读我在以下链接撰写的额外文章了解如何在安装了 Ubuntu Desktop 64 位的 Raspberry Pi 400 上使用 C#和.NET 编写代码：

https://github.com/markjprice/cs9dotnet5-extras/blob/main/raspberry-pi-ubuntu64/README.md。

1.1.2 跨平台部署

对代码编辑器和开发用的操作系统所做的选择并不限制代码的部署位置。

.NET 6 支持以下部署平台。

- **Windows：**Windows 7 SP1 或更新版本，Windows 10 版本 1607 或更新版本，包括 Windows 11、Windows Server 2012 R2 SP1 或更新版本，Nano Server 版本 1809 或更新版本。
- **Mac：**macOS Mojave (10.14 版)或更新版本。
- **Linux：**Alpine Linux 3.13 或更新版本，CentOS 7 或更新版本，Debian 10 或更新版本，Fedora 32 或更新版本，openSUSE 15 或更新版本，Red Hat Enterprise Linux (RHEL) 7 或更新版本，SUSE Enterprise Linux 12 SP2 或更新版本，Ubuntu 16.04、18.04、20.04 或更新版本。

- **Android**：API 21或更新版本。
- **iOS**：10或更新版本。

在.NET 5及后续版本中支持Windows ARM64意味着可以在微软Surface Pro X等Windows ARM设备上进行开发和部署，但在Apple M1 Mac上使用Parallels和Windows 10 ARM虚拟机进行开发的速度显然是前者的两倍!

1.1.3　下载并安装Visual Studio 2022 for Windows

许多专业微软开发人员在日常开发工作中使用Visual Studio 2022 for Windows。即使选择使用Visual Studio Code来完成本书中的编码任务，也可能需要熟悉Visual Studio 2022 for Windows操作系统。

如果没有Windows计算机，那么可以跳过本节，继续下一节，在macOS或Linux下载并安装Visual Studio Code。

自2014年10月以来，微软已经为学生、开源贡献者和个人免费提供了专业的、高质量的Visual Studio Windows版本。它被称为社区版。任何版本都适合这本书。如果尚未安装，现在就安装它。

(1) 从以下链接下载Microsoft Visual Studio 2022 17.0或更新版本（用于Windows）：https://visualstudio. microsoft.com/downloads/。

(2) 启动安装程序。

(3) 在Workloads选项卡上，选择以下内容：

- ASP.NET and web development
- Azure development
- .NET desktop development
- Desktop development with C++
- Universal Windows Platform development
- Mobile development with .NET

(4) 在Individual components选项卡的Code tools部分，选择以下内容：

- Class Designer
- Git for Windows
- PreEmptive Protection - Dotfuscator

(5) 单击Install并等待安装程序获取选定的软件并安装。

(6) 安装完成后，单击Launch。

(7) 第一次运行Visual Studio时，系统会提示登录。如果你有微软账户，就使用该账户。如果没有微软账户，就通过以下链接注册一个新的账户：https://signup.live.com/。

(8) 第一次运行Visual Studio时，系统会提示配置环境。对于Development Settings，选择Visual C#。对于颜色主题，可选择Blue，也可选择其他任何你喜欢的颜色。

(9) 如果想自定义键盘快捷键，导航到Tools | Options…，然后选择Keyboard部分。

Microsoft Visual Studio for Windows键盘快捷键

本书避免显示键盘快捷键，因为它们通常是自定义的。如果它们在代码编辑器中是一致的且经常使用，本书将尝试展示它们。若想识别和定制键盘快捷键，可访问如下链接：https://docs.microsoft.com/en-us/visualstudio/ide/identifying-and-customize-keyboard-shortcut-in-visual-studio。

1.1.4 下载并安装 Visual Studio Code

在过去几年中，Visual Studio Code 得到极大改进，它的受欢迎程度让微软感到惊喜。如果读者很勇敢，喜欢挑战，那么有一个内部版本可用。

即使计划只使用 Visual Studio 2022 for Windows 进行开发，建议下载并安装 Visual Studio Code 并尝试本章中的编码任务，然后决定是否坚持在本书的剩余部分只使用 Visual Studio 2022。

现在，可下载并安装 Visual Studio Code、.NET SDK、C#和.NET Interactive Notebooks 扩展，步骤如下。

(1) 从以下链接下载并安装 Visual Studio Code 的稳定版本或内部版本：https://code.visualstudio.com/。

更多信息

如果需要安装 Visual Studio Code 的更多帮助，可在以下链接阅读官方安装指南：https://code.visualstudio.com/docs/setup/setup-overview。

(2) 从以下链接下载并安装.NET SDK 3.1、5.0 和 6.0：https://www.microsoft.com/net/download。

更多信息

为了充分学习如何控制.NET SDK，需要安装多个版本。.NET Core 3.1、.NET 5.0 和.NET 6.0 是目前支持的三个版本。可以安全地并行安装多个版本。后面将学习如何针对本书的目标安装需要的版本。

(3) 要安装 C#扩展，必须首先启动 Visual Studio Code 应用程序。

(4) 在 Visual Studio Code 中，单击 Extensions 图标或导航到 View | Extensions。

(5) C#扩展是最流行的扩展之一，在列表的顶部应该能够看到它；也可以在搜索框中输入 C#。

(6) 单击 Install，等着下载和安装支持包。

(7) 在搜索框中输入.NET Interactive，找到.NET Interactive Notebooks 扩展。

(8) 单击 Install 并等待它安装。

1. 安装其他扩展

本书后续章节将使用更多扩展，如果想现在安装它们，可参照表 1-1。

表 1.1 本书用到的其他扩展

扩展名和标识符	说明
C# for Visual Studio Code (由 OmniSharp 提供支持) ms-dotnettools.csharp	提供 C#编辑支持。包括语法高亮，智能感知，Go to Definition，查找所有引用，对.NET 的调试支持，以及在 Windows、macOS 和 Linux 中对.csproj 项目的支持
.NET Interactive Notebooks ms-dotnettools.dotnet-interactive- vscode	这个扩展增加了在 Visual Studio Code Notebook 中使用.NET Interactive 的支持。它依赖于 Jupyter 扩展(ms-toolsai.jupyter)
MSBuild 项目工具 tintoy.msbuild-project-tools	为 MSBuild 项目文件提供智能感知功能，包括</PackageReference>元素的自动完成

(续表)

扩展名和标识符	说明
REST Client humao.rest-client	发送 HTTP 请求并在 Visual Studio Code 中直接查看响应
ILSpy .NET Decompiler icsharpcode.ilspy-vscode	反编译 MSIL 程序集——支持现代.NET、.NET Framework、.NET Core 和.NET Standard
Azure Functions for Visual Studio Code ms-azuretools.vscode-azurefunctions	直接从 VS Code 中创建、调试、管理和部署无服务器应用。它依赖于 Azure 账户(ms-vcode.azure-account)和 Azure 资源(ms-azuretools.vscode -azureresourcegroups)扩展
GitHub Repositories github.remotehub	直接从 Visual Studio Code 中浏览、搜索、编辑并提交到任何远程 GitHub 存储库
SQL Server (mssql) for Visual Studio Code ms-mssql.mssql	使用一套丰富的功能用于开发 Microsoft SQL Server、Azure SQL Database 和无处不在的 SQL Data Warehouse
Protobuf 3 支持 Visual Studio Code zxh404.vscode-proto3	语法高亮显示、语法验证、代码片段、代码补全、代码格式化、大括号匹配以及行和块注释

2. 理解 Microsoft Visual Studio Code 版本

微软几乎每个月都会发布 Visual Studio Code 的新特性版本，并且更频繁地发布 bug 修复版本。例如：

- 1.59 版，2021 年 8 月发布的新特性版本。
- 1.59.1 版，2021 年 8 月发布的 bug 修复版本。

本书使用的是 1.59 版，但是 Visual Studio Code 版本不如稍后安装的 C# for Visual Studio Code 扩展版本重要。

C#扩展虽然不是必需的，但在执行输入、代码导航和调试特性时却能提供智能感知功能，因此十分有必要安装。所以安装和更新它非常方便，以支持最新的 C#语言特性。

3. Microsoft Visual Studio Code 快捷键

本书将避免显示用于“创建新文件”等任务的键盘快捷键，因为它们在不同的操作系统中通常是不同的。显示键盘快捷键的情况是需要重复按下相应键时，例如调试时；这些也更可能在操作系统之间保持一致。

如果想为 Visual Studio Code 定制键盘快捷键，可以访问如下链接：

https://code.visualstudio.com/docs/getstarted/keybindings。

建议根据使用的操作系统下载一份 PDF 格式的操作系统快捷键。

- Windows：https://code.visualstudio.com/shortcuts/keyboard-shortcuts-windows.pdf。
- macOS：https://code.visualstudio.com/shortcuts/keyboard-shortcuts-macos.pdf。
- Linux：https://code.visualstudio.com/shortcuts/keyboard-shortcuts-linux.pdf。

1.2 理解.NET

.NET 6、.NET Framework、.NET Core 和 Xamarin 是相关的，它们是开发人员用来构建应用程序和服务的平台。本节就来介绍这些.NET 概念。

1.2.1 理解.NET Framework

.NET Framework 开发平台包括公共语言运行库(Common Language Runtime，CLR)和基类库(Base Class Library，BCL)，前者负责管理代码的执行，后者提供了丰富的类库来构建应用程序。

微软最初设计.NET Framework 是为了使应用具有跨平台的可能性，但是微软在将它们的实现努力投入后，发现这一平台在 Windows 上工作得最好。

自.NET Framework 4.5.2 成为 Windows 操作系统的官方组件以来，由于组件与父产品的支持相同，因此 4.5.2 及以后版本的组件遵循其所在 Windows 操作系统的生命周期策略。.NET Framework 已经安装在超过 10 亿台计算机上，所以对它的改动必须尽可能少。即使是修复 bug 也会导致问题，所以更新频率很低。

对于.NET Framework 4.0 或更新版本，在计算机中，为.NET Framework 编写的所有应用程序都共享相同版本的 CLR 以及存储在全局程序集缓存(Global Assembly Cache，GAC)中的库，如果其中一些应用程序需要特定版本以保证兼容性，就会出问题。

最佳实践

实际上，.NET Framework 仅适用于 Windows，因为是旧平台，所以不建议使用它创建新的应用程序。

1.2.2 理解 Mono、Xamarin 和 Unity 项目

一些第三方开发了名为 Mono 项目的 .NET Framework 实现。Mono 是跨平台的，但是它远远落后于.NET Framework 的官方实现。

Mono 作为 Xamarin 移动平台以及 Unity 等跨平台游戏开发平台的基础，已经找到了自己的价值所在。

微软在 2016 年收购了 Xamarin，并在 Visual Studio 中免费提供曾经昂贵的 Xamarin 扩展。微软将只能创建移动应用程序的 Xamarin Studio 开发工具更名为 Visual Studio for Mac，并赋予它创建其他类型应用程序(如控制台应用程序和 Web 服务)的能力。有了 Visual Studio 2022 for Mac，微软就能将 Xamarin Studio 编辑器的部分功能替换为 Visual Studio 2022 for Windows 的部分功能，以提供更接近的体验和性能。Visual Studio 2022 for Mac 也被重写为一个真正的本地 macOS UI 应用程序，以提高可靠性并与 macOS 的内置辅助技术一起工作。

1.2.3 理解.NET Core

今天，我们生活在真正跨平台的世界里，现代移动技术和云计算的发展使得 Windows 作为操作系统变得不那么重要了。正因为如此，微软一直致力于将.NET 从它与 Windows 的紧密联系中分离出来。在将.NET Framework 重写为真正跨平台的同时，微软也利用这次机会重构并删除了不再被认为是核心的主要部分。

新产品被命名为.NET Core，其中包括名为 CoreCLR 的 CLR 跨平台实现和名为 CoreFX 的流畅 BCL。

微软负责.NET 的项目经理 Scott Hunter 认为：".NET Core 客户中有 40%是全新的平台开发人员，这正是我们想要的结果。我们想引进新人。"

.NET Core 的运行速度很快，因为可以与应用程序并行部署，所以.NET Core 可以频繁地更改，因为这些更改不会影响同一台计算机上的其他.NET Core 应用程序。微软对.NET Core 和现代.NET 所做的改进不能添加到.NET Framework 中。

1.2.4　了解.NET 的未来版本

在 2020 年 5 月的 Microsoft Build 开发者大会上，.NET 团队宣布，.NET 的统一化延迟了。已发布的.NET 5 将在除移动平台的所有.NET 平台上实现了统一。直到 2021 年 11 月计划发布的.NET 6，统一的.NET 平台才会支持移动设备。

.NET Core 已重命名为.NET，主版本号则跳过了数字 4，以免与.NET Framework 4.x 混淆。微软计划每年 11 月发布主版本，就像苹果在每年 9 月的第二周发布 iOS 的主版本一样。

表 1.2 显示了现代.NET 的主版本是什么时候发布的，计划什么时候发布未来的版本，以及本书的各个版本使用的是哪个.NET 版本。

表 1.2　对比.NET 的不同版本

.NET 版本	发布日期	本书的版本	本书英文版的出版日期
.NET Core RC1	2015 年 11 月	第 1 版	2016 年 3 月
.NET Core 1.0	2016 年 6 月		
.NET Core 1.1	2016 年 11 月		
.NET Core 1.0.4 和.NET Core 1.1.1	2017 年 3 月	第 2 版	2017 年 3 月
.NET Core 2.0	2017 年 8 月		
.NET Core for UWP in Windows 10 Fall Creators Update	2017 年 10 月	第 3 版	2017 年 11 月
.NET Core 2.1 (LTS)	2018 年 5 月		
.NET Core 2.2 (Current)	2018 年 12 月		
.NET Core 3.0 (Current)	2019 年 9 月	第 4 版	2019 年 10 月
.NET Core 3.1 (LTS)	2019 年 12 月		
.NET 5.0 (Current)	2020 年 11 月	第 5 版	2020 年 11 月
.NET 6.0 (LTS)	2021 年 11 月	第 6 版	2021 年 11 月
.NET 7.0 (Current)	2022 年 11 月	第 7 版	2022 年 11 月
.NET 8.0 (LTS)	2023 年 11 月	第 8 版	2023 年 11 月

.NET Core 3.1 包含了用于构建 Web 组件的 Blazor 服务器。微软也曾计划在该版本中包含 Blazor WebAssembly，但被推迟了。Blazor WebAssembly 后来作为.NET Core 3.1 的可选附加组件发布。我把它包含在上面的表格中，是因为它被版本化为 3.2，以便从.NET Core 3.1 的 LTS 中排除。

1.2.5 了解.NET 支持

.NET 版本可以是长期支持的(LTS)，也可以是当前的(Current)。

- LTS 版本是稳定的，在其生命周期中很少需要更新。对于不打算频繁更新的应用程序，这是不错的选择。LTS 版本将在 GA 版本发布后的 3 年内受到支持，或下一个 LTS 版本发布后的 1 年内受到支持(以二者中较长的为准)。
- Current 版本包含可根据反馈进行更改的功能。对于正在积极开发的应用程序来说，这是很好的选择，因为它们提供了最新的改进。在 6 个月的维护期之后，或者在 GA 版本发布后的 18 个月之后，以前的次版本将不再受支持。

.NET 在整个生命周期中，都要接受安全性和可靠性方面的关键补丁。必须更新最新的补丁才能获得支持。例如，如果系统运行的是 1.0 版本，但微软已经发布了 1.0.1 版本，那就需要安装 1.0.1 版本。

为了帮助你更好地理解 Current 和 LTS 版本，使用色条对它们进行直观的观察是很有帮助的。对于 LTS 版本，色条不会褪色；对于 Current 版本，颜色变浅的部分表示 Current 版本结束前、新版本发布后的 6 个月时间，如图 1.2 所示。

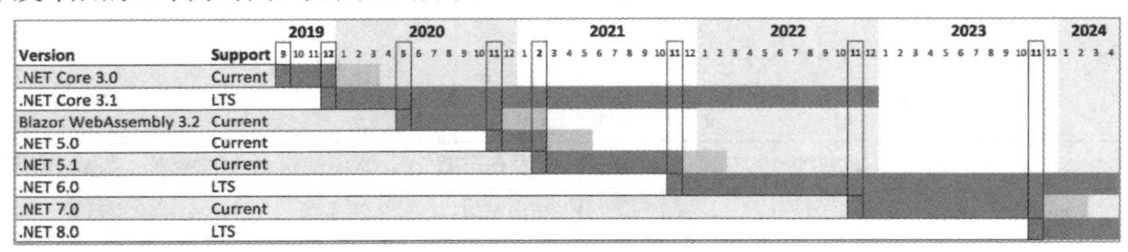

图 1.2 各个版本的支持情况

例如，如果使用.NET Core 3.0 创建项目，而微软在 2019 年 12 月发布了.NET Core 3.1，那就需要在 2021 年 5 月底之前将项目升级到.NET Core 3.1(在.NET 5 之前，Current 版本的维护周期只有 3 个月)。

如果需要微软的长期支持，那么现在选择.NET 6.0(直到.NET 8.0)，即使微软发布了.NET 7.0 也是如此。这是因为.NET 7.0 将是 Current 版本，因此它将先于.NET 6.0 失去支持。只要记住，即使使用 LTS 版本，你也必须升级到补丁版本(如 6.0.1)。

除了下面列出的版本外，其他.NET Core 和现代.NET 版本都已经走到了尽头：

- .NET Core 3.1 将于 2022 年 12 月 3 日停止支持。
- .NET 6.0 将于 2024 年 11 月停止支持。

1. 了解.NET Runtime 和.NET SDK 版本

.NET Runtime 版本控制遵循语义版本控制，也就是说，主版本表示非常大的更改，次版本表示新特性，而补丁版本表示 bug 的修复。

.NET SDK 版本控制不遵循语义版本控制。主版本号和次版本号与匹配的运行时版本绑定。补丁版本遵循的约定指明了.NET SDK 的主版本和次版本，如表 1.3 所示。

表 1.3　.NET SDK 版本不遵循语义版本控制

变更	运行时	SDK
初始版本	6.0.0	6.0.100
SDK bug 修复	6.0.0	6.0.101
运行时和 SDK bug 修复	6.0.1	6.0.102
SDK 新功能	6.0.1	6.0.200

2. 删除.NET 的旧版本

.NET Runtime 更新与主版本(如 6.x 版)兼容。.NET SDK 的更新版本保留了构建适用于旧版运行时的应用程序的能力，这使得安全删除旧版.NET 成为可能。

执行以下命令后，就可以看到目前安装了哪些 SDK 和运行时：

- dotnet --list-sdks
- dotnet --list-runtimes

在 Windows 上，可使用 App & features 部分以删除.NET SDK。在 macOS 或 Windows 上，可使用 dotnet-core-uninstall 工具删除.NET SDK。这个工具默认没有安装。

例如，在编写本书第 4 版时，笔者每个月都执行以下命令：

```
dotnet-core-uninstall remove --all-previews-but-latest --sdk
```

1.2.6　现代.NET 的区别

与单一的传统.NET Framework 相比，现代的.NET 是模块化的，是开源的，微软决定在开放中加以改进。微软在改进现代.NET 的性能方面付出了特别多的努力。

现代.NET 比.NET Framework 的当前版本要小，因为非跨平台的旧技术已被移除。例如，Windows Forms 和 Windows Presentation Foundation (WPF) 可用于构建 GUI 应用程序，但它们与 Windows 生态系统紧密相连，因此已从 macOS 和 Linux 的.NET 中移除。

1. Windows 开发

现代.NET 的一大特性就是支持使用 Windows Desktop Pack 运行旧的 Windows 窗体和 WPF 应用程序；Windows Desktop Pack 是.NET Core 3.1 或更新版本的 Windows 版本附带的组件，这也就是为什么它比用于 macOS 和 Linux 的 SDK 更大的原因。如有必要，可对旧的 Windows 应用做一些小的改动；还可以为.NET 6 重新构建应用程序，以利用新的特性和性能改进。

2. Web 开发

ASP.NET Web Forms 和 Windows Communication Foundation (WCF) 是旧的 Web 应用开发和服务技术，现在很少有开发人员选择在新的开发项目中使用它们，所以它们也从现代.NET 中移除了。相反，开发人员更喜欢使用 ASP.NET MVC、ASP.NET Web API、SignalR 和 gRPC。这两种技术已经重组并结合成一个运行在现代.NET 上的新产品，名为 ASP.NET Core。第 14、15 和 18 章将介绍 ASP.NET Core 技术。

更多信息

一些.NET Framework 开发人员对现代.NET 中没有 ASP.NET Web Forms、WCF 和 Windows Workflow (WF) 感到非常失望，并且希望微软能改变这一状况。一些开源项目支持将 WCF 和 WF 迁移到现代.NET。可通过以下链接阅读更多内容：https://devblogs.microsoft.com/dotnet/supporting-the-community-with-wf-and-wcf-oss-projects/。以下链接提供一个使用了 Blazor Web Forms 组件的开源项目：https://github.com/FritzAndFriends/BlazorWebForms- Components。

3. 数据库开发

Entity Framework 6 是一种对象-关系映射技术，用于处理存储在关系数据库(如 Oracle 和 Microsoft SQL Server)中的数据。多年来，Entity Framework 一直背负着沉重的包袱，因此这一跨平台 API 被精简了，并将支持非关系数据库(如 Microsoft Azure Cosmos DB)，微软将之重命名为 Entity Framework Core，详见第 10 章。

如果现有的应用程序使用旧的 Entity Framework，那么.NET Core 3.0 或更新版本将支持 Entity Framework 6.3。

1.2.7 现代.NET 的主题

微软使用 Blazor 创建了一个网站，展示了现代.NET 的重要主题：https://themesof.net/。

1.2.8 了解.NET Standard

2019 年，.NET 的情况是，微软控制着三个.NET 平台分支，如下所示。

- .NET Core：用于跨平台和新应用程序。
- .NET Framework：用于旧应用程序。
- Xamarin：用于移动应用程序。

以上每种.NET 平台都有优点和缺点，它们都是针对不同的场景设计的。这导致如下问题：开发人员必须学习三个.NET 平台，每个.NET 平台都有令人讨厌的怪癖和限制。

因此，微软定义了.NET Standard，这是所有.NET 平台都可以实现的一套 API 规范，来指示兼容性级别。例如，与.NET Standard 1.4 兼容的平台表明提供基本的支持。

在.NET Standard 2.0 及后续版本中，微软已将这三个.NET 平台融合到现代的最低标准，这使开发人员可以更容易地在任何类型的.NET 之间共享代码。

在.NET Core 2.0 及后续版本中，微软增加了许多缺失的 API，开发人员需要将你为.NET Framework 编写的旧代码移植到跨平台的.NET Core 中。有些 API 已经实现了，但会抛出异常来指示开发人员，不应该实际使用它们！这通常是由于运行.NET 的操作系统不同。第 2 章将介绍如何处理这些异常。

理解.NET Standard 只是一种标准是很重要的。你不能安装.NET Standard，就像不能安装 HTML5 一样。要使用 HTML5，就必须安装实现了 HTML5 标准的 Web 浏览器。

要使用.NET Standard，就必须安装实现了.NET Standard 规范的.NET 平台。.NET Standard 2.1 是由.NET Core 3.0、Mono 和 Xamarin 实现的。C# 8.0 的一些特性需要.NET Standard 2.1，.NET Framework 4.8 没有实现.NET Standard 2.1，所以应该把.NET Framework 当作旧技术。

一旦.NET 6在2021年11月发布，对.NET Standard的需求就会大大减少，因为有了适用于所有平台的(包括移动平台) .NET。.NET 6有一个基类库和两个运行时：CoreCLR针对服务器或桌面场景(如网站和Windows桌面应用)进行了优化，Mono运行时针对资源有限的移动和Web浏览器应用进行了优化。

即使是现在，为.NET Framework创建的应用程序和网站仍需要得到支持，因此，理解如何创建.NET Standard 2.0类库是很重要的，这些类库要向后兼容旧.NET平台。

1.2.9 本书使用的.NET平台和工具

本书的第1版写于2016年3月，作者主要关注.NET Core功能，但当时.NET Core还没有实现重要或有用的功能，所以作者使用了.NET Framework，因为那时还没有发布.NET Core 1.0的最终版本。书中的大多数例子都使用了Visual Studio 2015，并且只简单地显示Visual Studio Code。

本书的第2版(几乎)完全清除了所有.NET Framework代码示例，以便读者能够关注真正跨平台运行的.NET Core示例。

本书的第3版完成了转换，所有代码都是完全使用.NET Core编写的。但是，由于要为Visual Studio Code和Visual Studio 2017中的所有任务提供详细的指令，因此增加了不必要的复杂性。

在本书的第4版中，除了最后两章之外，只展示如何使用Visual Studio Code编写代码示例，从而延续这一趋势。第20章需要使用运行在Windows 10上的Visual Studio，第21章则需要使用运行在Mac上的Visual Studio。

在本书的第5版中，原来的第20章变成了附录B，以便为新内容腾出空间。Blazor项目可以使用Visual Studio Code来创建。

在第6版中，第19章已经更新，以展示如何使用Visual Studio 2022和.NET MAUI(Multi-platform App UI，多平台应用程序UI)创建移动和桌面跨平台应用程序。

在计划出版的第7版和.NET发布时，Visual Studio Code将有一个支持.NET MAUI的扩展。到那时，读者将能够为书中的所有示例使用Visual Studio Code。

1.2.10 理解中间语言

dotnet CLI工具使用的C#编译器(名为Roslyn)会将C#源代码转换成中间语言(Intermediate Language，IL)代码，并将IL存储在程序集(DLL或EXE文件)中。IL代码语句就像汇编语言指令，由.NET的虚拟机CoreCLR执行。

在运行时，CoreCLR从程序集中加载IL代码，再由JIT编译器将IL代码编译成本机CPU指令，最后由机器上的CPU执行。

以上的两步编译过程带来的好处是，微软能为Linux、macOS以及Windows创建CLR。在编译过程中，相同的IL代码会到处运行，这将为本地操作系统和CPU指令集生成代码。

不管源代码是用哪种语言(如C#、Visual Basic或F#)编写的，所有的.NET应用程序都会为存储在程序集中的指令使用IL代码。使用微软和其他公司提供的反汇编工具(如.NET反编译工具ILSpy)可以打开程序集并显示IL代码。

1.2.11 比较.NET 技术

表 1.4 对.NET 技术进行了总结和比较。

表 1.4 比较.NET 技术

.NET 技术	说明	驻留的操作系统
现代.NET	现代功能集，完全支持 C# 8、9、10，支持移植现有应用程序，可用于创建新的桌面、移动和 Web 应用程序及服务	Windows、macOS、Linux、Android、iOS
.NET Framework	旧的特性集，提供有限的 C# 8.0 支持，不支持 C# 9 或 10，用于维护现有的应用程序	只用于 Windows
Xamarin	用于移动和桌面应用程序	Android、iOS 和 macOS

1.3 使用 Visual Studio 2022 构建控制台应用程序

本节的目的是展示如何使用 Visual Studio 2022 for Windows 构建控制台应用程序。

如果没有 Windows 计算机，或你想使用 Visual Studio Code，那么可以跳过这一节，因为代码是相同的，只是工具体验不同。

1.3.1 使用 Visual Studio 2022 管理多个项目

Visual Studio 2022 有一个名为“解决方案”的概念，允许同时打开和管理多个项目。我们将使用一个解决方案来管理本章创建的两个项目。

1.3.2 使用 Visual Studio 2022 编写代码

开始编写代码吧!

(1) 启动 Visual Studio 2022。

(2) 在 Start 窗口中，单击 Create a new project.。

(3) 在 Create a new project 对话框中，在 Search for templates 框中输入 console，并选择 Console Application，确保选择 C#项目模板而不是其他语言，如 F#或 Visual Basic，如图 1.3 所示。

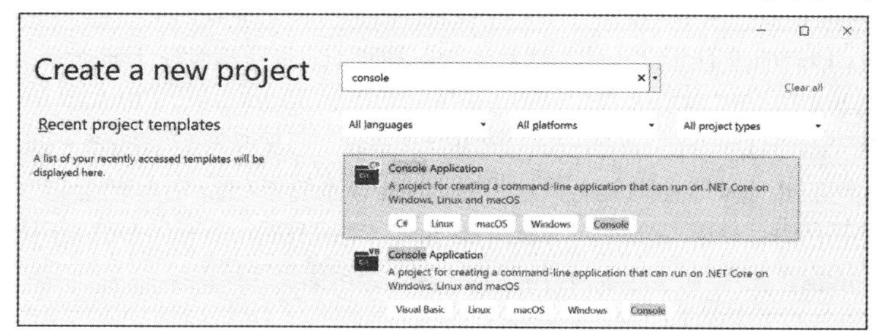

图 1.3 选择 Console Application 项目模板

(4) 单击 Next 按钮。

(5) 在 Configure your new project 对话框中，为项目名称输入 HelloCS，为位置输入 C:\Code，

为解决方案名称输入 Chapter01，如图 1.4 所示。

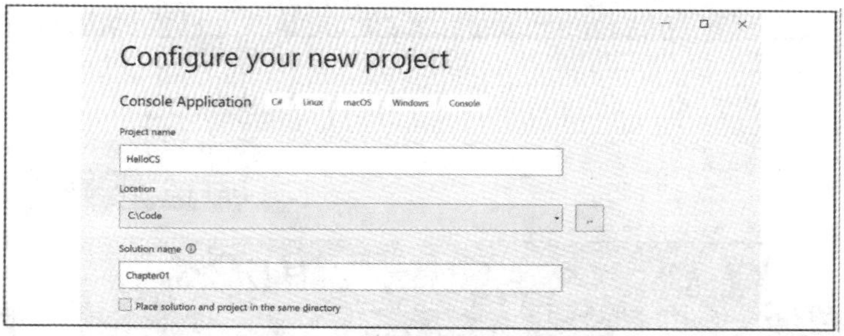

Configure your new project
Console Application　C#　Linux　macOS　Windows　Console
Project name
HelloCS
Location
C:\Code
Solution name
Chapter01
Place solution and project in the same directory

图 1.4　为新项目配置名称和位置

(6) 单击 Next 按钮。

最佳实践

我们有意使用.NET 5.0 的旧项目模板来查看完整的控制台应用程序是什么样的。下一节将使用.NET 6.0 创建一个控制台应用程序，看看有什么改变。

(7) 在 Additional information 对话框的 Target Framework 下拉列表中，注意.NET 的当前和长期支持版本的选择，然后选择.NET 5.0 (Current)并单击 Create。

(8) 在 Solution Explorer 中，双击以打开名为 Program.cs 的文件，请注意 Solution Explorer 显示了 HelloCS 项目，如图 1.5 所示。

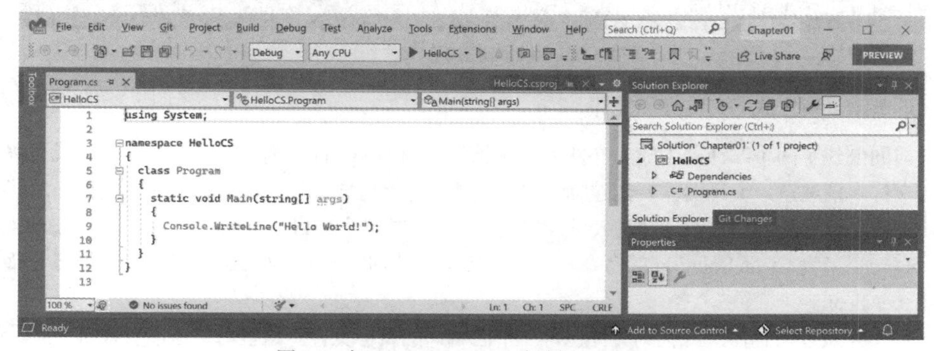

图 1.5　在 Visual Studio 2022 中编辑 Program.cs

(9) 在 Program.cs 中，修改第 9 行，以便写入控制台的文本是 Hello, C#!

1.3.3　使用 Visual Studio 编译和运行代码

下一个任务是编译并运行代码，步骤如下。

(1) 在 Visual Studio 中，导航到 Debug | Start Without Debugging。

(2) 执行后，终端将显示应用程序的运行结果，如图 1.6 所示。

(3) 按任意键关闭控制台窗口并返回 Visual Studio。

(4) 选择 HelloCS 项目，然后在 Solution Explorer 工具栏中，切换 Show All Files 按钮，注意编译器生成的 bin 和 obj 文件夹是可见的，如图 1.7 所示。

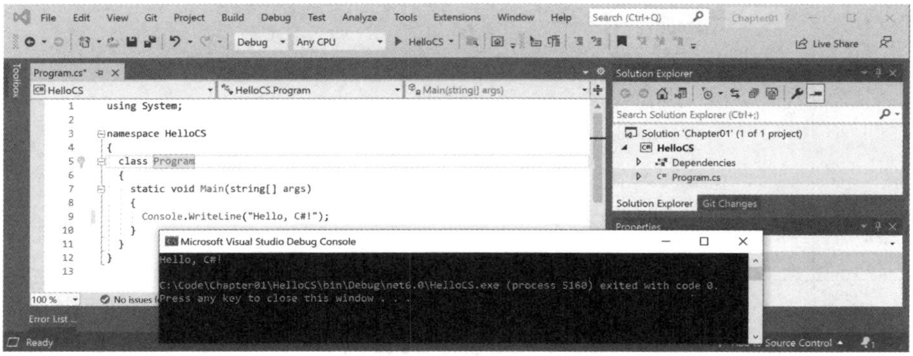

图 1.6 在 Windows 上运行控制台应用程序

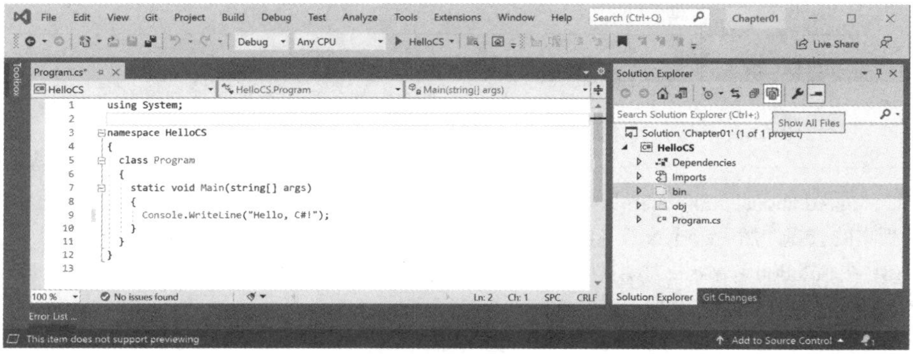

图 1.7 显示编译器生成的文件夹和文件

理解编译器生成的文件夹和文件

前面创建了两个编译器生成的文件夹，分别为 obj 和 bin。你不需要查看这些文件夹或了解它们的文件。请注意，编译器需要创建临时文件夹和文件来完成工作。可以删除这些文件夹及其文件，稍后可以重新创建它们。开发人员经常这样做来“清理”项目。Visual Studio 甚至在 Build 菜单上有一个名为 Clean Solution 的命令，它可以删除一些临时文件。Visual Studio Code 的等效命令是 dotnet clean。

- obj 文件夹为每个源代码文件包含一个已编译的目标文件。这些对象还没有被链接到最终的可执行文件。
- bin 文件夹包含应用程序或类库的二进制可执行文件。详见第 7 章。

1.3.4 编写顶级程序

仅仅输出“Hello, World!”就需要编写很多代码！虽然样板代码是由项目模板自动编写的，但是有没有更简单的方式呢?

有，这在 C# 9.0 或更新版本中被称为顶级程序。

下面对它们进行一下比较。项目模板创建的控制台应用程序如下所示。

```
using System;
```

```
namespace HelloCS
{
  class Program
  {
    static void Main(string[] args)
    {
      Console.WriteLine("Hello World!");
    }
  }
}
```

新的顶级程序则如下所示：

```
using System;

Console.WriteLine("Hello World!");
```

相比而言，顶级程序简单多了。如果必须从一个空白文件开始，自己编写所有语句，显然顶级程序更好。

在编译期间，所有用于定义名称空间、Program 类及其 Main 方法的样板代码都会生成并封装在我们编写的语句中。

关于顶级项目，需要记住的要点包括：

- 任何 using 语句仍然必须放在文件的顶部。
- 项目中只能有一个这样的文件。

文件顶部的 using System;语句导入 System 名称空间。这将启用 Console.WriteLine 语句。下一章将学习更多关于名称空间的知识。

1.3.5 使用 Visual Studio 2022 添加第二个项目

在解决方案中添加第二个项目，来探索顶级程序。

(1) 在 Visual Studio 中，导航到 File | Add | New Project。

(2) 在 Add a new project 对话框，在 Recent project templates 中选择 Console Application [C#]，然后单击 Next 按钮。

(3) 在 Configure your new project 对话框中，输入项目名称为 TopLevelProgram，保留位置为 C:\Code\Chapter01，然后单击 Next 按钮。

(4) 在 Additional information 对话框中，选择.NET 6.0 (Long-term support)，然后单击 Create 按钮。

(5) 打开 Solution Explorer，在 TopLevelProgram 项目中，双击 Program.cs 以打开它。

(6) 在 program .cs 中，请注意代码仅由一条注释和一条语句组成，因为它使用了 C# 9 中引入的顶级程序特性，如下面的代码所示：

```
// See https://aka.ms/new-console-template for more information
Console.WriteLine("Hello, World!");
```

但是在前面介绍顶级程序的概念时，需要一个 using System;语句。为什么这里不需要呢?

隐式导入名称空间

诀窍在于，仍然需要导入 System 名称空间，但现在使用 C# 10 中引入的特性就可以完成了。

如下所示：

(1) 在 Solution Explorer 中，选择 TopLevelProgram 项目并在 Show All Files 按钮上切换，注意编译器生成的 bin 和 obj 文件夹是可见的。

(2) 依次展开 obj 文件夹、Debug 文件夹和 net6.0 文件夹，打开文件 TopLevelProgram.GlobalUsings.g.cs。

(3) 注意，这个文件是由编译器为面向.NET 6 的项目自动创建的，它使用了 C# 10 中引入的一个叫做全局导入的特性，该特性导入了一些常用的名称空间，如 System，以便在所有代码文件中使用，代码如下所示：

```
// <autogenerated />
global using global::System;
global using global::System.Collections.Generic;
global using global::System.IO;
global using global::System.Linq;
global using global::System.Net.Http;
global using global::System.Threading;
global using global::System.Threading.Tasks;
```

更多信息

第 2 章将详细解释这个特性。现在请注意.NET 5 和.NET 6 之间的一个重大变化是，许多项目模板(如控制台应用程序的模板)使用新的语言特性来隐藏实际发生的事情。

(4) 在 TopLevelProgram 项目的 Program.cs 中，修改语句以输出不同的消息和操作系统版本，代码如下所示：

```
Console.WriteLine("Hello from a Top Level Program!");
Console.WriteLine(Environment.OSVersion.VersionString);
```

(5) 在 Solution Explorer 中，右击 Chapter01 解决方案，选择 Set Startup Projects…，设置 Current selection，然后单击 OK 按钮。

(6) 在 Solution Explorer 中，单击 TopLevelProgram 项目(或其中的任何文件或文件夹)，并注意 Visual Studio 通过将项目名称加粗来指示 TopLevelProgram 现在是启动项目。

(7) 导航到 Debug | Start Without Debugging 来运行 TopLevelProgram 项目，并注意结果，如图 1.8 所示。

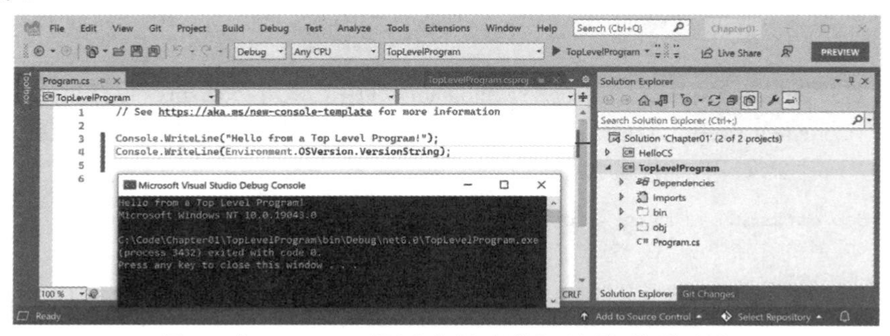

图 1.8　在 Visual Studio 解决方案中运行带有两个项目的顶级程序

1.4　使用Visual Studio Code构建控制台应用程序

本节的目标是展示如何使用Visual Studio Code构建控制台应用程序。

如果不想尝试Visual Studio Code或.NET Interactive Notebooks，那么请随意跳过此节和下一节，然后继续1.1.3节。

本节中的指令和屏幕截图都是针对Windows的，但是相同的操作也适用于macOS和Linux发行版的Visual Studio Code。

主要区别在于本机命令行操作，比如在Windows、macOS和Linux上，删除文件时使用的命令和路径就可能不同。幸运的是，dotnet命令行工具在所有平台上都是相同的。

1.4.1　使用Visual Studio Code管理多个项目

Visual Studio Code有一个名为工作区的概念，允许同时打开和管理多个项目。我们将使用工作区来管理本章创建的两个项目。

1.4.2　使用Visual Studio Code编写代码

下面开始编写代码吧!

(1) 启动Visual Studio Code。

(2) 确保没有任何打开的文件、文件夹或工作区。

(3) 导航到File | Save Workspace As....

(4) 在对话框中，导航到macOS上的用户文件夹(我的文件夹名为markjprice)、Windows上的Documents文件夹，或者想要保存项目的任何目录或驱动器。

(5) 单击New Folder按钮，并将文件夹命名为Code(如果你完成了Visual Studio 2022的部分，那么该文件夹已经存在) 。

(6) 在Code文件夹中，创建一个名为Chapter01-vscode的新文件夹。

(7) 在Chapter01-vscode文件夹中，将工作区保存为Chapter01.code-workspace。

(8) 导航到File | Add Folder to Workspace…或单击Add Folder按钮。

(9) 在Chapter01-vscode文件夹中，创建一个名为HelloCS的新文件夹。

(10) 选择HelloCS文件夹并单击Add按钮。

(11) 导航到View | Terminal。

更多信息

我们有意使用.NET 5.0的旧项目模板来查看完整的控制台应用程序是什么样子的。下一节将使用.NET 6.0创建一个控制台应用程序，看看有什么改变。

(12) 在TERMINAL中，确保位于HelloCS文件夹中，然后使用dotnet命令行工具创建一个面向.NET 5.0的新控制台应用程序，如下所示：

```
dotnet new console -f net5.0
```

(13) dotnet 命令行工具在当前文件夹中创建了一个新的 Console Application 项目，并且 EXPLORER 窗口显示了创建的两个文件 HelloCS.csproj 和 Program.cs，以及 obj 文件夹，如图 1.9 所示。

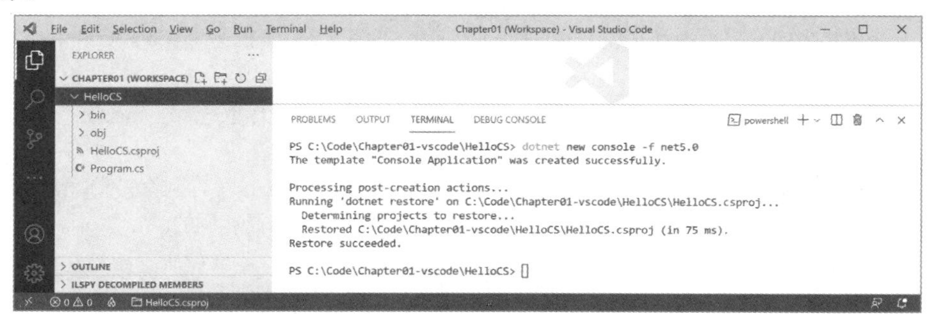

图 1.9　EXPLORER 窗口将显示已经创建了两个文件和一个文件夹

(14) 在 EXPLORER 中，单击名为 Program.cs 的文件，在编辑器窗口中打开它。起初，如果安装 C#扩展时没有这样做，或者它们需要更新，那么 Visual Studio Code 可能不得不下载并安装 C#依赖项，如 OmniSharp、.NET Core Debugger 和 Razor Language Server。Visual Studio Code 将在 Output 窗口中显示进度，最终显示消息 Finished，如下所示：

```
Installing C# dependencies...
Platform: win32, x86_64

Downloading package 'OmniSharp for Windows (.NET 4.6 / x64)' (36150
KB).................... Done!
Validating download...
Integrity Check succeeded.
Installing package 'OmniSharp for Windows (.NET 4.6 / x64)'

Downloading package '.NET Core Debugger (Windows / x64)' (45048
KB).................... Done!
Validating download...
Integrity Check succeeded.
Installing package '.NET Core Debugger (Windows / x64)'

Downloading package 'Razor Language Server (Windows / x64)' (52344
KB).................... Done!
Installing package 'Razor Language Server (Windows / x64)'

Finished
```

更多信息

上述输出来自 Windows 上的 Visual Studio Code。在 macOS 或 Linux 上运行时，输出略有不同，但将下载和安装操作系统的等效组件。

(15) 名为 obj 和 bin 的文件夹将被创建，当看到一个通知指出需要的资产(asset)不见了，单击 Yes 按钮，如图 1.10 所示。

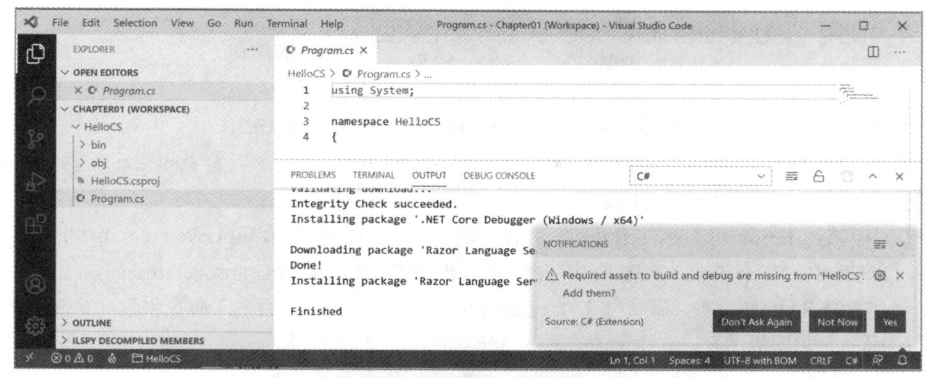

图 1.10 警告消息指出需要添加所需的构建和调试资产

(16) 如果通知在你与之交互之前就消失了，那么可以单击状态栏右下角的铃声图标，再次显示它。

(17) 几秒钟后，创建另一个名为.vscode 的文件夹，其中包含一些文件，Visual Studio Code 使用这些文件来提供调试期间的智能感知功能，详见第 4 章。

(18) 在 Program.cs 中，修改第 9 行，以便写入控制台的文本是 Hello, C#!

最佳实践

导航到 File | Auto Save，从而省去每次重新构建应用程序之前都要保存的麻烦。

1.4.3 使用 dotnet 命令行编译和运行代码

下一个任务是编译和运行代码。

(1) 导航到 View | Terminal 并输入以下命令：

```
Dotnet run
```

(2) TERMINAL 窗口中的输出将显示运行应用程序的结果，如图 1.11 所示。

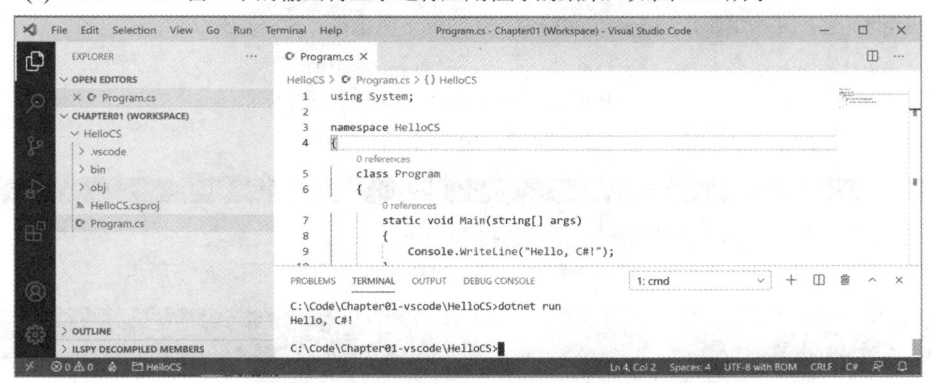

图 1.11 运行第一个控制台应用程序的输出

1.4.4 使用 Visual Studio Code 添加第二个项目

在工作区中添加第二个项目来探索顶级程序。

(1) 在 Visual Studio Code 中，导航到 File | Add Folder to Workspace….

(2) 在 Chapter01-vscode 文件夹中，使用 New Folder 按钮创建一个名为 TopLevelProgram 的新文件夹，选中它，然后单击 Add 按钮。

(3) 导航到 Terminal | New Terminal，并在出现的下拉列表中选择 TopLevelProgram。或者，在 EXPLORER 中，右击 TopLevelProgram 文件夹，然后选择 Open in Integrated Terminal。

(4) 在 TERMINAL 中，确认位于 TopLevelProgram 文件夹，然后输入命令创建一个新的控制台应用程序，如下所示：

```
dotnet new console
```

最佳实践

使用工作区时，在 TERMINAL 中输入命令时要小心。在输入可能具有破坏性的命令之前，请确保处于正确的文件夹中！这就是为什么在发出创建新控制台应用程序的命令之前为 TopLevelProgram 创建一个新的终端。

(5) 导航到 View | Command Palette。

(6) 输入 omni，然后在出现的下拉列表中选择 OmniSharp: Select Project。

(7) 在两个项目的下拉列表中，选择 TopLevelProgram 项目，当出现提示时，单击 Yes 按钮添加需要调试的资产。

最佳实践

为了启用调试和其他有用的功能，如代码格式化和 Go To Definition，必须告诉 OmniSharp，你正在 Visual Studio Code 中开发哪个项目。可以通过单击状态栏左侧火焰图标右边的项目/文件夹来快速切换活动项目。

(8) 在 EXPLORER 的 TopLevelProgram 文件夹中，选择 Program.cs，然后更改现有语句以输出不同的消息，并输出操作系统版本字符串，代码如下所示：

```
Console.WriteLine("Hello from a Top Level Program!");
Console.WriteLine(Environment.OSVersion.VersionString);
```

(9) 在 TERMINAL 中输入命令运行程序，如下所示：

```
Dotnet run
```

(10) 注意 TERMINAL 窗口的输出，如图 1.12 所示。

如果在 macOS Big Sur 上运行这个程序，环境操作系统会有所不同，如下所示：

```
Hello from a Top Level Program!
Unix 11.2.3
```

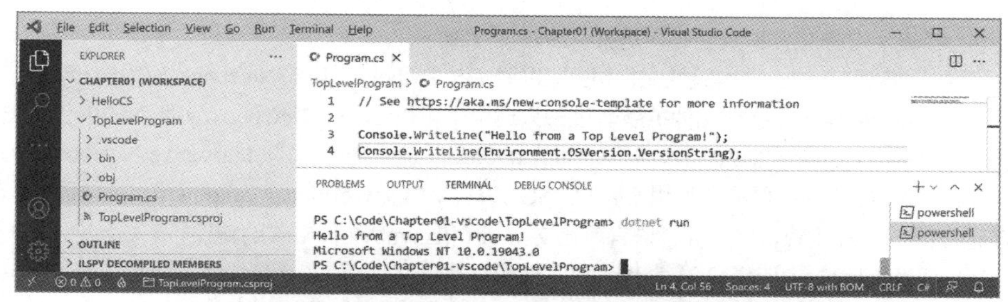

图 1.12　在 Visual Studio Code 工作区中运行带有两个项目的顶级程序

1.4.5　使用 Visual Studio Code 管理多个文件

如果有多个文件，想在同一时间处理，就可以在编辑时把它们并排放置。

(1) 在 EXPLORER 中，展开这两个项目。

(2) 打开两个项目中的两个 Program.cs 文件。

(3) 单击、按住并拖动其中一个打开的文件的编辑窗口选项卡，对它们并排放置，以便同时查看两个文件。

1.5　使用.NET Interactive Notebooks 探索代码

.NET Interactive Notebooks 使编写代码比编写顶级程序更容易。它需要 Visual Studio Code，所以如果之前没有安装它，请现在安装。

1.5.1　创建一个 Notebook

首先，需要创建一个 Notebook。

(1) 在 Visual Studio Code 中，关闭任何打开的工作区或文件夹。

(2) 导航到 View | Command Palette。

(3) 输入.net inter，然后选择.NET Interactive: Create new blank notebook，如图 1.13 所示。

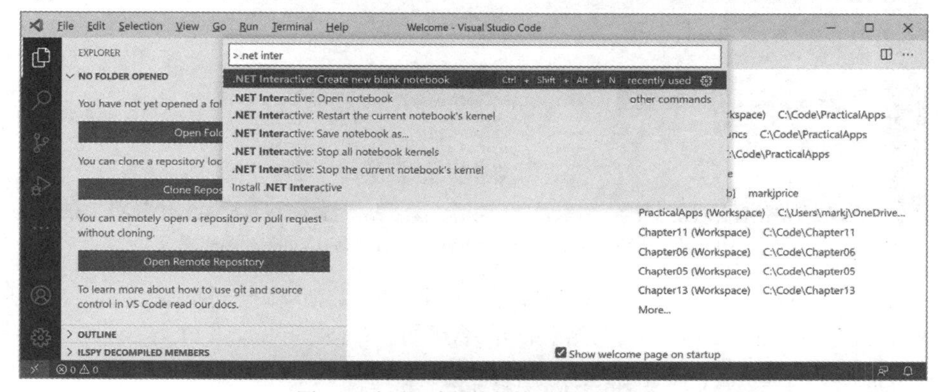

图 1.13　创建一个新的空白.NET Notebook

(4) 当提示选择文件扩展名时，选择 Create as '.dib'。

.dib 是微软定义的一种实验性文件格式，以避免与 Python 交互式 Notebook 使用的.ipynb 格式出现混淆和兼容性问题。这个文件扩展名过去只适用于可以在一个 Notebook 文件(NB)中包含交互式(I)混合数据、Python 代码(PY)和输出的 Jupyter Notebook。随着.NET Interactive Notebooks 的出现，这一概念得到扩展，可混合使用 C#、F#、SQL、HTML、JavaScript、Markdown 和其他语言。.dib 是多语言的，这意味着它支持混合语言。还支持.dib 和.ipynb 文件格式的转换。

(5) 在 Notebook 中选择 C#作为代码单元格的默认语言。

(6) 如果有新的.NET Interactive 版本可用，就必须等待它卸载旧版本并安装新版本。导航到 View | Output 并在下拉列表中选择.NET Interactive : diagnostics。请耐心等待。这可能需要几分钟的时间，Notebook 才会显示，因为它必须启动.NET 的主机环境。如果几分钟后什么都没有发生，就关闭 Visual Studio Code 并重新启动它。

(7) 一旦下载和安装.NET Interactive Notebooks 扩展，输出窗口诊断将显示一个内核进程已经启动，输出如下所示(你的进程和端口号与下面的输出可能不同)，这已经被编辑以节省空间：

```
Extension started for VS Code Stable.
...
Kernel process 12516 Port 59565 is using tunnel uri http://
localhost:59565/
```

1.5.2 在 Notebook 上编写和运行代码

接下来，可以在 Notebook 单元格中编写代码。

(1) 第一个单元格应该已经设置为 C#(.NET Interactive)，但如果它被设置为其他值，则单击代码单元格右下角的语言选择器，然后选择 C# (.NET Interactive)作为该单元格的语言模式，并注意代码单元格的其他语言选择，如图 1.14 所示。

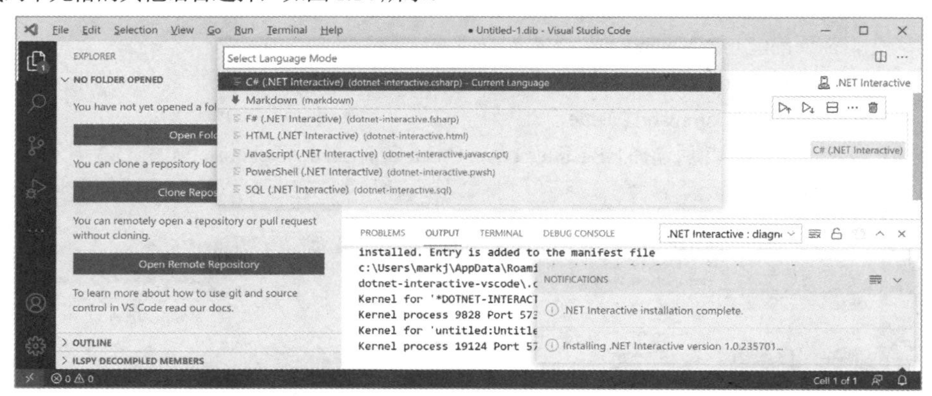

图 1.14 在 NET Interactive Notebooks 中更改代码单元格的语言

(2) 在 C# (.NET Interactive)代码单元格，输入一条语句，将消息输出到控制台，并注意，不需要像在完整的应用程序中那样以分号结束语句，代码如下所示：

```
Console.WriteLine("Hello, .NET Interactive!")
```

(3) 单击代码单元左边的 Execute Cell 按钮，注意代码单元下面的灰色框中出现的输出，如图 1.15 所示。

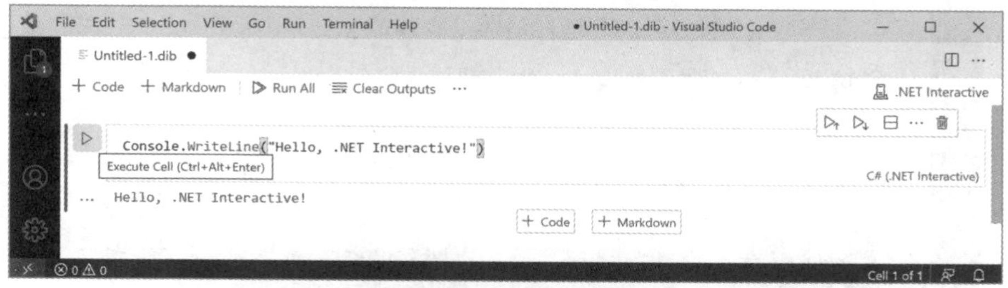

图 1.15 在 Notebook 上运行代码并查看下面的输出

1.5.3 保存 Notebook

像其他文件一样，应该在继续之前保存 Notebook：

(1) 导航到 File | Save As…。

(2) 切换到 Chapter01-vscode 文件夹，并将 Notebook 保存为 Chapter01.dib。

(3) 关闭 Chapter01.dib 编辑器选项卡。

1.5.4 给 Notebook 添加 Markdown 和特殊命令

可以使用特殊命令来匹配包含 Markdown 和代码的单元格。

(1) 导航到 File | Open File…，选择 Chapter01.dib 文件。

(2) 如果提示“Do you trust the authors of these files(你信任这些文件的作者吗)?”，单击 Open 按钮。

(3) 将鼠标悬停在代码块上方，并单击+ Markup 以添加 Markdown 单元格。

(4) 键入标题级别 1，如下面的 Markdown 所示：

```
# Chapter 1 - Hello, C#! Welcome, .NET!
Mixing *rich* **text** and code is cool!
```

(5) 单击单元格右上角的勾号以停止编辑单元格，并查看已处理的 Markdown。

更多信息

如果单元格的顺序错误，可以通过拖放重新排列它们。

(6) 在 Markdown 单元格和代码单元格之间悬停，然后单击+ Code。

(7) 输入一个特殊的命令来输出.NET Interactive 的版本信息，如下所示：

```
#!about
```

(8) 单击 Execute Cell 按钮并注意输出，如图 1.16 所示。

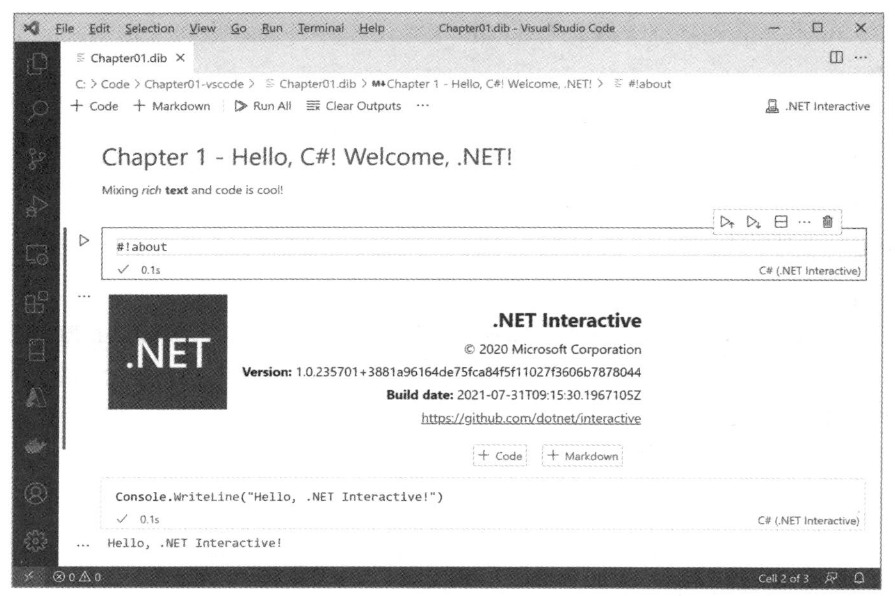

图 1.16　在.NET Interactive Notebooks 中混合 Markdown、代码和特殊命令

1.5.5　在多个单元中执行代码

当 Notebook 中有多个代码单元格时，在上下文在后续代码单元格中可用之前，必须执行前面的代码单元格。

(1) 在 Notebook 的底部，添加一个新的代码单元格，然后键入一个语句来声明一个变量并赋一个整数值，如下面的代码所示：

```
int number = 8;
```

(2) 在 Notebook 的底部，添加一个新的代码单元格，然后输入一条语句来输出 number 变量，代码如下所示：

```
Console.WriteLine(number);
```

(3) 注意，第二个代码单元格不知道 number 变量，因为它在另一个代码单元(也就是 context)中定义和分配，如图 1.17 所示。

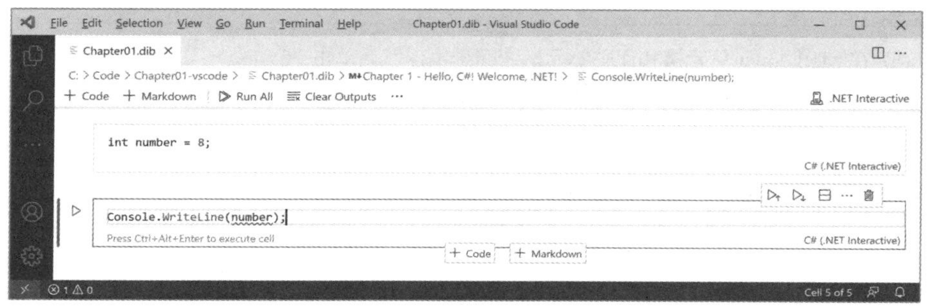

图 1.17　number 变量在当前单元格或上下文中不存在

(4) 在第一个单元格中，单击 Execute Cell 按钮声明变量并为其赋值，然后在第二个单元格中，单击 Execute Cell 按钮输出 number 变量，注意这是有效的(或者，在第一个单元格中，可以单击 Execute Cell and Below 按钮)。

> **最佳实践**
> 如果在两个单元格之间分割了相关的代码，请记住在执行后续单元格之前执行前一个单元格。在 Notebook 的顶部，具有 Clear Outputs 和 Run All 按钮。这是非常方便的，因为可以单击一个按钮，然后单击另一个，以确保所有代码单元格都能正确执行，只要它们的顺序是正确的即可。

1.5.6 为本书中的代码使用.NET Interactive Notebooks

下面不会给出使用 Notebook 的明确说明，但本书的 GitHub 存储库在适当的时候提供了解决方案 Notebook。我想很多读者想要为第 2~12 章介绍的语言和库功能运行预先创建的 Notebook，他们想要看到实际操作，而不需要编写完整的应用程序，即使它只是一个控制台应用程序：

```
https://github.com/markjprice/cs10dotnet6/tree/main/notebooks
```

1.6 检查项目的文件夹和文件

本章创建了两个名为 HelloCS 和 TopLevelProgram 的项目。

Visual Studio Code 使用工作区文件来管理多个项目。Visual Studio 2022 使用解决方案文件来管理多个项目。还创建了一个 Notebook。

其结果是一个文件夹结构和文件，这些将在后续章节中重复。但包含两个以上的项目，如图 1.18 所示。

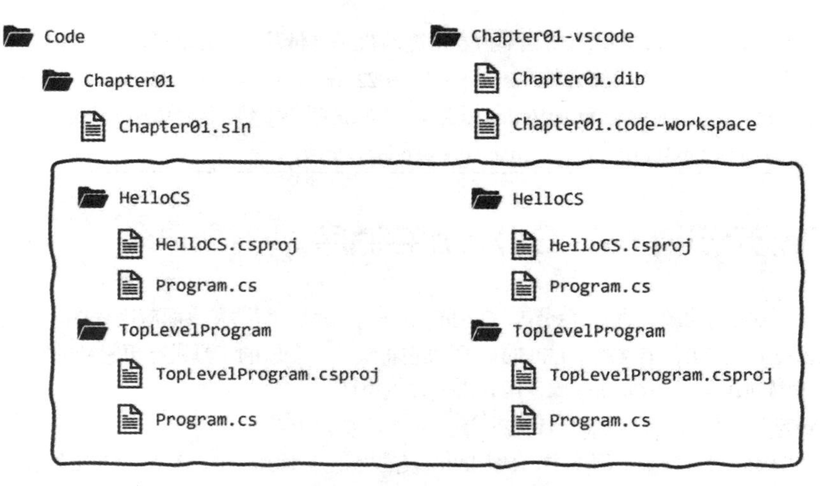

图 1.18 本章中两个项目的文件夹结构和文件

1.6.1 了解常见的文件夹和文件

尽管.code-workspace 和.sln 文件是不同的，但项目文件夹和文件(如 HelloCS 和 TopLevelProgram)对于 Visual Studio 2022 和 Visual Studio Code 是相同的。这意味着如果愿意，可以匹配这两种代码编辑器。

- 在 Visual Studio 2022 中，打开解决方案，导航到 File | Add Existing Project…，添加由另一个工具创建的项目文件。
- 在 Visual Studio Code 中，打开工作区，导航到 File | Add Folder to Workspace…，添加由另一个工具创建的项目文件夹。

最佳实践

虽然源代码是相同的，如.csproj 和.cs 文件，但 bin 和 obj 文件夹是由编译器自动生成的。文件版本可能不匹配，这就会出错。如果想在 Visual Studio 2022 和 Visual Studio Code 中打开相同的项目，则可以删除临时 bin 和 obj 文件夹，然后在另一个代码编辑器中打开项目。这是在本章的解决方案中为 Visual Studio Code 创建另一个文件夹的原因。

1.6.2 理解 GitHub 中的解决方案代码

本书的 GitHub 存储库中的解决方案代码包括 Visual Studio Code、Visual Studio 2022 和.NET Interactive Notebooks 文件的单独文件夹。

- Visual Studio 2022 解决方案：https://github.com/markjprice/cs10dotnet6/tree/main/ vs4win
- Visual Studio Code 解决方案：https://github.com/markjprice/cs10dotnet6/tree/ main/vscode
- .NET Interactive Notebooks 解决方案：https://github.com/markjprice/cs10dotnet6/tree/main/notebooks

最佳实践

可随时温习本章内容，回顾如何在所选的代码编辑器中创建和管理多个项目。GitHub 存储库有四种代码编辑器(Visual Studio 2022 for Windows、Visual Studio Code、Visual Studio 2022 for Mac 和 JetBrains Rider)的步骤说明，以及附加的截图：https://github.com/markjprice/cs10dotnet6/blob/main/ docs/code-editors/。

1.7 充分利用本书的 GitHub 存储库

Git 是一种常用的源代码管理系统。GitHub 是一个公司、网站和桌面应用程序，它使 Git 管理更容易。微软在 2018 年收购了 GitHub，所以它将继续与微软的工具进行更紧密的整合。

我为本书创建了一个 GitHub 库，用它来做以下事情。

- 保存图书的解决方案代码，可在出版后进行维护。
- 提供额外的材料来扩展本书，比如勘误表的修正、小的改进、有用的链接列表，以及印刷书中无法容纳的较长文章。
- 如果读者有关于本书的问题，可通过提供的渠道与我联系。

1.7.1　对本书提出问题

如果困惑于本书的任何说明，或者如果发现解决方案中的文本或代码中有错误，请在 GitHub 存储库中提出问题。

(1) 使用喜欢的浏览器导航到以下链接：https://github.com/markjprice/ cs10dotnet6/issues。

(2) 单击 New Issue。

(3) 输入尽可能多的细节，以帮助诊断问题。例如：

- 操作系统，如 Windows 11(64 位)或 macOS Big Sur 11.2.3 版本。
- 硬件，如英特尔、Apple Silicon 或 ARM CPU。
- 代码编辑器，如 Visual Studio 2022、Visual Studio Code。
- 相关的、必要的、尽可能详明的代码和配置。
- 描述预期行为和所经历的行为。
- 截图(如果可能的话)。

撰写本书对我来说是副业。我有一份全职工作，所以我主要在周末写书。这意味着我不能总是立即对问题给出答复。但我希望所有读者都能通过本书获得成功，我很乐意在力所能及的范围内帮助读者。

1.7.2　反馈

GitHub 知识库 README.Md 页面上有一些调查的链接。你可以匿名提供反馈。如果想得到回复，那么可以提供一个电子邮件地址；我只会用这个邮箱地址进行回复。

我喜欢听读者说他们喜欢本书的什么地方，关于改进的建议，以及他们是如何使用 C#和.NET 的。不要害羞，请联系我!

提前感谢你的深思熟虑和建设性反馈意见。

1.7.3　从 GitHub 存储库下载解决方案代码

我使用 GitHub 存储所有实践的解决方案、各个章节的编码示例和章末练习。你将在以下链接中找到该存储库：https://github.com/markjprice/cs10dotnet6。

如果想在不使用 Git 的情况下下载所有解决方案文件，请单击绿色的 Code 按钮，然后选择 Download ZIP，如图 1.19 所示。

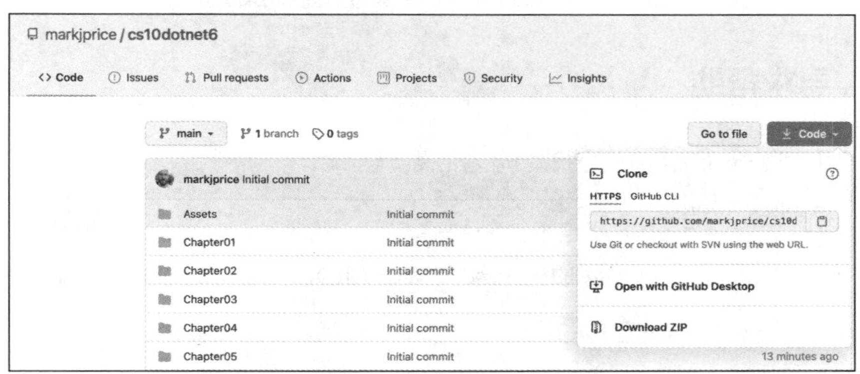

图 1.19　将存储库下载为 ZIP 文件

建议将前面的链接添加到最喜欢的书签中，因为我也使用本书的 GitHub 知识库发布勘误和其他有用的链接。

1.7.4 使用 Git、Visual Studio Code 和命令行

Visual Studio Code 支持 Git，但需要使用操作系统的 Git 安装、必须先安装 Git 2.0 或更新版本。可通过以下链接安装 Git:https://git-scm.com/download。

如果喜欢使用图形用户界面，可从以下链接下载 GitHub Desktop:https://desktop.github.com。

备份图书解决方案代码存储库

下面备份图书解决方案代码存储库。可使用 Visual Studio Code 终端，也可在任何命令提示符或终端窗口中输入命令。

(1) 在用户或 Documents 文件夹中创建名为 Repos-vscode 的文件夹，也可在希望存储 Git 存储库的任何地方创建该文件夹。

(2) 在 Visual Studio Code 中打开 Repos-vscode 文件夹。

(3) 导航到 View | Terminal，输入以下命令：

```
git clone https://github.com/markjprice/cs10dotnet6.git
```

(4) 备份各个章节的所有解决方案需要一分钟左右的时间，如图 1.20 所示。

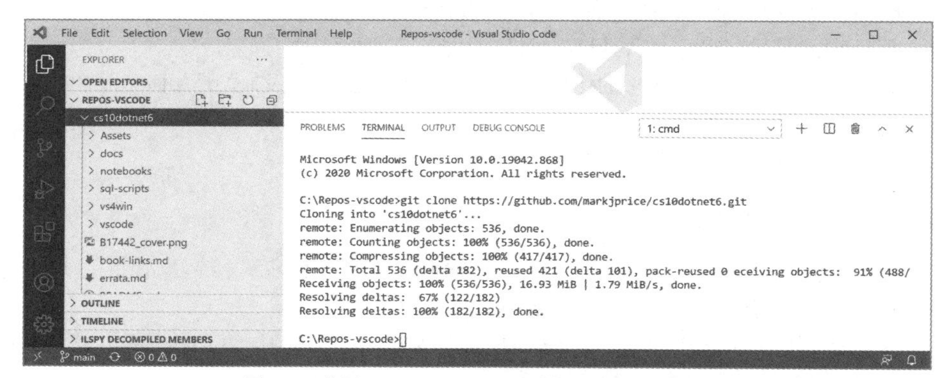

图 1.20 使用 Visual Studio Code 复制图书解决方案代码

1.8 寻求帮助

本节主要讨论如何在网络上查找关于编程的高质量信息。

1.8.1 阅读微软文档

关于微软开发工具和平台帮助的权威资源是 Microsoft Docs，参见 https://docs.microsoft.com/。

1.8.2 获取关于 dotnet 工具的帮助

在命令行，可以向 dotnet 工具请求有关 dotnet 命令的帮助。

(1) 要在浏览器窗口中打开 dotnet new 命令的官方文档，请在命令行或 Visual Studio Code 终端输入以下命令：

```
dotnet help new
```

(2) 要在命令行中获得帮助输出，可以使用-h 或--help 标志，命令如下所示。

```
dotnet new console -h
```

(3) 部分输出如下：

```
Console Application (C#)
Author: Microsoft
Description: A project for creating a command-line application that can
run on .NET Core on Windows, Linux and macOS

Options:
-f|--framework. The target framework for the project.
            net6.0          - Target net6.0
            net5.0          - Target net5.0
            netcoreapp3.1.  - Target netcoreapp3.1
            netcoreapp3.0.  - Target netcoreapp3.0
          Default: net6.0

--langVersion Sets langVersion in the created project file text -
Optional
```

1.8.3　获取类型及其成员的定义

代码编辑器最有用的特性之一是 Go to Definition。它在 Visual Studio Code 和 Visual Studio 2022 中可用。它将通过读取已编译程序集中的元数据来显示类型或成员的公共定义。有些工具(如.NET 反编译工具 ILSpy .NET Decompiler)甚至可将元数据和 IL 代码反向工程化为 C#。执行以下步骤。

(1) 在 Visual Studio Code 和 Visual Studio 2022 中打开 Chapter01 解决方案/工作区。

(2) 打开 HelloCS 项目，在 Program.cs 的 Main 方法中输入以下语句，声明一个名为 z 的整型变量：

```
int z;
```

(3) 单击 int 内部，右击并从弹出菜单中选择 Go To Definition。

(4) 在新出现的代码窗口中，可以看到 int 数据类型是如何定义的，如图 1.21 所示。

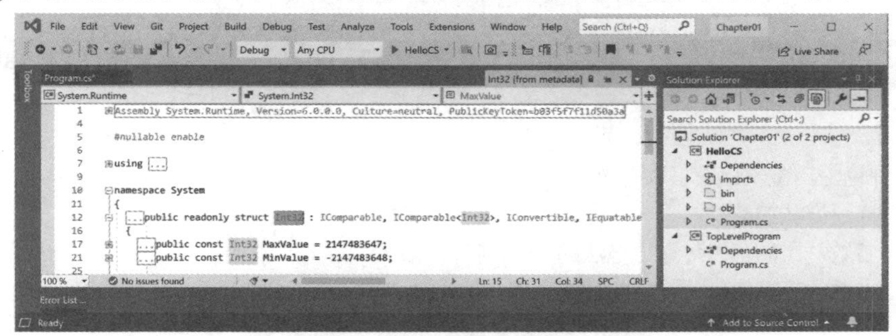

图 1.21　int 数据类型元数据

可以看到，int 数据类型具有以下特点：

- 是用 struct 关键字定义的
- 在 System.Runtime 程序集中
- 在 System 名称空间中
- 被命名为 Int32
- 是 System.Int32 的别名
- 实现了 IComparable 等接口
- 最大值和最小值为常数
- 拥有类似于 Parse 的方法

最佳实践

当尝试在 Visual Studio Code 中使用 Go to Definition 特性时，有时会看到错误消息，指出没有找到定义。这是因为 C#扩展不知道当前项目。导航到 View | Command Palette，输入 Omni 并选择 Sharp: Select Project，然后选择要使用的正确项目即可。

现在，Go To Definition 特性似乎不是很有用，因为你还不知道这些术语的含义。

等到阅读完本书的第一部分(包括第 2~6 章)，你就会对这个特性有足够的了解，使用时也会变得非常顺手。

(5) 在代码编辑器窗口中，向下滚动，找到从第 106 行开始的带单个 string 参数的 Parse 方法，如图 1.22 所示。

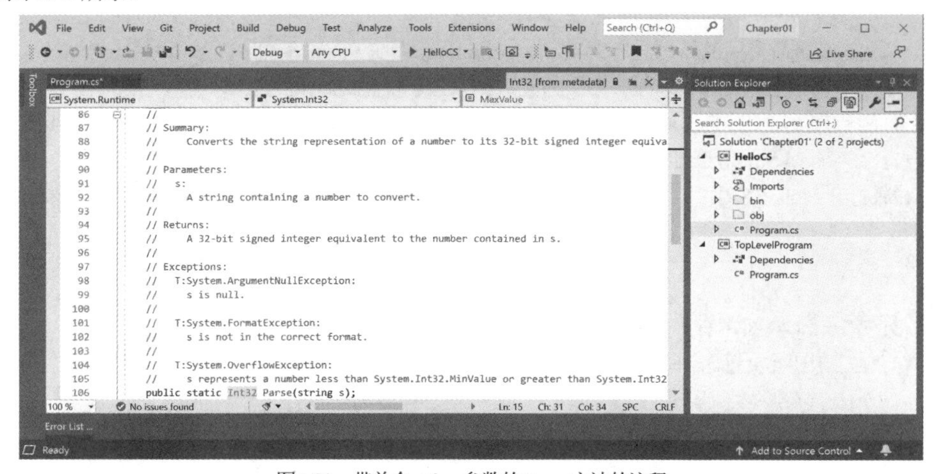

图 1.22 带单个 string 参数的 Parse 方法的注释

在评论中，微软记录了以下内容：

- 描述方法的摘要。
- 参数，比如可以传递给方法的 string 值。
- 方法的返回值，包括它的数据类型。

- 如果调用这个方法，三个异常可能会发生，包括 ArgumentNullException、FormatException 和 OverflowException。现在，我们知道了需要在 try 语句中封装对这个方法的调用，并且知道了要捕获哪些异常。

你可能已经迫不及待地想要了解这一切意味着什么!

再忍耐一会儿。本章差不多结束了，第 2 章将深入介绍 C#语言的细节。下面我们再看看还可以从哪里寻求帮助。

1.8.4　在 Stack Overflow 上寻找答案

Stack Overflow 是最受欢迎的第三方网站，可以在上面找到编程难题的答案。Stack Overflow 非常受欢迎，像 DuckDuckGo 这样的搜索引擎有一种特殊的方式来编写查询和搜索网站。执行的步骤如下。

(1) 启动喜欢的 Web 浏览器。

(2) 进入 DuckDuckGo.com，输入以下查询，并注意搜索结果，如图 1.23 所示。

```
!so securestring
```

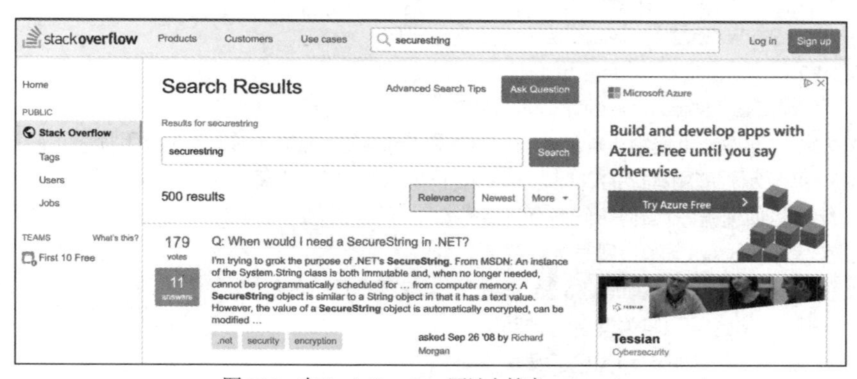

图 1.23　在 Stack Overflow 网站上搜索 securestring

1.8.5　使用谷歌搜索答案

可以使用谷歌提供的高级搜索选项，以增大找到答案的可能性。执行的步骤如下。

(1) 导航到谷歌。

(2) 使用简单的谷歌查询搜索关于 garbage collection(垃圾收集)的信息。请注意，你可能会先看到一堆与本地区垃圾回收服务相关的广告，然后才能看到维基百科针对垃圾回收在计算机科学领域的定义。

(3) 可通过将搜索结果限制在有用的站点(如 Stack Overflow)、删除我们可能不关心的语言(如 C++、Rust 和 Python)或显式地添加 C#和.NET 来改进搜索，如下所示：

```
garbage collection site:stackoverflow.com +C# -Java
```

1.8.6　订阅官方的.NET 博客

要跟上.NET 的最新动态，值得订阅的优秀博客就是.NET 工程团队编写的官方.NET 博客，网址为 https://devblogs.microsoft.com/dotnet/。

1.8.7 观看 Scott Hanselman 的视频

来自微软的 Scott Hanselman 在 YouTube 上有一个很好的频道：http://computerstufftheydidntteachyou.com/。

1.9 实践和探索

现在尝试回答一些问题，从而测试自己对知识的理解程度，获得一些实际操作经验，并对本章涉及的主题进行更深入的研究。

1.9.1 练习 1.1：测试你掌握的知识

试着回答以下问题，记住，虽然大多数答案可以在本章中找到，但你需要进行一些在线研究或编写一些代码来回答其他问题：

(1) Visual Studio 2022 比 Visual Studio Code 更好吗?

(2) .NET 6 比.NET Framework 更好吗?

(3) 什么是.NET Standard？为什么它很重要？

(4) 为什么程序员可使用不同的语言(如 C#和 F#)编写运行在.NET 上的应用程序？

(5) .NET 控制台应用程序的入口点方法是什么？应该怎么声明？

(6) 什么是顶级程序?如何访问命令行参数?

(7) 在编译和执行 C#源代码时，在提示符处输入什么?

(8) 使用.NET Interactive Notebooks 来编写 C#代码有什么好处?

(9) 在哪里寻找关于 C#关键字的帮助？

(10) 在哪里寻找常见编程问题的解决方案？

提示：
可以从 GitHub 存储库的 README 中的链接下载附录 A(英文版)：https://github.com/markjprice/ cs10dotnet6。

1.9.2 练习 1.2：在任何地方练习 C#

不需要 Visual Studio Code，甚至不需要 Visual Studio 2022 for Windows 或 Visual Studio 2022 for Mac 就可以编写 C#代码。可以访问.NET Fiddle(https://dotnetfiddle.net/)并且开始在线编码。

1.9.3 练习 1.3：探索主题

撰写一本书是一段精心策划的历程。笔者试图在印刷书中找到适当的主题平衡。我所写的其他内容可以在本书的 GitHub 知识库中找到。

相信本书涵盖了 C#和.NET 开发人员应该拥有或知道的所有基本知识和技能。一些较长的例子可在微软文档或第三方文章作者的链接中找到。

请使用以下网页，以了解本章所涵盖主题的更多详情：

https://github.com/markjprice/cs10dotnet6/blob/main/book-links.md#chapter-1--hello-c-welcome-net

1.10 本章小结

本章主要内容：

- 设置了开发环境。
- 讨论了现代.NET、.NET Core、.NET Framework、Xamarin 和.NET Standard 之间的异同。
- 使用带.NET SDK 的 Visual Studio Code 与 Visual Studio 2022 for Windows 创建一些简单的控制台应用程序。
- 使用.NET Interactive Notebooks 执行代码段，进行学习。
- 学习如何从 GitHub 存储库下载本书的解决方案代码。
- 最重要的是，学会了如何寻求帮助。

第 2 章将学习 C#。

第2章 C#编程基础

本章介绍 C#编程语言的基础知识。你将学习如何使用 C#语法编写语句，还将了解一些几乎每天都会用到的常用词汇。除此之外，到本章结束时，你将对在计算机内存中临时存储和处理信息充满信心。

本章涵盖以下主题：

- 介绍 C#
- 理解 C#的基础知识
- 使用变量
- 进一步探索控制台应用程序

2.1 介绍 C#

本书的第一大部分是关于 C#语言的——每天用来编写应用程序源代码的语法和词汇。

编程语言与人类语言有很多相似之处，但有一点除外：在编程语言中，可以创建自己的单词！

在 Seuss 博士于 1950 年写的一本书《若我管理动物园》中，他写道：

"然后，为了让他们看看，我要去 Kar-Troo，带回一个 It-Kutch，一个 Preep，一个 Proo，一个 Nerkle，一个 Nerd，还有一个 Seersucker!"

2.1.1 理解语言版本和特性

本书的第一大部分主要是为初学者编写的，因此涵盖了所有开发人员都需要知道的基本主题，从声明变量到存储数据，再到如何自定义数据类型。

本节涵盖 C#语言从版本 1.0 到最新版本 10 的所有特性。

下面列出了 C#语言版本及其重要的新特性，以及可以了解它们的章节编号，以方便你阅读。

1. C# 1.0

C# 1.0 于 2002 年发布，其中包含静态类型的面向对象编程语言的所有重要特性，本书第 2~6 章将介绍这些特性。

2. C# 2.0

C# 2.0 是在 2005 年发布的，重点是使用泛型实现强数据类型，以提高代码性能、减少类型错误，其中包含的主题如表 2.1 所示。

表 2.1 C# 2.0 中包含的主题

功能	涉及的章节	主题
可空的值类型	第 6 章	使值类型为空
泛型	第 6 章	使类型与泛型更加可重用

3. C# 3.0

C# 3.0 是在 2007 年发布的，重点是使用 LINQ、匿名类型和 lambda 表达式等支持声明式编程，其中包含的主题如表 2.2 所示。

表 2.2 C# 3.0 中包含的主题

功能	涉及的章节	主题
隐式类型的局部变量	第 2 章	推断局部变量的类型
LINQ	第 11 章	所有的主题详见第 11 章

4. C# 4.0

C# 4.0 是在 2010 年发布的，重点是利用 F#和 Python 等动态语言改进互操作性，其中包含的主题如表 2.3 所示。

表 2.3 C# 4.0 中包含的主题

功能	涉及的章节	主题
动态类型	第 2 章	dynamic 类型
命名/可选参数	第 5 章	可选参数和命名参数

5. C# 5.0

C# 5.0 发布于 2012 年，重点是简化异步操作支持，从而在编写类似于同步语句的语句时自动实现复杂的状态机，其中包含的主题如表 2.4 所示。

表 2.4 C# 5.0 中包含的主题

功能	涉及的章节	主题
简化异步任务	第 12 章	理解 async 和 await

6. C# 6.0

C# 6.0 于 2015 年发布，专注于对语言的细微改进，其中包含的主题如表 2.5 所示。

表 2.5 C# 6.0 中包含的主题

功能	涉及的章节	主题
静态导入	第 2 章	简化了控制台的使用
内插字符串	第 2 章	向用户显示输出
表达式体成员	第 5 章	定义只读属性

7. C# 7.0

C# 7.0 是在 2017 年 3 月发布的，重点是添加功能语言特性，如元组和模式匹配，还对语言做了细微改进，其中包含的主题如表 2.6 所示。

表 2.6　C# 7.0 中包含的主题

功能	涉及的章节	主题
二进制字面量和数字分隔符	第 2 章	存储整数
模式匹配	第 3 章	利用 if 语句进行模式匹配
out 变量	第 5 章	控制参数的传递方式
元组	第 5 章	将多个值与元组组合在一起
局部函数	第 6 章	定义局部函数

8. C# 7.1

C# 7.1 是在 2017 年 8 月发布的，重点是对语言做了细微改进，其中包含的主题如表 2.7 所示。

表 2.7　C# 7.1 中包含的主题

功能	涉及的章节	主题
默认字面量表达式	第 5 章	使用默认字面量设置字段
推断元组元素的名称	第 5 章	推断元组名称
async Main	第 12 章	改进对控制台应用程序的响应

9. C# 7.2

C# 7.2 是在 2017 年 11 月发布的，重点是对语言做了细微改进，其中包含的主题如表 2.8 所示。

表 2.8　C# 7.2 中包含的主题

功能	涉及的章节	主题
数字字面量中的前导下画线	第 2 章	存储整数
非追踪的命名参数	第 5 章	可选参数和命名参数
private protected 访问修饰符	第 5 章	理解访问修饰符
可以使用元组类型测试==和!=	第 5 章	比较元组

10. C# 7.3

C# 7.3 于 2018 年 5 月发布，主要关注性能导向型的安全代码，并且改进了 ref 变量、指针和 stackalloc。这些都是高级功能，对于大多数开发人员来说很少使用，因此本书不涉及它们。

11. C# 8

C# 8 于 2019 年 9 月发布，主要关注与空处理相关的语言的重大变化，其中包含的主题如表 2.9 所示。

表 2.9　C# 8 中包含的主题

功能	涉及的章节	主题
可空引用类型	第 6 章	使引用类型可空
switch 表达式	第 3 章	使用 switch 表达式简化 switch 语句
默认的接口方法	第 6 章	了解默认的接口方法

12. C# 9

C# 9 于 2020 年 11 月发布，关注记录类型、模式匹配的细化以及极简代码(Minimal-Code)控制台应用程序，其中包含的主题如表 2.10 所示。

表 2.10　C# 9.0 中包含的主题

功能	涉及的章节	主题
极简代码控制台应用程序	第 1 章	顶级程序
Target-typed new	第 2 章	使用 Target-typed new 实例化对象
改进的模式匹配	第 5 章	与对象的模式匹配
记录	第 5 章	操作记录

13. C# 10

C# 10 于 2021 年 11 月发布，主要关注那些将常见场景所需代码量最小化的特性，其中包含的主题如表 2.11 所示。

表 2.11　C# 10 中包含的主题

功能	涉及的章节	主题
导入全局名称空间	2	导入名称空间
常量字符串字面值	2	使用插值字符串进行格式化
文件范围的名称空间	5	简化名称空间声明
需要的属性	5	要求在实例化期间设置属性
记录结构	6	使用记录结构类型
检查 Null 参数	6	检查方法参数是否为空

2.1.2　了解 C#标准

多年来，微软已经向标准组织提交了一些 C#版本，如表 2.12 所示。

表 2.12　C#标准

C#版本	ECMA 标准	ISO/IEC 标准
1.0	ECMA-334:2003	ISO/IEC 23270:2003
2.0	ECMA-334:2006	ISO/IEC 23270:2006
5.0	ECMA-334:2017	ISO/IEC 23270:2018

C# 6 的标准仍然是一个草案，添加 C# 7 特性的工作正在进行中。微软在 2014 年将 C#开源。

目前有三个公共的 GitHub 库，以使 C#和相关技术的工作尽可能开放，如表 2.13 所示。

表 2.13 三个公共 GitHub 库

说明	链接
C#语言设计	https://github.com/dotnet/csharplang
编译器实现	https://github.com/dotnet/roslyn
描述语言的标准	https://github.com/dotnet/csharpstandard

2.1.3 发现 C#编译器版本

.NET 语言编译器(对于 C#、Visual Basic 和 F#也称为 Roslyn)和 F#的独立编译器是作为.NET Core SDK 的一部分发布的。要使用特定版本的 C#，就必须至少安装对应版本的.NET SDK，如表 2.14 所示。

表 2.14 不同 C#版本对应的.NET SDK 版本

.NET SDK 版本	Roslyn 版本	C#版本
1.0.4	2.0～2.2	7.0
1.1.4	2.3 和 2.4	7.1
2.1.2	2.6 和 2.7	7.2
2.1.200	2.8～2.10	7.3
3.0	3.0～3.4	8.0
5.0	3.8	9.0
5.0	3.9~3.10	10.0

创建类库时，可以选择以.NET Standard 和现代.NET 版本为目标。它们有默认的 C#语言版本，如表 2.15 所示。

表 2.15 选择目标版本

.NET Standard	C#
2.0	7.3
2.1	8.0

1. 如何输出 SDK 版本

下面看看有哪些可用的.NET SDK 和 C#语言编译器版本。

(1) 在 macOS 上，启动 Terminal。在 Windows 上，启动命令提示符。

(2) 要确定可以使用哪个版本的.NET Core SDK，请输入以下命令：

```
dotnet --version
```

(3) 注意，撰写本书时使用的版本是 6.0.100，这是 SDK 的初始版本，没有任何 bug 或新特性，输出如下：

```
6.0.100
```

2. 启用特定的语言版本编译器

一些开发工具，如 Visual Studio 和 dotnet 命令行接口，都假设你希望在默认情况下使用 C# 语言编译器的最新主版本。所以在 C# 8.0 发布之前，C# 7.0 是最新主版本，于是默认使用 C# 7.0。要使用 C#次版本(如 C# 7.1、C# 7.2、C# 7.3)中的改进，就必须在项目文件中添加配置元素，如下所示：

```
<LangVersion>7.3</LangVersion>
```

C# 10.0 和 .NET 6.0 发布后，如果微软发布了 C# 10.1 编译器，并且希望使用 C# 10.1 的新语言特性，那就必须在项目文件中添加配置元素，如下所示：

```
<LangVersion>10.1</LangVersion>
```

<LangVersion>的潜在取值如表 2.16 所示。

表 2.16 <LangVersion>的潜在取值

潜在取值	说明
7、7.1、7.2、7.3、8、9、10	如果已经安装了特定的版本，就使用相应的编译器
latestmajor	使用最高的主版本，例如 2019 年 8 月发布的 C# 7.0、2019 年 10 月发布的 C# 8.0 和 2020 年 11 月发布的 C# 9.0，2021 年 11 月发布的 C# 10.0
latest	使用最高的主版本和次版本，例如 2017 年发布的 C# 7.2、2018 年发布的 C# 7.3、2019 年发布的 C# 8.0、2020 年发布的 C# 9.0 以及 2022 年早期可能发布的 C# 10.1
preview	使用可用的最高预览版本，例如 20210 年 7 月发布的 C# 10.0，其中也会附带安装.NET 6.0 Preview 6

创建新项目后，可以编辑.csproj 文件并添加<LangVersion>元素，如下所示：

```
<Project Sdk="Microsoft.NET.Sdk">
  <PropertyGroup>
    <OutputType>Exe</OutputType>
    <TargetFramework>net6.0</TargetFramework>
    <LangVersion>preview</LangVersion>
  </PropertyGroup>
</Project>
```

项目必须以 net6.0 为目标，这样才能使用 C# 10.0 的全部特性。

最佳实践

如果尚未安装 Visual Studio Code，请安装名为 MSBuild 项目工具的 Visual Studio Code 扩展。安装后，系统即可在你在编辑.csproj 文件时提供智能感知功能，包括轻松添加具有适当值的<LangVersion>元素。

2.2 理解 C#语法和词汇

要学习简单的 C#语言特性，可以使用.NET Interactive Notebooks，它不要求创建任何类型的应用程序。

要学习其他 C#语言特性，需要创建一个应用程序。最简单的应用程序类型是控制台应用程序。

从 C#的语法和词汇的基础开始。本章将创建多个控制台应用程序，每个应用程序都显示了 C#语言的相关特性。

2.2.1 显示编译器版本

首先编写显示编译器版本的代码。

(1) 如果已经完成了第 1 章，就已经有了 Code 文件夹。如果没有，就需要创建它。

(2) 使用喜欢的代码编辑器创建一个新的控制台应用程序，如下所示。

- 项目模板：Console Application [C#] / console
- 工作区/解决方案文件和文件夹：Chapter02
- 项目文件和文件夹：Vocabulary

最佳实践

如果忘记了如何创建工作区或者没有完成前一章，那么可以回顾第 1 章中创建多个项目的工作区/解决方案的分步说明。

(3) 打开 Program.cs 文件，在文件顶部的注释下添加一条语句，将 C#版本显示为错误，代码如下所示：

```
#error version
```

(4) 运行控制台应用程序。

- 在 Visual Studio Code 中，在终端中输入命令 dotnet run。
- 在 Visual Studio 中，导航到 Debug | Start Without Debugging。当提示继续并运行最后一个成功的构建时，单击 No 按钮。

(5) 注意编译器版本和语言版本显示为编译器错误消息编号 CS8304，如图 2.1 所示。

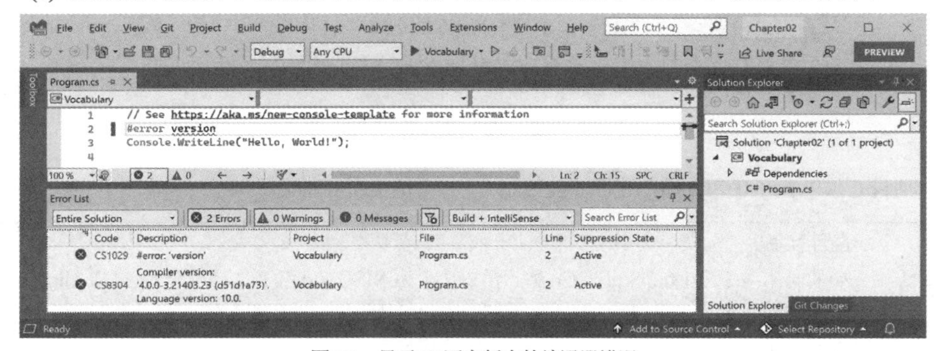

图 2.1 显示 C#语言版本的编译器错误

(6) Visual Studio Code 中的 PROBLEMS 窗口或 Visual Studio 中的 Error List 窗口显示编译器版本为 4.0.0⋯，语言版本为 10.0。

(7) 注释掉导致错误的语句，代码如下所示：

```
// #error version
```

(8) 注意，编译器错误消息消失了。

2.2.2 了解 C#语法

C#语法包括语句和块。要描述代码，可以使用注释。

最佳实践

注释永远不应该是记录代码的唯一方式。为变量和函数选择合理的名称、编写单元测试和创建文档是描述代码的其他方法。

2.2.3 语句

在英语中，人们使用句点来表示句子的结束。句子可由多个单词和短语组成，单词的顺序是语法的一部分。例如，在短语 the black cat 中，形容词 black 在名词 cat 之前；而在法语中，含义相同的句子为 le chat noir，形容词 noir 跟在名词 chat 的后面。从这里可以看出，单词的顺序很重要。

C#用分号表示语句的结束。C#语句可以由多个变量和表达式组成。例如，在下面的 C#语句中，totalPrice 是变量，而 subtotal + salesTax 是表达式。

```
var totalPrice = subtotal + salesTax;
```

以上表达式由一个名为 subtotal 的操作数、运算符+和另一个名为 salesTax 的操作数组成。操作数和运算符的顺序很重要。

2.2.4 注释

在编写代码时，可使用双斜杠//添加注释以解释代码。通过插入//，编译器将忽略//后面的所有内容，直到行尾，如下所示：

```
// sales tax must be added to the subtotal
var totalPrice = subtotal + salesTax;
```

要编写多行注释，请在注释的开头使用/*，在结尾使用*/，如下所示：

```
/*
This is a multi-line comment.
*/
```

最佳实践

设计良好的代码，包括带有命名良好的参数和类封装的函数签名，在某种程度上可以是自文档化的。当发现自己写了太多的注释和解释代码时，问问自己：可以重写这段代码(也就是重构)，使它更容易理解，而不需要长注释吗？

可使用代码编辑器的一些命令来方便地添加和删除注释字符，如下所示。

- Visual Studio 2022 for Windows：导航到 Edit | Advanced | Comment Selection 或 Uncomment Selection
- Visual Studio Code：导航到 Edit | Toggle Line Comment 或 Toggle Block Comment

最佳实践

通过在代码语句之前或之后添加描述性文本来注释代码。可以通过在语句之前或语句周围添加注释字符来注释掉代码，从而使语句处于非活动状态。取消注释意味着删除注释字符。

2.2.5 块

在英语中，换行表示一个新的段落。C#用花括号{}表示代码块。

块以声明开始，以指示要定义的内容。例如，块可以定义许多语言结构的开始和结束，包括名称空间、类、方法或 foreach 这样的语句。

本章后面将介绍更多关于名称空间、类和方法的知识。

接下来将简要介绍其中的一些概念：

- 名称空间包含类型(如类)，将它们分组在一起。
- 类包含对象的成员(包括方法)。
- 方法包含的语句实现对象可以执行的操作。

2.2.6 语句和块的示例

请注意，在面向.NET 5.0 的控制台应用的项目模板中，已经编写了 C#语法示例。下面在语句和块中添加了一些注释：

```
using System; // a semicolon indicates the end of a statement

namespace Basics
{ // an open brace indicates the start of a block
    class Program
    {
        static void Main(string[] args)
        {
          Console.WriteLine("Hello World!"); // a statement
        }
    }
} // a close brace indicates the end of a block
```

2.2.7 了解 C#词汇表

C#词汇表由关键字、符号、字符和类型组成。

在本书中一些预定义的保留关键字包括 using、namespace、class、static、int、string、double、bool、if、switch、break、while、do、for、foreach、and、or、not、record 和 init。

一些符号字符可能包括"、'、+、-、*、/、%、@和$。

还有其他一些上下文关键字，它们只在特定上下文中具有特定含义。然而，这仍然意味着 C#语言中只有大约 100 个实际的 C#关键字。

2.2.8 将编程语言与人类语言进行比较

英语有超过 250 000 个不同的单词，那么 C#怎么可能只有大约 100 个关键字呢？此外，如果

C#的单词量仅为英语的 0.04%，那么为什么 C#会如此难学呢？

人类语言和编程语言之间的关键区别是：开发人员需要能够定义具有新含义的新“单词”。除了 C#语言中的大约 100 个关键字之外，本书还将介绍其他开发人员定义的数十万个“单词”中的一些，你将学习如何定义自己的“单词”。

全世界的程序员都必须学习英语，因为大多数编程语言使用的都是英语单词，比如 namespace 和 class。有些编程语言使用其他人类语言，如阿拉伯语，但它们很少见。如果感兴趣，下面这段 YouTube 视频展示了一种阿拉伯编程语言：https://youtu.be/dkO8cdwf6v8。

2.2.9 改变 C#语法的配色方案

默认情况下，Visual Studio Code 和 Visual Studio 将 C#关键字显示为蓝色，以使它们更容易与其他代码区分。这两个工具都允许自定义配色方案。

(1) 在 Visual Studio Code 中，导航到 Code | Preferences | Color Theme (它在 Windows 的菜单上)。

(2) 选择一个颜色主题。作为参考，我将使用 Light+(默认的 Light)颜色主题，以便屏幕截图在印刷的书中看起来很好。

(3) 在 Visual Studio 中，导航到 Tools | Options。

(4) 在 Options 对话框中选择 Fonts and Colors，然后选择要自定义的显示项。

2.2.10 如何编写正确的代码

像记事本这样的纯文本编辑器并不能帮助写出正确的英语文章。同样，记事本也不能帮助写出正确的 C#代码。

微软的 Word 软件可以帮助写英语文章，Word 软件会用红色波浪线来强调拼写错误，比如 icecream 应该是 ice-cream 或 ice cream；而用蓝色波浪线强调语法错误，比如句子应该使用大写的首字母。

类似地，Visual Studio Code 的 C#扩展可通过突出显示拼写错误(比如方法名 WriteLine 中的 L 应该大写)和语法错误(比如语句必须以分号结尾)来帮助编写 C#代码。

C#扩展不断地监视输入的内容，并通过彩色波浪线高亮显示问题来提供反馈，这与 Word 软件类似。

下面看看具体是如何运作的。

(1) 在 Program.cs 中，将 WriteLine 方法中的 L 改为小写。

(2) 删除语句末尾的分号。

(3) 在 Visual Studio Code 中导航到 View | Problems，或在 Visual Studio 中导航到 View | Error List，注意，红色波浪线出现在错误代码的下方，具体细节显示在 PROBLEMS 窗格中，如图 2.2 所示(本书为黑白印刷，彩色效果可参考在线资源，后面类似情形不再单独说明)。

(4) 修改两处编码错误。

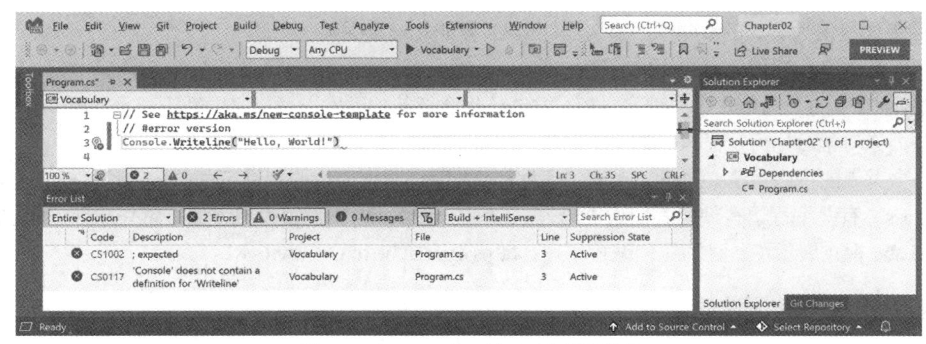

图 2.2 Error List 窗口显示两个编译错误

2.2.11 导入名称空间

System 是名称空间，类似于类型的地址。要指出某人的确切位置，可以用 Oxford.HighStreet.BobSmith，它告诉我们在牛津市的大街上寻找一个叫鲍勃 • 史密斯的人。

System.Console.WriteLine 告诉编译器在 System 名称空间的 Console 类型中查找 WriteLine 方法。为了简化代码，.NET 6.0 之前的每个版本的控制台应用程序项目模板都在代码文件的顶部添加了一条语句，告诉编译器始终在 System 名称空间中查找没有加上名称空间前缀的类型，如下所示：

```
using System; // import the System namespace
```

我们称这种操作为导入名称空间。导入名称空间的效果是，名称空间中的所有可用类型都对程序可用，而不需要输入名称空间前缀，在编写代码时名称空间将以智能感知的方式显示。

注意：
.NET Interactive Notebooks 会自动导入大多数名称空间。

隐式和全局导入名称空间

传统上，每个需要导入名称空间的.cs 文件都必须首先使用 using 语句来导入这些名称空间。对于 System 和 System.Linq 这样的名称空间，几乎所有的.cs 文件都需要，所以每个.cs 文件的前几行通常至少有几个 using 语句，如下面的代码所示：

```
using System;
using System.Linq;
using System.Collections.Generic;
```

当使用 ASP.NET Core 创建网站和服务时，每个文件都需要导入几十个名称空间。

C# 10 引入了一些简化名称空间导入的新特性。

首先，global using 语句意味着只需要在一个.cs 文件中导入一个名称空间，它将在所有.cs 文件中都可用。可以把 global using 语句放到 Program.cs 文件中，但建议为这些语句创建一个单独的文件，命名为 GlobalUsings.cs 或 GlobalNamespaces.cs，代码如下所示：

```
global using System;
global using System.Linq;
```

```
global using System.Collections.Generic;
```

最佳实践

开发人员习惯了这个新的 C#特性后，希望这个文件的一个命名约定能成为标准。

其次，任何以.NET 6.0 为目标并因此使用 C# 10 编译器的项目都会在 obj 文件夹中生成一个.cs 文件，以隐式地全局导入一些公共名称空间，比如 System。隐式导入的名称空间的具体列表取决于面向的 SDK，如表 2.17 所示。

表 2.17　隐式导入的名称空间

SDK	隐式导入的名称空间
Microsoft.NET.Sdk	System System.Collections.Generic System.IO System.Linq System.Net.Http System.Threading System.Threading.Tasks
Microsoft.NET.Sdk.Web	等同于 Microsoft.NET.Sdk System.Net.Http.Json Microsoft.AspNetCore.Builder Microsoft.AspNetCore.Hosting Microsoft.AspNetCore.Http Microsoft.AspNetCore.Routing Microsoft.Extensions.Configuration Microsoft.Extensions. DependencyInjection Microsoft.Extensions.Hosting Microsoft.Extensions.Logging
Microsoft.NET.Sdk.Worker	等同于 Microsoft.NET.Sdk Microsoft.Extensions.Configuration Microsoft.Extensions. DependencyInjection Microsoft.Extensions.Hosting Microsoft.Extensions.Logging

下面看看当前自动生成的隐式导入文件。

(1) 在 Solution Explorer 中，选择 Vocabulary 项目，单击 Show All Files 切换按钮，注意编译器生成的 bin 和 obj 文件夹是可见的。

(2) 依次展开 obj 文件夹、Debug 文件夹和 net6.0 文件夹，然后打开文件 Vocabulary.GlobalUsings.g.cs。

(3) 注意，这个文件是编译器为面向.NET 6.0 的项目自动创建的，并且导入了一些常用的名称空间，包括 System.Threading，代码如下所示：

```
// <autogenerated />
global using global::System;
global using global::System.Collections.Generic;
global using global::System.IO;
global using global::System.Linq;
global using global::System.Net.Http;
global using global::System.Threading;
global using global::System.Threading.Tasks;
```

(4) 关闭 Vocabulary . GlobalUsings.g.cs 文件。

(5) 在 Solution Explorer 中，选择项目，然后向项目文件中添加其他条目，以控制隐式导入哪些名称空间，如下面高亮显示的代码所示。

```
<Project Sdk="Microsoft.NET.Sdk">

    <PropertyGroup>
      <OutputType>Exe</OutputType>
      <TargetFramework>net6.0</TargetFramework>
      <Nullable>enable</Nullable>
      <ImplicitUsings>enable</ImplicitUsings>
    </PropertyGroup>

    <ItemGroup>
      <Using Remove="System.Threading" />
      <Using Include="System.Numerics" />
    </ItemGroup>

</Project>
```

(6) 将更改保存到项目文件中。

(7) 依次展开 obj 文件夹、Debug 文件夹和 net6.0 文件夹，然后打开文件 Vocabulary.GlobalUsings.g.cs。

(8) 注意，该文件现在导入 System.Numerics(而非 System.Threading)，代码如下所示：

```
// <autogenerated />
global using global::System;
global using global::System.Collections.Generic;
global using global::System.IO;
global using global::System.Linq;
global using global::System.Net.Http;
global using global::System.Threading.Tasks;
global using global::System.Numerics;
```

(9) 关闭 Vocabulary.Globalusings.g.cs 文件。

可以通过删除项目文件中的一个条目来禁用所有 SDK 的隐式导入名称空间特性，如下面的标记所示：

```
<ImplicitUsings>enable</ImplicitUsings>
```

2.2.12 动词表示方法

在英语中，动词是动作或行动，例如 run 和 jump。在 C#中，动作或行动被称为方法。C#有成千上万个方法可用。在英语中，动词的写法取决于动作发生的时间。例如，jump 的过去进行时是 was jumping，现在时是 jumps，过去时是 jumped，将来时是 will jump。

在 C#中，像 WriteLine 这样的方法会根据操作的细节改变调用或执行的方式。这称为重载，第 5 章将详细讨论这个问题。但现在考虑以下示例：

```
// outputs the current line terminator string
// by default, this is a carriage-return and line feed
Console.WriteLine();

// outputs the greeting and the current line terminator string
Console.WriteLine("Hello Ahmed");

// outputs a formatted number and date and the current line terminator string
Console.WriteLine("Temperature on {0:D} is {1}°C.",
   DateTime.Today, 23.4);
```

另一个不同的类比是：有些单词的拼写相同，但根据上下文有不同的含义。

2.2.13　名词表示类型、变量、字段和属性

在英语中，名词是指事物的名称。例如，Fido 是一只狗的名字。单词 dog 告诉我们 Fido 是什么类型的东西，所以为了让 Fido 去拿球，我们会用它的名字。

在 C#中，等价物是类型、变量、字段和属性。

- Animal 和 Car 是类型；也就是说，它们是用来对事物进行分类的名词。
- Head 和 Engine 可能是字段或属性，它们是属于 Animal 和 Car 的名词。
- Fido 和 Bob 是变量，也就是说，它们是指代特定事物的名词。

C#有成千上万种可用的类型，但是注意，这里并没有说“C#中有成千上万种类型”。这种差别很细微，但很重要。C#语言只有一些类型关键字，如 string 和 int。严格来说，C#没有定义任何类型。类似于 string(看起来像是类型)的关键字是别名，它们表示运行 C#的平台所提供的类型。

你要知道，C#不能单独存在；毕竟，C#是一种运行在不同.NET 变体上的语言。理论上，可以为 C#编写使用不同平台和底层类型的编译器。实际上，C#的平台是.NET，.NET 为 C#提供了成千上万种类型，包括 System.Int32(int 类型映射的 C#关键字别名)以及许多更复杂的类型，如 System.Xml.Linq.XDocument。

注意，术语 type(类型)与 class(类)很容易混淆。你有没有玩过室内游戏《二十个问题》？在这个游戏中，任何东西都可以归类为动物、蔬菜或矿物。在 C#中，每种类型都可以归类为类、结构体、枚举、接口或委托。C#关键字 string 是类，而 int 是结构体。因此，最好使用术语 type 指代它们两者。

2.2.14　揭示 C#词汇表的范围

我们知道，C#中有大约 100 个关键字，但是有多少类型呢？下面编写一些代码，以便找出简单的控制台应用程序中有多少类型(及方法)可用于 C#。

现在不用担心代码是如何工作的，这里使用了一种叫作反射的技术。执行以下步骤。

(1) 在 Program.cs 文件的顶部导入 System.Reflection 名称空间，代码如下：

```
using System.Reflection;
```

(2) 在 Main 方法内删除用于写入“Hello World!”的语句，并将它们替换为以下代码：

```
Assembly? assembly = Assembly.GetEntryAssembly();
if (assembly == null) return;

// loop through the assemblies that this app references
foreach (AssemblyName name in assembly.GetReferencedAssemblies())
{
    // load the assembly so we can read its details
    Assembly a = Assembly.Load(name);

    // declare a variable to count the number of methods
    int methodCount = 0;

    // loop through all the types in the assembly
    foreach (TypeInfo t in a.DefinedTypes)
    {
      // add up the counts of methods
      methodCount += t.GetMethods().Count();
    }

    // output the count of types and their methods
    Console.WriteLine(
      "{0:N0} types with {1:N0} methods in {2} assembly.",
      arg0: a.DefinedTypes.Count(),
      arg1: methodCount, arg2: name.Name);
}
```

(3) 运行上述命令后，输出如下，其中显示了在 OS 上运行时，在最简单的应用程序中可用的类型和方法的实际数量。这里显示的类型和方法的数量会根据使用的操作系统而有所不同，如下所示：

```
// Output on Windows
0 types with 0 methods in System.Runtime assembly.
106 types with 1,126 methods in System.Linq assembly.
44 types with 645 methods in System.Console assembly.

// Output on macOS
0 types with 0 methods in System.Runtime assembly.
103 types with 1,094 methods in System.Linq assembly.
57 types with 701 methods in System.Console assembly.
```

更多信息

为什么 System.Runtime 程序集不包含任何类型?这个程序集是特殊的，因为它只包含类型转发器而不包含实际类型。类型转发器表示在.NET 之外或出于其他高级原因实现的类型。

(4) 在导入名称空间后，在文件顶部添加语句来声明一些变量，如下所示：

```
using System.Reflection;

// declare some unused variables using types
// in additional assemblies
  System.Data.DataSet ds;
  HttpClient client;
```

通过声明要在其他程序集中使用类型的变量，应用程序将加载这些程序集，从而允许代码查看其中的所有类型和方法。编译器会警告存在未使用的变量，但这不会阻止代码的运行。

(5) 再次运行控制台应用程序，结果应该如下所示：

```
// Output on Windows
0 types with 0 methods in System.Runtime assembly.
383 types with 6,854 methods in System.Data.Common assembly.
456 types with 4,590 methods in System.Net.Http assembly.
106 types with 1,126 methods in System.Linq assembly.
44 types with 645 methods in System.Console assembly.

// Output on macOS
0 types with 0 methods in System.Runtime assembly.
376 types with 6,763 methods in System.Data.Common assembly.
522 types with 5,141 methods in System.Net.Http assembly.
103 types with 1,094 methods in System.Linq assembly.
57 types with 701 methods in System.Console assembly.
```

现在，你应该可以更好地理解为什么学习 C#是一大挑战，因为有太多的类型和方法需要学习。方法只是类型可以拥有的成员的类别，而其他程序员正在不断地定义新类型和成员!

2.3 使用变量

所有应用程序都要处理数据。数据都是先输入，再处理，最后输出。

数据通常来自文件、数据库或用户输入，可以临时放入变量中，这些变量存储在运行程序的内存中。当程序结束时，内存中的数据会丢失。数据通常输出到文件和数据库中，也会输出到屏幕或打印机。当使用变量时，首先应该考虑它在内存中占了多少空间，其次考虑它的处理速度有多快。

可通过选择合适的类型来控制变量。可以将简单的常见类型(如 int 和 double)视为不同大小的存储盒，其中较小的存储盒占用的内存较少，但处理速度可能没有那么快。例如，在 64 位操作系统中添加 16 位数字的速度，可能不如添加 64 位数字的速度快。这些盒子有的可能堆放在附近，有的可能被扔到更远的一大堆盒子里。

2.3.1 命名和赋值

事物都有命名约定，最好遵循这些约定，如表 2.18 所示。

表 2.18　命名约定

命名约定	示例	适用场合
驼峰样式	cost、orderDetail、dateOfBirth	局部变量、私有字段
标题样式	String、Int32、Cost、DateOfBirth、Run	类型、非私有字段以及其他成员(如方法)

最佳实践

遵循一组一致的命名约定，将使代码更容易被其他开发人员理解(以及将来自己理解)。

下面的代码块显示了一个声明已命名的局部变量并使用=符号为之赋值的示例。注意，可以使用 C# 6.0 中引入的关键字 nameof 来输出变量的名称：

```
// let the heightInMetres variable become equal to the value 1.88
double heightInMetres = 1.88;
Console.WriteLine($"The variable {nameof(heightInMetres)} has the value
{heightInMetres}.");
```

在上面的代码中，用双引号括起来的消息发生了换行，当你在代码编辑器中输入类似这样的语句时，请将它们全部输到一行中。

2.3.2 字面值

给变量赋值时，赋予的经常(但不总是)是字面值。什么是字面值呢？字面值是表示固定值的符号。数据类型的字面值有不同的表示法，接下来将列举使用字面符号为变量赋值的示例。

2.3.3 存储文本

对于一些文本，比如单个字母(如 A)，可存储为 char 类型。

最佳实践

实际上，事情可能比这更复杂。埃及象形文字 A002 (U+13001)需要两个 System.Char 值(称为代理对)，即\uD80C 和\uDC01 来表示它。不要总是假设一个字符等于一个字母，否则可能在代码中引入奇怪的错误。

字符在字面值的两边使用单引号来赋值，也可直接赋予函数调用的返回值，如下所示：

```
char letter = 'A'; // assigning literal characters
char digit = '1';
char symbol = '$';
char userChoice = GetSomeKeystroke(); // assigning from a fictitious function
```

对于另一些文本，比如多个字母(如 Bob)，可存储为字符串类型，并在字面值的两边使用双引号进行赋值，也可直接赋予函数调用的返回值，如下所示：

```
string firstName = "Bob"; // assigning literal strings
string lastName = "Smith";
string phoneNumber = "(215) 555-4256";

// assigning a string returned from a fictitious function
string address = GetAddressFromDatabase(id: 563);
```

理解逐字字符串

在字符串变量中存储文本时，可以包括转义序列，转义序列使用反斜杠表示特殊字符，如制表符和新行，如下所示：

```
string fullNameWithTabSeparator = "Bob\tSmith";
```

但是，如果在 Windows 上要将路径存储到文件中，并且路径中有文件夹的名称以 t 开头，如下所示：

```
string filePath = "C:\televisions\sony\bravia.txt";
```

那么编译器将把\t 转换成制表符，这显然是错误的!

逐字字符串必须加上@符号作为前缀，如下所示：

```
string filePath = @"C:\televisions\sony\bravia.txt";
```

下面进行总结。

- 字面字符串：用双引号括起来的一些字符。它们可以使用转义字符\t 作为制表符。要表示反斜杠，请使用两个:\\。
- 逐字字符串：以@为前缀的字面字符串，以禁用转义字符，因此反斜杠就是反斜杠。它还允许字符串值跨越多行，因为空白字符被视为空白，而不是编译器的指令。
- 内插字符串：以$为前缀的字面字符串，以支持嵌入的格式化变量，详见本章后面的内容。

2.3.4 存储数字

数字是希望进行算术计算(如乘法)的数据。例如，电话号码不是数字。要决定是否应该将变量存储为数字，请考虑是需要对数字执行算术运算，还是包含圆括号或连字符等非数字字符，以便将数字格式化为(414)555-1234。在后一种情况下，数字是字符序列，因此应该存储为字符串。

数字可以是自然数，如 42，用于计数；也可以是负数，如−42(也称为整数)；另外，还可以是实数，例如3.9(带有小数部分)，在计算中称为单精度浮点数或双精度浮点数。

下面探讨数字。

(1) 使用首选的代码编辑器将新的控制台应用程序添加到名为 Numbers 的 Chapter02 工作区/解决方案：

- 在 Visual Studio Code 中，选择 Numbers 作为活动的 OmniSharp 项目。当看到弹出的警告消息指出所需的资产丢失时，单击 Yes 添加它们。
- 在 Visual Studio 中，将启动项目设置为当前选择。

(2) 在 Program.cs 中，删除现有代码，然后输入语句来声明一些使用不同数据类型的数字变量，如下所示：

```
// unsigned integer means positive whole number or 0
uint naturalNumber = 23;

// integer means negative or positive whole number or 0
int integerNumber = -23;

// float means single-precision floating point
// F suffix makes it a float literal
float realNumber = 2.3F;

// double means double-precision floating point
double anotherRealNumber = 2.3; // double literal
```

1. 存储整数

计算机把所有东西都存储为位。位的值不是 0 就是 1。这就是所谓的二进制数字系统。人类使用的是十进制数字系统。

十进制数字系统也称为以 10 为基数的系统，意思是有 10 个基数，从 0 到 9。虽然十进制数字系统是人类文明最常用的数字基数系统，但其他一些数字基数系统在科学、工程和计算领域也很受欢迎。二进制数字系统以 2 为基数，也就是说只有两个基数：0 和 1。

表 2.19 显示了计算机如何存储数字 10。注意其中 8 和 2 所在的列，对应的值是 1，所以 8+2=10。

表 2.19 计算机如何存储数字 10

128	64	32	16	8	4	2	1
0	0	0	0	1	0	1	0

十进制数字 10 在二进制中表示为 00001010。

使用数字分隔符提高可读性

C# 7.0 及更高版本中的两处改进是使用下画线_作为数字分隔符以及支持二进制字面值。可以在数字字面值(包括十进制、二进制和十六进制表示法)中插入下画线，以提高可读性。例如，可以将十进制数字 100 000 写成 1_000_000。甚至可以使用印度常见的 2/3 分组：10_00_000。

使用二进制记数法

二进制记数法以 2 为基数，只使用 1 和 0，数字字面值的开头是 0b。十六进制记数法以 16 为基数，使用的是 0~9 和 A~F，数字字面值的开头是 0x。

2. 探索整数

下面输入一些代码，列举一些例子。

(1) 在 Program.cs 中，输入如下语句，使用下画线分隔符声明一些数字变量：

```
// three variables that store the number 2 million
int decimalNotation = 2_000_000;
int binaryNotation = 0b_0001_1110_1000_0100_1000_0000;
int hexadecimalNotation = 0x_001E_8480;

// check the three variables have the same value
// both statements output true
Console.WriteLine($"{decimalNotation == binaryNotation}");
Console.WriteLine(
  $"{decimalNotation == hexadecimalNotation}");
```

(2) 运行控制台应用程序，注意结果表明三个数字是相同的，如下所示：

```
True
True
```

计算机总是可以使用 int 类型及其兄弟类型(如 long 和 short)精确地表示整数。

2.3.5 存储实数

计算机并不能总是精确地表示浮点数。float 和 double 类型使用单精度和双精度浮点数存储实数。

大多数编程语言都实现了 IEEE 浮点运算标准。IEEE 754 是 IEEE 于 1985 年制定的浮点运算技术标准。

表 2.20 显示了计算机如何用二进制记数法表示数字 12.75。注意其中 8、4、1/2、1/4 所在的列，对应的值是 1，所以 8+4+1/2+1/4=12.75。

表 2.20 计算机如何存储数字 12.75

128	64	32	16	8	4	2	1	.	1/2	1/4	1/8	1/16
0	0	0	0	1	1	0	0	.	1	1	0	0

十进制数字 12.75 在二进制中表示为 00001100.1100。可以看到，数字 12.75 可以用位精确地表示。然而，有些数字不能用位精确地表示，稍后将探讨这个问题。

1. 编写代码以探索数字的大小

C#提供的名为 sizeof()的操作符可返回类型在内存中使用的字节数。有些类型有名为 MinValue 和 MaxValue 的成员，它们返回可以存储在类型变量中的最小值和最大值。现在，我们将使用这些特性创建一个控制台应用程序来研究数字类型。

(1) 在 Program.cs 的内部输入如下语句，显示三种数字数据类型的大小：

```
Console.WriteLine($"int uses {sizeof(int)} bytes and can store numbers in
the range {int.MinValue:N0} to {int.MaxValue:N0}.");
Console.WriteLine($"double uses {sizeof(double)} bytes and can store
numbers in the range {double.MinValue:N0} to {double.MaxValue:N0}.");
Console.WriteLine($"decimal uses {sizeof(decimal)} bytes and can store
numbers in the range {decimal.MinValue:N0} to {decimal.MaxValue:N0}.");
```

注意，放在双引号中的字符串值必须在一行中输入(这里受限于纸面宽度而换行)，否则将出现编译错误。

(2) 运行代码并查看输出，结果如图 2.3 所示。

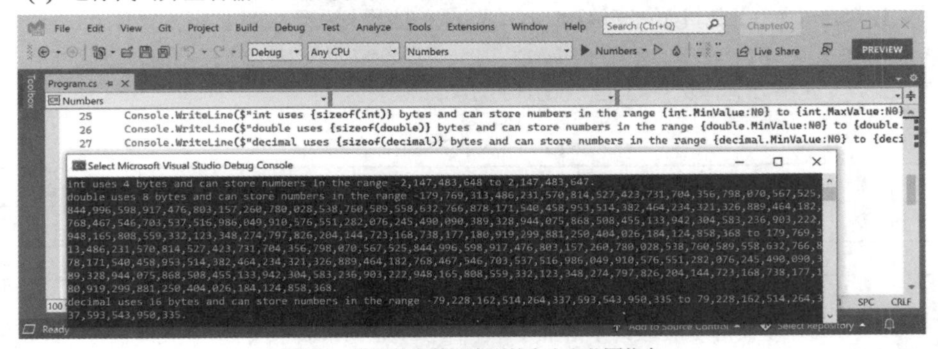

图 2.3 常见数字数据类型的大小和范围信息

int 变量使用 4 字节的内存，可以存储至多 20 亿的正数或负数。double 变量使用 8 字节的内存，因而可以存储更大的值！decimal 变量使用 16 字节的内存，虽然可以存储较大的数字，却不像 double 类型那么大。

你可能会问，为什么 double 变量能比 decimal 变量存储更大的数字，却只占用一半的内存空间呢？现在就去找出答案吧！

2. 比较 double 和 decimal 类型

现在，编写一些代码来比较 double 和 decimal 值。尽管代码不难理解，但我们现在不要担心语法。

(1) 输入语句，声明两个 double 变量，将它们相加并与预期结果进行比较，然后将结果写入控制台，如下所示：

```
Console.WriteLine("Using doubles:");
double a = 0.1;
double b = 0.2;

if (a + b == 0.3)
{
   Console.WriteLine($"{a} + {b} equals {0.3}");
}
else
{
   Console.WriteLine($"{a} + {b} does NOT equal {0.3}");
}
```

(2) 运行代码并查看结果，如下所示：

```
Using doubles:
0.1 + 0.2 does NOT equal 0.3
```

在使用逗号作为小数分隔符的地区中，结果看起来会略有不同，如下面的输出所示：

```
0,1 + 0,2 does NOT equal 0,3
```

double 类型不能保证值是精确的，因为有些数字(如 0.1)不能表示为浮点值。

根据经验，应该只在准确性不重要时使用 double 类型，特别是在比较两个数字的相等性时。例如，当测量一个人的身高时，只会使用大于或小于来比较值，而不会使用等于。

上述问题可通过计算机如何存储数字 0.1 或 0.1 的倍数来说明。要用二进制表示 0.1，计算机需要在 1/16 列存储 1、在 1/32 列存储 1、在 1/256 列存储 1、在 1/512 列存储 1，以此类推，参见表 2.21，于是小数中的数字 0.1 是 0.00011001100110011…。

表 2.21 数字 0.1 的存储

4	2	1	.	1/2	1/4	1/8	1/16	1/32	1/64	1/128	1/256	1/512	…
0	0	0	.	0	0	0	1	1	0	0	1	1	…

最佳实践

永远不要使用==比较两个 double 值。在第一次海湾战争期间，美国爱国者导弹系统在计算时使用了 double 值，这种不精确性导致导弹无法跟踪和拦截来袭的伊拉克飞毛腿导弹，28 名士兵被杀，详见 https://www.ima.umn.edu/~arnold/disasters/patriot.html。

(1) 复制并粘贴之前编写的语句(使用了 double 变量)。

(2) 修改语句，使用 decimal 并将变量重命名为 c 和 d，如下所示：

```
Console.WriteLine("Using decimals:");
decimal c = 0.1M; // M suffix means a decimal literal value
decimal d = 0.2M;

if (c + d == 0.3M)
{
   Console.WriteLine($"{c} + {d} equals {0.3M}");
}
```

```
else
{
```

(3) 运行代码并查看结果，输出如下所示：

```
Using decimals:
0.1 + 0.2 equals 0.3
```

decimal 类型是精确的，因为这种类型可以将数字存储为大的整数并移动小数点。例如，可以将 0.1 存储为 1，然后将小数点左移一位。再如，可将 12.75 存储为 1275，然后将小数点左移两位。

最佳实践

对整数使用 int 类型进行存储，而对不会与其他值做比较的实数使用 double 类型进行存储。可以对 double 值进行小于或大于比较，等等。decimal 类型适用于货币、CAD 绘图、一般工程学以及任何对实数的准确性要求较高的场合。

double 类型有一些有用的特殊值：double.NaN 表示非数字(例如，除以 0 的结果)，double.Epsilon 是可以存储在 double 里的最小正数，double.PositiveInfinity和 double. NegativeInfinity 表示无穷大的正值和负值。

2.3.6　存储布尔值

布尔值只能是如下两个字面值中的一个：true 或 false。

```
bool happy = true;
bool sad = false;
```

它们最常用于分支和循环。不需要完全理解它们，因为第 3 章会详细介绍它们。

2.3.7　存储任何类型的对象

有一种名为 object 的特殊类型，这种类型可以存储任何数据，但这种灵活性是以混乱的代码和可能较差的性能为代价的。由于这两个原因，应该尽可能避免使用 object 类型。下面的步骤展示了在需要时如何使用对象类型。

(1) 使用喜欢的代码编辑器将一个新的控制台应用程序添加到 Chapter02 工作区/Variables 解决方案中。

(2) 在 Visual Studio Code 中，选择 Variables 作为活动的 OmniSharp 项目。当看到弹出的警告消息指出所需的资产丢失时，单击 Yes 添加它们。

(3) 在 Program.cs 中，输入语句，使用对象类型声明的一些变量，如下所示：

```
object height = 1.88; // storing a double in an object
object name = "Amir"; // storing a string in an object
Console.WriteLine($"{name} is {height} metres tall.");
int length1 = name.Length; // gives compile error!
int length2 = ((string)name).Length; // tell compiler it is a string
Console.WriteLine($"{name} has {length2} characters.");
```

(4) 运行代码，注意第四个语句不能编译，因为编译器不知道 name 变量的数据类型，如图 2.4 所示。

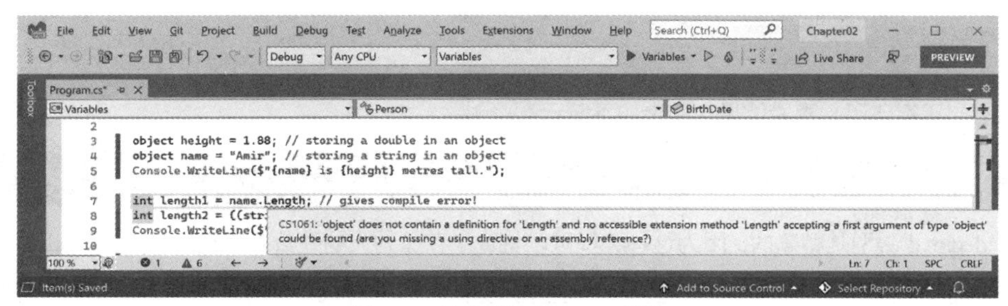

图 2.4 对象类型没有 Length 属性

(5) 在无法编译的语句开头添加注释双斜杠，以“注释掉”语句，使其处于非活动状态。

(6) 再次运行代码，请注意，如果程序员显式地告诉编译器该 object 变量包含一个字符串(使用前缀 string)，编译器就可以访问字符串的长度，如下所示：

```
Amir is 1.88 metres tall.
Amir has 4 characters.
```

从 C#的第一个版本开始，object 类型就已经可用了，但是 C# 2.0 和之后的版本有一个更好的选择，叫做泛型，详见第 6 章。泛型提供了我们想要的灵活性，但没有性能开销。

2.3.8 动态存储类型

还有一种特殊类型名为 dynamic，可用于存储任何类型的数据，并且灵活性相比 object 类型更强，代价是性能下降了。dynamic 关键字是在 C# 4.0 中引入的。但是，与 object 变量不同的是，存储在 dynamic 变量中的值可以在没有显式进行强制转换的情况下调用成员。下面使用 dynamic 类型。

(1) 添加语句来声明一个动态变量，然后分配一个字符串字面值、一个整数值、一个整数值数组，如下面的代码所示：

```
// storing a string in a dynamic object
// string has a Length property
dynamic something = "Ahmed";

// int does not have a Length property
// something = 12;

// an array of any type has a Length property
// something = new[] { 3, 5, 7 };
```

(2) 添加一条语句,输出动态变量的长度，代码如下所示：

```
// this compiles but would throw an exception at run-time
// if you later store a data type that does not have a
// property named Length
Console.WriteLine($"Length is {something.Length}");
```

(3) 运行代码，注意字符串值有一个 Length 属性，如下所示：

```
Length is 5
```

(4) 取消赋给 int 值的语句的注释。

(5) 运行代码并注意运行时错误，因为 int 没有 Length 属性，输出如下所示：

```
Unhandled exception. Microsoft.CSharp.RuntimeBinder.
RuntimeBinderException: 'int' does not contain a definition for 'Length'
```

(6) 取消为数组赋值的语句的注释。

(7) 运行代码并注意输出，因为包含三个 int 值的数组确实有一个 Length 属性，如下所示：

```
Length is 3
```

dynamic 类型存在的限制是，代码编辑器不能显示智能感知来帮助编写代码。这是因为编译器在构建期间不能检查类型是什么。相反，CLR 会在运行时检查成员；如果缺少成员，则抛出异常。

异常是指示出错的一种方式。第 3 章将详细介绍它们，并说明如何处理它们。

2.3.9　声明局部变量

局部变量是在方法中声明的，只在方法执行期间存在。一旦方法返回，分配给任何局部变量的内存都会被释放。

严格地说，值类型会被释放，而引用类型必须等待垃圾收集。第 6 章将介绍值类型和引用类型之间的区别。

1. 指定局部变量的类型

下面进一步探讨使用特定类型声明的局部变量。

输入如下语句，使用特定的类型声明一些局部变量并赋值：

```
int population = 66_000_000; // 66 million in UK
double weight = 1.88; // in kilograms
decimal price = 4.99M; // in pounds sterling
string fruit = "Apples"; // strings use double-quotes
char letter = 'Z'; // chars use single-quotes
bool happy = true; // Booleans have value of true or false
```

根据代码编辑器和颜色方案，在每个变量名称的下方显示绿色的波浪线，以警告这个变量虽然已经被赋值，但它的值从未使用过。

2. 推断局部变量的类型

可以使用 var 关键字来声明局部变量。编译器将从赋值操作符=之后赋予的值推断类型。

没有小数点的字面数字可推断为 int 类型，除非添加 L 后缀，这种情况下，则会：

- L：推断为 long
- UL：推断为 ulong
- M：推断为 decimal
- D：推断为 double
- F：推断为 float

带有小数点的字面数字可推断为double类型，除非添加M后缀(这种情况下，可推断为decimal类型)或F后缀(这种情况下，则推断为 float 类型)。双引号用来指示字符串变量，单引号用来指示 char 变量，true 和 false 值则被推断为 bool 类型。

(1) 修改前面的语句以使用 var 关键字，如下所示：

```
var population = 66_000_000; // 66 million in UK
var weight = 1.88; // in kilograms
var price = 4.99M; // in pounds sterling
var fruit = "Apples"; // strings use double-quotes
var letter = 'Z'; // chars use single-quotes
var happy = true; // Booleans have value of true or false
```

(2) 将鼠标悬停在每个 var 关键字上，注意代码编辑器会显示一个工具提示，其中包含推断出的类型的信息。

(3) 在类文件的顶部，导入用于处理 XML 的名称空间，以使用该名称空间中的类型声明一些变量，如下面的代码所示：

```
using System.Xml;
```

最佳实践

如果使用的是.NET Interactive Notebooks，那么在编写主代码的代码单元格之上的单独单元格中添加 using 语句。然后单击 Execute Cell 以确保已导入名称空间。然后它们将在后续的代码单元格中可用。

(4) 在前面的语句下，添加语句来创建一些新对象，如下所示：

```
// good use of var because it avoids the repeated type
// as shown in the more verbose second statement
var xml1 = new XmlDocument();
XmlDocument xml2 = new XmlDocument();

// bad use of var because we cannot tell the type, so we
// should use a specific type declaration as shown in
// the second statement
var file1 = File.CreateText("something1.txt");
StreamWriter file2 = File.CreateText("something2.txt");
```

最佳实践

尽管使用 var 很方便，但一些开发人员避免使用它，以使代码阅读者更容易理解所使用的类型。就我个人而言，我只在类型明显时才使用它。例如，在前面的代码语句中，第一个语句在说明 xml 变量的类型方面和第二个语句一样清楚，但更短。然而，第三条语句在显示 file 变量的类型方面并不清楚，因此第四个语句更好，因为它显示了类型是 StreamWriter。如果有疑问，就提出来!

3. 使用面向类型的 new 实例化对象

在 C# 9.0 中，微软引入了另一种用于实例化对象的语法，称为面向类型的 new。当实例化对象时，可以先指定类型，再使用 new，而不用重复写出类型，如下所示：

```
XmlDocument xml3 = new(); // target-typed new in C# 9 or later
```

如果有一个需要设置字段或属性的类型，那么可以推断该类型，如下面的代码所示：

```
class Person
{
public DateTime BirthDate;
```

```
}
Person kim = new();
kim.BirthDate = new(1967, 12, 26); // instead of: new DateTime(1967, 12, 26)
```

最佳实践

使用面向类型的 new 来实例化对象，除非必须使用 C# 9 前的编译器。本书的其余部分使用了面向类型的 new。如果你发现任何我错过的示例，请让我知道！

2.3.10　获取和设置类型的默认值

除了 string 外，大多数基本类型都是值类型，这意味着它们必须有值。可以通过使用 default() 操作符并将类型作为参数传递来确定类型的默认值。可以使用 default 关键字指定类型的默认值。

string 类型是引用类型。这意味着 string 变量包含值的内存地址而不是值本身。引用类型的变量可以有空值；空值是字面量，表示变量尚未引用任何东西。空值是所有引用类型的默认值。

第 6 章将介绍更多关于值类型和引用类型的知识。

下面看看默认值。

(1) 添加如下语句以显示 int、bool、DateTime 和 string 类型的默认值：

```
Console.WriteLine($"default(int) = {default(int)}");
Console.WriteLine($"default(bool) = {default(bool)}");
Console.WriteLine($"default(DateTime) = {default(DateTime)}");
Console.WriteLine($"default(string) = {default(string)}");
```

(2) 运行代码并查看结果，输出如下所示(注意你的日期和时间输出格式可能不同，如果不是在英国运行它，空值输出为一个空字符串，如下所示：

```
default(int) = 0
default(bool) = False
default(DateTime) = 01/01/0001 00:00:00
default(string) =
```

(3) 添加语句来声明 number，赋值，然后将其重置为默认值，如下面的代码所示：

```
int number = 13;
Console.WriteLine($"number has been set to: {number}");
number = default;
Console.WriteLine($"number has been reset to its default: {number}");
```

(4) 运行代码并查看结果，如下所示：

```
number has been set to: 13
number has been reset to its default: 0
```

2.3.11　在数组中存储多个值

当需要存储同一类型的多个值时，可以声明数组。例如，当需要在 string 数组中存储四个名称时，就可以这样做。

下面的代码可用来为存储四个字符串值的数组分配内存。首先在索引位置 0～3 存储字符串值(数组是从 0 开始计数的，因此最后一项比数组长度小 1)。

最佳实践

不要假设所有数组的计数都是从零开始的。.NET 中最常见的数组类型是 szArray，这是一种一维的零索引数组，它们使用正常的[ ]语法。但是.NET 也有 mdArray，一个多维数组，它们不必有一个为零的下界。这些很少使用，但你应该知道它们的存在。

然后使用 for 语句循环遍历数组中的每一项，详见第 3 章。

下面是使用数组的详细步骤。

(1) 输入如下语句，以声明和使用字符串数组：

```
string[] names; // can reference any size array of strings

// allocating memory for four strings in an array
names = new string[4];

// storing items at index positions
names[0] = "Kate";
names[1] = "Jack";
names[2] = "Rebecca";
names[3] = "Tom";

// looping through the names
for (int i = 0; i < names.Length; i++)
{
  // output the item at index position i
  Console.WriteLine(names[i]);
}
```

(2) 运行代码并注意结果，输出如下所示：

```
Kate
Jack
Rebecca
Tom
```

在分配内存时，数组的大小总是固定的，因此需要在实例化之前确定数组要存储多少项。

3 步定义数组的另一种方法是使用数组初始化器语法，如下面的代码所示：

```
string[] names2 = new[] { "Kate", "Jack", "Rebecca", "Tom" };
```

使用 new[ ]语法为数组分配内存时，花括号中至少要有一个项，以便编译器推断出数据类型。

数组对于临时存储多个项很有用，但是在动态添加和删除项时，集合是更灵活的选择。现在不需要担心集合，第 8 章会讨论它们。

2.4 深入研究控制台应用程序

前面创建并使用了基本的控制台应用程序，下面更深入地研究它们。

控制台应用程序是基于文本的，在命令行中运行。它们通常执行需要编写脚本的简单任务，例如编译文件或加密配置文件的一部分。

同样，它们也可通过传递过来的参数来控制自己的行为。这方面的典型例子是，可使用 F#

语言创建一个新的控制台应用程序，并使用指定的名称而不是当前文件夹的名称，如下所示：

```
dotnet new console -lang "F#" --name "ExploringConsole"
```

2.4.1 向用户显示输出

控制台应用程序执行的两个最常见的任务是写入和读取数据。前者使用 WriteLine 方法来输出数据，但是，如果不希望行末有回车符，那么可以使用 Write 方法。

1. 使用编号的位置参数进行格式化

生成格式化字符串的一种方法是使用编号的位置参数。

诸如 Write 和 WriteLine 的方法就支持这一特性，对于不支持这一特性的方法，可以使用 string 类型的 Format 方法对 string 参数进行格式化。

提示：

本节的前几个代码示例将适用于.NET Interactive Notebooks，因为它们是关于输出到控制台的。本节的后面将了解如何通过控制台获取输入，遗憾的是.NET Interactive Notebooks 不支持这一功能。

下面开始格式化。

(1) 使用首选的代码编辑器向Chapter02文工作区/解决方案新添加一个名为Formatting的控制台应用程序项目。

(2) 在 Visual Studio Code 中，选择 Formatting 作为活动的 OmniSharp 项目。

(3) 在 Program.cs 中添加如下语句，声明一些数值变量并将它们写入控制台：

```
int numberOfApples = 12;
decimal pricePerApple = 0.35M;

Console.WriteLine(
  format: "{0} apples costs {1:C}",
  arg0: numberOfApples,
  arg1: pricePerApple * numberOfApples);

string formatted = string.Format(
  format: "{0} apples costs {1:C}",
  arg0: numberOfApples,
  arg1: pricePerApple * numberOfApples);

//WriteToFile(formatted); // writes the string into a file
```

WriteToFile 方法是不存在的，这里只是用来说明这种思想。

最佳实践

一旦对格式化字符串更加熟悉，就应该停止对参数进行命名，例如，停止使用 format:、arg0:和 arg1:。前面的代码使用一种非规范样式来显示 0 和 1 的来源。

2. 使用内插字符串进行格式化

C# 6.0 及后续版本有一个方便的特性叫作内插字符串。以$为前缀的字符串可以在变量或表达式的名称两边使用花括号，从而输出变量或表达式在字符串中相应位置的当前值。

(1) 在 Program.cs 的底部输入如下语句：

```
Console.WriteLine($"{numberOfApples} apples costs {pricePerApple *
numberOfApples:C}");
```

(2) 运行代码并查看结果，输出如下所示：

```
12 apples costs £4.20
```

对于短格式的字符串，内插字符串更容易阅读。但是对于本书中的代码示例，一行代码需要跨越多行显示，这可能比较棘手。本书中的许多代码示例将使用编号的位置参数。

避免插入字符串的另一个原因是它们不能从资源文件中读取并本地化。

在 C# 10 之前，字符串常量只能通过连接来组合，代码如下所示：

```
private const string firstname = "Omar";
private const string lastname = "Rudberg";
private const string fullname = firstname + " " + lastname;
```

在 C# 10 中，现在可以使用插值字符串，代码如下所示：

```
private const string fullname = "{firstname} {lastname}";
```

这只适用于组合字符串常量值。它不能处理其他类型，比如需要在运行时转换数据类型的数字。

3. 理解格式字符串

可以在逗号或冒号之后使用格式字符串对变量或表达式进行格式化。

N0 格式的字符串表示有千位分隔符且没有小数点的数字，而 C 格式的字符串表示货币。货币格式由当前线程决定。例如，如果在英国的个人计算机上运行这段代码，会得到英镑，此时把逗号作为千位分隔符；但如果在德国的个人计算机上运行这段代码，会得到欧元，此时把圆点作为千位分隔符。

格式项的完整语法如下：

```
{ index [, alignment ] [ : formatString ] }
```

每个格式项都有一个对齐选项，这在输出值表时非常有用，其中一些值可能需要在字符宽度内左对齐或右对齐。值的对齐处理的是整数。正整数右对齐，负整数左对齐。

例如，为了输出一张水果表以及每类水果有多少个，你可能希望将名称左对齐到某一 10 字符长的列中，并将格式化为数字的计数值右对齐到另一 6 字符长的列中，列的小数位数为 0。

(1) 在 Program.cs 底部输入如下语句：

```
string applesText = "Apples";
int applesCount = 1234;

string bananasText = "Bananas";
int bananasCount = 56789;
```

```
Console.WriteLine(
  format: "{0,-10} {1,6:N0}",
  arg0: "Name",
  arg1: "Count");

Console.WriteLine(
  format: "{0,-10} {1,6:N0}",
  arg0: applesText,
  arg1: applesCount);

Console.WriteLine(
  format: "{0,-10} {1,6:N0}",
  arg0: bananasText,
  arg1: bananasCount);
```

(2) 运行代码，注意对齐后的效果和数字格式，输出如下所示：

```
Name        Count
Apples      1,234
Bananas    56,789
```

2.4.2 从用户那里获取文本输入

可以使用 ReadLine 方法从用户那里获取文本输入。ReadLine 方法会等待用户输入一些文本，此后用户每次按 Enter 键时，用户输入的任何内容都将作为字符串返回。

最佳实践

如果在本节中使用的是.NET Interactive Notebooks，那么请注意，它不支持使用 Console.ReadLine()从控制台读取输入。相反，必须设置文字值，如下面的代码所示：string? firstName = "Gary";。这通常是更快的实验，因为可以简单地改变字符串字面值，并单击 Execute Cell 按钮，而不是每次想输入不同的字符串值时，都必须重新启动控制台应用程序。

下面获取用户的输入。

(1) 输入如下语句，询问用户的姓名和年龄，然后输出用户输入的内容：

```
Console.Write("Type your first name and press ENTER: ");
string? firstName = Console.ReadLine();

Console.Write("Type your age and press ENTER: ");
string? age = Console.ReadLine();

Console.WriteLine(
  $"Hello {firstName}, you look good for {age}.");
```

(2) 运行代码，输入姓名和年龄，输出如下所示：

```
Type your name and press ENTER: Gary
Type your age and press ENTER: 34
Hello Gary, you look good for 34.
```

string?数据类型声明的问号?表明，我们承认可以从 ReadLine 调用返回 null(空)值。参见第 6 章。

2.4.3 简化控制台的使用

在 C# 6.0 及其后续版本中，using 语句不仅可以用于导入名称空间，还可以通过导入静态类进一步简化代码。这样，就不需要在整个代码中输入 Console 类型名。可以使用代码编辑器的查找和替换功能来删除之前编写的 Console 类型。

(1) 在 Program.cs 文件的顶部添加一条语句来静态导入 System.Console 类型，如下所示：

```
using static System.Console;
```

(2) 在代码中选择第一个 Console.，确保选择了单词 Console 之后的句点。

(3) 在 Visual Studio 中，导航到 Edit | Find and Replace | Quick Replace，或在 Visual Studio Code 中导航到 Edit | Replace。注意出现了覆盖提示框，输入想要的内容以替换 Console，如图 2.5 所示。

(4) 保持 Replace 框为空，单击 Replace all 按钮(Replace 输入框右侧的两个按钮中的第二个按钮)，然后关闭 Replace 提示框。

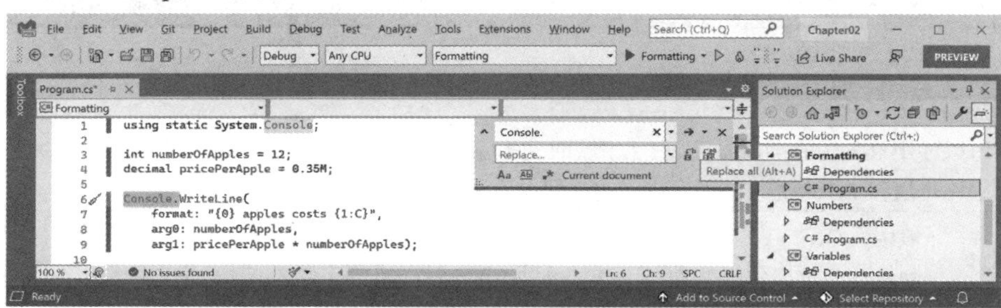

图 2.5 使用 Visual Studio 中的 Replace 提示框简化代码

2.4.4 获取用户的重要输入

可以使用 ReadKey 方法从用户那里获得重要输入。ReadKey 方法会等待用户输入内容，然后用户按下 Enter 键，用户输入的任何内容都将作为 ConsoleKeyInfo 值返回。

不能使用.NET Interactive Notebooks 来执行 ReadKey 方法的调用，但是如果已经创建了一个控制台应用程序，那么探索一下读取按键。

(1) 输入如下语句，要求用户按任意组合键，然后输出相关信息：

```
Write("Press any key combination: ");
ConsoleKeyInfo key = ReadKey();
WriteLine();
WriteLine("Key: {0}, Char: {1}, Modifiers: {2}",
  arg0: key.Key,
  arg1: key.KeyChar,
  arg2: key.Modifiers);
```

(2) 运行代码，按 K 键并注意结果，输出如下所示：

```
Press any key combination: k
Key: K, Char: k, Modifiers: 0
```

(3) 运行代码，按住 Shift 键并按 K 键，然后注意结果，输出如下所示：

```
Press any key combination: K
Key: K, Char: K, Modifiers: Shift
```

(4) 运行代码，按 F12 键并注意结果，输出如下所示：

```
Press any key combination:
Key: F12, Char: , Modifiers: 0
```

提示：

在 Visual Studio Code 的终端窗口中运行控制台应用程序时，一些按键组合将被代码编辑器或操作系统捕获，然后由应用程序处理。

2.4.5　向控制台应用程序传递参数

如何获得可能传递给控制台应用程序的任何参数？

在.NET 6.0 之前的每个版本中，控制台应用程序项目模板都很明显，代码如下所示：

```
using System;
namespace Arguments
{
  class Program
  {
    static void Main(string[] args)
    {
      Console.WriteLine("Hello World!");
    }
  }
}
```

string[] args 参数是在 Program 类的 Main 方法中声明和传递的。它们是用于向控制台应用程序传递参数的数组，但在顶级程序中，如.NET 6.0 及以后版本的控制台应用程序项目模板所使用的那样，Program 类、Main 方法以及 args 字符串数组的声明都是隐藏的。诀窍在于必须知道它仍然存在。

命令行参数由空格分隔。其他字符(如连字符和冒号)被视为参数值的一部分。要在实参值中包含空格，请将实参值括在单引号或双引号中。

假设我们希望能够在命令行中输入前景色和背景色的名称以及终端窗口的大小。为此，可从 args 数组中读取颜色和数字，而 args 数组总是被传递给控制台应用程序的 Main 方法。

(1) 使用喜欢的代码编辑器将一个新的控制台应用程序添加到 Chapter02 工作区名为 Arguments 的解决方案中。不能使用.NET Interactive Notebooks，因为无法向其传递参数。

(2) 在 Visual Studio Code 中，选择 Arguments 作为活动的 OmniSharp 项目。

(3) 添加一条语句以静态导入 System.Console 类型，再添加一条语句以输出传递给应用程序的参数数量，如下所示：

```
using static System.Console;
WriteLine($"There are {args.Length} arguments.");
```

最佳实践

记住在所有项目中静态地导入 System.Console 以简化代码，因为这些指令不会每次都重复。

(4) 运行代码并查看结果，输出如下所示：

```
There are 0 arguments.
```

(5) 如果使用的是 Visual Studio，那么导航到 Project | Arguments Properties，选择 Debug 选项卡。在 Application arguments 框中输入一些参数，保存更改，然后运行控制台应用程序，如图 2.6 所示。

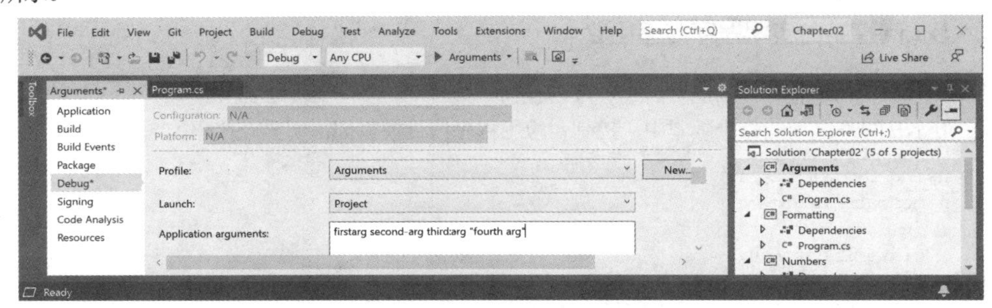

图 2.6　在 Visual Studio 项目属性中输入应用程序参数

(6) 如果使用的是 Visual Studio Code，那么在终端中，在 dotnet run 命令后输入一些参数，如下所示：

```
dotnet run firstarg second-arg third:arg "fourth arg"
```

(7) 输出结果显示有四个参数，如下所示：

```
There are 4 arguments.
```

(8) 要枚举或迭代(也就是循环遍历)这四个参数的值，请在输出数组长度后添加以下语句：

```
foreach (string arg in args)
{
  WriteLine(arg);
}
```

(9) 再次运行代码， 注意输出结果显示了这四个参数的详细信息，如下所示：

```
There are 4 arguments.
firstarg
second-arg
third:arg
fourth arg
```

2.4.6 使用参数设置选项

现在，这些参数将允许用户为输出窗口选择背景色和前景色，并指定光标的大小。光标大小可以是从 1(表示光标单元格底部的一行)到 100(表示光标单元格高度的百分比)的整数值。

必须导入 System 名称空间，这样编译器才知道 ConsoleColor 和 Enum 类型。

(1) 添加语句以警告用户，如果不输入完三个参数就解析这些参数并使用它们设置控制台窗口的颜色和光标的大小，系统将发出警告，如下所示：

```
if (args.Length < 3)
{
    WriteLine("You must specify two colors and cursor size, e.g.");
    WriteLine("dotnet run red yellow 50");
    return; // stop running
}

ForegroundColor = (ConsoleColor)Enum.Parse(
    enumType: typeof(ConsoleColor),
    value: args[0],
    ignoreCase: true);

BackgroundColor = (ConsoleColor)Enum.Parse(
    enumType: typeof(ConsoleColor),
    value: args[1],
    ignoreCase: true);

CursorSize = int.Parse(args[2]);
```

提示：
CursorSize 仅支持在 Windows 上设置。

(2) 在 Visual Studio 中，导航到 Project | Arguments Properties，并将参数更改为:red yellow 50。运行控制台应用程序，注意光标的大小是原来的一半，窗口中的颜色也发生了变化，如图 2.7 所示。

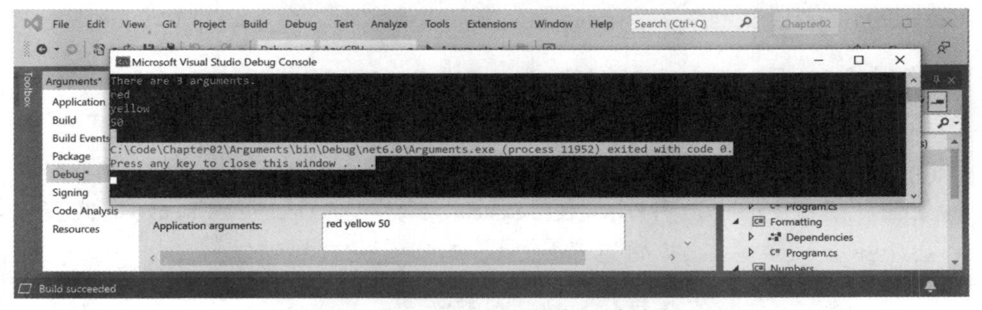

图 2.7　在 Windows 上设置颜色和光标大小

(3) 在 Visual Studio Code 中，运行带参数的代码，设置前景色为红色，背景色为黄色，光标大小为 50%，如下所示：

```
dotnet run red yellow 50
```

在 macOS 上，将看到一个未处理的异常，如图 2.8 所示。

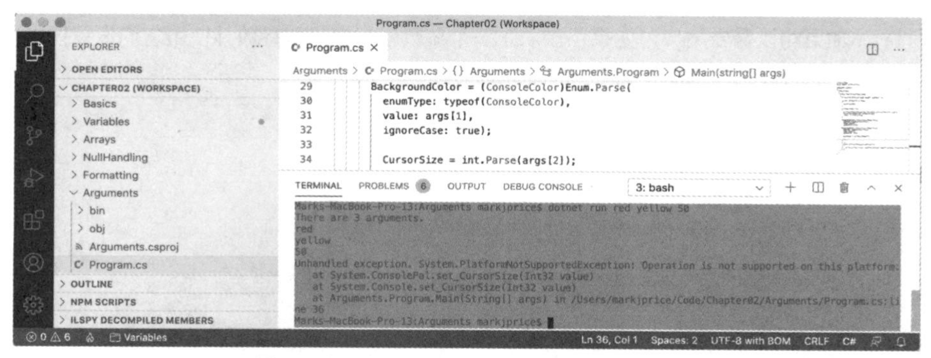

图 2.8　在不支持的 macOS 上出现了未处理的异常

虽然编译器没有给出错误或警告，但是在运行时，一些 API 调用可能在某些平台上失败。虽然在 Linux 上运行的控制台应用程序可以更改光标的大小，但在 macOS 上不能。

2.4.7　处理不支持 API 的平台

如何解决这个问题呢？可以使用异常处理程序。第 3 章将介绍关于 try-catch 语句的更多细节，所以现在只需要输入代码即可。

(1) 修改代码，将更改光标大小的代码行封装到 try 语句中，如下所示：

```
try
{
    CursorSize = int.Parse(args[2]);
}
catch (PlatformNotSupportedException)
{
  WriteLine("The current platform does not support changing the size of
the cursor.");
}
```

(2) 如果在 macOS 上运行目的，注意异常会被捕获，并向用户显示一条友好的消息。

处理操作系统差异的另一种方法是使用 System 名称空间的 OperatingSystem 类，如下所示：

```
if (OperatingSystem.IsWindows())
{
    // execute code that only works on Windows
}
else if (OperatingSystem.IsWindowsVersionAtLeast(major: 10))
{
    // execute code that only works on Windows 10 or later
}
else if (OperatingSystem.IsIOSVersionAtLeast(major: 14, minor: 5))
{
    // execute code that only works on iOS 14.5 or later
}
else if (OperatingSystem.IsBrowser())
{
    // execute code that only works in the browser with Blazor
}
```

OperatingSystem 类提供了与其他常见操作系统(如 Android、iOS、Linux、macOS 甚至浏览器)相同的方法，这对 Blazor Web 组件很有用。

处理不同平台的第三种方法是使用条件编译语句。

有四个预处理指令控制条件编译：#if、#elif、#else 和#endif。

使用#define 定义符号，如下所示：

```
#define MYSYMBOL
```

许多符号会自动定义，如表 2.22 所示。

表 2.22 会自动定义的符号

目标框架	符号
.NET Standard	NETSTANDARD2_0 和 NETSTANDARD2_1 等
现代.NET	NET6_0、NET6_0_ANDROID、NET6_0_IOS、NET6_0_WINDOWS 等

然后可以编写只针对指定平台编译的语句，代码如下所示：

```
#if NET6_0_ANDROID
// compile statements that only works on Android
#elif NET6_0_IOS
// compile statements that only works on iOS
#else
// compile statements that work everywhere else
#endif
```

2.5 实践和探索

可以通过回答一些问题来测试自己对知识的理解程度，进行一些实践，并深入探索本章涵盖的主题。

2.5.1 练习 2.1：测试你掌握的知识

为了得到这些问题的最佳答案，需要自己做研究。笔者希望你们“跳出书本进行思考”，所以本书故意不提供所有的答案。

我们希望读者养成去别处寻求帮助的好习惯，本书遵循“授人以渔”的原则。

(1) 可以在 C#文件中输入什么语句来发现编译器和语言版本?

(2) C#中的两种类型注释是什么?

(3) 逐字字符串和插值字符串之间的区别是什么?

(4) 为什么在使用 float 和 double 值时要小心?

(5) 如何确定像 double 这样的类型在内存中使用多少字节?

(6) 什么时候应该使用 var 关键字?

(7) 创建 XmlDocument 类实例的最新方法是什么?

(8) 为什么在使用动态类型时要小心呢?

(9) 如何右对齐格式字符串?

(10) 什么字符分隔控制台应用程序的参数?

可以从 GitHub 存储库的 README 中的链接下载附录 A 的英文版：https://github.com/markjprice/cs10dotnet6。

2.5.2 练习 2.2：测试对数字类型的了解

请问，下列“数字”应选择什么类型?

- 一个人的电话号码
- 一个人的身高
- 一个人的年龄
- 一个人的工资
- 一本书的 ISBN
- 一本书的价格
- 一本书的运输重量
- 一个国家的人口
- 宇宙中恒星的数量
- 英国每个中小企业的员工人数(每个企业最多 5 万名员工)

2.5.3 练习 2.3：练习数字的大小和范围

在 Chapter02 解决方案/工作区中，创建一个名为 Exercise02 的控制台应用程序项目，输出以下每种数值类型使用的内存字节数，以及它们可能具有的最小值和最大值：sbyte、byte、short、ushort、int、uint、long、ulong、float、double 和 decimal。

运行控制台应用程序，结果应该如图 2.9 所示。

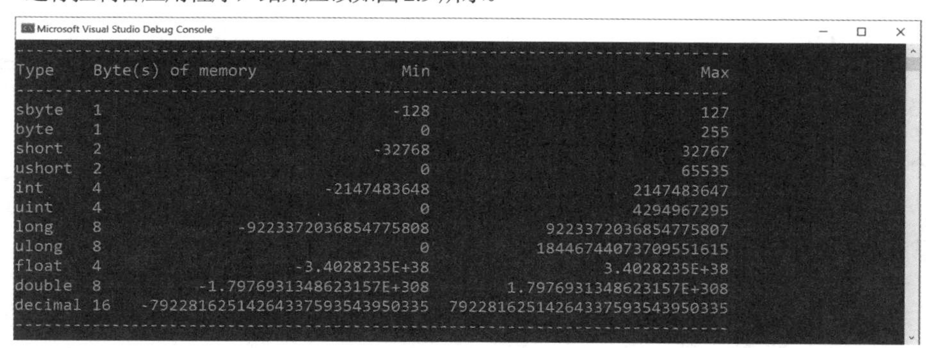

Type	Byte(s) of memory	Min	Max
sbyte	1	-128	127
byte	1	0	255
short	2	-32768	32767
ushort	2	0	65535
int	4	-2147483648	2147483647
uint	4	0	4294967295
long	8	-9223372036854775808	9223372036854775807
ulong	8	0	18446744073709551615
float	4	-3.4028235E+38	3.4028235E+38
double	8	-1.7976931348623157E+308	1.7976931348623157E+308
decimal	16	-79228162514264337593543950335	79228162514264337593543950335

图 2.9　输出数字类型大小的结果

提示：

所有练习的代码解决方案都可以通过以下链接从 GitHub 存储库下载或复制：https://github.com/markjprice/ cs10dotnet6。

2.5.4 练习 2.4：探索主题

可通过以下链接来阅读本章所涉及主题的更多细节：

https://github.com/markjprice/cs10dotnet6/blob/main/book-links.md#chapter-2---speaking-c

2.6 本章小结

本章主要内容：

- 如何声明具有指定类型或推断类型的变量。
- 用于数字、文本和布尔值的一些内置类型。
- 如何在数值类型之间进行选择。
- 如何在控制台应用程序中控制输出格式。

第 3 章将学习运算符、分支、循环、类型转换，以及如何处理异常。

第3章 控制程序流程、转换类型和处理异常

本章主要介绍一些编码实践，其中包括编写代码、对变量执行简单操作、做出决策、执行模式匹配、重复执行语句或代码块、将变量或表达式值从一种类型转换为另一种类型、处理异常以及在数值变量中检查溢出。

本章涵盖以下主题：

- 操作变量
- 理解选择语句
- 理解迭代语句
- 类型转换
- 处理异常
- 检查溢出

3.1 操作变量

运算符可将简单的操作(如加法和乘法)应用于操作数(如变量和字面值)。它们通常返回一个新值，作为分配给变量的操作的结果。

大多数运算符是二元的，这意味着它们可以处理两个操作数，如下所示：

```
var resultOfOperation = firstOperand operator secondOperand;
```

二元运算符的例子包括加法和乘法，如下面的代码所示：

```
int x = 5;
int y = 3;
int resultOfAdding = x + y;
int resultOfMultiplying = x * y;
```

有些运算符是一元的，也就是说，它们只能作用于一个操作数，并且可以在这个操作数之前或之后应用，如下所示：

```
var resultOfOperation = onlyOperand operator;
var resultOfOperation2 = operator onlyOperand;
```

一元运算符可用于递增操作以及检索类型或大小(以字节为单位)，如下所示：

```
int x = 5;
int incrementedByOne = x++;
int incrementedByOneAgain = ++x;
Type theTypeOfAnInteger = typeof(int);
int howManyBytesInAnInteger = sizeof(int);
```

三元运算符则作用于三个操作数，如下所示：

```
var resultOfOperation = firstOperand firstOperator
   secondOperand secondOperator thirdOperand;
```

3.1.1　一元算术运算符

有两个常用的一元运算符，它们可用于递增(++)和递减(--)数字。下面通过一些示例来说明它们的工作方式。

(1) 如果完成了前面的章节，那么应该已经有了 Code 文件夹。如果没有，就创建 Code 文件夹。

(2) 使用自己喜欢的编码工具创建一个新的控制台应用程序，如下所示。

- 项目模板：Console Application/console
- 工作区/解决方案文件和文件夹：Chapter03
- 项目文件和文件夹：Operators

(3) 在 Program.cs 的顶部，静态导入 System.Console 名称空间。

(4) 在 Program.cs 中，声明两个名为 a 和 b 的整型变量，将 a 设置为 3，在将结果赋值给 b 的同时增加 a，然后输出它们的值，如下所示：

```
int a = 3;
int b = a++;
WriteLine($"a is {a}, b is {b}");
```

(5) 在运行控制台应用程序之前，问自己一个问题：当输出时，b 的值是多少？考虑到这一点后，运行代码，并将预测结果与实际结果进行比较，如下所示：

```
a is 4, b is 3
```

变量 b 的值为 3，因为++运算符在赋值后执行；这称为后缀运算符。如果需要在赋值之前递增，那么可以使用前缀运算符。

(6) 复制并粘贴语句，然后修改它们以重命名变量，并使用前缀运算符，如下所示：

```
int c = 3;
int d = ++c; // increment c before assigning it
WriteLine($"c is {c}, d is {d}");
```

(7) 重新运行代码并观察结果，输出如下所示：

```
a is 4, b is 3
c is 4, d is 4
```

最佳实践

由于递增、递减运算符与赋值运算符在前缀和后缀方面容易让人混淆，Swift 编程语言的设计者决定在 Swift 3 中取消对递增、递减运算符的支持。建议在 C#中不要将++和--运算符与赋值运算符=结合使用。可将操作作为单独的部件执行。

3.1.2 二元算术运算符

递增和递减运算符是一元算术运算符。其他算术运算符通常是二元的，允许对两个数字执行算术运算。

(1) 添加如下语句，对两个整型变量 e 和 f 进行声明并赋值，然后对这两个变量执行 5 种常见的二元算术运算：

```
int e = 11;
int f = 3;
WriteLine($"e is {e}, f is {f}");
WriteLine($"e + f = {e + f}");
WriteLine($"e - f = {e - f}");
WriteLine($"e * f = {e * f}");
WriteLine($"e / f = {e / f}");
WriteLine($"e % f = {e % f}");
```

(2) 运行代码并观察结果，输出如下所示：

```
e is 11, f is 3
e + f = 14
e - f = 8
e * f = 33
e / f = 3
e % f = 2
```

为了理解将除法/和取模%运算符应用到整数时的情况，需要回顾一下小学课程。假设有 11 颗糖果和 3 名小朋友。怎么把这些糖果分给这些小朋友呢？可以给每个小朋友分 3 颗糖果，还剩下两颗。剩下的两颗糖果是模数，也称余数。如果有 12 颗糖果，那么每个小朋友正好可以分得 4 颗，所以余数是 0。

(3) 添加如下语句，声明名为 g 的 double 变量并赋值，以显示整数和整数相除与整数和实数相除的差别：

```
double g = 11.0;
WriteLine($"g is {g:N1}, f is {f}");
WriteLine($"g / f = {g / f}");
```

(4) 运行代码并观察结果，输出如下所示：

```
g is 11.0, f is 3
g / f = 3.6666666666666665
```

如果第一个操作数是浮点数，比如变量 g 的值为 11.0，那么除法运算符也将返回一个浮点数(比如 3.6666666666665)而不是整数。

3.1.3 赋值运算符

前面已经使用了最常用的赋值运算符=。

为了使代码更简洁，可以把赋值运算符和算术运算符等其他运算符结合起来，如下所示：

```
int p = 6;
p += 3; // equivalent to p = p + 3;
p -= 3; // equivalent to p = p - 3;
p *= 3; // equivalent to p = p * 3;
p /= 3; // equivalent to p = p / 3;
```

3.1.4 逻辑运算符

逻辑运算符对布尔值进行操作，因此它们返回 true 或 false。下面研究一下用于操作两个布尔值的二元逻辑操作符。

(1) 使用喜欢的编码工具，将一个新的控制台应用程序添加到 Chapter03 工作区/解决方案中，名为 BooleanOperators。

- 在 Visual Studio Code 中，选择 BooleanOperators 作为活动的 OmniSharp 项目。看到弹出消息指出所需的资产丢失时，单击 Yes 添加它们。
- 在 Visual Studio 中，把当前选择的解决方案设置为启动项目。

最佳实践

记得静态导入 System.Console 类型，这样可以简化控制台应用程序中的语句。

(2) 在 Program.cs 中添加语句以声明两个布尔变量，它们的值分别为 true 和 false，然后输出真值表，显示应用 AND、OR 和 XOR(exclusive OR)逻辑运算符之后的结果，如下所示：

```
bool a = true;
bool b = false;

WriteLine($"AND  | a     | b ");
WriteLine($"a    | {a & a,-5} | {a & b,-5} ");
WriteLine($"b    | {b & a,-5} | {b & b,-5} ");
WriteLine();
WriteLine($"OR   | a     | b ");
WriteLine($"a    | {a | a,-5} | {a | b,-5} ");
WriteLine($"b    | {b | a,-5} | {b | b,-5} ");
WriteLine();
WriteLine($"XOR  | a     | b ");
WriteLine($"a    | {a ^ a,-5} | {a ^ b,-5} ");
WriteLine($"b    | {b ^ a,-5} | {b ^ b,-5} ");
```

(3) 运行代码并观察结果，输出如下所示：

```
AND | a     | b
a   | True  | False
b   | False | False

OR  | a     | b
a   | True  | True
b   | True  | False
```

```
XOR  | a     | b
a    | False | True
b    | True  | False
```

对于 AND 逻辑运算符&，如果结果为 true，那么两个操作数都必须为 true。对于 OR 逻辑操作符|，如果结果为 true，那么两个操作数中至少有一个为 true。对于 XOR 逻辑运算符^，如果结果为 true，那么任何一个操作数都可以为 true (但不能两个同时为 true)。

3.1.5 条件逻辑运算符

条件逻辑运算符类似于逻辑运算符，但需要使用两个符号而不是一个符号。例如，需要使用&&而不是&，以及使用||而不是|。

第 4 章将详细介绍函数，但是现在需要简单介绍一下函数以解释条件逻辑运算符(也称为短路布尔运算符)。

函数会执行语句，然后返回一个值。这个值可以是布尔值，如 true，从而在布尔操作中使用。下面举例说明如何使用条件逻辑运算符。

(1) 在 Program.cs 底部编写语句，以声明一个函数，用于向控制台写入消息并返回 true，如下所示：

```
static bool DoStuff()
{
WriteLine("I am doing some stuff.");
return true;
}
```

最佳实践

如果使用的是.NET Interactive Notebooks，那么在一个单独的代码单元格中编写 DoStuff 函数，然后执行它，使其上下文对其他代码单元格可用。

(2) 在前面的 WriteLine 语句之后，对 a 和 b 变量以及调用函数的结果执行&操作，代码如下所示：

```
WriteLine();
WriteLine($"a & DoStuff() = {a & DoStuff()}");
WriteLine($"b & DoStuff() = {b & DoStuff()}");
```

(3) 运行代码，查看结果，注意函数被调用了两次，一次是为变量 a，另一次是为变量 b，输出如下所示：

```
I am doing some stuff.
a & DoStuff() = True
I am doing some stuff.
b & DoStuff() = False
```

(4) 将代码中的&运算符改为&&运算符，如下所示：

```
WriteLine($"a && DoStuff() = {a && DoStuff()}");
WriteLine($"b && DoStuff() = {b && DoStuff()}");
```

(5) 运行代码，查看结果，注意函数在与变量 a 合并时会运行，但函数在与变量 b 合并时不会运行。因为变量 b 为 false，结果为 false，所以不需要执行函数，输出如下所示：

```
I am doing some stuff.
a && DoStuff() = True
b && DoStuff() = False // DoStuff function was not executed!
```

最佳实践

你现在可以看出为什么将条件逻辑运算符描述为短路布尔运算符了。它们可以使应用程序更高效，并且会在假定函数总是被调用的情况下引入一些细微的 bug。当与会引起副作用的函数结合使用时，避免使用它们是最安全的。

3.1.6　按位和二元移位运算符

按位运算符影响的是数字中的位。二元移位运算符相比传统运算符能更快地执行一些常见的算术运算。例如，任何 2 的幂。

下面研究按位和二元移位运算符。

(1) 使用自己喜欢的编码工具在 Chapter03 工作区/解决方案中添加一个新的控制台应用程序，名叫 BitwiseAndShiftOperators。

(2) 在 Visual Studio Code 中，选择 BitwiseAndShiftOperators 作为激活的 OmniSharp 项目。看到弹出的警告消息指出所需的资产丢失时，单击 Yes 添加它们。

(3) 在 Program.cs 中，键入语句，声明两个整型变量，值分别为 10 和 6，然后输出应用 AND、OR 和 XOR 按位运算符后的结果：

```
int a = 10; // 00001010
int b = 6; // 00000110

WriteLine($"a = {a}");
WriteLine($"b = {b}");
WriteLine($"a & b = {a & b}"); // 2-bit column only
WriteLine($"a | b = {a | b}"); // 8, 4, and 2-bit columns
WriteLine($"a ^ b = {a ^ b}"); // 8 and 4-bit columns
```

(4) 运行控代码并观察结果，输出如下所示：

```
a = 10
b = 6
a & b = 2
a | b = 14
a ^ b = 12
```

(5) 在 Program.cs 中，添加语句，应用左移操作符将变量 a 的位移动三列，将 a 乘以 8，将变量 b 的位右移一列，并输出结果，如下所示：

```
// 01010000 left-shift a by three bit columns
WriteLine($"a << 3 = {a << 3}");

// multiply a by 8
WriteLine($"a * 8 = {a * 8}");

// 00000011 right-shift b by one bit column
WriteLine($"b >> 1 = {b >> 1}");
```

(6) 运行代码并观察结果，输出如下所示：

```
a << 3 = 80
a * 8 = 80
b >> 1 = 3
```

结果 80 是因为其中的位向左移动了三列，所以 1 位移到了 64 位列和 16 位列，64 + 16 = 80。这相当于乘以 8，但 CPU 可以更快地执行位移。结果 3 是因为 b 中的 1 位被移到了 2 位列和 1 位列中。

最佳实践

记住，当操作整数值时，&和|符号是按位操作符，而当操作布尔值(如 true 和 false)时，&和|符号是逻辑操作符。

可通过将整数值转换为包含 0 和 1 的二进制字符串来演示操作。

(1) 在 Program.cs 的底部，添加一个函数，将整数值转换为不超过 8 个 0 和 1 的二进制(Base2)字符串，如下所示：

```
static string ToBinaryString(int value)
{
return Convert.ToString(value, toBase: 2).PadLeft(8, '0');
}
```

(2) 在该函数之上添加语句，输出 a、b 和各种位操作符的结果，代码如下所示：

```
WriteLine();
WriteLine("Outputting integers as binary:");
WriteLine($"a =     {ToBinaryString(a)}");
WriteLine($"b =     {ToBinaryString(b)}");
WriteLine($"a & b = {ToBinaryString(a & b)}");
WriteLine($"a | b = {ToBinaryString(a | b)}");
WriteLine($"a ^ b = {ToBinaryString(a ^ b)}");
```

(3) 运行代码并注意结果，如下所示：

```
Outputting integers as binary:
a =     00001010
b =     00000110
a & b = 00000010
a | b = 00001110
a ^ b = 00001100
```

3.1.7 其他运算符

处理类型时，nameof 和 sizeof 是十分常用的运算符。

- nameof 运算符以字符串的形式返回变量、类型或成员的短名称(没有名称空间)，这在输出异常消息时非常有用。
- sizeof 运算符返回简单类型的字节大小，这对于确定数据存储的效率很有用。

还有其他很多运算符。例如，变量与其成员之间的点称为成员访问运算符，函数或方法名末尾的圆括号称为调用运算符，示例如下：

```
int age = 47;

// How many operators in the following statement?
char firstDigit = age.ToString()[0];

// There are four operators:
// = is the assignment operator
// . is the member access operator
// () is the invocation operator
// [] is the indexer access operator
```

3.2　理解选择语句

每个应用程序都需要能从选项中进行选择，并沿着不同的代码路径进行分支。C#中的两个选择语句是 if 和 switch。可以对所有代码使用 if 语句，但是 switch 语句可以在一些常见的场景中简化代码，例如当一个变量有多个值，而每个值都需要进行不同的处理时。

3.2.1　使用 if 语句进行分支

if 语句通过计算布尔表达式来确定要执行哪个分支。如果布尔表达式为 true，就执行 if 语句块，否则执行 else 语句块。if 语句可以嵌套。

if 语句也可与其他 if 语句以及 else if 分支结合使用，如下所示：

```
if (expression1)
{
    // runs if expression1 is true
}
else if (expression2)
{
    // runs if expression1 is false and expression2 if true
}
else if (expression3)
{
    // runs if expression1 and expression2 are false
    // and expression3 is true
}
else
{
    // runs if all expressions are false
}
```

每个 if 语句的布尔表达式都独立于其他语句，而不像 switch 语句那样需要引用单个值。

下面编写一些语句来研究 if 语句。

(1) 使用自己喜欢的编码工具将一个新的控制台应用程序添加到 Chapter03 工作区/解决方案中，名为 SelectionStatements。

(2) 在 Visual Studio Code 中，选择 SelectionStatements 作为活动的 OmniSharp 项目。

(3) 在 Program.cs 中，键入语句来检查密码是否至少为 8 个字符，代码如下所示：

```
string password = "ninja";
```

```
if (password.Length < 8)
{
  WriteLine("Your password is too short. Use at least 8 characters.");
}
else
{
  WriteLine("Your password is strong.");
}
```

(4) 运行代码并注意结果，如下面的输出所示：

```
Your password is too short. Use at least 8 characters.
```

if语句为什么应总是使用花括号

由于每个语句块中只有一条语句，因此前面的代码可以不使用花括号来编写，如下所示：

```
if (password.Length < 8)
  WriteLine("Your password is too short. Use at least 8 characters.");
else
  WriteLine("Your password is strong.");
```

应该避免使用这种if语句，因为可能引入严重的缺陷。例如，苹果的iOS操作系统中就存在臭名昭著的#gotofail缺陷。

2012年9月，在苹果的iOS 6发布了18个月之后，其SSL(Secure Sockets Layer，安全套接字层)加密代码出现了漏洞，这意味着任何用户在运行iOS 6设备上的Web浏览器Safari时，如果试图连接到安全的网站，比如银行网站，将得不到适当的安全保护，因为不小心跳过了一项重要检查。

不能仅仅因为可以省去花括号就真的这样做。没有了它们，代码不会"更有效率"；相反，代码的可维护性会更差，而且可能更危险。

3.2.2 模式匹配与if语句

模式匹配是C# 7.0及其后续版本引入的一个特性。if语句可以将is关键字与局部变量声明结合起来使用，从而使代码更加安全。

(1) 添加如下语句。这样，如果存储在变量o中的值是int类型，就将值分配给局部变量i，然后可以在if语句中使用局部变量i。这比使用变量o更安全，因为可以确定i是int变量。

```
// add and remove the "" to change the behavior
object o = "3";
int j = 4;

if (o is int i)
{
  WriteLine($"{i} x {j} = {i * j}");
}
else
{
  WriteLine("o is not an int so it cannot multiply!");
}
```

(2) 运行代码并查看结果，输出如下所示：

```
o is not an int so it cannot multiply!
```

(3) 删除 3 两边的双引号字符，从而使变量 o 中存储的值是 int 类型而不是 string 类型。

(4) 重新运行代码并查看结果，输出如下所示：

```
3 x 4 = 12
```

3.2.3 使用 switch 语句进行分支

switch 语句与 if 语句不同，因为前者会对单个表达式与多个可能的 case 语句进行比较。每个 case 语句都与单个表达式相关。每个 case 部分必须以如下内容结尾：

- break 关键字(比如下面代码中的 case 1)。
- 或者 goto case 关键字(比如下面代码中的 case 2)。
- 或者没有语句(比如下面代码中的 case 3)。
- 或者引用命名标签的 goto 关键字(比如下面代码中的 case 5)
- 或者 return 关键字，以退出当前函数(下面的代码中未显示这种情况)。

下面编写一些代码来研究 switch 语句。

(1) 为 switch 语句键入语句。应该注意，倒数第二个语句是一个可以跳转到的标签，第一个语句生成 1 到 6 之间的随机数(代码中的数字 7 是排他上限)。switch 语句分支基于这个随机数的值，如下所示：

```
int number = (new Random()).Next(1, 7);
WriteLine($"My random number is {number}");

switch (number)
{
  case 1:
    WriteLine("One");
    break; // jumps to end of switch statement
  case 2:
    WriteLine("Two");
    goto case 1;
  case 3: // multiple case section
  case 4:
    WriteLine("Three or four");
    goto case 1;
  case 5:
    goto A_label;
    default:
      WriteLine("Default");
      break;
  } // end of switch statement

  WriteLine("After end of switch");
  A_label:
  WriteLine($"After A_label");
```

最佳实践

可以使用 goto 关键字跳转到另一个 case 或标签。goto 关键字并不为大多数程序员所接受，但在某些情况下，这是一种很好的代码逻辑解决方案。请谨慎使用 goto 关键字。

(2) 多次运行控制台应用程序，以查看对于不同的随机数会发生什么，输出示例如下：

```
// first random run
My random number is 4
Three or four
One
After end of switch
After A_label

// second random run
My random number is 2
Two
One
After end of switch
After A_label

// third random run
My random number is 6
Default
After end of switch
After A_label

// fourth random run
My random number is 1
One
After end of switch
After A_label

// fifth random run
My random number is 5
After A_label
```

3.2.4 模式匹配与 switch 语句

与 if 语句一样，switch 语句在 C# 7.0 及更高版本中支持模式匹配。case 值不再必须是字面值，还可以是模式。

下面看一个使用文件夹路径与 switch 语句匹配的模式示例。如果使用的是 macOS，那么交换设置 path 变量的注释语句，并将笔者的用户名替换为读者的用户文件夹名。

(1) 添加如下语句以声明文件的字符串路径，将其作为只读流或可写流打开，然后根据流的类型和功能显示消息：

```
// string path = "/Users/markjprice/Code/Chapter03";
string path = @"C:\Code\Chapter03";

Write("Press R for read-only or W for writeable: ");
ConsoleKeyInfo key = ReadKey();
WriteLine();
```

```
Stream? s;

if (key.Key == ConsoleKey.R)
{
  s = File.Open(
    Path.Combine(path, "file.txt"),
    FileMode.OpenOrCreate,
    FileAccess.Read);
}
else
{
  s = File.Open(
    Path.Combine(path, "file.txt"),
    FileMode.OpenOrCreate,
    FileAccess.Write);
}

string message;

switch (s)
{
  case FileStream writeableFile when s.CanWrite:
    message = "The stream is a file that I can write to.";
    break;
  case FileStream readOnlyFile:
    message = "The stream is a read-only file.";
    break;
  case MemoryStream ms:
    message = "The stream is a memory address.";
    break;
  default: // always evaluated last despite its current position
    message = "The stream is some other type.";
    break;
  case null:
    message = "The stream is null.";
    break;
}
WriteLine(message);
```

(2) 运行代码并注意，名为 s 的变量被声明为 Stream 类型，因而可以是流的任何子类型，比如内存流或文件流。在上面这段代码中，流是使用 File.Open 方法创建的文件流。该方法返回一个文件流。根据你按下的键，文件流是可写的或只读的，所以结果将是一个描述情况的消息，如下面的输出所示：

```
The stream is a file that I can write to.
```

在.NET 中，还有多种类型的流，包括 FileStream 和 MemoryStream。在 C# 7.0 及后续版本中，代码可以基于流的子类型更简洁地进行分支，可以声明并分配本地变量以安全地使用流。第 9 章将详细介绍 System.IO 名称空间和 Stream 类型。

此外，case 语句可以包含 when 关键字以执行更具体的模式匹配。观察前面代码的第一个 case 子句，只有当流是 FileStream 且 CanWrite 属性为 true 时，s 变量才是匹配的。

3.2.5 使用 switch 表达式简化 switch 语句

在 C# 8.0 及更高版本中，可以使用 switch 表达式简化 switch 语句。

大多数 switch 语句都非常简单，但是它们需要大量的输入。switch 表达式的设计目的是简化需要输入的代码，同时仍然表达相同的意图。所有 case 子句都将返回一个值以设置单个变量。switch 表达式使用=>来表示返回值。

下面实现前面使用 switch 语句的代码，这样就可以比较这两种风格了。

(1) 添加如下语句，根据流的类型和功能，使用 switch 表达式设置消息：

```
message = s switch
{
  FileStream writeableFile when s.CanWrite
    => "The stream is a file that I can write to.",
  FileStream readOnlyFile
    => "The stream is a read-only file.",
  MemoryStream ms
    => "The stream is a memory address.",
  null
    => "The stream is null.",
  _
    => "The stream is some other type."
};

WriteLine(message);
```

区别主要是去掉了 case 和 break 关键字。下画线字符用于表示默认的返回值。

(2) 运行代码，注意结果与前面相同。

3.3 理解迭代语句

当条件为 true 时，迭代语句会重复执行语句块，或为集合中的每一项重复执行语句块。具体使用哪种循环语句则取决于解决逻辑问题的易理解性和个人偏好。

3.3.1 while 循环语句

while 循环语句会对布尔表达式求值，并在布尔表达式为 true 时继续循环。

(1) 使用自己喜欢的编码工具在 Chapter03 工作区/解决方案中添加一个新的控制台应用程序，名叫 IterationStatements。

(2) 在 Visual Studio Code 中，选择 IterationStatements 作为活动的 OmniSharp 项目。

(3) 在 Program.cs 中，输入语句，定义 while 语句，当整数变量的值小于 10 时循环，代码如下所示：

```
int x = 0;

while (x < 10)
{
  WriteLine(x);
  x++;
}
```

(4) 运行代码并查看结果，结果应该是数字 0～9，如下所示：

```
0
1
2
3
4
5
6
7
8
9
```

3.3.2 do 循环语句

do 循环语句与 while 循环语句类似，只不过布尔表达式是在语句块的底部而不是顶部进行检查的，这意味着语句块总是至少执行一次。

(1) 输入以下语句，来定义一个 do 循环：

```
string? password;

do
{
  Write("Enter your password: ");
  password = ReadLine();
}
while (password != "Pa$$w0rd");

WriteLine("Correct!");
```

(2) 运行代码，程序将重复提示输入密码，直到输入的密码正确为止，如下所示：

```
Enter your password: password
Enter your password: 12345678
Enter your password: ninja
Enter your password: correct horse battery staple
Enter your password: Pa$$w0rd
Correct!
```

(3) 作为一项额外的挑战，可添加语句，使用户在显示错误消息之前只能尝试输入密码 10 次。

3.3.3 for 循环语句

for 循环语句与 while 循环语句类似，只是更简洁。for 循环语句结合了如下表达式：

- 初始化表达式，它在循环开始时执行一次。
- 条件表达式，它在循环开始后的每次迭代中执行，以检查循环是否应该继续。
- 迭代器表达式，它在每个循环的底部语句中执行。

for 循环语句通常与整数计数器一起使用。

(1) 输入如下 for 循环语句，输出数字 1～10：

```
for (int y = 1; y <= 10; y++)
{
   WriteLine(y);
}
```

(2) 运行代码并查看结果，结果应该是数字 1～10。

3.3.4 foreach 循环语句

foreach 循环语句与前面的三种循环语句稍有不同。foreach 循环语句用于对序列(例如数组或集合)中的每一项执行语句块。序列中的每一项通常是只读的，如果在循环期间修改序列结构，如添加或删除项，将抛出异常。

(1) 输入语句创建一个字符串变量数组，然后输出每个字符串变量的长度，如下所示：

```
string[] names = { "Adam", "Barry", "Charlie" };

foreach (string name in names)
{
   WriteLine($"{name} has {name.Length} characters.");
}
```

(2) 运行代码并查看结果，输出如下所示：

```
Adam has 4 characters.
Barry has 5 characters.
Charlie has 7 characters.
```

理解 foreach 循环语句如何工作的

表示多个项(如数组或集合)的任何类型的创建者都应该确保程序员能够使用 foreach 语句枚举该类型的项。

从技术上讲，foreach 循环语句适用于符合以下规则的任何类型：

- 类型必须有一个名为 GetEnumerator 的方法，该方法会返回一个对象。
- 返回的这个对象必须有一个名为 Current 的属性和一个名为 MoveNext 的方法。
- MoveNext 方法必须更改 Current 的值，如果有更多的项要枚举，则返回 true；如果没有更多的项，则返回 false。

有两个名为 IEnumerable 和 IEnumerable<T>的接口，它们正式定义了这些规则，但是从技术角度看，编译器不需要类型来实现这些接口。

编译器会将前一个例子中的 foreach 语句转换成下面的伪代码：

```
IEnumerator e = names.GetEnumerator();

while (e.MoveNext())
{
   string name = (string)e.Current; // Current is read-only!
   WriteLine($"{name} has {name.Length} characters.");
}
```

由于使用了迭代器，因此 foreach 循环语句中声明的变量不能用于修改当前项的值。

3.4 类型转换

我们常常需要在不同类型之间转换变量的值。例如，数据通常在控制台中以文本形式输入，因此它们最初存储在字符串类型的变量中，但随后需要将它们转换为日期/时间、数字或其他数据类型，具体取决于它们的存储和处理方式。

有时需要在数字类型之间进行转换，比如在整数和浮点数之间进行转换，然后才执行计算。

转换也称为强制类型转换，分为隐式的和显式的两种。隐式的强制类型转换是自动进行的，并且是安全的，这意味着不会丢失任何信息。

显式的强制类型转换必须手动执行，因为可能会丢失一些信息，例如数字的精度。通过进行显式的强制类型转换，可以告诉 C#编译器，我们理解并接受这种风险。

3.4.1　隐式和显式地转换数值

将 int 变量隐式转换为 double 变量是安全的，因为不会丢失任何信息。

(1) 使用喜欢的编码工具在 Chapter03 工作区/解决方案中添加一个新的控制台应用程序，名叫 CastingConverting。

(2) 在 Visual Studio Code 中，选择 CastingConverting 作为活动的 OmniSharp 项目。

(3) 在 Program.cs 中，输入语句，声明一个 int 变量和一个 double 变量并赋值，然后在给 double 变量 b 赋值时，隐式地转换 int 变量 a 的值：

```
int a = 10;
double b = a; // an int can be safely cast into a double
WriteLine(b);
```

(4) 输入语句，声明一个 int 变量和一个 double 变量并赋值，然后在给 int 变量赋值时，隐式地转换 double 变量的值：

```
double c = 9.8;
int d = c; // compiler gives an error for this line
WriteLine(d);
```

(5) 运行代码并注意错误消息，如下面的输出所示：

```
Error: (6,9): error CS0266: Cannot implicitly convert type 'double' to 'int'.
An explicit conversion exists (are you missing a cast?)
```

此错误消息也将出现在 Visual Studio Error List 或 Visual Studio Code PROBLEMS 窗口中。

不能隐式地将 double 变量强制转换为 int 变量，因为它可能不安全，并可能丢失数据，比如小数点后的值。必须在要转换的 double 类型的两边使用一对圆括号，才能显式地将 double 变量转换为 int 变量，这对圆括号是强制类型转换运算符。即使这样，也必须注意小数点后的部分将自动删除，因为我们选择了执行显式的强制类型转换。

(6) 修改变量 d 的赋值语句，如下所示：

```
int d = (int)c;
WriteLine(d); // d is 9 losing the .8 part
```

(7) 运行代码并查看结果，输出如下所示：

```
10
9
```

在大整数和小整数之间转换时，必须执行类似的操作。再次提醒，可能会丢失信息，因为任何太大的值都将以意想不到的方式复制并解释二进制位。

(8) 输入如下语句以声明一个 64 位的 long 变量并将它赋给一个 32 位的 int 变量，它们两者都使用一个可以工作的小值和一个不能工作的大值：

```
long e = 10;
int f = (int)e;
WriteLine($"e is {e:N0} and f is {f:N0}");
e = long.MaxValue;
f = (int)e;
WriteLine($"e is {e:N0} and f is {f:N0}");
```

(9) 运行代码并查看结果，输出如下所示：

```
e is 10 and f is 10
e is 9,223,372,036,854,775,807 and f is -1
```

(10) 将变量 e 的值修改为很大的值，如下所示：

```
e = 5_000_000_000;
```

(11) 运行代码并查看结果，输出如下所示：

```
e is 5,000,000,000 and f is 705,032,704
```

3.4.2 使用 System.Convert 类型进行转换

使用强制类型转换运算符的另一种方法是使用 System.Convert 类型。System.Convert 类型可以转换为所有的 C#数值类型，也可以转换为布尔值、字符串、日期和时间值。

下面编写一些代码。

(1) 在 Program.cs 文件的顶部静态导入 System.Convert 类型，如下所示：

```
using static System.Convert;
```

(2) 在 Program.cs 的底部添加如下语句，以声明 double 变量 g 并为之赋值，将变量 g 的值转换为整数，然后将这两个值写入控制台：

```
double g = 9.8;
int h = ToInt32(g); // a method of System.Convert
WriteLine($"g is {g} and h is {h}");
```

(3) 运行代码并查看结果，输出如下所示：

```
g is 9.8 and h is 10
```

可以看出，double 值 9.8 被转换并圆整为 10，而不是去掉小数点后的部分。

3.4.3 圆整数字

如前所述，强制类型转换运算符会对实数的小数部分进行处理，而使用 System.Convert 类型的话，则会向上或向下圆整。然而，圆整规则是什么？

理解默认的圆整规则

如果小数部分是 0.5 或更大，则向上圆整；如果小数部分比 0.5 小，则向下圆整。

下面探索 C#是否遵循相同的规则。

(1) 添加如下语句，以声明一个 double 数组并赋值，将其中的每个 double 值转换为整数，然后将结果写入控制台：

```
double[] doubles = new[]
  { 9.49, 9.5, 9.51, 10.49, 10.5, 10.51 };

foreach (double n in doubles)
{
  WriteLine($"ToInt32({n}) is {ToInt32(n)}");
}
```

(2) 运行代码并查看结果，输出如下所示：

```
ToInt(9.49) is 9
ToInt(9.5) is 10
ToInt(9.51) is 10
ToInt(10.49) is 10
ToInt(10.5) is 10
ToInt(10.51) is 11
```

C#中的圆整规则略有不同：

- 如果小数部分小于 0.5，则向下圆整。
- 如果小数部分大于 0.5，则向上圆整。
- 如果小数部分是 0.5，那么在非小数部分是奇数的情况下向上圆整，在非小数部分是偶数的情况下向下圆整。

以上规则又称为“银行家的圆整法”，以上规则之所以受青睐，是因为可通过上下圆整的交替来减少偏差。遗憾的是，其他编程语言(如 JavaScript)使用的是默认的圆整规则。

3.4.4 控制圆整规则

可以使用 Math 类的 Round 方法来控制圆整规则。

(1) 添加如下语句，使用“远离 0”的圆整规则(也称为向上圆整)来圆整每个 double 值，然后将结果写入控制台：

```
foreach (double n in doubles)
{
  WriteLine(format:
    "Math.Round({0}, 0, MidpointRounding.AwayFromZero) is {1}",
    arg0: n,
    arg1: Math.Round(value: n, digits: 0,
            mode: MidpointRounding.AwayFromZero));
}
```

(2) 运行代码并查看结果，输出如下所示：

```
Math.Round(9.49, 0, MidpointRounding.AwayFromZero) is 9
Math.Round(9.5, 0, MidpointRounding.AwayFromZero) is 10
Math.Round(9.51, 0, MidpointRounding.AwayFromZero) is 10
Math.Round(10.49, 0, MidpointRounding.AwayFromZero) is 10
Math.Round(10.5, 0, MidpointRounding.AwayFromZero) is 11
Math.Round(10.51, 0, MidpointRounding.AwayFromZero) is 11
```

最佳实践

对于使用的每种编程语言，检查圆整规则。它们可能不会以你期望的方式工作!

3.4.5 从任何类型转换为字符串

最常见的转换是从任何类型转换为字符串变量，以便输出人类可读的文本，因此所有类型都提供了从 System.Object 类继承的 ToString 方法。

ToString 方法可将任何变量的当前值转换为文本表示形式。有些类型不能合理地表示为文本，因此它们返回名称空间和类型名称。

下面将一些类型转换为字符串。

(1) 输入如下语句以声明一些变量，将它们转换为字符串表示形式，并将它们写入控制台：

```
int number = 12;
WriteLine(number.ToString());

bool boolean = true;
WriteLine(boolean.ToString());

DateTime now = DateTime.Now;
WriteLine(now.ToString());

object me = new();
WriteLine(me.ToString());
```

(2) 运行代码并查看结果，输出如下所示：

```
12
True
27/01/2019 13:48:54
System.Object
```

3.4.6 从二进制对象转换为字符串

对于将要存储或传输的二进制对象(如图像或视频)，有时不想发送原始位，因为不知道如何解释那些位，例如通过网络协议传输或由另一个操作系统读取及存储的二进制对象。

最安全的做法是将二进制对象转换成安全字符串，程序员称之为 Base64 编码。

Convert 类型提供了两个方法——ToBase64String 和 FromBase64String，用于执行这种转换。

(1) 添加如下语句，创建一个字节数组，在其中随机填充字节值，将格式良好的每个字节写入控制台，然后将相同的字节转换为 Base64 编码并写入控制台：

```
// allocate array of 128 bytes
byte[] binaryObject = new byte[128];

// populate array with random bytes
(new Random()).NextBytes(binaryObject);

WriteLine("Binary Object as bytes:");

for(int index = 0; index < binaryObject.Length; index++)
{
```

```
        Write($"{binaryObject[index]:X} ");
    }
    WriteLine();

    // convert to Base64 string and output as text
    string encoded = ToBase64String(binaryObject);

    WriteLine($"Binary Object as Base64: {encoded}");
```

默认情况下，如果采用十进制记数法，就会输出一个 int 值。可以使用:X 这样的格式，通过十六进制记数法对值进行格式化。

(2) 运行代码并查看结果，输出如下所示：

```
Binary Object as bytes:
B3 4D 55 DE 2D E BB CF BE 4D E6 53 C3 C2 9B 67 3 45 F9 E5 20 61 7E 4F 7A
81 EC 49 F0 49 1D 8E D4 F7 DB 54 AF A0 81 5 B8 BE CE F8 36 90 7A D4 36 42
4 75 81 1B AB 51 CE 5 63 AC 22 72 DE 74 2F 57 7F CB E7 47 B7 62 C3 F4 2D
61 93 85 18 EA 6 17 12 AE 44 A8 D B8 4C 89 85 A9 3C D5 E2 46 E0 59 C9 DF
10 AF ED EF 8AA1 B1 8D EE 4A BE 48 EC 79 A5 A 5F 2F 30 87 4A C7 7F 5D C1 D
26 EE
Binary Object as Base64: s01V3i0Ou8++TeZTw8KbZwNF +eUgYX5PeoHsSfBJHY7U99tU
r6CBBbi+zvg2kHrUNkIEdYEbq1HOBWOsInLedC9Xf8vnR7diw/QtYZOFGOoGFxKuRKgNuEyJha
k81eJG4FnJ3xCv7e+KobGN7kq+SO x5pQpfLzCHSsd/XcENJu4=
```

3.4.7 将字符串转换为数值或日期和时间

还有一种十分常见的转换是将字符串转换为数值或日期和时间。

作用与 ToString 方法相反的是 Parse 方法。只有少数类型有 Parse 方法，包括所有的数值类型和 DateTime。

(1) 添加如下语句，从字符串中解析出整数以及日期和时间，然后将结果写入控制台：

```
int age = int.Parse("27");
DateTime birthday = DateTime.Parse("4 July 1980");

WriteLine($"I was born {age} years ago.");
WriteLine($"My birthday is {birthday}.");
WriteLine($"My birthday is {birthday:D}.");
```

(2) 运行代码并查看结果，输出如下所示：

```
I was born 27 years ago.
My birthday is 04/07/1980 00:00:00.
My birthday is 04 July 1980.
```

默认情况下，日期和时间输出为短日期格式。可以使用诸如 D 的格式代码，仅输出使用了长日期格式的日期部分。

最佳实践

可参阅使用标准日期和时间格式说明符的内容，链接如下所示：

https://docs.microsoft.com/en-us/dotnet/standard/base-types/standard-date-and-time- format-strings# table-of-format-specifiers

1. 使用 Parse 方法的错误

Parse 方法存在的问题是：如果字符串不能转换，就会报错。

(1) 输入如下语句，尝试将一个包含字母的字符串解析为整型变量：

```
int count = int.Parse("abc");
```

(2) 运行代码并查看结果，输出如下所示：

```
Unhandled Exception: System.FormatException: Input string was not in a correct format.
```

与前面的异常消息一样，你会看到堆栈跟踪。本书未介绍堆栈跟踪，因为它们会占用太多的篇幅。

2. 使用 TryParse 方法避免异常

为了避免错误，可以使用 TryParse 方法。TryParse 方法将尝试转换输入的字符串，如果可以转换，则返回 true，否则返回 false。

out 关键字是必需的，从而允许 TryParse 方法在转换时设置 count 变量。

(1) 将 int count 声明替换为使用 TryParse 方法的语句，并要求用户输入鸡蛋的数量，如下所示：

```
Write("How many eggs are there? ");
string? input = ReadLine(); // or use "12" in notebook

if (int.TryParse(input, out int count))
{
  WriteLine($"There are {count} eggs.");
}
else
{
   WriteLine("I could not parse the input.");
}
```

(2) 运行代码。输入 12 并查看结果，输出如下所示：

```
How many eggs are there? 12
There are 12 eggs.
```

(3) 运行代码，输入 twelve(或者在笔记本中将字符串值改为“twelve”)，查看结果，如下所示：

```
How many eggs are there? twelve
I could not parse the input.
```

还可以使用 System.Convert 类型的方法将字符串转换为其他类型；但是，与 Parse 方法一样，如果不能进行转换，这里也会报错。

3.5 处理异常

前面介绍了在转换类型时发生错误的几个场景。当出现错误时，一些语言会返回错误代码。.NET 使用的异常比具有多种用途的返回值更丰富，而且只用于失败报告。当发生这种情况时，就会抛出运行时异常。

当抛出异常时，线程被挂起，如果调用代码定义了 try-catch 语句，那么它就有机会处理异常。如果当前方法没有处理它，则给调用它的方法一个机会，以此类推。

可以看出，控制台应用程序或.NET Interactive Notebooks 的默认行为是输出关于异常的消息(包括堆栈跟踪)，然后停止运行代码。应用程序终止。这比允许代码在潜在损坏的状态下继续执行要好。代码应该只捕获和处理它理解并能够适当修复的异常。

最佳实践

一定要避免编写可能会抛出异常的代码，这可通过执行 if 语句检查来实现，但有时也可能做不到。有时最好允许异常被调用代码的高级组件捕获。详见第 4 章。

将容易出错的代码封装到 try 块中

当知道某个语句可能导致错误时，就应该将其封装到 try 块中。例如，从文本到数值的解析可能会导致错误。只有当 try 块中的语句抛出异常时，才会执行 catch 块中的任何语句。我们不需要在 catch 块中做任何事。

(1) 使用喜欢的编码工具将一个新的控制台应用程序添加到 Chapter03 工作区/解决方案中，名为 HandlingExceptions。

(2) 在 Visual Studio Code 中，选择 HandlingExceptions 作为活动的 OmniSharp 项目。

(3) 键入语句来提示用户输入年龄，然后将年龄写入控制台，代码如下所示：

```
WriteLine("Before parsing");
Write("What is your age? ");
string? input = ReadLine(); // or use "49" in a notebook

try
{
  int age = int.Parse(input);
  WriteLine($"You are {age} years old.");
}
catch
{
}
WriteLine("After parsing");
```

更多信息

可以看到以下编译器消息：Warning CS8604 Possible null reference argument for parameter 's' in 'int int. Parse(string s)'。在新的.NET 6 项目中，微软默认启用了可空引用类型，所以会出现更多类似这样的编译器警告。在生产代码中，你该添加代码来检查是否为空，并适当地处理这种可能性。本书中不会包含这些空检查，因为代码示例的设计不是为了达到产品质量，到处都是空检查会使代码混乱，并消耗有价值的页面。这种情况下，输入不可能是空的，因为用户必须按下 Enter 才能返回 ReadLine，这将返回一个空字符串。本书的代码示例有数百个潜在的空变量示例。对于书中的代码示例，忽略这些警告是安全的。只有在编写自己的生产代码时才需要类似的警告。空处理的内容详见第 6 章。

上面这段代码包含两条消息，分别在解析之前和解析之后显示，以帮助清楚地理解代码中的流程。当示例代码变得更加复杂时，这将特别有用。

(4) 运行代码，输入 49，然后查看结果，输出如下所示：

```
Before parsing
What is your age? 49
You are 49 years old.
After parsing
```

(5) 运行代码，输入 Kermit，然后查看结果，输出如下所示：

```
Before parsing
What is your age? Kermit
After parsing
```

当执行代码时，异常被捕获，不会输出默认消息和堆栈跟踪，控制台应用程序继续运行。这比默认行为更好，但是查看发生的错误类型可能更有用。

最佳实践

永远不要在生产代码中使用这样的空 catch 语句，因为它“吞掉”异常并隐藏潜在的问题。如果不能或不想正确处理异常，至少应该记录异常，或者重新抛出异常，以便更高级的代码可以做出决定。记录异常的内容详见第 4 章。

1. 捕获所有异常

要获取可能发生的任何类型的异常信息，可以为 catch 块声明类型为 System.Exception 的变量。

(1) 向 catch 块中添加如下异常变量声明，并将有关异常的信息写入控制台：

```
catch (Exception ex)
{
    WriteLine($"{ex.GetType()} says {ex.Message}");
}
```

(2) 运行代码，输入 Kermit，然后查看结果，输出如下所示：

```
Before parsing
What is your age? Kermit
System.FormatException says Input string was not in a correct format.
After parsing
```

2. 捕获特定异常

现在，在知道发生了哪种特定类型的异常后，就可以捕获这种类型的异常，并定制想要显示给用户的消息以改进代码。

(1) 保留现有的 catch 块，在上方为格式异常类型添加另一个新的 catch 块，如下所示(相关代码已加粗显示)：

```
catch (FormatException)
{
  WriteLine("The age you entered is not a valid number format.");
}
catch (Exception ex)
{
  WriteLine($"{ex.GetType()} says {ex.Message}");
}
```

(2) 运行代码，再次输入 Kermit，然后查看结果，输出如下所示：

```
Before parsing
What is your age? Kermit
The age you entered is not a valid number format.
After parsing
```

之所以保留前面的那个 catch 块，是因为可能会发生其他类型的异常。

(3) 运行代码，输入 9 876 543 210，查看结果，输出如下所示：

```
Before parsing
What is your age? 9876543210
System.OverflowException says Value was either too large or too small for an Int32.
After parsing
```

可以为这种类型的异常添加另一个 catch 块。

(4) 保留现有的 catch 块，为溢出异常类型添加新的 catch 块，如下面加粗显示的代码所示：

```
catch (OverflowException)
{
  WriteLine("Your age is a valid number format but it is either too big
or small.");
}
catch (FormatException)
{
  WriteLine("The age you entered is not a valid number format.");
}
```

(5) 运行代码，输入 9876543210，然后查看结果，输出如下所示：

```
Before parsing
What is your age? 9876543210
Your age is a valid number format but it is either too big or small.
After parsing
```

异常的捕获顺序很重要。正确的顺序与异常类型的继承层次结构有关。第 5 章将介绍继承。但是，不用太担心——如果以错误的顺序得到异常，编译器会报错。

最佳实践

避免过度捕获异常。通常应该允许它们向上传播调用堆栈，以便在更了解处理逻辑的级别进行处理。详见第 4 章。

3. 用过滤器捕获异常

还可以使用 when 关键字向 catch 语句添加过滤器，代码如下所示：

```
Write("Enter an amount: ");
string? amount = ReadLine();
try
{
  decimal amountValue = decimal.Parse(amount);
}
catch (FormatException) when (amount.Contains("$"))
{
  WriteLine("Amounts cannot use the dollar sign!");
```

```
}
catch (FormatException)
{
  WriteLine("Amounts must only contain digits!");
}
```

3.6 检查溢出

如前所述，在数值类型之间进行强制类型转换时(例如在将 long 变量强制转换为 int 变量时)，可能会丢失信息。如果类型中存储的值太大，就会溢出。

3.6.1 使用 checked 语句抛出溢出异常

checked 语句告诉.NET，要在发生溢出时抛出异常，而不是允许它静默地发生；出于性能原因，默认情况下会这样做。

下面把 int 变量 x 的初值设置为 int 类型所能存储的最大值减 1。然后，将变量 x 递增几次，每次递增时都输出值。一旦超出最大值，就会溢出到最小值，并从那里继续递增。

(1) 使用喜欢的编码工具，在 Chapter03 工作区/解决方案中添加一个新的控制台应用程序 CheckingForOverflow。

(2) 在 Visual Studio Code 中，选择 CheckingForOverflow 作为激活的 OmniSharp 项目。

(3) 在 Program.cs 中输入如下语句，声明 int 变量 x 并赋值为 int 类型所能存储的最大值减 1，然后将 x 递增三次，并且每次递增时都把值写入控制台：

```
int x = int.MaxValue - 1;
WriteLine($"Initial value: {x}");
x++;
WriteLine($"After incrementing: {x}");
x++;
WriteLine($"After incrementing: {x}");
x++;
WriteLine($"After incrementing: {x}");
```

(4) 运行代码并查看结果，显示值以静默方式溢出并换行为较大的负值，如下面的输出所示：

```
Initial value: 2147483646
After incrementing: 2147483647
After incrementing: -2147483648
After incrementing: -2147483647
```

(5) 现在，让编译器使用 checked 语句块包装语句来警告溢出，如下面的代码所示：

```
checked
{
  int x = int.MaxValue - 1;
  WriteLine($"Initial value: {x}");
  x++;
  WriteLine($"After incrementing: {x}");
  x++;
  WriteLine($"After incrementing: {x}");
  x++;
  WriteLine($"After incrementing: {x}");
}
```

(6) 运行代码并查看结果，检查溢出并引发异常，如下面的输出所示：

```
Initial value: 2147483646
After incrementing: 2147483647
Unhandled Exception: System.OverflowException: Arithmetic operation resulted in an overflow.
```

(7) 与任何其他异常一样，应该将这些语句封装在 try 块中，并为用户显示更友好的错误消息，如下所示：

```
try
{
  // previous code goes here
}
catch (OverflowException)
{
  WriteLine("The code overflowed but I caught the exception.");
}
```

(8) 运行代码并查看结果，输出如下所示：

```
Initial value: 2147483646
After incrementing: 2147483647
The code overflowed but I caught the exception.
```

3.6.2 使用 unchecked 语句禁用编译时检查溢出

上一节介绍了运行时的默认溢出行为，以及如何使用 checked 语句来更改该行为。本节介绍编译时溢出行为以及如何使用 unchecked 语句更改该行为。

相关关键字是 unchecked。此关键字关闭编译器在代码块内执行的溢出检查。下面看看如何做到这一点。

(1) 在前面语句的末尾输入下面的语句。编译器不会编译这条语句，因为编译器知道会发生溢出：

```
int y = int.MaxValue + 1;
```

(2) 将鼠标指针悬停在错误上，注意编译时检查将显示为错误消息，如图 3.1 所示。

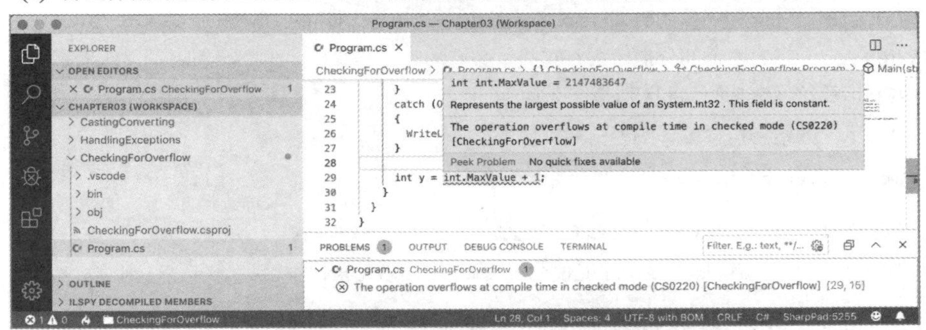

图 3.1　PROBLEMS 窗口中显示的编译时检查结果

(3) 要禁用编译时检查，请将语句封装在 unchecked 块中，将 y 的值写入控制台，递减 y，然后重复，如下所示：

```
unchecked
{
  int y = int.MaxValue + 1;
  WriteLine($"Initial value: {y}");
  y--;
  WriteLine($"After decrementing: {y}");
  y--;
  WriteLine($"After decrementing: {y}");
}
```

(4) 运行代码并查看结果，输出如下所示：

```
Initial value: -2147483648
After decrementing: 2147483647
After decrementing: 2147483646
```

当然，我们很少希望像这样显式地关闭编译时检查，从而允许发生溢出。但是，也许在某个场景中，我们需要显式地关闭溢出检查。

3.7 实践和探索

你可以通过回答一些问题来测试自己对知识的理解程度，进行一些实践，并深入探索本章涵盖的主题。

3.7.1 练习 3.1：测试你掌握的知识

回答以下问题：

(1) 把 int 变量除以 0，会发生什么？

(2) 把 double 变量除以 0，会发生什么？

(3) 当 int 变量溢出时，也就是当把 int 变量设置为超出 int 类型所能存储的最大值时，会发生什么？

(4) x = y++;和 x = ++y;的区别是什么？

(5) 当在循环语句中使用时，break、continue 和 return 语句的区别是什么？

(6) for 语句的三个部分是什么？哪些是必需的？

(7) 运算符=和==之间的区别是什么？

(8) 下面的语句可以编译吗？

```
for ( ; true; )
```

(9) 下画线_在 switch 表达式中表示什么？

(10) 对象必须实现哪个接口才能使用 foreach 循环语句来枚举？

3.7.2 练习 3.2：探索循环和溢出

如果执行下面这段代码会发生什么问题？

```
int max = 500;
```

```
for (byte i = 0; i < max; i++)
{
  WriteLine(i);
}
```

在 Chapter03 文件夹中创建名为 Exercise02 的控制台应用程序项目，然后输入前面的代码。运行控制台应用程序并查看输出，会发生什么问题呢？

可通过添加什么代码(不要更改前面的任何代码)来警告发生的问题？

3.7.3　练习 3.3：实践循环和运算符

FizzBuzz 是一款小游戏，能让小朋友学习除法。玩家轮流递增计数，用 Fizz 代替任何能被 3 整除的数字，用 Buzz 代替任何能被 5 整除的数字，用 FizzBuzz 代替任何能被 3 和 5 同时整除的数字。

在 Chapter03 文件夹中创建一个名为 Exercise03 的控制台应用程序项目，用于模拟 FizzBuzz 游戏，计数到 100，效果如图 3.2 所示。

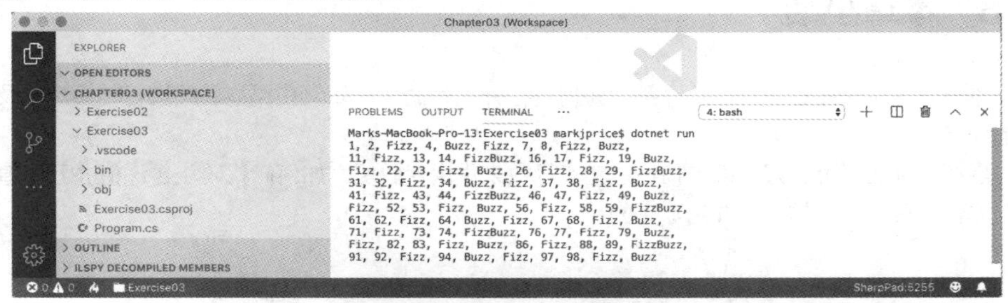

图 3.2　模拟 FizzBuzz 游戏

3.7.4　练习 3.4：实践异常处理

在 Chapter03 文件夹中创建一个名为 Exercise04 的控制台应用程序项目，向用户询问 0~255 内的两个数字，然后用第一个数字除以第二个数字。

```
Enter a number between 0 and 255: 100
Enter another number between 0 and 255: 8
100 divided by 8 is 12
```

编写异常处理程序以捕获抛出的任何错误，输出如下所示：

```
Enter a number between 0 and 255: apples
Enter another number between 0 and 255: bananas
FormatException: Input string was not in a correct format.
```

3.7.5　练习 3.5：测试你对运算符的认识程度

执行下列语句后，x 和 y 的值是多少？

(1) 递增和加法运算符：

```
x = 3;
y = 2 + ++x;
```

(2) 二进制移位运算符

```
x = 3 << 2;
y = 10 >> 1;
```

(3) 按位运算符

```
x = 10 & 8;
y = 10 | 7;
```

3.7.6 练习 3.6：探索主题

可通过以下链接来阅读关于本章所涉及主题的更多细节：

https://github.com/markjprice/cs10dotnet6/blob/main/book-links.md#chapter-3---controlling-flow-and-converting-types

3.8 本章小结

本章介绍了一些运算符，还介绍了如何进行分支和循环，如何在类型之间进行转换，以及如何捕获异常。

现在，你已经准备好学习如何通过定义函数来重用代码块，如何向代码块传递值并获取值，以及如何跟踪代码中的 bug 并消除它们！

第4章 编写、调试和测试函数

本章介绍如何编写函数来重用代码，调试开发过程中的逻辑错误，在运行时记录日志，以及对代码进行单元测试以消除bug，并确保稳定性和可靠性。

本章涵盖以下主题：

- 编写函数
- 在开发过程中进行调试
- 在运行时记录日志
- 进行单元测试
- 在函数中抛出和捕获异常

4.1 编写函数

编程的一条基本原则是“不要重复自己(DRY)”。

编程时，如果发现自己一遍又一遍地编写同样的语句，就应把这些语句转换成函数。函数就像完成一项小任务的微型程序。例如，可以编写一个函数来计算营业税，然后在财会类应用程序的许多地方重用该函数。

与程序一样，函数通常也有输入输出。它们有时被描述为黑盒，在黑盒的一端输入一些原材料，在另一端生成制造的物品。函数一旦创建，就不需要考虑它们是如何工作的。

4.1.1 乘法表示例

可以十分简便地生成某个数字的乘法表，比如12乘法表：

```
1 x 12 = 12
2 x 12 = 24
...
12 x 12 = 144
```

你在前面的章节中已经学习了for循环语句，所以当存在规则模式时，比如12乘法表，for循环语句就可以用来生成重复的输出行，如下所示：

```
for (int row = 1; row <= 12; row++)
{
  Console.WriteLine($"{row} x 12 = {row * 12}");
}
```

但是，我们不想仅仅输出 12 乘法表，而希望程序更灵活一些，输出任意数字的乘法表。为此，可以创建乘法表函数。

编写乘法表函数

下面创建用于绘制乘法表的函数。

(1) 使用喜欢的编码工具创建一个新的控制台应用程序，如下所示：

- 项目模板：Console Application / console
- 工作区/解决方案文件和文件夹：Chapter04
- 项目文件和文件夹：WritingFunctions

(2) 静态导入 System.Console。

(3) 在 Program.cs 中，编写语句来定义名为 TimesTable 的函数，如下所示：

```
static void TimesTable(byte number)
{
  WriteLine($"This is the {number} times table:");

  for (int row = 1; row <= 12; row++)
  {
     WriteLine($"{row} x {number} = {row * number}");
  }
  WriteLine();
}
```

在上述代码中，请注意下列事项：

- Console 类型已经被静态导入，这样就可以简化对一些方法(比如 WriteLine 方法)的调用。
- 我们编写了一个名为 TimesTable 的函数，但必须把一个名为 number 的 byte 值传递给它。
- TimesTable 函数不向调用者返回值，所以需要使用 void 关键字来声明它。
- TimesTable 函数使用 for 循环语句输出传递给它的数字的乘法表。

(4) 在静态导入 Console 类的语句之后，在 TimesTable 函数之前，调用该函数并为 number 参数传递一个字节值，例如 6，代码如下所示：

```
using static System.Console;

TimesTable(6);
```

最佳实践

如果函数有一个或多个参数，而仅仅传递值可能不能提供足够的含义，那么可以选择指定参数的名称及其值，代码如下所示：

```
TimesTable(number: 6)
```

(5) 运行代码，然后查看结果，输出如下所示：

```
This is the 6 times table:
1 x 6 = 6
2 x 6 = 12
3 x 6 = 18
4 x 6 = 24
5 x 6 = 30
```

```
6 x 6 = 36
7 x 6 = 42
8 x 6 = 48
9 x 6 = 54
10 x 6 = 60
11 x 6 = 66
12 x 6 = 72
```

(6) 将传递给 TimesTable 函数的数字更改为 0 到 255 之间的其他字节值，并确认输出的乘法表是正确的。

(7) 注意，如果试图传递一个非字节数，例如 int、double 或 string，将返回一个错误，如下面的输出所示：

```
Error: (1,12): error CS1503: Argument 1: cannot convert from 'int' to
'byte'
```

4.1.2 编写带返回值的函数

前面编写的函数虽然能够执行操作(循环并写入控制台)，却没有返回值。假设需要计算销售税或附加税(VAT)。在欧洲，附加税的税率从瑞士的 8%到匈牙利的 27%不等。在美国，州销售税从俄勒冈州的 0%到加州的 8.25%不等。

更多信息

税率一直在变化，而且根据许多因素而变化。不需要告诉我弗吉尼亚的税率是 6%，谢谢！

下面实现一个函数来计算世界各地不同地区的税收。

(1) 添加一个名为 CalculateTax 的函数，如下所示。

```
static decimal CalculateTax(
  decimal amount, string twoLetterRegionCode)
{
  decimal rate = 0.0M;

  switch (twoLetterRegionCode)
  {
    case "CH": // Switzerland
      rate = 0.08M;
      break;
    case "DK": // Denmark
    case "NO": // Norway
      rate = 0.25M;
      break;
    case "GB": // United Kingdom
    case "FR": // France
      rate = 0.2M;
      break;
    case "HU": // Hungary
      rate = 0.27M;
      break;
    case "OR": // Oregon
    case "AK": // Alaska
```

```
    case "MT": // Montana
      rate = 0.0M;
      break;
    case "ND": // North Dakota
    case "WI": // Wisconsin
    case "ME": // Maine
    case "VA": // Virginia
      rate = 0.05M;
      break;
    case "CA": // California
      rate = 0.0825M;
      break;
     default:  // most US states
      rate = 0.06M;
      break;
  }

  return amount * rate;
}
```

在前面的代码中，请注意以下几点。

- CalculateTax 函数有两个参数：名为 amount 的参数表示花费的金额；名为 twoLetterRegionCode 的参数表示所在区域。
- CalculateTax 函数使用 switch 语句进行计算，然后将所欠的销售税或附加税以 decimal 值的形式返回；因此，可在函数名之前声明返回值的数据类型。

(2) 注释掉 TimesTable 方法调用并调用 CalculateTax 方法，传递金额(如 149)和有效地区代码(如 FR)的值，如下所示：

```
// TimesTable(6);
decimal taxToPay = CalculateTax(amount: 149, twoLetterRegionCode: "FR");
WriteLine($"You must pay {taxToPay} in tax.");
```

(3) 运行代码，查看结果，输出如下所示：

```
You must pay 29.8 in tax.
```

更多信息

可以使用{taxToPay:C}将 taxToPay 输出格式化为货币，但它将使用本地区域化来决定如何格式化货币符号和小数。例如，我在英国的花费是 29.80 英镑。

CalculateTax 函数有什么问题吗？如果用户输入的代码是 fr 或 UK，会发生什么？如何重写函数来加以改进？使用 switch 表达式而不是 switch 语句会更清楚吗？

4.1.3 将数字从序数转换为基数

用来计数的数字称为基数，例如 1、2 和 3；而用于排序的数字是序数，例如第 1、第 2、第 3。下面创建一个函数，用它把序数转换为基数。

(1) 编写一个名为 CardinalToOrdinal 的函数，将作为基数的 int 值转换为序数字符串；例如，将 1 转换为 1st，将 2 转换为 2nd，等等。

```
static string CardinalToOrdinal(int number)
```

```
{
  switch (number)
  {
    case 11: // special cases for 11th to 13th
    case 12:
    case 13:
      return $"{number}th";
    default:
      int lastDigit = number % 10;

      string suffix = lastDigit switch
      {
        1 => "st",
        2 => "nd",
        3 => "rd",
        _ => "th"
      };
      return $"{number}{suffix}";
  }
}
```

根据上述代码，请注意下列事项。

- CardinalToOrdinal 函数有一个名为 number 的 int 型参数，输出为 string 类型的返回值。
- 外层的 switch 语句用于处理输入为 11、12 和 13 的情况。
- 嵌套的 switch 语句用于处理所有其他情况：如果最后一个数字是 1，就使用 st 作为后缀；如果最后一个数字是 2，就使用 nd 作为后缀；如果最后一个数字是 3，就使用 rd 作为后缀；如果最后一个数字是除了 1、2、3 以外的其他数字，就使用 th 作为后缀。

(2) 编写一个名为 RunCardinalToOrdinal 的函数，该函数使用 for 语句从 1 循环到 40，对每个数字调用 CardinalToOrdinal 函数，并将返回的字符串写入控制台，用空格字符分隔，代码如下所示：

```
static void RunCardinalToOrdinal()
{
  for (int number = 1; number <= 40; number++)
  {
      Write($"{CardinalToOrdinal(number)} ");
  }
  WriteLine();
}
```

(3) 注释掉 CalculateTax 方法调用，并调用 RunCardinalToOrdinal 方法，如下所示：

```
// TimesTable(6);

// decimal taxToPay = CalculateTax(amount: 149, twoLetterRegionCode: "FR");
// WriteLine($"You must pay {taxToPay} in tax.");


RunCardinalToOrdinal();
```

(4) 运行代码并查看结果，输出如下所示：

```
1st 2nd 3rd 4th 5th 6th 7th 8th 9th 10th 11th 12th 13th 14th 15th 16th
17th 18th 19th 20th 21st 22nd 23rd 24th 25th 26th 27th 28th 29th 30th 31st
```

```
32nd 33rd 34th 35th 36th 37th 38th 39th 40th
```

4.1.4 用递归计算阶乘

5 的阶乘是 120，因为阶乘的计算方法是将起始数乘以比自身小 1 的数，然后乘以比第二个数小 1 的数，以此类推，直到数字被减为 1。例如 5×4×3×2×1＝120。

阶乘可以这样写：5!，这里的感叹号读作 bang，所以是 5!= 120。bang 是阶乘的好名字，因为它们的大小增长的非常快，就像爆炸一样。

下面编写函数 Factorial，计算作为参数传递给它的 int 型整数的阶乘。这里使用一种称为递归的巧妙技术，这意味着需要在 Factorial 函数的实现中直接或间接地调用自身。

(1) 先添加一个名为 Factorial 的函数，再添加函数用于调用它，如下所示：

```
static int Factorial(int number)
{
  if (number < 1)
  {
     return 0;
  }
  else if (number == 1)
  {
     return 1;
  }
  else
  {
     return number * Factorial(number - 1);
  }
}
```

和以前一样，上述代码中有如下几个值得注意的地方。

- 如果输入的数字为 0 或负数，那么 Factorial 函数返回 0。
- 如果输入的数字是 1，那么 Factorial 函数返回 1，因此停止调用自身。
- 如果输入的数字大于 1，那么 Factorial 函数将该数乘以 Factorial 函数调用本身的结果，并传递比该数小 1 的数，这便形成了函数的递归调用。

(2) 添加一个函数 RunFactorial，它使用 for 语句输出数字从 1 到 14 的阶乘，在循环内部调用 Factorial 函数，然后输出结果，使用代码 N0 进行格式化，这意味着数字格式使用千位分隔符与零位小数分隔符，代码如下所示：

```
static void RunFactorial()
{
  for (int i = 1; i < 15; i++)
  {
    WriteLine($"{i}! = {Factorial(i):N0}");
  }
}
```

(3) 注释掉 RunCardinalToOrdinal 方法调用，并调用 RunFactorial 函数。

(4) 运行代码并查看结果，输出如下所示：

```
1! = 1
2! = 2
3! = 6
```

```
4! = 24
5! = 120
6! = 720
7! = 5,040
8! = 40,320
9! = 362,880
10! = 3,628,800
11! = 39,916,800
12! = 479,001,600
13! = 1,932,053,504
14! = 1,278,945,280
```

更多信息

递归虽然智能，但也会导致一些问题，比如由于函数调用太多而导致堆栈溢出。因为内存用于在每次调用函数时存储数据，所以程序最终会使用大量的内存。在像 C#这样的编程语言中，迭代是一种更实用的解决方案，尽管不那么简洁。可访问 https://en.wikipedia.org/wiki/Recursion_(computer_science)#Recursion_versus_iteration 以了解更多信息。

在上面的输出中，虽然并不明显，但 13 及更大数字的阶乘将溢出 int 类型的存储范围，因为结果太大了。例如，12!是 479 001 600，不到 5 亿，而能够存储到 int 变量中的最大正数约为 20 亿；再如，13!是 6 227 020 800，大约 62 亿，当存储到 32 位的整型变量中时，一定会溢出，但编译器没有发出任何提示。

还记得可以做什么来获得数值溢出的通知吗?

当溢出发生时，应该怎么做呢？当然，通过使用 64 位的 long 变量代替 32 位的 int 变量，就可以解决 13!和 14!的存储问题，但很快会再次溢出。

这里的重点是让你知晓数字会溢出以及如何处理溢出，而不是如何计算高于 12 的阶乘!

(1) 修改 Factorial 函数以检查溢出，如下所示：

```
checked // for overflow
{
  return number * Factorial(number - 1);
}
```

(2) 修改 RunFactorial 函数以处理调用 Factorial 函数时的溢出异常，如下所示：

```
try
{
   WriteLine($"{i}! = {Factorial(i):N0}");
}
catch (System.OverflowException)
{
   WriteLine($"{i}! is too big for a 32-bit integer.");
}
```

(3) 运行代码并查看结果，输出如下所示：

```
1! = 1
2! = 2
3! = 6
4! = 24
5! = 120
```

```
6! = 720
7! = 5,040
8! = 40,320
9! = 362,880
10! = 3,628,800
11! = 39,916,800
12! = 479,001,600
13! is too big for a 32-bit integer.
14! is too big for a 32-bit integer.
```

4.1.5 使用 XML 注释解释函数

默认情况下，当调用 CardinalToOrdinal 这样的函数时，代码编辑器将显示带有基本信息的工具提示，如图 4.1 所示。

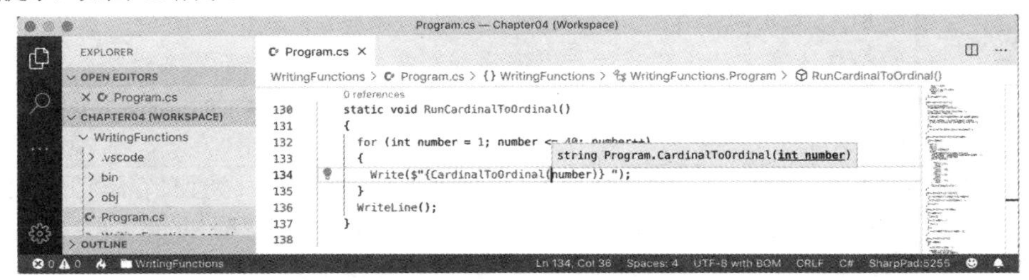

图 4.1 显示默认简单方法签名的工具提示

下面通过添加额外的信息来改进工具提示。

(1) 若使用都是带有 C#扩展的 Visual Studio Code，应该导航到 View | Command Palette | Preferences: Open Settings (UI)，然后搜索 formatOnType，并确保它是启用的。C# XML 文档注释是 Visual Studio 2022 的内置功能。

(2) 在位于 CardinalToOrdinal 函数上方的那些行的行首输入三个斜杠，从而将它们扩展为 XML 注释并识别出名为 number 的参数。

(3) 为摘要的 XML 文档注释输入适当的信息，并描述 CardinalToOrdinal 函数的输入参数和返回值，代码如下所示：

```
/// <summary>
/// Pass a 32-bit integer and it will be converted into its ordinal
equivalent.
/// </summary>
/// <param name="number">Number is a cardinal value e.g. 1, 2, 3, and
so on.</param>
/// <returns>Number as an ordinal value e.g. 1st, 2nd, 3rd, and so on.
</returns>
```

(4) 现在，当调用 CardinalToOrdinal 函数时，你将看到更多细节，如图 4.2 所示。

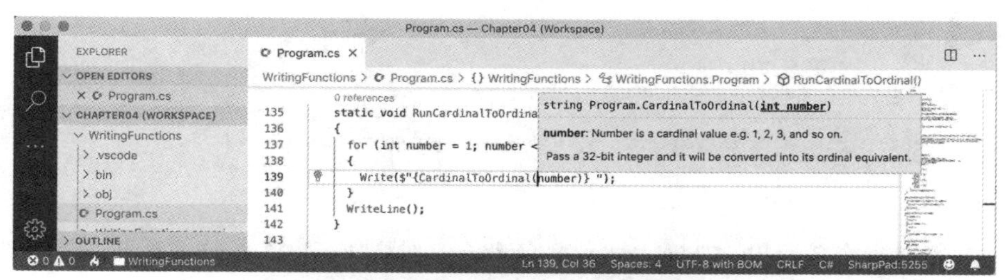

图 4.2　通过工具提示显示更详细的方法签名

在编写第 6 版时，C# XML 文档注释不能在.NET Interactive Notebooks 中工作。

最佳实践

可将 XML 文档注释添加到所有函数中。

4.1.6　在函数实现中使用 lambda

F#是以强类型函数为首选函数的微软编程语言，与 C#代码一样，F#代码也会首先被编译成 IL，然后由.NET 执行。函数式语言由 lambda 演算发展而来，lambda 是一种仅基于函数的计算系统。代码看起来更像数学函数而不是菜谱中的步骤。

函数式语言的一些重要属性如下。

- 模块化：在 C#中定义函数的好处同样适用于函数式语言——能够将大的复杂代码库分解成小的代码片段。
- 不变性：C#意义中的变量不存在了。函数内的任何数据都不能再更改。相反，可从现有数据创建新的数据。这样可以减少错误。
- 可维护性：代码变得更加清晰明了。

自 C# 6.0 以来，微软一直致力于为该语言添加特性，以支持更多的功能。例如，微软在 C# 7.0 中添加了元组和模式匹配，在 C# 8.0 中添加了非空引用类型并改进了模式匹配，在 C# 9.0 中添加了记录——一种不可变的类对象。

从 C# 6.0 版本开始，微软增加了对 expression-bodied 函数成员的支持。下面看一个例子。

斐波那契数列总是从 0 和 1 开始。然后，按照将前两个数字相加的规则生成其余数字，如下所示：

```
0 1 1 2 3 5 8 13 21 34 55 ...
```

下面使用斐波那契数列来说明命令式函数和声明式函数的区别。

(1) 添加一个名为 FibImperative 的函数，它将以命令式风格编写，代码如下所示：

```
static int FibImperative(int term)
{
  if (term == 1)
  {
    return 0;
  }
  else if (term == 2)
  {
```

```
    return 1;
  }
  else
  {
    return FibImperative(term - 1) + FibImperative(term - 2);
  }
}
```

(2) 添加一个名为 RunFibImperative 的函数，它在从 1 到 30 的 for 循环语句中调用 FibImperative，代码如下所示：

```
static void RunFibImperative()
  {
  for (int i = 1; i <= 30; i++)
  {
    WriteLine("The {0} term of the Fibonacci sequence is {1:N0}.",
      arg0: CardinalToOrdinal(i),
      arg1: FibImperative(term: i));
  }
}
```

(3) 注释掉其他方法调用，然后调用 RunFibImperative 函数。

(4) 运行代码并查看结果，输出如下所示：

```
The 1st term of the Fibonacci sequence is 0.
The 2nd term of the Fibonacci sequence is 1.
The 3rd term of the Fibonacci sequence is 1.
The 4th term of the Fibonacci sequence is 2.
The 5th term of the Fibonacci sequence is 3.
The 6th term of the Fibonacci sequence is 5.
The 7th term of the Fibonacci sequence is 8.
The 8th term of the Fibonacci sequence is 13.
The 9th term of the Fibonacci sequence is 21.
The 10th term of the Fibonacci sequence is 34.
The 11th term of the Fibonacci sequence is 55.
The 12th term of the Fibonacci sequence is 89.
The 13th term of the Fibonacci sequence is 144.
The 14th term of the Fibonacci sequence is 233.
The 15th term of the Fibonacci sequence is 377.
The 16th term of the Fibonacci sequence is 610.
The 17th term of the Fibonacci sequence is 987.
The 18th term of the Fibonacci sequence is 1,597.
The 19th term of the Fibonacci sequence is 2,584.
The 20th term of the Fibonacci sequence is 4,181.
The 21st term of the Fibonacci sequence is 6,765.
The 22nd term of the Fibonacci sequence is 10,946.
The 23rd term of the Fibonacci sequence is 17,711.
The 24th term of the Fibonacci sequence is 28,657.
The 25th term of the Fibonacci sequence is 46,368.
The 26th term of the Fibonacci sequence is 75,025.
The 27th term of the Fibonacci sequence is 121,393.
The 28th term of the Fibonacci sequence is 196,418.
The 29th term of the Fibonacci sequence is 317,811.
The 30th term of the Fibonacci sequence is 514,229.
```

(5) 添加一个名为 FibFunctional 的函数，使用声明式风格编写，代码如下所示：

```
static int FibFunctional(int term) =>
  term switch
  {
    1 => 0,
    2 => 1,
    _ => FibFunctional(term - 1) + FibFunctional(term - 2)
  };
```

(6) 在 for 语句中添加一个函数来调用它，该 for 语句从 1 循环到 30，如下所示：

```
static void RunFibFunctional()
{
  for (int i = 1; i <= 30; i++)
  {
    WriteLine("The {0} term of the Fibonacci sequence is {1:N0}.",
      arg0: CardinalToOrdinal(i),
      arg1: FibFunctional(term: i));
  }
}
```

(7) 注释掉 RunFibImperative 方法调用，然后调用 RunFibFunctional 方法。

(8) 运行代码并查看结果，输出与步骤(3)中的相同。

4.2 在开发过程中进行调试

本节介绍如何在开发过程中调试问题。必须使用具有调试工具的代码编辑器(如 Visual Studio 或 Visual Studio Code)。在撰写本书时，不能使用.NET Interactive Notebooks 来调试代码，但预计将来会添加这一功能。

更多信息

为 Visual Studio Code 设置 OmniSharp 调试器可能比较棘手。本书包含了对最常见问题的说明。若有困难，请参考以下链接中的信息：https://github.com/OmniSharp/omnisharp-vscode/blob/master/debugger.md。

4.2.1 创建带有故意错误的代码

下面首先创建一个带有故意错误的控制台应用程序以探索调试功能，然后使用代码编辑器的调试器工具进行跟踪和修复。

(1) 使用喜欢的编码工具在 Chapter04 工作区/解决方案中添加一个新的控制台应用程序，命名为 Debugging。

(2) 在 Visual Studio Code 中，选择 Debugging 作为活动的 OmniSharp 项目。当看到弹出的警告消息指出所需的资产丢失时，单击 Yes 添加它们。

(3) 在 Visual Studio 中，将解决方案的启动项目设置为当前选择项。

(4) 在 Program.cs 中，添加一个故意带有错误的函数，如下所示：

```
static double Add(double a, double b)
{
```

```
    return a * b; // deliberate bug!
}
```

(5) 在 Add 函数下面，编写语句，声明和设置一些变量，然后使用有错误的函数将它们加到一起，如下所示：

```
double a = 4.5;
double b = 2.5;
double answer = Add(a, b);
WriteLine($"{a} + {b} = {answer}");
WriteLine("Press ENTER to end the app.");
ReadLine(); // wait for user to press ENTER
```

(6) 运行控制台应用程序并查看结果，输出如下所示：

```
4.5 + 2.5 = 11.25
```

但是等等，这里有错误发生！4.5 加上 2.5 应该是 7 而不是 11.25！下面使用调试工具来查找和消除错误。

4.2.2 设置断点并开始调试

断点允许标记想要暂停的代码行，以检查程序状态并找到错误。

1. 使用 Visual Studio 2022

下面设置一个断点，然后使用 Visual Studio 2022 开始调试。

(1) 单击声明名为 a 的变量的语句。

(2) 导航到 Debug | Toggle Breakpoint 或按 F9 功能键。然后，有个红色的圆圈将出现在左侧的空白栏中，表示设置了断点，如图 4.3 所示。

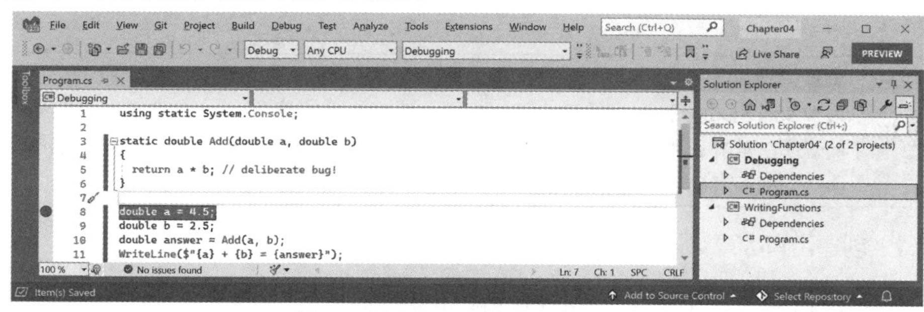

图 4.3 使用 Visual Studio 2022 设置断点

可使用相同的操作关闭断点，还可以在页边的空白处单击以打开和关闭断点，或者右击以查看更多选项，如删除、禁用或编辑现有断点。

(3) 导航到 Debug | Start Debugging 或按 F5 键。Visual Studio 启动控制台应用程序，然后在遇到断点时暂停。这就是所谓的中断模式。这时会出现名为 Locals(显示局部变量的当前值)、Watch 1(显示已定义的任何 Watch 表达式)、Call Stack、Exception Settings 和 Immediate Window 的额外窗口。出现 Debugging 工具栏。接下来要执行的代码行将以黄色高亮显示，黄色的块点显示在左侧的空白栏中，如图 4.4 所示。

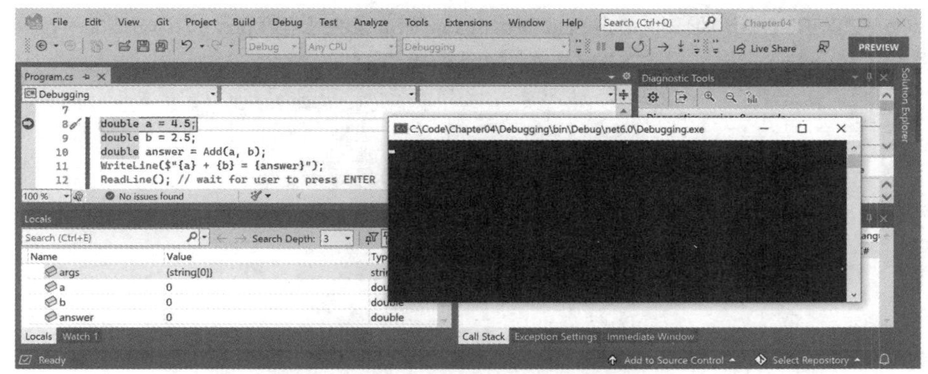

图 4.4 Visual Studio 2022 中的中断模式

如果不想看到如何使用 Visual Studio Code 开始调试，那么可以跳过下一节并继续到标题为"使用调试工具栏进行导航”一节。

2. 使用 Visual Studio Code

下面设置一个断点，然后使用 Visual Studio Code 开始调试。

(1) 单击声明名为 a 的变量的语句。

(2) 导航到 Run | Toggle Breakpoint 或按 F9 键。左边的边距栏会出现一个红色的圆圈，表示设置了断点，如图 4.5 所示。

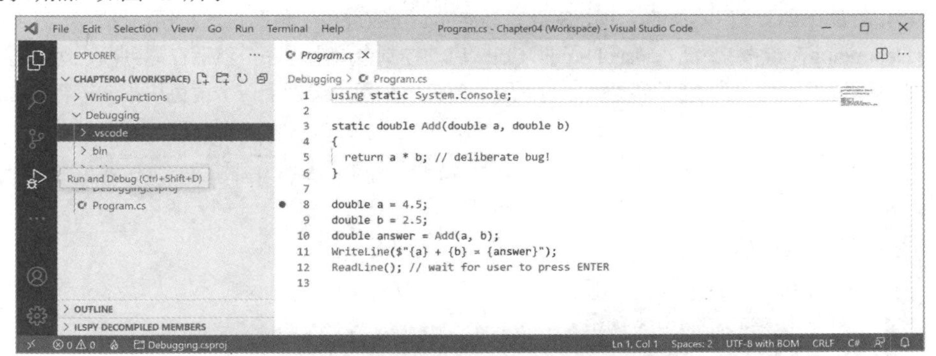

图 4.5 使用 Visual Studio Code 切换断点

可以通过相同的操作关闭断点。可以在页边空白处左击以切换断点的开启和关闭。可以右击以查看更多选项，例如删除、编辑或禁用现有的断点；或在断点还不存在时添加断点、条件断点或日志点。

更多信息

日志点也称为跟踪点，表明要记录一些信息，而不必在那个点上实际停止执行代码。

(3) 导航到 View | Run，或者在左侧导航栏中单击 Run and Debug 图标(三角形的 play 按钮和“bug”)，如图 4.5 所示。

(4) 在 DEBUG 窗口顶部，单击 Start Debugging 按钮(绿色三角形 play 按钮)右侧的下拉菜单，选择.NET Core Launch(console)(Debugging)，如图 4.6 所示。

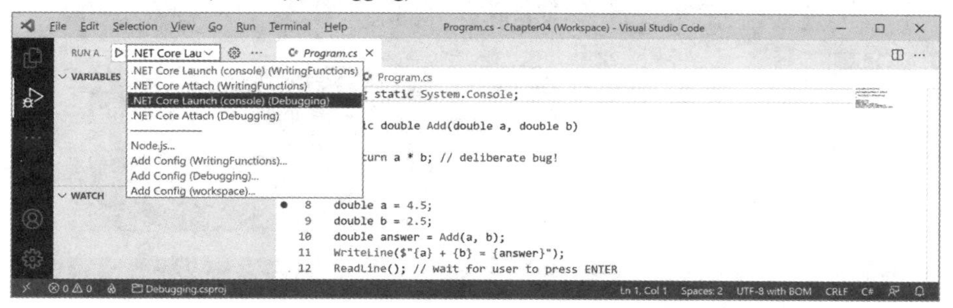

图 4.6 使用 Visual Studio Code 选择要调试的项目

最佳实践

如果在 Debugging 项目的下拉列表中没有看到选项，那是因为该项目没有调试所需的资产。这些资源存储在.vscode 文件夹中。要为项目创建.vscode 文件夹，导航到 View | Command Palette，选择 OmniSharp: Select Project，然后选择 Debugging 项目。几秒钟后，当出现提示 Required assets to build and debug are missing from 'Debugging'. Add them? ('Debugging'调试中缺少构建和调试所需的资产。添加它们吗?)时，单击 Yes 以添加丢失的资产。

(5) 在 DEBUG 窗口的顶部，单击 Start Debugging 按钮(绿色三角形 Play 按钮)，或导航到 Run | Start Debugging，或按 F5 键。Visual Studio Code 启动控制台应用程序，然后在遇到断点时暂停。这就是所谓的中断模式。接下来要执行的行用黄色突出显示，边栏上一个黄色块指向该行，如图 4.7 所示。

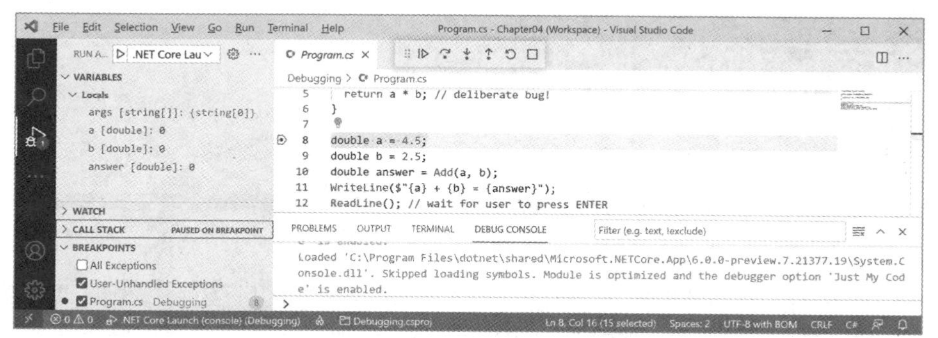

图 4.7 Visual Studio Code 中的中断模式

4.2.3 使用调试工具栏进行导航

Visual Studio Code 显示了一个带有按钮的浮动工具栏，以方便访问调试功能。Visual Studio 2022 的标准工具栏中有一个按钮用于启动或继续调试，其他工具有一个单独的调试工具栏。

两者均如图 4.8 所示，如下所示。

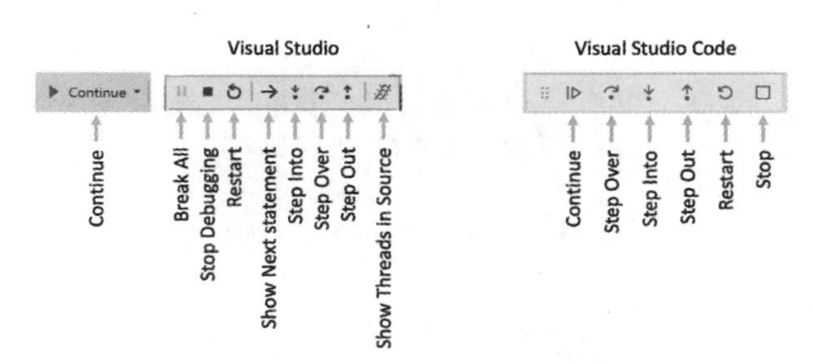

图 4.8　Visual Studio 2022 和 Visual Studio Code 中的调试工具栏

- Continue/F5(蓝色竖条加三角形)：这个按钮从当前位置继续运行程序，直到运行结束或遇到另一个断点为止。
- Step Over / F10、Step Into / F11、Step Out / Shift + F11(蓝色箭头加蓝点)：这些按钮将以不同的方式一步一步地执行语句，稍后讲述。
- 重新启动/Ctrl 或 Cmd + Shift + F5(绿色的圆形箭头)：这个按钮将停止程序，然后立即重启程序。
- Stop Debugging / Shift + F5(红色方块)：这个按钮将停止程序。

4.2.4　调试窗格

在调试时，Visual Studio Code 和 Visual Studio 都显示额外的窗口，允许在单步执行代码时监视有用的信息(如变量)。

下面列出了最有用的窗口。

- VARIABLES：这部分包括 Locals，其中将自动显示任何局部变量的名称、值和类型。在单步执行代码时，请密切注意这部分。
- WATCH 或 Watch 1：这部分会显示手动输入的变量和表达式的值。
- CALL STACK：这部分显示函数调用的堆栈。
- BREAKPOINTS：这部分显示所有断点并允许对它们进行更好的控制。

在中断模式下，在编辑区域的底部也有一个有用的窗口。

- DEBUG CONSOLE 或 Immediate Window 支持与代码进行实时交互。例如，可通过输入变量的名称来询问程序的状态，还可通过输入 1+2 并按回车键来询问诸如“1+2 等于什么？”的问题。如图 4.9 所示。

图 4.9　询问程序状态

4.2.5　单步执行代码

下面探索使用 Visual Studio 或 Visual Studio Code 单步执行代码的一些方法。

(1) 导航到 Run/Debug | Step Into 或单击工具栏中的 Step Into 按钮，也可按 F11 功能键。单步执行的代码行会以黄色高亮显示。

(2) 导航到 Run/Debug | Step Over 或单击工具栏中的 Step Over 按钮，也可按 F10 功能键。单步执行的代码行会以黄色高亮显示。现在，你可以看到，Step Into 和 Step Over 按钮的使用效果是

没有区别的。

(3) 再次按 F10 功能键，调用了 Add 方法的行会以黄色高亮显示，如图 4.10 所示。

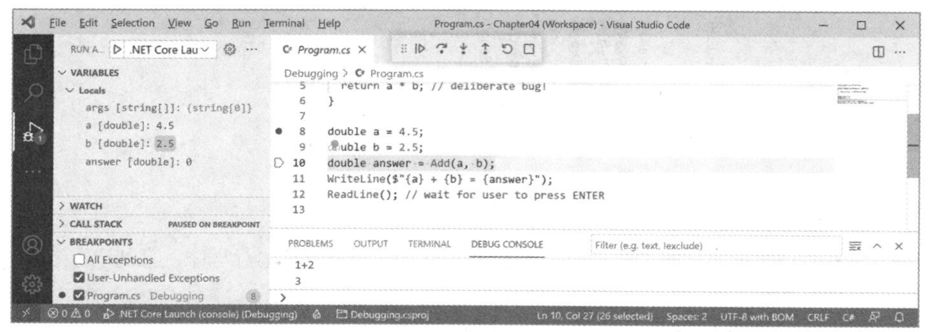

图 4.10 单步执行代码

Step Into 和 Step Over 按钮之间的区别会在准备执行方法调用时显示出来。

- 如果单击 Step Into 按钮，调试器将单步执行方法，以便执行方法中的每一行。
- 如果单击 Step Over 按钮，整个方法将一次执行完毕，但不会跳过方法而不执行。

(4) 单击 Step Into 按钮进入方法内部。

(5) 如果将鼠标指针悬停在代码编辑窗格中的 a 或 b 参数上，将会出现显示当前值的工具提示。

(6) 选择表达式 a * b，右击这个表达式，然后选择 Add to Watch 或 Add Watch。表达式 a * b 将被添加到 WATCH 窗格中，在将 a 与 b 相乘后，显示结果 11.25。

(7) 在 WATCH 或 Watch 1 窗口中，右击表达式，选择 Remove Expression 或 Delete Watch。

(8) 通过在 Add 函数中将*更改为+来修复这个错误。

(9) 通过单击圆形箭头、Restart 按钮或按 Ctrl 或 Cmd + Shift + F5 组合键，停止调试、重新编译并重新启动调试。

(10) 进入并单步执行函数，尽管现在需要花一分钟时间来留意计算是否正确，方法是单击 Continue 按钮或按 F5 功能键。

(11) 使用 Visual Studio Code，注意，当调试期间写入控制台时，输出显示在 DEBUG CONSOLE 窗格而不是 TERMINAL 窗格中，如图 4.11 所示。

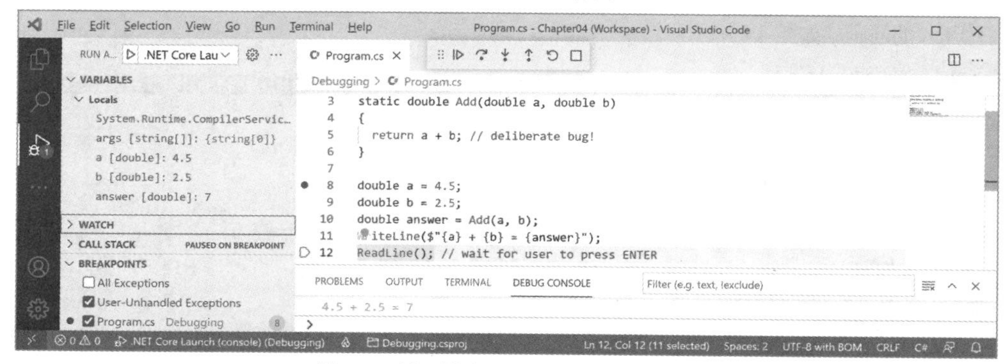

图 4.11 在调试期间写入 DEBUG CONSOLE

4.2.6　自定义断点

我们很容易就能生成更复杂的断点。

(1) 如果仍在调试，请单击调试工具栏中的 Stop 按钮或导航到 Run | Stop Debugging，也可按 Shift + F5 组合键。

(2) 导航到 Run | Remove All Breakpoints 或 Debug | Remove All Breakpoints。

(3) 单击输出答案的 WriteLine 语句。

(4) 按 F9 功能键或导航到 Run/Debug | Toggle Breakpoint 以设置断点。

(5) 在 Visual Studio Code 中，右击断点并选择 Edit Breakpoint…，然后输入一个表达式(例如 answer 变量必须大于 9)，并注意表达式的值必须为 true，以便激活断点，如图 4.12 所示。在 Visual Studio 中，右击断点，选择 Conditions…，然后输入表达式，表达式的值同样必须为 true。

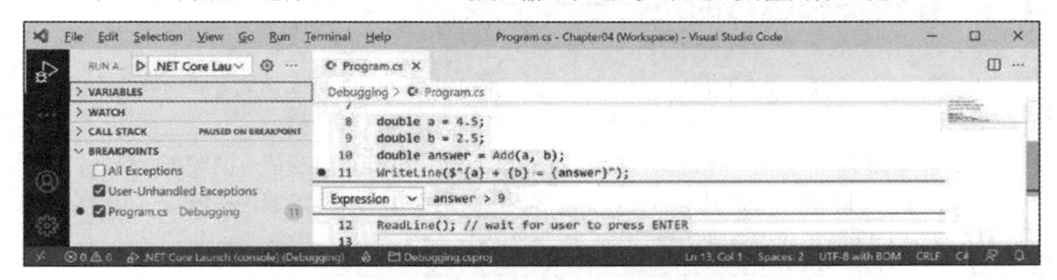

图 4.12　在 Visual Studio Code 中用表达式定制断点

(6) 开始调试并注意没有遇到断点。

(7) 停止调试。

(8) 编辑断点或其条件并将表达式更改为小于 9。

(9) 开始调试并注意到达断点。

(10) 停止调试。

(11) 编辑断点或它的条件(在 Visual Studio 中单击 Add condition)，并选择 Hit Count，然后输入一个数字，比如 3，这意味着必须击中断点三次才能激活它，如图 4.13 所示。

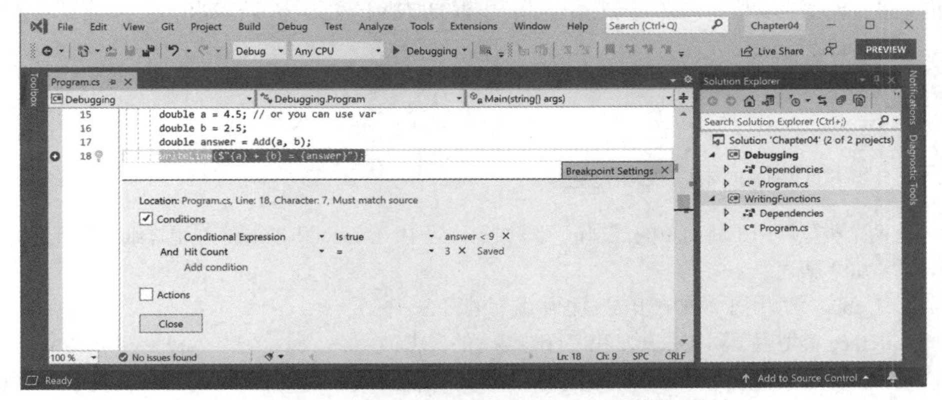

图 4.13　在 Visual Studio 2022 中使用表达式和热计数定制断点

(12) 将鼠标指针悬停在断点的红色圆圈上以查看摘要，如图 4.14 所示。

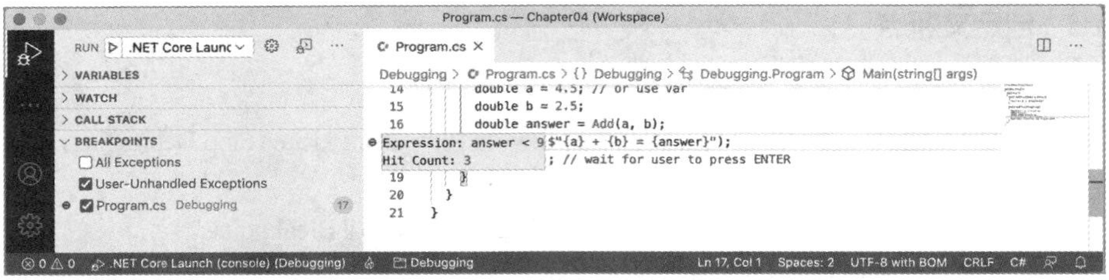

图 4.14　Visual Studio Code 中自定义断点的摘要

前面使用一些调试工具修复了错误，并且看到了用于设置断点的一些高级工具。

4.3　在开发和运行时进行日志记录

一旦相信所有的 bug 都已经从代码中清除了，就可以编译发布版本并部署应用程序，以便人们使用。但 bug 是不可避免的，应用程序在运行时可能会出现意外的错误。

当错误发生时，终端用户在记忆、承认和准确描述他们正在做的事情方面实在太糟糕了，所以不应该指望他们准确地提供有用的信息以重现问题，进而指出问题的原因并修复。相反，可以检测代码，这意味着记录感兴趣的事件。

最佳实践

可在整个应用程序中添加代码以记录正在发生的事情(特别是在发生异常时)，这样就可以查看日志，并使用它们来跟踪和修复问题。第 10 章和第 15 章会再次讨论日志记录，但日志记录是一个庞大的主题，所以本书只能涵盖基础知识。

4.3.1　理解日志记录选项

.NET 包括一些内置的方法来添加日志记录功能。本书将介绍基本知识。但是，在日志记录领域，第三方已经创建了一个丰富的、强大的解决方案生态系统，这些解决方案扩展了微软提供的功能。我无法给出具体的建议，因为最佳的日志框架取决于需求。但下面列出了一些常见的方法:

- Apache log4net
- NLog
- Serilog

4.3.2　使用 Debug 和 Trace 类型

有两个类型可用于将简单的日志记录添加到代码中：Debug 和 Trace。在更详细地研究它们之前，看看如下概述：

- Debug 类型用于添加在开发过程中编写的日志。
- Trace 类型用于添加在开发和运行时编写的日志。

前面介绍了如何使用 Console 类型及其 WriteLine 方法写入控制台窗口。此外，还有一对类型，名为 Debug 和 Trace，它们在写入位置方面能够提供更大的灵活性。

Debug和 Trace 类型可以将输出写入任何跟踪侦听器。跟踪侦听器是一种类型，可以配置为在调用 WriteLine 时，将输出写入自己喜欢的任何位置。.NET 提供了几个跟踪侦听器，甚至可通过继承 TraceListener 类型来创建自己的跟踪侦听器。

写入默认的跟踪侦听器

跟踪侦听器 DefaultTraceListener 可以自动配置并将输出写入 Visual Studio Code 的 DEBUG CONSOLE 窗格(或 Visual Studio 的 Debug 窗格)，也可以使用代码手动配置其他跟踪侦听器。

(1) 使用喜欢的编码工具在 Chapter04 工作区/解决方案中添加一个新的控制台应用程序，命名为 Instrumenting。

(2) 在 Visual Studio Code 中，选择 Instrumenting 作为活动的 OmniSharp 项目。当看到弹出的警告消息指出所需的资产丢失时，单击 Yes 按钮添加它们。

(3) 在 Program.cs 中，导入 System.Diagnostics 名称空间。

(4) 从 Debug 和 Trace 类中编写一条消息，如下所示：

```
Debug.WriteLine("Debug says, I am watching!");
Trace.WriteLine("Trace says, I am watching!");
```

(5) 在 Visual Studio 中，导航到 View | Output，并确保选中了 Show output from: Debug。

(6) 开始调试 Instrumenting 控制台应用程序，并注意 Visual Studio Code 中的 DEBUG CONSOLE 或 Visual Studio 2022 中的 Output 窗口显示了两个消息，与其他调试信息混合在一起，比如加载的程序集 DLL，如图 4.15 和图 4.16 所示。

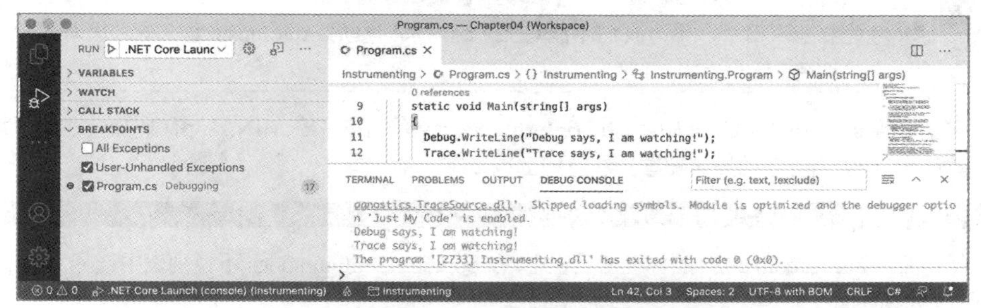

图 4.15　Visual Studio Code DEBUG CONSOLE 显示了两个蓝色的消息(可扫描封底二维码，下载并查看彩图)

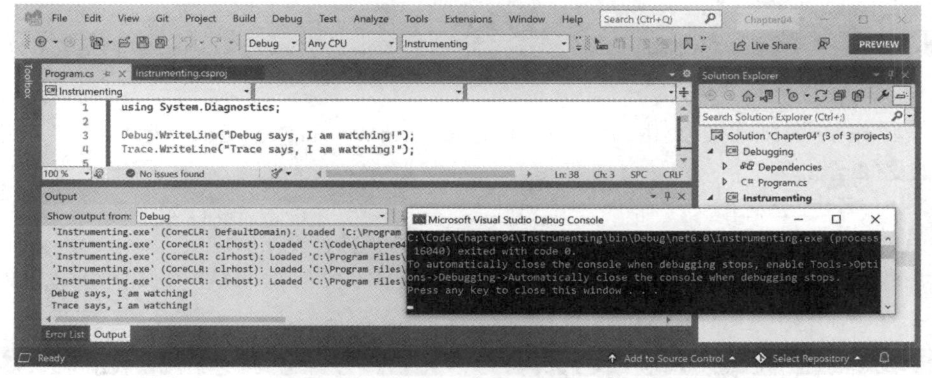

图 4.16　Visual Studio 2022 的 Output 窗口显示 Debug 输出，包括两个消息

4.3.3 配置跟踪侦听器

现在，配置另一个跟踪侦听器以写入文本文件。

(1) 在 Debug 和 Trace 调用 WriteLine 之前添加一个语句，从而在桌面上新建一个文本文件并将其传递到一个新的跟踪侦听器。跟踪侦听器知道如何写入文本文件，并启用自动刷新缓冲区，如下所示：

```
// write to a text file in the project folder
Trace.Listeners.Add(new TextWriterTraceListener(
  File.CreateText(Path.Combine(Environment.GetFolderPath(
    Environment.SpecialFolder.DesktopDirectory), "log.txt"))));

// text writer is buffered, so this option calls
// Flush() on all listeners after writing
Trace.AutoFlush = true;

Debug.WriteLine("Debug says, I am watching!");
Trace.WriteLine("Trace says, I am watching!");
```

> **最佳实践**
> 表示文件的任何类型通常都会实现缓冲区来提高性能。数据不是立即写入文件，而是写入内存中的缓冲区，并且只有在缓冲区满后才将数据写入文件。这种行为在调试时可能会令人困惑，因为我们不能马上看到结果！启用 AutoFlush 意味着每次写入后会自动调用 Flush 方法。

(2) 在 Visual Studio Code 中，通过在 Instrumenting 项目的 TERMINAL 窗口中输入以下命令来运行控制台应用程序的发布配置，注意什么也没有发生：

```
dotnet run --configuration Release
```

(3) 在 Visual Studio 2022 的标准工具栏中，在 Solution Configurations 下拉列表中选择 Release，如图 4.17 所示。

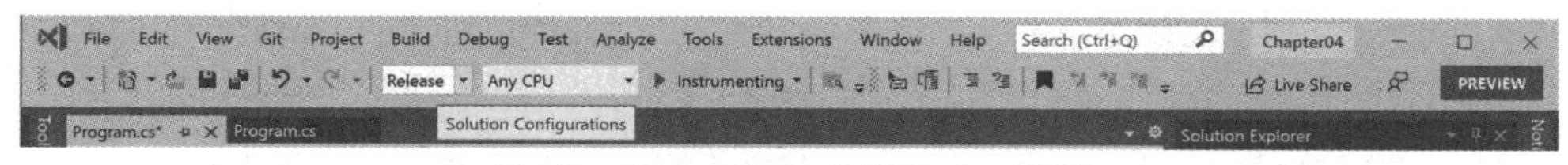

图 4.17 在 Visual Studio 中选择 Release 配置

(4) 在 Visual Studio 2022 中，通过导航到 Debug | Start Without Debugging 来运行控制台应用程序的发布配置。

什么事也不会发生。

(5) 在桌面上打开名为 log.txt 的文件，注意其中包含这样一条消息：Trace says, I am watching!

(6) 在 Visual Studio Code 中，通过在 Instrumenting 项目的 TERMINAL 窗口中输入以下命令来运行控制台应用程序的调试配置：

```
dotnet run --configuration Debug
```

(7) 在 Visual Studio 的标准工具栏中，在 Solution Configurations 下拉列表中选择 Debug，然后导航到 Debug | Start Debugging 来运行控制台应用程序。

(8) 在桌面上，打开名为 log.txt 的文件，注意其中包含两条消息：“Debug says, I am watching!”

和“Trace says, I am watching!”。

最佳实践

当使用 Debug 配置运行时，Debug 和 Trace 都是活动的，并将写入任何跟踪侦听器。当使用 Release 配置运行时，只有 Trace 将写入任何跟踪侦听器。因此，可以在整个代码中自由使用 Debug.WriteLine 调用，因为它知道在建应用程序的发布版本时，将自动删除这些调用，因此不会影响性能。

4.3.4　切换跟踪级别

即使在发布后，Trace.WriteLine 调用仍然留在代码中。所以，如果能很好地控制它们的输出时间，那就太好了，而这正是跟踪开关的作用。

跟踪开关的值可以是数字或单词。例如，数字 3 可以替换为单词 Info，如表 4.1 所示。

表 4.1　跟踪开关的值

数字	单词	说明
0	Off	不会输出任何东西
1	Error	只输出错误
2	Warning	输出错误和警告
3	Info	输出错误、警告和信息
4	Verbose	输出所有级别

下面研究一下如何使用跟踪开关。你需要添加一些 NuGet 包以支持从 JSON appsettings 文件中加载配置设置。

1. 在 Visual Studio Code 中将包添加到项目中

Visual Studio Code 没有提供将 NuGet 包添加到项目的机制，因此我们将使用命令行工具。

(1) 导航到 Instrumenting 项目的 TERMINAL 窗口。

(2) 输入以下命令：

```
dotnet add package Microsoft.Extensions.Configuration
```

(3) 输入以下命令：

```
dotnet add package Microsoft.Extensions.Configuration.Binder
```

(4) 输入以下命令：

```
dotnet add package Microsoft.Extensions.Configuration.Json
```

(5) 输入以下命令：

```
dotnet add package Microsoft.Extensions.Configuration.FileExtensions
```

更多信息

dotnet add package 在项目文件中添加一个对 NuGet 包的引用。它在构建过程中下载。dotnet add reference 将项目到项目的引用添加到项目文件中。如果在构建过程中需要，将编译引用的项目。

2. 在 Visual Studio 2022 中将包添加到项目中

Visual Studio 有一个用于添加包的图形用户界面。

(1) 在 Solution Explorer 中，右击 Instrumenting 项目并选择 Manage NuGet Packages。

(2) 选择 Browse 选项卡。

(3) 在搜索框中输入 Microsoft.Extensions.Configuration。

(4) 选择每个 NuGet 包并单击 Install 按钮，如图 4.18 所示。

- Microsoft.Extensions.Configuration
- Microsoft.Extensions.Configuration.Binder
- Microsoft.Extensions.Configuration.Json
- Microsoft.Extensions.Configuration.FileExtensions

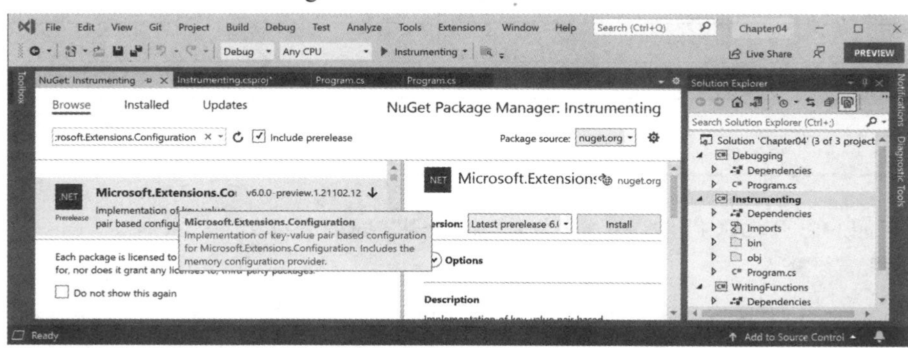

图 4.18　使用 Visual Studio 2022 安装 NuGet 包

最佳实践

还有用于从 XML 文件、INI 文件、环境变量和命令行加载配置的包。使用最合适的技术来设置项目中的配置。

3. 审核项目包

添加 NuGet 包后，可在项目文件中看到引用。

(1) 打开 Instrumenting.csproj(在 Visual Studio 的 Solution Explorer 中双击 Instrumenting 项目)，并注意<ItemGroup>部分中添加了 NuGet 包，标记如下：

```
<Project Sdk="Microsoft.NET.Sdk">

  <PropertyGroup>
      <OutputType>Exe</OutputType>
      <TargetFramework>net6.0</TargetFramework>
      <Nullable>enable</Nullable>
      <ImplicitUsings>enable</ImplicitUsings>
  </PropertyGroup>
```

```
  <ItemGroup>
    <PackageReference
      Include="Microsoft.Extensions.Configuration"
      Version="6.0.0" />
    <PackageReference
      Include="Microsoft.Extensions.Configuration.Binder"
      Version="6.0.0" />
    <PackageReference
      Include="Microsoft.Extensions.Configuration.FileExtensions"
      Version="6.0.0" />
    <PackageReference
      Include="Microsoft.Extensions.Configuration.Json"
      Version="6.0.0" />
  </ItemGroup>

</Project>
```

(2) 在 Instrumenting 项目文件夹中添加一个名为 appsettings.json 的文件。

(3) 修改 appsettings.json 来定义一个名为 PacktSwitch 的设置和一个 Level 值，代码如下所示：

```
{
"PacktSwitch": {
"Level": "Info"
}
}
```

(4) 在 Visual Studio 2022 的 Solution Explorer 中，右击 appsettings.json，选择 Properties，然后在 Properties 窗口中，将 Copy to Output Directory 更改为 Copy if newer。这是必要的，因为 Visual Studio Code 在项目文件夹中运行控制台应用程序，Visual Studio 在 Instrumenting\bin\Debug\net6.0 或 Instrumenting\bin\Release\net6.0 中运行控制台应用程序。

(5) 在 Program.cs 的顶部，导入 Microsoft.Extensions.Configuration 名称空间。

(6) 在 Program.cs 的末尾添加一些语句，以创建一个配置构建器。它在当前文件夹中查找名为 appsettings.Json 的文件，构建配置，创建跟踪开关，通过绑定到配置来设置其级别，然后输出四个跟踪开关级别，代码如下所示：

```
ConfigurationBuilder builder = new();

builder.SetBasePath(Directory.GetCurrentDirectory())
  .AddJsonFile("appsettings.json",
     optional: true, reloadOnChange: true);

IConfigurationRoot configuration = builder.Build();

TraceSwitch ts = new(
  displayName: "PacktSwitch",
  description: "This switch is set via a JSON config.");

configuration.GetSection("PacktSwitch").Bind(ts);

Trace.WriteLineIf(ts.TraceError, "Trace error");
Trace.WriteLineIf(ts.TraceWarning, "Trace warning");
Trace.WriteLineIf(ts.TraceInfo, "Trace information");
```

```
Trace.WriteLineIf(ts.TraceVerbose, "Trace verbose");
```

(7) 在 Bind 语句上设置一个断点。

(8) 开始调试 Instrumenting 控制台应用程序。在 VARIABLES 或 Locals 窗口中，展开 ts 变量表达式，注意它的 Level 是 Off，它的 TraceError、TraceWarning 等都是 false，如图 4.19 所示。

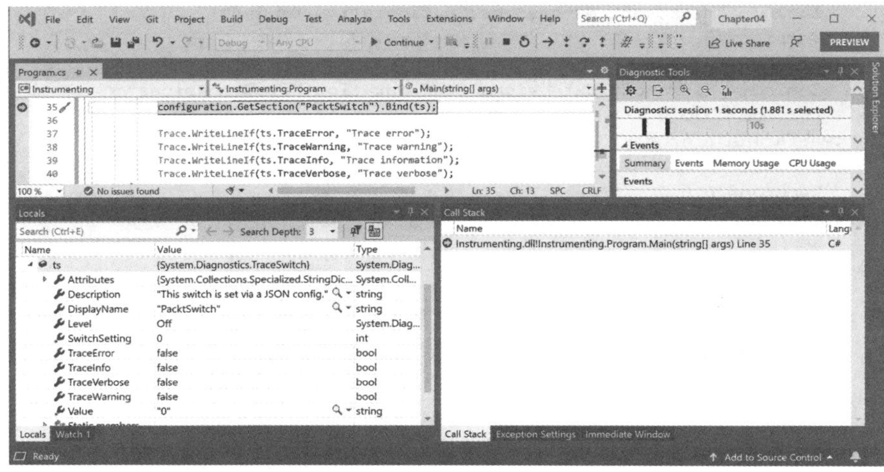

图 4.19　在 Visual Studio 2022 中查看跟踪开关变量属性

(9) 通过单击 Step into 或 Step Over 按钮或按 F11 或 F10 键进入 Bind 方法的调用，注意 ts 变量监视表达式更新到 Info 级别。

(10) 单步执行对 Trace.WriteLineIf 的四个调用，并注意所有级别直到 Info 都写入 DEBUG CONSOLE 或 Output - Debug 窗口，但不是 Verbose 窗口，如图 4.20 所示。

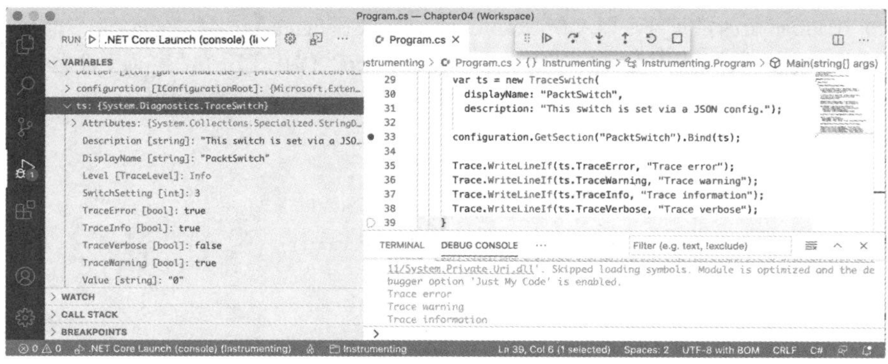

图 4.20　Visual Studio Code 中 DEBUG CONSOLE 显示的不同跟踪级别

(11) 停止调试。

(12) 修改 appsettings.json 将级别设置为 2，表示警告，如下面的 JSON 文件所示：

```
{
  "PacktSwitch": {
     "Level": "2"
  }
}
```

(13) 保存更改。

(14) 在 Visual Studio Code 中，通过在 Instrumenting 项目的 TERMINAL 窗口中输入以下命令来运行控制台应用程序：

```
dotnet run --configuration Release
```

(15) 在 Visual Studio 的标准工具栏中，在 Solution Configurations 下拉列表中选择 Release，然后导航到 Debug | Start Without Debugging，运行控制台应用程序。

(16) 打开名为 log.txt 的文件，注意这一次，只有跟踪错误和警告级别是四个潜在跟踪级别的输出，如下面的文本文件所示：

```
Trace says, I am watching!
Trace error
Trace warning
```

如果没有传递参数，则默认跟踪开关级别为 Off(0)，因此不输出任何开关级别。

4.4 单元测试

修复代码中的 bug 所要付出的代价很昂贵。开发过程中发现错误的时间越早，修复成本就越低。

单元测试是在开发早期发现 bug 的好方法。一些开发人员甚至遵循这样的原则：程序员应该在编写代码之前创建单元测试，这称为测试驱动开发(Text-Driven Development，TDD)。

微软提供了专有的单元测试框架，名为 MS Test；还有一个名为 NUnit 的框架。但是，这里将使用免费、开源的第三方单元测试框架 xUnit.net。xUnit 是由创建 NUnit 的同一团队创建的，但他们修正了他们之前犯的错误。xUnit 更具可扩展性，并且有更好的社区支持。

4.4.1 理解测试类型

单元测试只是众多测试类型中的一种，测试类型如表 4.2 所示。

表 4.2　测试类型

测试类型	说明
单元	测试最小的代码单元，通常是一个方法或函数。单元测试是在一个代码单元上执行的，如果需要的话，通过对它们进行模拟从而与依赖项隔离开来。每个单元应该有多个测试：一些具有典型的输入和预期的输出，一些使用极端的输入值来测试边界，一些使用故意错误的输入来测试异常处理
集成	测试较小的单元和较大的组件是否作为一个单独的软件一起工作。有时涉及与没有源代码的外部组件集成
系统	测试软件在其中运行的整个系统环境
性能	测试软件的性能；例如，代码必须在不到 20 毫秒的时间内向访问者返回一个充满数据的 Web 页面
加载	测试软件在保持所需性能的同时可以处理多少请求，例如，一个网站有 10 000 个并发访问者
用户接受度	测试用户是否能够愉快地使用软件完成工作

4.4.2 创建需要测试的类库

首先创建一个需要测试的函数。我们将在类库项目中创建它。类库是代码包，可以被其他.NET应用程序分发和引用。

(1) 使用喜欢的编码工具将一个新的类库 CalculatorLib 添加到 Chapter04 工作区/解决方案中。dotnet new 模板被命名为 classlib。

(2) 将名为 Class1.cs 的文件重命名为 Calculator.cs.

(3) 修改 Calculator.cs 文件以定义 Calculator 类(带有故意的错误)，如下所示：

```
namespace Packt
{
  public class Calculator
  {
    public double Add(double a, double b)
    {
      return a * b;
    }
  }
}
```

(4) 编译类库项目：

- 在 Visual Studio 2022 中，导航到 Build | Build CalculatorLib。
- 在 Visual Studio Code 的 TERMINAL 中，输入命令 dotnet build。

(5) 使用喜欢的编码工具将一个新的 xUnit 测试项目[C#]添加到 Chapter04 工作区/解决方案，命名为 CalculatorLibUnitTests。dotnet new 模板被命名为 xunit。

(6) 如果使用 Visual Studio，在 Solution Explorer 中选择 CalculatorLibUnitTests 项目，导航到 Project | Add Project Reference…，选中复选框以选择 CalculatorLib 项目，然后单击 OK 按钮。

(7) 如果使用 Visual Studio Code，请使用 dotnet add reference 命令或单击名为 CalculatorLibUnitTests.csproj 的文件，修改配置以添加 ItemGroup 部分，其中包含对 CalculatorLib 项目的引用，如下所示：

```
<Project Sdk="Microsoft.NET.Sdk">

  <PropertyGroup>
    <TargetFramework>net6.0</TargetFramework>
    <Nullable>enable</Nullable>

    <IsPackable>false</IsPackable>
  </PropertyGroup>

  <ItemGroup>
    <PackageReference Include="Microsoft.NET.Test.Sdk" Version="16.10.0" />
    <PackageReference Include="xunit" Version="2.4.1" />
    <PackageReference Include="xunit.runner.visualstudio" Version="2.4.3">
      <IncludeAssets>runtime; build; native; contentfiles;
        analyzers; buildtransitive</IncludeAssets>
        <PrivateAssets>all</PrivateAssets>
</PackageReference>
    <PackageReference Include="coverlet.collector" Version="3.0.2">
      <IncludeAssets>runtime; build; native; contentfiles;
```

```
      analyzers; buildtransitive</IncludeAssets>
    <PrivateAssets>all</PrivateAssets>
  </PackageReference>
</ItemGroup>

<ItemGroup>
  <ProjectReference
    Include="..\CalculatorLib\CalculatorLib.csproj" />
  </ItemGroup>
</Project>
```

(8) 构建 CalculatorLibUnitTests项目。

4.4.3 编写单元测试

好的单元测试包含如下三部分。

- Arrange：这部分为输入输出声明和实例化变量。
- Act：这部分执行想要测试的单元。在我们的例子中，这意味着调用要测试的方法。
- Assert：这部分对输出进行断言。断言是一种信念，如果不为真，则表示测试失败。例如，当计算 2 加 2 时，期望结果是 4。

现在为 Calculator 类编写单元测试。

(1) 将文件 UnitTest1.cs 重命名为 CalculatorUnitTests.cs，然后打开它。

(2) 在 Visual Studio Code 中，将类重命名为 CalculatorUnitTests(Visual Studio 在重命名文件时提示你重命名类)。

(3) 导入 Packt 名称空间。

(4) 修改 CalculatorUnitTests 类，使其拥有两个测试方法，分别用于计算 2 加 2 以及 2 加 3，如下所示：

```
using Packt;
using Xunit;

namespace CalculatorLibUnitTests
{
  public class CalculatorUnitTests
  {
  [Fact]
  public void TestAdding2And2()
  {
    // arrange
    double a = 2;
    double b = 2;
    double expected = 4;
    Calculator calc = new();

    // act
    double actual = calc.Add(a, b);

    // assert
    Assert.Equal(expected, actual);
  }

  [Fact]
```

```
        public void TestAdding2And3()
        {
            // arrange
            double a = 2;
            double b = 3;
            double expected = 5;
            Calculator calc = new();

            // act
            double actual = calc.Add(a, b);

            // assert
            Assert.Equal(expected, actual);
        }
    }
}
```

1. 使用 Visual Studio Code 运行单元测试

现在运行单元测试并查看结果。

(1) 在 CalculatorLibUnitTest 项目的 TERMINAL 窗口中，运行测试，如下面的命令所示：

```
dotnet test
```

(2) 请注意，输出结果表明运行了两个测试：一个测试通过，另一个测试失败，如图 4.21 所示。

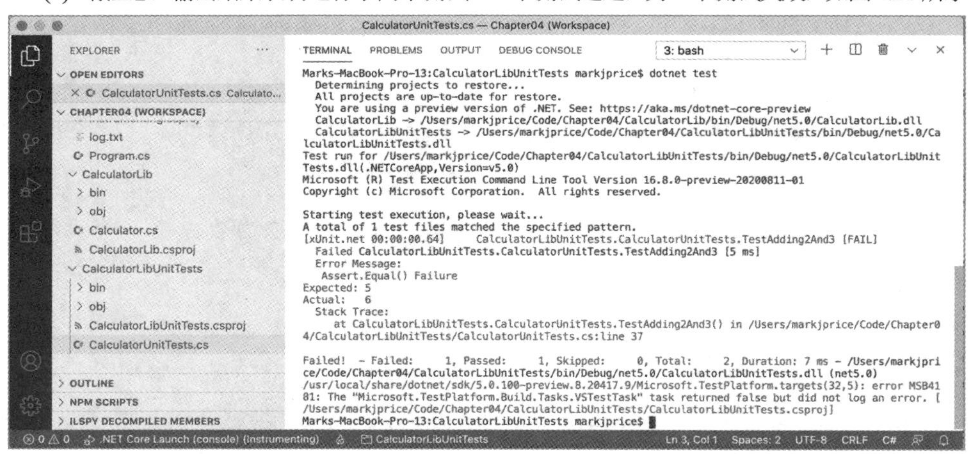

图 4.21 在 Visual Studio Code 的 TERMINAL 中显示单元测试的结果

2. 使用 Visual Studio 运行单元测试

现在准备运行单元测试并查看结果。

(1) 导航到 Test | Run All Tests。

(2) 在 Test Explorer 中，注意结果表明运行了两个测试，一个测试通过了，一个测试失败了，如图 4.22 所示。

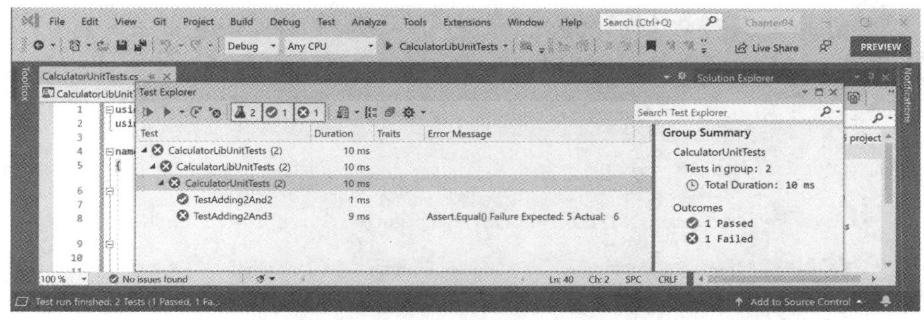

图 4.22　Visual Studio 2022 的 Test Explorer 中的单元测试结果

3. 修复错误

现在可以修复这个 bug 了。

(1) 纠正 Add 方法中的 bug。

(2) 再次运行单元测试，以查看错误是否已经修复，两个测试都通过了。

4.5　在函数中抛出和捕获异常

第 3 章介绍了异常以及如何使用 try-catch 语句处理异常。但是，只有当有足够的信息来缓解问题时，才应该捕获并处理异常。如果没有，那么应该允许异常通过调用堆栈向上传递到更高的级别。

4.5.1　理解使用错误和执行错误

使用错误是程序员错误地使用函数，通常是通过传递无效的值作为参数。程序员可以通过修改代码，传递有效的值来避免这些问题。当一些程序员第一次学习 C#和.NET 时，他们有时认为异常总是可以避免的，因为他们认为所有错误都是使用错误。应该在生产运行时之前修复所有的使用错误。

执行错误是指在运行时发生的一些事情，这类错误无法通过编写“更好的”代码来修复。执行错误可以分为程序错误和系统错误。如果试图访问一个网络资源，但网络发生故障，就需要能够通过记录一个异常来处理该系统错误，并可能等待一段时间，然后再次尝试。但是有些系统错误(如内存不足)是无法处理的。如果你试图打开一个不存在的文件，就可能能够捕获该错误并通过创建一个新文件，以编程方式处理它。程序错误可以通过编写智能代码以编程方式修复。系统错误通常不能通过编程来修复。

4.5.2　在函数中通常抛出异常

很少应该定义新的异常类型来指示使用错误。.NET 已经定义了许多应该使用的异常类型。

用参数定义自己的函数时，代码应该检查参数值。如果参数值会阻止函数正常运行，则抛出异常。

例如，如果一个参数不应该为空，则抛出 ArgumentNullException。对于其他问题，则抛出 ArgumentException、NotSupportedException 或 InvalidOperationException。对于任何异常，则包括

给任何需要阅读它的人(通常是类库和函数的开发用户，或者是 GUI 应用程序的最高级别的最终用户)提供的一个描述问题的消息，代码如下所示：

```
static void Withdraw(string accountName, decimal amount)
{
  if (accountName is null)
  {
     throw new ArgumentNullException(paramName: nameof(accountName));
  }

  if (amount < 0)
  {
    throw new ArgumentException(
       message: $"{nameof(amount)} cannot be less than zero.");
  }

  // process parameters
}
```

最佳实践

如果函数不能成功地执行其操作，应该认为这是一个函数失败，并通过抛出异常来报告。

永远不需要编写 try-catch 语句来捕获这些使用类型错误。而是希望终止应用程序。这些异常会导致调用函数的程序员修复代码以防止问题。应该在生产部署之前修复它们。这并不意味着代码不需要抛出使用错误类型异常。应该强迫其他程序员正确地调用函数！

4.5.3 理解调用堆栈

.NET 控制台应用程序的入口点是 Program 类的 Main 方法，不管是显式定义了这个类和方法，还是由顶级程序特性自动创建的。

Main 方法会调用其他方法，其他方法再调用别的方法，以此类推，这些方法可以在当前项目中，也可以在引用的项目和 NuGet 包中，如图 4.23 所示。

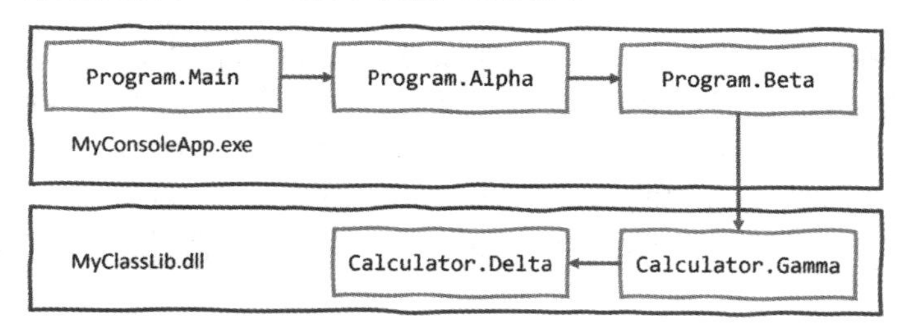

图 4.23　创建调用堆栈的方法调用链

下面创建一个类似的方法链，探索在哪里可以捕获和处理异常。

(1) 使用喜欢的编码工具在 Chapter04 工作区/解决方案中添加一个新的类库，名叫 CallStackExceptionHandlingLib。

(2) 将 Class1.cs 文件重命名为 Calculator.cs。

(3) 打开 Calculator.cs 并修改其内容，代码如下所示：

```
using static System.Console;

namespace Packt;

public class Calculator
{
  public static void Gamma() // public so it can be called from outside
  {
    WriteLine("In Gamma");
    Delta();
  }

  private static void Delta() // private so it can only be called internally
  {
    WriteLine("In Delta");
    File.OpenText("bad file path");
  }
}
```

(4) 使用喜欢的编码工具在 Chapter04 工作区/解决方案中添加一个新的控制台应用程序，名叫 CallStackExceptionHandling。

(5) 在 Visual Studio Code 中，选择 CallStackExceptionHandling 作为活动 OmniSharp 项目。当看到弹出的警告消息指出必需的资产丢失，单击 Yes 添加它们。

(6) 在 CallStackExceptionHandling 项目中，添加对 CallStackExceptionHandlingLib 项目的引用。

(7) 在 Program.cs 中，添加语句来定义两个方法和对它们的链式调用，以及类库中的方法，如下所示：

```
using Packt;

using static System.Console;

WriteLine("In Main");
Alpha();

static void Alpha()
{
  WriteLine("In Alpha");
  Beta();
}
static void Beta()
{
  WriteLine("In Beta");
  Calculator.Gamma();
}
```

(8) 运行控制台应用程序，并注意结果，部分输出如下所示：

```
In Main
In Alpha
In Beta
In Gamma
In Delta
Unhandled exception. System.IO.FileNotFoundException: Could not find file
'C:\Code\Chapter04\CallStackExceptionHandling\bin\Debug\net6.0\bad file
path'.
```

```
  at Microsoft.Win32.SafeHandles.SafeFileHandle.CreateFile(...
  at Microsoft.Win32.SafeHandles.SafeFileHandle.Open(...
  at System.IO.Strategies.OSFileStreamStrategy..ctor(...
  at System.IO.Strategies.FileStreamHelpers.ChooseStrategyCore(...
  at System.IO.Strategies.FileStreamHelpers.ChooseStrategy(...
  at System.IO.StreamReader.ValidateArgsAndOpenPath(...
  at System.IO.File.OpenText(String path) in ...
  at Packt.Calculator.Delta() in C:\Code\Chapter04\
 CallStackExceptionHandlingLib\Calculator.cs:line 16
   at Packt.Calculator.Gamma() in C:\Code\Chapter04\
 CallStackExceptionHandlingLib\Calculator.cs:line 10
   at <Program>$.<<Main>$>g__Beta|0_1() in C:\Code\Chapter04\
 CallStackExceptionHandling\Program.cs:line 16
   at <Program>$.<<Main>$>g__Alpha|0_0() in C:\Code\Chapter04\
 CallStackExceptionHandling\Program.cs:line 10
   at <Program>$.<Main>$(String[] args) in C:\Code\Chapter04\
 CallStackExceptionHandling\Program.cs:line 5
```

请注意以下几点。

- 调用堆栈颠倒了。从底部开始:
  - 第一个调用是自动生成的 Program 类中的 Main 入口点函数。这是参数作为字符串数组传入的地方。
  - 第二个调用是 Alpha 函数。
  - 第三个调用是 Beta 函数。
  - 第四次调用是对 Gamma 函数的调用。
  - 第五次调用是对 Delta 函数的调用。这个函数试图通过传递一个错误的文件路径来打开文件。这会导致抛出一个异常。任何带有 try-catch 语句的函数都可以捕获此异常。如果没有，它会自动向上传递到调用堆栈，直到到达顶部，.NET 在那里输出异常(以及这个调用堆栈的细节)。

4.5.4 在哪里捕获异常

程序员可以决定是在故障点附近捕获异常，还是集中在调用堆栈的上层。这允许简化和标准化代码。调用异常可能会抛出一种或多种类型的异常，但不需要在调用堆栈的当前点处理其中任何一种。

4.5.5 重新抛出异常

有时需要捕获异常，记录它，然后重新抛出它。有三种方法可以在 catch 块中重新抛出异常，如下所示。

(1) 要使用原始调用堆栈抛出捕获的异常，请调用 throw。

(2) 要抛出捕获的异常，就好像它是在调用堆栈的当前级别抛出的一样，可以用捕获的异常调用 throw，如 throw ex。这通常是一种糟糕的做法，因为已经丢失了一些用于调试的潜在有用信息。

(3) 要将捕获的异常包装到另一个异常中，该异常可以在消息中包含更多信息，这可能有助于调用者理解问题，请抛出一个新的异常并将捕获的异常作为 innerException 参数传递。

如果在调用 Gamma 函数时可能发生错误，那么可以捕获异常，然后执行三种重新抛出异常的技术之一，如下面的代码所示：

```
try
{
  Gamma();
}
catch (IOException ex)
{
  LogException(ex);

  // throw the caught exception as if it happened here
  // this will lose the original call stack
  throw ex;

  // rethrow the caught exception and retain its original call stack
  throw;

  // throw a new exception with the caught exception nested within it
  throw new InvalidOperationException(
    message: "Calculation had invalid values. See inner exception for why.",
    innerException: ex);
}
```

下面通过调用堆栈的例子来看看实际情况。

(1) 在 CallStackExceptionHandling 项目的 Program.cs 中，在 Beta 函数中，在对 Gamma 函数的调用周围添加一个 try-catch 语句，代码如下所示：

```
static void Beta()
{
  WriteLine("In Beta");

  try
  {
    Calculator.Gamma();
  }
  catch (Exception ex)
  {
    WriteLine($"Caught this: {ex.Message}");
    throw ex;
  }
}
```

(2) 注意 ex 下面的绿色波浪线，它警告将丢失调用堆栈信息。

(3) 运行控制台应用程序，注意输出不包括调用堆栈的一些细节，如下所示：

```
Caught this: Could not find file 'C:\Code\Chapter04\
CallStackExceptionHandling\bin\Debug\net6.0\bad file path'.
Unhandled exception. System.IO.FileNotFoundException: Could not find file
'C:\Code\Chapter04\CallStackExceptionHandling\bin\Debug\net6.0\bad file
path'.
File name: 'C:\Code\Chapter04\CallStackExceptionHandling\bin\Debug\net6.0\
bad file path'
at <Program>$.<<Main>$>g__Beta|0_1() in C:\Code\Chapter04\
CallStackExceptionHandling\Program.cs:line 25
at <Program>$.<<Main>$>g__Alpha|0_0() in C:\Code\Chapter04\
CallStackExceptionHandling\Program.cs:line 11
```

```
   at <Program>$.<Main>$(String[] args) in C:\Code\Chapter04\
CallStackExceptionHandling\Program.cs:line 6
```

(4) 当重新抛出时删除 ex。

(5) 运行控制台应用程序，注意输出包括调用堆栈的所有细节。

4.5.6 实现 tester-doer 模式

tester-doer 模式可以避免一些抛出的异常(但不能完全消除它们)。该模式使用一对函数：一个执行测试，另一个执行操作。如果测试未通过，则操作将失败。

.NET 实现这个模式本身。例如，在通过调用 Add 方法将项添加到集合之前，可以测试它是否为只读，这将导致 Add 失败并因此抛出异常。

例如，从银行账户取款之前，可以测试该账户是否透支，如下面的代码所示：

```
if (!bankAccount.IsOverdrawn())
{
   bankAccount.Withdraw(amount);
}
```

tester-doer 模式的问题

tester-doer 模式会增加性能开销，因此也可以实现 try 模式，该模式实际上将测试和执行部分组合到一个函数中，就像在 TryParse 中看到的那样。

tester-doer 模式的另一个问题发生在使用多个线程时。在这个场景中，一个线程可以调用 test 函数，它返回 ok。然后另一个线程执行，改变状态。原线程继续执行假设一切都很好，但事实并非如此。这被称为竞态条件。该条件的处理详见第 12 章。

如果实现了自己的 try 模式函数，但它失败了，记得将 out 参数设置为其类型的默认值，然后返回 false，代码如下所示：

```
static bool TryParse(string? input, out Person value)
{
  if (someFailure)
  {
      value = default(Person);
      return false;
  }

  // successfully parsed the string into a Person
  value = new Person() { ... };
  return true;
}
```

4.6 实践和探索

你可以通过回答一些问题来测试自己对知识的理解程度，进行一些实践，并深入探索本章涵盖的主题。

4.6.1　练习 4.1：测试你掌握的知识

回答下列问题。如果遇到了难题，可以尝试用谷歌搜索答案。同时记住，如果你完全卡住了，请参考附录中的答案。

(1) C#关键字 void 是什么意思？

(2) 命令式编程风格和函数式编程风格有什么不同？

(3) 在 Visual Studio Code 或 Visual Studio 中，快捷键 F5、Ctrl、Cmd + F5、Shift + F5 与 Ctrl、Cmd + Shift + F5 之间的区别是什么？

(4) Trace.WriteLine 方法会将输出写到哪里？

(5) 五个跟踪级别分别是什么？

(6) Debug 和 Trace 之间的区别是什么？

(7) 良好的单元测试包含哪三部分？

(8) 在使用 xUnit 编写单元测试时，必须用什么特性装饰测试方法？

(9) 哪个 dotnet 命令可用来执行 xUnit 测试？

(10) 在不丢失堆栈跟踪的情况下，应该使用哪条语句重新抛出名为 ex 的捕获异常？

4.6.2　练习 4.2：使用调试和单元测试练习函数的编写

质因数是最小质数的组合，当把它们相乘时，就会得到原始的数。考虑下面的例子：

- 4 的质因数是 2×2。
- 7 的质因数是 7。
- 30 的质因数是 5×3×2。
- 40 的质因数是 5×2×2×2。
- 50 的质因数是 5×5×2。

创建一个名为 PrimeFactors 的工作区/解决方案，其中包含三个项目：一个包含 PrimeFactors 方法的类库，当传递一个整数作为参数时，该方法将返回一个字符串来显示这个整数的质因数；一个单元测试项目；以及一个使用这个单元测试项目的控制台应用程序。

为简单起见，可以假设输入的最大数字是 1000。

使用调试工具并编写单元测试，以确保函数在多个输入条件下都能正常工作并返回正确的输出。

4.6.3　练习 4.3：探索主题

可通过以下链接来阅读本章所涉及主题的更多细节：

https://github.com/markjprice/cs10dotnet6/blob/main/book-links.md#chapter-4---writing-debugging-and-testing-functions

4.7 本章小结

本章介绍如何用命令式和函数式风格编写带输入参数和返回值的可重用函数，如何使用 Visual Studio 和 Visual Studio Code 的调试和诊断特性来修复其中的任何 bug。最后，分析如何在函数中抛出和捕获异常，并讲述了调用堆栈。

第 5 章将介绍如何使用面向对象编程技术构建自己的类型。

第5章 使用面向对象编程技术构建自己的类型

本章介绍如何使用面向对象编程(Object-Oriented Programming，OOP)技术构建自己的类型，讨论类型可以拥有的所有不同类别的成员，包括用于存储数据的字段和用于执行操作的方法。你将掌握诸如聚合和封装的OOP概念，了解诸如元组语法支持、out变量、推断的元组名称和默认的字面量等语言特性。

本章涵盖以下主题：

- 讨论OOP
- 构建类库
- 使用字段存储数据
- 编写和调用方法
- 使用属性和索引器控制访问
- 与对象匹配的模式
- 处理记录

5.1 面向对象编程

现实世界中的对象是一种事物，例如汽车或人；而编程中的对象通常表示现实世界中的某些东西，例如产品或银行账户，但也可以是更抽象的东西。

在C#中，可使用C#关键字class(通常)或struct(偶尔)来定义对象的类型。第6章将介绍类和结构之间的区别。可以将类型视为对象的蓝图或模板。

面向对象编程的概念简述如下：

- 封装是与对象相关的数据和操作的组合。例如，BankAccount类型可能拥有数据(如Balance和AccountName)和操作(如Deposit和Withdraw)。在封装时，我们通常希望控制哪些内容可以访问这些操作和数据，例如，限制如何从外部访问或修改对象的内部状态。
- 组合是指物体是由什么构成的。例如，一辆汽车是由不同的部件组成的，包括四个轮子、四个座位和一台发动机。

- 聚合是指什么可以与对象相结合。例如，一个人不是汽车的一部分，但他可以坐在驾驶座上，成为汽车司机。通过聚合两个独立的对象，可以形成一个新的组件。
- 继承是指从基类或超类派生子类来重用代码。基类的所有功能都由派生类继承并在派生类中可用。例如，基类或超类 Exception 有一些成员，它们在所有异常中具有相同的实现，而子类或派生的 SqlException 类继承了这些成员，此外有一些额外的成员，它们仅与 SQL 数据库异常(如用于数据库连接的属性)有关。
- 抽象是指捕捉对象的核心思想而忽略细节。C#关键字 abstract 用来形式化这个概念。一个类如果不是显式抽象的，就可以描述为具体的。基类或超类通常是抽象的，例如超类 Stream，Stream 的子类(如 FileStream 和 MemoryStream)是具体的。只有具体的类可以用来创建对象；抽象类只能作为其他类的基类，因为它们缺少一些实现。抽象是一种微妙的平衡。一个类如果能更抽象，就会有更多的类能够继承它，但同时能够共享的功能会更少。
- 多态性是指允许派生类通过重写继承的操作来提供自定义的行为。

5.2 构建类库

类库程序集能将类型组合成易于部署的单元(DLL 文件)。前面除了学习单元测试之外，还创建了包含代码的控制台应用程序或.NET Interactive Notebooks。为了使编写的代码能够跨多个项目重用，应该将它们放在类库程序集中，就像微软所做的那样。

5.2.1 创建类库

第一个任务是创建可重用的.NET 类库。

(1) 使用喜欢的编码工具创建一个新的类库，如下所示。

- 项目模板：Class Library / classlib
- 工作区/解决方案文件和文件夹：Chapter05
- 项目文件和文件夹：PacktLibrary

(2) 打开 PacktLibrary.csproj 文件。请注意，默认情况下，类库的目标是.NET 6，因此只能与其他兼容.NET 6 的程序集一起工作，如下所示：

```
<Project Sdk="Microsoft.NET.Sdk">

  <PropertyGroup>
    <TargetFramework>net6.0</TargetFramework>
    <Nullable>enable</Nullable>
    <ImplicitUsings>enable</ImplicitUsings>
  </PropertyGroup>

</Project>
```

(3) 修改目标框架以支持.NET Standard 2.0，移除启用可空和隐式使用的条目，如下所示：

```
<Project Sdk="Microsoft.NET.Sdk">

  <PropertyGroup>
    <TargetFramework>netstandard2.0</TargetFramework>
```

```
  </PropertyGroup>

</Project>
```

(4) 保存并关闭文件。

(5) 删除名为 Class1.cs 的文件。

(6) 编译该项目，以便其他项目稍后可以引用它：

- Visual Studio Code 中，输入以下命令：dotnet build
- 在 Visual Studio 中，导航到 Build | Build PacktLibrary

最佳实践

为了使用最新的 C#语言和.NET 平台特性，需要将类型放在.NET 6 类库中。为支持.NET Core、.NET Framework 和 Xamarin 等传统的.NET 平台，可将可能重用的类型放在.NET Standard 2.0 类库中。

5.2.2　在名称空间中定义类

下一个任务是定义表示人的类。

(1) 添加一个名为 Person.cs 的新类文件。

(2) 静态导入 System.Console。

(3) 设置名称空间为 Packt.Shared。

最佳实践

这样做是因为将类放在逻辑命名的名称空间中是很重要的。更好的名称空间名称应该是特定于域的，例如 System.Numerics 表示与高级数值相关的类型。但在本例中，我们创建的类型是 Person、BankAccount 和 WondersOfTheWorld，它们没有正常的域。所以我们使用更通用的 Packt.Shared。

类文件中的代码现在应该如下所示：

```
using System;
using static System.Console;

namespace Packt.Shared
{
  public class Person
  {
  }
}
```

注意，C#关键字 public 位于 class 之前。这个关键字叫作访问修饰符，public 访问修饰符表示允许其他所有代码访问这个 Person 类。

如果没有显式地应用 public 关键字，就只能在定义类的程序集中访问这个类。这是因为类的隐式访问修饰符是 internal。由于需要在程序集之外访问 Person 类，因此必须确保使用了 public 关键字。

简化名称空间声明

如果目标是.NET 6.0，则使用 C# 10 或更高版本；为了简化代码，可以在名称空间声明的末尾加上分号并去掉大括号，如下所示：

```
using System;

namespace Packt.Shared; // the class in this file is in this namespace

public class Person
{
}
```

这被称为文件作用域的名称空间声明。每个文件只能有一个文件作用域的名称空间。本章后面将针对.NET 6.0 的类库中使用它。

最佳实践

将创建的每个类型放在它自己的文件中，这样就可以使用文件作用域的名称空间声明。

5.2.3 成员

Person 类还没有封装任何成员。接下来将创建一些成员。成员可以是字段、方法或它们两者的特定版本。

- 字段用于存储数据。字段可分为三个专门的类别，如下所示。
  - 常量字段：数据永远不变。编译器会将数据复制到读取它们的任何代码中。
  - 只读字段：在类实例化之后，数据不能改变，但是可以在实例化时从外部源计算或加载数据。
  - 事件：数据引用一个或多个方法，方法在发生事件时执行，例如单击按钮或响应来自其他代码的请求。事件的相关内容详见第 6 章。
- 方法用于执行语句。第 4 章在介绍函数时提到了一些示例。此外还有四类专门的方法。
  - 构造函数：使用 new 关键字分配内存和实例化类时执行的语句。
  - 属性：获取或设置数据时执行的语句。数据通常存储在字段中，但是也可以存储在外部或者在运行时计算。属性是封装字段的首选方法，除非需要公开字段的内存地址。
  - 索引器：使用数组语法[ ]获取或设置数据时执行的语句。
  - 运算符：对类型的操作数使用+和/之类的运算符时执行的语句。

5.2.4 实例化类

本节创建 Person 类的实例。

引用程序集

在实例化一个类之前，需要从另一个项目中引用包含这个类的程序集。我们将在控制台应用程序中使用这个类。

(1) 使用喜欢的编码工具将一个新的控制台应用程序 PeopleApp 添加到 Chapter05 工作区/解决方案中。

(2) 如果使用 Visual Studio Code，则执行以下操作。

- 选择 PeopleApp 作为活动的 OmniSharp 项目。当你到弹出的警告消息指出所需的资产丢失时，单击 Yes 按钮添加它们。
- 编辑 PeopleApp.csproj，添加一个对 PacktLibrary 的项目引用，如下所示：

```
<Project Sdk="Microsoft.NET.Sdk">

  <PropertyGroup>
    <OutputType>Exe</OutputType>
    <TargetFramework>net6.0</TargetFramework>
    <Nullable>enable</Nullable>
    <ImplicitUsings>enable</ImplicitUsings>
  </PropertyGroup>

  <ItemGroup>
   <ProjectReference Include="../PacktLibrary/PacktLibrary.csproj"/>
  </ItemGroup>
</Project>
```

(3) 在终端中输入命令，编译 PeopleApp 项目及其依赖的 PacktLibrary 项目，如下所示：

```
dotnet build
```

(4) 如果使用 Visual Studio，则执行以下操作。

- 将解决方案的启动项目设置为当前选择。
- 在 Solution Explorer 中，选择 PeopleApp 项目，导航到 Project | Add Project Reference…，选中复选框以选择 PacktLibrary 项目，然后单击 OK。
- 导航到 Build | Build PeopleApp。

5.2.5　导入名称空间以使用类型

现在编写使用 Person 类的语句。

(1) 打开 PeopleApp 项目/文件夹中的 Program.cs。

(2) 在 Program.cs 文件的顶部删除注释，输入如下语句以导入 People 类的名称空间并静态导入 Console 类：

```
using Packt.Shared;
using static System.Console;
```

(3) 在 Main 方法中输入一些语句，目的是：

- 创建 Person 类的实例。
- 使用实例的文本描述输出实例。

new 关键字用来为对象分配内存，并初始化任何内部数据。可以用 Person 代替 var 关键字，但是需要在 new 关键字后面指定 Person，如下所示：

```
// var bob = new Person(); // C# 1.0 or later
Person bob = new(); // C# 9.0 or later
WriteLine(bob.ToString());
```

为什么 bob 变量会有名为 ToString 的方法？Person 类是空的！别担心，我们马上就知道原因了！

(4) 运行代码，然后查看结果，输出如下所示：

```
Packt.Shared.Person
```

5.2.6 对象

虽然 Person 类没有显式地选择从类型中继承，但是所有类型最终都直接或间接地从名为 System.Object 的特殊类型继承而来。

System.Object 类型中 ToString 方法的实现结果只是输出完整的名称空间和类型名称。

回到原始的 Person 类，可以明确地告诉编译器，Person 类从 System.Object 类型继承而来，如下所示：

```
public class Person : System.Object
```

当类 B 继承自类 A 时，我们说类 A 是基类或超类，类 B 是派生类或子类。在这里，System.Object 是基类或超类，Person 是派生类或子类。

也可以使用 C#别名关键字 object：

```
public class Person : object
```

继承 System.Object

下面让 Person 类显式地从 System.Object 继承，然后检查所有对象都有哪些成员。

(1) 修改 Person 类以显式地继承 System.Object。

(2) 单击 object 关键字的内部并按 F12 功能键，或右击 object 关键字并从弹出菜单中选择 Go to Definition。

这会显示微软定义的 System.Object 类型及其成员。这些细节你并不需要了解，但请注意名为 ToString 的方法，如图 5.1 所示。

[metadata] Object.cs — Chapter05 (Workspace)

[metadata] Object.cs

```
#region Assembly netstandard, Version=2.0.0.0, Culture=neutral, PublicKeyToken=cc7b13ffcd2ddd51
// netstandard.dll
#endregion

namespace System
{
  public class Object
  {
    public Object();

    ~Object();

    public static bool Equals(Object objA, Object objB);
    public static bool ReferenceEquals(Object objA, Object objB);
    public virtual bool Equals(Object obj);
    public virtual int GetHashCode();
    public Type GetType();
    public virtual string ToString();
    protected Object MemberwiseClone();
  }
}
```

0 0 PeopleApp Ln 7, Col 16 Spaces: 2 C# SharpPad:5255

图 5.1 System.Object 类的定义

最佳实践

假设其他程序员知道，如果不指定继承，类将从 System.Object 继承。

5.3　在字段中存储数据

本节将定义类中的一组字段，以存储一个人的信息。

5.3.1　定义字段

假设一个人的信息是由姓名和出生日期组成的。在 Person 类的内部封装这两个值，它们在 Person 类的外部可见。

在 Person 类中编写如下语句，声明两个公共字段，分别用来存储一个人的姓名和出生日期：

```
public class Person : object
{
  // fields
  public string Name;
  public DateTime DateOfBirth;
}
```

可以对字段使用任何类型，包括数组和集合(如列表和字典)。如果需要在命名字段中存储多个值，就可以使用这些类型。在这个例子中，一个人的姓名和出生日期是唯一的。

5.3.2　理解访问修饰符

封装的一部分是选择成员的可见性。

注意，就像对类所做的一样，可以显式地将 public 关键字应用于这些字段。如果没有这样做，那么它们对类来说就是隐式私有的，这意味着它们只能在类的内部访问。

访问修饰符有四个，并且有两种组合可以应用到类的成员，如字段或方法，如表 5.1 所示。

表 5.1　访问修饰符

访问修饰符	描述
private	成员只能在类型的内部访问，这是默认设置
internal	成员可在类型的内部或同一程序集的任何类型中访问
protected	成员可在类型的内部或从类型继承的任何类型中访问
public	成员在任何地方都可以访问
internal protected	成员可在类型的内部、同一程序集的任何类型以及从该类型继承的任何类型中访问，与虚构的访问修饰符 internal_or_protected 等效
private protected	成员可在类型的内部、同一程序集的任何类型以及从该类型继承的任何类型中访问，相当于虚构的访问修饰符 internal_and_protected。这种组合只能在 C# 7.2 或更高版本中使用

最佳实践

即使想为成员使用隐式的访问修饰符 private，也需要显式地将一个访问修饰符应用于所有类型成员。此外，字段通常应该是私有的或受保护的，然后应该创建 public 属性来获取或设置字段值。

5.3.3 设置和输出字段值

下面在代码中使用这些字段。

(1) 在 Program.cs 文件的顶部确保导入了 System 名称空间，以便能使用 DateTime 类型。

(2) 实例化 bob 后添加语句，以设置姓名和出生日期，然后输出格式良好的字段，如下所示：

```
bob.Name = "Bob Smith";
bob.DateOfBirth = new DateTime(1965, 12, 22); // C# 1.0 or later

WriteLine(format: "{0} was born on {1:dddd, d MMMM yyyy}",
  arg0: bob.Name,
  arg1: bob.DateOfBirth);
```

也可以使用字符串插值，但对于长字符串，由于可能跨越多行，因此很难阅读。在本书的代码示例中，请记住{0}是 arg0 的占位符，{1}是 arg1 的占位符，等等。

(3) 运行代码并查看结果，输出如下所示：

```
Bob Smith was born on Wednesday, 22 December 1965
```

根据语言环境(语言和文化)的不同，每个人的输出看起来也可能会有所不同。

arg1 的格式代码由几个部分组成。dddd 指的是星期几。d 表示月份中的日期。MMMM 表示月份的名称。小写的 m 表示分钟。yyyy 表示四位数的年份。yy 表示两位数的年份。

还可以使用花括号，通过简化的对象初始化语法来初始化字段。

(4) 在现有代码的下方添加以下代码，创建另一个人 Alice 的信息。注意，在写入控制台时，出生日期的格式代码不同：

```
Person alice = new()
{
  Name = "Alice Jones",
  DateOfBirth = new(1998, 3, 7) // C# 9.0 or later
};

WriteLine(format: "{0} was born on {1:dd MMM yy}",
  arg0: alice.Name,
  arg1: alice.DateOfBirth);
```

(5) 运行代码并查看结果，输出如下所示：

```
Alice Jones was born on 07 Mar 98
```

5.3.4 使用 enum 类型存储值

有时，值是一组有限选项中的某个选项。例如，世界上有七大古迹，某人可能喜欢其中的一个。在其他情况下，值是一组有限选项的组合。例如，某人可能有一份想要参观的古迹清单。可通过定义 enum 类型来存储这些数据。

enum 类型是一种非常有效的方式，可以存储一个或多个选项，因为在内部，enum 类型结合了整数值与使用字符串描述的查找表。

(1) 在 PacktLibrary 项目中添加一个名为 WondersOfTheAncientWorld.cs 的新文件。

(2) 修改 WondersOfTheAncientWorld.cs 文件，如下所示：

```
namespace Packt.Shared
{
  public enum WondersOfTheAncientWorld
  {
    GreatPyramidOfGiza,
    HangingGardensOfBabylon,
    StatueOfZeusAtOlympia,
    TempleOfArtemisAtEphesus,
    MausoleumAtHalicarnassus,
    ColossusOfRhodes,
    LighthouseOfAlexandria
  }
}
```

最佳实践

如果在.NET Interactive Notebooks 中编写代码，那么包含枚举的代码单元格必须在定义 Person 类的代码单元格之上。

(3) 在 Person 类中将以下语句添加到字段列表中：

```
public WondersOfTheAncientWorld FavoriteAncientWonder;
```

(4) 在 Program.cs 文件中添加以下语句：

```
bob.FavoriteAncientWonder = WondersOfTheAncientWorld.
StatueOfZeusAtOlympia;

WriteLine(
  format: "{0}'s favorite wonder is {1}. Its integer is {2}.",
  arg0: bob.Name,
  arg1: bob.FavoriteAncientWonder,
  arg2: (int)bob.FavoriteAncientWonder);
```

(5) 运行代码并查看结果，输出如下所示：

```
Bob Smith's favorite wonder is StatueOfZeusAtOlympia. Its integer is 2.
```

为提高效率，enum 值在内部存储为 int 类型。int 值从 0 开始自动分配，因此 enum 中的第三大世界古迹的值为 2。可以分配 enum 中没有列出的 int 值，它们将输出 int 值而不是名称，因为找不到匹配项。

5.3.5 使用 enum 类型存储多个值

对于选项列表，可以创建 enum 实例的集合，本章稍后将解释集合，但是还有更好的方法。可以使用标志将多个选项组合成单个值。

(1) 使用[System.Flags]特性修改 enum。为每个表示不同位列的古迹显式地设置字节值，如下所示：

```
namespace Packt.Shared
{
  [System.Flags]
  public enum WondersOfTheAncientWorld : byte
  {
    None                         = 0b_0000_0000, // i.e. 0
```

```
        GreatPyramidOfGiza          = 0b_0000_0001, // i.e. 1
        HangingGardensOfBabylon     = 0b_0000_0010, // i.e. 2
        StatueOfZeusAtOlympia       = 0b_0000_0100, // i.e. 4
        TempleOfArtemisAtEphesus    = 0b_0000_1000, // i.e. 8
        MausoleumAtHalicarnassus    = 0b_0001_0000, // i.e. 16
        ColossusOfRhodes            = 0b_0010_0000, // i.e. 32
        LighthouseOfAlexandria      = 0b_0100_0000  // i.e. 64
    }
}
```

为每个选项分配显式的值，这些值在查看存储到内存中的位时不会重叠。还应该使用[System.Flags]特性装饰 enum 类型，这样在返回值时，就可以自动匹配多个值(作为逗号分隔的字符串)而不是只返回一个 int 值。通常，enum 类型在内部使用一个 int 变量，但是由于不需要这么大的值，因此可以减少 75%的内存需求。也就是说，可以使用一个 byte 变量，这样每个值就只占用 1 字节而不是占用 4 字节。

如果想要表示待参观的古迹清单中包括巴比伦空中花园和摩索拉斯陵墓，可将位列 16 和 2 设置为 1。换句话说，存储的值是 18。

64	32	16	8	4	2	1	0
0	0	1	0	0	1	0	0

(2) 在 Person 类中，将以下语句添加到字段列表中：

```
public WondersOfTheAncientWorld BucketList;
```

(3) 在 PeopleApp 中添加以下语句，使用|运算符(逻辑 OR)组合 enum 值以设置待参观的古迹清单。也可以使用数字 18 来设置值，并强制转换为 enum 类型，但不应该这样做，因为会使代码更难理解：

```
bob.BucketList =
  WondersOfTheAncientWorld.HangingGardensOfBabylon
  | WondersOfTheAncientWorld.MausoleumAtHalicarnassus;

// bob.BucketList = (WondersOfTheAncientWorld)18;

WriteLine($"{bob.Name}'s bucket list is {bob.BucketList}");
```

(4) 运行代码并查看结果，输出如下所示：

```
Bob Smith's bucket list is HangingGardensOfBabylon,
MausoleumAtHalicarnassus
```

最佳实践

建议使用 enum 值存储离散选项的组合。如果最多有 8 个选项，可从 byte 类型派生 enum 类型；如果最多有 16 个选项，可从 ushort 类型派生 enum 类型；如果最多有 32 个选项，可从 uint 类型派生 enum 类型；如果最多有 64 个选项，可从 ulong 类型派生 enum 类型。

5.4 使用集合存储多个值

下面添加一个字段来存储一个人的子女信息。这是聚合的典型示例，因为代表子女的子类与 Person 类相关，但不是 Person 类本身的一部分。下面将使用一种通用的 List<T>集合类型。List<T>集合类型可以存储任何类型的有序集合。集合详见第 8 章。

(1) 在 Person.cs 中导入 System.Collections.Generic 名称空间，如下所示：

```
using System.Collections.Generic; // List<T>
```

(2) 在 Person 类中声明一个新的字段，如下所示：

```
public List<Person> Children = new List<Person>();
```

List<Person>读作“Person 列表”，例如，“名为 Children 的属性的类型是 Person 实例列表”。我们显式地将类库改为面向.NET Standard 2.0(使用 CA# 7 编译器)，因此不能使用 target 类型的 new 来初始化 Children 字段。如果面向.NET 6.0，就可以使用 target 类型的 new，代码如下所示：

```
public List<Person> Children = new();
```

必须确保将集合初始化为 Person 列表的新实例，才能添加项，否则字段将为 null，并在试图使用它的任何成员(如 Add)时，抛出运行时异常。

5.4.1 理解泛型集合

List<T>类型中的尖括号代表 C#中名为泛型的特性，泛型是在 2005 年的 C# 2.0 中引入的。这只是一个让集合成为强类型的术语，也就是说，编译器更明确地知道可以在集合中存储什么类型的对象。泛型可以提高代码的性能和正确性。

强类型与静态类型不同。旧的 System.Collection 类型是静态类型，用于包含弱类型的 System.Object 项。更新的 System.Collection.Generic 也是静态类型，用于包含强类型的<T>实例。具有讽刺意味的是，泛型这个术语意味着可以使用更具体的静态类型！

(1) 在 Program.cs 中添加如下语句，为 Bob 添加两个子女，然后显示 Bob 有多少个子女以及相应子女的姓名：

```
bob.Children.Add(new Person { Name = "Alfred" }); // C# 3.0 and later
bob.Children.Add(new() { Name = "Zoe" }); // C# 9.0 and later

WriteLine(
  $"{bob.Name} has {bob.Children.Count} children:");

for (int childIndex = 0; childIndex < bob.Children.Count; childIndex++)
{
   WriteLine($" {bob.Children[childIndex].Name}");
}
```

也可以使用 foreach 语句枚举集合。作为一项额外的挑战，可以改用 foreach 语句输出相同的信息。

(2) 运行代码并查看结果，输出如下所示：

```
Bob Smith has 2 children:
Alfred
```

```
Zoe
```

5.4.2 使字段成为静态字段

到目前为止，我们创建的字段都是实例成员，这意味着对于创建的类的每个实例，每个字段都存在不同的值。bob 变量的 Name 值与 alice 变量的不同。

有时，我们希望定义一个字段，该字段只有一个值，能在所有实例之间共享。

这称为静态成员，但是，字段不是唯一的静态成员。下面看看使用静态字段可以实现什么。

(1) 在 PacktLibrary 项目中添加一个新的名为 BankAccount.cs 的类文件。

(2) 修改 BankAccount 类，为它指定两个实例字段和一个静态字段，如下所示：

```
namespace Packt.Shared
{
  public class BankAccount
  {
    public string AccountName; // instance member
    public decimal Balance; // instance member
    public static decimal InterestRate; // shared member
  }
}
```

每个 BankAccount 实例都有自己的 AccountName 和 Balance 值，但所有实例都共享单个 InterestRate 值。

(3) 在 Program.cs 文件中添加如下语句，设置共享利率，然后创建 BankAccount 类的两个实例：

```
BankAccount.InterestRate = 0.012M; // store a shared value

BankAccount jonesAccount = new(); // C# 9.0 and later
jonesAccount.AccountName = "Mrs. Jones";
jonesAccount.Balance = 2400;

WriteLine(format: "{0} earned {1:C} interest.",
  arg0: jonesAccount.AccountName,
  arg1: jonesAccount.Balance * BankAccount.InterestRate);

BankAccount gerrierAccount = new();
gerrierAccount.AccountName = "Ms. Gerrier";
gerrierAccount.Balance = 98;

WriteLine(format: "{0} earned {1:C} interest.",
  arg0: gerrierAccount.AccountName,
  arg1: gerrierAccount.Balance * BankAccount.InterestRate);
```

:C 是一种格式代码，用于告诉.NET 对数字使用货币格式。第 8 章将介绍如何控制货币符号的区域性。现在，可为操作系统使用默认设置。由于笔者住在英国伦敦，因此这里的输出显示英镑(£)。

(4) 运行代码并查看结果，输出如下所示：

```
Mrs. Jones earned £28.80 interest.
Ms. Gerrier earned £1.18 interest.
```

更多信息

字段不是唯一的静态成员。构造函数、方法、属性和其他成员也可以是静态的。

5.4.3 使字段成为常量

如果字段的值永远不会改变，那么可以使用 const 关键字并在编译时为字段分配字面值。

(1) 在 Person.cs 中添加以下代码：

```
// constants
public const string Species = "Homo Sapiens";
```

(2) 要获取 const 字段的值，就必须写入类的名称而不是实例的名称。在 Program.cs 中添加一条语句，将 Bob 的姓名和民族写入控制台，如下所示：

```
WriteLine($"{bob.Name} is a {Person.Species}");
```

(3) 运行代码并查看结果，输出如下所示：

```
Bob Smith is a Homo Sapiens
```

微软提供的 const 字段示例包括 System.Int32.MaxValue 和 System.Math.PI，因为这两个值都不会改变，如图 5.2 所示。

```
[metadata] Math.cs — Chapter05 (Workspace)
[metadata] Math.cs
1  #region Assembly System.Runtime, Version=5.0.0.0, Culture=neutral, PublicKeyToken=b03f5f7f11d50a3a
2  // System.Runtime.dll
3  #endregion
4
5
6  namespace System
7  {
8    //
9    // Summary:
10   //     Provides constants and static methods for trigonometric, logarithmic, and other
11   //     common mathematical functions.
12   public static class Math
13   {
14     //
15     // Summary:
16     //     Represents the natural logarithmic base, specified by the constant, e.
17     public const double E = 2.7182818284590451;
18     //
19     // Summary:
20     //     Represents the ratio of the circumference of a circle to its diameter, specified
21     //     by the constant, π.
22     public const double PI = 3.1415926535897931;
23     public const double Tau = 6.2831853071795862;
PeopleApp    Ln 12, Col 23   Spaces: 2   C#
```

图 5.2 const 字段示例

最佳实践

应该避免使用常量，这主要有两个重要原因。在编译时必须知道值，并且值必须可以表示为字面量字符串、布尔值或数字值。在编译时，对 const 字段的每个引用都将被替换为字面值。因此，如果值在将来的版本中发生了更改，并且没有重新编译引用 const 字段的任何程序集来获得新值，就无法反映出这种情况。

5.4.4 使字段只读

对于不应该更改的字段，更好的选择是将它们标记为只读字段。

(1) 在 Person.cs 中添加如下语句，将实例声明为只读字段以存储一个人居住的星球：

```
// read-only fields
public readonly string HomePlanet = "Earth";
```

(2) 在 Person.cs 中添加一条语句，将 Bob 的姓名和居住的星球写入控制台，如下所示：

```
WriteLine($"{bob.Name} was born on {bob.HomePlanet}");
```

(3) 运行代码并查看结果，输出如下所示：

```
Bob Smith was born on Earth
```

最佳实践

使用只读字段有两个重要的原因：值可以在运行时计算或加载，并可用任何可执行语句来表示。因此，可以使用构造函数或字段赋值来设置只读字段。对字段的每个引用都是活动引用，因此将来的任何更改都将通过调用代码正确地反映出来。

还可以声明静态的只读字段，其值可在类型的所有实例之间共享。

5.4.5 使用构造函数初始化字段

字段通常需要在运行时初始化。可在构造函数中执行初始化操作，系统在使用 new 关键字创建类的实例时将调用构造函数。构造函数则在设置任何字段之前执行。

(1) 在 Person.cs 中，在现有的只读 HomePlanet 字段之后添加语句，来定义第二个只读字段，然后在构造函数中设置 Name 和 Instantiated 字段，如下所示：

```
// read-only fields
public readonly string HomePlanet = "Earth";
public readonly DateTime Instantiated;

// constructors
public Person()
{
  // set default values for fields
  // including read-only fields
  Name = "Unknown";
  Instantiated = DateTime.Now;
}
```

(2) 在 Program.cs 中添加语句以实例化 Person 类，然后输出初始字段值，如下所示：

```
Person blankPerson = new();

WriteLine(format:
  "{0} of {1} was created at {2:hh:mm:ss} on a {2:dddd}.",
  arg0: blankPerson.Name,
  arg1: blankPerson.HomePlanet,
  arg2: blankPerson.Instantiated);
```

(3) 运行代码并查看结果，输出如下所示：

```
Unknown of Earth was created at 11:58:12 on a Sunday
```

定义多个构造函数

一个类可以有多个构造函数，这对于鼓励开发人员为字段设置初始值特别有用。

(1) 在 Person.cs 中添加语句以定义第二个构造函数，该构造函数允许开发人员设置姓名和居住的星球的初始值，如下所示：

```
public Person(string initialName, string homePlanet)
{
  Name = initialName;
  HomePlanet = homePlanet;
  Instantiated = DateTime.Now;
}
```

(2) 在 Program.cs 中，使用带两个参数的构造函数添加语句来创建另一个人，如下所示：

```
Person gunny = new(initialName: "Gunny", homePlanet: "Mars");

WriteLine(format:
  "{0} of {1} was created at {2:hh:mm:ss} on a {2:dddd}.",
  arg0: gunny.Name,
  arg1: gunny.HomePlanet,
  arg2: gunny.Instantiated);
```

(3) 运行代码并查看结果，输出如下所示：

```
Gunny of Mars was created at 11:59:25 on a Sunday
```

构造函数是一类特殊的方法。下面详细地讨论方法。

5.5 写入和调用方法

方法是执行语句块的类型成员。它们是属于某个类型的函数。

5.5.1 从方法返回值

方法可以返回单个值，也可以什么都不返回。

- 执行某些操作但不返回值的方法，在方法名前用 void 关键字表示。
- 执行一些操作并返回单个值的方法，在方法名之前用返回值的类型关键字表示。

例如，创建如下两个方法。

- WriteToConsole：向控制台写入一些文本，但是不会返回任何内容，由 void 关键字表示。
- GetOrigin：返回一个字符串值，由 string 关键字表示。

下面编写代码。

(1) 在 Person.cs 中，添加语句以定义上面那两个方法，如下所示：

```
// methods
public void WriteToConsole()
{
   WriteLine($"{Name} was born on a {DateOfBirth:dddd}.");
}

public string GetOrigin()
```

```
{
   return $"{Name} was born on {HomePlanet}.";
}
```

(2) 在 Program.cs 中添加语句以调用这两个方法，如下所示：

```
bob.WriteToConsole();
WriteLine(bob.GetOrigin());
```

(3) 运行代码并查看结果，输出如下所示：

```
Bob Smith was born on a Wednesday.
Bob Smith was born on Earth.
```

5.5.2 使用元组组合多个返回值

每个方法只能返回具有单一类型的单一值，可以是简单类型(如字符串)、复杂类型(如 Person)或集合类型(如 List<Person>)。

假设要定义一个名为 GetTheData 的方法，该方法将返回一个 String 值和一个 int 值。可以定义一个名为 TextAndNumber 的新类，它有一个 String 字段和一个 int 字段，并会返回一个复杂类型的实例，如下所示：

```
public class TextAndNumber
{
    public string Text;
    public int Number;
}

public class LifeTheUniverseAndEverything
{
  public TextAndNumber GetTheData()
  {
    return new TextAndNumber
    {
      Text = "What's the meaning of life?",
      Number = 42
    };
  }
}
```

但是，为了合并两个值而专门定义类是没有必要的，因为在 C#的现代版本中可以使用元组(tuple)。元组是将两个或多个值组合成一个单元的有效方法。

自从元组的第一个版本出现以来，元组就一直是 F#等语言的一部分，但是.NET 只在.NET 4.0 中提供对 System.Tuple 类型的支持。

1. 对元组的语言支持

直到 2017 年，只有在 C# 7.0 中，C#才添加对元组的语言语法支持。与此同时，也添加了新的 System.ValueTuple 类型，它在某些常见场景中相比旧的.NET 4.0 System.Tuple 类型更有效。C#元组会从中选择使用更有效的类型。

下面讨论元组。

(1) 在 Person.cs 中添加语句以定义返回 string 和 int 元组的方法，如下所示：

```
public (string, int) GetFruit()
{
   return ("Apples", 5);
}
```

(2) 在 Program.cs 中添加语句以调用 GetFruit 方法，然后输出元组中的字段(自动命名的字段 Item1 和 Item2 等)，如下所示：

```
(string, int) fruit = bob.GetFruit();

WriteLine($"{fruit.Item1}, {fruit.Item2} there are.");
```

(3) 运行代码并查看结果，输出如下所示：

```
Apples, 5 there are.
```

2. 命名元组中的字段

对于元组中的字段，默认名称是 Item1、Item2 等。也可以显式地指定字段名。

(1) 在 Person.cs 中添加语句以定义一个方法，该方法将返回一个带有指定字段的元组，如下所示：

```
public (string Name, int Number) GetNamedFruit()
{
   return (Name: "Apples", Number: 5);
}
```

(2) 在 Program.cs 中添加语句，以调用刚才定义的方法并输出元组中的命名字段，如下所示：

```
var fruitNamed = bob.GetNamedFruit();

WriteLine($"There are {fruitNamed.Number} {fruitNamed.Name}.");
```

(3) 运行代码并查看结果，输出如下所示：

```
There are 5 Apples.
```

3. 推断元组名称

要从另一个对象构造元组，可以使用 C# 7.1 中引入的名为“元组名称推断”的功能。

下面在 Program.cs 中创建两个元组，每个元组由一个字符串值和一个 int 值组成，如下所示：

```
var thing1 = ("Neville", 4);
WriteLine($"{thing1.Item1} has {thing1.Item2} children.");

var thing2 = (bob.Name, bob.Children.Count);
WriteLine($"{thing2.Name} has {thing2.Count} children.");
```

在 C# 7.0 中，两者都将使用 Item1 和 Item2 命名方案。在 C# 7.1 及后续版本中，可以推断出名称 Name 和 Count。

4. 解构元组

可以将元组分解为单独的变量，语法与命名字段元组相同，但元组没有变量名，如下所示：

```
// store return value in a tuple variable with two fields
(string TheName, int TheNumber) tupleWithNamedFields = bob.GetNamedFruit();
// tupleWithNamedFields.TheName
// tupleWithNamedFields.TheNumber

// deconstruct return value into two separate variables
(string name, int number) = GetNamedFruit();
// name
// number
```

这样做的效果是将元组分解为多个部分，并将这些部分分配给新的变量。

(1) 在 Program.cs 中，添加语句，解析从 GetFruit 方法返回的元组，代码如下所示：

```
(string fruitName, int fruitNumber) = bob.GetFruit();

WriteLine($"Deconstructed: {fruitName}, {fruitNumber}");
```

(2) 运行代码并查看结果，输出如下所示：

```
Deconstructed: Apples, 5
```

5. 解构类型

元组不是唯一可以解构的类型。任何类型都可以具有名为 Deconstruct 的特殊方法，将对象分解为多个部分。下面为 Person 类实现 Deconstruct 方法：

(1) 在 Person.cs 中，添加两个 Deconstruct 方法，没有为要解构的部分定义参数，如下面的代码所示：

```
// deconstructors
public void Deconstruct(out string name, out DateTime dob)
{
  name = Name;
  dob = DateOfBirth;
}

public void Deconstruct(out string name,
  out DateTime dob, out WondersOfTheAncientWorld fav)
{
  name = Name;
  dob = DateOfBirth;
  fav = FavoriteAncientWonder;
}
```

(2) 在 Program.cs 中，添加语句来解构 bob，如下所示：

```
// Deconstructing a Person

var (name1, dob1) = bob;
WriteLine($"Deconstructed: {name1}, {dob1}");

var (name2, dob2, fav2) = bob;
WriteLine($"Deconstructed: {name2}, {dob2}, {fav2}");
```

(3) 运行代码并查看结果，如下所示：

```
Deconstructed: Bob Smith, 22/12/1965 00:00:00
Deconstructed: Bob Smith, 22/12/1965 00:00:00, StatueOfZeusAtOlympia
B
```

5.5.3　定义参数并将参数传递给方法

可以定义参数并将参数传递给方法以改变它们的行为。参数的定义有点像变量的声明，但位置是在方法的圆括号内。如前面的构造函数所示。

(1) 在 Person.cs 中添加语句以定义两个方法，第一个方法没有参数，第二个方法只有一个参数，如下所示：

```
public string SayHello()
{
  return $"{Name} says 'Hello!'";
}

public string SayHelloTo(string name)
{
  return $"{Name} says 'Hello {name}!'";
}
```

(2) 在 Program.cs 中添加语句以调用刚才定义的两个方法，并将返回值写入控制台，如下所示：

```
WriteLine(bob.SayHello());
WriteLine(bob.SayHelloTo("Emily"));
```

(3) 运行代码并查看结果，输出如下所示：

```
Bob Smith says 'Hello!'
Bob Smith says 'Hello Emily!'
```

在输入调用方法的语句时，IntelliSense 会显示工具提示，其中包含任何参数的名称和类型以及方法的返回类型，如图 5.3 所示。

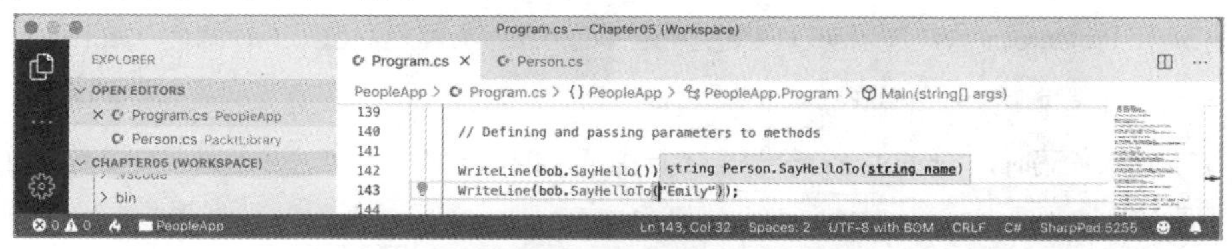

图 5.3　没有重载的方法的智能感知工具提示

5.5.4　重载方法

可为两个方法指定相同的名称，而不是使用两个不同的方法名。这是允许的，因为每个方法都有不同的签名。

方法签名是可在调用方法(以及返回值的类型)时传递的参数类型列表。重载的方法不能仅在返回类型上有所不同。

(1) 在 Person.cs 中将 SayHelloTo 方法的名称改为 SayHello。

(2) 在 Program.cs 中将方法调用改为使用 SayHello 方法，并注意该方法的快速说明信息，如图 5.4 所示。

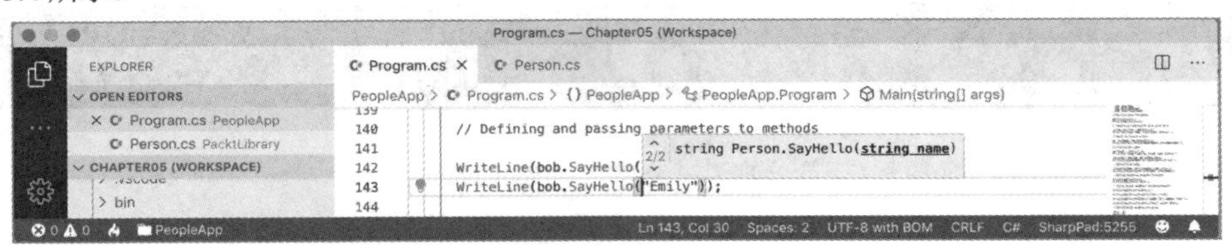

图 5.4　重载方法的智能感知工具提示

最佳实践

可使用重载的方法简化类，使其看起来方法更少。

5.5.5　传递可选参数和命名参数

简化方法的另一种方式是使参数可选。通过在方法的参数列表中指定默认值，可以使参数成为可选的。可选参数必须始终位于参数列表的最后。

下面创建一个带三个可选参数的方法。

(1) 在 Person.cs 中添加语句以定义如下方法：

```
public string OptionalParameters(
  string command = "Run!",
  double number = 0.0,
  bool active = true)
{
  return string.Format(
    format: "command is {0}, number is {1}, active is {2}",
    arg0: command,
    arg1: number,
    arg2: active);
}
```

(2) 在 Program.cs 中添加语句以调用刚才定义的方法，并将返回值写入控制台，如下所示：

```
WriteLine(bob.OptionalParameters());
```

(3) 输入代码时，IntelliSense 会显示工具提示，内容包括三个可选参数及其默认值，如图 5.5 所示。

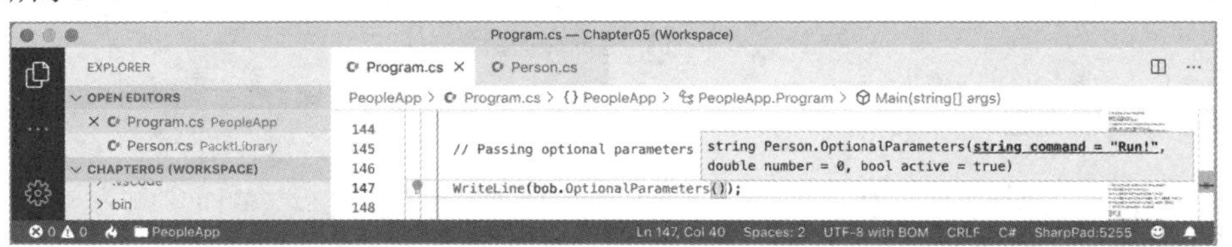

图 5.5　在输入代码时显示可选参数的智能感知

(4) 运行代码并查看结果，输出如下所示：

```
command is Run!, number is 0, active is True
```

(5) 在 Program.cs 中添加语句，以传递 command 参数的字符串值和 number 参数的 double 值，如下所示：

```
WriteLine(bob.OptionalParameters("Jump!", 98.5));
```

(6) 运行代码并查看结果，输出如下所示：

```
command is Jump!, number is 98.5, active is True
```

command 和 number 参数的默认值已被替换，但 active 参数的默认值仍然为 True。

调用方法时的命名参数值

在调用方法时，可选参数通常与命名参数结合在一起，因为命名参数允许以不同于声明的顺序传递值。

(1) 在 Program.cs 中添加语句，为 command 参数传递字符串值，并为 number 参数传递 double 值，但使用的是命名参数，这样它们的传递顺序就可以互换，如下所示：

```
WriteLine(bob.OptionalParameters(
  number: 52.7, command: "Hide!"));
```

(2) 运行代码并查看结果，输出如下所示：

```
command is Hide!, number is 52.7, active is True
```

甚至可以使用命名参数跳过可选参数。

(3) 在 Program.cs 中添加语句，使用位置顺序传递 command 参数的字符串值，跳过 number 参数并使用指定的 active 参数，如下所示：

```
WriteLine(bob.OptionalParameters("Poke!", active: false));
```

(4) 运行代码并查看结果，输出如下所示：

```
command is Poke!, number is 0, active is False
```

5.5.6　控制参数的传递方式

当传递参数给方法时，参数可通过以下三种方式之一传递。

- 通过值(这里是默认值)。
- 通过引用作为 ref 参数。
- 作为 out 参数。

下面是传入和传出参数的一些示例。

(1) 在 Person.cs 中添加语句以定义一个方法，它有一个 int 参数、一个 ref 参数和一个 out 参数，如下所示：

```
public void PassingParameters(int x, ref int y, out int z)
{
  // out parameters cannot have a default
  // AND must be initialized inside the method
  z = 99;
  // increment each parameter
  x++;
  y++;
```

```
    z++;
  }
```

(2) 在 Program.cs 中添加语句以声明一些 int 变量，将它们传递给刚才定义的那个方法，如下所示：

```
int a = 10;
int b = 20;
int c = 30;

WriteLine($"Before: a = {a}, b = {b}, c = {c}");
bob.PassingParameters(a, ref b, out c);
WriteLine($"After: a = {a}, b = {b}, c = {c}");
```

(3) 运行代码并查看结果，输出如下所示：

```
Before: a = 10, b = 20, c = 30
After: a = 10, b = 21, c = 100
```

- 默认情况下，将变量作为参数传递时，传递的是变量的当前值而不是变量本身。因此，x 是变量 a 的副本。变量 a 保留了原来的值 10。
- 将变量作为 ref 参数传递时，对变量的引用将被传递到方法中。因此，参数 y 是对 b 变量的引用。当参数 y 增加时，变量 b 也随之增加。
- 将变量作为 out 参数传递时，对变量的引用也将被传递到方法中。因此，参数 z 是对变量 c 的引用。变量 c 能被方法内部执行的任何代码代替。只要不给变量 c 赋值 30，就可以简化 Main 方法中的代码，因为无论如何变量 c 总是会被替换。

简化 out 变量

在 C# 7.0 及后续版本中，可以简化使用 out 变量的代码。

在 Program.cs 中添加语句以声明更多变量，其中包括内联声明的 out 参数 f，如下所示：

```
int d = 10;
int e = 20;

WriteLine($"Before: d = {d}, e = {e}, f doesn't exist yet!");
// simplified C# 7.0 or later syntax for the out parameter
bob.PassingParameters(d, ref e, out int f);
WriteLine($"After: d = {d}, e = {e}, f = {f}");
```

5.5.7 理解 ref 返回

在 C# 7.0 及后续版本中，ref 关键字不仅可用于将参数传递给方法，还可用于返回值。这将允许外部变量引用内部变量，并在方法调用后修改值。这在高级场景中可能很有用，例如将占位符传递到大的数据结构中，但这超出了本书的讨论范围。

5.5.8 使用 partial 关键字分割类

当处理有多个团队成员参与的大型项目时，或者处理特别大和复杂的类实现时，能够跨多个文件拆分复杂类的定义是很有用的。可以使用 partial 关键字来完成这项工作。

假设想要向 Person 类添加一些语句，这些语句是由从数据库中读取模式信息的对象关系映射器等工具自动生成的。只要将类定义为部分类，就可以将类分成一个自动生成的代码文件和另一个手动编辑的代码文件。

(1) 在 Person.cs 中添加 partial 关键字，如下所示：

```
namespace Packt.Shared
{
  public partial class Person
  {
```

(2) 在 PacktLibrary 项目/文件夹中，添加一个名为 PersonAutoGen.cs 的新类文件。

(3) 在新的类文件中添加语句，如下所示：

```
namespace Packt.Shared
{
  public partial class Person
  {
  }
}
```

我们为本章编写的其余代码都保存在 PersonAutoGen.cs 文件中。

5.6 使用属性和索引器控制访问

前面创建了一个名为 GetOrigin 的方法，该方法会返回一个包含人名和人名来源的字符串。像 Java 这样的语言就经常这样做。C#提供了一种更好的方式：属性。

属性是一个(或一对)方法，它的行为和外观类似于字段，用于获取或设置值，从而简化了语法。

5.6.1 定义只读属性

只读属性只有 get 部分。

(1) 在 PersonAutoGen.cs 文件的 Person 类中添加语句以定义三个属性：

- 第一个属性的作用与 GetOrigin 方法相同，使用的属性语法适用于 C#的所有版本(尽管使用的是 C# 6.0 及后续版本中的字符串插值表达式语法)。
- 第二个属性使用 C# 6.0 及后续版本中的 lambda 表达式(=>)语法返回一条问候消息。
- 第三个属性将计算人的年龄。

代码如下：

```
// a property defined using C# 1 - 5 syntax
public string Origin
{
  get
  {
     return $"{Name} was born on {HomePlanet}";
  }
}

// two properties defined using C# 6+ lambda expression body syntax
public string Greeting => $"{Name} says 'Hello!'";
```

```
public int Age => System.DateTime.Today.Year - DateOfBirth.Year;
```

最佳实践

显然，这不是计算年龄的最佳方法，但我们还没有学会如何根据出生日期计算年龄。如果想要正确地做这件事，可参考以下链接：https://stackoverflow.com/questions/9/how-do-i-calculate-someones-age-in-c。

(2) 在 Program.cs 中添加语句以获取属性，如下所示：

```
Person sam = new()
{
    Name = "Sam",
    DateOfBirth = new(1972, 1, 27)
};

WriteLine(sam.Origin);
WriteLine(sam.Greeting);
WriteLine(sam.Age);
```

(3) 运行代码并查看结果，输出如下所示：

```
Sam was born on Earth
Sam says 'Hello!'
49
```

上面的输出显示 49，因为笔者在 2021 年 8 月 15 日(当时 Sam 49 岁)运行了这个控制台应用程序。

5.6.2 定义可设置的属性

要定义可设置的属性，必须使用旧的语法，并提供一对方法——不仅有 get 部分，还有 set 部分。

(1) 在 PersonAutoGen.cs 文件中添加语句，以定义一个同时具有 get 和 set(也称为 getter 和 setter) 部分的字符串属性，如下所示：

```
public string FavoriteIceCream { get; set; } // auto-syntax
```

虽然没有手动创建字段来存储用户最喜欢的冰淇淋，但字段就在那里，由编译器自动创建。

有时，需要对设置属性时发生的事情进行更多的控制。这种情况下，必须使用更详细的语法，并手动创建私有字段来存储属性的值。

(2) 在 PersonAutoGen.cs 文件中添加语句，以定义同时具有 get 和 set 部分的字符串字段和字符串属性，如下所示：

```
private string favoritePrimaryColor;

public string FavoritePrimaryColor
{
  get
  {
    return favoritePrimaryColor;
  }
  set
```

```
    {
    switch (value.ToLower())
    {
      case "red":
      case "green":
      case "blue":
        favoritePrimaryColor = value;
        break;
      default:
        throw new System.ArgumentException(
          $"{value} is not a primary color. " +
          "Choose from: red, green, blue.");
      }
    }
}
```

最佳实践

避免在 getter 和 setter 中添加太多代码。这可能表明设计有问题。考虑添加私有方法，然后调用 setter 和 getter 来简化实现。

(3) 在 Program.cs 中添加语句，以设置 Sam 最喜欢的冰淇淋和颜色，然后将它们写入控制台，如下所示：

```
sam.FavoriteIceCream = "Chocolate Fudge";

WriteLine($"Sam's favorite ice-cream flavor is {sam.FavoriteIceCream}.");

sam.FavoritePrimaryColor = "Red";

WriteLine($"Sam's favorite primary color is {sam.FavoritePrimaryColor}.");
```

(4) 运行代码并查看结果，输出如下所示：

```
Sam's favorite ice-cream flavor is Chocolate Fudge.
Sam's favorite primary color is Red.
```

如果尝试将颜色设置为红色、绿色或蓝色以外的任何值，代码将抛出异常。然后，调用代码将使用 try 语句来显示错误消息。

最佳实践

当想要验证哪些值可以存储时，或想要在 XAML 中进行数据绑定时(参见第 19 章)，或想要在不使用方法对(GetAge 和 SetAge)的情况下读写字段时，建议使用属性而不是字段。

5.6.3 要求在实例化期间设置属性

C# 10 引入了 required 修改符。如果在一个属性上使用它，编译器会确保在实例化它的时候设置了一个值，如下面的代码所示：

```
public class Book
{
  public required string Isbn { get; set; }
```

```
    public string Title { get; set; }
}
```

如果尝试在没有设置 Isbn 属性的情况下实例化 Book，会看到编译器错误，如下所示：

```
Book novel = new();
```

更多信息

required 关键字可能不会出现在最终的.NET 6 发布版本中，所以把这一节当作理论探讨。

5.6.4 定义索引器

索引器允许调用代码使用数组语法来访问属性。例如，字符串类型就定义了索引器，这样调用代码就可以分别访问字符串中的各个字符。

下面定义一个索引器来简化对子女集合对象的访问。

(1) 在 PersonAutoGen.cs 文件中添加语句，定义一个索引器，以使用子女集合对象的索引来获取和设置子对象，如下所示：

```
// indexers
public Person this[int index]
{
  get
  {
      return Children[index]; // pass on to the List<T> indexer
  }
  set
  {
     Children[index] = value;
  }
}
```

可以重载索引器，以便不同的类型能够用于它们的参数。例如，除了传递 int 值之外，还可以传递 string 值。

(2) 在 Program.cs 中添加以下代码。添加子对象后，即可使用长一点的 Children 字段和更短的索引器语法来访问第一个和第二个子对象：

```
sam.Children.Add(new() { Name = "Charlie" });
sam.Children.Add(new() { Name = "Ella" });

WriteLine($"Sam's first child is {sam.Children[0].Name}");
WriteLine($"Sam's second child is {sam.Children[1].Name}");

WriteLine($"Sam's first child is {sam[0].Name}");
WriteLine($"Sam's second child is {sam[1].Name}");
```

(3) 运行代码并查看结果，输出如下所示：

```
Sam's first child is Charlie
Sam's second child is Ella
Sam's first child is Charlie
Sam's second child is Ella
```

5.7 模式匹配和对象

第 3 章介绍了基本的模式匹配，本节将更详细地探讨模式匹配。

5.7.1 创建和引用.NET 6 类库

增强的模式匹配特性仅在支持 C# 9.0 或更高版本的.NET 类库中可用。首先来看看在 C# 9.0 之前都有哪些模式匹配特性可用。

(1) 使用喜欢的编码工具将名为 PacktLibraryModern 的新类库添加到名为 Chapter05 的工作区/解决方案中。

(2) 在 PeopleApp 项目中，添加对 PacktLibraryModern 类库的引用，如下所示：

```
<Project Sdk="Microsoft.NET.Sdk">

  <PropertyGroup>
    <OutputType>Exe</OutputType>
    <TargetFramework>net6.0</TargetFramework>
    <Nullable>enable</Nullable>
    <ImplicitUsings>enable</ImplicitUsings>
  </PropertyGroup>

  <ItemGroup>
      <ProjectReference Include="../PacktLibrary/PacktLibrary.csproj" />
      <ProjectReference
        Include="../PacktLibraryModern/PacktLibraryModern.csproj" />
    </ItemGroup>
</Project>
```

(3) 构建 PeopleApp 项目。

5.7.2 定义飞机乘客

下面定义一些类(它们用来表示飞机上各种类型的乘客)，然后使用带有模式匹配的 switch 表达式来确定不同乘客的飞行成本。

(1) 在 PacktLibraryModern 项目/文件夹中，将文件 Class1.cs 重命名为 FlightPatterns.cs。

(2) 在文件 FlightPatterns.cs 中，添加如下语句以定义三类具有不同属性的乘客：

```
namespace Packt.Shared; // C# 10 file-scoped namespace

public class BusinessClassPassenger
{
  public override string ToString()
  {
     return $"Business Class";
  }
}

public class FirstClassPassenger
{
  public int AirMiles { get; set; }
```

```
  public override string ToString()
  {
    return $"First Class with {AirMiles:N0} air miles";
  }
}

public class CoachClassPassenger
{
  public double CarryOnKG { get; set; }

  public override string ToString()
  {
    return $"Coach Class with {CarryOnKG:N2} KG carry on";
  }
}
```

(3) 在 Program.cs 中，添加一些语句以定义一个包含 5 个乘客的对象数组，这些乘客的类型和属性值各不相同，然后枚举，输出飞行成本，如下所示：

```
object[] passengers = {
  new FirstClassPassenger { AirMiles = 1_419 },
  new FirstClassPassenger { AirMiles = 16_562 },
  new BusinessClassPassenger(),
  new CoachClassPassenger { CarryOnKG = 25.7 },
  new CoachClassPassenger { CarryOnKG = 0 },
};

foreach (object passenger in passengers)
{
  decimal flightCost = passenger switch
  {
    FirstClassPassenger p when p.AirMiles > 35000          => 1500M,
    FirstClassPassenger p when p.AirMiles > 15000          => 1750M,
    FirstClassPassenger _                                  => 2000M,
    BusinessClassPassenger _                               => 1000M,
    CoachClassPassenger p when p.CarryOnKG < 10.0          => 500M,
    CoachClassPassenger _                                  => 650M,
    _                                                      => 800M
  };

  WriteLine($"Flight costs {flightCost:C} for {passenger}");
}
```

在上述代码中，请注意以下几点：

- 为了匹配对象的属性，必须命名局部变量，之后就可以用在 p 这样的表达式中。
- 为了仅使用一种类型进行模式匹配，可以通过使用_来丢弃局部变量。
- switch 表达式也使用_来表示默认分支。

(4) 运行代码并查看结果，输出如下所示：

```
Flight costs £2,000.00 for First Class with 1,419 air miles
Flight costs £1,750.00 for First Class with 16,562 air miles
Flight costs £1,000.00 for Business Class
Flight costs £650.00 for Coach Class with 25.70 KG carry on
Flight costs £500.00 for Coach Class with 0.00 KG carry on
```

5.7.3　C# 9.0 对模式匹配做了增强

前面的例子适用于 C# 8.0。下面来看看 C# 9.0 及后续版本对模式匹配做了哪些增强。首先，在进行类型匹配时，不再需要使用下画线来丢弃局部变量。

(1) 在 Program.cs 中，注释掉 C# 8 语法，并添加 C# 9 和之后的语法来修改第一类乘客的分支，以使用嵌套的 switch 表达式并支持新的条件，如下所示：

```
decimal flightCost = passenger switch
{
  /* C# 8 syntax
  FirstClassPassenger p when p.AirMiles > 35000          => 1500M,
  FirstClassPassenger p when p.AirMiles > 15000          => 1750M,
  FirstClassPassenger => 2000M, */

  // C# 9 or later syntax
  FirstClassPassenger p => p.AirMiles switch
  {
    > 35000      => 1500M,
    > 15000      => 1750M,
    _            => 2000M
  },

  BusinessClassPassenger                                => 1000M,
  CoachClassPassenger p when p.CarryOnKG < 10.0         => 500M,
  CoachClassPassenger                                   => 650M,
  _                                                     => 800M
};
```

(2) 运行代码并查看结果，输出与之前的一样。

还可以结合使用关系模式和属性模式来避免嵌套的 switch 表达式，如下面的代码所示：

```
FirstClassPassenger { AirMiles: > 35000 } => 1500,
FirstClassPassenger { AirMiles: > 15000 } => 1750M,
FirstClassPassenger => 2000M,
```

5.8　使用记录

在深入研究 C# 9.0 的记录这一最新语言特性之前，先看看其他一些相关的新特性。

5.8.1　init-only 属性

之前我们都是使用对象初始化语法来初始化对象和设置初始属性。这些初始属性也可以在对象实例化之后进行更改。

但有时，我们可能想要处理像只读字段这样的属性，以便它们能够在实例化对象时进行设置，而不是等到实例化对象之后才设置。新的 init 关键字可以实现这一点，它可以用来代替 set 关键字：

(1) 在 PacktLibrary9 项目/文件夹中添加一个名为 Records.cs 的新文件。

(2) 在 Records.cs 文件中定义 ImmutablePerson 类，如下所示：

```
namespace Packt.Shared; // C# 10 file-scoped namespace
```

```
public class ImmutablePerson
{
  public string? FirstName { get; init; }
  public string? LastName { get; init; }
}
```

(3) 在 Program.cs 文件中，添加一些语句以实例化 ImmutablePerson 对象，然后尝试修改其中的 FirstName 属性，如下所示：

```
ImmutablePerson jeff = new()
{
  FirstName = "Jeff",
  LastName = "Winger"
};

jeff.FirstName = "Geoff";
```

(4) 编译这个控制台应用程序，注意产生了编译错误，如下所示：

```
Program.cs(254,7): error CS8852: Init-only property or indexer
'ImmutablePerson.FirstName' can only be assigned in an object initializer,
or on 'this' or 'base' in an instance constructor or an 'init' accessor.
[/Users/markjprice/Code/Chapter05/PeopleApp/PeopleApp.csproj]
```

(5) 注释掉设置 FirstName 属性的那条语句。

5.8.2 理解记录

init-only 属性为 C#提供了某种不变性。下面使用记录来帮助你进一步理解这个概念。这些都是通过使用 record 关键字(而不是 class 关键字)来实现的。这可以使整个对象不可变，并且在比较时它的作用类似于一个值。第 6 章将更详细地讨论类、记录和值类型的相等和比较。

对于记录来说，在实例化之后不应该有任何状态(属性和字段)发生变化。相反，可以使用任何更改的状态从现有记录中创建新的记录，这称为非破坏性突变。为了做到这一点，C# 9.0 引入了 with 关键字。

(1) 打开 Records.cs，在其中添加名为 ImmutableVehicle 的记录，如下所示：

```
public record ImmutableVehicle
{
  public int Wheels { get; init; }
  public string? Color { get; init; }
  public string? Brand { get; init; }
}
```

(2) 在 Program.cs 中，添加一些语句以创建 car 变量，然后创建 car 变量的突变副本，如下所示：

```
ImmutableVehicle car = new()
{
  Brand = "Mazda MX-5 RF",
  Color = "Soul Red Crystal Metallic",
  Wheels = 4
};

ImmutableVehicle repaintedCar = car
```

```
    with { Color = "Polymetal Grey Metallic" };

WriteLine($"Original car color was {car.Color}.");
WriteLine($"New car color is {repaintedCar.Color}.");
```

(3) 运行代码并查看结果，注意修改后的突变副本中汽车颜色的变化，输出如下所示：

```
Original car color was Soul Red Crystal Metallic.
New car color is Polymetal Grey Metallic.
```

5.8.3 记录中的位置数据成员

使用位置数据成员可以大大简化定义记录的语法。

简化记录中的数据成员

相比使用带花括号的对象初始化语法，我们有时可能更愿意为构造函数提供位置参数。也可以将位置参数和析构函数结合起来，把对象分解成多个单独的部分，如下所示：

```
public record ImmutableAnimal
{
  public string Name { get; init; }
  public string Species { get; init; }
  public ImmutableAnimal(string name, string species)
  {
    Name = name;
    Species = species;
  }

  public void Deconstruct(out string name, out string species)
  {
    name = Name;
    species = Species;
  }
}
```

属性、构造函数和析构函数都可以自动生成。

(1) 在 Records.cs 文件中，添加语句，使用被称为位置记录的简化语法，来定义另一个记录，如下所示：

```
// simpler way to define a record
// auto-generates the properties, constructor, and deconstructor
public record ImmutableAnimal(string Name, string Species);
```

(2) 在 Program.cs 文件中添加语句以构造和解构 ImmutableAnimal 类，如下所示：

```
ImmutableAnimal oscar = new("Oscar", "Labrador");
var (who, what) = oscar; // calls Deconstruct method
WriteLine($"{who} is a {what}.");
```

(3) 运行应用程序并查看结果，输出如下所示：

```
Oscar is a Labrador.
```

更多信息

第 6 章介绍 C# 10 对创建 struct 记录的支持时，会再次使用记录。

5.9 实践和探索

你可以通过回答一些问题来测试自己对知识的理解程度，进行一些实践，并深入探索本章涵盖的主题。

5.9.1 练习 5.1：测试你掌握的知识

回答以下问题：

(1) 访问修饰符是什么？它们的作用是什么？

(2) static、const 和 readonly 关键字的区别是什么？

(3) 构造函数的作用是什么？

(4) 想存储组合值时，为什么要将[Flags]特性应用于 enum 类型？

(5) 为什么 partial 关键字有用？

(6) 什么是元组？

(7) C#关键字 record 的作用是什么？

(8) 重载是什么意思？

(9) 字段和属性之间的区别是什么？

(10) 如何使方法的参数可选？

5.9.2 练习 5.2：探索主题

可通过以下链接来阅读本章所涉及主题的更多细节：

https://github.com/markjprice/cs10dotnet6/blob/main/book-links.md#chapter-5---building-your-own-types-with-object-oriented-programming

5.10 本章小结

本章介绍了如何使用 OOP 创建自己的类型。你了解了类型可以拥有的一些不同类别的成员(包括存储数据的字段和执行操作的方法)，你还掌握了一些 OOP 概念(如聚合和封装)。本章最后讨论了如何使用现代 C#特性，如关系和属性模式匹配增强、init-only 属性和记录。

第 6 章将通过定义委托和事件、实现接口以及从现有类继承来进一步介绍这些概念。

第6章 实现接口和继承类

本章将讨论如下内容：使用面向对象编程(Oject-Oriented Programming，OOP)从现有类型派生出新的类型；定义运算符和局部函数以执行简单的操作、委托和事件，用于在类型之间交换消息；为共同的功能实现接口；泛型；引用类型和值类型之间的区别；通过继承基类来创建派生类以重用功能；重写类型成员；利用多态性；创建扩展方法；在继承层次结构中的类之间转换类型。

本章涵盖以下主题：

- 建立类库和控制台应用程序
- 方法的更多信息
- 触发和处理事件
- 利用泛型使类型更加可重用
- 实现接口
- 使用引用类型和值类型管理内存
- 处理空值
- 继承类
- 在继承层次结构中进行强制类型转换
- 继承和扩展.NET 类型
- 使用分析器编写更好的代码

6.1 建立类库和控制台应用程序

首先定义带两个项目的工作区/解决方案，就像第 5 章创建的项目那样，使用面向对象编程构建自己的类型。如果完成了第 5 章中的所有练习，也要遵循下面的说明，因为我们将在类库中使用 C# 10 的特性，所以它需要面向.NET 6.0 而不是.NET Standard 2.0。

(1) 使用喜欢的编码工具创建一个名为 Chapter06 的新工作区/解决方案。

(2) 添加一个类库项目，如下所示。

- 项目模板：Class Library / classlib
- 工作区/解决方案文件和文件夹：Chapter06
- 项目文件和文件夹：PacktLibrary

(3) 添加一个控制台应用项目，如下所示。

- 项目模板：Console Application / console
- 工作区/解决方案文件和文件夹：Chapter06
- 项目文件和文件夹：PeopleApp

(4) 在 PacktLibrary 项目中，将名为 Class1.cs 的文件重命名为 Person.cs。

(5) 修改 Person.cs 文件内容，代码如下所示：

```
using static System.Console;

namespace Packt.Shared;

public class Person : object
{
  // fields
  public string? Name; // ? allows null
  public DateTime DateOfBirth;
  public List<Person> Children = new(); // C# 9 or later

  // methods
  public void WriteToConsole()
  {
     WriteLine($"{Name} was born on a {DateOfBirth:dddd}.");
  }
}
```

(6) 在 PeopleApp 项目中，向 PacktLibrary 添加一个项目引用，如下所示：

```
<Project Sdk="Microsoft.NET.Sdk">

  <PropertyGroup>
    <OutputType>Exe</OutputType>
    <TargetFramework>net6.0</TargetFramework>
    <Nullable>enable</Nullable>
    <ImplicitUsings>enable</ImplicitUsings>
  </PropertyGroup>

  <ItemGroup>
    <ProjectReference
      Include="..\PacktLibrary\PacktLibrary.csproj" />
  </ItemGroup>

</Project>
```

(7) 构建 PeopleApp 项目；注意输出表明，两个项目都已成功构建。

6.2 方法的更多信息

这里可能需要两个 Person 实例。为此，可以编写方法。实例方法是对象对自身执行的操作，静态方法是类型要执行的操作。选择实例方法还是静态方法取决于谁对操作最有意义。

最佳实践

同时使用静态方法和实例方法来执行类似的操作通常是有意义的。例如，string 类型既有 Compare 静态方法，也有 CompareTo 实例方法。这将如何使用功能的选择权交给了使用类型的程序员，从而给予他们更大的灵活性。

6.2.1　使用方法实现功能

下面从使用方法实现一些功能开始。

(1) 在 Person 类中添加一个实例方法和一个静态方法，以允许预先创建两个 Person 对象，如下所示：

```
// static method to "multiply"
public static Person Procreate(Person p1, Person p2)
{

  Person baby = new()
  {
  Name = $"Baby of {p1.Name} and {p2.Name}"
  };
  p1.Children.Add(baby);
  p2.Children.Add(baby);
  return baby;
}

// instance method to "multiply"
public Person ProcreateWith(Person partner)
{
   return Procreate(this, partner);
}
```

请注意以下几点：

- 在名为 Procreate 的静态方法中，将要预先创建的 Person 对象作为参数 p1 和 p2 传递。
- 新创建了名为 baby 的 Person 对象，子女的姓名由父母的姓名组合而成，稍后可通过设置返回的 baby 变量的 Name 属性来更改。
- 将 baby 对象添加到父母的 Children 集合中，然后返回。类是引用类型，这意味着添加了对存储在内存中的 baby 对象的引用而不是 baby 对象的副本。本章后面将介绍引用类型和值类型之间的区别。
- 在名为 ProcreateWith 的实例方法中，将 Person 对象作为名为 partner 的参数，连同 this 参数一起传递给静态的 Procreate 方法，以重用方法的实现。this 是用于引用类的当前实例的关键字。

最佳实践

创建新对象或修改现有对象的方法应该返回对象的引用，以便调用者可以看到结果。

(2) 在 PeopleApp 项目中，在 Program.cs 文件的顶部删除注释，导入 Person 类的名称空间，并静态导入 Console 类型，如下所示：

```
using Packt.Shared;
```

```
using static System.Console;
```

(3) 在 Program.cs 中创建三个 Person 对象，注意要将双引号字符添加到字符串中，还必须在前面加上反斜杠字符，如下所示：

```
Person harry = new() { Name = "Harry" };
Person mary = new() { Name = "Mary" };
Person jill = new() { Name = "Jill" };

// call instance method
Person baby1 = mary.ProcreateWith(harry);
baby1.Name = "Gary";

// call static method
Person baby2 = Person.Procreate(harry, jill);

WriteLine($"{harry.Name} has {harry.Children.Count} children.");
WriteLine($"{mary.Name} has {mary.Children.Count} children.");
WriteLine($"{jill.Name} has {jill.Children.Count} children.");
WriteLine(
  format: "{0}'s first child is named \"{1}\".",
  arg0: harry.Name,
  arg1: harry.Children[0].Name);
```

(4) 运行代码并查看结果，输出如下所示：

```
Harry has 2 children.
Mary has 1 children.
Jill has 1 children.
Harry's first child is named "Gary".
```

6.2.2 使用运算符实现功能

System.String 类有一个名为 Concat 的静态方法，用于连接两个字符串并返回结果，如下所示：

```
string s1 = "Hello ";
string s2 = "World!";
string s3 = string.Concat(s1, s2);
WriteLine(s3); // Hello World!
```

调用 Concat 这样的方法是可行的，但对于程序员来说，使用+运算符将两个字符串相加可能看起来更自然，如下所示：

```
string s3 = s1 + s2;
```

下面编写代码，让*(乘号)运算符允许两个 Person 对象生育。

为此，可以为*这样的符号定义静态运算符。语法类似于方法，因为运算符实际上就是方法，但使用的是符号而不是方法名，从而使语法更加简洁。

(1) 在 Person.cs 中，为*符号创建如下 static 运算符：

```
// operator to "multiply"
public static Person operator *(Person p1, Person p2)
{
   return Person.Procreate(p1, p2);
}
```

最佳实践

与方法不同，运算符不会出现在类型的智能感知列表中。对于自定义的每个运算符，也要创建方法，因为对于程序员来说，运算符是否可用并不明显。运算符的实现可以调用方法，重用前面编写的代码。提供方法的另一个原因是，并非所有编程语言的编译器都支持运算符。例如，虽然 Visual Basic 和 F#支持像*这样的算术运算符，但没有要求其他语言支持 C#支持的所有运算符。

(2) 在 Program.cs 中，在调用静态方法 Procreate 之后，使用*运算符创建另一个 Person 对象，如下所示：

```
// call static method
Person baby2 = Person.Procreate(harry, jill);

// call an operator
Person baby3 = harry * mary;
```

(3) 运行代码并查看结果，输出如下所示：

```
Harry has 3 children.
Mary has 2 children.
Jill has 1 children.
Harry's first child is named "Gary".
```

6.2.3 使用局部函数实现功能

C# 7.0 中引入的一大语言特性就是定义局部函数。

局部函数是与局部变量等价的方法。换句话说，它们是只能从定义它们的包含方法中访问的方法。在其他语言中，它们有时称为嵌套函数或内部函数。

局部函数可以定义在方法中的任何地方：顶部、底部甚至是中间的某个地方！

下面使用局部函数来实现阶乘的计算。

(1) 在 Person.cs 中添加语句以定义 Factorial 函数，该函数在内部使用一个局部函数来计算结果，如下所示：

```
// method with a local function
public static int Factorial(int number)
{
  if (number < 0)
  {
    throw new ArgumentException(
      $"{nameof(number)} cannot be less than zero.");
  }
  return localFactorial(number);

  int localFactorial(int localNumber) // local function
  {
    if (localNumber < 1) return 1;
    return localNumber * localFactorial(localNumber - 1);
  }
}
```

(2) 在 Program.cs 中添加语句以调用 Factorial 函数，并将返回值写入控制台，如下所示：

```
WriteLine($"5! is {Person.Factorial(5)}");
```

(3) 运行代码并查看结果，输出如下所示：

```
5! is 120
```

6.3 触发和处理事件

方法通常描述为对象可以执行的操作，可以对自身执行，也可以对相关对象执行。例如，List<T>对象可以为自身添加项或清除自身，File 对象可以在文件系统中创建或删除文件。

事件通常描述为发生在对象上的操作。例如，在用户界面中，Button 对象有 Click 事件，Click 是发生在按钮上的单击事件。FileSystemWatcher 侦听文件系统的更改通知，并在目录或文件更改时触发诸如 Created 和 Deleted 的事件。

另一种考虑事件的思路是，它们提供了在两个对象之间交换消息的方法。

事件建立在委托的基础上，所以下面来看看委托是如何工作的。

6.3.1 使用委托调用方法

前面介绍了调用或执行方法的最常见方式：使用.运算符和方法的名称来访问方法。例如，Console.WriteLine 告诉我们要访问的是 Console 类的 WriteLine 方法。

调用或执行方法的另一种方式是使用委托。如果使用过支持函数指针的语言，就可以将委托视为类型安全的方法指针。换句话说，委托包含方法的内存地址，方法匹配与委托相同的签名，因此可以使用正确的参数类型安全地调用方法。

例如，假设 Person 类有一个方法，它必须传递一个字符串作为唯一的参数，并返回一个 int 值，如下所示：

```
public int MethodIWantToCall(string input)
{
return input.Length; // it doesn't matter what the method does
}
```

可以对名为 p1 的 Person 实例调用这个方法，如下所示：

```
int answer = p1.MethodIWantToCall("Frog");
```

也可通过定义具有匹配签名的委托来间接调用这个方法。注意，参数的名称不必匹配。但是参数类型和返回值必须匹配，如下所示：

```
delegate int DelegateWithMatchingSignature(string s);
```

现在，可以创建委托的一个实例，用它指向方法，最后调用委托(进而会调用方法)，如下所示：

```
// create a delegate instance that points to the method
DelegateWithMatchingSignature d = new(p1.MethodIWantToCall);

// call the delegate, which calls the method
```

```
int answer2 = d("Frog");
```

你可能会想，“这有什么意义呢？”这提供了灵活性。

例如，可以使用委托来创建需要按顺序调用的方法队列。需要执行的排队操作在服务中很常见，以提供改进的可伸缩性。

另一个好处是允许多个操作并行执行。委托提供对运行在不同线程上的异步操作的内置支持，这可以提高响应能力。第12章将介绍如何并行执行多个操作。

最重要的好处是，可在实现事件时，在不了解彼此的不同对象之间发送消息。

事件是组件之间松散耦合的一个例子，因为组件不需要知道彼此，它们只需要知道事件签名。

委托和事件是C#最令人困惑的两个特性，你可能需要花一些时间才能理解它们，所以如果感到困惑，请不要担心!

6.3.2 定义和处理委托

微软有两个预定义的委托可用作事件。它们的签名简单而灵活，如下所示：

```
public delegate void EventHandler(
  object? sender, EventArgs e);

public delegate void EventHandler<TEventArgs>(
  object? sender, TEventArgs e);
```

最佳实践

如果想要在自己的类型中定义事件，可使用这两个预定义委托中的一个。

(1) 向Person类添加语句并注意以下几点：

- 定义了一个名为Shout的EventHandler委托字段。
- 定义了一个int字段来存储AngerLevel。
- 定义了一个名为Poke的方法。
- 当人们被捉弄时，AngerLevel就会增加。一旦AngerLevel达到3，就会触发Shout事件，但前提是至少有一个事件委托指向代码中其他地方定义的方法；也就是说，里面不是空的。

代码如下所示：

```
// delegate field
public EventHandler? Shout;

// data field
public int AngerLevel;

// method
public void Poke()
{
  AngerLevel++;

  if (AngerLevel >= 3)
  {
    // if something is listening...
    if (Shout != null)
```

```
      {
        // ...then call the delegate
        Shout(this, EventArgs.Empty);
      }
    }
  }
```

在调用对象的方法之前检查对象是否为 null 很常见。C# 6.0 及更高版本允许在.运算符之前使用?符号以内联方式简化对 null 的检查，如下所示：

```
Shout?.Invoke(this, EventArgs.Empty);
```

(2) 在 Program.cs 的底部添加一个具有匹配签名的方法，该方法能够从 sender 参数中获取 Person 对象的引用，并输出关于这些对象的一些信息，如下所示：

```
static void Harry_Shout(object? sender, EventArgs e)
{
  if (sender is null) return;
  Person p = (Person)sender;
  WriteLine($"{p.Name} is this angry: {p.AngerLevel}.");
}
```

微软提供的用来处理事件的方法名的约定是 ObjectName_EventName。

(3) 在 Program.cs 中添加一条语句，从而将 Harry_Shout 方法分配给委托字段，如下所示：

```
harry.Shout = Harry_Shout;
```

(4) 添加语句，在将 Harry_Shout 方法分配给 Shout 事件后，调用 Poke 方法四次，如下所示：

```
harry.Shout = Harry_Shout;
harry.Poke();
harry.Poke();
harry.Poke();
harry.Poke();
```

(5) 运行代码并查看结果，请注意，Harry 在前两次被捉弄时什么也没说，只有在至少被捉弄三次时才会愤怒地大喊：

```
Harry is this angry: 3.
Harry is this angry: 4.
```

6.3.3 定义和处理事件

前面介绍了委托是如何实现事件的最重要功能的：能够为方法定义签名，该方法由完全不同的代码段实现，然后调用该方法以及连接到委托字段的任何其他方法。

但是事件呢？它们的功能比较少。

将方法赋值给委托字段时，不应该使用简单的赋值运算符，如前面的代码所示。

委托是多播的，这意味着可以将多个委托分配给单个委托字段。可以使用+=运算符代替=进行赋值，这样就可以向相同的委托字段添加更多的方法。当调用委托时，将调用分配的所有方法，但无法控制它们的调用顺序。

如果 Shout 委托字段已经引用了一个或多个方法，那就可以使用 Shout 委托字段替换所有其他方法。对于用于事件的委托，通常希望确保程序员只使用+=或-=运算符来分配和删除方法。

(1) 要执行以上操作，在 Person.cs 中，请将 event 关键字添加到委托字段的声明中，如下所示：

```
public event EventHandler? Shout;
```

(2) 构建 PeopleApp 项目，注意编译器产生的错误消息，如下所示：

```
Program.cs(41,13): error CS0079: The event 'Person.Shout' can only appear
on the left hand side of += or -=
```

这几乎就是 event 关键字所做的一切！如果分配给委托字段的方法永远不超过一个，那就不需要事件了。但是，表明其含义以及希望将委托字段用作事件仍然是最佳实践。

(3) 修改方法赋值为使用+=运算符，如下所示：

```
harry.Shout += Harry_Shout;
```

(4) 运行代码，代码的行为与之前相同。

6.4 使用泛型安全地重用类型

在 2005 年，通过 C# 2.0 和.NET Framework 2.0，Microsoft 引入了一个名为泛型的特性，它使类型可以更安全地重用，也更高效。它允许程序员将类型作为参数传递，类似于将对象作为参数传递。

6.4.1 使用非泛型类型

首先看一个使用非泛型类型的示例，这样就可以理解泛型旨在解决的问题，例如弱类型参数和值，以及使用 System.Object 引起的性能问题。

System.Collections.Hashtable 可以用来存储多个值，每个值都有一个唯一的键，以后可以用来快速查找它的值。键和值都可以是任何对象，因为它们声明为 System.Object。虽然这在存储整数等值类型时提供了灵活性，但它很慢，而且更容易引入 bug，因为在添加项时没有进行类型检查。

下面编写一些代码。

(1) 在 Program.cs 中，创建非泛型集合 System.Collections.Hashtable 的实例，然后向其添加 4 项，代码如下所示：

```
// non-generic lookup collection
System.Collections.Hashtable lookupObject = new();

lookupObject.Add(key: 1, value: "Alpha");
lookupObject.Add(key: 2, value: "Beta");
lookupObject.Add(key: 3, value: "Gamma");
lookupObject.Add(key: harry, value: "Delta");
```

(2) 添加语句，定义一个值为 2 的键，并使用它在哈希表中查找其值，代码如下所示：

```
int key = 2; // lookup the value that has 2 as its key
WriteLine(format: "Key {0} has value: {1}",
  arg0: key,
  arg1: lookupObject[key]);
```

(3) 添加使用 harry 对象查找其值的语句，代码如下所示：

```
// lookup the value that has harry as its key
WriteLine(format: "Key {0} has value: {1}",
  arg0: harry,
  arg1: lookupObject[harry]);
```

(4) 运行代码并注意它的工作，如下面的输出所示：

```
Key 2 has value: Beta
Key Packt.Shared.Person has value: Delta
```

尽管代码可以工作，但仍然存在可能出现错误的情况，因为实际上任何类型都可以用于键或值。如果另一个开发人员使用了你的查找对象，并希望所有项都是某种类型，可能将它们强制转换为该类型，并因为某些值可能是另一种类型而成为异常。具有许多项的查找对象的性能也很差。

最佳实践

避免在系统中使用 System.Collections 名称空间。

6.4.2 使用泛型类型

System.Collections.Generic.Dictionary<TKey, TValue >可以用来存储多个值，每个值都有一个唯一的键，以后可以用来快速查找其值。键和值都可以是任何对象，但必须在第一次实例化集合时告诉编译器键和值的类型。为此，可以在尖括号< >、TKey 和 TValue 中指定泛型参数的类型。

最佳实践

当泛型类型只有一个可定义类型时，它应该命名为 T，例如，List<T>，其中 T 是存储在列表中的类型。当泛型类型有多个可定义类型时，应该使用 T 作为名称前缀，并有一个合理的名称，例如 Dictionary<TKey, TValue>。

这提供了灵活性，速度更快，而且更容易避免错误，因为在添加项时进行了类型检查。

下面编写一些代码，通过使用泛型来解决这个问题:

(1) 在 Program.cs 中，创建一个泛型查找集合 Dictionary<TKey, TValue>的实例，然后向其添加四个项，如下所示：

```
// generic lookup collection
Dictionary<int, string> lookupIntString = new();

lookupIntString.Add(key: 1, value: "Alpha");
lookupIntString.Add(key: 2, value: "Beta");
lookupIntString.Add(key: 3, value: "Gamma");
lookupIntString.Add(key: harry, value: "Delta");
```

(2) 注意当使用 harry 作为键时的编译错误，如下所示：

```
/Users/markjprice/Code/Chapter06/PeopleApp/Program.cs(98,32): error
CS1503: Argument 1: cannot convert from 'Packt.Shared.Person' to 'int' [/
Users/markjprice/Code/Chapter06/PeopleApp/PeopleApp.csproj]
```

(3) 把 harry 换成 4。

(4) 添加语句，将键设置为 3，并使用它在字典中查找其值，代码如下所示：

```
key = 3;
WriteLine(format: "Key {0} has value: {1}",
  arg0: key,
  arg1: lookupIntString[key]);
```

(5) 运行代码并注意它是有效的，如下面的输出所示：

```
Key 3 has value: Gamma
```

6.5 实现接口

接口是一种将不同的类型连接在一起以创建新事物的方式。可以把它们想象成乐高积木中的螺柱，它们可以组合在一起。也可以把它们看作插座和插头的电气标准。

类型如果实现了某个接口，就相当于向.NET 的其余部分承诺：类型将支持某个特性。这就是为什么它们有时被描述为契约。

6.5.1 公共接口

表 6.1 中是类型可能需要实现的一些常见接口。

表 6.1　类型可能需要实现的一些常见接口

接口	方法	说明
IComparable	CompareTo(other)	这定义了一个比较方法，类型将实现该方法以对实例进行排序
IComparer	Compare(first, second)	这定义了一个比较方法，辅助类型将实现该方法以对主类型的实例进行排序
IDisposable	Dispose()	这定义了一个释放非托管资源的方法，比等待终结器更有效(请参阅本章后面的 6.6.6 一节以了解更多细节)
IFormattable	ToString(format, culture)	这定义了一个支持语言和区域组合的方法，从而将对象的值格式化为字符串表示形式
IFormatter	Serialize(stream, object)和 Deserialize(stream)	这定义了一个将对象与字节流相互转换，以进行存储或传输的方法
IFormatProvider	GetFormat(type)	这定义了一个基于语言和区域组合对输入进行格式化的方法

6.5.2 排序时比较对象

需要实现的最常见接口之一是 IComparable，它有一个名为 CompareTo 的方法。它有两种变体，一种使用可空对象类型，另一种使用可空泛型类型 T，如下所示：

```
namespace System
{
  public interface IComparable
  {
    int CompareTo(object? obj);
  }
  public interface IComparable<in T>
```

```
  {
    int CompareTo(T? other);
  }
}
```

例如，string 类型实现 IComparable，如果字符串小于要比较的字符串，返回-1；如果字符串大于要比较的字符串，返回 1。int 类型实现 IComparable，如果 int 小于要比较的 int，则返回-1；如果大于则返回 1。

如果一个类型实现了 IComparable 接口之一，那么数组和集合就可以对其进行排序。

在为 Person 类实现 IComparable 接口及其 CompareTo 方法之前，先看看当试图对 Person 实例数组排序时会发生什么。

(1) 在 Program.cs 中，添加语句，创建 Person 实例数组，并将项写入控制台，然后尝试对数组进行排序，并再次将项写入控制台，代码如下所示：

```
Person[] people =
{
  new() { Name = "Simon" },
  new() { Name = "Jenny" },
  new() { Name = "Adam" },
  new() { Name = "Richard" }
  };

  WriteLine("Initial list of people:");
  foreach (Person p in people)
  {
    WriteLine($"  {p.Name}");
  }

  WriteLine("Use Person's IComparable implementation to sort:");
  Array.Sort(people);
  foreach (Person p in people)
  {
    WriteLine($"  {p.Name}");
  }
```

(2) 运行该代码，将抛出一个异常。正如消息所解释的，为了解决这个问题，类型必须实现 IComparable，如下所示：

```
Unhandled Exception: System.InvalidOperationException: Failed to compare
two elements in the array. ---> System.ArgumentException: At least one
object must implement IComparable.
```

(3) 在 Person 类中，在继承 object 之后，添加一个冒号，并输入 IComparable<Person>，如下所示：

```
public class Person : object, IComparable<Person>
```

(4) 向下滚动到 object 类的底部，找到自动编写的方法，删除抛出 NotImplementedException 的语句。如下所示：

```
public int CompareTo(Person? other)
{
    throw new NotImplementedException();
}
```

(5) 添加一条语句以调用 Name 字段的 CompareTo 方法，它使用字符串类型的 CompareTo 实现并返回结果，如下所示：

```
public int CompareTo(Person? other)
{
  if (Name is null) return 0;
  return Name.CompareTo(other?.Name);
}
```

可通过 Name 字段来比较两个 Person 实例。因此，Person 实例将按姓名的字母顺序排序。为简单起见，我们没有在这些示例中执行 null 检查。

(6) 运行代码，注意这一次将按预期的那样工作，如下所示：

```
Initial list of people:
  Simon
  Jenny
  Adam
  Richard
Use Person's IComparable implementation to sort:
  Adam
  Jenny
  Richard
  Simon
```

最佳实践

如果有人希望对自定义类型的数组或实例集合进行排序，那么请实现 IComparable 接口。

6.5.3 使用单独的类比较对象

有时，我们无法访问类的源代码，而且类可能没有实现 IComparable 接口。幸运的是，还有一种方法可用来对类的实例进行排序。可以创建一个单独的类，用它实现一个稍微不同的接口——IComparer。

(1) 在 PacktLibrary 项目中添加新的类文件 PersonComparer.cs，该类实现了 IComparer 接口。比较两个 Person 实例的 Name 字段的长度，如果 Name 字段有相同的长度，就按字母顺序比较姓名，如下所示：

```
namespace Packt.Shared;

public class PersonComparer : IComparer<Person>
{
  public int Compare(Person? x, Person? y)
  {
    if (x is null || y is null)
    {
      return 0;
    }
    // Compare the Name lengths...
    int result = x.Name.Length.CompareTo(y.Name.Length);

    // ...if they are equal...
```

```
      if (result == 0)
      {
        // ...then compare by the Names...
        return x.Name.CompareTo(y.Name);
      }

      else // result will be -1 or 1
      {
        // ...otherwise compare by the lengths.
        return result;
      }
    }
  }
```

(2) 在 Program 类中，添加语句，使用以上替代实现排序数组，如下所示：

```
WriteLine("Use PersonComparer's IComparer implementation to sort:");
Array.Sort(people, new PersonComparer());
foreach (Person p in people)
{
  WriteLine($" {p.Name}");
}
```

(3) 运行代码并查看结果，输出如下所示：

```
Use PersonComparer's IComparer implementation to sort:
Adam
Jenny
Simon
Richard
```

这一次，当对 people 数组进行排序时，将显式地要求排序算法使用 PersonComparer 类，以便首先用最短的姓名(如 Adam)对人员进行排序，把最长的姓名放在最后，如 Richard，当两个或多个姓名的长度相等(如 Jenny 和 Simon)时，按字母顺序进行排序。

6.5.4 隐式和显式接口实现

接口可以隐式实现，也可以显式实现。隐式实现更简单，也更常见。只有在类型必须具有多个相同名称和签名的方法时，才需要显式实现。

例如，IGamePlayer 和 IKeyHolder 可能都有一个名为 Lose 的方法，该方法具有相同的参数，因为游戏和密钥都可能丢失。在必须实现两个接口的类型中，Lose 只有一个实现可以是隐式方法。如果两个接口可以共享相同的实现，这是可行的，但如果不是，那么另一个 Lose 方法将必须以不同的方式实现并显式调用。

```
public interface IGamePlayer
{
  void Lose();
}
public interface IKeyHolder
{
  void Lose();
}
public class Person : IGamePlayer, IKeyHolder
{
```

```
  public void Lose() // implicit implementation
  {
     // implement losing a key
  }

  void IGamePlayer.Lose() // explicit implementation
  {
     // implement losing a game
  }
}

// calling implicit and explicit implementations of Lose
Person p = new();
p.Lose(); // calls implicit implementation of losing a key

((IGamePlayer)p).Lose(); // calls explicit implementation of losing a game

IGamePlayer player = p as IGamePlayer;
player.Lose(); // calls explicit implementation of losing a game
```

6.5.5 使用默认实现定义接口

C# 8.0 中引入的语言特性之一是接口的默认实现。

(1) 在 PacktLibrary 项目中添加一个名为 IPlayable.cs 的类文件。

(2) 修改文件中的语句，定义一个公共的 IPlayable 接口，它有两个方法——Play 和 Pause，如下所示：

```
namespace Packt.Shared;

public interface IPlayable
{
  void Play();
  void Pause();
}
```

(3) 在 PacktLibrary 项目中添加一个名为 DvdPlayer.cs 的类文件。

(4) 修改文件中的语句以实现 IPlayable 接口，如下所示：

```
using static System.Console;

namespace Packt.Shared;

public class DvdPlayer : IPlayable
{
  public void Pause()
  {
     WriteLine("DVD player is pausing.");
  }

  public void Play()
  {
     WriteLine("DVD player is playing.");
  }
}
```

这是很有用的。但是，如果我们决定添加第三个方法 Stop 呢？在 C# 8.0 中，一旦至少有一个类实现了原始的接口，这就是不可操作的。接口的要点之一是：接口定义了固定的契约。

C# 8.0 允许接口在发布后添加新的成员，但前提是接口有默认的实现。C#纯粹主义者不喜欢这个特性，但是出于实际原因，这个特性很有用，其他语言(如 Java 和 Swift)也支持类似的技术。

为了提供对默认接口实现的支持，需要对底层平台进行一些基本的更改。因此，只有当目标框架是.NET 5 或更高版本、.NET Core 3.0 或更高版本以及.NET Standard 2.1 时，C#才会支持这些更改。因此，.NET Framework 不支持它们。

(5) 修改 IPlayable 接口，添加带有默认实现的 Stop 方法，如下所示：

```
using static System.Console;

namespace Packt.Shared;

public interface IPlayable
{
  void Play();
  void Pause();

  void Stop() // default interface implementation
  {
     WriteLine("Default implementation of Stop.");
  }
}
```

(6) 构建 PeopleApp 项目，并注意尽管 DvdPlayer 类没有实现 Stop，项目还是成功编译。将来，我们可以通过在 DvdPlayer 类中实现 Stop 来覆盖它的默认实现。

6.6 使用引用类型和值类型管理内存

前面已经多次提到引用类型。下面更详细地进行分析。

内存有两类：栈内存和堆内存。在现代操作系统中，栈和堆可以位于物理或虚拟内存中的任何位置。

栈内存使用起来更快(因为栈内存是由 CPU 直接管理的，而且使用的是后进先出机制，所以更可能在 L1 或 L2 缓存中存储数据)，但是大小有限；而堆内存的速度虽然较慢，但容量更大。

例如，在 macOS 的终端窗口中可以输入命令 ulimit –a，输出表明栈大小被限制为 8192 KB，而其他内存是“无限的”。这就是很容易出现“栈溢出”的原因。

6.6.1 定义引用类型和值类型

可以使用三个 C#关键字来创建对象类型：class、record 和 struct。它们可以具有相同的成员，例如字段和方法。两者的区别在于内存是如何分配的。

使用 record或 class 定义类型时，就是在定义引用类型。这意味着用于对象本身的内存是在堆上分配的，只有对象的内存地址(以及一些开销)存储在栈上。

使用 record或 struct 定义类型时，就是在定义值类型。这意味着用于对象本身的内存是在栈上分配的。

如果使用的字段不属于 struct 类型，那么这些字段将存储在堆中，这意味着对象的数据同时存储在栈和堆中！

下面是一些常见的 struct 类型。

- 数字类型：byte、sbyte、short、ushort、int、uint、long、ulong、float、double 和 decimal。
- 其他 System 类型：char、DateTime 和 bool。
- System.Drawing 类型：Color、Point 和 Rectangle。

几乎所有其他类型都是 class 类型，包括 string。

除了数据存储在内存中的位置不同之外，另一个主要区别在于不能从 struct 类型继承。

6.6.2　如何在内存中存储引用和值类型

假设你有一个控制台应用程序，它声明了一些变量，如下面的代码所示：

```
int number1 = 49;
long number2 = 12;
System.Drawing.Point location = new(x: 4, y: 5);
Person kevin = new() { Name = "Kevin",
   DateOfBirth = new(year: 1988, month: 9, day: 23) };
Person sally;
```

变量的解释如下。

- number1 变量是一个值类型(也称为 struct)，在栈上分配，使用 4 字节的内存，因为它是 32 位整数。它的值 49 直接存储在变量中。
- number2 变量也是一个值类型，也在栈上分配，并且使用 8 字节，因为它是 64 位整数。
- location 变量也是一个值类型，在栈上分配，使用 8 字节，因为它是由两个 32 位整数 x 和 y 组成的。
- kevin 变量是一个引用类型(也称为 class)，有一个 64 位内存地址(假设使用 64 位操作系统)，使用 8 个字节，在栈上分配，并且在堆上有足够的字节来存储 Person 的一个实例。
- sally 变量是一个引用类型，所以有一个 64 位的内存地址，在栈上分配 8 个字节。当前它是空的，这意味着还没有在堆上为它分配内存。

下面回顾一下执行这些语句时在堆栈和堆上分配了哪些内存，如图 6.1 所示。

为引用类型分配的所有内存都存储在堆上。如果 DateTime 之类的值类型用于 Person 之类的引用类型的字段，那么 DateTime 值将存储在堆上。

如果值类型有一个引用类型的字段，那么该值类型的那一部分将存储在堆上。Point 是一种由两个字段组成的值类型，本身都是值类型，因此整个对象可以在栈上分配。如果 Point 值类型有一个引用类型的字段(如 string)，那么字符串字节将存储在堆上。

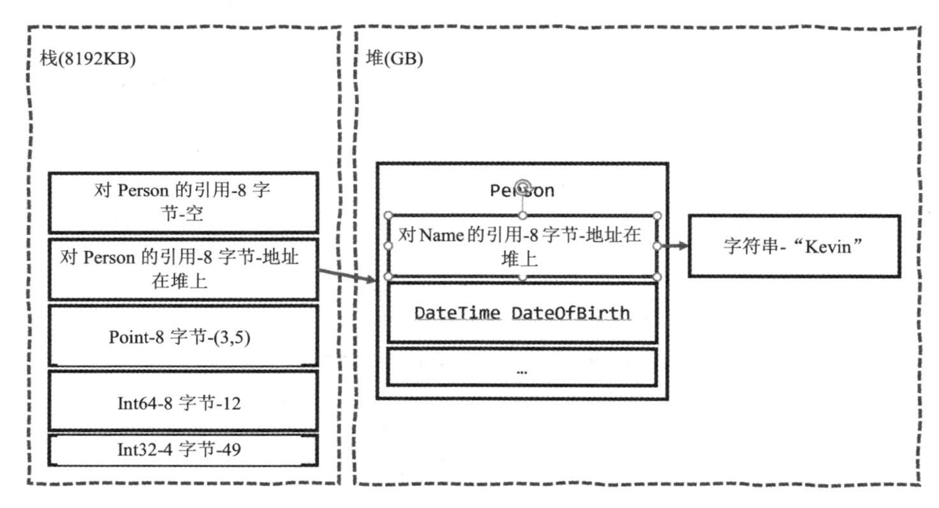

图 6.1 如何在栈和堆中分配值和引用类型

6.6.3 类型的相等性

使用==和!=操作符比较两个变量是很常见的。对于引用类型和值类型，这两个操作符的行为是不同的。

当检查两个值类型变量是否相等时，.NET 会在堆栈上比较这两个变量的值。如果它们相等就返回 true，如下面的代码所示：

```
int a = 3;
int b = 3;
WriteLine($"a == b: {(a == b)}"); // true
```

当检查两个引用类型变量是否相等时，.NET 比较这两个变量的内存地址。如果它们相等则返回 true，如下所示：

```
Person a = new() { Name = "Kevin" };
Person b = new() { Name = "Kevin" };
WriteLine($"a == b: {(a == b)}"); // false
```

这是因为它们不是同一个对象。如果两个变量都指向堆上的同一对象，那么它们将相等，如下面的代码所示：

```
Person a = new() { Name = "Kevin" };
Person b = a;
WriteLine($"a == b: {(a == b)}"); // true
```

该行为的一个例外是字符串类型。它是一个引用类型，但相等操作符已被重写，以使行为类似于值类型，如下面的代码所示：

```
string a = "Kevin";
string b = "Kevin";
WriteLine($"a == b: {(a == b)}"); // true
```

可以对自己的类进行类似的处理，即使它们不是相同的对象(堆上相同的内存地址)，相等操作符也返回 true；如果它们的字段具有相同的值，相等操作符就返回 false。这超出了本书的范围。也可使用 record class，它们的好处之一是实现了这种行为。

6.6.4　定义 struct 类型

下面看看如何使用值类型。

(1) 将一个名为 DisplacementVector.cs 的文件添加到 PacktLibrary 项目中。

(2) 修改这个文件，注意：

- 这个类型是使用 struct 而不是 class 声明的。
- 这个类型有两个 int 字段，分别名为 X 和 Y。
- 这个类型有一个构造函数，用于设置 X 和 Y 的初始值。
- 它有一个将两个实例相加的操作符，该操作符返回该类型的一个新实例，其中 X 加到 X 上，Y 加到 Y 上。

```
namespace Packt.Shared;
public struct DisplacementVector
{
  public int X;
  public int Y;

  public DisplacementVector(int initialX, int initialY)
  {
    X = initialX;
    Y = initialY;
  }

  public static DisplacementVector operator +(
    DisplacementVector vector1,
    DisplacementVector vector2)
  {
    return new(
      vector1.X + vector2.X,
      vector1.Y + vector2.Y);
  }
}
```

(3) 在 Program.cs 中，添加语句以创建两个新的 DisplacementVector 实例，将它们相加并输出结果，如下所示：

```
DisplacementVector dv1 = new(3, 5);
DisplacementVector dv2 = new(-2, 7);
DisplacementVector dv3 = dv1 + dv2;

WriteLine($"({dv1.X}, {dv1.Y}) + ({dv2.X}, {dv2.Y}) = ({dv3.X},
{dv3.Y})");
```

(4) 运行代码并查看结果，输出如下所示：

```
(3, 5) + (-2, 7) = (1, 12)
```

最佳实践

如果类型中的所有字段使用的字节总数为 16 字节或更少，类型只对字段使用 struct 类型，并且永远不想从类型中派生，那么建议使用 struct。如果类型使用了多于 16 字节的栈内存，或者为字段使用了引用类型，或者想从它继承，那么建议使用 class。

6.6.5 使用 record struct 类型

C# 10 引入了在 struct 类型和 struct 类型中使用 record 关键字的能力。

可以定义 DisplacementVector 类型，代码如下所示：

```
public record struct DisplacementVector(int X, int Y);
```

通过此更改，如果想要定义一个 record class，即使 class 关键字是可选的，微软也建议显式指定 class，代码如下所示：

```
public record class ImmutableAnimal(string Name);
```

6.6.6 释放非托管资源

第 5 章提到过，可以使用构造函数初始化字段，类型可以有多个构造函数。假设为构造函数分配了非托管资源；也就是说，分配了任何不受.NET 控制的资源，例如受操作系统控制的文件或互斥锁。非托管资源必须手动释放，因为.NET 无法使用其自动垃圾回收特性自动释放它们。

垃圾收集是一个高级主题，所以对于这个主题，下面展示一些代码示例，但是不需要在当前项目中创建它们。

每个类型都有终结器，当需要释放资源时，.NET 运行时将调用终结器。终结器与构造函数同名，但终结器的前面有波浪号~。

不要将终结器(也称为析构函数)与析构方法搞混淆。析构函数会释放资源；也就是说，会损坏对象。例如，在处理元组时，析构方法会返回一个能够分解的对象，并使用 C#析构语法。

```
public class Animal
{
  public Animal() // constructor
  {
    // allocate any unmanaged resources
  }

  ~Animal() // Finalizer aka destructor
  {
    // deallocate any unmanaged resources
  }
}
```

前面的代码示例是处理非托管资源时应该执行的最少操作。但是，只提供终结器产生的问题是：.NET 垃圾收集器需要进行两次垃圾收集，才能完全释放为这种类型分配的资源。

虽然是可选的，但还是建议提供方法，以允许开发人员使用类型显式地释放资源，这样垃圾收集器就可以立即且非常确定地释放非托管资源中的托管部分(如文件)，然后在一轮(而不是两轮)

垃圾收集中释放对象的托管内存部分。

有一种标准的机制可以实现 IDisposable 接口，如下所示：

```
public class Animal : IDisposable
{
  public Animal()
  {
    // allocate unmanaged resource
  }

  ~Animal() // Finalizer
  {
   Dispose(false);
  }

  bool disposed = false; // have resources been released?

  public void Dispose()
  {
    Dispose(true);

    // tell garbage collector it does not need to call the finalizer
    GC.SuppressFinalize(this);
  }

  protected virtual void Dispose(bool disposing)
  {
    if (disposed) return;

    // deallocate the *unmanaged* resource
    // ...

    if (disposing)
    {
      // deallocate any other *managed* resources
      // ...
    }
    disposed = true;
  }
}
```

这里有两个 Dispose 方法：

- 无返回值的公有 Dispose 方法将由使用类型的开发人员调用。在调用时，需要释放非托管资源和托管资源。
- 无返回值的、带有 bool 参数的、受保护的虚拟方法 Dispose 在内部用于实现资源的重新分配。我们需要检查 disposing 参数和 disposed 标志，原因在于如果终结器已经运行，且调用~Animal 方法，那么只需要释放非托管资源。

对 GC.SuppressFinalize(this)的调用会通知垃圾收集器：不再需要运行终结器，也不需要再次进行垃圾收集。

6.6.7 确保调用 Dispose 方法

当使用实现了 IDisposable 接口的类时，就可以确保使用 using 语句调用公有的 Dispose 方法，如下所示：

```
using (Animal a = new())
{
    // code that uses the Animal instance
}
```

编译器会将上述代码转换成如下代码，这保证了即使发生异常也会调用 Dispose 方法：

```
Animal a = new();
try
{
    // code that uses the Animal instance
}
finally
{
    if (a != null) a.Dispose();
}
```

第 9 章将列举使用 IDisposable 接口、using 语句和 try…finally 块释放非托管资源的具体示例。

6.7 使用空值

前面介绍了如何在 struct 变量中存储数字等基本值。但是如果一个变量还没有值呢？如何证明呢？C#有空值的概念，它可以用来表示没有设置变量。

6.7.1 使值类型可为空

默认情况下，像 int 和 DateTime 这样的值类型必须总是有一个值，这就是它们的名称。例如，有时，当读取存储在数据库中允许为空或缺失的值时，允许值类型为空是很方便的。我们称之为可空值类型。

可以通过在声明变量时将问号作为类型的后缀来启用此功能。下面看一个例子。

(1) 使用喜欢的编码工具将一个新的控制台应用程序 NullHandling 添加到 Chapter06 工作区/解决方案中。本节需要一个完整的应用程序和一个项目文件，所以不能使用.NET Interactive Notebooks。

(2) 在 Visual Studio Code 中，选择 NullHandling 作为活动的 OmniSharp 项目。在 Visual Studio 中，设置 NullHandling 作为启动项目。

(3) 在 Program.cs 中，输入语句来声明 int 变量并赋值(包括 null)，代码如下所示：

```
int thisCannotBeNull = 4;
thisCannotBeNull = null; // compile error!
int? thisCouldBeNull = null;
WriteLine(thisCouldBeNull);
WriteLine(thisCouldBeNull.GetValueOrDefault());
thisCouldBeNull = 7;
```

```
WriteLine(thisCouldBeNull);
WriteLine(thisCouldBeNull.GetValueOrDefault());
```

(4) 注释掉给出编译错误的语句。

(5) 运行代码并查看结果，如下所示：

```

0
7
7
```

第一行是空的，因为它输出空值！

6.7.2 理解可空引用类型

在许多语言中，空值的使用是如此普遍，以至于许多有经验的程序员从不质疑其存在的必要性。但是，在许多情况下，如果不允许变量具有空值，可以编写更好、更简单的代码。

C# 8 中对语言最重要的改变是引入了可空引用类型和不可空引用类型。“但是等等!”，你可能会想，“引用类型已经是可空的了！”

你可能是对的，但是在 C# 8 及以后的版本中，通过设置一个文件或项目级别的选项来启用这个有用的新特性，可以将引用类型配置为不再允许空值。由于这对 C#来说是一个很大的改变，微软决定让这个功能成为可选的功能。

这个新的 C#语言特性需要几年的时间才能产生影响，因为成千上万的现有库包和应用程序将期待旧的行为。在.NET 6 之前，即使是微软也没有时间在所有的.NET 包中完全实现这个新特性。

在过渡期间，可以为自己的项目选择以下几种方法。

- **Default**：不需要更改。不支持非空引用类型。
- **Opt-in project, opt-out files**：在项目级别启用该特性，对于任何需要保持与旧行为兼容的文件，选择退出。这是微软内部使用的方法，同时更新自己的包来使用这个新特性。
- **Opt-in files**：仅对单个文件启用该功能。

6.7.3 启用可空引用类型和不可空引用类型

要在项目级别启用该功能，请将以下内容添加到项目文件中：

```
<PropertyGroup>
  ...
  <Nullable>enable</Nullable>
</PropertyGroup>
```

现在，在目标为.NET 6.0 的项目模板中，默认情况下会这样做。

若要在文件级别禁用该特性，请在代码文件的顶部添加以下内容：

```
#nullable disable
```

要在文件级别启用该特性，请在代码文件的顶部添加以下内容：

```
#nullable enable
```

6.7.4 声明非空变量和参数

如果启用了可空引用类型，并且希望将引用类型分配为空值，那么必须使用与使值类型为空相同的语法，即在类型声明后面添加?符号。

那么，可空引用类型是如何工作的呢？下面看一个例子。当存储关于地址的信息时，可能希望强制设置街道、城市和地区的值，但建筑物可以留空，即为空。

(1) 在 NullHandling.csproj 的 Program.cs 中，在文件的底部添加语句，来声明一个带有四个字段的 Address 类，如下所示：

```
class Address
{
  public string? Building;
  public string Street;
  public string City;
  public string Region;
}
```

(2) 几秒钟后，可以看到非空字段的警告，如 Street 未初始化，如图 6.2 所示。

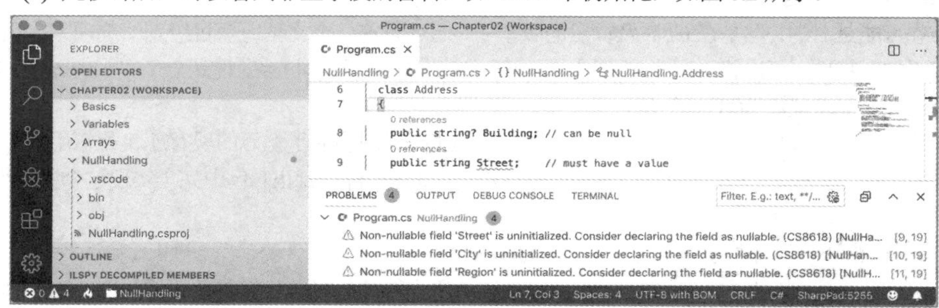

图 6.2 PROBLEMS 窗口中关于非空字段的警告消息

(3) 将空字符串值赋给三个不可为空的字段，代码如下所示：

```
public string Street = string.Empty;
public string City = string.Empty;
public string Region = string.Empty;
```

(4) 在 Program.cs 文件的顶部静态导入 Console，然后添加语句来实例化 Address 并设置它的属性，如下面的代码所示：

```
Address address = new();
address.Building = null;
address.Street = null;
address.City = "London";
address.Region = null;
```

(5) 注意警告，如图 6.3 所示。

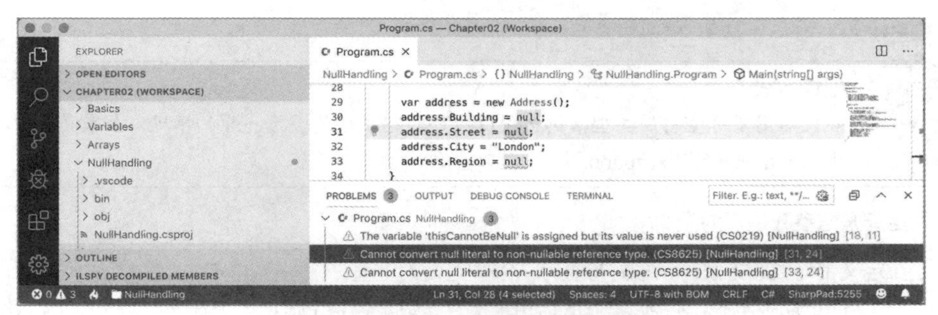

图 6.3　对非空字段赋值 null 的警告消息

因此，这就是为什么新的语言特性被命名为可空引用类型。从 C# 8.0 开始，未修饰的引用类型可以变成不可空的，并且使用与值类型相同的语法使引用类型变为可空的。

6.7.5　检查 null

检查可空的引用类型或可空的值类型变量当前是否包含 null 非常重要，因为如果没有检查 null，则可能抛出 NullReferenceException，从而导致错误。在使用可为空的变量之前，应该检查 null，代码如下所示：

```
// check that the variable is not null before using it
if (thisCouldBeNull != null)
{
  // access a member of thisCouldBeNull
  int length = thisCouldBeNull.Length; // could throw exception
  ...
}
```

C# 7 引入的是!(not)操作符，来替代!=，代码如下所示：

```
if (!(thisCouldBeNull is null))
{
```

C# 9 引入的并不是一个更清晰的选择，代码如下所示：

```
if (thisCouldBeNull is not null)
{
```

如果试图使用可能为空的变量的成员，请使用 null 条件操作符?.，代码如下所示：

```
string authorName = null;

// the following throws a NullReferenceException
int x = authorName.Length;


// instead of throwing an exception, null is assigned to y
int? y = authorName?.Length;
```

有时，希望将变量赋给一个结果，或者在变量为空时使用一个替代值，例如 3。就可以使用 null 合并操作符??，代码如下所示：

```
// result will be 3 if authorName?.Length is null
int result = authorName?.Length ?? 3;
```

```
Console.WriteLine(result);
```

最佳实践

即使启用了可空引用类型，仍然应该检查非空参数是否为 null 的情况，如果是，就抛出 ArgumentNullException。

检查方法参数是否为空

在定义带参数的方法时，最好检查方法参数是否为空值。

在 C#的早期版本中，必须编写 if 语句来检查参数是否为空值，如果任何参数是空值，就抛出 ArgumentNullException，代码如下所示：

```
public void Hire(Person manager, Person employee)
{
  if (manager == null)
  {
     throw new ArgumentNullException(nameof(manager));
  }
  if (employee == null)
  {
     throw new ArgumentNullException(nameof(employee));
  }
  ...
}
```

C# 11 可能会引入一个新的!!后缀，如下面的代码所示：

```
public void Hire(Person manager!!, Person employee!!)
{
   ...
}
```

if 语句和异常的抛出已经自动完成了。

6.8 从类继承

前面创建的 Person 类隐式地派生(继承)于 System.Object。下面创建一个继承自 Person 类的类。

(1) 向 PacktLibrary 项目中添加一个名为 Employee 的新类。

(2) 修改它的内容，定义一个名为 Employee 的类，它派生自 Person，如下所示：

```
using System;

namespace Packt.Shared;

public class Employee : Person
{
}
```

(3) 将如下语句添加到 Program.cs 中，以创建 Employee 类的实例：

```
Employee john = new()
{
```

```
    Name = "John Jones",
    DateOfBirth = new(year: 1990, month: 7, day: 28)
};
john.WriteToConsole();
```

(4) 运行代码并查看结果，输出如下所示：

```
John Jones was born on a Saturday
```

注意，Employee 类继承了 Person 类的所有成员。

6.8.1 扩展类以添加功能

现在，可通过添加一些特定于员工的成员来扩展 Employee 类。

(1) 在 Employee.cs 中，添加语句来定义员工代码的两个属性和他们被雇用的日期，如下所示：

```
public string? EmployeeCode { get; set; }
public DateTime HireDate { get; set; }
```

(2) 在 Program.cs 中，添加如下语句以设置 John 的雇员代码和雇用日期：

```
john.EmployeeCode = "JJ001";
john.HireDate = new(year: 2014, month: 11, day: 23);
WriteLine($"{john.Name} was hired on {john.HireDate:dd/MM/yy}");
```

(3) 运行代码并查看结果，输出如下所示：

```
John Jones was hired on 23/11/14
```

6.8.2 隐藏成员

到目前为止，WriteToConsole 方法是从 Person 类继承的，用于输出雇员的姓名和出生日期。可执行以下步骤，从而改变这个方法对员工的作用。

(1) 在 Employee.cs 中添加如下加粗显示的代码以重新定义 WriteToConsole 方法：

```
using static System.Console;

namespace Packt.Shared;

public class Employee : Person
{
  public string? EmployeeCode { get; set; }
  public DateTime HireDate { get; set; }

  public void WriteToConsole()
  {
    WriteLine(format:
      "{0} was born on {1:dd/MM/yy} and hired on {2:dd/MM/yy}",
      arg0: Name,
      arg1: DateOfBirth,
      arg2: HireDate);
  }
}
```

(2) 运行代码并查看结果，输出如下所示：

```
John Jones was born on 28/07/90 and hired on 01/01/01
John Jones was hired on 23/11/14
```

编码工具会通过在方法名称的下面绘制波浪线来发出警告：PROBLEMS/Error List 窗格中将包含更多细节，编译器会在构建和运行控制台应用程序时输出警告信息，如图 6.4 所示。

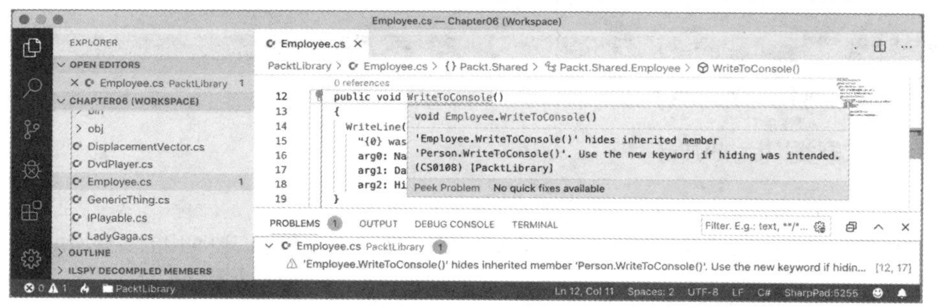

图 6.4　隐藏方法警告

如警告所述，可通过将 new 关键字应用于方法来隐藏此消息，以表明这是故意为之，如下所示：

```
public new void WriteToConsole()
```

6.8.3　覆盖成员

与其隐藏方法，不如直接覆盖。如果基类允许覆盖方法，就可通过应用 virtual 关键字来重写方法：

(1) 在 Program.cs 中添加一条语句，将 john 变量的值作为字符串写入控制台，如下所示：

```
WriteLine(john.ToString());
```

(2) 运行代码。注意 ToString 方法是从 System.Object 继承的，因此实现代码将返回名称空间和类型名，如下所示：

```
Packt.Shared.Employee
```

(3) 在 Program.cs 中，可通过添加 ToString 方法来输出 Person 对象的 Name 字段和类型名，从而覆盖 Person 类的这种行为，如下所示：

```
// overridden methods
public override string ToString()
{
  return $"{Name} is a {base.ToString()}";
}
```

base 关键字允许子类访问超类(也就是基类)的成员。

(4) 运行代码并查看结果。现在，当调用 ToString 方法时，将输出雇员的姓名以及基类的 ToString 实现，如下所示：

```
John Jones is a Packt.Shared.Employee
```

最佳实践

许多实际的 API，如微软的 Entity Framework Core、Castle 的 DynamicProxy 和 Episerver 的内容模型，都要求把类中定义的属性标记为 virtual，以便能够覆盖它们。除非有很好的理由不这样做，否则建议将方法和属性成员标记为 virtual。

6.8.4 从抽象类继承

在本章前面提到，接口可以定义一组成员，实现该接口的类型必须满足基本功能级别。它们非常有用，但它们的主要限制是在 C# 8 之前它们不能提供自己的任何实现。

如果仍然需要创建能够在.NET Framework 和其他不支持.NET Standard 2.1 的平台上运行的类库，那么这将是一个特别的问题。

在那些早期的平台中，可以使用抽象类作为纯粹接口和完全实现的类之间的中间选择。

当一个类标记为 abstract 时，这意味着它不能实例化，因为这说明这个类是不完整的。在实例化之前，它需要更多的实现。

例如，System.IO.Stream 类是抽象的，因为它实现了所有流都需要但不完整的通用功能，所以不能使用 new Stream()实例化它。

下面比较两种类型的接口和两种类型的类，如下面的代码所示：

```
public interface INoImplementation // C# 1.0 and later
{
  void Alpha(); // must be implemented by derived type
}

public interface ISomeImplementation // C# 8.0 and later
{
  void Alpha(); // must be implemented by derived type
  void Beta()
  {
    // default implementation; can be overridden
  }
}

public abstract class PartiallyImplemented // C# 1.0 and later
{
  public abstract void Gamma(); // must be implemented by derived type

  public virtual void Delta() // can be overridden
  {
    // implementation
  }
}

public class FullyImplemented : PartiallyImplemented, ISomeImplementation
{
  public void Alpha()
  {
    // implementation
  }

  public override void Gamma()
  {
```

```
    // implementation
  }
}

// you can only instantiate the fully implemented class
FullyImplemented a = new();

// all the other types give compile errors
PartiallyImplemented b = new(); // compile error!
ISomeImplementation c = new(); // compile error!
INoImplementation d = new(); // compile error!
```

6.8.5 防止继承和覆盖

通过对类的定义应用 sealed 关键字，可以防止别人继承自己的类。没有哪个类可以从 ScroogeMcDuck 类继承，如下所示：

```
public sealed class ScroogeMcDuck
{
}
```

在.NET 中，sealed 关键字的典型应用就是 string 类。微软已经在 string 类的内部实现了一些优化，这些优化可能会受到继承的负面影响，因此微软阻止了这种情况的发生。

通过对方法应用 sealed 关键字，可以防止别人进一步覆盖自己的类中的虚拟方法。例如，没有人能改变 Lady Gaga 唱歌的方式，如下所示：

```
using static System.Console;

namespace Packt.Shared;

public class Singer
{
  // virtual allows this method to be overridden
  public virtual void Sing()
  {
    WriteLine("Singing...");
  }
}

public class LadyGaga : Singer
{
  // sealed prevents overriding the method in subclasses
  public sealed override void Sing()
  {
    WriteLine("Singing with style...");
  }
}
```

只能密封已经覆盖的方法。

6.8.6 理解多态

前面介绍了更改继承方法的行为的两种方式。可以使用 new 关键字隐藏方法(称为非多态继承)，也可以覆盖方法(称为多态继承)。

这两种方式都可通过 base 关键字来访问基类的成员，那么它们之间有什么区别呢？

这完全取决于持有对象引用的变量的类型。例如，Person 类型的变量既可包含对 Person 类的引用，也可包含对派生自 Person 类的任何类的引用。

(1) 在 Employee.cs 中添加语句以覆盖 ToString 方法，将员工的姓名和代码写入控制台，如下所示：

```
public override string ToString()
{
   return $"{Name}'s code is {EmployeeCode}";
}
```

(2) 在 Program.cs 中编写语句，添加名为 Alice 的员工，将员工 Alice 的信息存储在 Person 类型的变量中，并调用变量的 WriteToConsole 和 ToString 方法，如下所示：

```
Employee aliceInEmployee = new()
   { Name = "Alice", EmployeeCode = "AA123" };

Person aliceInPerson = aliceInEmployee;
aliceInEmployee.WriteToConsole();
aliceInPerson.WriteToConsole();
WriteLine(aliceInEmployee.ToString());
WriteLine(aliceInPerson.ToString());
```

(3) 运行代码并查看结果，输出如下所示：

```
Alice was born on 01/01/01 and hired on 01/01/01
Alice was born on a Monday
Alice's code is AA123
Alice's code is AA123
```

当使用 new 关键字隐藏方法时，编译器不会聪明到知道这是 Employee 对象，因而会调用 Person 对象的 WriteToConsole 方法。

当使用 virtual 和 override 关键字覆盖方法时，编译器聪明到知道虽然变量声明为 Person 类型，但对象本身是 Employee 类型，因此调用 ToString 方法的 Employee 实现版本。

访问修饰符及其效果如表 6.2 所示。

表 6.2 访问修饰符及其效果

变量类型	访问修饰符	执行的方法	对应的类
Person		WriteToConsole	Person
Employee	new	WriteToConsole	Employee
Person	virtual	ToString	Employee
Employee	override	ToString	Employee

在我看来，多态对大多数程序员来说都是学术性的。如果能理解这个概念，那就太棒了；但如果不理解，建议你不要担心。有些人喜欢贬低别人，说理解多态性对所有 C#程序员来说都很重要，但在我看来并非如此。

使用 C#可以在事业上取得成功，而不需要解释多态性，就像赛车手不需要解释燃油喷射背后的工程原理一样。

最佳实践

只要有可能，就应该使用 virtual 和 override 而不是 new 来更改继承方法的实现。

6.9 在继承层次结构中进行类型转换

类型之间的强制转换与普通转换略有不同。强制转换是在相似的类型之间进行的，比如在 16 位整型和 32 位整型之间；也可以在超类和子类之间进行强制转换。普通转换是在不同类型之间进行的，比如在文本和数字之间。

6.9.1 隐式类型转换

在前面的示例中，我们讨论了如何将派生类型的实例存储在基类型的变量中。这种转换被称为隐式类型转换。

6.9.2 显式类型转换

另一种转换是显式类型转换，这种转换必须使用圆括号括住要转换到的目标类型作为前缀。

(1) 在 Program.cs 中添加一条语句，将 aliceInPerson 变量赋给一个新的 Employee 变量，如下所示：

```
Employee explicitAlice = aliceInPerson;
```

(2) 代码编辑器将显示一条红色的波浪线，这表示存在编译错误，如图 6.5 所示。

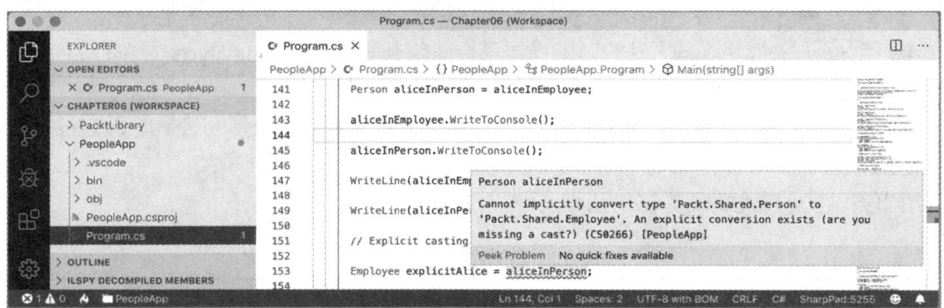

图 6.5　缺少显式强制转换的编译错误

(3) 纠正出错的语句，将 aliceInPerson 强制转换为 Employee 类型，如下所示：

```
Employee explicitAlice = (Employee)aliceInPerson;
```

6.9.3 避免类型转换异常

因为 aliceInPerson 可能是不同的派生类型，比如是 Student 而不是 Employee，所以仍需要小心。在具有更复杂代码的实际应用程序中，可以将 aliceInPerson 变量的当前值设置为 Student 实例，编译时将抛出 InvalidCastException 异常。

可通过编写 try 语句来解决这个问题，但是还有一种更好的方法，就是使用 is 关键字检查对象的类型。

(1) 将显式的转换语句封装到 if 语句中，如下所示：

```
if (aliceInPerson is Employee)
{
  WriteLine($"{nameof(aliceInPerson)} IS an Employee");
  Employee explicitAlice = (Employee)aliceInPerson;
  // safely do something with explicitAlice
}
```

(2) 运行代码并查看结果，输出如下所示：

```
aliceInPerson IS an Employee
```

可以使用声明模式进一步简化代码，这将避免执行显式转换，代码如下所示：

```
if (aliceInPerson is Employee explicitAlice)
{
  WriteLine($"{nameof(aliceInPerson)} IS an Employee");
  // safely do something with explicitAlice
}
```

也可以使用 as 关键字进行强制类型转换。如果类型不能强制转换，as 关键字将返回 null 而不是抛出异常。

(3) 在 Main 中，添加使用 as 关键字对 Alice 进行强制转换的语句，然后检查返回值是否不为空，代码如下所示：

```
Employee? aliceAsEmployee = aliceInPerson as Employee; // could be null

if (aliceAsEmployee != null)
{
    WriteLine($"{nameof(aliceInPerson)} AS an Employee");
    // safely do something with aliceAsEmployee
}
```

由于访问 null 变量会抛出 NullReferenceException 异常，因此在使用结果之前应该始终检查 null。

(4) 运行代码并查看结果，输出如下所示：

```
aliceInPerson AS an Employee
```

如果想在 Alice 不是雇员的情况下执行语句块，该怎么办？

在过去，我们必须使用!操作符，如下所示：

```
if (!(aliceInPerson is Employee))
```

在 C# 9.0 及更高版本中，则可以使用 not 关键字，如下所示：

```
if (aliceInPerson is not Employee)
```

最佳实践

可使用 is 和 as 关键字以避免在派生类型之间进行强制类型转换时抛出异常。如果不这样做，就必须为 InvalidCastException 编写 try…catch 语句。

6.10 继承和扩展.NET 类型

.NET 预先构建了包含数十万个类型的类库。与其创建全新类型，不如先从微软的某个类型派生出一些行为，然后重写或扩展它们，这样通常可以抢占先机。

6.10.1 继承异常

作为继承的典型示例，下面派生一种新的异常类型。

(1) 在 PacktLibrary 项目中添加一个名为 PersonException.cs 的新类文件。

(2) 修改文件的内容，定义一个名为 PersonException 的类，它有三个构造函数，如下所示：

```
namespace Packt.Shared;

public class PersonException : Exception
{
  public PersonException() : base() { }

  public PersonException(string message) : base(message) { }

  public PersonException(string message, Exception innerException)
      : base(message, innerException) { }
}
```

与普通方法不同，构造函数不是继承的，因此必须显式地声明和调用 System.Exception 中的 base 构造函数，从而使它们对于可能希望在自定义异常中使用这些构造函数的程序员来说可用。

(3) 在 Person.cs 中添加语句，定义一个方法，如果日期/时间参数早于某个人的出生日期，这个方法将抛出异常，如下所示：

```
public void TimeTravel(DateTime when)
{
  if (when <= DateOfBirth)
  {
      throw new PersonException("If you travel back in time to a date
earlier than your own birth, then the universe will explode!");
  }
  else
  {
      WriteLine($"Welcome to {when:yyyy}!");
  }
}
```

(4) 在 Program.cs 中添加语句，测试当员工 John Jones 试图穿越回到过去时会发生什么，如下所示：

```
try
{
    john.TimeTravel(when: new(1999, 12, 31));
    john.TimeTravel(when: new(1950, 12, 25));
}
catch (PersonException ex)
{
   WriteLine(ex.Message);
```

```
}
```

(5) 运行代码并查看结果，输出如下所示：

```
Welcome to 1999!
If you travel back in time to a date earlier than your own birth, then the
universe will explode!
```

最佳实践

在定义自己的异常时，可以给它们提供三个构造函数，但它们会选择显式地调用内置的构造函数。

6.10.2　无法继承时扩展类型

前面讨论了如何使用 sealed 关键字来防止继承。

微软已经将 sealed 关键字应用到 System.String 类中，这样就没有人可以继承和破坏字符串的行为了。

还能给字符串添加新的方法吗？能，但是需要使用名为扩展方法的 C#语言特性，该特性是在 C# 3.0 中引入的。

1. 使用静态方法重用功能

从 C#的第一个版本开始，就能够创建静态方法来重用功能，比如验证字符串是否包含电子邮件地址。实现代码使用了一个正则表达式，详见第 8 章。

(1) 在 PacktLibrary 项目中添加一个名为 StringExtensions 的新类，注意：

- 需要为这个新类导入用于处理正则表达式的名称空间。
- IsValidEmail 静态方法使用 Regex 类型来检查与简单电子邮件模式的匹配情况，简单电子邮件模式会在@符号的前后查找有效字符。

```
using System.Text.RegularExpressions;

namespace Packt.Shared;

public class StringExtensions
{
  public static bool IsValidEmail(string input)
  {
    // use simple regular expression to check
    // that the input string is a valid email
    return Regex.IsMatch(input,
      @"[a-zA-Z0-9\.-_]+@[a-zA-Z0-9\.-_]+");
  }
}
```

(2) 在 Program.cs 中添加语句，验证指定的两个电子邮件地址，如下所示：

```
string email1 = "pamela@test.com";
string email2 = "ian&test.com";

WriteLine("{0} is a valid e-mail address: {1}",
  arg0: email1,
```

```
  arg1: StringExtensions.IsValidEmail(email1));

WriteLine("{0} is a valid e-mail address: {1}",
  arg0: email2,
  arg1: StringExtensions.IsValidEmail(email2));
```

(3) 运行代码并查看结果，输出如下所示：

```
pamela@test.com is a valid e-mail address: True
ian&test.com is a valid e-mail address: False
```

这是可行的，但是扩展方法可以减少必须输入的代码量，并简化这个静态方法的使用。

2. 使用扩展方法重用功能

可以很容易地把静态方法变成扩展方法来使用。

(1) 在 StringExtensions.cs 中，在 class 关键字之前添加 static 修饰符，在 string 类型前添加 this 修饰符，如下所示：

```
public static class StringExtensions
{
  public static bool IsValidEmail(this string input)
  {
```

以上更改用于告诉编译器，应该将方法用于扩展字符串类型。

(2) 在 Program.cs 中，为需要检查有效电子邮件地址的字符串值添加使用扩展方法的语句，如下所示：

```
WriteLine("{0} is a valid e-mail address: {1}",
  arg0: email1,
  arg1: email1.IsValidEmail());

WriteLine("{0} is a valid e-mail address: {1}",
  arg0: email2,
  arg1: email2.IsValidEmail());
```

注意 IsValidEmail 方法的调用语法中发生的细微变化。更老、更长的语法仍然有效。

(3) IsValidEmail 扩展方法现在看起来很像实例方法，与字符串类型的所有实例方法一样，比如 IsNormalized 和 Insert，如图 6.6 所示。

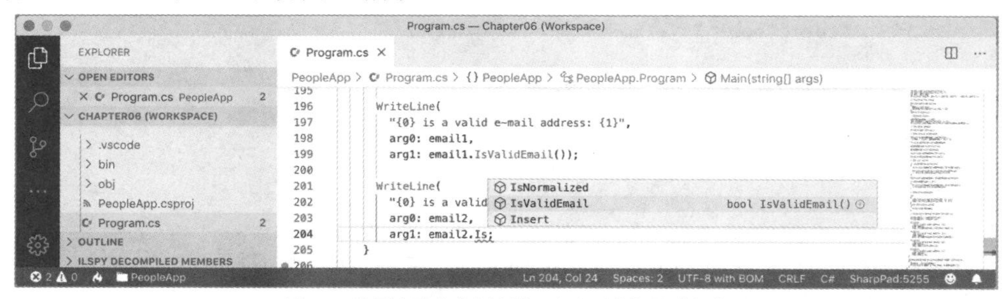

图 6.6　扩展方法和实例方法一起出现在智能感知中

(4) 运行代码并查看结果，结果与前面相同。

> **最佳实践**
> 扩展方法不能替换或覆盖现有的实例方法，因此不能重新定义 Insert 方法。扩展方法在智能感知中显示为重载方法，但是与具有相同名称和签名的扩展方法相比，系统将优先调用实例方法。

第 11 章将介绍扩展方法的一些非常强大的用途。

6.11 使用分析器编写更好的代码

.NET 分析人员发现潜在的问题并提出修复建议。StyleCop 是一种常用的分析器，可以帮助编写更好的 C#代码。

下面看看它的实际效果，建议当面向.NET 5.0 时，改进控制台应用程序的项目模板中的代码，控制台应用程序已经有了一个带有 Main 方法的 Program 类。

(1) 使用首选的代码编辑器添加一个控制台应用程序项目，如下所示。

- 项目模板：Console Application / console -f net5.0
- 工作区/解决方案文件和文件夹：Chapter06
- 项目文件和文件夹：CodeAnalyzing
- 目标框架：.NET 5.0 (Current)

(2) 在 CodeAnalyzing 项目中，为 StyleCop.Analyzers 添加一个包引用。

(3) 将 JSON 文件添加到名为 stylecop.json 的项目中，用于控制 StyleCop 设置。

(4) 修改其内容，如下面的标记所示：

```
{
  "$schema": "https://raw.githubusercontent.com/DotNetAnalyzers/
StyleCopAnalyzers/master/StyleCop.Analyzers/StyleCop.Analyzers/Settings/
stylecop.schema.json",
  "settings": {
  }
}
```

> **更多信息**
> 在代码编辑器中编辑 stylecop.json 时，$schema 条目启用了智能感知。

(5) 编辑项目文件，将目标框架更改为 net6.0，添加条目，配置名为 stylecop.Json 的文件，不包含在已发布的部署中，并将其作为开发期间处理的附加文件，如下所示。

```
<Project Sdk="Microsoft.NET.Sdk">

  <PropertyGroup>
    <OutputType>Exe</OutputType>
    <TargetFramework>net6.0</TargetFramework>
  </PropertyGroup>

  <ItemGroup>
    <None Remove="stylecop.json" />
  </ItemGroup>
```

```
  <ItemGroup>
    <AdditionalFiles Include="stylecop.json" />
  </ItemGroup>

  <ItemGroup>
    <PackageReference Include="StyleCop.Analyzers" Version="1.2.0-*">
      <PrivateAssets>all</PrivateAssets>
      <IncludeAssets>runtime; build; native; contentfiles; analyzers</
IncludeAssets>
    </PackageReference>
  </ItemGroup>

</Project>
```

(6) 构建项目。

(7) 警告会显示所有它认为是错误的所有内容，如图 6.7 所示。

(8) 例如，它希望 using 指令放在名称空间声明中，如下所示：

```
C:\Code\Chapter06\CodeAnalyzing\Program.cs(1,1): warning SA1200: Using
directive should appear within a namespace declaration [C:\Code\Chapter06\
CodeAnalyzing\CodeAnalyzing.csproj]
```

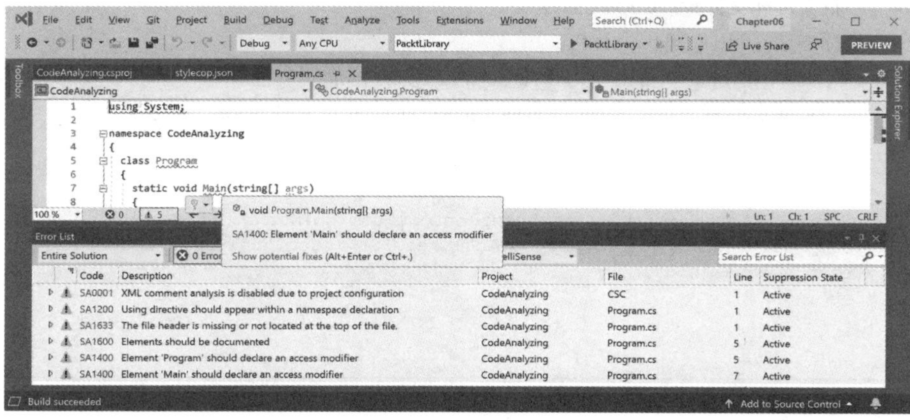

图 6.7 StyleCop 代码分析器警告

抑制警告

要消除警告，有几个选项，包括添加代码和设置配置。

禁止使用属性，代码如下所示：

```
[assembly:SuppressMessage("StyleCop.CSharp.OrderingRules",
"SA1200:UsingDirectiv
esMustBePlacedWithinNamespace", Justification = "Reviewed.")]
```

禁止使用指令，如下所示：

```
#pragma warning disable SA1200 // UsingDirectivesMustBePlacedWithinNamespace
using System;
#pragma warning restore SA1200 // UsingDirectivesMustBePlacedWithinNamespace
```

下面通过修改 stylecop.json 文件来抑制警告。

(1) 在 stylecop.json 中，添加一个配置选项，设置允许在名称空间外使用的 using 语句，如下所示：

```
{
  "$schema": "https://raw.githubusercontent.com/DotNetAnalyzers/
StyleCopAnalyzers/master/StyleCop.Analyzers/StyleCop.Analyzers/Settings/
stylecop.schema.json",
  "settings": {
    "orderingRules": {
        "usingDirectivesPlacement": "outsideNamespace"
    }
  }
}
```

(2) 构建项目，并注意警告 SA1200 已经消失。

(3) 在 stylecop.Json 中，将 using 指令的位置设置为 preserve，这允许在名称空间内部和外部使用 preserve 语句，如下所示：

```
"orderingRules": {
  "usingDirectivesPlacement": "preserve"
}
```

1. 修改代码

现在，修复其他所有警告。

(1) 在 CodeAnalyzing.csproj 中，添加一个元素来自动生成一个用于说明的 XML 文件，如下所示：

```
<Project Sdk="Microsoft.NET.Sdk">

  <PropertyGroup>
    <OutputType>Exe</OutputType>
    <TargetFramework>net6.0</TargetFramework>
    <GenerateDocumentationFile>true</GenerateDocumentationFile>
  </PropertyGroup>
```

(2) 在 stylecop.Json 中，添加一个配置选项，为公司名称和版权文本的文档提供值，如下所示：

```
{
  "$schema": "https://raw.githubusercontent.com/DotNetAnalyzers/
StyleCopAnalyzers/master/StyleCop.Analyzers/StyleCop.Analyzers/Settings/
stylecop.schema.json",
  "settings": {
    "orderingRules": {
      "usingDirectivesPlacement": "preserve"
    },
    "documentationRules": {
      "companyName": "Packt",
      "copyrightText": "Copyright (c) Packt. All rights reserved."
    }
  }
}
```

(3) 在 Program.cs 中，为带有公司和版权文本的文件头添加注释，在名称空间内部移动 using System;声明，并为类和方法设置显式访问修饰符和 XML 注释，如下所示：

```
// <copyright file="Program.cs" company="Packt">
// Copyright (c) Packt. All rights reserved.
// </copyright>

namespace CodeAnalyzing
{
  using System;

  /// <summary>
  /// The main class for this console app.
  /// </summary>
  public class Program
  {
    /// <summary>
    /// The main entry point for this console app.
    /// </summary>
    /// <param name="args">A string array of arguments passed to the
  console app.</param>
    public static void Main(string[] args)
    {
      Console.WriteLine("Hello World!");
    }
  }
}
```

(4) 构建项目。

(5) 展开 bin/Debug/net6.0 文件夹，注意自动生成的文件名为 CodeAnalyzing.xml，如下所示：

```
<?xml version="1.0"?>
<doc>
    <assembly>
    <name>CodeAnalyzing</name>
  </assembly>
  <members>
    <member name="T:CodeAnalyzing.Program">
      <summary>
      The main class for this console app.
      </summary>
    </member>
    <member name="M:CodeAnalyzing.Program.Main(System.String[])">
      <summary>
      The main entry point for this console app.
      </summary>
      <param name="args">A string array of arguments passed to the console
  app.</param>
    </member>
  </members>
</doc>
```

2. 理解常见的 StyleCop 建议

在代码文件中，该对内容进行排序，如下所示：

(1) 外部别名指令
(2) 使用指令
(3) 名称空间
(4) 委托
(5) 枚举
(6) 接口
(7) 结构体
(8) 类

在类、记录、结构或接口中，应该对内容进行排序，如下所示：

(1) 字段
(2) 构造函数
(3) 析构函数(终结器)
(4) 委托
(5) 事件
(6) 枚举
(7) 接口
(8) 属性
(9) 索引器
(10) 方法
(11) 结构体
(12) 嵌套类和记录

最佳实践

可以通过以下链接了解所有的 StyleCop 规则：
https://github.com/DotNetAnalyzers/StyleCopAnalyzers/blob/master/DOCUMENTATION.md。

6.12 实践和探索

可以通过回答一些问题来测试自己对知识的理解程度，进行一些实践，并深入探索本章涵盖的主题。

6.12.1 练习 6.1：测试你掌握的知识

回答以下问题：

(1) 什么是委托？
(2) 什么是事件？
(3) 基类和派生类有什么关系？派生类如何访问基类？
(4) is 和 as 运算符之间的区别是什么？
(5) 可使用哪个关键字来防止类被继承或者防止方法被覆盖？

(6) 可使用哪个关键字来防止通过 new 关键字实例化类？

(7) 可使用哪个关键字来允许成员被覆盖？

(8) 析构函数和析构方法有什么区别？

(9) 所有异常都应该具有的构造函数的签名是什么？

(10) 什么是扩展方法？如何定义扩展方法？

6.12.2 练习 6.2：练习创建继承层次结构

可按照以下步骤探索继承层次结构。

(1) 将名为 Exercise02 的控制台应用程序添加到 Chapter06 解决方案/工作区。

(2) 使用名为 Height、Width 和 Area 的属性创建名为 Shape 的类。

(3) 添加三个派生自 Shape 类的类(Rectangle、Square 和 Circle 类)以及你认为合适的任何其他成员，它们可以正确地覆盖和实现 Area 属性。

(4) 在 Main 方法中添加语句，创建每个形状的实例，如下所示：

```
Rectangle r = new(height: 3, width: 4.5);
WriteLine($"Rectangle H: {r.Height}, W: {r.Width}, Area: {r.Area}");

Square s = new(5);
WriteLine($"Square H: {s.Height}, W: {s.Width}, Area: {s.Area}");

Circle c = new(radius: 2.5);
WriteLine($"Circle H: {c.Height}, W: {c.Width}, Area: {c.Area}");
```

(5) 运行控制台应用程序，确保输出如下所示：

```
Rectangle H: 3, W: 4.5, Area: 13.5
Square H: 5, W: 5, Area: 25
Circle H: 5, W: 5, Area: 19.6349540849362
```

6.12.3 练习 6.3：探索主题

可通过以下链接来阅读本章所涉及主题的细节：

https://github.com/markjprice/cs10dotnet6/blob/main/book-links.md#chapter-6---implementing-interfaces-and-inheriting-classes

6.13 本章小结

本章介绍了局部函数、运算符、委托、事件、接口和泛型，介绍了如何使用继承和 OOP 派生类型；还介绍了基类和派生类，如何覆盖类型成员，如何使用多态性以及类型之间的强制转换。

第 7 章将介绍.NET 是如何打包和部署的，以及它们提供的用于实现常见功能(如文件处理、数据库访问、加密和多任务处理)的类型。

第7章 理解和打包.NET类型

本章将了解C#关键字如何与.NET类型相关，还将了解名称空间和程序集之间的关系，熟悉如何打包和发布.NET应用程序及库以跨平台使用，如何在.NET库中使用旧的.NET Framework库，以及将旧的.NET Framework代码库移植到.NET的可能性。

本章涵盖以下主题：

- .NET 6简介
- 了解.NET组件
- 发布应用程序并进行部署
- 反编译.NET程序集
- 为NuGet分发打包自己的库
- 从.NET Framework移植到.NET
- 使用预览特性

7.1 .NET 6简介

首先回顾.NET的发展历程。

.NET Core 2.0及后续版本对.NET Standard 2.0的最低支持很重要，因为我们提供了很多API，而这些API都不在.NET Core的第一个版本中。.NET Framework开发人员过去15年积累的与现代开发相关的库和应用程序，现在已经迁移到.NET，可以在macOS、Linux和Windows上跨平台运行。

.NET Standard 2.1增加了大约3000个新的API。其中一些API需要在运行时进行更改，这可能会破坏向后兼容性，因此.NET Framework 4.8只实现了.NET Standard 2.0，.NET Core 3.0、Xamarin、Mono和Unity实现了.NET Standard 2.1。

如果所有的项目都可以使用.NET 6，那么.NET 6就不需要.NET Standard了。由于可能需要为遗留的.NET Framework项目或Xamarin移动应用程序创建类库，因此我们仍然需要创建.NET Standard 2.0和2.1类库。在2021年3月，我调查了专业开发人员，其中有一半人仍然需要创建符合.NET Standard 2.0的类库。

现在.NET 6已经发布了预览版，支持使用.NET MAUI构建的移动和桌面应用程序，对.NET Standard的需求已经进一步减少。

为了总结.NET 在过去三年里取得的进步，下面对.NET Core 的主要版本和现代.NET 版本与.NET Framework 的同等版本进行比较。

- .NET Core 1.x：与.NET Framework 4.6.1 相比要小得多，后者是于 2016 年 3 月发布的版本。
- .NET Core 2.x：实现了与.NET Framework 4.7.1 相同的现代 API，因为它们都实现了.NET Standard 2.0。
- .NET Core 3.0：相比.NET Framework 有更大的 API，因为.NET Framework 4.8 没有实现.NET Standard 2.1。
- .NET 5：与用于现代 API 的.NET Framework 4.8 相比，.NET 5 更大，性能有了很大提高。
- .NET 6：最终统一在.NET MAUI 中支持移动应用，预计在 2022 年 5 月发布。

7.1.1 .NET Core 1.0

.NET Core 1.0 于 2016 年 6 月发布，主要致力于实现一种适用于构建现代跨平台应用程序的 API，包括 Web 应用程序和云应用程序，以及使用 ASP.NET Core 为 Linux 提供的服务。

7.1.2 .NET Core 1.1

.NET Core 1.1 于 2016 年 11 月发布，重点是修复 bug、增加支持的 Linux 发行版数量、支持.NET Standard 1.6 以及改进性能，尤其是 ASP.NET Core(用于 Web 应用程序和服务)。

7.1.3 .NET Core 2.0

.NET Core 2.0 于 2017 年 8 月发布，重点是实现.NET Standard 2.0，增加引用.NET Framework 库的能力，以及提供更大的性能改进。

本书第 3 版于 2017 年 11 月出版，涵盖了.NET Core 2.0 和.NET Core for Universal Windows Platform (UWP)应用程序。

7.1.4 .NET Core 2.1

.NET Core 2.1 于 2018 年 5 月发布，专注于可扩展的工具系统、添加新的类型(如 Span< T >)、用于加密和压缩的新 API、Windows 兼容包(其中包含 20 000 个 API 以帮助迁移旧的 Windows 应用程序)、Entity Framework Core 值转换、LINQ GroupBy 转换、数据播种、查询类型以及性能改进，表 7.1 列出了部分主题。

表 7.1 .NET Core 2.1 关注的部分主题

功能	涉及的章节	主题
Span	第 8 章	使用 Span、索引和范围
Brotli 压缩	第 9 章	使用 Brotli 算法进行压缩
密码学	第 20 章	密码学领域的新功能
EF Core 延迟加载	第 10 章	启用延迟加载
EF Core 数据播种	第 10 章	理解数据播种

7.1.5 .NET Core 2.2

.NET Core 2.2 于 2018 年 12 月发布，主要关注的是运行时的诊断改进、可选的分层编译以及如何向 ASP.NET Core 和 Entity Framework Core 添加新特性，如使用 NetTopologySuite(NTS)库中的类型支持空间数据，再如查询标记以及拥有实体的集合。

7.1.6 .NET Core 3.0

.NET Core 3.0 于 2019 年 9 月发布，重点是增加对同时使用 Windows Forms(2001)、Windows Presentation Foundation (WPF；2006) 和 Entity Framework 6.3 构建 Windows 桌面应用程序的支持、应用程序本地部署、快速 JSON 阅读器、串口访问和物联网(Internet of Things，IoT)解决方案的其他 PIN 访问以及默认情况下的分级编译，表 7.2 列出了部分主题。

表 7.2 .NET Core 3.0 关注的部分主题

功能	涉及的章节	主题
在应用中嵌入.NET	第 7 章	发布应用以进行部署
索引和范围	第 8 章	使用 Span、索引和范围
System.Text.Json	第 9 章	高性能的 JSON 处理
异步流	第 12 章	使用异步流

本书的第 4 版于 2019 年 10 月出版，所以它涵盖了在.NET Core 3.0 之前的版本中添加的一些新 API。

7.1.7 .NET Core 3.1

.NET Core 3.1 于 2019 年 12 月发布，专注于 bug 修复和改进，因此它可以成为一个长期支持(LTS)版本，直到 2022 年 12 月才失去支持。

7.1.8 .NET 5.0

.NET 5.0 于 2020 年 11 月发布，主要致力于.NET 平台的统一、细化以及性能的提升，表 7.3 列出了部分主题。

表 7.3 .NET 5 关注的部分主题

功能	涉及的章节	主题
Half 类型	第 8 章	处理数字
提高正则表达式的性能	第 8 章	如何改进正则表达式的性能
改进 System.Text.Json	第 9 章	高性能的 JSON 处理
生成 SQL 的 EF Core	第 10 章	获取生成的 SQL
EF Core Filtered Include	第 10 章	过滤包括进来的实体
使用 Humanizer 实现 EF Core Scaffold-DbContext	第 10 章	使用现有数据库搭建模型

7.1.9 .NET 6.0

.NET 6.0 于 2021 年 11 月发布，专注于与移动平台的统一，为 EF Core 增加更多的数据管理功能，并提高性能，包括如表 7.4 所列的主题。

表 7.4 .NET 6.0 关注的主题

特性	章节	主题
检查.NET SDK 状态	第 7 章	检查.NET SDK，以进行更新
支持 Apple Silicon	第 7 章	创建要发布的控制台应用程序
链接修剪模式为默认	第 7 章	使用应用程序微调来减少应用程序的大小
DateOnly 和 TimeOnly	第 8 章	指定日期和时间值
EnsureCapacity for List<T>	第 8 章	通过确保集合的容量来提高性能
EF Core 配置约定	第 10 章	配置约定前模型
新 LINQ 方法	第 11 章	使用 Enumerable 类构建 LINQ 表达式

7.1.10 从.NET Core 2.0 到.NET 5 不断提高性能

在过去几年里，.NET 平台的性能有了很大的改进。可通过以下链接阅读一篇内容十分详细的博客文章：https://devblogs.microsoft.com/dotnet/performance-improvements-in-net-5。

7.1.11 检查.NET SDK 以进行更新

在.NET 6 中，微软增加了一个命令来检查已安装的.NET SDK 版本和运行库，如果需要任何更新，它会警告你。例如，输入如下命令：

```
dotnet sdk check
```

然后看到结果，包括可用更新的状态，下面显示部分输出：

```
.NET SDKs:
Version                                   Status
-----------------------------------------------------------------------
3.1.412                                   Up to date.
5.0.202                                   Patch 5.0.206 is available.
...
```

7.2 了解.NET 组件

.NET 由以下几部分组成。

- 语言编译器：这些编译器用于把使用 C#、F#和 Visual Basic 等语言编写的源代码转换成存储在程序集中的中间语言(Intermediate Language，IL)代码。在 C# 6.0 及后续版本中，微软转向了一种名为 Roslyn 的开源重写编译器，Visual Basic 也使用了这种编译器。
- 公共语言运行时(CoreCLR)：CoreCLR 加载程序集，将其中存储的 IL 代码编译成本机代码指令，并在管理线程和内存等资源的环境中执行代码。

- 基类库(BCL 或 CoreFX)：这些是使用 NuGet 在构建应用程序时为执行常见任务而打包和分发的类型的预构建程序集。可以使用它们快速构建任何想要的东西，就像组合乐高一样。.NET Core 2.0 实现了.NET Standard 2.0(这是.NET Standard 的所有先前版本的超集)，并将.NET Core 提升到与.NET Framework 和 Xamarin 相同的水平。.NET Core 3.0 实现了.NET Standard 2.1，后者增加了一些新功能，并且得到的性能改进超过了.NET Framework 中可用的功能。.NET 6 将为所有类型的应用程序(包括移动应用程序)实现统一的 BCL。

7.2.1　程序集、包和名称空间

程序集是文件系统中存储类型的地方，是一种用于部署代码的机制。例如，System.Data.dll 程序集包含用于管理数据的类型。要在其他程序集中使用类型，就必须引用它们。程序集可以是静态的(预先创建)或动态的(在运行时生成)。动态程序集是一种高级特性，我们将不在本书中介绍。程序集可以编译为 DLL(类库)或 EXE(控制台应用程序)的单个文件。

程序集通常作为 NuGet 包分发，NuGet 包是可从公共在线源下载的文件，可以包含多个程序集和其他资源。你也许还听说过 SDK、工作负载和平台，它们是 NuGet 包的组合。

可以在如下链接找到微软的 NuGet 源：https://www.nuget.org/。

1. 名称空间

名称空间是类型的地址。名称空间是一种通过要求完整地址(而不仅仅是短名称)来唯一标识类型的机制。在现实世界中，Sycamore 街道 34 号的 Bob 和 Willow Drive 街道 12 号的 Bob 是不同的人。

在.NET 中，System.Web.Mvc 名称空间的 IActionFilter 接口不同于 System.Web.Http.Filters 名称空间的 IActionFilter 接口。

2. 理解依赖程序集

如果一个程序集能编译为类库，并为其他程序集提供要使用的类型，这个程序集就有了文件扩展名.dll(动态链接库)，并且不能单独执行。

同样，如果将一个程序集编译为应用程序，这个程序集就有了文件扩展名.exe(可执行文件)，并且可以独立执行。在.NET Core 3.0 之前，控制台应用程序将编译为.dll 文件，并且必须由 dotnet run 命令或通过可执行文件来运行。

任何程序集都可以将一个或多个类库程序集作为依赖进行引用，但不能循环引用。因此，如果程序集 A 已经引用了程序集 B，则程序集 B 不能引用程序集 A。如果试图添加可能导致循环引用的依赖引用，编译器就会发出警告。循环引用通常导致糟糕的代码设计。如果确认需要使用循环引用，可使用接口来解决。

7.2.2　微软.NET SDK 平台

默认情况下，控制台应用程序在微软.NET SDK 平台上有依赖引用。这个平台包含了几乎所有应用程序都需要的 NuGet 包中的数千种类型，比如 System.Int32 和 System.String 类型。

当使用.NET 时，将会引用依赖程序集、NuGet 包以及项目文件中的应用程序需要的平台。

下面研究一下程序集和名称空间之间的关系。

(1) 使用喜欢的代码编辑器创建一个名为 Chapter07 的新解决方案/工作区。

(2) 添加一个控制台应用项目，如下所示。

- 项目模板：Console Application / console
- 工作区/解决方案文件和文件夹：Chapter07
- 项目文件和文件夹：AssembliesAndNamespaces

(3) 打开 AssembliesAndNamespaces.csproj，注意这只是.NET 6 应用程序的典型项目文件，如下所示：

```
<Project Sdk="Microsoft.NET.Sdk">

  <PropertyGroup>
    <OutputType>Exe</OutputType>
    <TargetFramework>net6.0</TargetFramework>
    <Nullable>enable</Nullable>
    <ImplicitUsings>enable</ImplicitUsings>
  </PropertyGroup>

</Project>
```

7.2.3 理解程序集中的名称空间和类型

许多常见的.NET 类型都在 System.Runtime.dll 程序集中。程序集和名称空间之间并不总是存在一对一的映射。单个程序集可以包含多个名称空间，而一个名称空间可以在多个程序集中定义。可以看到一些程序集和它们提供类型的名称空间之间的关系，如表 7.5 所示。

表 7.5 程序集和名称空间之间的关系

程序集	示例名称空间	示例类型
System.Runtime.dll	System、System.Collections 和 System.Collections.Generic	Int32、String 和 IEnumerable<T>
System.Console.dll	System	Console
System.Threading.dll	System.Threading	Interlocked、Monitor 和 Mutex
System.Xml. XDocument.dll	System.Xml.Linq	XDocument、XElement 和 XNode

7.2.4 NuGet 包

.NET 可分成一组包，并使用微软支持的 NuGet 包管理技术进行分发。这些包中的每一个都表示同名的程序集。例如，System.Collections 包里面包含 System.Collections.dll 程序集。

以下是包带来的好处：

- 包可以很容易地分发到公共源上。
- 包可以重复使用。
- 包可以按照自己的时间表进行装载。
- 包可以独立于其他包进行测试。
- 包可以支持不同的操作系统和 CPU，包括为不同的操作系统和 CPU 构建的同一程序集的多个版本。
- 包可以有特定于某个库的依赖项。
- 应用程序更小，因为未引用的包不是发行版的一部分。

表 7.6 列出了一些更重要的包以及它们的重要类型。

表 7.6　一些更重要的包以及它们的重要类型

包	重要类型
System.Runtime	Object、String、Int32、Array
System.Collections	List<T>、Dictionary<TKey, TValue>
System.Net.Http	HttpClient、HttpResponseMessage
System.IO.FileSystem	File、Directory
System.Reflection	Assembly、TypeInfo、MethodInfo

7.2.5　框架

框架和包之间存在双向关系。包定义 API，而框架将包分组。没有任何包的框架不会定义任何 API。

每个.NET 包都支持一组框架。例如，4.3.0 版本的 System.IO.FileSystem 包支持以下框架：

- .NET Standard 1.3 或更高版本。
- .NET Framework 4.6 或更高版本。
- Six Mono 和 Xamarin 平台(例如，Xamarin.iOS 1.0)。

更多信息

可通过以下链接阅读详细信息——https://www.nuget.org/packages/System.IO.FileSystem/。

7.2.6　导入名称空间以使用类型

下面研究一下名称空间与程序集和类型之间的关系。

(1) 打开 AssembliesAndNamespaces 项目，在 Program.cs 中输入以下代码：

```
XDocument doc = new();
```

(2) 构建项目并注意编译器错误消息，如下所示：

```
The type or namespace name 'XDocument' could not be found (are you missing
a using directive or an assembly reference?)
```

XDocument 类型不能识别，因为还没有告诉编译器 XDocument 类型的名称空间是什么。虽然项目已经有了对包含类型的程序集的引用，但仍需要在类型名称的前面加上名称空间，或导入名称空间。

(3) 单击 XDocument 类名内部。代码编辑器将显示灯泡图标，这表示已经识别了类型并能自动修复问题。

(4) 单击灯泡图标，从弹出菜单中选择使用 System.Xml.Linq;。

这会在文件的顶部添加 using 语句以导入名称空间。一旦在代码文件的顶部导入了名称空间，该名称空间内的所有类型就都可以在代码文件中使用，只需要输入它们的名称即可，而不需要通过在名称空间的前面加上前缀来完全限定类型名称。

有时我喜欢在导入名称空间后添加一个带有类型名称的注释，以提醒我为什么需要导入该名称空间，代码如下所示：

```
using System.Xml.Linq; // XDocument
```

7.2.7　将 C#关键字与.NET 类型相关联

C#新手程序员经常问的一个问题是：小写字符串和大写字符串有什么区别？简短的答案是：没有区别。详细的答案是：所有 C#类型关键字都是类库程序集中.NET 类型的别名。

使用 string 类型时，编译器将它转换成 System.String 类型；使用 int 类型时，编译器将它转换成 System.Int32 类型。

(1) 在 Program.cs 中声明两个变量来保存字符串，其中一个变量使用小写的 string 类型，另一个变量使用大写的 String 类型，如下所示：

```
string s1 = "Hello";
String s2 = "World";
WriteLine($"{s1} {s2}");
```

(2) 运行代码，注意目前它们都工作良好，字面上的意思是一样的。

(3) 在 AssembliesAndNamespaces.csproj 中，添加语句，以防止 System 名称空间全局导入。

```
<ItemGroup>
  <Using Remove="System" />
</ItemGroup>
```

(4) 在 Program.cs 中，注意编译器中的错误信息，如下所示：

```
The type or namespace name'String' could not be found(are you missing a
using directive or an assembly reference?)
```

(5) 在 Program.cs 的顶部，用 using 语句导入 System 名称空间来修复这个错误，如下所示：

```
using System; // String
```

最佳实践

当有选择时，应使用 C#关键字而不是实际的类型，因为关键字不需要导入名称空间。

1. 将 C#别名映射到.NET 类型

表 7.7 显示了 18 个 C#类型关键字及实际的.NET 类型。

表 7.7　18 个 C#类型关键字及实际的.NET 类型

类型关键字	.NET 类型	类型关键字	.NET 类型
string	System.String	char	System.Char
sbyte	System.SByte	byte	System.Byte
short	System.Int16	ushort	System.UInt16
int	System.Int32	uint	System.UInt32
long	System.Int64	ulong	System.UInt64
nint	System.IntPtr	nuint	System.UIntPtr

(续表)

类型关键字	.NET 类型	类型关键字	.NET 类型
float	System.Single	double	System.Double
decimal	System.Decimal	bool	System.Boolean
object	System.Object	dynamic	System.Dynamic.DynamicObject

其他的.NET 编程语言编译器也可以做同样的事情。例如，Visual Basic .NET 语言就有名为 Integer 的类型，Integer 是 System.Int32 的别名。

理解本机大小的整数

C# 9 为本机大小的整数引入了 nint 和 nuint 关键字别名，这意味着整数值的存储大小是平台特定的。它们将 32 位整数存储在 32 位处理单元中，并且 sizeof()返回 4 字节；它们将 64 位整数存储在 64 位处理单元中，并且 sizeof()返回 8 个字节。别名表示指向内存中的整型值的指针，这就是为什么它们的.NET 名称是 IntPtr 和 UIntPtr。实际的存储类型是 System.Int32 或 System.Int64，具体取决于处理单元。

在 64 位处理单元中：

```
WriteLine($"int.MaxValue = {int.MaxValue:N0}");
WriteLine($"nint.MaxValue = {nint.MaxValue:N0}");
```

以上代码的输出如下：

```
int.MaxValue = 2,147,483,647
nint.MaxValue = 9,223,372,036,854,775,807
```

2. 显示类型的位置

代码编辑器为.NET 类型提供了内置文档。

(1) 右击 XDocument，选择 Go to Definition。

(2) 导航到代码文件的顶部，注意程序集的文件名是 System.Xml.XDocument.dll，但是类在 System.Xml.Linq 名称空间中，如图 7.1 所示。

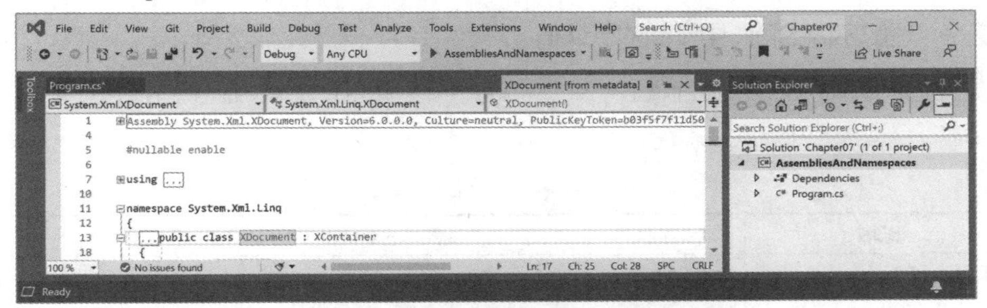

图 7.1　包含 XDocument 类型的程序集和名称空间

(3) 关闭[metadata] XDocument.cs 选项卡。

(4) 在 string或 String 里面右击，选择 Go to Definition。

(5) 导航到代码文件的顶部，注意程序集文件名是 System.Runtime.dll，但是类在 System 名称空间中。

实际上，代码编辑器在技术上撒谎了。在第 2 章中提到 C#词汇表的范围时，我们发现 System.Runtime.dll 程序集不包含任何类型。

它包含的是类型转发器。类型转发器较为特殊，看似存在于程序集中，但实际上在其他地方实现。在这种情况下，它们是在.NET 运行时内部使用高度优化的代码实现的。

7.2.8 使用.NET Standard 在旧平台之间共享代码

在.NET Standard 之前，有可移植类库(Portable Class Library，PCL)。使用 PCL 可以创建代码库并显式地指定希望代码库支持哪些平台，如 Xamarin、Silverlight 和 Windows 8。然后，代码库可以使用由指定平台支持的 API 的交集。

微软意识到这是不可持续的，所以创建了.NET Standard——所有未来的.NET 平台都支持的单一 API。虽然也有较老版本的.NET Standard，但.NET Standard 2.0 试图统一所有重要的最新.NET 平台。虽然.NET Standard 2.1 已于 2019 年末发布，但只有.NET Core 3.0 和当年发布的 Xamarin 版本支持其中的新特性。本书的其余部分将使用术语.NET Standard 来表示.NET Standard 2.0。

.NET Standard 与 HTML5 相似，都是平台应该支持的标准。就像谷歌的 Chrome 浏览器和微软的 Edge 浏览器实现了 HTML5 标准一样，.NET Core、.NET Framework 和 Xamarin 也都实现了.NET Standard。如果想创建可以跨.NET 平台版本工作的类库，可以用.NET Standard 来实现。

最佳实践

由于.NET Standard 2.1 中添加的许多 API 需要在运行时进行更改，而.NET Framework 是微软的旧平台，需要尽可能保持不变，因此.NET Framework 4.8 将保留.NET Standard 2.0 而不是实现.NET Standard 2.1。如果需要支持.NET Framework 客户，就应该基于.NET Standard 2.0 创建类库(虽然.NET Standard 2.0 不是最新的，也不支持所有最新的语言和 BCL 新特性)。

选择哪个.NET Standard 版本作为目标，取决于最大化平台支持和可用功能之间的平衡。较低的版本支持更多的平台，但拥有的 API 集合更小。更高版本支持更少的平台，但拥有的 API 集合更大。通常，应该选择能够支持所需的所有 API 的最低版本。

7.2.9 理解不同 SDK 中类库的默认值

当使用 dotnet SDK 工具创建类库时，知道默认使用哪个目标框架可能是有用的，如表 7.8 所示。

表 7.8 默认使用的目标框架

SDK	新类库的默认目标框架
.NET Core 3.1	netstandard2.0
.NET 5	net5.0
.NET 6	net6.0

虽然类库在默认情况下针对.NET 的特定版本，但可在使用默认模板创建类库项目之后更改它。

可以手动设置目标框架的值，以支持需要引用该库的项目，如表 7.9 所示。

表 7.9 支持对应项目

类库目标框架	目标项目可以使用
netstandard2.0	.NET Framework 4.6.1 或更高版本、.NET Core 2.0 或更高版本、.NET 5.0 或更高版本、Mono 5.4 或更高版本、Xamarin.Android 8.0 或更高版本、Xamarin.iOS 10.14 或更高版本
netstandard2.1	.NET Core 3.0 或更高版本、.NET 5.0 或更高版本、Mono 6.4 或更高版本、Xamarin.Android 10.0 或更高版本、Xamarin.iOS 12.16 或更高版本
net5.0	.NET 5.0 或更高版本
net6.0	.NET 6.0 或更高版本

最佳实践

总是检查类库的目标框架，然后在必要时手动将其更改为更合适的框架。做一个理智的决定，而不是接受默认设置。

7.2.10 创建.NET Standard 2.0 类库

下面使用.NET Standard 2.0 创建一个类库，这样就可以在所有重要的.NET 旧平台以及 Windows、macOS 和 Linux 操作系统上跨平台使用这个类库，同时可以访问大量的.NET API。

(1) 使用首选的代码编辑器将名为 SharedLibrary 的新类库添加到 Chapter07 解决方案/工作区中。

(2) 如果使用 Visual Studio 2022，当提示输入 Target Framework 时，请选择.NET Standard 2.0，然后为当前选择的解决方案设置启动项目。

(3) 如果使用 Visual Studio Code，包括一个面向.NET Standard 2.0 的选项，如下所示：

```
dotnet new classlib -f netstandard2.0
```

(4) 如果使用 Visual Studio Code，选择 SharedLibrary 作为激活的 OmniSharp 项目。

最佳实践

如果需要创建的类型使用了.NET 6.0 中的新特性，就可以创建两个单独的类库：一个针对.NET Standard 2.0，另一个针对.NET 6.0。详见第 10 章。

手动创建两个类库的替代方法是创建一个支持多目标的类库。如果想在下一个版本中增加一个关于多目标的部分，请告诉我。可以在如下链接阅读多目标：

https://docs.microsoft.com/en-us/ dotnet/standard/library-guidance/cross-platform-targeting#multi-targeting

7.2.11 控制.NET SDK

默认情况下，执行 dotnet 命令使用最新安装的.NET SDK。有时候可能需要控制使用哪个 SDK。

例如，第 4 版的一个读者希望他们的体验能够与书中使用.NET Core 3.1 SDK 的步骤相匹配。但他们也安装了.NET 5.0 SDK，并且默认使用。如上一节所述，创建新类库时的行为改变为面向.NET 5.0 而不是.NET Standard 2.0，这让读者感到困惑。

可以通过使用 global.json 文件来控制默认使用的.NET SDK。dotnet 命令在当前文件夹和祖先文件夹中搜索 global.json 文件。

(1) 在 Chapter07 文件夹下创建一个名为 ControlSDK 的子目录/文件夹。

(2) 在 Windows 上，启动命令提示符或 Windows 终端。在 macOS 上，启动 Terminal。如果使用的是 Visual Studio Code，则可以使用集成的终端。

(3) 在 ControlSDK 文件夹中，在命令提示符或终端处，输入命令来创建 global.json 文件，强制使用最新的.NET Core 3.1 SDK，如下所示：

```
dotnet new globaljson --sdk-version 3.1.412
```

(4) 打开 global.json 文件，并查看其内容，如下所示：

```
{
  "sdk": {
     "version": "3.1.412"
  }
}
```

更多信息

可以在以下链接中找到最新的.NET SDK 版本号：

https://dotnet.microsoft.com/ download/visual-studio-sdks

(5) 在 ControlSDK 文件夹中，在命令提示符或终端中，输入命令来创建类库项目，如下所示：

```
dotnet new classlib
```

(6) 如果没有安装.NET Core 3.1 SDK，会看到一个错误，如下所示：

```
Could not execute because the application was not found or a compatible
.NET SDK is not installed.
```

(7) 如果已经安装了.NET Core 3.1 SDK，那么将会创建一个默认面向.NET Standard 2.0 的类库项目。

不需要完成上述步骤，但如果想尝试，但没有安装.NET Core 3.1 SDK，就可以从以下链接安装它：

https://dotnet.microsoft.com/download/dotnet/3.1

7.3 发布用于部署的代码

如果你写了一本小说，想让别人读它，就必须出版它。

大多数开发人员编写代码供其他开发人员在自己的代码中使用，或者供用户作为应用程序运行。要这样做，必须将代码作为打包类库或可执行应用程序发布。

发布和部署.NET 应用程序有三种方法，它们是：

- 与框架相关的部署(Framework-Dependent Deployment，FDD)。
- 与框架相关的可执行文件(Framework-Dependent Executable，FDE)。
- 自包含。

如果选择部署应用程序及其包依赖项而不是.NET 本身，那么可以依赖于目标计算机上已有的.NET。这对于部署到服务器的 Web 应用程序很有效，因为.NET 和许多其他 Web 应用程序可能已经在服务器上了。

FDD 意味着部署一个 DLL，它必须由 dotnet 命令行工具执行。FDE 意味着部署一个可以直接从命令行运行的 EXE。两者都要求.NET 已经安装在系统上。

有时，我们希望能够给某人一个里面包含了应用程序的 U 盘，并且我们知道这个应用程序可以在这个人的计算机上执行。于是我们希望执行自包含的部署。虽然部署文件会更大，但是可以确定，这种方式可行。

7.3.1　创建要发布的控制台应用程序

下面研究一下如何发布控制台应用程序。

(1) 使用喜欢的代码编辑器将一个名为 DotNetEverywhere 的新控制台应用程序添加到 Chapter07 解决方案/工作区中。

(2) 在 Visual Studio Code 中，选择 DotNetEverywhere 作为活动的 OmniSharp 项目。当看到弹出的警告消息指出所需的资产丢失时，单击 Yes 添加它们。

(3) 在 Program.cs 中，删除注释并静态导入 Console 类。

(4) 在 Program.cs 中，添加一个语句来输出一个消息，指出控制台应用程序可以在任何地方运行，并显示一些关于操作系统的信息，如下所示：

```
WriteLine("I can run everywhere!");

WriteLine($"OS Version is {Environment.OSVersion}.");

if (OperatingSystem.IsMacOS())
{
   WriteLine("I am macOS.");
}
else if (OperatingSystem.IsWindowsVersionAtLeast(major: 10))
{
   WriteLine("I am Windows 10 or 11.");
}
else
{
   WriteLine("I am some other mysterious OS.");
}

WriteLine("Press ENTER to stop me.");
ReadLine();
```

(5) 打开 DotNetCoreEverywhere.csproj，将运行时标识符(Runtime Identifier，RID)添加到<PropertyGroup>元素内以面向三类操作系统，如下所示：

```
<Project Sdk="Microsoft.NET.Sdk">

  <PropertyGroup>
    <OutputType>Exe</OutputType>
    <TargetFramework>net6.0</TargetFramework>
    <Nullable>enable</Nullable>
    <ImplicitUsings>enable</ImplicitUsings>
```

```
    <RuntimeIdentifiers>
      win10-x64;osx-x64;osx.11.0-arm64;linux-x64;linux-arm64
    </RuntimeIdentifiers>
  </PropertyGroup>

</Project>
```

- win10-x64 RID 值表示 Windows 10 或 Windows Server 2016 64 位。还可以使用 win10-arm64 RID 值来部署到 Microsoft Surface Pro X。
- osx-x64 RID 值表示 macOS Sierra 10.12 或更高版本。也可以指定特定于版本的 RID 值，比如 osx.10.15-x64 (Catalina)、osx.11.0-x64 (Intel 上的 Big Sur)或者 osx.11.0-arm64 (Apple Silicon 上的 Big Sur)。
- linux-x64 的 RID 值指代大多数桌面 Linux 发行版，如 Ubuntu、CentOS、Debian 或 Fedora。32 位的 Raspbian 或 Raspberry Pi 操作系统使用 linux-arm。在运行 Ubuntu 64 位的 Raspberry Pi 上使用 linux-arm64。

7.3.2 dotnet 命令

安装.NET SDK 时，也将顺带安装 dotnet CLI。

创建新项目

.NET CLI 提供了能够在当前文件夹上工作的命令，从而使用模板创建新项目。

(1) 在 Windows 上，启动命令提示符或 Windows 终端。在 macOS 上，启动 Terminal。如果使用的是 Visual Studio Code，就可以使用集成的终端。

在 Visual Studio Code 中，导航到终端窗口。

(2) 输入 dotnet new --list 或 dotnet new -l 命令，列出当前安装的模板，如图 7.2 所示。

```
Windows PowerShell
PS C:\Users\markj> dotnet new -l
Template Name                                  Short Name            Language    Tags
---------------------------------------------  --------------------  ----------  ----------------------
Console Application                            console               [C#],F#,VB  Common/Console
Class Library                                  classlib              [C#],F#,VB  Common/Library
WPF Application                                wpf                   [C#],VB     Common/WPF
WPF Class Library                              wpflib                [C#],VB     Common/WPF
WPF Custom Control Library                     wpfcustomcontrollib   [C#],VB     Common/WPF
WPF User Control Library                       wpfusercontrollib     [C#],VB     Common/WPF
Windows Forms App                              winforms              [C#],VB     Common/WinForms
Windows Forms Control Library                  winformscontrollib    [C#],VB     Common/WinForms
Windows Forms Class Library                    winformslib           [C#],VB     Common/WinForms
Worker Service                                 worker                [C#],F#     Common/Worker/Web
MSTest Test Project                            mstest                [C#],F#,VB  Test/MSTest
NUnit 3 Test Item                              nunit-test            [C#],F#,VB  Test/NUnit
NUnit 3 Test Project                           nunit                 [C#],F#,VB  Test/NUnit
xUnit Test Project                             xunit                 [C#],F#,VB  Test/xUnit
Razor Component                                razorcomponent        [C#]        Web/ASP.NET
Razor Page                                     page                  [C#]        Web/ASP.NET
MVC ViewImports                                viewimports           [C#]        Web/ASP.NET
MVC ViewStart                                  viewstart             [C#]        Web/ASP.NET
Blazor Server App                              blazorserver          [C#]        Web/Blazor
Blazor WebAssembly App                         blazorwasm            [C#]        Web/Blazor/WebAssembly
ASP.NET Core Empty                             web                   [C#],F#     Web/Empty
ASP.NET Core Web App (Model-View-Controller)   mvc                   [C#],F#     Web/MVC
ASP.NET Core Web App                           webapp                [C#]        Web/MVC/Razor Pages
ASP.NET Core with Angular                      angular               [C#]        Web/MVC/SPA
ASP.NET Core with React.js                     react                 [C#]        Web/MVC/SPA
ASP.NET Core with React.js and Redux           reactredux            [C#]        Web/MVC/SPA
Razor Class Library                            razorclasslib         [C#]        Web/Razor/Library
ASP.NET Core Web API                           webapi                [C#],F#     Web/WebAPI
ASP.NET Core gRPC Service                      grpc                  [C#]        Web/gRPC
dotnet gitignore file                          gitignore                         Config
global.json file                               globaljson                        Config
NuGet Config                                   nugetconfig                       Config
Dotnet local tool manifest file                tool-manifest                     Config
Web Config                                     webconfig                         Config
Solution File                                  sln                               Solution
Protocol Buffer File                           proto                             Web/gRPC
```

图 7.2　已安装的 dotnet new 项目模板列表

更多信息

大多数 dotnet 命令行选项有长版本和短版本。例如，--list 或-l。短版本打字更快，但更容易被其他人误解。有时打字越多越清楚。

7.3.3 获取关于.NET 及其环境的信息

查看.NET SDK 和运行时的当前安装情况，以及操作系统的相关信息是很有用的，命令如下所示：

```
dotnet --info
```

注意结果，下面显示了部分输出：

```
.NET SDK (reflecting any global.json):
Version: 6.0.100
Commit: 22d70b47bc

Runtime Environment:
OS Name: Windows
OS Version: 10.0.19043
OS Platform: Windows
RID: win10-x64
Base Path: C:\Program Files\dotnet\sdk\6.0.100\

Host (useful for support):
Version: 6.0.0
Commit: 91ba01788d

.NET SDKs installed:
3.1.412 [C:\Program Files\dotnet\sdk]
5.0.400 [C:\Program Files\dotnet\sdk]
6.0.100 [C:\Program Files\dotnet\sdk]

.NET runtimes installed:
Microsoft.AspNetCore.All 2.1.29 [...\dotnet\shared\Microsoft.AspNetCore.All]
...
```

7.3.4 管理项目

dotnet CLI 在当前文件夹中对项目有效的命令如下，它们用于管理项目。

- dotnet restore：下载项目的依赖项。
- dotnet build：编译项目。
- dotnet test：在项目中运行单元测试。
- dotnet run：运行项目。
- dotnet pack：为项目创建 NuGet 包。
- dotnet publish：编译并发布项目，可以带有依赖项，也可以是自包含的应用程序。
- add：把对包或类库的引用添加到项目中。
- remove：从项目中删除对包或类库的引用。
- list：列出项目的包或类库引用。

7.3.5 发布自包含的应用程序

前面介绍了有关 dotnet 工具命令的一些例子，现在可以发布跨平台的控制台应用程序了。

(1) 在命令行中，确保打开了 DotNetEverywhere 文件夹。

(2) 输入以下命令，构建并发布适用于 Windows 10 的控制台应用程序的发布版本：

```
dotnet publish -c Release -r win10-x64
```

(3) 注意，构建引擎会恢复任何需要的包，将项目源代码编译为汇编 DLL，并创建 publish 文件夹，如下所示：

```
Microsoft (R) Build Engine version 17.0.0+073022eb4 for .NET
Copyright (C) Microsoft Corporation. All rights reserved.
Determining projects to restore...
Restored C:\Code\Chapter07\DotNetEverywhere\DotNetEverywhere.csproj (in
46.89 sec).
DotNetEverywhere -> C:\Code\Chapter07\DotNetEverywhere\bin\Release\
net6.0\win10-x64\DotNetEverywhere.dll
DotNetEverywhere -> C:\Code\Chapter07\DotNetEverywhere\bin\Release\
net6.0\win10-x64\publish\
```

(4) 输入命令来构建和发布 macOS 和 Linux 变体的发布版本。

```
dotnet publish -c Release -r osx-x64
dotnet publish -c Release -r osx.11.0-arm64
dotnet publish -c Release -r linux-x64
dotnet publish -c Release -r linux-arm64
```

最佳实践

可以使用像 PowerShell 这样的脚本语言自动执行这些命令，并在使用跨平台 PowerShell Core 的任何操作系统上执行这些命令。只需要创建一个扩展名为.ps1 的文件，其中包含五个命令。然后执行该文件。要了解 PowerShell 的更多信息，请访问 https://github.com/markjprice/cs10dotnet6/tree/main/docs/ PowerShell。

(5) 打开 macOS Finder 窗口或 Windows 文件资源管理器，导航到 DotNetEverywhere\bin\Release\net6.0，并注意各种操作系统的输出文件夹。

(6) 在 win10-x64 文件夹中，选择 publish 文件夹，注意所有支持程序集，比如 Microsoft.CSharp.dll。

(7) 选择 DotNetEverywhere 可执行文件，注意它是 161 KB，如图 7.3 所示。

(8) 如果在 Windows 上，然后双击执行程序并注意结果，如下所示：

```
I can run everywhere!
OS Version is Microsoft Windows NT 10.0.19042.0.
I am Windows 10.
Press ENTER to stop me.
```

(9) 注意，publish 文件夹及其所有文件的总大小为 64.8 MB。

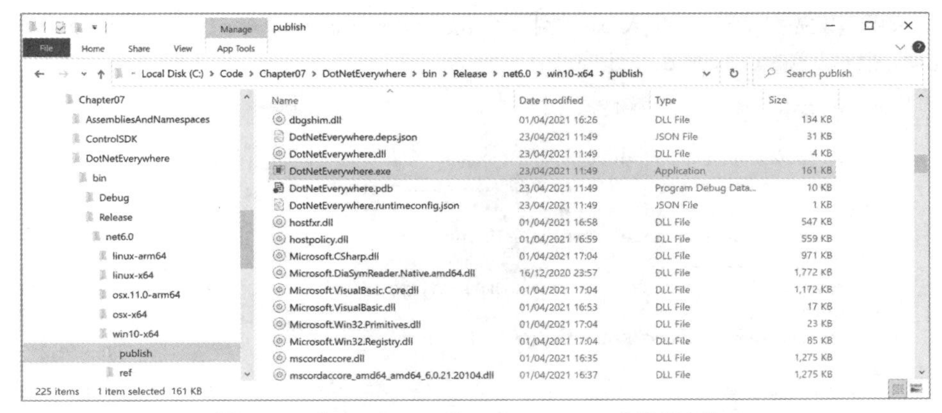

图 7.3　64 位 Windows 10 的 DotNetEverywhere 可执行文件

(10) 在 osx.11.0-arm64 文件夹中，选择 publish 文件夹，注意所有支持的程序集，然后选择 DotNetEverywhere 可执行文件，注意可执行文件是 126KB，publish 文件夹是 71.8 MB。

只要将这些文件夹中的任何一个复制到适当的操作系统，这个控制台应用程序就会运行，这是因为它是一个自包含的、可部署的.NET 应用程序。例如，在带有 Intel 的 macOS 上，输出如下所示：

```
I can run everywhere!
OS Version is Unix 11.2.3
I am macOS.
Press ENTER to stop me.
```

本例使用了一个控制台应用程序，但你也可以轻松地创建一个 ASP.NET Core 网站或 Web 服务，或者 Windows 窗体或 WPF 应用程序。当然，只能将 Windows 桌面应用程序部署到 Windows 计算机上，而不能部署到 Linux 或 macOS 上。

7.3.6　发布单文件应用

要将应用发布为“单个”文件，可在发布时指定标志。但是，在.NET 5.0 中，单文件应用主要集中在 Linux 上，因为 Windows 和 macOS 对此都有限制，这意味着真正的单文件发布在技术上是行不通的。有了.NET 6，现在可以在 Windows 上创建正确的单文件应用程序。

假设.NET 已经安装在电脑上，想要运行应用程序，就可以在发布应用时使用额外的标志，它不需要是自包含的，可把它发布为一个单独的文件(如果可能的话)，如下所示(必须在单行中输入)：

```
dotnet publish -r win10-x64 -c Release --self-contained=false
/p:PublishSingleFile=true
```

这将生成两个文件：DotNetEverywhere.exe 和 DotNetEverywhere.pdb。.exe 文件是可执行文件，.pdb 文件则是存储了调试信息的程序数据库文件。

更多信息

在 macOS 上发布的应用程序没有.exe 文件扩展名，所以如果在上面的命令中使用 osx-x64，文件名将没有扩展名。

如果喜欢先把.pdb 文件嵌入.exe 文件，再给.csproj 文件添加<DebugType>和<PropertyGroup>元素，把它设置为 embedded，标记如下：

```
<PropertyGroup>

  <OutputType>Exe</OutputType>
  <TargetFramework>net6.0</TargetFramework>
  <Nullable>enable</Nullable>
  <ImplicitUsings>enable</ImplicitUsings>
  <RuntimeIdentifiers>
    win10-x64;osx-x64;osx.11.0-arm64;linux-x64;linux-arm64
  </RuntimeIdentifiers>
  <DebugType>embedded</DebugType>

</PropertyGroup>
```

如果.NET 6 还没有安装到计算机上，那么在 Windows 上还会生成一些额外的文件，比如 coreclr.dll、clrjit.dll、clrcompression.dll 和 mscordaccore.dll。

下面列举一个 Windows 示例。

(1) 在命令行上，输入以下命令，为 Windows 10 构建控制台应用程序的发布版本：

```
dotnet publish -c Release -r win10-x64 /p:PublishSingleFile=true
```

(2) 导航到 DotNetCoreEverywhere\bin\Release\net5.0\osx-x64\publish 文件夹，选择 DotNeteEverywhere.exe 可执行文件，注意这个可执行文件现在大约 58.3 MB。还有一个 10 KB 的.pdb 文件。读者的系统上的大小会有所不同。

7.3.7 使用 app trimming 系统减小应用程序的大小

将.NET 应用程序部署为自包含应用程序的问题之一在于.NET 库需要占用大量的内存空间。最需要精简的是 Blazor WebAssembly 组件，因为所有的.NET 库都需要下载到浏览器中。

请不要将没有使用的程序集打包到部署中，因为这样可以减小应用程序的大小。.NET Core 3.0 中引入的 app trimming 系统可用来识别代码需要的程序集，并删除那些不需要的程序集。

在.NET 5 中，只要不使用程序集中的单个类型甚至成员(如方法)，就可以进一步减小应用程序的大小。例如，对于 Hello World 控制台应用程序，System.Console.dll 程序集就从 61.5 KB 缩减到 31.5 KB。对于.NET 5，这是一个实验性的特性，因此在默认情况下是禁用的。

在.NET 6 中，微软在它的库中添加了注释，以表明如何安全地调整这些库，因此将类型和成员的调整作为默认设置。这就是所谓的链接修剪模式。

问题在于，app trimming 系统到底能在多大程度上标识未使用的程序集、类型和成员？如果代码是动态的，那么很可能使用了反射技术，app trimming 系统有可能无法正常工作，因此微软允许我们进行手动控制。

1. 启用组装级裁剪

启用组装级裁剪的方式有两种。第一种方式是在项目文件中添加如下元素：

```
<PublishTrimmed>true</PublishTrimmed>
```

第二种方式是在发布时添加如下标志：

```
dotnet publish ... -p:PublishTrimmed=True
```

2. 启用类型级和成员级裁剪

启用类型级和成员级裁剪的方式也有两种。
第一种方式是在项目文件中添加如下元素：

```
<PublishTrimmed>true</PublishTrimmed>
<TrimMode>Link</TrimMode>
```

第二种方式是在发布时添加如下标志：

```
dotnet publish ... -p:PublishTrimmed=True -p:TrimMode=Link
```

对于.NET 6，链接修剪模式是默认的，所以如果你设置一个类似 copyused 的替代修剪模式，则只需要指定选项，这意味着程序集级别的修剪。

7.4　反编译程序集

学习如何为.NET 编写代码的最佳方法之一就是看看专业人员是如何做的。

最佳实践
可以出于非学习的目的来反编译其他人的程序集，比如复制代码用于自己的产品库或应用程序，但是请记住，你正在侵犯他人的知识产权。

7.4.1　使用 Visual Studio 2022 的 ILSpy 扩展进行反编译

出于学习的目的，可以使用 ILSpy 之类的工具来反编译任何.NET 程序集。

(1) 在 Visual Studio 2022 for Windows 中，导航到 Extensions | Manage Extensions。
(2) 在搜索框中输入 ilspy。
(3) 对于 ILSpy 扩展，单击 Download。
(4) 单击 Close。
(5) 关闭 Visual Studio 以允许安装扩展。
(6) 重启 Visual Studio 并重新打开 Chapter07 解决方案。
(7) 在 Solution Explorer 中，右击 DotNetEverywhere 项目并选择 Open output in ILSpy。
(8) 导航到 File | Open…。
(9) 进入以下目录：

```
Code/Chapter07/DotNetEverywhere/bin/Release/net6.0/linux-x64
```

(10) 选择 System.IO.FileSystem.dll 程序集并单击 Open。
(11) 在 Assemblies 树中，展开 System.IO.FileSystem 组件，展开 System.IO 名称空间，选择 Directory 类，并等待它反编译。
(12) 在 Directory 类中，单击[+]来展开 GetParent 方法，如图 7.4 所示。

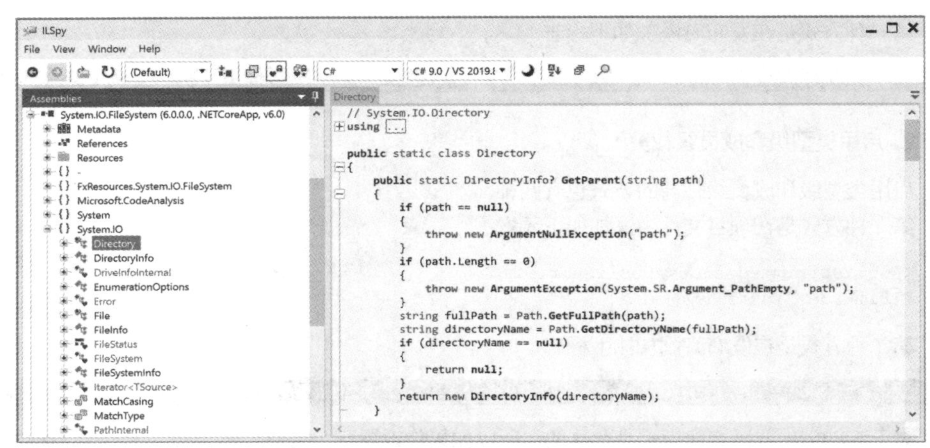

图 7.4　在 Windows 上反编译 Directory 类的 GetParent 方法

(13) 注意检查 path 参数。如果它是 null，就抛出一个 ArgumentNullException；如果它是零长度，就抛出一个 ArgumentException。

(14) 关闭 ILSpy。

7.4.2　使用 Visual Studio Code 的 ILSpy 扩展进行反编译

类似的功能可以跨平台用作 Visual Studio Code 的扩展。

(1) 如果还没有安装 Visual Studio Code 的 ILSpy .NET Decompiler 扩展，那么现在搜索并安装它。

(2) 在 macOS 或 Linux 上，扩展依赖于 Mono，所以也需要从以下链接安装 Mono：
https://www.mono-project.com/download/stable/。

(3) 在 Visual Studio Code 中，导航到 View | Command Palette…。

(4) 输入 ilspy，然后选择 ILSpy: Decompile IL Assembly (pick file)。

(5) 进入以下目录：

```
Code/Chapter07/DotNetEverywhere/bin/Release/net6.0/linux-x64
```

(6) 选择 System.IO.FileSystem.dll 程序集并单击 Select assembly。什么也不会发生，但可以通过查看 Output 窗口，在下拉列表中选择 ilspy-vscode，并查看处理过程来确认 ILSpy 正在工作，如图 7.5 所示。

(7) 在资源管理器中展开 ILSPY DECOMPILED MEMBERS，选择程序集，关闭 Output 窗口，并注意打开的两个编辑窗口，其中显示了使用 C#代码编写的程序集属性，以及使用 IL 代码编写的外部 DLL 和程序集引用，如图 7.6 所示。

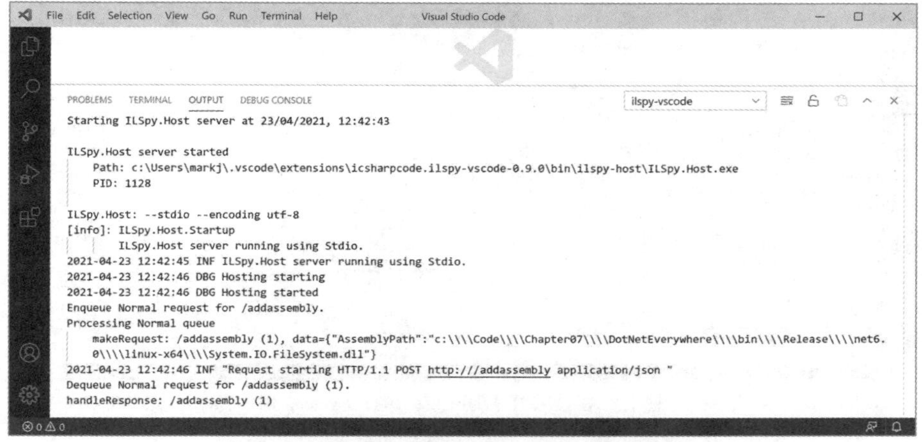

图 7.5 选择要反编译的程序集时的 ILSpy 扩展输出

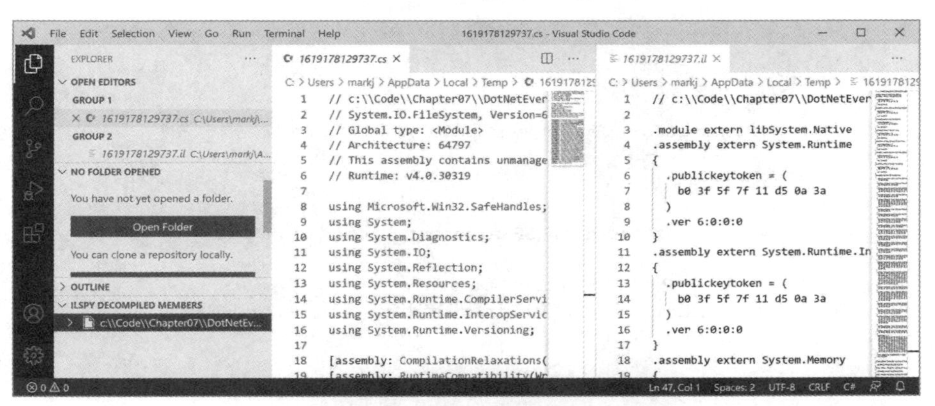

图 7.6 展开 ILSPY DECOMPILED MEMBERS

(8) 在 IL 代码中，请注意对 System.Runtime 程序集的引用(包括版本号)，如下所示：

```
.module extern libSystem.Native
.assembly extern System.Runtime
{
  .publickeytoken = (
    b0 3f 5f 7f 11 d5 0a 3a
  )
  .ver 6:0:0:0
}
```

.module extern libSystem.Native 意味着这个程序集会对 macOS 系统 API 进行函数调用，正如你期望的那样，这些调用来自文件系统的交互代码。如果反编译了 Windows 版的这个程序集，那么可以使用 Win32 API .module extern kernel32.dll 来代替。

(9) 在 EXPLORER 的 ILSPY DECOMPILED MEMBERS 中，展开程序集，展开 System.IO 名称空间，选择 Directory 并注意打开的两个编辑窗口，其中显示了使用 C#代码和 IL 代码编写的反编译的 Directory 类，如图 7.7 所示。

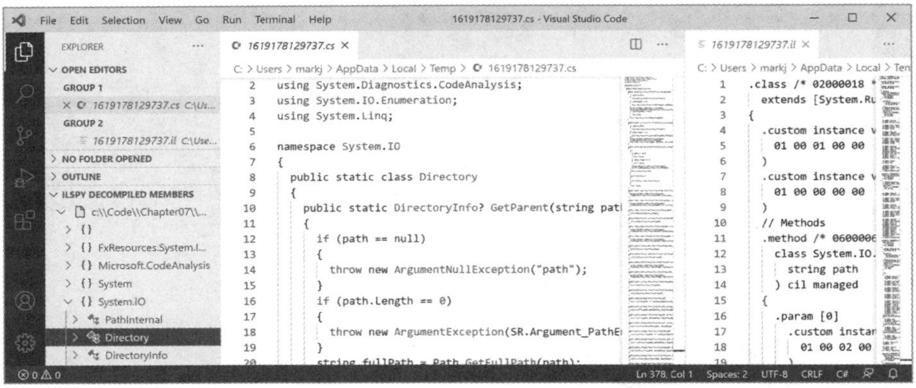

图 7.7 在 C#和 IL 代码中反编译的 Directory 类

(10) 比较 GetParent 方法的 C#源代码，如下所示：

```
public static DirectoryInfo? GetParent(string path)
{
  if (path == null)
  {
    throw new ArgumentNullException("path");
  }
  if (path.Length == 0)
  {
    throw new ArgumentException(SR.Argument_PathEmpty, "path");
  }
  string fullPath = Path.GetFullPath(path);
  string directoryName = Path.GetDirectoryName(fullPath);
  if (directoryName == null)
  {
    return null;
  }
  return new DirectoryInfo(directoryName);
}
```

(11) 使用 GetParent 方法的等效 IL 源代码，如下所示：

```
.method /* 06000067 */ public hidebysig static
  class System.IO.DirectoryInfo GetParent (
    string path
  ) cil managed
{
  .param [0]
    .custom instance void System.Runtime.CompilerServices
    .NullableAttribute::.ctor(uint8) = (
      01 00 02 00 00
    )
  // Method begins at RVA 0x62d4
  // Code size 64 (0x40)
  .maxstack 2
  .locals /* 1100000E */ (
    [0] string,
    [1] string
  )
```

```
IL_0000: ldarg.0
IL_0001: brtrue.s IL_000e

IL_0003: ldstr "path" /* 700005CB */
IL_0008: newobj instance void [System.Runtime]
   System.ArgumentNullException::.ctor(string) /* 0A000035 */
IL_000d: throw

IL_000e: ldarg.0
IL_000f: callvirt instance int32 [System.Runtime]
  System.String::get_Length() /* 0A000022 */
IL_0014: brtrue.s IL_0026
IL_0016: call string System.SR::get_Argument_PathEmpty() /* 0600004C */
IL_001b: ldstr "path" /* 700005CB */
IL_0020: newobj instance void [System.Runtime]
  System.ArgumentException::.ctor(string, string) /* 0A000036 */
IL_0025: throw IL_0026: ldarg.0
IL_0027: call string [System.Runtime.Extensions]
  System.IO.Path::GetFullPath(string) /* 0A000037 */
IL_002c: stloc.0 IL_002d: ldloc.0
IL_002e: call string [System.Runtime.Extensions]
  System.IO.Path::GetDirectoryName(string) /* 0A000038 */
IL_0033: stloc.1
IL_0034: ldloc.1
IL_0035: brtrue.s IL_0039 IL_0037: ldnull
IL_0038: ret IL_0039: ldloc.1
IL_003a: newobj instance void
  System.IO.DirectoryInfo::.ctor(string) /* 06000097 */
IL_003f: ret
} // end of method Directory::GetParent
```

最佳实践

IL 代码编辑窗口并不是特别有用，除非你非常熟悉 C#和.NET 开发，了解 C#编译器如何将源代码转换成 IL 代码是非常重要的。还有一些更有用的编辑窗口包含了由微软专家编写的 C#源代码。你可以从专业人员实现类型的过程中学到很多最佳实践。例如，GetParent 方法展示了如何检查空参数和其他参数异常。

(12) 关闭编辑窗口而不保存更改。

(13) 在资源管理器中，在 ILSPY DECOMPILED MEMBERS 中右击程序集并选择 Unload Assembly。

7.4.3　不能在技术上阻止反编译

有时有人问我，是否有一种方法可以保护编译后的代码以防止反编译。答案是否定的，如果仔细想想，就会明白为什么会这样。可以导致更难使用像 Dotfuscator 这样的混淆工具，但最终不能完全阻止它。

所有编译过的应用程序都包含指向其运行的平台、操作系统和硬件的指令。这些指令在功能上必须与原始源代码相同，但只是对人类来说更难阅读。这些指令必须可读才能执行代码；因此，它们必须是可读的，以便进行反编译。如果你使用一些自定义技术来保护代码不被反编译，也会阻止代码运行!

虚拟机模拟硬件，因此可以捕获正在运行的应用程序与它认为正在运行的软件和硬件之间的所有交互。

如果可以保护代码，就也应该避免使用调试器附加到它并单步执行它。如果编译后的应用程序有一个 pdb 文件，就可以附加一个调试器并单步执行语句。即使没有 pdb 文件，你仍然可以附加一个调试器并了解代码是如何工作的。

这对所有编程语言都是正确的。不只是像 C#、Visual Basic 和 F#这样的.NET 语言，还有 C、C++、Delphi、汇编语言。所有这些语言都可以附加到上面进行调试或反汇编。专业人士使用的一些工具如表 7.10 所示。

表 7.10　专业人员使用的一些工具

类型	产品	描述
虚拟机	VMware	像恶意软件分析师这样的专业人士总是在虚拟机中运行软件
调试器	SoftICE	运行在操作系统下，通常在虚拟机中
调试器	WinDbg	对于理解 Windows 内部非常有用，因为它比其他调试器更了解 Windows 数据结构
反汇编器	IDA Pro	专业恶意软件分析师使用
反编译器	HexRays	反编译 C 应用程序。IDA Pro 的插件
反编译器	DeDe	反编译 Delphi 应用程序
反编译器	dotPeek	来自 JetBrains 的.NET 反编译器

最佳实践

调试、反汇编和反编译其他人的软件可能违反其许可协议，在许多司法管辖区是非法的。不应试图用技术解决方案来保护知识产权，法律有时是唯一的求助对象。

7.5　为 NuGet 分发打包自己的库

在学习如何创建和打包自己的库之前，下面先回顾一下项目如何使用现有的包。

7.5.1　引用 NuGet 包

假设要添加第三方开发人员创建的包，例如 Newtonsoft.Json，这是一个使用 JSON 来序列化格式的流行包。

(1) 在 AssembliesAndNamespaces 项目中，使用 Visual Studio 2022 的 GUI 或 Visual Studio Code 的 dotnet add package 命令，添加对 NuGet 包 Newtonsoft.Json 的引用。

(2) 打开 AssembliesAndNamespaces.csproj 文件，并注意添加了一个包引用，如下所示：

```
<ItemGroup>
  <PackageReference Include="newtonsoft.json" Version="13.0.1" />
</ItemGroup>
```

如果有 Newtonsoft.Json 包的最新版本，则自编写本章以来它已经更新。

修复依赖项

为了一致地恢复包并编写可靠的代码，修复依赖项非常重要。修复依赖项意味着使用为特定版本的.NET 发布的相同包族(如.NET 5.0 的 SQLite)。

```
<Project Sdk="Microsoft.NET.Sdk">

  <PropertyGroup>
    <OutputType>Exe</OutputType>
    <TargetFramework>net6.0</TargetFramework>
  </PropertyGroup>

  <ItemGroup>
    <PackageReference
      Include="Microsoft.EntityFrameworkCore.Sqlite"
      Version="6.0.0" />
  </ItemGroup>

</Project>
```

为修复依赖项，每个包都应该有一个没有附加限定符的单一版本。可使用的限定符包括 beta1、rc4 和通配符*。通配符允许自动引用和使用未来的版本，因为它们总是代表最新的版本。但使用通配符通常是危险的，因为可能导致使用将来不兼容的包，从而破坏代码。

```
<PackageReference
  Include="Microsoft.EntityFrameworkCore.Sqlite"
  Version="6.0.0-preview.*" />
```

如果使用 dotnet add package 命令，或 Visual Studio 的 Manage NuGet Packages，就将始终使用包的最新特定版本。但是，如果从博客文章中复制并粘贴配置，或者自己手动添加引用，就可能会包含通配符作为限定符。

下列依赖项是 NuGet 包引用的示例，没有修复，应避免：

```
<PackageReference Include="System.Net.Http" Version="4.1.0-*" />
<PackageReference Include="Newtonsoft.Json" Version="12.0.3-beta1" />
```

最佳实践

微软保证，如果将依赖项修复到某个特定版本的.NET(如.NET 6.0)，那么这些包将一起工作。你应该总是修复依赖项。

7.5.2 为 NuGet 打包库

接下来打包前面创建的 SharedLibrary 项目。

(1) 在 SharedLibrary 项目中，将 class1.cs 重命名为 StringExtensions.cs。

(2) 修改其中的内容，以提供一些有用的扩展方法，从而使用正则表达式验证各种文本值，如下所示：

```
using System.Text.RegularExpressions;

namespace Packt.Shared
{
  public static class StringExtensions
```

```
  {
    public static bool IsValidXmlTag(this string input)
    {
      return Regex.IsMatch(input,
        @"^<([a-z]+)([^<]+)*(?:>(.*)<\/\1>|\s+\/>)$");
    }

    public static bool IsValidPassword(this string input)
    {
      // minimum of eight valid characters
      return Regex.IsMatch(input, "^[a-zA-Z0-9_-]{8,}$");
    }

    public static bool IsValidHex(this string input)
    {
      // three or six valid hex number characters
      return Regex.IsMatch(input,
        "^#?([a-fA-F0-9]{3}|[a-fA-F0-9]{6})$");
    }
  }
}
```

第 8 章将介绍如何编写正则表达式。

(3) 编辑 SharedLibrary.csproj，修改其中的内容，注意：

- PackageId 必须是全局唯一的。因此，如果希望将这个 NuGet 包发布到 https://www.nuget.org/ 公共源，以供他人引用和下载，就必须使用另一个不同的值。
- PackageLicenseExpression 必须是来自以下链接的值：https://spdx.org/licenses/。也可以指定自定义许可。
- 其他所有元素的含义都不言自明。

```
<Project Sdk="Microsoft.NET.Sdk">

  <PropertyGroup>
    <TargetFramework>netstandard2.0</TargetFramework>
    <GeneratePackageOnBuild>true</GeneratePackageOnBuild>
    <PackageId>Packt.CSdotnet.SharedLibrary</PackageId>
    <PackageVersion>6.0.0.0</PackageVersion>
    <Title>C# 10 and .NET 6 Shared Library</Title>
    <Authors>Mark J Price</Authors>
    <PackageLicenseExpression>
      MS-PL
    </PackageLicenseExpression>
    <PackageProjectUrl>
      https://github.com/markjprice/cs10dotnet6
    </PackageProjectUrl>
    <PackageIcon>packt-csdotnet-sharedlibrary.png</PackageIcon>
    <PackageRequireLicenseAcceptance>true</
    PackageRequireLicenseAcceptance>
    <PackageReleaseNotes>
      Example shared library packaged for NuGet.
    </PackageReleaseNotes>
    <Description>
      Three extension methods to validate a string value.
    </Description>
```

```
    <Copyright>
      Copyright © 2016-2021 Packt Publishing Limited
    </Copyright>
    <PackageTags>string extensions packt csharp dotnet</PackageTags>

  </PropertyGroup>

  <ItemGroup>
    <None Include="packt-csdotnet-sharedlibrary.png">
      <Pack>True</Pack>
      <PackagePath></PackagePath>
    </None>
  </ItemGroup>

</Project>
```

更多信息

值为 true 或 false 的配置属性不能有任何空白，因此<PackageRequireLicenseAcceptance>条目不能有回车符和缩进。

(4) 从以下链接下载图标文件，并将它们保存在 SharedLibrary 文件夹中：https://github.com/markjprice/cs8dotnetcore3/tree/master/Chapter07/SharedLibrary/packt-cs8- sharedlibrary.png。

(5) 构建发布程序集：

- 在 Visual Studio 中，在工具栏中选择 Release，然后导航到 Build |Build SharedLibrary。
- 在 Visual Studio Code 的 Terminal 中，输入 dotnet build -c Release。

(6) 如果没有在项目文件中设置< GeneratePackageOnBuild >为 true，就不得不使用以下额外步骤手动创建一个 NuGet 包：

- 在 Visual Studio 中，导航到 Build | Pack SharedLibrary。
- 在 Visual Studio Code 的 Terminal 中，输入 dotnet pack -c Release。

1. 将包发布到公共的 NuGet 源

如果想让每个人都能下载和使用自己的 NuGet 包，就必须把它上传到一个像微软一样的公共 NuGet 源。

(1) 启动喜欢的浏览器，并导航到以下链接：

https://www.nuget.org/ packages/manage/upload。

(2) 如果想上传 NuGet 包，供其他开发者引用为依赖包，就需要登录微软账户：https://www.nuget.org。

(3) 单击 Browse…并选择通过生成 NuGet 包创建的.nupkg 文件。文件夹路径应该是 Code\Chapter07\SharedLibrary\bin\Release，文件名为 Packt.CSdotnet.SharedLibrary.6.0.0.nupkg。

(4) 验证你在 SharedLibrary.csproj 文件中已正确填写的信息，然后单击 Submit 按钮。

(5) 等待几秒后，你将看到一条消息，显示 NuGet 包已上传，如图 7.8 所示。

更多信息

如果出现错误，就查找项目文件中的错误，或者通过以下链接阅读关于 PackageReference 格式的更多信息：

https://docs.microsoft.com/en-us/nuget/reference/msbuild-targets。

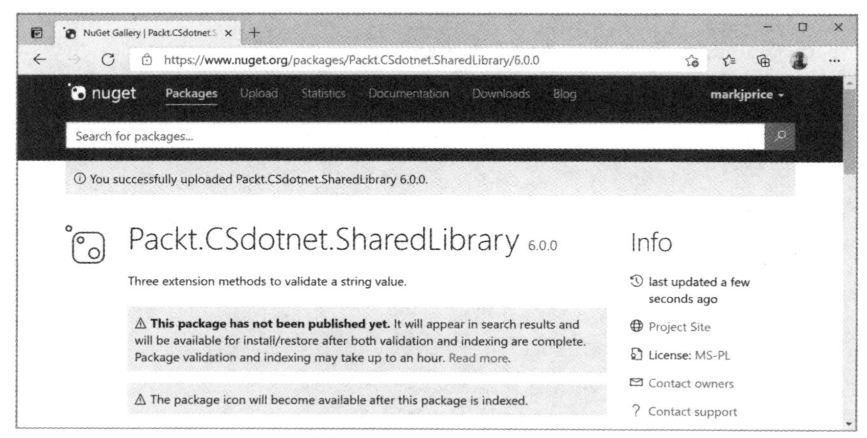

图 7.8　NuGet 包的上传消息

2. 把包发布到私有的 NuGet 源

组织可以托管自己的私人 NuGet 源。对于许多开发团队来说，这是一种方便的方式来共享工作。欲知详情，请浏览以下链接：

https://docs.microsoft.com/en-us/nuget/hosting-packages/overview

7.5.3　使用工具探索 NuGet 包

Uno Platform 创建了一个名为 NuGet Package Explorer 的方便工具，用于打开和查看 NuGet 包的更多细节。除了作为一个网站，它还可以作为一个跨平台应用来安装。下面看看它的功能：

(1) 启动喜欢的浏览器，并导航到以下链接：https://nuget.info。

(2) 在搜索框中输入 Packt.CSdotnet.SharedLibrary。

(3) 选择由 Mark J Price 发布的包 v6.0.0，然后单击 Open 按钮。

(4) 在 Contents 部分中，展开 lib 文件夹和 netstandard2.0 文件夹。

(5) 选择 SharedLibrary.dll，并注意细节，如图 7.9 所示。

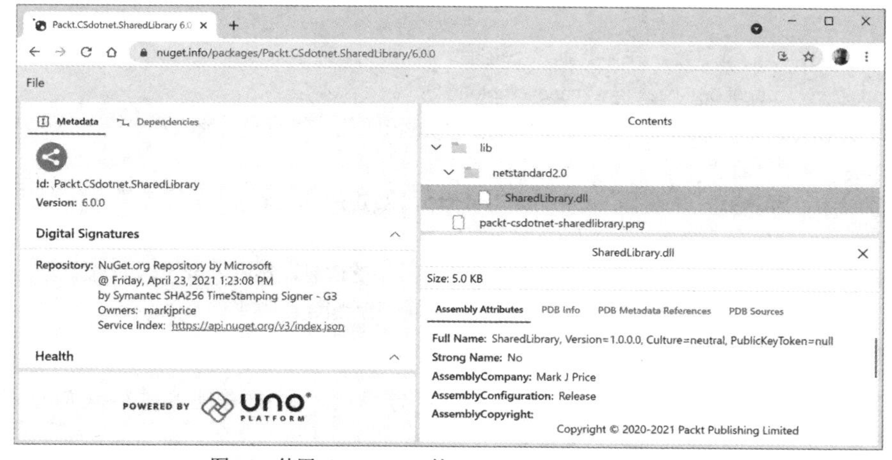

图 7.9　使用 Uno Platform 的 NuGet Package Explorer 探索

(6) 如果希望将来在本地使用此工具，请单击浏览器中的安装按钮。

(7) 关闭浏览器。

更多信息

并不是所有浏览器都支持这样安装 Web 应用程序。推荐使用 Chrome 进行测试和开发。

7.5.4　测试类库包

下面通过引用 AssembliesAndNamespaces 项目中已经上传的包来测试它们。

(1) 在 AssembliesAndNamespaces 项目中，添加对包的引用，如下所示：

```
<ItemGroup>
  <PackageReference Include="newtonsoft.json" Version="13.0.1" />
  <PackageReference Include="packt.csdotnet.sharedlibrary"
     Version="6.0.0" />
</ItemGroup>
```

(2) 构建控制台应用程序，

(3) 在 Program.cs 中，导入 Packt.Shared 名称空间。

(4) 在 Program.cs 中，提示用户输入一些字符串值，然后使用包中的扩展方法验证它们，如下面的代码所示：

```
Write("Enter a color value in hex: ");
string? hex = ReadLine(); // or "00ffc8"
WriteLine("Is {0} a valid color value? {1}",
  arg0: hex, arg1: hex.IsValidHex());

Write("Enter a XML element: ");
string? xmlTag = ReadLine(); // or "<h1 class=\"<\" />"
WriteLine("Is {0} a valid XML element? {1}",
  arg0: xmlTag, arg1: xmlTag.IsValidXmlTag());

Write("Enter a password: ");
string? password = ReadLine(); // or "secretsauce"
WriteLine("Is {0} a valid password? {1}",
  arg0: password, arg1: password.IsValidPassword());
```

(5) 运行代码，根据提示输入一些值，查看结果，如下所示：

```
Enter a color value in hex: 00ffc8
Is 00ffc8 a valid color value? True
Enter an XML element: <h1 class="<" />
Is <h1 class="<" /> a valid XML element? False
Enter a password: secretsauce
Is secretsauce a valid password? True
```

7.6　从.NET Framework 移植到.NET

现有的.NET Framework 开发人员可能需要考虑是否将一些应用程序移植到.NET。你应该考虑移植是否适合代码，因为有时最好的选择不是移植。

例如，假定有一个复杂的网站项目，它运行在.NET Framework 4.8 上，但只有少数用户访问它；如果它能在最小的硬件上处理访问流量，那么花几个月的时间将它移植到.NET 6 可能就是浪费时间。但是，假定另一个网站目前需要许多昂贵的 Windows 服务器，那么如果能够迁移到更少、更便宜的 Linux 服务器，那么移植的成本最终会得到回报。

7.6.1 能移植吗？

现代.NET 对 Windows、macOS 和 Linux 上的下列应用程序类型提供了强大的支持，所以它们是移植的潜在选项：

- ASP.NET Core MVC 网站
- ASP.NET Core Web API Web 服务(REST/HTTP)。
- ASP.NET Core SignalR 服务
- 控制台应用程序命令行接口。

现代.NET 对 Windows 上的下列应用程序类型提供了强大的支持，所以它们是移植的潜在选项：

- Windows Forms 应用程序。
- Windows Presentation Foundation (WPF) 应用程序。

现代.NET 在跨平台桌面和移动设备上对以下类型的应用程序有很好的支持：

- 用于移动 iOS 和 Android 的 Xamarin 应用程序。
- .NET MAUI 适用于桌面 Windows 和 macOS，或移动 iOS 和 Android。

现代.NET 不支持以下类型的微软项目：

- ASP.NET Web Forms 网站。这些可能最好使用 ASP.NET Core Razor Pages 或 Blazor 重新实现。
- Windows Communication Foundation 服务(但是有一个叫做 CoreWCF 的开源项目，可以根据需要使用它)。使用 ASP.NET Core gRPC 重新实现可能会更好。
- Silverlight 应用程序。这些可能最好使用.NET MAUI 重新实现。

Silverlight 和 ASP.NET Web Forms 应用程序永远不可能移植到现代.NET 平台，但是现有的 Windows Forms 和 WPF 应用程序可以移植到 Windows 的.NET，以便从新的 API 和更高的性能中获益。

旧的 ASP.NET MVC Web 应用程序和 ASP.NET Web API Web 服务目前在.NET Framework 上，可以移植到现代的.NET，然后托管在 Windows、Linux 或 macOS 上。

7.6.2 应该移植吗？

即使可以移植，就应该移植吗？能得到什么好处呢？一些常见的好处如下。

- 部署到 Linux、Docker 或 Kubernetes 的网站和 Web 服务：作为网站和 Web 服务平台，这些操作系统是轻量级的、性价比较高，特别是与 Windows Server 相比。
- 取消对 IIS 和 System.Web.dll 的依赖：即使继续部署到 Windows 服务器，ASP.NET Core 也可以托管在轻量级、高性能的 Kestrel 或其他 Web 服务器上。

● 命令行工具：这是开发人员和管理员用于自动执行任务的工具，通常构建为控制台应用程序。命令行工具运行单一跨平台工具的能力非常有用。

7.6.3 .NET Framework 和现代.NET 之间的区别

它们之间主要有三个不同之处，如表 7.11 所示。

表 7.11 .NET Framework 和现代.NET 之间的区别

现代.NET	.NET Framework
以 NuGet 包的形式分发，这样每个应用程序就可以使用自己需要的.NET 版本的本地应用程序的副本进行部署	作为系统范围内的一组共享程序集在 GAC 中进行分发
分解成小的、分层的组件，因此可以执行最小部署	单一的整体部署
删除旧的技术，如 ASP.NET Web Forms 和非跨平台特性(如 AppDomains、.NET Remoting 和二进制序列化)	除现代.NET 中的技术(如 ASP.NET Core MVC)外，还保留了一些较老的技术，如 ASP.NET Web Forms

7.6.4 .NET 可移植性分析器

微软提供了一个十分有用的工具，可以在现有的应用程序中运行该工具，以生成用于移植的报告。这个工具的演示链接为 https://channel9.msdn.com/Blogs/Seth-Juarez/A-Brief-Look-at-the-NET-Portability-Analyzer。

7.6.5 .NET 升级助手

微软将旧项目升级到现代.NET 的最新工具是.NET 升级助手。

我的日常工作是在一家名为 Optimizely 的公司工作。我们有一个企业规模的基于.NET Framework 的数字体验平台(DXP)，包含一个内容管理系统(CMS)，用于建立数字商务网站。微软需要一个具有挑战性的迁移项目来设计和测试.NET 升级助手，所以与我们公司共同构建了一个伟大的工具。

目前，它支持以下.NET Framework 项目类型，稍后将添加更多：

● ASP.NET MVC
● Windows Forms
● WPF
● Console Application
● Class Library

它安装为全局 dotnet 工具，如下所示：

```
dotnet tool install -g upgrade-assistant
```

可以在以下链接阅读更多关于这个工具及其用法：

https://docs.microsoft.com/en-us/dotnet/core/porting/upgrade-assistant-overview

7.6.6 使用非.NET Standard 类库

大多数现有的 NuGet 包都可以与现代.NET5 一起使用，即使它们不是为.NET Standard 或现代版本(如.NET 6)编译的。如果有一个包不正式支持.NET Standard(如 Web 包 nuget.org)，那么不应一下子就放弃，而应该先看看这个包是否有效。

例如，有一个自定义集合的包，可用于处理 Dialect Software LLC 创建的矩阵，详见以下链接：https://www.nuget.org/packages/DialectSoftware.Collections.Matrix/。

这个包最后一次更新是在2013年，那时.NET Core和.NET 6还没有问世，所以这个包是为.NET Framework 构建的。这样的程序集包只要使用.NET Standard 中的可用 API，就可以在现代.NET 项目中使用。

下面试着使用一下，看看是否有效。

(1) 在 AssembliesAndNamespaces 项目中，为 Dialect Software 的包添加一个包引用，如下所示：

```
<PackageReference
  Include="dialectsoftware.collections.matrix"
  Version="1.0.0" />
```

(2) 构建 AssembliesAndNamespaces 项目以恢复包。

(3) 在 Program.cs 中添加语句，导入 DialectSoftware.Collections 和 DialectSoftware.Collections.Generics 名称空间。

(4) 添加语句，创建 Axis 和 Matrix<T>的实例，用值填充它们并输出，如下所示：

```
Axis x = new("x", 0, 10, 1);
Axis y = new("y", 0, 4, 1);

Matrix<long> matrix = new(new[] { x, y });

for (int i = 0; i < matrix.Axes[0].Points.Length; i++)
{
   matrix.Axes[0].Points[i].Label = "x" + i.ToString();
}

for (int i = 0; i < matrix.Axes[1].Points.Length; i++)
{
   matrix.Axes[1].Points[i].Label = "y" + i.ToString();
}

foreach (long[] c in matrix)
{
   matrix[c] = c[0] + c[1];
}

foreach (long[] c in matrix)
{
  WriteLine("{0},{1} ({2},{3}) = {4}",
    matrix.Axes[0].Points[c[0]].Label,
    matrix.Axes[1].Points[c[1]].Label,
    c[0], c[1], matrix[c]);
}
```

(5) 运行代码并查看输出，注意发出的警告消息：

```
warning NU1701: Package 'DialectSoftware.Collections.Matrix
1.0.0' was restored using '.NETFramework,Version=v4.6.1,
.NETFramework,Version=v4.6.2, .NETFramework,Version=v4.7,
```

```
.NETFramework,Version=v4.7.1, .NETFramework,Version=v4.7.2,
.NETFramework,Version=v4.8' instead of the project target framework
'net6.0'. This package may not be fully compatible with your project.
x0,y0 (0,0) = 0
x0,y1 (0,1) = 1
x0,y2 (0,2) = 2
x0,y3 (0,3) = 3
...
```

即使这个包是在.NET 6 问世前创建的，编译器和运行时也无法知道它是否能工作，因此会显示警告消息。这个包虽然只调用与.NET Standard 兼容的 API，但确实有效。

7.7 使用预览特性

对于微软来说，交付一些具有跨.NET 许多部分(如运行时、语言编译器和 API 库)的新特性是一个挑战。这是典型的先有鸡还是先有蛋的问题。首先要做什么?

从实用的角度看，这意味着尽管微软可能已经完成了一个特性所需的大部分工作，但整个事情可能要到他们每年发布.NET 版本的时候才会准备好，而这对于在“荒野”中进行适当的测试已经太晚了。

因此，从.NET 6 开始，微软将在 GA 版本中包含预览特性。开发者可以选择这些预览特性，并向微软提供反馈。在稍后的 GA 版本中，它们可以对所有人启用。

最佳实践

在生产代码中不支持预览特性。在最终版本发布之前，预览特性可能会有重大变化。启用预览特性的风险由你自己承担。

7.7.1 需要预览特性

[RequiresPreviewFeatures]属性用于指示使用预览特性的相关警告的程序集、类型或成员。然后代码分析器扫描该程序集，并在需要时生成警告。如果代码没有使用任何预览特性，就不会看到任何警告。如果使用了任何预览特性，那么代码应该警告代码使用者使用了预览特性。

7.7.2 启用预览特性

下面是看一个.NET 6 中可用的预览特性的例子，它能够用静态抽象方法定义接口。

(1) 使用喜欢的代码编辑器添加一个名为 UsingPreviewFeatures 的新控制台应用程序到 Chapter07 解决方案/工作区。

(2) 在 Visual Studio Code 中，选择 UsingPreviewFeatures 作为活动的 OmniSharp 项目。

当看到弹出的警告消息，指出所需的资产丢失时，单击 Yes 添加它们。

(3) 在项目文件中，添加一个元素以启用预览特性，添加一个元素以启用预览语言特性，如下所示：

```
<Project Sdk="Microsoft.NET.Sdk">

  <PropertyGroup>
```

```
    <OutputType>Exe</OutputType>
    <TargetFramework>net6.0</TargetFramework>
    <Nullable>enable</Nullable>
    <ImplicitUsings>enable</ImplicitUsings>
    <EnablePreviewFeatures>true</EnablePreviewFeatures>
    <LangVersion>preview</LangVersion>
  </PropertyGroup>

</Project>
```

(4) 在 Program.cs 中，删除注释并静态导入 Console 类。

(5) 添加语句，来定义带有静态抽象方法的接口，以及实现该方法的类，然后在顶级程序中调用该方法，如下所示：

```
using static System.Console;

Doer.DoSomething();

public interface IWithStaticAbstract
{
  static abstract void DoSomething();
}

public class Doer : IWithStaticAbstract
{
  public static void DoSomething()
  {
    WriteLine("I am an implementation of a static abstract method.");
  }
}
```

(6) 运行控制台应用程序并注意它的输出是正确的。

7.7.3 通用数学

为什么微软增加了定义静态抽象方法的能力？它们有什么用？

很长一段时间以来，开发人员一直要求微软能够在泛型类型上使用像*这样的操作符。这允许开发人员定义数学方法对任何泛型类型执行加法、平均等操作，而不必为他们想要支持的所有数字类型创建数十个重载方法。在接口中支持静态抽象方法是支持通用数学的一个基本特性。

如果有兴趣，可以在以下链接阅读更多内容：

https://devblogs.microsoft.com/dotnet/preview-features-in-net-6-generic-math/

7.8 实践和探索

你可以通过回答一些问题来测试自己对知识的理解程度，进行一些实践，并深入探索本章涵盖的主题。

7.8.1 练习 7.1：测试你掌握的知识

回答以下问题：

(1) 名称空间和程序集之间有什么区别？

(2) 如何在.csproj 文件中引用另一个项目？

(3) 使用 ILSpy 这样的工具有什么好处？

(4) C#别名 float 代表哪种.NET 类型？

(5) 在将应用程序从.NET Framework 移植到.NET 6 之前，应该使用什么工具？

(6) .NET 应用程序的框架依赖部署和自包含部署之间的区别是什么？

(7) 什么是 RID？

(8) dotnet pack 和 dotnet publish 命令之间有什么区别？

(9) 为.NET Framework 编写的哪些类型的应用程序可以移植到现代.NET？

(10) 可以使用现代.NET 编写用于.NET Framework 的包吗？

7.8.2 练习 7.2：探索主题

可通过以下链接来阅读本章所涉及主题的详细细节：

https://github.com/markjprice/cs10dotnet6/blob/main/book-links.md#chapter-7---understanding-and-packaging-net-types

7.8.3 练习 7.3：探索 PowerShell

PowerShell 是微软的脚本语言，用于在每个操作系统上自动执行任务。微软推荐使用带有 PowerShell 扩展的 Visual Studio Code 编写 PowerShell 脚本。

由于 PowerShell 本身是一门广泛的语言，本书没有介绍它。相反，我创建了一些关于书籍 GitHub 库的补充页面，来介绍一些关键概念并展示一些示例：

https://github.com/markjprice/cs10dotnet6/tree/main/docs/powershell

7.9 本章小结

本章回顾了.NET 6 的发展历程，探索了程序集和名称空间之间的关系，介绍了发布应用以分发到多个操作系统的选项，介绍了打包和分发类库的选项，还讨论了用于移植现有的.NET Framework 代码库的选项。

第 8 章将介绍一些现代.NET 中包含的通用基类库类型。

第8章 使用常见的.NET类型

本章介绍.NET中包含的一些常见的.NET类型，其中包括用于操作数字、文本、集合、网络访问、反射、属性的类型，用于改进Span、索引、范围的类型，以及用于操纵图像和国际化的类型。

本章涵盖以下主题：

- 处理数字
- 处理文本
- 处理日期和时间
- 模式匹配与正则表达式
- 在集合中存储多个对象
- 使用Span、索引和范围
- 利用网络资源
- 处理反射和属性
- 处理图像
- 代码的国际化

8.1 处理数字

常见的数据类型之一是数字。.NET中用于处理数字的最常见类型如表8.1所示。

表8.1 .NET用于处理数字的最常见类型

名称空间	示例类型	描述
System	SByte、Int16、Int32、Int64	整数；也就是0和正负整数
System	Byte、UInt16、UInt32、UInt64	基数；也就是0和正整数
System	Half、Single、Double	实数；也就是浮点数
System	Decimal	精确实数；用于科学、工程或金融场景
System	BigInteger、Complex、Quaternion	任意大的整数、复数和四元数

自.NET Framework 1.0发布以来，.NET已经拥有32位的float类型和64位的double类型。IEEE 754规范定义了一种16位的浮点标准，由于机器学习和其他算法都能受益于这种更小、精

度更低的数值类型，因此微软为.NET 5 和后续版本添加了 System.Half 类型。

目前，C#语言还没有定义相应的别名，我们仍必须使用.NET 类型名 System.Half。这在未来可能会改变。

8.1.1 处理大的整数

在.NET 类型中，使用 C#别名所能存储的最大整数大约是 18.5×2^{60}，可存储在无符号的 long 变量中。但是，如果需要存储比这更大的数字，该怎么办呢？

(1) 使用喜欢的代码编辑器创建一个名为 Chapter08 的新解决方案/工作区。

(2) 添加一个控制台应用项目，如下所示。

- 项目模板：Console Application/console
- 工作区/解决方案文件和文件夹：Chapter08
- 项目文件和文件夹：WorkingWithNumbers

(3) 在 Program.cs 中，删除现有语句，并添加语句以导入 System.Numerics，如下所示：

```
using System.Numerics;
```

(4) 添加语句，输出 ulong 类型所能存储的最大值并使用 BigInteger 输出一个有 30 位的数字，如下所示：

```
WriteLine("Working with large integers:");
WriteLine("-----------------------------------");

ulong big = ulong.MaxValue;
WriteLine($"{big,40:N0}");

BigInteger bigger =
  BigInteger.Parse("123456789012345678901234567890");

WriteLine($"{bigger,40:N0}");
```

以上格式代码中的 40 表示右对齐 40 字符，因此两个数字都对齐到右边缘。N0 表示使用 1000 个分隔符但不使用小数位。

(5) 运行代码并查看结果，输出如下所示：

```
Working with large integers:
----------------------------------------
          18,446,744,073,709,551,615
123,456,789,012,345,678,901,234,567,890
```

8.1.2 处理复数

复数可以表示为 $a + bi$，其中 a 和 b 为实数，i 为虚数单位，其中 $i^2 = -1$。如果实部是 0，它就是纯虚数；如果虚部是 0，它就是实数。

复数在科学、技术、工程和数学领域有实际应用。另外，复数在相加时，实部和虚部要分别相加：

```
(a + bi) + (c + di) = (a + c) + (b + d)i
```

下面来看看复数的应用。

(1) 在 Program.cs 中，可通过如下语句来添加两个复数：

```
WriteLine("Working with complex numbers:");
Complex c1 = new(real: 4, imaginary: 2);
Complex c2 = new(real: 3, imaginary: 7);
Complex c3 = c1 + c2;

// output using default ToString implementation
WriteLine($"{c1} added to {c2} is {c3}");

// output using custom format
WriteLine("{0} + {1}i added to {2} + {3}i is {4} + {5}i",
  c1.Real, c1.Imaginary,
  c2.Real, c2.Imaginary,
  c3.Real, c3.Imaginary);
```

(2) 运行代码并查看结果，输出如下所示：

```
Working with complex numbers:
(4, 2) added to (3, 7) is (7, 9)
4 + 2i added to 3 + 7i is 7 + 9i
```

8.1.3 理解四元数

四元数是一种扩展复数的数字系统。它们构成实数上的四维联想赋范除法代数，因此也是一个定义域。

别担心；我们不打算用它们来编写任何代码！可以说，它们擅长描述空间旋转，所以电子游戏引擎使用它们，许多计算机模拟和飞行控制系统也使用它们。

8.2 处理文本

另一种常见的数据类型是文本。.NET 中用于处理文本的最常见类型如表 8.2 所示。

表 8.2 用于处理文本的最常见类型

名称空间	类型	说明
System	Char	用于存储单个文本字符
System	String	用于存储多个文本字符
System.Text	StringBuilder	用于有效地操作字符串
System.Text.RegularExpressions	Regex	有效的模式匹配字符串

8.2.1 获取字符串的长度

下面研究一下处理文本时的一些常见任务。例如，有时需要确定存储在字符串变量中的一段文字的长度。

(1) 使用喜欢的代码编辑器在 Chapter08 解决方案/工作区中添加一个名为 WorkingWithText 的控制台应用程序：

- 在 Visual Studio 中，将解决方案的启动项目设置为当前选择项。

- 在 Visual Studio Code 中，选择 WorkingWithText 作为活动的 OmniSharp 项目。

(2) 在 WorkingWithText 项目的 Program.cs 中，添加语句以定义变量 city，然后将其中存储的城市的名称和长度写入控制台，如下所示：

```
string city = "London";
WriteLine($"{city} is {city.Length} characters long.");
```

(3) 运行代码并查看结果，输出如下所示：

```
London is 6 characters long.
```

8.2.2 获取字符串中的字符

string 类在内部使用 char 数组来存储文本。string 类也有索引器，这意味着可以使用数组语法来读取字符串中的字符。数组的下标从 0 开始，所以第三个字符的下标为 2。

(1) 添加语句，写出字符串变量中第一个和第三个位置的字符，如下所示：

```
WriteLine($"First char is {city[0]} and third is {city[2]}.");
```

(2) 运行代码并查看结果，输出如下所示：

```
First char is L and third is n.
```

8.2.3 拆分字符串

有时，需要用某个字符(如逗号)拆分文本。

(1) 添加语句，定义一个字符串变量，其中包含用逗号分隔的城市名，然后使用 Split 方法，并指定将逗号作为分隔符，枚举返回的字符串值数组，如下所示：

```
string cities = "Paris,Tehran,Chennai,Sydney,New York,Medellín";

string[] citiesArray = cities.Split(',');

WriteLine($"There are {citiesArray.Length} items in the array.");
foreach (string item in citiesArray)
{
   WriteLine(item);
}
```

(2) 运行代码并查看结果，输出如下所示：

```
There are 6 items in the array.
Paris
Tehran
Chennai
Sydney
New York
Medellín
```

本章后面将学习如何处理更复杂的场景。

8.2.4 获取字符串的一部分

有时，需要获得文本的一部分。IndexOf 方法有 9 个重载版本，它们能返回指定的字符或字符串的索引位置。Substring 方法有两个重载版本，如下所示。

- Substring(startIndex, length)：返回从 startIndex 索引位置开始并包含后面 length 个字符的子字符串。
- Substring(startIndex)：返回从 startIndex 索引位置开始，直到字符串末尾的所有字符。

下面来看一个简单的例子。

(1) 添加语句，把一个人的英文全名存储在一个字符串变量中，用空格隔开姓氏和名字，确定空格的位置，然后提取姓氏和名字两部分，以便使用不同的顺序重新合并它们，如下所示：

```
string fullName = "Alan Jones";
int indexOfTheSpace = fullName.IndexOf(' ');

string firstName = fullName.Substring(
  startIndex: 0, length: indexOfTheSpace);

string lastName = fullName.Substring(
  startIndex: indexOfTheSpace + 1);

WriteLine($"Original: {fullName}");
WriteLine($"Swapped: {lastName}, {firstName}");
```

(2) 运行代码并查看结果，输出如下所示：

```
Original: Alan Jones
Swapped: Jones, Alan
```

如果英文全名的格式不同，例如"LastName, FirstName"，那么代码也将不同。作为自选练习，可试着编写一些语句，将输入"Jones, Alan"改成"Alan Jones"。

8.2.5 检查字符串的内容

有时，需要检查一段文本是否以某些字符开始或结束，或者是否包含某些字符。这可通过 StartsWith、EndsWith 和 Contains 方法来实现。

(1) 添加语句以存储一个字符串，然后检查这个字符串是否以两个不同的字符串开头或包含两个不同的字符串，如下所示：

```
string company = "Microsoft";
bool startsWithM = company.StartsWith("M");
bool containsN = company.Contains("N");
WriteLine($"Text: {company}");
WriteLine($"Starts with M: {startsWithM}, contains an N: {containsN}");
```

(2) 运行代码并查看结果，输出如下所示：

```
Text: Microsoft
Starts with M: True, contains an N: False
```

8.2.6 连接、格式化和其他的字符串成员方法

这里还有很多其他的字符串成员，如表 8.3 所示。

表 8.3　其他的字符串成员

字符串成员	描述
Trim、TrimStart 和 TrimEnd	这些方法从字符串变量的开头和/或结尾去除空白字符，如空格、制表符和回车符
ToUpper 和 ToLower	将字符串变量中的所有字符转换成大写或小写形式
Insert 和 Remove	插入或删除字符串变量中的一些文本
Replace	将某些文本替换为其他文本
string.Empty	有了该成员，就不必在每次使用空双引号(" ")表示字面字符串时分配内存
string.Concat	连接两个字符串变量。在字符串变量之间使用时，可使用+运算符调用 string.Concat 方法
string.Join	使用变量之间的字符将一个或多个字符串变量连接起来
string.IsNullOrEmpty	检查字符串变量是 null 还是空白
string.IsNullOrWhitespace	检查字符串变量是 null 还是空白；也就是说，可混合任意数量的水平和垂直间距字符，如制表符、空格、回车符、换行符等
string.Format	用来替代字符串插值的方法，可以输出格式化的字符串变量，使用的是定位参数而不是命名参数

在表 8.3 中，前面的一些方法是静态方法。这意味着只能为类型调用这些方法，而不能为变量实例调用它们。在表 8.3 中，可通过在静态方法的前面加上 string.前缀来表示它们，例如 string.Format。

下面探索一下这些方法。

(1) 添加语句，获取一个字符串数组，然后使用 Join 方法将其中的字符串组合成一个带分隔符的字符串变量，如下所示：

```
string recombined = string.Join(" => ", citiesArray);
WriteLine(recombined);
```

(2) 运行代码，并查看结果，输出如下所示：

```
Paris => Tehran => Chennai => Sydney => New York => Medellín
```

(3) 添加语句，使用定位参数和内插字符串格式语法，两次输出相同的三个变量，如下所示：

```
string fruit = "Apples";
decimal price = 0.39M;
DateTime when = DateTime.Today;

WriteLine($"Interpolated: {fruit} cost {price:C} on {when:dddd}.");

WriteLine(string.Format("string.Format: {0} cost {1:C} on {2:dddd}.",
  arg0: fruit, arg1: price, arg2: when));
```

(4) 再次运行代码并查看结果，输出如下所示：

```
Interpolated: Apples cost £0.39 on Thursday.
string.Format: Apples cost £0.39 on Thursday.
```

注意，本可以简化第二个语句，因为 WriteLine 支持与 string.Format 相同的代码。如下面的代码所示：

```
WriteLine("WriteLine: {0} cost {1:C} on {2:dddd}.",
   arg0: fruit, arg1: price, arg2: when);
```

8.2.7 高效地构建字符串

可以连接两个字符串，做法是使用 String.Concat 方法或+运算符。但是效果不好，因为.NET 必须在内存中创建一个全新的字符串变量。

如果只是添加两个字符串，你可能不会注意到这一点，但是如果要在一个循环中进行多次迭代，那么对性能和内存的使用就可能产生显著的负面影响。第 12 章将介绍如何使用 StringBuilder 类型有效地连接字符串变量。

8.3 处理日期和时间

在数字和文本之后，下一个最受欢迎的数据类型是日期和时间。主要有以下两种类型。

- DateTime：表示一个固定时间点的日期和时间值的组合。
- TimeSpan：表示一个时间跨度。

这两种类型通常一起使用。例如，如果从一个 DateTime 值减去另一个 DateTime 值，结果是一个 TimeSpan。如果向 DateTime 添加一个 TimeSpan，那么结果就是一个 DateTime 值。

8.3.1 指定日期和时间值

创建日期和时间值的常用方法是为日期和时间组件(如天和小时)指定单独的值，如表 8.4 所示。

表 8.4 指定取值范围

日期/时间参数	取值范围
年	1~9999
月	1~12
天	第 1 天到这个月的天数
小时	0~23
分钟	0~59
秒	0~59

另一种方法是将值作为要解析的字符串提供，但这可能会因线程的默认区域性而被误解。例如，在英国，日期被指定为日/月/年，而在美国，日期被指定为月/日/年。

下面看看可能用日期和时间做什么。

(1) 使用首选的代码编辑器将名为 WorkingWithTime 的新控制台应用程序添加到 Chapter08 解

决方案/工作区中。

(2) 在 Visual Studio Code 中，选择 WorkingWithTime 作为活动的 OmniSharp 项目。

(3) 在 Program.cs 中，删除现有语句，然后添加语句来初始化一些特殊的日期/时间值，如下所示：

```
WriteLine("Earliest date/time value is: {0}",
   arg0: DateTime.MinValue);

WriteLine("UNIX epoch date/time value is: {0}",
   arg0: DateTime.UnixEpoch);

WriteLine("Date/time value Now is: {0}",
   arg0: DateTime.Now);

WriteLine("Date/time value Today is: {0}",
   arg0: DateTime.Today);
```

(4) 运行代码并查看结果，如下所示：

```
Earliest date/time value is: 01/01/0001 00:00:00
UNIX epoch date/time value is: 01/01/1970 00:00:00
Date/time value Now is: 23/04/2021 14:14:54
Date/time value Today is: 23/04/2021 00:00:00
```

(5) 添加语句来定义 2021 年的圣诞节(如果这是过去的年份，则使用未来的年份)，并以各种方式显示它，代码如下所示：

```
DateTime christmas = new(year: 2021, month: 12, day: 25);
WriteLine("Christmas: {0}",
arg0: christmas); // default format
WriteLine("Christmas: {0:dddd, dd MMMM yyyy}",
arg0: christmas); // custom format
WriteLine("Christmas is in month {0} of the year.",
arg0: christmas.Month);
WriteLine("Christmas is day {0} of the year.",
arg0: christmas.DayOfYear);
WriteLine("Christmas {0} is on a {1}.",
arg0: christmas.Year,
arg1: christmas.DayOfWeek);
```

(6) 运行代码并查看结果，如下所示：

```
Christmas: 25/12/2021 00:00:00
Christmas: Saturday, 25 December 2021
Christmas is in month 12 of the year.
Christmas is day 359 of the year.
Christmas 2021 is on a Saturday.
```

(7) 添加语句，在 Christmas 上执行加法和减法，代码如下所示：

```
DateTime beforeXmas = christmas.Subtract(TimeSpan.FromDays(12));
DateTime afterXmas = christmas.AddDays(12);

WriteLine("12 days before Christmas is: {0}",
   arg0: beforeXmas);

WriteLine("12 days after Christmas is: {0}",
```

```
    arg0: afterXmas);

TimeSpan untilChristmas = christmas - DateTime.Now;

WriteLine("There are {0} days and {1} hours until Christmas.",
    arg0: untilChristmas.Days,
    arg1: untilChristmas.Hours);

WriteLine("There are {0:N0} hours until Christmas.",
    arg0: untilChristmas.TotalHours);
```

(8) 运行代码并查看结果，如下所示：

```
12 days before Christmas is: 13/12/2021 00:00:00
12 days after Christmas is: 06/01/2022 00:00:00
There are 245 days and 9 hours until Christmas.
There are 5,890 hours until Christmas.
```

(9) 添加语句，来定义圣诞节那天你的孩子可能醒来打开礼物的时间，并以不同的方式显示它，代码如下所示：

```
DateTime kidsWakeUp = new(
  year: 2021, month: 12, day: 25,
  hour: 6, minute: 30, second: 0);

WriteLine("Kids wake up on Christmas: {0}",
    arg0: kidsWakeUp);

WriteLine("The kids woke me up at {0}",
    arg0: kidsWakeUp.ToShortTimeString());
```

(10) 运行代码并查看结果，如下所示：

```
Kids wake up on Christmas: 25/12/2021 06:30:00
The kids woke me up at 06:30
```

8.3.2 日期和时间的全球化

当前区域性控制如何解析日期和时间。

(1) 在 Program.cs 的顶部，导入 System.Globalization 的名称空间。

(2) 添加语句，来展示用于显示日期和时间值的当前区域性，然后解析美国独立日，并以各种方式显示它，代码如下所示：

```
WriteLine("Current culture is: {0}",
    arg0: CultureInfo.CurrentCulture.Name);

string textDate = "4 July 2021";
DateTime independenceDay = DateTime.Parse(textDate);

WriteLine("Text: {0}, DateTime: {1:d MMMM}",
    arg0: textDate,
    arg1: independenceDay);

textDate = "7/4/2021";
independenceDay = DateTime.Parse(textDate);
```

```
WriteLine("Text: {0}, DateTime: {1:d MMMM}",
    arg0: textDate,
    arg1: independenceDay);

independenceDay = DateTime.Parse(textDate,
   provider: CultureInfo.GetCultureInfo("en-US"));

WriteLine("Text: {0}, DateTime: {1:d MMMM}",
    arg0: textDate,
    arg1: independenceDay);
```

(3) 运行代码并查看结果，如下所示：

```
Current culture is: en-GB
Text: 4 July 2021, DateTime: 4 July
Text: 7/4/2021, DateTime: 7 April
Text: 7/4/2021, DateTime: 4 July
DateTime: 4 July
```

在我的电脑上，当前的区域性是英式英语。如果给出的日期是 2021 年 7 月 4 日，那么无论当前文化是英国还是美国，都将能正确解析。但是如果给出的日期是 7/4/2021，那么它被错误地解析为 4 月 7 日。可以在解析时将正确的区域性指定为提供程序，从而覆盖当前区域性，如上面第三个示例所示。

(4) 添加从 2020 年到 2025 年的循环语句，显示该年是否为闰年以及 2 月有多少天，然后显示圣诞节和独立日是否处于夏令时期间，代码如下所示：

```
for (int year = 2020; year < 2026; year++)
{
  Write($"{year} is a leap year: {DateTime.IsLeapYear(year)}. ");
  WriteLine("There are {0} days in February {1}.",
    arg0: DateTime.DaysInMonth(year: year, month: 2), arg1: year);
  }

  WriteLine("Is Christmas daylight saving time? {0}",
    arg0: christmas.IsDaylightSavingTime());

  WriteLine("Is July 4th daylight saving time? {0}",
    arg0: independenceDay.IsDaylightSavingTime());
```

(5) 运行代码并查看结果，如下所示：

```
2020 is a leap year: True. There are 29 days in February 2020.
2021 is a leap year: False. There are 28 days in February 2021.
2022 is a leap year: False. There are 28 days in February 2022.
2023 is a leap year: False. There are 28 days in February 2023.
2024 is a leap year: True. There are 29 days in February 2024.
2025 is a leap year: False. There are 28 days in February 2025.
Is Christmas daylight saving time? False
Is July 4th daylight saving time? True
```

8.3.3 只使用日期或时间

.NET 6 引入了一些新类型，仅处理日期值或仅处理时间值，名为 DateOnly 和 TimeOnly。这比使用时间为零的 DateTime 值仅存储日期值要好，因为它是类型安全的，避免了误用。DateOnly 也更好地映射到数据库列类型，如 SQL Server 中的 date 列。TimeOnly 适用于设置警报和安排定期会议或事件，它映射到 SQL Server 中的 time 列。

下面用它们来为英国女王策划一个派对。

(1) 添加语句来定义女王的生日，以及她的派对开始的时间，然后合并这两个值来创建一个日历条目，这样我们就不会错过她的派对了，代码如下所示：

```
DateOnly queensBirthday = new(year: 2022, month: 4, day: 21);
WriteLine($"The Queen's next birthday is on {queensBirthday}.");

TimeOnly partyStarts = new(hour: 20, minute: 30);
WriteLine($"The Queen's party starts at {partyStarts}.");

DateTime calendarEntry = queensBirthday.ToDateTime(partyStarts);
WriteLine($"Add to your calendar: {calendarEntry}.");
```

(2) 运行代码并查看结果，如下所示：

```
The Queen's next birthday is on 21/04/2022.
The Queen's party starts at 20:30.
Add to your calendar: 21/04/2022 20:30:00.
```

8.4 模式匹配与正则表达式

正则表达式对于验证来自用户的输入非常有用。它们非常强大，而且可以变得非常复杂。几乎所有的编程语言都支持正则表达式，并且使用一组通用的特殊字符来定义它们。

(1) 使用首选的代码编辑器在 Chapter08 解决方案/工作区中添加一个名为 WorkingWithRegularExpressions 的新控制台应用程序。

(2) 在 Visual Studio Code 中，选择 WorkingWithRegularExpressions 作为活动的 OmniSharp 项目。

(3) 在 Program.cs 文件的顶部导入以下名称空间：

```
using System.Text.RegularExpressions;
```

8.4.1 检查作为文本输入的数字

下面验证数字输入。

(1) 添加语句以提示用户输入他们的年龄，然后使用查找数字字符的正则表达式检查输入是否有效，如下所示：

```
Write("Enter your age: ");
string? input = ReadLine();

Regex ageChecker = new(@"\d");

if (ageChecker.IsMatch(input))
{
   WriteLine("Thank you!");
```

```
}
else
{
   WriteLine($"This is not a valid age: {input}");
}
```

注意代码中的如下事项：

@字符关闭了在字符串中使用转义字符的功能。转义字符以反斜杠作为前缀。例如，\t 表示制表符，\n 表示换行。在编写正则表达式时，需要禁用这个特性。

在使用@禁用转义字符后，就可以用正则表达式解释它们。例如，\d 表示数字。稍后我们将学习更多以反斜杠为前缀的正则表达式。

(2) 运行代码，为年龄输入整数(如 34)并查看结果，输出如下所示：

```
Enter your age: 34
Thank you!
```

(3) 再次运行代码，输入 carrots 并查看结果，输出如下所示：

```
Enter your age: carrots
This is not a valid age: carrots
```

(4) 再次运行代码，输入 bob30smith 并查看结果，输出如下所示：

```
Enter your age: bob30smith
Thank you!
```

这里使用的正则表达式是\d，它表示一个数字。但是，我们并没有指定在这个数字的前后可以输入什么。这个正则表达式可以用英语描述为“输入任意字符，只要输入至少一个数字字符”。

在正则表达式中，用^符号表示某个输入的开始，用美元$符号表示某个输入的结束。下面使用这些符号来表示在输入的开始和结束之间除了一个数字之外，不期望有其他任何东西。

(5) 将这个正则表达式更改为^\d$，如下所示：

```
Regex ageChecker = new(@"^\d$");
```

(6) 重新运行代码。现在，应用程序拒绝除了个位数以外的任何数。我们希望允许输入一个或多个数字。为此，在\d 正则表达式的后面加上+。

(7) 修改这个正则表达式，如下所示：

```
Regex ageChecker = new(@"^\d+$");
```

(8) 再次运行代码，看看这个正则表达式现在如何只允许任何长度的零或正整数。

8.4.2 改进正则表达式的性能

用于处理正则表达式的.NET 类型在.NET 平台和许多使用正则表达式构建的应用程序中得到了应用。因此，它们对提升性能有很大的影响，但直到现在，它们仍没有受到微软的重视。

.NET 5 重写了 System.Text.RegularExpressions 名称空间的内部结构以获得更高的性能。使用 IsMatch 等方法的普通正则表达式的基准测试速度现在快了 5 倍。更妙的是，我们不必更改代码就可以获得这些好处!

8.4.3 正则表达式的语法

表 8.5 中是一些常见的正则表达式符号，可以用在正则表达式中。

表 8.5　常见的正则表达式符号

符号	含义	符号	含义
^	输入的开始	$	输入的结束
\d	单个数字	\D	单个非数字
\s	空白	\S	非空白
\w	单词字符	\W	非单词字符
[A-Za-z0-9]	字符的范围	\^	^(插入符号)字符
[aeiou]	一组字符	[^aeiou]	不是一组字符
.	任何单个字符	\.	.(点)字符

此外，表 8.6 中是一些常见的正则表达式量词，它们会影响正则表达式中的前一个符号。

表 8.6　常见的正则表达式量词

正则表达式量词	含义	正则表达式量词	含义
+	一个或多个	?	一个或没有
{3}	正好 3 个	{3,5}	3 到 5 个
{3,}	至少 3 个	{,3}	最多 3 个

8.4.4 正则表达式的例子

表 8.7 中是正则表达式的一些例子，这里还描述了它们的含义。

表 8.7　正则表达式的一些例子及含义

正则表达式示例	含义
\d	在输入的某个地方输入一个数字
a	字符 a 在输入的某个地方
Bob	Bob 这个词在输入的某个地方
^Bob	Bob 这个词在输入的开头
Bob$	Bob 这个词在输入的末尾
^\d{2}$	正好两位数字
^[0-9]{2}$	正好两位数字
^[A-Z]{4,}$	仅在 ASCII 字符集中包含至少四个大写英文字母
^[A-Za-z]{4,}$	仅在 ASCII 字符集中包含至少四个英文大写或小写字母
^[A-Z]{2}\d{3}$	ASCII 字符集中包含两个大写英文字母和三个数字
^[A-Za-z\u00c0-\u017e]+$	ASCII 字符集中至少有一个大写或小写英文字母；Unicode 字符集中至少有一个欧洲字母，如下所示： ÀÁÂÃÄÅÆÇÈÉÊËÌÍÎÏÐÑÒÓÔÕÖ×ØÙÚÛÜÝÞßàáâãäåæçèéêëìíîïðñòóôõö÷ øùúûüýþÿıŒœŠšŸŽž

(续表)

正则表达式示例	含义
^d.g$	首先是字母 d，然后是任何字符，最后是字母 g，这样就可以匹配 dig 和 dog 或 d 和 g 之间的任何单个字符
^d\.g$	首先是字母 d，然后是点(.)字符，最后是字母 g，因而只能匹配 d.g

最佳实践

使用正则表达式验证用户的输入，相同的正则表达式可以在其他语言(如 JavaScript 和 Python)中重用。

8.4.5　分割使用逗号分隔的复杂字符串

本章在前面介绍了如何分割使用逗号分隔的简单字符串。但是，如何分割下面的影片名称呢？

```
"Monsters, Inc.","I, Tonya","Lock, Stock and Two Smoking Barrels"
```

字符串在每个影片名称的两边使用了双引号。可以使用这些来确定是否需要根据逗号进行分割。Split 方法不够强大，因此可以使用正则表达式。

最佳实践

可以在 Stack Overflow 文章中阅读更详细的解释：https://stackoverflow.com/ questions/18144431/regex-to-split-a-csv

为了使字符串中包含双引号，可以为它们加上反斜杠。

(1) 添加语句以存储一个使用逗号分隔的复杂字符串，然后使用 Split 方法以一种简单的方式拆分这个字符串，如下所示：

```
string films = "\"Monsters, Inc.\",\"I, Tonya\",\"Lock, Stock and Two
Smoking Barrels\"";

WriteLine($"Films to split: {films}");

string[] filmsDumb = films.Split(',');

WriteLine("Splitting with string.Split method:");
foreach (string film in filmsDumb)
{
   WriteLine(film);
}
```

(2) 添加语句以定义要分割的正则表达式，并以一种巧妙的方式写入影片名称，如下所示：

```
WriteLine();

Regex csv = new(
  "(?:^|,)(?=[^\"]|(\")?)\"?((?(1)[^\"]*|[^,\"]*))\"?(?=,|$)");

MatchCollection filmsSmart = csv.Matches(films);
```

```
WriteLine("Splitting with regular expression:");
foreach (Match film in filmsSmart)
{
  WriteLine(film.Groups[2].Value);
}
```

(3) 运行代码并查看结果，输出如下所示：

```
Splitting with string.Split method:
"Monsters
Inc."
"I
Tonya"
"Lock
Stock and Two Smoking Barrels"
Splitting with regular expression:
Monsters, Inc.
I, Tonya
Lock, Stock and Two Smoking Barrels
```

8.5 在集合中存储多个对象

另一种常见的数据类型是集合。如果需要在一个变量中存储多个值，则可以使用集合。

集合是内存中的一种数据结构，它能以不同的方式管理多个选项，尽管所有集合都具有一些共享的功能。

.NET 中用于处理集合的常见类型如表 8.8 所示。

表 8.8 用于处理集合的常见类型

名称空间	示例类型	说明
System.Collections	IEnumerable、IEnumerable<T>	集合使用的接口和基类
System.Collections.Generic	List<T>、Dictionary<T>、Queue<T>、Stack<T>	在 C# 2.0 和.NET Framework 2.0 中引入。这些集合允许使用泛型类型参数指定要存储的类型(泛型类型参数更安全、更快、更有效)
System.Collections.Concurrent	BlockingCollection、ConcurrentDictionary、ConcurrentQueue	在多线程场景中使用这些集合是安全的
System.Collections.Immutable	ImmutableArray、ImmutableDictionary、ImmutableList、ImmutableQueue	这些都是为原始集合的内容永远不会改变这种场景而设计的，尽管它们可以把修改后的集合创建为新实例

8.5.1 所有集合的公共特性

所有集合都实现了 ICollection 接口，这意味着它们必须提供 Count 属性以确定其中有多少对象。

```
namespace System.Collections
```

```
{
  public interface ICollection : IEnumerable
  {
    int Count { get; }
    bool IsSynchronized { get; }
    object SyncRoot { get; }
    void CopyTo(Array array, int index);
  }
}
```

例如，对于一个名为 passengers 的集合，可以这样做：

```
int howMany = passengers.Count;
```

所有集合都实现了 IEnumerable 接口，这意味着可以使用 foreach 语句迭代它们。它们必须提供 GetEnumerator 方法，以返回一个实现了 IEnumerator 接口的对象；另外，返回的这个对象必须有 MoveNext 方法和 Current 属性来导航整个集合，以及一个包含集合中当前项的 Current 属性，代码如下所示：

```
namespace System.Collections
{
    public interface IEnumerable
    {
       IEnumerator GetEnumerator();
    }
  }

  namespace System.Collections
  {
    public interface IEnumerator
    {
      object Current { get; }
      bool MoveNext();
      void Reset();
  }
}
```

例如，要对 passengers 集合中的每个对象执行一项操作，可以这样做：

```
foreach (Passenger p in passengers)
{
  // perform an action on each passenger
}
```

除了基于对象的集合接口之外，还有泛型接口和类，其中泛型类型定义了存储在集合中的类型，如下面的代码所示：

```
namespace System.Collections.Generic
{
  public interface ICollection<T> : IEnumerable<T>, IEnumerable
  {
    int Count { get; }
    bool IsReadOnly { get; }
    void Add(T item);
    void Clear();
    bool Contains(T item);
```

```
    void CopyTo(T[] array, int index);
    bool Remove(T item);
  }
}
```

8.5.2 通过确保集合的容量来提高性能

从.NET 1.1 开始，像 StringBuilder 这样的类型就有了一个名为 EnsureCapacity 的方法，该方法可将其内部存储阵列的大小调整到字符串的预期最终大小。这提高了性能，因为它不必在添加更多字符时重复增加数组的大小。

自.NET Core 2.1 以来，像 Dictionary<T>和 HashSet<T>这样的类型也有 EnsureCapacity。

在.NET 6 及以后的版本中，像 List<T>、Queue<T>和 Stack<T>这样的集合现在也有 EnsureCapacity 方法，代码如下所示：

```
List<string> names = new();
names.EnsureCapacity(10_000);
// load ten thousand names into the list
```

8.5.3 理解集合的选择

集合有几种不同的选择，比如列表、字典、堆栈、队列、集(Set)等，它们可以用于不同的目的。

1. 列表

列表就是实现 IList<T>的类型，是有序集合，代码如下所示：

```
namespace System.Collections.Generic
{
  [DefaultMember("Item")] // aka this indexer
  public interface IList<T> : ICollection<T>, IEnumerable<T>, IEnumerable
  {
    T this[int index] { get; set; }
    int IndexOf(T item);
    void Insert(int index, T item);
    void RemoveAt(int index);
  }
}
```

IList < T >源自 ICollection < T >，所以它有 Count 属性、Add 方法、Insert 方法和 RemoveAt 方法。Add 方法把一项放在集合尾部，Insert 方法将列表中的一项放在指定的位置，RemoveAt 方法在指定的位置删除一项。

当希望手动控制集合中项的顺序时，列表是不错的选择。列表中的每一项都有自动分配的唯一索引(或位置)。项可以是由 T 定义的任何类型，并且可以是重复的。索引是 int 类型，从 0 开始，所以列表中的第一项在索引 0 处，如表 8.9 所示。

表 8.9　列表

索引编号	项
0	London
1	Paris
2	London
3	Sydney

如果在 London 和 Sydney 之间插入新项(例如 Santiago)，那么 Sydney 的索引将自动递增。因此，必须意识到，在插入或删除项之后，项的索引可能会发生变化，如表 8.10 所示。

表 8.10　插入或删除后列表的变化

索引编号	项
0	London
1	Paris
2	London
3	Santiago
4	Sydney

2. 字典

每个值(或对象)只要有唯一的子值(或虚构的值)，就可以用作键，以便稍后在集合中快速查找值，此时字典是更好的选择。键必须是唯一的。例如，如果要存储人员列表，那么可以选择使用政府颁发的身份证号作为键。

可将键看作实际字典中的索引项，从而快速找到单词的定义，因为单词(例如键)是有序的。如果在寻找 manatee(海牛)的定义，就会跳到字典中间开始查找，因为字母 M 在字母表的中间。

编程中所讲的字典在查找东西时也同样聪明，它们必须实现 IDictionary<TKey, TValue>接口。

```
namespace System.Collections.Generic
{
  [DefaultMember("Item")] // aka this indexer
  public interface IDictionary<TKey, TValue>
    : ICollection<KeyValuePair<TKey, TValue>>,
      IEnumerable<KeyValuePair<TKey, TValue>>, IEnumerable
  {
    TValue this[TKey key] { get; set; }
    ICollection<TKey> Keys { get; }
    ICollection<TValue> Values { get; }
    void Add(TKey key, TValue value);
    bool ContainsKey(TKey key);
    bool Remove(TKey key);
    bool TryGetValue(TKey key, [MaybeNullWhen(false)] out TValue value);
  }
}
```

字典中的条目是结构体的实例，也就是值类型 KeyValuePair<TKey, TValue>，其中 TKey 是键的类型，TValue 是值的类型，代码如下所示：

```
namespace System.Collections.Generic
{
  public readonly struct KeyValuePair<TKey, TValue>
  {
    public KeyValuePair(TKey key, TValue value);
    public TKey Key { get; }
    public TValue Value { get; }
    [EditorBrowsable(EditorBrowsableState.Never)]
    public void Deconstruct(out TKey key, out TValue value);
    public override string ToString();
  }
}
```

例如，Dictionary<string, Person>使用 string 作为键，使用 Person 实例作为值。Dictionary<string, string>则对键和值都使用字符串，如表 8.11 所示。

表 8.11　键和值

键	值
BSA	Bob Smith
MW	Max Williams
BSB	Bob Smith
AM	Amir Mohammed

3. 堆栈

当希望实现后进先出(LIFO)行为时，堆栈是不错的选择。使用堆栈时，只能直接访问或删除堆栈顶部的项，但可以枚举整个堆栈中的项。例如，不能直接访问堆栈中的第二项。

字处理程序使用堆栈来记住最近执行的操作序列，当按 Ctrl + Z 组合键时，系统将撤销堆栈中的最后一个操作，然后撤销下一个操作，以此类推。

4. 队列

当希望实现先进先出(FIFO)行为时，队列是更好的选择。对于队列，只能直接访问或删除队列前面的项，但可以枚举整个队列中的项。例如，不能直接访问队列中的第二项。

后台进程使用队列按顺序处理作业，就像人们在邮局排队一样。

5. 集(Set)

当希望在两个集合之间执行集合操作时，集是不错的选择。例如，有两个城市名称集，你需要知道哪些城市名称出现在这两个城市名称集中(称为集合的交集)。集(Set)中的项必须是唯一的。

6. 集合方法小结

每个集合都有一组不同的添加和删除项的方法，如表 8.12 所示。

表 8.12　集合方法

集合	Add 方法	Remove 方法	说明
列表	Add, Insert	Remove, RemoveAt	列表是有序的，所以项的索引位置是整数。Add 将在列表的末尾添加一个新项。Insert 将在指定的索引位置添加一个新项

(续表)

集合	Add 方法	Remove 方法	说明
字典	Add	Remove	字典是没有排序的，所以条目没有整数索引位置。可以通过调用 ContainsKey 方法来检查一个键是否已使用
堆栈	Push	Pop	堆栈总是使用 Push 方法在堆栈顶部添加一个新项。第一项在最下面。项总是使用 Pop 方法从堆栈顶部移除。调用 Peek 方法可以查看值，而不删除它
队列	Enqueue	Dequeue	队列总是使用 Enqueue 方法在队列的末尾添加一个新项。第一项在队列的最前面。总是使用 Dequeue 方法从队列的前端删除项目。调用 Peek 方法可以查看这个值，而不删除它

8.5.4 使用列表

下面探讨列表。

(1) 使用首选的代码编辑器在 Chapter08 解决方案/工作区中添加一个名为 WorkingWithCollections 的新控制台应用程序。

(2) 在 Visual Studio Code 中，选择 WorkingWithCollections 作为活动的 OmniSharp 项目。

(3) 在 Program.cs 中，删除现有语句，然后定义一个函数来输出带有标题的字符串值集合，如下所示：

```
static void Output(string title, IEnumerable<string> collection)
{
  WriteLine(title);
  foreach (string item in collection)
  {
    WriteLine($"  {item}");
  }
}
```

(4) 定义一个名为 WorkingWithLists 的静态方法，来演示定义列表和使用列表的一些常用方法，如下面的代码所示：

```
static void WorkingWithLists()
{
  // Simple syntax for creating a list and adding three items
  List<string> cities = new();
  cities.Add("London");
  cities.Add("Paris");
  cities.Add("Milan");

  /* Alternative syntax that is converted by the compiler into
  the three Add method calls above
  List<string> cities = new()
  { "London", "Paris", "Milan" };
  */

  /* Alternative syntax that passes an
     array of string values to AddRange method
  List<string> cities = new();
```

```
  cities.AddRange(new[] { "London", "Paris", "Milan" });
  */

  Output("Initial list", cities);

  WriteLine($"The first city is {cities[0]}.");
  WriteLine($"The last city is {cities[cities.Count - 1]}.");

  cities.Insert(0, "Sydney");

  Output("After inserting Sydney at index 0", cities);

  cities.RemoveAt(1);
  cities.Remove("Milan");

  Output("After removing two cities", cities);
}
```

(5) 在 Program.cs 的顶部，在名称空间导入之后，调用 WorkingWithLists 方法，如下所示：

```
WorkingWithLists();
```

(6) 运行代码并查看结果，输出如下所示：

```
Initial list
London
Paris
Milan
The first city is London.
The last city is Milan.
After inserting Sydney at index 0
Sydney
London
Paris
Milan
After removing two cities
Sydney
Paris
```

8.5.5 使用字典

下面探讨字典。

(1) 在 Program.cs 中，定义一个名为 WorkingWithDictionaries 的静态方法来演示使用字典的一些常用方法，如查找单词定义，如下面的代码所示：

```
static void WorkingWithDictionaries()
{
  Dictionary<string, string> keywords = new();

  // add using named parameters
  keywords.Add(key: "int", value: "32-bit integer data type");

  // add using positional parameters
  keywords.Add("long", "64-bit integer data type");
  keywords.Add("float", "Single precision floating point number");
```

```
    /* Alternative syntax; compiler converts this to calls to Add method
    Dictionary<string, string> keywords = new()
    {
      { "int", "32-bit integer data type" },
      { "long", "64-bit integer data type" },
      { "float", "Single precision floating point number" },
    }; */

    /* Alternative syntax; compiler converts this to calls to Add method
    Dictionary<string, string> keywords = new()
    {
      ["int"] = "32-bit integer data type",
      ["long"] = "64-bit integer data type",
      ["float"] = "Single precision floating point number", // last comma is
    optional
    }; */

    Output("Dictionary keys:", keywords.Keys);
    Output("Dictionary values:", keywords.Values);

    WriteLine("Keywords and their definitions");
    foreach (KeyValuePair<string, string> item in keywords)
    {
      WriteLine($" {item.Key}: {item.Value}");
    }

    // lookup a value using a key
    string key = "long";
    WriteLine($"The definition of {key} is {keywords[key]}");
  }
```

(2) 在Program.cs的顶部，注释掉前面的方法调用，然后调用WorkingWithDictionaries方法，如下所示：

```
// WorkingWithLists();
WorkingWithDictionaries();
```

(3) 运行代码并查看结果，输出如下所示：

```
Dictionary keys:
int
long
float
Dictionary values:
32-bit integer data type
64-bit integer data type
Single precision floating point number
Keywords and their definitions
int: 32-bit integer data type
long: 64-bit integer data type
float: Single precision floating point number
The definition of long is 64-bit integer data type
```

8.5.6 处理队列

下面探索队列。

(1) 在 Program.cs 中，定义一个名为 WorkingWithQueues 的静态方法来演示一些使用队列的常用方法，例如，在咖啡队列中处理客户，代码如下所示：

```
static void WorkingWithQueues()
{
  Queue<string> coffee = new();

  coffee.Enqueue("Damir"); // front of queue
  coffee.Enqueue("Andrea");
  coffee.Enqueue("Ronald");
  coffee.Enqueue("Amin");
  coffee.Enqueue("Irina"); // back of queue

  Output("Initial queue from front to back", coffee);

  // server handles next person in queue
  string served = coffee.Dequeue();
  WriteLine($"Served: {served}.");

  // server handles next person in queue
  served = coffee.Dequeue();
  WriteLine($"Served: {served}.");

  Output("Current queue from front to back", coffee);

  WriteLine($"{coffee.Peek()} is next in line.");

  Output("Current queue from front to back", coffee);
}
```

(2) 在 Program.cs 的顶部，注释掉前面的方法调用，并调用 WorkingWithQueues 方法。

(3) 运行代码并查看结果，如下所示：

```
   Initial queue from front to back
Damir
Andrea
Ronald
Amin
Irina
   Served: Damir.
   Served: Andrea.
   Current queue from front to back
Ronald
Amin
Irina
   Ronald is next in line.
   Current queue from front to back
Ronald
Amin
Irina
```

(4) 定义一个名为 OutputPQ 的静态方法，代码如下所示：

```
static void OutputPQ<TElement, TPriority>(string title,
  IEnumerable<(TElement Element, TPriority Priority)> collection)
{
  WriteLine(title);
  foreach ((TElement, TPriority) item in collection)
  {
     WriteLine($" {item.Item1}: {item.Item2}");
  }
}
```

注意，OutputPQ 方法是通用的。可以指定作为集合传入的元组中使用的两种类型。

(5) 定义一个名为 WorkingWithPriorityQueues 的静态方法，代码如下所示：

```
static void WorkingWithPriorityQueues()
{
  PriorityQueue<string, int> vaccine = new();

  // add some people
  // 1 = high priority people in their 70s or poor health
  // 2 = medium priority e.g. middle aged
  // 3 = low priority e.g. teens and twenties
  vaccine.Enqueue("Pamela", 1); // my mum (70s)
  vaccine.Enqueue("Rebecca", 3); // my niece (teens)
  vaccine.Enqueue("Juliet", 2); // my sister (40s)
  vaccine.Enqueue("Ian", 1); // my dad (70s)

  OutputPQ("Current queue for vaccination:", vaccine.UnorderedItems);

  WriteLine($"{vaccine.Dequeue()} has been vaccinated.");
  WriteLine($"{vaccine.Dequeue()} has been vaccinated.");

  OutputPQ("Current queue for vaccination:", vaccine.UnorderedItems);
  WriteLine($"{vaccine.Dequeue()} has been vaccinated.");

  vaccine.Enqueue("Mark", 2); // me (40s)
  WriteLine($"{vaccine.Peek()} will be next to be vaccinated.");

  OutputPQ("Current queue for vaccination:", vaccine.UnorderedItems);
}
```

(6) 在 Program.cs 的顶部，注释掉前面的方法调用，并调用 WorkingWithPriorityQueues 方法。

(7) 运行代码并查看结果，如下所示：

```
  Current queue for vaccination:
Pamela: 1
Rebecca: 3
Juliet: 2
Ian: 1
  Pamela has been vaccinated.
  Ian has been vaccinated.
  Current queue for vaccination:
Juliet: 2
Rebecca: 3
  Juliet has been vaccinated.
  Mark will be next to be vaccinated.
  Current queue for vaccination:
```

```
Mark: 2
Rebecca: 3
```

8.5.7 集合的排序

List<T>类可通过调用 Sort 方法来实现手动排序(但是你要记住，每一项的索引都会改变)。手动对字符串值或其他内置类型的列表进行排序是可行的，不需要做额外工作。但是，如果创建类型的集合，那么类型必须实现名为 IComparable 的接口，详见第 6 章。

Stack<T>或 Queue<T>不能排序，因为通常不需要这种功能。例如，我们永远不会对入住酒店的客人进行排序。但有时，可能需要对字典或集合进行排序。

能够自动排序的集合是很有用的，也就是说，在添加和删除项时，能以有序的方式维护它们。

有多个自动排序的集合可供选择。这些排序后的集合之间的差异虽然很细微，却会对内存需求和应用程序的性能产生影响，因此值得为需求选择最合适的选项。

一些常见的能够自动排序的集合如表 8.13 所示。

表 8.13 一些常见的能够自动排序的集合

集合	说明
SortedDictionary<TKey, TValue>	表示按键排序的键/值对的集合
SortedList<TKey, TValue>	表示一组按键排序的键/值对
SortedSet<T>	表示以排序顺序维护的唯一对象的集合

8.5.8 使用专门的集合

还有一些专门用于特殊情况的集合。

1. 使用紧凑的位值数组

System.Collections.BitArray 集合用于管理紧凑的位值数组，其中的位值用布尔值表示，true 表示位是 1，false 表示位是 0。

2. 使用有效的列表

System.Collections.Generics.LinkedList<T>集合表示双链表，其中的每一项都有对前后项的引用。与 List<T>相比，若经常在列表中间插入和删除项，它们可以提供更好的性能。在 LinkedList<T>中，项不必在内存中重新排列。

8.5.9 使用不可变集合

有时需要使集合不可变，这意味着集合的成员不能更改；也就是说，不能添加或删除它们。

导入 System.Collections.Immutable 名称空间，任何实现了 IEnumerable<T>的集合都有 6 个扩展方法，可用于将集合转换为不可变列表、字典、散列集等。

下面列举一个简单示例。

(1) 在 WorkingWithLists 项目的 Program.cs 文件中导入 System.Collections.Immutable 名称空间。

(2) 在 WorkingWithLists 方法中，向方法末尾添加语句，将城市列表转换为不可变列表，然后向其添加一个新城市，如下面的代码所示：

```
ImmutableList<string> immutableCities = cities.ToImmutableList();
ImmutableList<string> newList = immutableCities.Add("Rio");
Output("Immutable list of cities:", immutableCities);
Output("New list of cities:", newList);
```

(3) 在 Program.cs 的顶部，注释前面的方法调用，取消对 WorkingWithLists 方法的调用。

(4) 运行代码，查看结果，注意在调用 Add 方法时，不会修改不可变的城市列表。相反，应用程序会返回新添加城市的列表，输出如下所示：

```
  Immutable list of cities:
Sydney
Paris
  New list of cities:
Sydney
Paris
Rio
```

最佳实践

为了提高性能，许多应用程序在中央缓存中存储了共享的、常用访问对象的副本。为了安全地允许多个线程处理这些对象(我们知道它们不会更改)，应该使它们成为不可变对象或者使用并发收集类型，详见 https://docs.microsoft.com/en-us/dotnet/api/system.collections.concurrent。

8.5.10 集合的最佳实践

假设需要创建一个方法来处理集合。为了获得最大的灵活性，可以将输入参数声明为 IEnumerable<T>并使该方法为泛型，如下所示：

```
void ProcessCollection<T>(IEnumerable<T> collection)
{
  // process the items in the collection,
  // perhaps using a foreach statement
}
```

可以给这个方法传递数组、列表、队列、堆栈或任何实现 IEnumerable<T>的项，它将处理这些项。然而，将任何集合传递给此方法的灵活性是以性能为代价的。

IEnumerable<T>的性能问题之一也是它的优点之一：延迟执行，也称为延迟加载。实现此接口的类型不必实现延迟执行，但许多类型必须实现延迟执行。

但是 IEnumerable<T>最糟糕的性能问题是，迭代必须在堆上分配一个对象。为了避免这种内存分配，应该使用一个具体的类型来定义方法，如下所示：

```
void ProcessCollection<T>(List<T> collection)
{
  // process the items in the collection,
  // perhaps using a foreach statement
}
```

这将使用 List<T>.Enumerator GetEnumerator()方法返回一个结构体，而不是返回引用类型的

IEnumerator<T> GetEnumerator()方法。代码将会快两到三倍，并且需要更少的内存。与所有与性能相关的建议一样，应该通过在产品环境中对实际代码运行性能测试来确认其好处。详见第 12 章。

8.6 使用 Span、索引和范围

微软使用.NET Core 2.1 的目标之一是提高性能和资源利用率。为此，微软提供的一个关键.NET 特性是 Span<T>类型。

8.6.1 通过 Span 高效地使用内存

在操作数组时，通常会创建现有数组子集的新副本，以便只处理该子集。这是无效的，因为重复的对象是在内存中创建的。

如果需要处理数组的子集，请使用 Span，因为它类似于原始数组的窗口。这在内存使用方面更有效，并提高了性能。Span 只能用于数组，而不能用于集合，因为内存必须是连续的。

在详细研究 Span 之前，你需要了解一些相关的对象：索引(Index)和范围(Range)。

8.6.2 用索引类型标识位置

C# 8.0 引入了两个新特性：用于标识集合中的项的索引以及使用两个索引的项的范围。

之前提到过，可以将整数传入对象的索引器以访问列表中的对象，如下所示：

```
int index = 3;
Person p = people[index]; // fourth person in array
char letter = name[index]; // fourth letter in name
```

Index 值类型是一种更正式的位置识别方法，支持从末尾开始计数，如下所示：

```
// two ways to define the same index, 3 in from the start
Index i1 = new(value: 3); // counts from the start
Index i2 = 3; // using implicit int conversion operator

// two ways to define the same index, 5 in from the end
Index i3 = new(value: 5, fromEnd: true);
Index i4 = ^5; // using the caret operator
```

8.6.3 使用 Range 值类型标识范围

Range 值类型通过构造函数、C#语法或静态方法，使用 Index 值来指示范围的开始和结束，如下所示：

```
Range r1 = new(start: new Index(3), end: new Index(7));
Range r2 = new(start: 3, end: 7); // using implicit int conversion
Range r3 = 3..7; // using C# 8.0 or later syntax
Range r4 = Range.StartAt(3); // from index 3 to last index
Range r5 = 3..; // from index 3 to last index
Range r6 = Range.EndAt(3); // from index 0 to index 3
Range r7 = ..3; // from index 0 to index 3
```

一些扩展方法已添加到字符串值、int 数组和 Span 中，以使范围更容易处理。这些扩展方法将接收范围作为参数，并返回一个 Span<T>对象。这使得它们的内存使用效率很高。

8.6.4 使用索引、范围和 Span

下面探讨如何使用索引和范围返回 Span。

(1) 使用首选的代码编辑器在 Chapter08 解决方案/工作区中添加一个名为 WorkingWithRanges 的控制台应用程序。

(2) 在 Visual Studio Code 中，选择 WorkingWithRanges 作为活动的 OmniSharp 项目。

(3) 在 Program.cs 中输入语句，以提取某人姓名的一部分，并比较使用 string 类型的 Substring 方法与使用范围的效果，如下所示：

```
string name = "Samantha Jones";

// Using Substring

int lengthOfFirst = name.IndexOf(' ');
int lengthOfLast = name.Length - lengthOfFirst - 1;

string firstName = name.Substring(
  startIndex: 0,
  length: lengthOfFirst);

string lastName = name.Substring(
  startIndex: name.Length - lengthOfLast,
  length: lengthOfLast);

WriteLine($"First name: {firstName}, Last name: {lastName}");

// Using spans

ReadOnlySpan<char> nameAsSpan = name.AsSpan();
ReadOnlySpan<char> firstNameSpan = nameAsSpan[0..lengthOfFirst];
ReadOnlySpan<char> lastNameSpan = nameAsSpan[^lengthOfLast..^0];

WriteLine("First name: {0}, Last name: {1}",
  arg0: firstNameSpan.ToString(),
  arg1: lastNameSpan.ToString());
```

(4) 运行代码并查看结果，输出如下所示：

```
First name: Samantha, Last name: Jones
First name: Samantha, Last name: Jones
```

8.7 使用网络资源

我们有时需要使用网络资源。.NET 中最常用的网络资源类型如表 8.14 所示。

表 8.14 .NET 中最常用的网络资源类型

名称空间	示例类型	说明
System.Net	Dns、Uri、Cookie、WebClient、IPAddress	这些都用来处理 DNS 服务器、URI、IP 地址等
System.Net	FtpStatusCode、FtpWebRequest、FtpWebResponse	这些都用来处理 FTP 服务器
System.Net	HttpStatusCode、HttpWebRequest、HttpWebResponse	这些都用来处理 HTTP 服务器，也就是网站和服务。System.Net.Http 名称空间中的类型更容易使用
System.Net.Http	HttpClient、HttpMethod、HttpRequestMessage、HttpResponseMessage	这些都用来处理 HTTP 服务器，也就是网站和服务。第 16 章将介绍如何使用它们
System.Net.Mail	Attachment、MailAddress、MailMessage、SmtpClient	这些都用于使用 SMTP 服务器，也就是发送电子邮件信息
System.Net.NetworkInformation	IPStatus、NetworkChange、Ping、TcpStatistics	这些用于处理低级网络协议

8.7.1 使用 URI、DNS 和 IP 地址

下面探讨如何使用一些常见类型的网络资源。

(1) 使用首选的代码编辑器在 Chapter08 解决方案/工作区中添加一个名为 WorkingWithNetworkResources 的控制台应用程序。

(2) 在 Visual Studio Code 中，选择 WorkingWithNetworkResources 作为活动的 OmniSharp 项目。

(3) 在 Program.cs 文件的顶部导入用于使用网络的名称空间：

```
using System.Net; // IPHostEntry, Dns, IPAddress
```

(4) 输入语句，提示用户输入一个有效的网站地址，然后使用 Uri 类型将其分解为几个部分，包括模式(HTTP、FTP 等)、端口号和主机，如下所示：

```
Write("Enter a valid web address: ");
string? url = ReadLine();

if (string.IsNullOrWhiteSpace(url))
{
  url = "https://stackoverflow.com/search?q=securestring";
}

Uri uri = new(url);

WriteLine($"URL: {url}");
WriteLine($"Scheme: {uri.Scheme}");
WriteLine($"Port: {uri.Port}");
WriteLine($"Host: {uri.Host}");
WriteLine($"Path: {uri.AbsolutePath}");
WriteLine($"Query: {uri.Query}");
```

为了方便起见，可允许用户按 Enter 键以使用示例 URL。

(5) 运行代码，输入有效的网站地址或按 Enter 键，查看结果，输出如下所示：

```
Enter a valid web address:
URL: https://stackoverflow.com/search?q=securestring
Scheme: https
Port: 443
Host: stackoverflow.com
Path: /search
Query: ?q=securestring
```

(6) 添加语句以得到所输入网站的 IP 地址，如下所示：

```
IPHostEntry entry = Dns.GetHostEntry(uri.Host);
WriteLine($"{entry.HostName} has the following IP addresses:");
foreach (IPAddress address in entry.AddressList)
{
   WriteLine($" {address} ({address.AddressFamily})");
}
```

(7) 运行代码，输入有效的网站地址或按 Enter 键，查看结果，输出如下所示：

```
stackoverflow.com has the following IP addresses:
151.101.193.69 (InterNetwork)
151.101.129.69 (InterNetwork)
151.101.1.69 (InterNetwork)
151.101.65.69 (InterNetwork)
```

8.7.2 ping 服务器

现在添加代码，通过 ping Web 服务器来检查 Web 服务器的健康状况。

(1) 导入名称空间以获取关于网络的更多信息，如下所示：

```
using System.Net.NetworkInformation; // Ping, PingReply, IPStatus
```

(2) 添加语句，连接到所输入的网站的 IP 地址，如下所示：

```
try
{
  Ping ping = new();
  WriteLine("Pinging server. Please wait...");
  PingReply reply = ping.Send(uri.Host);

  WriteLine($"{uri.Host} was pinged and replied: {reply.Status}.");
  if (reply.Status == IPStatus.Success)
  {
    WriteLine("Reply from {0} took {1:N0}ms",
      arg0: reply.Address,
      arg1: reply.RoundtripTime);
  }
}
catch (Exception ex)
{
   WriteLine($"{ex.GetType().ToString()} says {ex.Message}");
}
```

(3) 运行代码，按 Enter 键，查看结果，macOS 输出如下所示：

```
Pinging server. Please wait...
stackoverflow.com was pinged and replied: Success.
Reply from 151.101.193.69 took 18ms took 136ms
```

(4) 再次运行代码，输入 http://google.com，查看结果，输出如下所示：

```
Enter a valid web address: http://google.com
URL: http://google.com
Scheme: http
Port: 80
Host: google.com
Path: /
Query:
google.com has the following IP addresses:
2a00:1450:4009:807::200e (InterNetworkV6)
216.58.204.238 (InterNetwork)
Pinging server. Please wait...
google.com was pinged and replied: Success.
Reply from 2a00:1450:4009:807::200e took 24ms
```

8.8 处理反射和属性

反射是一种编程特性，它允许代码理解并操作自身。程序集最多由如下四部分组成。

- 程序集元数据和清单：名称、程序集和文件版本、引用的程序集等。
- 类型元数据：关于类型及其成员的信息。
- IL 代码：方法、属性、构造函数等的实现代码。
- 嵌入式资源(可选)：图像、字符串、JavaScript 等。

元数据包含有关代码的信息。可从代码中自动生成元数据(例如，关于类型和成员的信息)，还可使用属性将元数据应用到代码中。

属性可以应用于多个级别——程序集、类型及其成员，如下所示：

```
// an assembly-level attribute
[assembly: AssemblyTitle("Working with Reflection")]

// a type-level attribute

  [Serializable]
  public class Person
  {
    // a member-level attribute
    [Obsolete("Deprecated: use Run instead.")]
    public void Walk()
  {
...
```

基于属性的编程在 ASP.NET Core 等应用程序模型中被大量使用，来启用路由、安全性和缓存等特性。

8.8.1 程序集的版本控制

.NET 中的版本号是三个数字的组合，外加两个可选的附加项。这三个数字分别如下。

- 主版本号：重大变化。
- 次版本号：非重大变化，包括新特性和 bug 修复。
- 补丁：非重大错误修复。

最佳实践

当更新已在项目中使用的 NuGet 包时，应该指定一个可选的标记，确保只升级到最高的次版本，以避免重大变化。如果比较谨慎，只希望接收 bug 修复，就只升级到最高的补丁版本，比如下面的命令：

```
Update-Package Newtonsoft.Json -ToHighestMinor
Update-Package Newtonsoft.Json -ToHighestPatch
```

两个可选的附加项如下。

- 预发布：不支持的预览版本。
- 构建号：每晚构建。

最佳实践

为了遵循语义版本的控制规则，可参考链接 http://semver.org。

8.8.2 阅读程序集元数据

下面探讨如何使用特性。

(1) 使用你首选的代码编辑器在 Chapter08 解决方案/工作区中添加一个名为 WorkingWithReflection 的新控制台应用程序。

(2) 在 Visual Studio Code 中，选择 WorkingWithReflection 作为活动的 OmniSharp 项目。

(3) 在 Program.cs 文件的顶部导入用于反射的名称空间：

```
using System.Reflection; // Assembly
```

(4) 输入一些语句，获取控制台应用程序的程序集，输出程序集的名称和位置，获取所有程序集级别的特性并输出它们的类型，如下所示：

```
WriteLine("Assembly metadata:");
Assembly? assembly = Assembly.GetEntryAssembly();
if (assembly is null)
{
  WriteLine("Failed to get entry assembly.");
  return;
}

WriteLine($" Full name: {assembly.FullName}");
WriteLine($" Location: {assembly.Location}");

IEnumerable<Attribute> attributes = assembly.GetCustomAttributes();

WriteLine($" Assembly-level attributes:");
```

```
foreach (Attribute a in attributes)
{
   WriteLine($" {a.GetType()}");
}
```

(5) 运行代码，并查看结果，输出如下所示：

```
Assembly metadata:
  Full name: WorkingWithReflection, Version=1.0.0.0, Culture=neutral,
PublicKeyToken=null
  Location: /Users/markjprice/Code/Chapter08/WorkingWithReflection/bin/
Debug/net6.0/WorkingWithReflection.dll
  Assembly-level attributes:
System.Runtime.CompilerServices.CompilationRelaxationsAttribute
System.Runtime.CompilerServices.RuntimeCompatibilityAttribute
System.Diagnostics.DebuggableAttribute
System.Runtime.Versioning.TargetFrameworkAttribute
System.Reflection.AssemblyCompanyAttribute
System.Reflection.AssemblyConfigurationAttribute
System.Reflection.AssemblyFileVersionAttribute
System.Reflection.AssemblyInformationalVersionAttribute
System.Reflection.AssemblyProductAttribute
System.Reflection.AssemblyTitleAttribute
```

请注意，因为程序集的全名必须唯一标识该程序集，所以它是以下内容的组合：

- 名称，例如 WorkingWithReflection
- 版本，例如 1.0.0.0
- 文化，例如“中性”
- 公钥令牌，尽管它可以为空

了解了用来装饰程序集的一些特性后，就可以具体地请求它们了。

(6)添加语句，得到 AssemblyInformationalVersionAttribute 和 AssemblyCompanyAttribute 类，输出它们的值，如下所示：

```
AssemblyInformationalVersionAttribute? version = assembly
  .GetCustomAttribute<AssemblyInformationalVersionAttribute>();

WriteLine($" Version: {version?.InformationalVersion}");

AssemblyCompanyAttribute? company = assembly
    .GetCustomAttribute<AssemblyCompanyAttribute>();

WriteLine($" Company: {company?.Company}");
```

(7) 运行代码并查看结果，输出如下所示：

```
Version: 1.0.0
Company: WorkingWithReflection
```

嗯，除非设置了版本，否则默认为 1.0.0；除非设置了公司，否则默认为程序集的名称。下面显式地设置这条信息。使用旧的.NET Framework 设置这些值的方法是在 C#源代码文件中添加特性，如下所示：

```
[assembly: AssemblyCompany("Packt Publishing")]
[assembly: AssemblyInformationalVersion("1.3.0")]
```

.NET 使用的 Roslyn 编译器会自动设置这些特性，所以我们不能使用老方法。相反，可以在项目文件中设置它们。

(8) 编辑 WorkingWithReflection.csproj 项目文件，以添加版本和公司的元素，如下所示：

```
<Project Sdk="Microsoft.NET.Sdk">

  <PropertyGroup>
    <OutputType>Exe</OutputType>
    <TargetFramework>net6.0</TargetFramework>
    <Nullable>enable</Nullable>
    <ImplicitUsings>enable</ImplicitUsings>
    <Version>6.3.12</Version>
    <Company>Packt Publishing</Company>
  </PropertyGroup>

</Project>
```

(9) 运行代码并查看结果，输出如下所示：

```
Version: 6.3.12
Company: Packt Publishing
```

8.8.3 创建自定义特性

可通过从 Attribute 类继承来定义自己的特性。

(1) 将一个名为 CoderAttribute.cs 的类文件添加到项目中。

(2) 定义一个特性类，它可以用两个特性来装饰类或方法，从而存储编码器的名称和代码最后修改的日期，如下所示：

```
namespace Packt.Shared;

[AttributeUsage(AttributeTargets.Class | AttributeTargets.Method,
  AllowMultiple = true)]
public class CoderAttribute : Attribute
{
  public string Coder { get; set; }
  public DateTime LastModified { get; set; }

  public CoderAttribute(string coder, string lastModified)
  {
    Coder = coder;
    LastModified = DateTime.Parse(lastModified);
  }
}
```

(3) 在 Program.cs 文件中导入一些名称空间，如下所示：

```
using System.Runtime.CompilerServices; // CompilerGeneratedAttribute
using Packt.Shared; // CoderAttribute
```

(4) 在 Program.cs 的底部，添加一个带有方法的类，并使用 Coder 特性与两个编码器的数据来装饰方法，如下所示：

```
class Animal
{
  [Coder("Mark Price", "22 August 2021")]
  [Coder("Johnni Rasmussen", "13 September 2021")]
  public void Speak()
  {
    WriteLine("Woof...");
  }
}
```

(5) 在 Program.cs 的 Animal 类的上部添加获取类型的代码，枚举类型的成员，读取这些成员的任何 Coder 特性，并输出信息，如下所示：

```
WriteLine();
WriteLine($"* Types:");
Type[] types = assembly.GetTypes();

foreach (Type type in types)
{
  WriteLine();
  WriteLine($"Type: {type.FullName}");
  MemberInfo[] members = type.GetMembers();

  foreach (MemberInfo member in members)
  {
    WriteLine("{0}: {1} ({2})",
      arg0: member.MemberType,
      arg1: member.Name,
      arg2: member.DeclaringType?.Name);

    IOrderedEnumerable<CoderAttribute> coders =
      member.GetCustomAttributes<CoderAttribute>()
      .OrderByDescending(c => c.LastModified);

    foreach (CoderAttribute coder in coders)
    {
      WriteLine("-> Modified by {0} on {1}",
        coder.Coder, coder.LastModified.ToShortDateString());
    }
  }
}
```

(6) 运行代码并查看结果，输出如下所示：

```
* Types:
...
Type: Animal
Method: Speak (Animal)
-> Modified by Johnni Rasmussen on 13/09/2021
-> Modified by Mark Price on 22/08/2021
Method: GetType (Object)
Method: ToString (Object)
Method: Equals (Object)
Method: GetHashCode (Object)
Constructor: .ctor (Program)
...
```

```
Type: <Program>$+<>c
Method: GetType (Object)
Method: ToString (Object)
Method: Equals (Object)
Method: GetHashCode (Object)
Constructor: .ctor (<>c)
Field: <>9 (<>c)
Field: <>9__0_0 (<>c)
```

更多信息

<Program>$+<>c 类型是什么?

它是一个编译器生成的显示类。<>表示编译器生成的，c 表示显示类。它们是编译器的未记录的实现细节，并且可能随时更改。可以忽略它们，因此作为一项可选的挑战，可在控制台应用程序中添加语句，通过跳过使用 CompilerGeneratedAttribute 装饰的类型来过滤编译器生成的类型。

8.8.4　更多地使用反射

这只是一次可通过反射实现的尝试。可以只使用反射从代码中读取元数据。反射还具有以下作用。

- 动态加载当前未引用的程序集：https://docs.microsoft.com/en-us/dotnet/standard/assembly/unloadability。
- 动态执行代码：https://docs.microsoft.com/en-us/dotnet/api/system.reflection.methodbase.invoke。
- 动态生成新的代码和程序集：https://docs.microsoft.com/en-us/dotnet/api/system.reflection.emit.assemblybuilder。

8.9　处理图像

ImageSharp 是第三方的跨平台 2D 图形库。当.NET Core 1.0 尚在开发时，业界就出现了关于缺少用于处理 2D 图像的 System.Drawing 名称空间的负面反馈。ImageSharp 的出现正好为.NET 应用程序填补了这一空白。

在 System.Drawing 名称空间的官方文档中，微软的解释如下：System.Drawing 名称空间不建议用于新开发的项目，因为该名称空间在 Windows 或 ASP.NET 服务中不受支持，并且不是跨平台的。建议使用 ImageSharp 和 SkiaSharp 作为替代。

下面探讨如何使用 ImageSharp。

(1) 使用喜欢的代码编辑器在 Chapter08 解决方案/工作区中添加一个名为 WorkingWithImages 的新控制台应用程序。

(2) 在 Visual Studio Code 中，选择 WorkingWithImages 作为活动的 OmniSharp 项目。

(3) 创建一个图片文件夹，并从以下链接下载这 9 张图片：

https://github.com/markjprice/cs10dotnet6/tree/master/Assets/Categories

(4) 为 SixLabors.ImageSharp 添加一个包引用。如下所示：

```
<ItemGroup>
```

```
  <PackageReference Include="SixLabors.ImageSharp" Version="1.0.3" />
</ItemGroup>
```

(5) 构建 WorkingWithImages 项目。

(6) 在 Program.cs 的顶部，导入一些用于处理图像的名称空间，如下所示：

```
using SixLabors.ImageSharp;
using SixLabors.ImageSharp.Processing;
```

(7) 在 Program.cs 中，输入语句，将 images 文件夹中的所有文件转换为大小为十分之一的灰度缩略图，代码如下所示：

```
string imagesFolder = Path.Combine(
  Environment.CurrentDirectory, "images");

IEnumerable<string> images =
  Directory.EnumerateFiles(imagesFolder);

foreach (string imagePath in images)
{
  string thumbnailPath = Path.Combine(
    Environment.CurrentDirectory, "images",
    Path.GetFileNameWithoutExtension(imagePath)
    + "-thumbnail" + Path.GetExtension(imagePath));

  using (Image image = Image.Load(imagePath))
  {
    image.Mutate(x => x.Resize(image.Width / 10, image.Height / 10));
    image.Mutate(x => x.Grayscale());
    image.Save(thumbnailPath);
  }
}
WriteLine("Image processing complete. View the images folder.");
```

(8) 运行代码。

(9) 在文件系统中，打开 images 文件夹，注意这些字节数非常小的灰度缩略图，如图 8.1 所示。

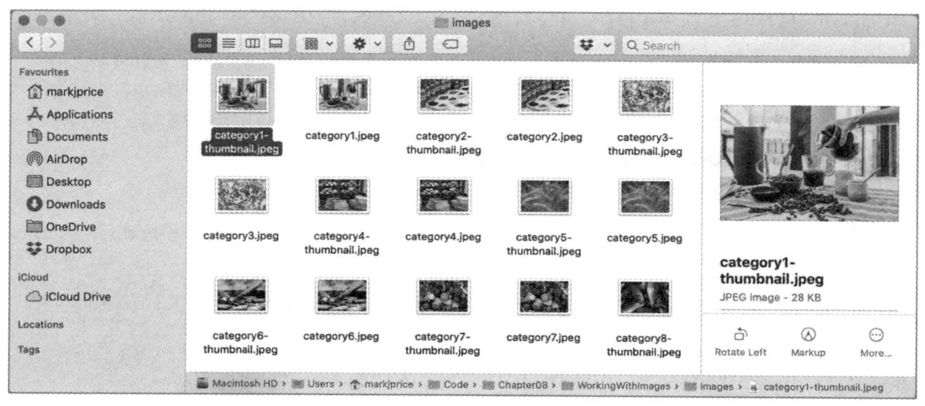

图 8.1　处理后的图像

ImageSharp 也有 NuGet 包，用于编程绘制图像和在 Web 上使用图像，如下所示：

- SixLabors.ImageSharp.Drawing
- SixLabors.ImageSharp.Web

8.10 国际化代码

国际化是使代码能够在全世界范围内正确运行的过程，分为两部分：全球化和本地化。

全球化就是编写代码以适应多种语言和区域组合。语言和区域的组合称为区域化。对于代码来说，了解语言和区域非常重要，因为日期和货币格式在魁北克和巴黎是不同的，尽管它们都使用法语。

所有的语言和区域组合都有 ISO(国际标准化组织)代码。例如，在代码 da-DK 中，da 表示丹麦语，DK 表示丹麦地区；在代码 fr-CA 中，fr 表示法语，CA 表示加拿大地区。

ISO 不是缩写词。ISO 指的是希腊语单词 isos(意思是相等)。

本地化就是自定义用户界面以支持一种语言，例如，将按钮的标签改为 Close(en)或 Fermer(fr)。由于本地化更多的是关于语言本身，因此并不总是需要了解对应的地区，尽管具有讽刺意味的是，en-US 和 en-GB 给出的建议并非如此。

检测并改变当前的区域性

国际化是一个很大的主题，本节将简要介绍 System.Globalization 名称空间中 CultureInfo 类型的基础知识。

(1) 使用首选的代码编辑器在 Chapter08 解决方案/工作区中添加名为 Internationalization 的新控制台应用程序。

(2) 在 Visual Studio Code 中，选择 Internationalization 作为活动的 OmniSharp 项目。

(3) 在 Program.cs 的顶部，导入使用全球化类型的名称空间，代码如下所示：

```
using System.Globalization; // CultureInfo
```

(4) 输入一些语句，以获取当前全球化和本地化的区域，把一些信息写入控制台，然后提示用户输入新的区域化代码，并显示这会如何影响日期和货币等常见值的格式化，如下所示：

```
CultureInfo globalization = CultureInfo.CurrentCulture;
CultureInfo localization = CultureInfo.CurrentUICulture;

WriteLine("The current globalization culture is {0}: {1}",
  globalization.Name, globalization.DisplayName);

WriteLine("The current localization culture is {0}: {1}",
  localization.Name, localization.DisplayName);

WriteLine();

WriteLine("en-US: English (United States)");
WriteLine("da-DK: Danish (Denmark)");
WriteLine("fr-CA: French (Canada)");

Write("Enter an ISO culture code: ");
```

```
string? newCulture = ReadLine();

if (!string.IsNullOrEmpty(newCulture))
{
  CultureInfo ci = new(newCulture);
  // change the current cultures
  CultureInfo.CurrentCulture = ci;
  CultureInfo.CurrentUICulture = ci;
}
WriteLine();

Write("Enter your name: ");
string? name = ReadLine();

Write("Enter your date of birth: ");
string? dob = ReadLine();

Write("Enter your salary: ");
string? salary = ReadLine();

DateTime date = DateTime.Parse(dob);
int minutes = (int)DateTime.Today.Subtract(date).TotalMinutes;
decimal earns = decimal.Parse(salary);

WriteLine(
  "{0} was born on a {1:dddd}, is {2:N0} minutes old, and earns {3:C}",
  name, date, minutes, earns);
```

当运行应用程序时，系统会自动设置线程以使用操作系统的语言和区域组合。因为笔者在英国伦敦运行代码，所以线程设置为 English(United Kingdom)。

代码会提示用户输入可选的 ISO 代码，从而在运行时替换默认的语言和区域组合。

然后，应用程序使用标准的格式代码 dddd 输出星期几，使用千分符和格式码 N0 输出分钟数，并且输出带有货币符号的工资。它们会根据线程的区域性自动调整。

(5) 运行代码，输入 en-GB 作为 ISO 代码，然后输入一些示例数据，其中包括格式对英式英语有效的日期，如下所示：

```
Enter an ISO culture code: en-GB
Enter your name: Alice
Enter your date of birth: 30/3/1967
Enter your salary: 23500
Alice was born on a Thursday, is 25,469,280 minutes old, and earns
£23,500.00
```

更多信息

如果输入 en-US 而不是 en-GB，那么必须使用月/日/年来输入日期。

(6) 重新运行代码并尝试不同的语言和区域组合，如丹麦的丹麦地区，输出如下所示：

```
Enter an ISO culture code: da-DK
Enter your name: Mikkel
Enter your date of birth: 12/3/1980
```

```
Enter your salary: 340000
Mikkel was born on a onsdag, is 18.656.640 minutes old, and earns
340.000,00 kr.
```

更多信息

在这个示例中，只有日期和薪水被全球化成丹麦语。其余的文本是硬编码为英语的。本书目前还不包括如何将文本从一种语言翻译成另一种语言。如果你希望我把它写进下一版，请告诉我。

最佳实践

在开始编写代码之前，考虑应用程序是否需要国际化，并为此做好计划！写下用户界面中所有需要本地化的文本，考虑所有需要全球化的数据(日期格式、数字格式和排序文本行为)。

8.11　实践和探索

你可以通过回答一些问题来测试自己对知识的理解程度，进行一些实践，并深入探索本章涵盖的主题。

8.11.1　练习 8.1：测试你掌握的知识

回答以下问题：

(1) 字符串变量中可以存储的最大字符数是多少？

(2) 什么时候以及为什么要使用 SecureString 类？

(3) 什么时候使用 StringBuilder 类比较合适？

(4) 什么时候应该使用 LinkedList<T>类？

(5) 什么时候应该使用 SortedDictionary<T>类而不是 SortedList <T>类？

(6) 威尔士的 ISO 区域代码是什么？

(7) 本地化、全球化和国际化的区别是什么？

(8) 在正则表达式中，$是什么意思？

(9) 在正则表达式中，如何表示数字？

(10) 为什么不使用电子邮件地址的官方标准，通过创建正则表达式来验证用户的电子邮件地址？

8.11.2　练习 8.2：练习正则表达式

在 Chapter08 解决方案/工作区中，创建一个名为 Exercise02 的控制台应用程序，提示用户输入一个正则表达式，然后提示用户输入一些内容；比较两者是否匹配，直到用户按 Esc 键；输出如下所示：

```
The default regular expression checks for at least one digit.
Enter a regular expression (or press ENTER to use the default): ^[a-z]+$
Enter some input: apples
```

```
apples matches ^[a-z]+$? True
Press ESC to end or any key to try again.
Enter a regular expression (or press ENTER to use the default): ^[a-z]+$
Enter some input: abc123xyz
abc123xyz matches ^[a-z]+$? False
Press ESC to end or any key to try again.
```

8.11.3 练习 8.3：练习编写扩展方法

在 Chapter08 解决方案/工作区中，创建一个名为 Exercise03 的类库，在里面定义一些扩展方法，这些扩展方法使用名为 ToWords 的方法来对 BigInteger 和 int 等数值类型进行扩展，ToWords 方法会返回一个描述数字的字符串。

更多信息

可通过以下链接了解一些大型数字的名称——https://en.wikipedia.org/wiki/Names_of_large_numbers。

8.11.4 练习 8.4：探索主题

可通过以下链接来阅读本章所涉及主题的更多细节：

https://github.com/markjprice/cs10dotnet6/blob/main/book-links.md#chapter-8---working-with-common-net-types

8.12 本章小结

本章探讨了用于存储、操作数字和文本(包括正则表达式)的类型选择，它们可用于存储多个项的集合；接下来介绍了如何处理索引、范围和 Span，以及如何使用一些网络资源；最后介绍了如何为代码和属性应用反射，如何使用微软推荐的第三方库操作图像，探讨了如何国际化代码。

第 9 章将介绍如何管理文件和流，以及如何编码和解码文本并执行序列化。

第9章 处理文件、流和序列化

本章讨论文件和流的读写，以及文本编码和序列化。

本章涵盖以下主题：

- 管理文件系统
- 用流来读写
- 编码和解码文本
- 序列化对象图
- 控制 JSON 的处理

9.1 管理文件系统

应用程序常常需要在不同的环境中使用文件和目录执行输入输出。System 和 System.IO 名称空间中包含一些用于此目的的类。

9.1.1 处理跨平台环境和文件系统

Windows、macOS 和 Linux 的路径是不同的，下面首先讨论.NET 如何进行跨平台处理。

(1) 使用喜欢的代码编辑器创建一个名为 Chapter09 的新解决方案/工作区。

(2) 添加一个控制台应用项目，如下所示。

- 项目模板：Console Application/console
- 工作区/解决方案文件和文件夹：Chapter09
- 项目文件和文件夹：WorkingWithFileSystems

(3) 在 Program.cs 中，添加语句来静态导入 System.Console、System.IO.Directory、System.Environment 和 System.IO.Path 类型，如下所示：

```
using static System.Console;
using static System.IO.Directory;
using static System.IO.Path;
using static System.Environment;
```

(4) 在 Program.cs 中，创建静态的 OutputFileSystemInfo 方法，并编写语句来执行以下操作：

- 输出路径和目录分隔符。
- 输出当前目录的路径。

- 输出一些系统文件、临时文件和文档的特殊路径。

```
static void OutputFileSystemInfo()
{
  WriteLine("{0,-33} {1}", arg0: "Path.PathSeparator",
    arg1: PathSeparator);
  WriteLine("{0,-33} {1}", arg0: "Path.DirectorySeparatorChar",
    arg1: DirectorySeparatorChar);
  WriteLine("{0,-33} {1}", arg0: "Directory.GetCurrentDirectory()",
    arg1: GetCurrentDirectory());
  WriteLine("{0,-33} {1}", arg0: "Environment.CurrentDirectory",
    arg1: CurrentDirectory);
  WriteLine("{0,-33} {1}", arg0: "Environment.SystemDirectory",
    arg1: SystemDirectory);
  WriteLine("{0,-33} {1}", arg0: "Path.GetTempPath()",
    arg1: GetTempPath());

  WriteLine("GetFolderPath(SpecialFolder");
  WriteLine("{0,-33} {1}", arg0: " .System)",
    arg1: GetFolderPath(SpecialFolder.System));
  WriteLine("{0,-33} {1}", arg0: " .ApplicationData)",
    arg1: GetFolderPath(SpecialFolder.ApplicationData));
  WriteLine("{0,-33} {1}", arg0: " .MyDocuments)",
    arg1: GetFolderPath(SpecialFolder.MyDocuments));
  WriteLine("{0,-33} {1}", arg0: " .Personal)",
    arg1: GetFolderPath(SpecialFolder.Personal));
}
```

更多信息

Environment 类型还有许多其他有用的成员，包括 GetEnvironmentVariables 方法以及 OSVersion 和 ProcessorCount 属性。

(5) 在 Program.cs 的函数上方调用 OutputFileSystemInfo 方法，如下所示：

```
OutputFileSystemInfo();
```

(6) 运行代码并查看结果，运行结果如图 9.1 所示。

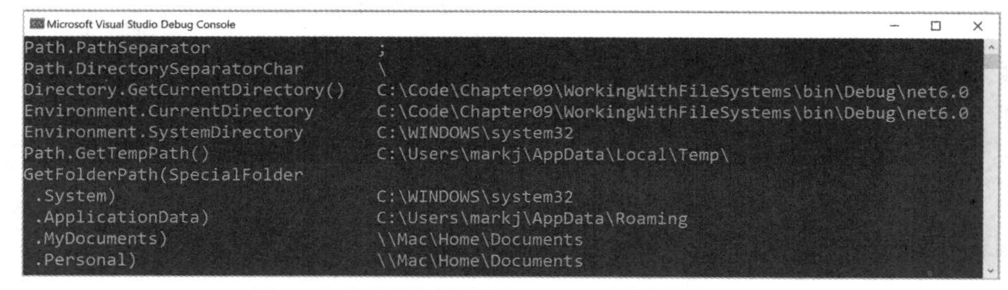

图 9.1　运行应用程序以显示 Windows 上的文件系统信息

更多信息

当在 Visual Studio Code 中使用 dotnet run 运行控制台应用程序时，CurrentDirectory 将是项目文件夹，而不是 bin 中的一个文件夹。

最佳实践

Windows 使用反斜杠作为目录分隔符。macOS 和 Linux 使用正斜杠作为目录分隔符。在组合路径时，不要假设代码中使用了什么字符。

9.1.2　管理驱动器

要管理驱动器，请使用 DriveInfo 类型，使用 DriveInfo 提供的静态方法可以返回关于连接到计算机的所有驱动器的信息。每个驱动器都有驱动器类型。

(1) 创建 WorkWithDrives 方法，编写语句以获取所有驱动器，并输出它们的名称、类型、大小、可用空间和格式，但仅在驱动器准备好时才这样做，如下所示：

```
static void WorkWithDrives()
{
  WriteLine("{0,-30} | {1,-10} | {2,-7} | {3,18} | {4,18}",
      "NAME", "TYPE", "FORMAT", "SIZE (BYTES)", "FREE SPACE");

  foreach (DriveInfo drive in DriveInfo.GetDrives())
  {
    if (drive.IsReady)
    {
      WriteLine(
        "{0,-30} | {1,-10} | {2,-7} | {3,18:N0} | {4,18:N0}",
        drive.Name, drive.DriveType, drive.DriveFormat,
        drive.TotalSize, drive.AvailableFreeSpace);
    }
    else
    {
      WriteLine("{0,-30} | {1,-10}", drive.Name, drive.DriveType);
    }
  }
}
```

最佳实践

在读取诸如 TotalSize 的属性之前，请检查驱动器是否准备好，否则可移动驱动器会引发异常。

(2) 在 Program.cs 中注释掉前面的方法调用，并向其中添加对 WorkWithDrives 方法的调用，如下所示：

```
// OutputFileSystemInfo();
WorkWithDrives();
```

(3) 运行代码并查看结果，如图 9.2 所示。

```
Microsoft Visual Studio Debug Console
NAME                           | TYPE       | FORMAT  |       SIZE (BYTES) |         FREE SPACE
C:\                            | Fixed      | NTFS    |    136,314,818,560 |     23,093,919,744
D:\                            | CDRom
E:\                            | CDRom
W:\                            | Network    | PrlSF   |    499,963,174,912 |     41,217,667,072
X:\                            | Network    | PrlSF   |    499,963,174,912 |     41,217,667,072
Y:\                            | Network    | PrlSF   |    499,963,174,912 |     41,217,667,072
Z:\                            | Network    | PrlSF   |    499,963,174,912 |     41,217,667,072
```

图 9.2　显示 Windows 上的驱动器信息

9.1.3 管理目录

要管理目录，请使用 Directory、Path 和 Environment 静态类。这些类包括许多用于处理文件系统的属性和方法。

在构造自定义路径时，必须小心地编写代码，这样才不会对平台做出任何假设。例如，目录分隔符应该使用什么字符?

(1) 创建 WorkWithDirectories 方法，并编写语句以执行以下操作：

- 在用户的主目录下定义自定义路径，方法是为目录名创建字符串数组，然后对它们与 Path 类型的 Combine 静态方法进行适当组合。
- 使用 Directory 类的 Exists 静态方法，检查自定义路径是否存在。
- 使用 Directory 类的 CreateDirectory 和 Delete 静态方法，创建并删除目录(包括其中的文件和子目录)。

```
static void WorkWithDirectories()
{
  // define a directory path for a new folder
  // starting in the user's folder
  string newFolder = Combine(
    GetFolderPath(SpecialFolder.Personal),
    "Code", "Chapter09", "NewFolder");

  WriteLine($"Working with: {newFolder}");

  // check if it exists
  WriteLine($"Does it exist? {Exists(newFolder)}");

  // create directory
  WriteLine("Creating it...");
  CreateDirectory(newFolder);
  WriteLine($"Does it exist? {Exists(newFolder)}");
  Write("Confirm the directory exists, and then press ENTER: ");
  ReadLine();

  // delete directory
  WriteLine("Deleting it...");
  Delete(newFolder, recursive: true);
  WriteLine($"Does it exist? {Exists(newFolder)}");
}
```

(2) 在 Program.cs 中注释掉前面的方法调用，添加对 WorkWithDirectories 方法的调用。

(3) 运行代码并查看结果，使用自己喜欢的文件管理工具确认目录已创建，然后按 Enter 键删除，输出如下所示：

```
Working with: /Users/markjprice/Code/Chapter09/NewFolder Does it exist?
False
Creating it...
Does it exist? True
Confirm the directory exists, and then press ENTER:
Deleting it...
Does it exist? False
```

9.1.4 管理文件

在处理文件时，可以静态地导入 File 类型，就像 Directory 类型所做的那样，但是在下一个示例中，我们不会这样做，因为其中具有与 Directory 类型相同的一些方法，而且它们会发生冲突。这种情况下，File 类型的名称足够短，在本例中不会发生冲突。

(1) 创建 WorkWithFiles 方法，并编写语句以完成以下工作：

- 检查文件是否存在。
- 创建文本文件。
- 在文本文件中写入一行文本。
- 关闭文件以释放系统资源和文件锁(这通常在 try-finally 块中完成，以确保即使在向文件写入文本时发生异常，也关闭文件)。
- 将文件复制到备份中。
- 删除原始文件。
- 读取备份文件的内容，然后关闭备份文件。

```
static void WorkWithFiles()
{
  // define a directory path to output files
  // starting in the user's folder
  string dir = Combine(
    GetFolderPath(SpecialFolder.Personal),
    "Code", "Chapter09", "OutputFiles");

  CreateDirectory(dir);

  // define file paths
  string textFile = Combine(dir, "Dummy.txt");
  string backupFile = Combine(dir, "Dummy.bak");
  WriteLine($"Working with: {textFile}");

  // check if a file exists
  WriteLine($"Does it exist? {File.Exists(textFile)}");

  // create a new text file and write a line to it
  StreamWriter textWriter = File.CreateText(textFile);
  textWriter.WriteLine("Hello, C#!");
  textWriter.Close(); // close file and release resources
  WriteLine($"Does it exist? {File.Exists(textFile)}");

  // copy the file, and overwrite if it already exists
  File.Copy(sourceFileName: textFile,
    destFileName: backupFile, overwrite: true);
  WriteLine(
    $"Does {backupFile} exist? {File.Exists(backupFile)}");
  Write("Confirm the files exist, and then press ENTER: ");
  ReadLine();

  // delete file
  File.Delete(textFile);
  WriteLine($"Does it exist? {File.Exists(textFile)}");
```

```
    // read from the text file backup
    WriteLine($"Reading contents of {backupFile}:");
    StreamReader textReader = File.OpenText(backupFile);
    WriteLine(textReader.ReadToEnd());
    textReader.Close();
  }
```

(2) 在 Program.cs 中注释掉前面的方法调用，并向其中添加对 WorkWithFiles 方法的调用。

(3) 运行代码并查看结果，输出如下所示：

```
Working with: /Users/markjprice/Code/Chapter09/OutputFiles/Dummy.txt
Does it exist? False
Does it exist? True
Does /Users/markjprice/Code/Chapter09/OutputFiles/Dummy.bak exist? True
Confirm the files exist, and then press ENTER:
Does it exist? False
Reading contents of /Users/markjprice/Code/Chapter09/OutputFiles/Dummy.
bak:          。
Hello, C#!
```

9.1.5 管理路径

有时，我们需要处理路径的一部分；例如，可能只想提取文件夹名、文件名或扩展名。而有时，需要生成临时文件夹和文件名。可以使用 Path 类的静态方法来实现以上目的。

(1) 在 WorkWithFiles 方法的末尾添加以下语句：

```
// Managing paths
WriteLine($"Folder Name: {GetDirectoryName(textFile)}");
WriteLine($"File Name: {GetFileName(textFile)}");
WriteLine("File Name without Extension: {0}",
  GetFileNameWithoutExtension(textFile));
WriteLine($"File Extension: {GetExtension(textFile)}");
WriteLine($"Random File Name: {GetRandomFileName()}");
WriteLine($"Temporary File Name: {GetTempFileName()}");
```

(2) 运行代码并查看结果，输出如下所示：

```
Folder Name: /Users/markjprice/Code/Chapter09/OutputFiles
File Name: Dummy.txt
File Name without Extension: Dummy
File Extension: .txt
Random File Name: u45w1zki.co3
Temporary File Name:
/var/folders/tz/xx0y_wld5sx0nv0fjtq4tnpc0000gn/T/tmpyqrepP.tmp
```

GetTempFileName 方法创建零字节的文件并返回文件名以供使用。

GetRandomFileName 方法只返回文件名而不会创建文件。

9.1.6 获取文件信息

要获得关于文件或目录的更多信息(例如大小或最后一次访问时间)，可以创建 FileInfo 或 DirectoryInfo 类的实例。

FileInfo 和 DirectoryInfo 类都继承自 FileSystemInfo，所以它们都有 LastAccessTime 和 Delete

这样的成员，如表 9.1 所示。

表 9.1　文件和目录的属性与方法列表

类	成员
FileSystemInfo	Fields：FullPath、OriginalPath Properties：Attributes、CreationTime、CreationTimeUtc、Exists、Extension、FullName、LastAccessTime、LastAccessTimeUtc、LastWriteTime、LastWriteTimeUtc、Name Methods：Delete、GetObjectData、Refresh
DirectoryInfo	Properties：Parent、Root Methods：Create、CreateSubdirectory、EnumerateDirectories、EnumerateFiles、EnumerateFileSystemInfos、GetAccessControl、GetDirectories、GetFiles、GetFileSystemInfos、MoveTo、SetAccessControl
FileInfo	Properties：Directory、DirectoryName、IsReadOnly、Length Methods：AppendText、CopyTo、Create、CreateText、Decrypt、Encrypt、GetAccessControl、MoveTo、Open、OpenRead、OpenText、OpenWrite、Replace、SetAccessControl

下面编写一些代码，从而使用 FileInfo 实例对文件高效地执行多个操作。

(1) 在 WorkWithFiles 方法的末尾添加语句，为备份文件创建 FileInfo 实例，并将相关信息写入控制台，如下所示：

```
FileInfo info = new(backupFile);
WriteLine($"{backupFile}:");
WriteLine($"Contains {info.Length} bytes");
WriteLine($"Last accessed {info.LastAccessTime}");
WriteLine($"Has readonly set to {info.IsReadOnly}");
```

(2) 运行代码并查看结果，输出如下所示：

```
/Users/markjprice/Code/Chapter09/OutputFiles/Dummy.bak:
Contains 11 bytes
Last accessed 26/10/2021 09:08:26
Has readonly set to False
```

不同操作系统中的字节数可能不同，因为操作系统可以使用不同的行结束符。

9.1.7　控制如何处理文件

在处理文件时，通常需要控制文件的打开方式。File.Open 方法有使用 enum 值指定附加选项的重载版本。enum 类型如下。

- FileMode：控制要对文件做什么，比如 CreateNew、OpenOrCreate 或 Truncate。
- FileAccess：控制需要的访问级别，比如 ReadWrite。
- FileShare：控制文件上的锁，从而允许其他进程以指定的访问级别访问，比如 Read。

可以打开文件以从中读取内容，并允许其他进程读取文件，代码如下所示：

```
FileStream file = File.Open(pathToFile,
  FileMode.Open, FileAccess.Read, FileShare.Read);
```

如下 enum 类型可用于文件特性。

- FileAttributes：检查 FileSystemInfo 派生类型的 Attributes 属性值，例如 Archive 和 Encrypted 等。

还可以检查文件或目录的特性，如下所示：

```
FileInfo info = new(backupFile);
WriteLine("Is the backup file compressed? {0}",
  info.Attributes.HasFlag(FileAttributes.Compressed));
```

9.2 用流来读写

流是可以读写的字节序列。虽然可以像处理数组一样处理文件，但是通过了解字节在文件中的位置，可以进行随机访问，所以将文件作为按顺序访问字节的流来处理是很有用的。

流还可用于处理终端输入输出以及网络资源，如不提供随机访问且无法查找某个位置的套接字和端口。可以编写代码来处理任意字节，而不需要知道或关心它们来自何处。可以用一段代码读取或写入流，而用另一段代码处理实际存储字节的位置。

名为 Stream 的抽象类用来表示流。还有许多其他继承自这个基类的类，包括 FileStream、MemoryStream、BufferedStream、GZipStream 和 SslStream，因此它们都以相同的方式工作。

9.2.1 理解抽象和具体的流

有一个名为 Stream 的抽象类，它表示任何类型的流。记住，抽象类不能用 new 来实例化；它们只能被继承。

有许多具体的类继承这个基类，包括 FileStream、MemoryStream、BufferedStream、GZipStream 和 SslStream，所以它们都以相同的方式工作。所有流都实现了 IDisposable 接口，因此它们都有用于释放非托管资源的 Dispose 方法。

表 9.2 列出了 Stream 类的一些常用成员。

表 9.2 Stream 类的常用成员

成员	说明
CanRead、CanWrite	确定是否可以读写流
Length、Position	确定总字节数和流中的当前位置。这两个属性可能会为某些类型的流抛出异常
Dispose	关闭流并释放资源
Flush	如果流有缓冲区，就将缓冲区中的字节写入流并清除缓冲区
CanSeek	确定是否可以使用 Seek 方法
Seek	将位置移动到参数指定的位置
Read、ReadAsync	将指定数量的字节从流中读取到字节数组中，并向前推进位置
ReadByte	从流中读取下一个字节并推进位置
Write、WriteAsync	将字节数组的内容写入流
WriteByte	将字节写入流

1. 理解存储流

表 9.3 列出了一些存储流，它们表示字节的存储位置。

表 9.3　存储流

名称空间	类	说明
System.IO	FileStream	将字节存储在文件系统中
System.IO	MemoryStream	将字节存储在当前进程的内存中
System.Net.Sockets	NetworkStream	将字节存储在网络位置

FileStream 在.NET 6 中被重写，在 Windows 上有更高的性能和可靠性。

2. 理解函数流

表 9.4 列出一些不能单独存在的函数流，它们只能“插入”其他流以添加功能。

表 9.4　一些不能单独存在的函数值

名称空间	类	说明
System.Security.Cryptography	CryptoStream	对流进行加密和解密
System.IO.Compression	GZipStream、DeflateStream	压缩和解压流
System.Net.Security	AuthenticatedStream	跨流发送凭据

3. 理解流辅助类

尽管在某些情况下，需要在较低的级别处理流，但大多数情况下，可将辅助类插入链中，以使操作变得更简单。流的所有辅助类都实现了 IDisposable 接口，因此它们都有 Dispose 方法用来释放非托管资源。

表 9.5 列出一些用于处理常见场景的辅助类。

表 9.5　一些用于处理常见场景的辅助类

名称空间	类	说明
System.IO	StreamReader	从底层流读取文本
System.IO	StreamWriter	以文本的形式写入底层流
System.IO	BinaryReader	从流中读取.NET 类型。例如，ReadDecimal 方法以 decimal 值的形式从底层流读取后面的 16 字节，ReadInt32 方法以 int 值的形式读取后面的 4 字节
System.IO	BinaryWriter	作为.NET 类型写入流。例如，带有 decimal 参数的 Write 方法向底层流写入 16 字节，而带有 int 参数的 Write 方法向底层流写入 4 字节
System.Xml	XmlReader	以 XML 的形式从底层流读取数据
System.Xml	XmlWriter	以 XML 的形式写入底层流

9.2.2　写入文本流

下面输入一些代码，将文本写入流。

(1) 使用喜欢的代码编辑器在 Chapter09 解决方案/工作区中添加一个名为 WorkingWithStreams 的控制台应用。

- 在 Visual Studio 中，将解决方案的启动项目设置为当前选择项。
- 在 Visual Studio Code 中，选择 WorkingWithStreams 作为活动的 OmniSharp 项目。

(2) 在 WorkingWithStreams 项目的 Program.cs 中， 导入 System. Xml 名称空间，并静态导入 System.Console、System.Environment和 System.IO.Path 类型。

(3) 在 Program.cs 的底部，定义一个名为 Viper 的静态类，其中包含一个名为 Callsigns 的字符串值静态数组，如下所示：

```
static class Viper
{
  // define an array of Viper pilot call signs
  public static string[] Callsigns = new[]
  {
    "Husker", "Starbuck", "Apollo", "Boomer",
    "Bulldog", "Athena", "Helo", "Racetrack"
  };
}
```

(4) 在 Viper 类之上，定义一个 WorkWithText 方法，它枚举 Viper 调用符号，将每个调用符号写到单个文本文件的独立行中，如下所示：

```
static void WorkWithText()
{
  // define a file to write to
  string textFile = Combine(CurrentDirectory, "streams.txt");

  // create a text file and return a helper writer
  StreamWriter text = File.CreateText(textFile);

  // enumerate the strings, writing each one
  // to the stream on a separate line
  foreach (string item in Viper.Callsigns)
  {
    text.WriteLine(item);
  }
  text.Close(); // release resources

  // output the contents of the file
  WriteLine("{0} contains {1:N0} bytes.",
    arg0: textFile,
    arg1: new FileInfo(textFile).Length);

  WriteLine(File.ReadAllText(textFile));
}
```

(5) 在名称空间导入后调用 WorkWithText 方法。

(6) 运行代码并查看结果，输出如下所示：

```
/Users/markjprice/Code/Chapter09/WorkingWithStreams/streams.txt contains
60 bytes.
Husker
Starbuck
```

```
Apollo
Boomer
Bulldog
Athena
Helo
Racetrack
```

(7) 打开创建的文件，并检查其中是否包含调用符号列表。

9.2.3　写入 XML 流

编写 XML 元素时有以下两种方式。

- WriteStartElement 和 WriteEndElement：当元素可能有子元素时，使用这对方法。
- WriteElementString：当元素没有子元素时使用这个方法。

现在，可尝试在 XML 文件中存储字符串值的 Viper pilot 调用符号数组。

(1) 创建 WorkWithXml 方法以枚举调用符号，并将每个调用符号写入单个 XML 文件的元素中，如下所示：

```
static void WorkWithXml()
{
  // define a file to write to
  string xmlFile = Combine(CurrentDirectory, "streams.xml");

  // create a file stream
  FileStream xmlFileStream = File.Create(xmlFile);

  // wrap the file stream in an XML writer helper
  // and automatically indent nested elements
  XmlWriter xml = XmlWriter.Create(xmlFileStream,
    new XmlWriterSettings { Indent = true });

  // write the XML declaration
  xml.WriteStartDocument();

  // write a root element
  xml.WriteStartElement("callsigns");

  // enumerate the strings writing each one to the stream
  foreach (string item in Viper.Callsigns)
  {
    xml.WriteElementString("callsign", item);
  }

  // write the close root element
  xml.WriteEndElement();

  // close helper and stream
  xml.Close();
  xmlFileStream.Close();

  // output all the contents of the file
  WriteLine("{0} contains {1:N0} bytes.",
    arg0: xmlFile,
    arg1: new FileInfo(xmlFile).Length);
```

```
  WriteLine(File.ReadAllText(xmlFile));
}
```

(2) 在 Program.cs 中注释掉前面的方法调用，并添加对 WorkWithXml 方法的调用。

(3) 运行代码并查看结果，输出如下所示：

```
/Users/markjprice/Code/Chapter09/WorkingWithStreams/streams.xml contains
310 bytes.
<?xml version="1.0" encoding="utf-8"?>
<callsigns>
<callsign>Husker</callsign>
<callsign>Starbuck</callsign>
<callsign>Apollo</callsign>
<callsign>Boomer</callsign>
<callsign>Bulldog</callsign>
<callsign>Athena</callsign>
<callsign>Helo</callsign>
<callsign>Racetrack</callsign>
</callsigns>
```

9.2.4 文件资源的释放

当打开文件进行读写操作时，使用的是.NET 之外的资源。这些资源又称为非托管资源，必须在处理完毕后释放。为了保证它们被释放，可以在 finally 块中调用 Dispose 方法。

下面改进前面处理 XML 的代码，以正确释放非托管资源。

(1) 修改 WorkWithXml 方法，如下所示：

```
static void WorkWithXml()
{
  FileStream? xmlFileStream = null;
  XmlWriter? xml = null;

  try
  {
    // define a file to write to
    string xmlFile = Combine(CurrentDirectory, "streams.xml");

    // create a file stream
    xmlFileStream = File.Create(xmlFile);

    // wrap the file stream in an XML writer helper
    // and automatically indent nested elements
    xml = XmlWriter.Create(xmlFileStream,
      new XmlWriterSettings { Indent = true });

    // write the XML declaration
    xml.WriteStartDocument();

    // write a root element
    xml.WriteStartElement("callsigns");

    // enumerate the strings writing each one to the stream
    foreach (string item in Viper.Callsigns)
```

```
        {
          xml.WriteElementString("callsign", item);
        }

        // write the close root element
        xml.WriteEndElement();

        // close helper and stream
        xml.Close();
        xmlFileStream.Close();

        // output all the contents of the file
        WriteLine($"{0} contains {1:N0} bytes.",
          arg0: xmlFile,
          arg1: new FileInfo(xmlFile).Length);

        WriteLine(File.ReadAllText(xmlFile));
        }
        catch (Exception ex)
        {
          // if the path doesn't exist the exception will be caught
          WriteLine($"{ex.GetType()} says {ex.Message}");
        }
        finally
        {
          if (xml != null)
          {
            xml.Dispose();
            WriteLine("The XML writer's unmanaged resources have been
            disposed.");
            if (xmlFileStream != null)
            {
              xmlFileStream.Dispose();
              WriteLine("The file stream's unmanaged resources have beendisposed.");
          }
        }
      }
    }
```

我们还可以回过头来修改前面创建的其他方法，但这里将它们留作可选练习。

(2) 运行代码并查看结果，输出如下所示：

```
The XML writer's unmanaged resources have been disposed.
The file stream's unmanaged resources have been disposed.
```

最佳实践

在调用 Dispose 方法之前确认对象不为 null。

通过 using 语句来简化资源的释放

可以简化用于检查 null 对象的代码，然后通过 using 语句来调用 Dispose 方法。一般来说，建议使用 using 而不是手动调用 Dispose 方法，除非需要更高级的控制。

令人困惑的是，using 关键字有两种用法：导入名称空间和生成 finally 语句。finally 语句能为实现了 IDisposable 接口的对象调用 Dispose 方法。

编译器会将 using 语句块更改为没有 catch 语句的 try-finally 语句。可以使用嵌套的 try 语句；因此，如果想捕获任何异常，就可以使用下面的代码。

```
using (FileStream file2 = File.OpenWrite(
  Path.Combine(path, "file2.txt")))
{
  using (StreamWriter writer2 = new StreamWriter(file2))
  {
    try
    {
      writer2.WriteLine("Welcome, .NET!");
    }
    catch(Exception ex)
    {
      WriteLine($"{ex.GetType()} says {ex.Message}");
    }
  } // automatically calls Dispose if the object is not null
} // automatically calls Dispose if the object is not null
```

甚至可以通过不显式指定 using 语句的大括号和缩进来进一步简化代码，代码如下所示：

```
using FileStream file2 = File.OpenWrite(
  Path.Combine(path, "file2.txt"));

using StreamWriter writer2 = new(file2);

try
{
  writer2.WriteLine("Welcome, .NET!");
}

catch(Exception ex)
{
  WriteLine($"{ex.GetType()} says {ex.Message}");
}
```

9.2.5 压缩流

XML 比较冗长，所以相比纯文本会占用更多的字节空间。可以使用一种名为 GZIP 的常见压缩算法来压缩 XML。

(1) 在 Program.cs 的顶部，导入用于处理压缩的名称空间：

```
using System.IO.Compression;//BrotliStream,GZipStream,CompressionMode
```

(2) 添加 WorkWithCompression 方法，该方法将使用 GZipSteam 的实例创建压缩文件，其中包含与之前相同的 XML 元素，然后在读取压缩文件并将其输出到控制台时对其进行解压，如下所示：

```
static void WorkWithCompression()
{
  string fileExt = "gzip";

  // compress the XML output
```

```
  string filePath = Combine(
    CurrentDirectory, $"streams.{fileExt}");

  FileStream file = File.Create(filePath);

  Stream compressor = new GZipStream(file, CompressionMode.Compress);

  using (compressor)
  {
    using (XmlWriter xml = XmlWriter.Create(compressor))
    {
      xml.WriteStartDocument();
      xml.WriteStartElement("callsigns");

      foreach (string item in Viper.Callsigns)
      {
        xml.WriteElementString("callsign", item);
      }

        // the normal call to WriteEndElement is not necessary
        // because when the XmlWriter disposes, it will
        // automatically end any elements of any depth
      }
    } // also closes the underlying stream

    // output all the contents of the compressed file
    WriteLine("{0} contains {1:N0} bytes.",
      filePath, new FileInfo(filePath).Length);

    WriteLine($"The compressed contents:");
    WriteLine(File.ReadAllText(filePath));

    // read a compressed file
    WriteLine("Reading the compressed XML file:");
    file = File.Open(filePath, FileMode.Open);

    Stream decompressor = new GZipStream(file,
      CompressionMode.Decompress);

    using (decompressor)
    {
      using (XmlReader reader = XmlReader.Create(decompressor))
      {
        while (reader.Read()) // read the next XML node
        {
          // check if we are on an element node named callsign
          if ((reader.NodeType == XmlNodeType.Element)
          && (reader.Name == "callsign"))
        {
          reader.Read(); // move to the text inside element
          WriteLine($"{reader.Value}"); // read its value
        }
      }
    }
  }
}
```

(3) 在 Program.cs 中调用 WorkWithXml 方法，并添加对 WorkWithCompression 方法的调用，如下所示：

```
// WorkWithText();
WorkWithXml();
WorkWithCompression();
```

(4) 运行代码，比较原来的 XML 文件和压缩后的 XML 文件的大小。压缩后的大小还不到原来的一半，如下所示：

```
/Users/markjprice/Code/Chapter09/WorkingWithStreams/streams.xml contains
310 bytes.
/Users/markjprice/Code/Chapter09/WorkingWithStreams/streams.gzip contains
150 bytes.
```

9.2.6 使用 Brotli 算法进行压缩

在.NET Core 2.1 中，微软引入了 Brotli 压缩算法的实现。在性能上，Brotli 算法类似于 DEFLATE 和 GZIP 中使用的算法，但是输出密度要大 20%左右。

(1) 修改 WorkWithCompression 方法，使用一个可选参数来指示是否应该使用 Brotli 算法，并在默认情况下使用 Brotli 算法，如下所示：

```
static void WorkWithCompression(bool useBrotli = true)
{
  string fileExt = useBrotli ? "brotli" : "gzip";

  // compress the XML output
  string filePath = Combine(
    CurrentDirectory, $"streams.{fileExt}");

  FileStream file = File.Create(filePath);

  Stream compressor;

  if (useBrotli)
  {
      compressor = new BrotliStream(file, CompressionMode.Compress);
  }
  else
  {
      compressor = new GZipStream(file, CompressionMode.Compress);
  }

  using (compressor)
  {
    using (XmlWriter xml = XmlWriter.Create(compressor))
    {
      xml.WriteStartDocument();
      xml.WriteStartElement("callsigns");
      foreach (string item in Viper.Callsigns)
      {
        xml.WriteElementString("callsign", item);
      }
      }
```

```
    } // also closes the underlying stream

    // output all the contents of the compressed file
    WriteLine("{0} contains {1:N0} bytes.",
      filePath, new FileInfo(filePath).Length);

    WriteLine($"The compressed contents:");
    WriteLine(File.ReadAllText(filePath));

    // read a compressed file
    WriteLine("Reading the compressed XML file:");
      file = File.Open(filePath, FileMode.Open);

    Stream decompressor;
    if (useBrotli)
    {
      decompressor = new BrotliStream(
        file, CompressionMode.Decompress);
    }
    else
    {
      decompressor = new GZipStream(
        file, CompressionMode.Decompress);
    }

    using (decompressor)
    {
      using (XmlReader reader = XmlReader.Create(decompressor))
      {
        while (reader.Read())
        {
          // check if we are on an element node named callsign
          if ((reader.NodeType == XmlNodeType.Element)
            && (reader.Name == "callsign"))
         {
          reader.Read(); // move to the text inside element
          WriteLine($"{reader.Value}"); // read its value
        }
      }
    }
  }
}
```

(2) 在接近 Program.cs 的顶部，调用 WorkWithCompression 方法两次，一次使用 Brotli 算法和默认值来调用，另一次使用 GZIP 中的算法来调用，如下所示：

```
WorkWithCompression();
WorkWithCompression(useBrotli: false);
```

(3) 运行代码，并比较两个压缩后的 XML 文件的大小。Brotli 算法的输出密度大了大约 21%，如下所示：

```
/Users/markjprice/Code/Chapter09/WorkingWithStreams/streams.brotli
contains 118 bytes.
/Users/markjprice/Code/Chapter09/WorkingWithStreams/streams.gzip contains
150 bytes.
```

9.3 编码和解码文本

文本字符可以用不同的方式表示。例如，字母表可以用莫尔斯电码编码成一系列的点和短横线，以便用电报线路传输。

以类似的方式，计算机中的文本以位(1 和 0)的形式存储，位表示代码空间中的代码点。大多数代码点表示单个字符，但它们也可以有其他含义，如格式化。

例如，ASCII 拥有包含 128 个代码点的代码空间。.NET 使用 Unicode 标准对文本进行内部编码。Unicode 拥有超过 100 万个代码点的代码空间。

有时，需要将文本移到.NET 之外，供不使用 Unicode 或 Unicode 变体的系统使用。因此，了解如何在编码之间进行转换是很重要的。

表 9.6 列出了一些常用的文本编码方法。

表 9.6　一些常用的文本编码方法

编码方法	说明
ASCII	使用字节的较低 7 位来编码有限范围的字符
UTF-8	将每个 Unicode 代码点表示为 1～4 字节的序列
UTF-7	这是为了实现在 7 位通道上比 UTF-8 更有效而设计的，但是因为存在安全性和健壮性问题，所以建议使用 UTF-8
UTF-16	将每个 Unicode 代码点表示为一个或两个 16 位整数的序列
UTF-32	将每个 Unicode 代码点表示为 32 位整数，因此是固定长度编码，而其他 Unicode 编码都是可变长度编码
ANSI/ISO 编码	用于为支持特定语言或一组语言的各种代码页提供支持

最佳实践

大多数情况下，UTF-8 是很好的选择，并且实际上是默认编码，也就是 Encoding.Default。

9.3.1 将字符串编码为字节数组

下面研究一下文本编码。

(1) 使用喜欢的代码编辑器在 Chapter09 解决方案/工作区中添加一个名为 WorkingWithEncodings 的新控制台应用程序。

(2) 在 Visual Studio Code 中，选择 WorkingWithEncodings 作为活动的 OmniSharp 项目。

(3) 在 Program.cs 中，导入 System.Text 名称空间和静态导入 Console 类。

(4) 添加语句，使用用户选择的编码方式对字符串进行编码，遍历每个字节，然后将它们解码回字符串并输出，如下所示：

```
WriteLine("Encodings");
WriteLine("[1] ASCII");
WriteLine("[2] UTF-7");
WriteLine("[3] UTF-8");
WriteLine("[4] UTF-16 (Unicode)");
```

```
WriteLine("[5] UTF-32");
WriteLine("[any other key] Default");

// choose an encoding
Write("Press a number to choose an encoding: ");
ConsoleKey number = ReadKey(intercept: false).Key;
WriteLine();
WriteLine();
Encoding encoder = number switch
{
  ConsoleKey.D1         => Encoding.ASCII,
  ConsoleKey.D2         => Encoding.UTF7,
  ConsoleKey.D3         => Encoding.UTF8,
  ConsoleKey.D4         => Encoding.Unicode,
  ConsoleKey.D5         => Encoding.UTF32,
  _                     => Encoding.Default
};

// define a string to encode
string message = "Café cost: £4.39";

// encode the string into a byte array
byte[] encoded = encoder.GetBytes(message);

// check how many bytes the encoding needed
WriteLine("{0} uses {1:N0} bytes.",
  encoder.GetType().Name, encoded.Length);
WriteLine();

// enumerate each byte
WriteLine($"BYTE HEX CHAR");
foreach (byte b in encoded)
{
  WriteLine($"{b,4} {b.ToString("X"),4} {(char)b,5}");
}

// decode the byte array back into a string and display it
string decoded = encoder.GetString(encoded);
WriteLine(decoded);
```

(5) 运行代码，注意应避免使用UTF7，因为UTF7是不安全的。当然，如果为了与另一个系统兼容而需要使用这种编码方式生成文本，那么在.NET中需要保留UTF7。

(6) 按1选择ASCII，注意在输出字节时，无法用ASCII表示£符号和é符号因此这里使用问号来代替这个符号，如下所示：

```
BYTE  HEX  CHAR
  67   43     C
  97   61     a
 102   66     f
  63   3F     ?
  32   20
 111   6F     o
 115   73     s
 116   74     t
```

```
    58    3A      :
    32    20
    63    3F      ?
    52    34      4
    46    2E      .
    51    33      3
    57    39      9
Caf? cost: ?4.39
```

(7) 重新运行代码，按 3 选择 UTF-8，注意 UTF-8 需要额外的 2 字节(需要 18 字节而不是 16 节)，因而可以存储£符号和 é 符号。

```
UTF8EncodingSealed uses 18 bytes.

 BYTE    HEX    CHAR
   67     43      C
   97     61      a
  102     66      f
  195     C3      Ã
  169     A9      ©
   32     20
  111     6F      o
  115     73      s
  116     74      t
   58     3A      :
   32     20
  194     C2      Â
  163     A3      £
   52     34      4
   46     2E      .
   51     33      3
   57     39      9
Café cost: £4.39
```

(8) 重新运行代码，按 4 选择 Unicode(UTF-16)，注意 UTF-16 的每个字符都需要 2 字节，总共需要 32 字节，因而可以存储£符号和 é 符号。.NET 在内部将使用这种编码来存储 char 和 string 值。

9.3.2 对文件中的文本进行编码和解码

在使用流辅助类(如 StreamReader 和 StreamWriter)时，可以指定要使用的编码。当写入辅助类时，文本将自动编码；从辅助类中读取时，字节将自动解码。

要指定编码，可将编码方式作为第二个参数传递给辅助类的构造函数，如下所示：

```
StreamReader reader = new(stream, Encoding.UTF8);
StreamWriter writer = new(stream, Encoding.UTF8);
```

最佳实践

通常无法选择使用哪种编码，因为生成的是供另一个系统使用的文件。但是，如果这样做了，请选择虽然使用的字节数最少，却可以存储所需的每个字符的系统。

9.4　序列化对象图

序列化是使用指定的格式将活动对象转换为字节序列的过程。反序列化则是相反的过程。这样做是为了保存活动对象的当前状态，这样就可以在将来重新创建它。例如，保存游戏的当前状态，这样明天就可以继续在同一个地方玩游戏。序列化的对象通常存储在文件或数据库中。

可以指定的格式有几十种，但最常见的有两种：XML 和 JSON。

最佳实践

JSON 更紧凑，适合 Web 应用和移动应用。XML 虽然更冗长，却在更老的系统中得到了更好的支持。可使用 JSON 最小化序列化的对象图的大小。在向 Web 应用和移动应用发送对象图时，JSON 是不错的选择。因为 JSON 是 JavaScript 的本地序列化格式，而移动应用经常在有限的带宽上调用，所以字节数很重要。

.NET 有多个类，可以序列化为 XML 和 JSON，也可以从 XML 和 JSON 中进行序列化。下面从 XmlSerializer 和 JsonSerializer 开始介绍。

9.4.1　序列化为 XML

XML 可能是世界上最常用的序列化格式。下面定义一个自定义类来存储个人信息，然后使用嵌套的 Person 实例列表创建对象图。

(1) 使用喜欢的代码编辑器在 Chapter09 解决方案/工作区中添加一个新的控制台应用程序，命名为 WorkingWithSerialization。

(2) 在 Visual Studio Code 中，选择 WorkingWithSerialization 作为活动的 OmniSharp 项目。

(3) 添加一个名为 Person 的类，Person 类带有受保护的 Salary 属性，这意味着只能对 Person 类自身及其派生类访问 Salary 属性。为了填充工资信息，Person 类提供了一个构造函数，该构造函数用一个参数来设置初始的工资水平，如下所示：

```
namespace Packt.Shared;

public class Person
{
  public Person(decimal initialSalary)
  {
    Salary = initialSalary;
  }
  public string? FirstName { get; set; }
  public string? LastName { get; set; }
  public DateTime DateOfBirth { get; set; }
  public HashSet<Person>? Children { get; set; }
  protected decimal Salary { get; set; }
}
```

(4) 在 Program.cs 中，导入用于 XML 序列化的名称空间，并静态导入 Console、Environment 和 Path 类，如下面的代码所示。

```
using System.Xml.Serialization; // XmlSerializer
using Packt.Shared; // Person

using static System.Console;
using static System.Environment;
using static System.IO.Path;
```

(5) 添加语句以创建 Person 实例的对象图，如下面的代码所示。

```
// create an object graph
List<Person> people = new()
{
  new(30000M)
  {
    FirstName = "Alice",
    LastName = "Smith",
    DateOfBirth = new(1974, 3, 14)
  },
  new(40000M)
  {
    FirstName = "Bob",
    LastName = "Jones",
    DateOfBirth = new(1969, 11, 23)
  },
  new(20000M)
  {
    FirstName = "Charlie",
    LastName = "Cox",
    DateOfBirth = new(1984, 5, 4),
    Children = new()
    {
      new(0M)
      {
        FirstName = "Sally",
        LastName = "Cox",
        DateOfBirth = new(2000, 7, 12)
      }
    }
  }
};

// create object that will format a List of Persons as XML
XmlSerializer xs = new(people.GetType());

// create a file to write to
string path = Combine(CurrentDirectory, "people.xml");

using (FileStream stream = File.Create(path))
{
  // serialize the object graph to the stream
  xs.Serialize(stream, people);
}

WriteLine("Written {0:N0} bytes of XML to {1}",
  arg0: new FileInfo(path).Length,
  arg1: path);
WriteLine();
```

```
// Display the serialized object graph
WriteLine(File.ReadAllText(path));
```

(6) 运行代码，查看结果，注意抛出了异常，输出如下所示：

```
Unhandled Exception: System.InvalidOperationException: Packt.Shared.Person
cannot be serialized because it does not have a parameterless constructor.
```

(7) 在 Person 中添加以下语句以定义无参构造函数：

```
public Person() { }
```

这个构造函数不需要做任何事情，但是它必须存在，以便 XmlSerializer 在反序列化过程中调用它，以实例化新的 Person 实例。

(8) 重新运行代码并查看结果，注意对象图被序列化为 XML 元素，如<firstname> Bob </firstname>，并且 Salary 属性不包括在内，因为它不是一个公共属性，输出如下所示：

```
Written 752 bytes of XML to
/Users/markjprice/Code/Chapter09/WorkingWithSerialization/people.xml
<?xml version="1.0"?>
<ArrayOfPerson xmlns:xsi="http://www.w3.org/2001/XMLSchema-instance"
xmlns:xsd="http://www.w3.org/2001/XMLSchema">
<Person>
  <FirstName>Alice</FirstName>
  <LastName>Smith</LastName>
  <DateOfBirth>1974-03-14T00:00:00</DateOfBirth>
</Person>
<Person>
  <FirstName>Bob</FirstName>
  <LastName>Jones</LastName>
  <DateOfBirth>1969-11-23T00:00:00</DateOfBirth>
</Person>
<Person>
  <FirstName>Charlie</FirstName>
  <LastName>Cox</LastName>
  <DateOfBirth>1984-05-04T00:00:00</DateOfBirth>
  <Children>
      <Person>
    <FirstName>Sally</FirstName>
    <LastName>Cox</LastName>
    <DateOfBirth>2000-07-12T00:00:00</DateOfBirth>
      </Person>
  </Children>
</Person>
  </ArrayOfPerson>
```

9.4.2 生成紧凑的 XML

可通过使用特性而不是某些字段的元素使 XML 更紧凑。

(1) 在 Person 中，导入 System.Xml.Serialization 名称空间，这样就可以使用[XmlAttribute]特性装饰一些属性。

(2) 使用[XmlAttribute]特性装饰名字、姓氏和出生日期属性，并为每个属性设置一个简短的名称，如下所示：

```
[XmlAttribute("fname")]
public string FirstName { get; set; }

[XmlAttribute("lname")]
public string LastName { get; set; }

[XmlAttribute("dob")]
public DateTime DateOfBirth { get; set; }
```

(3) 运行代码并注意，通过将属性值作为 XML 属性输出，文件的大小从 752 字节减少到 462 字节，节省了超过三分之一的内存空间，如下所示：

```
Written 462 bytes of XML to /Users/markjprice/Code/Chapter09/
WorkingWithSerialization/people.xml
<?xml version="1.0"?>
<ArrayOfPerson xmlns:xsi="http://www.w3.org/2001/XMLSchema-instance"
xmlns:xsd="http://www.w3.org/2001/XMLSchema">
  <Person fname="Alice" lname="Smith" dob="1974-03-14T00:00:00" />
  <Person fname="Bob" lname="Jones" dob="1969-11-23T00:00:00" />
  <Person fname="Charlie" lname="Cox" dob="1984-05-04T00:00:00">
    <Children>
      <Person fname="Sally" lname="Cox" dob="2000-07-12T00:00:00" />
    </Children>
  </Person>
</ArrayOfPerson>
```

9.4.3 反序列化 XML 文件

现在，可尝试将 XML 文件反序列化为内存中的活动对象。

(1) 添加语句打开 XML 文件，然后反序列化它，代码如下所示：

```
using (FileStream xmlLoad = File.Open(path, FileMode.Open))
{
  // deserialize and cast the object graph into a List of Person
  List<Person>? loadedPeople =
    xs.Deserialize(xmlLoad) as List<Person>;

  if (loadedPeople is not null)
  {
    foreach (Person p in loadedPeople)
    {
      WriteLine("{0} has {1} children.",
        p.LastName, p.Children?.Count ?? 0);
    }
  }
}
```

(2) 重新运行代码。注意我们已经成功地从 XML 文件中加载了个人信息，如下所示：

```
Smith has 0 children.
Jones has 0 children.
Cox has 1 children.
```

还有许多其他特性可用于控制生成的 XML。

如果不使用任何注释，XmlSerializer 在反序列化时使用属性名执行不区分大小写的匹配。

最佳实践

在使用 XmlSerializer 时，请记住只包含公共字段和属性。另外，类型必须有无参构造函数。可以使用特性自定义输出。

9.4.4 用 JSON 序列化

使用 JSON 序列化格式的最流行的.NET 库之一是 Newtonsoft.Json，又名 Json.NET。它很成熟、强大。

下面看看 Newtonsoft.json 是如何运作的。

(1) 在 WorkingWithSerialization 项目中，为最新版本的 Newtonsoft.Json 添加包引用，如下所示：

```
<ItemGroup>
  <PackageReference Include="Newtonsoft.Json"
    Version="13.0.1" />
</ItemGroup>
```

最佳实践

可在微软的 NuGet 提要中搜索 NuGet 包以发现支持的最新版本，链接为 https://www.nuget.org/packages/Newtonsoft.Json/。

(2) 构建 WorkingWithSerialization 项目来恢复包。

(3) 在 Program.cs 中，添加语句以创建文本文件，然后将个人信息序列化为 JSON 格式并放在创建的文本文件中：

```
// create a file to write to
string jsonPath = Combine(CurrentDirectory, "people.json");

using (StreamWriter jsonStream = File.CreateText(jsonPath))
{
  // create an object that will format as JSON
  Newtonsoft.Json.JsonSerializer jss = new();

  // serialize the object graph into a string
  jss.Serialize(jsonStream, people);
}
WriteLine();
WriteLine("Written {0:N0} bytes of JSON to: {1}",
  arg0: new FileInfo(jsonPath).Length,
  arg1: jsonPath);

// Display the serialized object graph
WriteLine(File.ReadAllText(jsonPath));
```

(4) 重新运行代码。注意，与带有元素的 XML 相比，JSON 需要的字节数不到前者的一半，甚至比使用属性的 XML 文件还要小，如下所示：

```
Written 366 bytes of JSON to: /Users/markjprice/Code/Chapter09/
```

```
WorkingWithSerialization/people.json [{"FirstName":"Alice","LastName":"Smith",
"DateOfBirth":"1974-03-
14T00:00:00","Children":null},{"FirstName":"Bob","LastName":"Jones","Date
OfBirth":"1969-11-23T00:00:00","Children":null},{"FirstName":"Charlie",
"LastName":"Cox","DateOfBirth":"1984-05-04T00:00:00","Children":[{"FirstName":
"Sally","LastName":"Cox","DateOfBirth":"2000-07-12T00:00:00","Children
":null}]}]
```

9.4.5 高性能的 JSON 处理

.NET Core 3.0 引入了如下新的名称空间来处理 JSON：System.Text.Json，从而能够使用诸如 Span<T>的 API 来优化性能。

此外，Json.NET 是通过读取 UTF-16 来实现的。使用 UTF-8 读写 JSON 文档能带来更好的性能，因为包括 HTTP 在内的大多数网络协议都使用 UTF-8，而且可以避免在 UTF-8 与 Json.NET 的 Unicode 字符串之间来回转换。

通过使用新的 API，.NET 的 JSON 处理性能有了极大改进，具体取决于场景。

Json.NET 的作者 James Newton-King 已加入微软，并与同事一起开发新的 JSON 类型。正如他在讨论新的 JSON API 的评论中所说，“Json.NET 不会消失，”如图 9.3 所示。

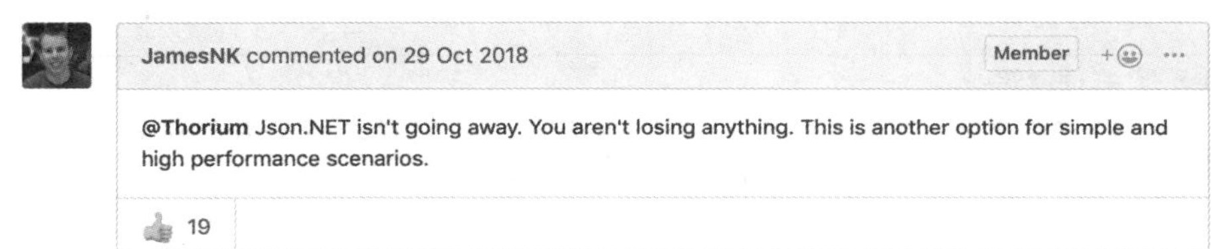

图 9.3　Json.NET 原始作者的注释

下面如何使用新的 JSON API 来反序列化 JSON 文件。

(1) 在 WorkingWithSerialization 项目的 Program.cs 中，导入使用别名执行序列化的新 JSON 类，以避免名称与之前使用的 Json.NET 发生冲突，代码如下所示：

```
using NewJson = System.Text.Json.JsonSerializer;
```

(2) 添加语句以打开并反序列化 JSON 文件，然后输出人员的姓名及其子女数目，如下所示：

```
using (FileStream jsonLoad = File.Open(jsonPath, FileMode.Open))
{
  // deserialize object graph into a List of Person
  List<Person>? loadedPeople =
    await NewJson.DeserializeAsync(utf8Json: jsonLoad,
      returnType: typeof(List<Person>)) as List<Person>;

  if (loadedPeople is not null)
  {
    foreach (Person p in loadedPeople)
    {
      WriteLine("{0} has {1} children.",
        p.LastName, p.Children?.Count ?? 0);
    }
  }
}
```

(3) 运行代码并查看结果，输出如下所示：

```
Smith has 0 children.
Jones has 0 children.
Cox has 1 children.
```

最佳实践
选择 Json.NET 以提高开发人员的工作效率，并选择 System.Text.Json 以提高性能。

9.5　控制 JSON 的处理

有很多选项可以控制 JSON 的处理方式，如下所示：

- 包含和排除字段。
- 设置套管策略。
- 选择区分大小写的策略。
- 在压缩和美化空白之间选择。

下面列举一些实际例子。

(1) 使用喜欢的代码编辑器在 Chapter09 解决方案/工作区中添加一个名为 WorkingWithJson 的新控制台应用程序。

(2) 在 Visual Studio Code 中，选择 WorkingWithJson 作为活动的 OmniSharp 项目。

(3) 在 WorkingWithJson 项目的 Program.cs 中，删除现有的代码，导入使用 JSON 的两个主要名称空间，然后静态导入 System.Console、System.Environment 和 System.IO.Path 类型，如下面的代码所示：

```
using System.Text.Json; // JsonSerializer
using System.Text.Json.Serialization; // [JsonInclude]
using static System.Console;
using static System.Environment;
using static System.IO.Path;
```

(4) 在 Program.cs 的底部，定义一个名为 Book 的类，代码如下所示：

```
public class Book
{
  // constructor to set non-nullable property
  public Book(string title)
  {
    Title = title;
  }

  // properties

  public string Title { get; set; }
  public string? Author { get; set; }

  // fields
```

```
  [JsonInclude] // include this field
  public DateOnly PublishDate;

  [JsonInclude] // include this field
  public DateTimeOffset Created;

  public ushort Pages;
}
```

(5) 在 Book 类的上面，添加语句来创建 Book 类的实例并将其序列化为 JSON，代码如下所示：

```
Book csharp10 = new(title:
  "C# 10 and .NET 6 - Modern Cross-platform Development")
{
  Author = "Mark J Price",
  PublishDate = new(year: 2021, month: 11, day: 9),
  Pages = 823,
  Created = DateTimeOffset.UtcNow,
};

JsonSerializerOptions options = new()
{
  IncludeFields = true, // includes all fields
  PropertyNameCaseInsensitive = true,
  WriteIndented = true,
  PropertyNamingPolicy = JsonNamingPolicy.CamelCase,
};

string filePath = Combine(CurrentDirectory, "book.json");

using (Stream fileStream = File.Create(filePath))
{
  JsonSerializer.Serialize<Book>(
    utf8Json: fileStream, value: csharp10, options);
}

WriteLine("Written {0:N0} bytes of JSON to {1}",
  arg0: new FileInfo(filePath).Length,
  arg1: filePath);

WriteLine();

// Display the serialized object graph
WriteLine(File.ReadAllText(filePath));
```

(6) 运行该代码，查看结果，如下所示：

```
Written 315 bytes of JSON to C:\Code\Chapter09\WorkingWithJson\bin\Debug\
net6.0\book.json

{
"title": "C# 10 and .NET 6 - Modern Cross-platform Development",
"author": "Mark J Price",
"publishDate": {
  "year": 2021,
```

```
    "month": 11,
    "day": 9,
    "dayOfWeek": 2,
    "dayOfYear": 313,
    "dayNumber": 738102
  },
  "created": "2021-08-20T08:07:02.3191648+00:00",
  "pages": 823
}
```

请注意以下几点：

- JSON 文件有 315 字节。
- 成员名使用 camelCasing，例如，publishDate。这对于使用 JavaScript 的浏览器的后续处理是最好的。
- 由于选项设置，所有字段都包括在内，包括 pages。
- JSON 被美化，更便于人类阅读。
- DateTimeOffset 值存储为单一标准字符串格式。
- DateOnly 值存储为一个对象，带有日期部分的子属性，比如 year和 month。

(7) 在 Program.cs 中，当设置 JsonSerializerOptions 时，注释掉大小写策略的设置，缩进写入，包含字段。

(8) 运行该代码，查看结果，如下所示：

```
Written 230 bytes of JSON to C:\Code\Chapter09\WorkingWithJson\bin\Debug\

net6.0\book.json
{"Title":"C# 10 and .NET 6 - Modern Cross-platform
Development","Author":"Mark J Price","PublishDate":{"Year":2021,"Month
":11,"Day":9,"DayOfWeek":2,"DayOfYear":313,"DayNumber":738102},"Creat
ed":"2021-08-20T08:12:31.6852484+00:00"}
```

请注意以下几点：

- JSON 文件为 230 字节，减少了 25%以上。
- 成员名使用普通的大小写，例如 PublishDate。
- Pages 字段缺失。包含其他字段是由于在 PublishDate 和 Created 字段带有[JsonInclude]属性。
- JSON 是紧凑的，空白最少，以节省传输或存储带宽。

9.5.1　用于处理 HTTP 响应的新的 JSON 扩展方法

在.NET 5 中，微软改进了 System.Text.Json 名称空间中的类型，如 HttpResponse 的扩展方法，参见第 16 章。

9.5.2　从 Newtonsoft 迁移到新的 JSON

如果现有代码使用了 Newtonsoft Json.NET 库，并且希望迁移到新的 System.Text.Json 名称空间，那么可以参考微软专为这个问题提供的文档，链接如下：

https://docs.microsoft.com/en-us/dotnet/standard/serialization/system-text-json-migrate-from-newtonsoft-how-to

9.6 实践和探索

你可以通过回答一些问题来测试自己对知识的理解程度，进行一些实践，并深入探索本章涵盖的主题。

9.6.1 练习 9.1：测试你掌握的知识

回答以下问题：

(1) File 类和 FileInfo 类之间的区别是什么？

(2) 流的 ReadByte 方法和 Read 方法之间的区别是什么？

(3) 什么时候使用 StringReader、TextReader 和 StreamReader 类？

(4) DeflateStream 类的作用是什么？

(5) UTF-8 编码为每个字符使用多少字节？

(6) 什么是对象图？

(7) 为了最小化空间需求，最好的序列化格式是什么？

(8) 就跨平台兼容性而言，最好的序列化格式是什么？

(9) 为什么使用像\Code\Chapter01 这样的字符串来表示路径不好？应该怎么做呢？

(10) 在哪里可以找到关于 NuGet 包及其依赖项的信息？

9.6.2 练习 9.2：练习序列化为 XML

在 Chapter09 解决方案/工作区中，创建一个名为 Exercise02 的控制台应用程序项目，在这个项目中创建一个形状列表，使用序列化方式将这个形状列表保存到使用 XML 的文件系统中，然后反序列化回来：

```
// create a list of Shapes to serialize
List<Shape> listOfShapes = new()
{
  new Circle { Colour = "Red", Radius = 2.5 },
  new Rectangle { Colour = "Blue", Height = 20.0, Width = 10.0 },
  new Circle { Colour = "Green", Radius = 8.0 },
  new Circle { Colour = "Purple", Radius = 12.3 },
  new Rectangle { Colour = "Blue", Height = 45.0, Width = 18.0 }
};
```

形状对象应该有名为 Area 的只读属性，以便在反序列化时输出形状列表，包括形状的面积，如下所示：

```
List<Shape> loadedShapesXml =
  serializerXml.Deserialize(fileXml) as List<Shape>;

foreach (Shape item in loadedShapesXml)
{
  WriteLine("{0} is {1} and has an area of {2:N2}",
    item.GetType().Name, item.Colour, item.Area);
}
```

运行控制台应用程序，输出如下所示：

```
Loading shapes from XML:
Circle is Red and has an area of 19.63
Rectangle is Blue and has an area of 200.00
Circle is Green and has an area of 201.06
Circle is Purple and has an area of 475.29
Rectangle is Blue and has an area of 810.00
```

9.6.3　练习 9.3：探索主题

可通过以下链接来阅读本章所涉及主题的更多细节：

https://github.com/markjprice/cs10dotnet6/blob/main/book-links.md#chapter-9---working-with-files-streams-and-serialization

9.7　本章小结

本章介绍了如何读写文本文件和 XML 文件，如何压缩和解压文件，如何对文本进行编码和解码，以及如何将对象序列化为 JSON 和 XML(并再次反序列化)。

下一章将学习如何使用 Entity Framework Core 来处理数据库。

第10章 使用 Entity Framework Core 处理数据库

本章介绍如何使用名为 Entity Framework Core (实体框架核心，EF Core)的对象-数据存储映射技术读写数据存储，如读写 Microsoft SQL Server、SQLite 和 Azure Cosmos DB 等数据库。

本章涵盖以下主题：

- 理解现代数据库
- 设置 EF Core
- 定义 EF Core 模型
- 查询 EF Core 模型
- 使用 EF Core 加载模式
- 使用 EF Core 操作数据
- 处理事务
- Code First EF Core 模型

10.1 理解现代数据库

数据通常存储在关系数据库管理系统(Relational Database Management System，简称 RDBMS，如 Microsoft SQL Server、PostgreSQL、MySQL 和 SQLite)或 NoSQL 数据存储(如 Microsoft Azure Cosmos DB、Redis、MongoDB 和 Apache Cassandra)中。

10.1.1 理解旧的实体框架

实体框架(Entity Framework，EF)最初是在 2008 年末作为.NET Framework 3.5 SP1 的一部分发布的，从那以后，随着微软观察到程序员如何在现实世界中使用对象-关系映射(Object-Relational Mapping，ORM)工具，实体框架得到了发展。

ORM 使用映射定义将表中的列与类中的属性关联起来。然后，程序员就能以他们熟悉的方式与不同类型的对象交互，而不必了解如何将值存储在关系型表或 NoSQL 数据存储提供的其他结构中。

.NET Framework 包含的实体框架版本是 Entity Framework 6 (EF6)。EF6 不仅成熟、稳定，而

且支持以旧的 EDMX(XML 文件)方式定义模型，还支持复杂的继承模型和其他一些高级特性。

EF 6.3 及其更高版本已从.NET Framework 中提取为单独的包，因而在.NET Core 3.0 及后续.NET 版本中继续得到了支持。像 Web 应用程序和 Web 服务这样的项目如今已经可以移植并跨平台运行。但是，EF6 被认为是一种旧技术，因而在跨平台运行时会有一些限制，并且微软也不会再添加任何新特性。

使用旧的 Entity Framework 6.3 及后续版本

要在.NET Core 3.0 或更高版本的.NET 中使用旧的 EF 技术，就必须在项目文件中添加对 EF 的包引用，如下所示：

```
<PackageReference Include="EntityFramework" Version="6.4.4" />
```

最佳实践

仅在必要时才使用旧的 EF6。例如，在迁移一个使用它的 WPF 应用程序时。本书讨论的是现代的跨平台开发，所以本章的其余部分只涵盖现代的 EF Core。在本章的项目中，我们不需要引用旧的 EF6 包。

10.1.2 理解 Entity Framework Core

真正的跨平台版本 EF Core 与旧的 EF 有所不同。尽管二者的名称相似，但你应该知道 EF Core 与 EF6 有何不同。最新的 EF Core 版本是 6.0，以匹配.NET 6.0。

EF Core 5 及更新版本只支持.NET 5 及更新版本。EF Core 3.0 及更新版本只能运行在支持.NET Standard 2.1 的平台上，这意味着.NET Core 3.0 及更新版本。它不支持.NET Framework 4.8 这样的.NET Standard 2.0 平台。

除了传统的 RDBMS 之外，EF Core 还支持现代的、基于云的、非关系型的、无模式的数据存储，如 Microsoft Azure Cosmos DB 和 MongoDB，有时甚至还支持第三方提供程序。

EF Core 5.0 相比之前的版本有了很大的改进，本章着重于介绍所有.NET 开发人员都应该了解的基础知识以及一些很酷的新特性。

使用 EF Core 的方式有以下两种。

(1) 数据库优先：数据库已经存在，所以要构建一个与数据库的结构和特性相匹配的模型。

(2) 代码优先：不存在数据库，所以先构建一个模型，然后使用 EF Core 创建一个匹配其结构和特征的数据库。

下面从一个已有的数据库开始使用 EF Core。

10.1.3 使用 EF Core 创建控制台应用程序

首先，为本章创建一个控制台应用程序项目。

(1) 使用喜欢的代码编辑器创建一个名为 Chapter10 的新解决方案/工作区。

(2) 添加一个控制台应用程序项目，定义如下。

- 项目模板：Console Application/console
- 工作区/解决方案文件和文件夹：Chapter10
- 项目文件和文件夹：WorkingWithEFCore

10.1.4 使用示例关系数据库

为了学习如何使用.NET 管理 RDBMS，最好通过示例进行讲解，这样就可以在中等复杂且包含相当多样本记录的 RDBMS 中进行实践。微软提供了几个示例数据库，其中大多数都过于复杂，无法满足我们的需求，但是有一个创建于 20 世纪 90 年代初的数据库例外，这个示例数据库的名称是 Northwind。

下面不妨花点时间来看看 Northwind 数据库的图表，如图 10.1 所示。在编写代码和查询时，可以参考图 10.1。

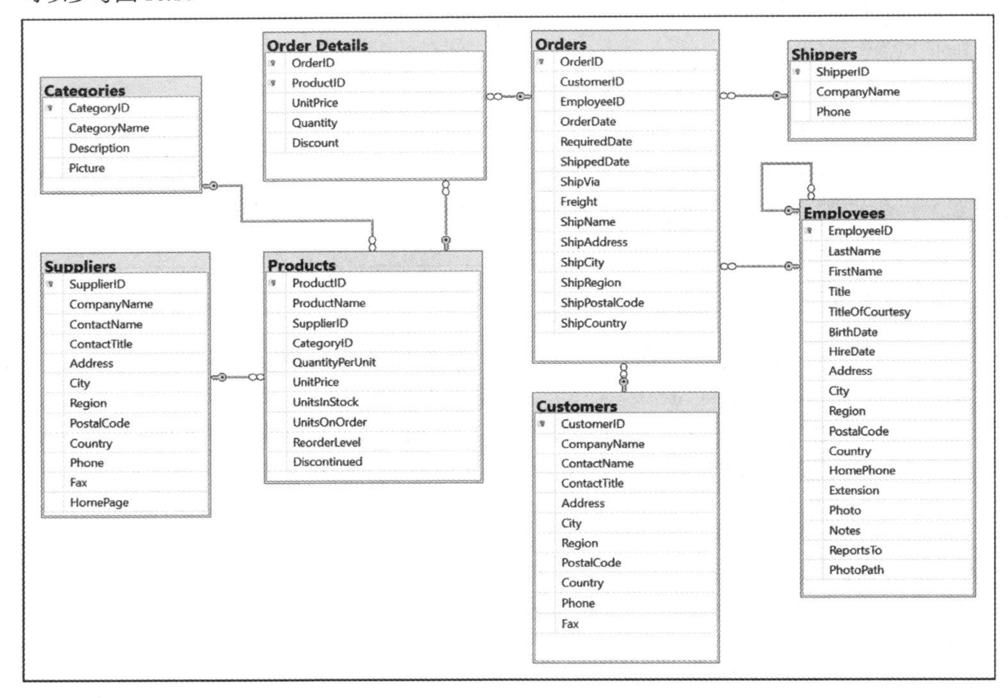

图 10.1 Northwind 数据库表和关系

在本章的后面，我们将编写代码来处理 Categories 和 Products 表；将在后续章节中编写其他表。但在此之前，请注意：

- 每个类别都有唯一的标识符、名称、描述和图片。
- 每个产品都有唯一的标识符、名称、单价、库存单位和其他字段。
- 通过存储类别的唯一标识符，每个产品都与类别相关联。
- Categories 和 Products 之间是一对多关系，这意味着每个类别可以有零个或多个产品。

10.1.5 使用 Microsoft SQL Server for Windows

微软为 Windows、Linux 和 Docker 容器提供了流行且强大的各种 SQL Server 产品。我们将使用一个可以独立运行的免费版本，称为 SQL Server 开发者版。也可以使用 Express 版本或免费的 SQL Server LocalDB 版本，它可以与 Visual Studio for Windows 一起安装。

更多信息

如果没有 Windows 计算机，或者想使用跨平台数据库系统，那么可以直接跳到使用 SQLite 主题。

下载并安装 SQL Server

可以通过以下链接下载 SQL Server 版本：

https://www.microsoft.com/en-us/sql-server/sql-server-downloads

(1) 下载 Developer 版本。

(2) 运行安装程序。

(3) 选择 Custom 安装类型。

(4) 为安装文件选择一个文件夹，然后单击 Install 按钮。

(5) 等待 1.5 GB 的安装文件下载。

(6) 在 SQL Server Installation Center 中，单击 Installation，然后单击 New SQL Server stand-alone installation or add features to an existing installation。

(7) 选择 Developer 作为免费版本，然后单击 Next 按钮。

(8) 接受许可条款，然后单击 Next 按钮。

(9) 检查安装规则，修复任何问题，然后单击 Next 按钮。

(10) 在 Feature Selection 中，选择 Default instance，然后单击 Next 按钮。

(11) 在 Instance Configuration 中，选择 Default instance，然后单击 Next 按钮。如果已经配置了一个默认实例，那么可以创建一个命名实例，可能称为 cs10dotnet6。

(12) 在 Server Configuration 中，注意将 SQL Server Database Engine 配置为自动启动。将 SQL Server Browser 设置为自动启动，然后单击 Next 按钮。

(13) 在 Database Engine Configuration 中，在 Server Configuration 页签中，将 Authentication Mode 设置为 Mixed，将 sa 账户密码设置为强密码，单击 Add Current User，然后单击 Next 按钮。

(14) 在 Ready to Install 中，检查将要执行的操作，然后单击 Install 按钮。

(15) 在 Complete 中，注意已采取的成功操作，然后单击 Close 按钮。

(16) 在 SQL Server Installation Center 的 Installation 中，单击 Install SQL Server Management Tools。

(17) 在浏览器窗口中，单击以下载最新版本的 SSMS。

(18) 运行安装程序并单击 Install 按钮。

(19) 安装程序完成后，如果需要，单击 Restart 或 Close 按钮。

10.1.6　为 SQL Server 创建 Northwind 示例数据库

现在可以运行一个数据库脚本来创建 Northwind 示例数据库。

(1) 如果以前没有下载或克隆过本书的 GitHub 存储库，那么现在可以使用以下链接：https://github.com/markjprice/ cs10dotnet6/。

(2) 从本地 Git 存储库将/sql-scripts/Northwind4SQLServer.sql 脚本复制到 workingwiththefcore 文件夹，为 SQLServer 创建 Northwind 数据库。

(3) 启动 SQL Server Management Studio。

(4) 在 Connect to Server 对话框中，为服务器名称输入.，表示本地计算机名称)，然后单击 Connect。

更多信息

如果必须创建一个命名实例，比如 cs10dotnet6，那么输入.\ cs10dotnet6。

(5) 选择 File | Open | File...。

(6) 浏览以选择 Northwind4SQLServer.sql 文件，然后单击 Open 按钮。

(7) 在工具栏中，单击 Execute 按钮，并注意 Command(s) completed successfully 消息。

(8) 在 Object Explorer 中，展开 Northwind 数据库，然后展开 Tables。

(9) 右击 Products，单击 SELECT TOP 1000，注意返回结果，如图 10.2 所示。

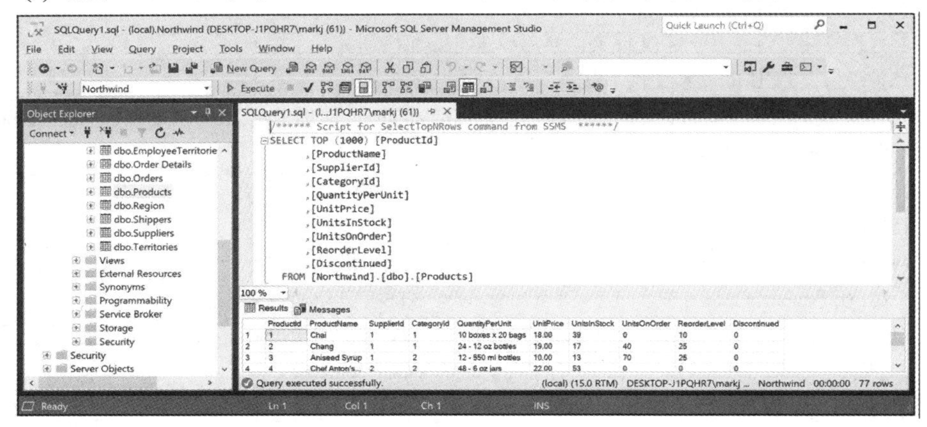

图 10.2 SQL Server Management Studio 中的 Products 表

(10) 在 Object Explorer 工具栏中，单击 Disconnect 按钮。

(11) 退出 SQL Server Management Studio。

10.1.7 使用 Server Explorer 管理 Northwind 示例数据库

我们不需要使用 SQL Server Management Studio 来执行数据库脚本。而可以使用 Visual Studio 中的工具，包括 SQL Server Object Explorer 和 Server Explorer。

(1) 在 Visual Studio 中，选择 View | Server Explorer。

(2) 在 Server Explorer 窗口中，右击 Data Connections，选择 Add Connection...。

(3) 如果看到 Choose Data Source 对话框，如图 10.3 所示，选择 Microsoft SQL Server，然后单击 Continue 按钮。

(4) 在 Add Connection 对话框中，输入服务器名称为.，输入数据库名称为 Northwind，然后单击 OK 按钮。

(5) 在 Server Explorer 中，展开数据连接及其表。应该会看到 13 个表，包括 Categories 和 Products 表。

(6) 右击 Products 表，选择 Show Table Data，并注意返回 77 行产品。

(7) 要查看 Products 表列和类型的详细信息，右击 Products 并选择 Open Table Definition，或在 Server Explorer 中双击该表。

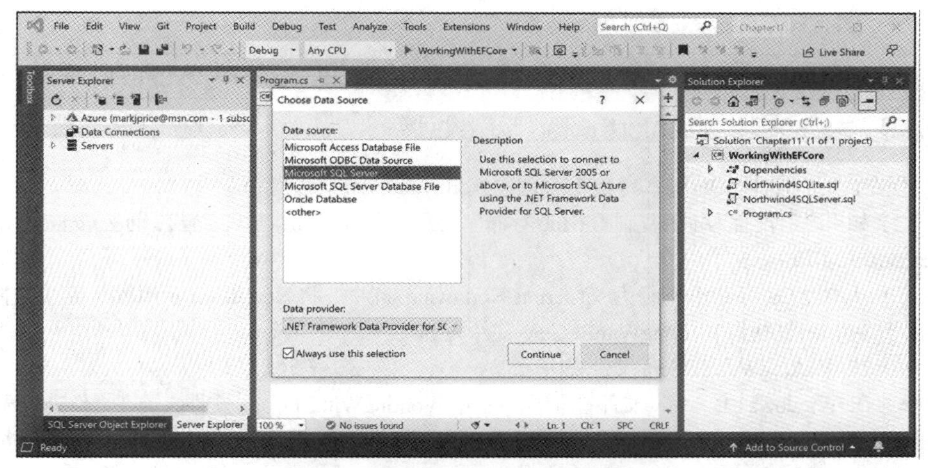

图 10.3　选择 SQL Server 作为数据源

10.1.8　使用 SQLite

SQLite 是小型的、跨平台的、自包含的 RDBMS，可以在公共域中使用。SQLite 是 iOS(iPhone 和 iPad)和 Android 等移动平台上最常见的 RDBMS。即使使用 Windows 并在前一节中设置了 SQL Server，也可能想设置 SQLite。后面编写的代码可同时处理这两种情况，了解它们之间的细微差别会很有趣。

1. 为 macOS 设置 SQLite

SQLite 包含在 macOS 的/usr/bin/目录中，是名为 sqlite3 的命令行应用程序。

2. 为 Windows 设置 SQLite

在 Windows 上，还需要将 SQLite 文件夹添加到系统路径中，以便在命令提示符中输入命令时找到它。

(1) 启动自己喜欢的浏览器并导航到链接 https://www.sqlite.org/download.html。

(2) 向下滚动页面到 Precompiled Binaries for Windows 部分。

(3) 单击 sqlite-tools-win32-x86-3330000.zip。请注意，在本书出版后，该文件可能有一个更高的版本号。

(4) 将 ZIP 文件解压到名为 C:\Sqlite\的文件夹中。

(5) 导航到 Windows Settings。

(6) 搜索 environment 并选择 Edit the system environment variables。在非英文版本的 Windows 上，请搜索本地语言中的等效词以找到设置。

(7) 单击 Environment Variables 按钮。

(8) 在 System variables 中选择列表中的 Path，然后单击 Edit…。

(9) 单击 New 按钮，输入 C:\Sqlite，然后按 Enter 键。

(10) 连续单击 OK 按钮三次。

(11) 关闭 Windows Settings。

3. 为其他操作系统设置 SQLite

其他操作系统可通过以下链接下载并安装 SQLite：https://www.sqlite.org/download.html。

10.1.9 为 SQLite 创建 Northwind 示例数据库

现在，可以使用 SQL 脚本为 SQLite 创建 Northwind 示例数据库了。

(1) 如果之前没有为本书复制 GitHub 存储库，那么现在可以访问以下链接：https://github.com/markjprice/cs10dotnet6/。

(2) 从本地 Git 存储库(路径为/sql-scripts/Northwind.sql)中，将 Northwind 示例数据库的创建脚本(用于 SQLite)复制到 WorkingWithEFCore 文件夹中。

(3) 在 WorkingWithEFCore 文件夹中启动命令行。

- 在 Windows 上，启动文件管理器，右击 WorkingWithEFCore 文件夹，在文件夹中选择 New Command Prompt at Folder 或 Open in Windows Terminal。
- 在 macOS 上，启动 Finder，右击 WorkingWithEFCore 文件夹，然后选择 New Terminal at Folder。

(4) 输入命令，使用 SQLite 执行 SQL 脚本并创建 Northwind.db 数据库，如下面的命令所示：

```
sqlite3 Northwind.db -init Northwind4SQLite.sql
```

(5) 请耐心等待，因为上述命令可能需要一段时间才能创建所有的数据库结构，输出如下所示：

```
-- Loading resources from Northwind4SQLite.sql
SQLite version 3.36.0 2021-08-24 15:20:15
Enter ".help" for usage hints.
sqlite>
```

(6) 在 Windows 上按 Ctrl + C 组合键，或者在 macOS 上按 Ctrl + D 组合键，退出 SQLite 命令模式。

(7) 打开终端或命令提示窗口，因为很快就会再次使用它。

10.1.10 使用 SQLiteStudio 管理 Northwind 示例数据库

可以使用名为 SQLiteStudio 的跨平台图形化数据库管理器轻松地管理 SQLite 数据库。

(1) 导航到链接 http://sqlitestudio.pl 并下载和安装应用程序。

(2) 启动 SQLiteStudio。

(3) 在 Database 菜单中选择 Add a database。

(4) 在 Database 对话框的 File 部分中单击黄色的文件夹按钮，以浏览本地计算机上现有的数据库文件，并在 WorkingWithEFCore 文件夹中选择 Northwind.db 文件，然后单击 OK 按钮。

(5) 右击 Northwind 数据库并从弹出的菜单中选择 Connect to the database，系统将显示由脚本创建的 10 个表(SQLite 的脚本比 SQL Server 的脚本简单，它不会创建那么多的表或其他数据库对象) 。

(6) 右击 Products 表并从弹出的菜单中选择 Edit the table。

(7) 在表的编辑窗口中，将显示 Products 表的结构，包括列名、数据类型、键和约束，如图 10.4 所示。

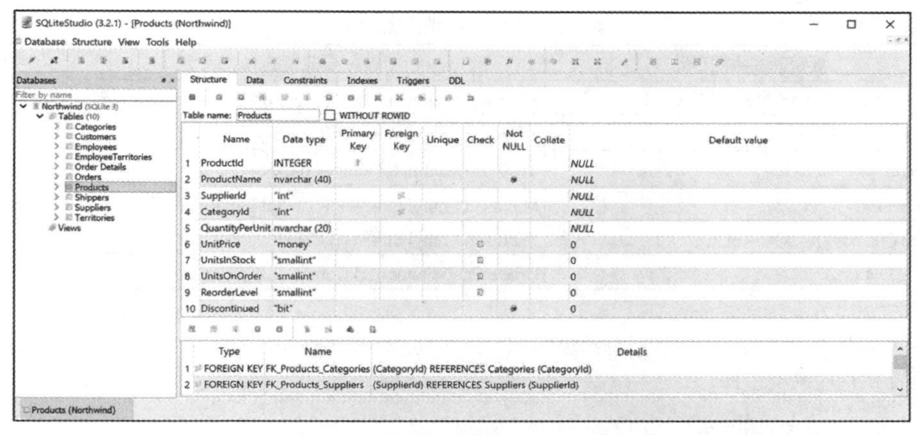

图 10.4　SQLiteStudio 中的表编辑器，显示 Products 表的结构

(8) 在表的编辑窗口中，单击 Data 选项卡，将显示 77 种产品，如图 10.5 所示。

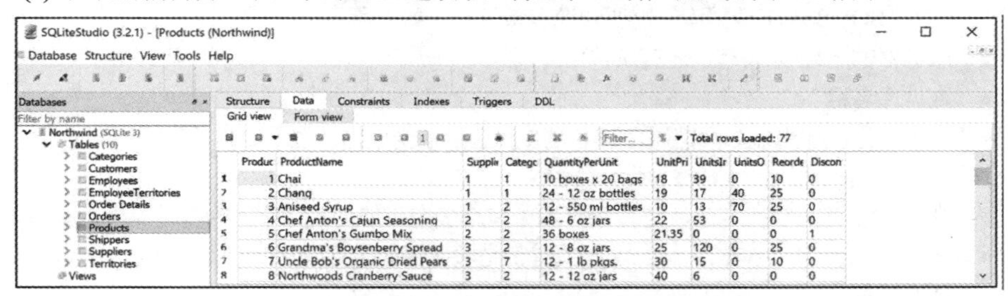

图 10.5　Data 选项卡显示了 Products 表中的行

(9) 在 Databases 窗口中，右击 Northwind，选择 Disconnect from the database。

(10) 退出 SQLiteStudio。

10.2　设置 EF Core

在深入研究使用 EF Core 管理数据的可行性之前，下面简要讨论如何在 EF Core 数据提供程序之间进行选择。

10.2.1　选择 EF Core 数据提供程序

为管理特定数据库中的数据，你需要知道能够有效地与数据库通信的类。EF Core 数据提供程序是一组针对特定数据存储进行优化的类。甚至还有提供程序专用于将数据存储在当前进程的内存中，这对于高性能单元测试非常有用，因为可以避免触及外部系统。

EF Core 数据提供程序以 NuGet 包的形式分发，如表 10.1 所示。

表 10.1　EF Core 数据提供程序

要管理的数据存储	要安装的 NuGet 包
Microsoft SQL Server 2008 或更高版本	Microsoft.EntityFrameworkCore.SqlServer
SQLite 3.7 或更高版本	Microsoft.EntityFrameworkCore.SQLite
MySQL	MySQL.Data.EntityFrameworkCore
In-memory	Microsoft.EntityFrameworkCore.InMemory
Azure Cosmos DB SQL API	Microsoft.EntityFrameworkCore.Cosmos
Oracle DB 11.2	Oracle.EntityFrameworkCore

可以在同一个项目中安装任意数量的 EF Core 数据库提供程序。每个包包括共享类型以及特定于提供程序的类型。

10.2.2　连接到数据库

要连接到 SQLite 数据库，只需要知道使用参数 filename 设置的数据库文件名。

要连接到 SQL Server 数据库，需要知道多条信息，如下所示：

- 服务器的名称(如果有，还有实例)。
- 数据库名称。
- 安全信息，如用户名和密码，或者是否应该自动传递当前登录用户的凭据。

在连接字符串中指定此信息。

为向后兼容，可在 SQL Server 连接字符串中使用多个可能的关键字作为各种参数，如下所示。

- Data Source 或 server 或 addr:这些关键字是服务器的名称(和可选实例)。可以用点.表示本地服务器。
- Initial Catalog 或 database：这些关键字是数据库的名称。
- integrated Security 或 trusted_connection：这些关键字设置为 true 或 SSPI 来传递线程的当前用户凭据。
- MultipleActiveResultSets：该关键字设置为 true，使单个连接可以用于同时处理多个表，以提高效率。它用于从相关表中懒惰加载行。

如上所述，当编写连接到 SQL Server 数据库的代码时你需要知道它的服务器名称。服务器名称取决于要连接的 SQL Server 的版本，如表 10.2 所示。

表 10.2　服务器名称

SQL Server 版本	服务器名称\实例名称
LocalDB 2012	(localdb)\v11.0
LocalDB 2016 or later	(localdb)\mssqllocaldb
Express	.\sqlexpress
Full/Developer (默认实例)	.
Full/Developer (命名的实例)	.\cs10dotnet6

最佳实践

使用点.作为本地计算机名的缩写。记住，SQL Server 的服务器名称由两部分组成，即计算机的名称和 SQL Server 实例的名称。可在自定义安装过程中提供实例名称。

10.2.3 定义 Northwind 数据库上下文类

Northwind 类将用于表示数据库。要使用 EF Core，类必须继承自 DbContext。该类了解如何与数据库通信，并动态生成 SQL 语句来查询和操作数据。

DbContext 派生类应该有一个名为 OnConfiguring 的重载方法，它将设置数据库连接字符串。

为了便于尝试 SQLite 和 SQL Server，下面创建一个项目，支持这两种方式，用一个字符串字段来控制在运行时使用 SQLite 还是 SQL Server。

(1) 在 WorkingWithEFCore 项目中，为 SQL Server 和 SQLite 添加对 EFCore 数据提供程序的包引用，如下所示：

```
<ItemGroup>
  <PackageReference
    Include="Microsoft.EntityFrameworkCore.Sqlite"
    Version="6.0.0" />
  <PackageReference
    Include="Microsoft.EntityFrameworkCore.SqlServer"
    Version="6.0.0" />
</ItemGroup>
```

(2) 生成用于还原包的项目。

(3) 添加一个名为 ProjectConstants.cs 的类文件。

(4) 在 ProjectConstants.cs 中，定义一个带有公共字符串常量的类来存储你想要使用的数据库提供程序名称，如以下的代码所示：

```
namespace Packt.Shared;

public class ProjectConstants
{
    public const string DatabaseProvider = "SQLite"; // or "SQLServer"
}
```

(5) 在 Program.cs 中，导入 Packt.Shared 名称空间并输出数据库提供程序，如以下的代码所示：

```
WriteLine($"Using {ProjectConstants.DatabaseProvider} database
provider.");
```

(6) 添加一个名为 Northwind.cs 的类文件。

(7) 在 Northwind.cs 中，定义一个名为 Northwind 的类，导入用于 EF Core 的主名称空间，让这个类继承自 DbContext，并在 Onconfiguring 方法中，检查 provider 字段是使用 SQLite 还是 SQL Server，代码如下所示：

```
using Microsoft.EntityFrameworkCore; // DbContext, DbContextOptionsBuilder

using static System.Console;

namespace Packt.Shared;
```

```
// this manages the connection to the database
public class Northwind : DbContext
{
  protected override void OnConfiguring(
    DbContextOptionsBuilder optionsBuilder)
  {
    if (ProjectConstants.DatabaseProvider == "SQLite")
    {
      string path = Path.Combine(
        Environment.CurrentDirectory, "Northwind.db");

      WriteLine($"Using {path} database file.");
      optionsBuilder.UseSqlite($"Filename={path}");
    }
    else
    {
      string connection = "Data Source=.;" +
        "Initial Catalog=Northwind;" +
        "Integrated Security=true;" +
        "MultipleActiveResultSets=true;";

      optionsBuilder.UseSqlServer(connection);
    }
  }
}
```

如果使用的是 Windows 的 Visual Studio，那么编译后的应用程序将在 WorkingWithEFCore\bin\Debug\net6.0 文件夹中执行，因此它不会找到数据库文件。

(8) 在 Solution Explorer 中，右击 Northwind.db 文件并选择 Properties。

(9) 在 Properties 中，将 Copy to Output Directory 设置为 Copy always。

(10) 打开 WorkingWithEFCore.csproj，并注意新元素，如下面的标记所示：

```
<ItemGroup>
  <None Update="Northwind.db">
    <CopyToOutputDirectory>Always</CopyToOutputDirectory>
  </None>
</ItemGroup>
```

如果使用的是 Visual Studio Code，则编译后的应用程序将在 WorkingWithEFCore 文件夹中执行，这样它将找到数据库文件而不被复制。

(11) 运行控制台应用程序，并注意输出显示选择使用哪个数据库提供程序。

10.3 定义 EF Core 模型

EF Core 使用约定、注解特性和 Fluent API 语句的组合，在运行时构建实体模型。这样，在类上执行的任何操作以后都可自动转换为在实际数据库上执行的操作。实体类表示表的结构，类的实例表示表中的一行。

首先，回顾定义模型的三种方法并提供代码示例，然后创建一些实现这些技术的类。

10.3.1　使用 EF Core 约定定义模型

我们编写的代码都需要遵循以下约定：

- 假定表的名称与 DbContext 类(如 Products)中的 DbSet<T>属性名匹配。
- 假定列的名称与类中的属性名匹配，例如 ProductId。
- 假定.NET 类型 string 是数据库中的 nvarchar 类型。
- 假定.NET 类型 int 是数据库中的 int 类型。
- 对于名为ID的属性，如果类名为Product，就可以将该属性重命名为ProductId或ProductID。然后假定该属性是主键。如果该属性为整数类型或 Guid 类型，那就可以假定为 IDENTITY 类型(在插入时自动赋值的列类型)。

更多信息

除了以上约定之外还有许多其他约定，甚至可以定义自己的约定，但这超出了本书的讨论范围。可通过以下链接了解它们：https://docs.microsoft.com/en-us/ef/core/modeling/。

10.3.2　使用 EF Core 注解特性定义模型

约定通常不足以将类完全映射到数据库对象。向模型添加更多智能特性的一种简单方法是应用注解特性。

一些常见的属性如表 10.3 所示。

表 10.3　常见属性

属性	说明
[Required]	确保值不为空
[StringLength(50)]	确保值的长度不超过 50 个字符
[RegularExpression(expression)]	确保值与指定的正则表达式匹配
[Column(TypeName = "money", Name = "UnitPrice")]	指定表中使用的列类型和列名

例如，在数据库中，产品名称的最大长度为 40 个字符，并且值不能为空，如下所示。这些是数据定义语言(DDL)代码，定义了如何创建一个名为 Products 的表，包含列、数据类型、键和其他约束。

```
CREATE TABLE Products (
  ProductId       INTEGER PRIMARY KEY,
  ProductName     NVARCHAR (40) NOT NULL,
  SupplierId      "INT",
  CategoryId      "INT",
  QuantityPerUnit NVARCHAR (20),
  UnitPrice       "MONEY"        CONSTRAINT DF_Products_UnitPrice DEFAULT (0),
  UnitsInStock    "SMALLINT"     CONSTRAINT DF_Products_UnitsInStock DEFAULT (0),
  UnitsOnOrder    "SMALLINT"     CONSTRAINT DF_Products_UnitsOnOrder DEFAULT (0),
  ReorderLevel    "SMALLINT"     CONSTRAINT DF_Products_ReorderLevel DEFAULT (0),
  Discontinued    "BIT" NOT      NULL
   CONSTRAINT DF_Products_Discontinued DEFAULT (0),
  CONSTRAINT FK_Products_Categories FOREIGN KEY (
     CategoryId
```

```
  )
  REFERENCES Categories (CategoryId),
  CONSTRAINT FK_Products_Suppliers FOREIGN KEY (
     SupplierId
  )
  REFERENCES Suppliers (SupplierId),
  CONSTRAINT CK_Products_UnitPrice CHECK (UnitPrice >= 0),
  CONSTRAINT CK_ReorderLevel CHECK (ReorderLevel >= 0),
  CONSTRAINT CK_UnitsInStock CHECK (UnitsInStock >= 0),
  CONSTRAINT CK_UnitsOnOrder CHECK (UnitsOnOrder >= 0)
);
```

在 Product 类中，可以应用特性来指定产品名称的长度和值不能为空，如下所示：

```
[Required]
[StringLength(40)]
public string ProductName { get; set; }
```

当.NET 类型和数据库类型之间没有明显的映射时，可以使用特性加上映射关系。

例如，在数据库中，Products 表的 UnitPrice 列的类型是 money。.NET 没有提供 money 类型，所以应该使用 decimal，如下所示：

```
[Column(TypeName = "money")]
public decimal? UnitPrice { get; set; }
```

另一个例子是 Categories 表，如下所示：

```
CREATE TABLE Categories (
    CategoryId INTEGER PRIMARY KEY,
    CategoryName NVARCHAR (15) NOT NULL,
    Description "NTEXT",
    Picture "IMAGE"
);
```

在 Category 表中，Description 列的长度可超过 nvarchar 变量所能存储的最多 8000 个字符，因此需要映射到 ntext，如下所示：

```
[Column(TypeName = "ntext")]
public string Description { get; set; }
```

10.3.3 使用 EF Core Fluent API 定义模型

最后一种定义模型的方法是使用 Fluent API。Fluent API 既可以用来代替特性，也可以用来作为特性的补充。例如，要定义 ProductName 属性，而不是用两个特性装饰属性，可以在数据库上下文类的 OnModelCreating 方法中编写等效的 Fluent API 语句，代码如下所示：

```
modelBuilder.Entity<Product>()
  .Property(product => product.ProductName)
  .IsRequired()
  .HasMaxLength(40);
```

这使实体模型类更简单。

理解数据播种和 Fluent API

Fluent API 的另一个优点是提供初始数据以填充数据库。EF Core 会自动计算出需要执行哪些插入、更新或删除操作。

例如，如果想要确保新数据库在 Product 表中至少有一行，就调用 HasData 方法，如下所示：

```
modelBuilder.Entity<Product>()
  .HasData(new Product
  {
    ProductId = 1,
    ProductName = "Chai",
    UnitPrice = 8.99M
  });
```

模型将被映射到已填充数据的现有数据库，因此不需要在代码中使用这项技术。

10.3.4 为 Northwind 表构建 EF Core 模型

了解模型约定后，下面构建模型来表示两个表和 Northwind 示例数据库。

这些类将相互引用，因此为了避免编译错误，首先创建三个没有任何成员的类。

(1) 在名为 WorkingWithEFCore 的项目中添加类文件 Category.cs 和 Product.cs。

(2) 在 Category.cs 中定义名为 Category 的类，如下所示：

```
namespace Packt.Shared;

public class Category
{
}
```

(3) 在 Product.cs 中定义名为 Product 的类，如下所示：

```
namespace Packt.Shared;

public class Product
{
}
```

1. 定义 Category 和 Product 实体类

Category(也称为实体类)用于表示 Categories 表中的一行，Categories 表有四列，如下面的 DDL 所示。

```
CREATE TABLE Categories (
    CategoryId    INTEGER   PRIMARY KEY,
    CategoryName  NVARCHAR (15) NOT NULL,
    Description   "NTEXT",
    Picture       "IMAGE"
);
```

这里将使用约定来定义。

- 四个属性中的三个(不映射 Picture 列)
- 主键
- 与 Products 表的一对多关系。

要将 Description 列映射到正确的数据库类型，就需要使用[Column]特性来装饰 string 属性。本章在后面将使用 Fluent API 来指定 CategoryName 不能为空，并限制为最多 15 个字符。

(1) 修改 Category 实体模型类，如下所示：

```
using System.ComponentModel.DataAnnotations.Schema; // [Column]

namespace Packt.Shared;
public class Category
{
  // these properties map to columns in the database
  public int CategoryId { get; set; }
  public string? CategoryName { get; set; }

  [Column(TypeName = "ntext")]
  public string? Description { get; set; }

  // defines a navigation property for related rows
  public virtual ICollection<Product> Products { get; set; }

  public Category()
  {
    // to enable developers to add products to a Category we must
    // initialize the navigation property to an empty collection
    Products = new HashSet<Product>();
  }
}
```

Product 用于表示 Products 表中的一行，Products 表包含 10 列。不需要将 Products 表中的所有列都包含为类的属性。这里只映射如下六个属性：ProductID、ProductName、UnitPrice、UnitsInStock、Discontinued 和 CategoryID。

不能使用类的实例读取或设置未映射到属性的列。如果使用类创建新对象，那么表中的新行对于新行中的未映射列值将采用 NULL 或其他一些默认值。必须确保那些缺失的列是可选的，或者由数据库设置默认值，否则将在运行时引发异常。在这个例子中，行已经有了数据值，并且不需要在控制台应用程序中读取这些值。

要重命名列，可定义具有不同名称的属性(如 Cost)，然后使用[Column]特性进行装饰，并指定列名(如 UnitPrice)。

属性 CategoryID 已与属性 Category 相关联，后者用于将每个产品映射到父类别。

(2) 修改 Product.类，如下所示：

```
using System.ComponentModel.DataAnnotations; // [Required], [StringLength]
using System.ComponentModel.DataAnnotations.Schema; // [Column]

namespace Packt.Shared;
public class Product
{
  public int ProductId { get; set; } // primary key

  [Required]
  [StringLength(40)]
  public string ProductName { get; set; } = null!;

  [Column("UnitPrice", TypeName = "money")]
```

```
    public decimal? Cost { get; set; } // property name != column name

    [Column("UnitsInStock")]
    public short? Stock { get; set; }

    public bool Discontinued { get; set; }

    // these two define the foreign key relationship
    // to the Categories table
    public int CategoryID { get; set; }
    public virtual Category Category { get; set; } = null!;
  }
```

用于关联两个实体的属性 Category.Products和 Product.Category 都已标记为 virtual，这允许 EF Core 继承和覆盖这些属性以提供额外的特性，如延迟加载。

10.3.5　向 Northwind 数据库上下文类添加表

在 DbContext 的派生类中，必须定义一些 DbSet<T>类型的属性，这些属性表示表。为了告诉 EF Core 每个表有哪些列，DbSet 属性使用泛型来指定类，这种类表示表中的一行，类的属性则表示表中的列。

DbContext 派生类还可以有名为 OnModelCreating 的重载方法。在这里，可以编写 Fluent API 语句，作为用特性装饰实体类的替代选择。

(1) 修改 Northwind 类，添加语句来定义两个表的两个属性和一个 OnModelCreating 方法，如下所示：

```
public class Northwind : DbContext
{
  // these properties map to tables in the database
  public DbSet<Category>? Categories { get; set; }
  public DbSet<Product>? Products { get; set; }

  protected override void OnConfiguring(
    DbContextOptionsBuilder optionsBuilder)
  {
    ...
  }

  protected override void OnModelCreating(
    ModelBuilder modelBuilder)
  {
    // example of using Fluent API instead of attributes
    // to limit the length of a category name to 15
    modelBuilder.Entity<Category>()
      .Property(category => category.CategoryName)
      .IsRequired() // NOT NULL
      .HasMaxLength(15);

    if (ProjectConstants.DatabaseProvider == "SQLite")
    {
      // added to "fix" the lack of decimal support in SQLite
      modelBuilder.Entity<Product>()
        .Property(product => product.Cost)
```

```
            .HasConversion<double>();
        }
    }
}
```

更多信息

在 EF Core 3.0 和更高版本中，SQLite 数据库提供程序不支持 decimal 类型来进行排序和其他操作。告诉模型在使用 SQLite 数据库提供程序时可以将 decimal 值转换为 double 值来解决这个问题。这实际上不会在运行时执行任何转换。

现在探讨了手动定义实体模型的一些示例，下面看看可以自动做一些工作的工具。

11.3.6 安装 dotnet-ef 工具

dotnet-ef 是对.NET 命令行工具 dotnet 的扩展，对于使用 EF Core 十分有用。dotnet-ef 可以执行设计时任务，例如创建并应用从旧模型到新模型的迁移，以及从现有数据库为模型生成代码。

在.NET Core 3.0 及后续版本中，dotnet-ef 工具不会自动安装，而必须作为全局或本地工具进行安装。如果已经安装了旧版本，那么应该卸载任何现有版本。

(1) 在命令行或终端窗口中检查是否已经安装 dotnet-ef 作为全局工具，如下所示：

```
dotnet tool list --global
```

(2) 检查是否已安装 dotnet-ef 工具的旧版本，例如用于.NET Core 3.1 的版本，如下所示：

```
Package Id      Version      Commands
-------------------------------------
dotnet-ef       3.1.0        dotnet-ef
```

(3) 如果已经安装了旧版本的 dotnet-ef 工具，请卸载任何现有版本，如下所示：

```
dotnet tool uninstall --global dotnet-ef
```

(4) 安装最新版本，如下所示：

```
dotnet tool install --global dotnet-ef --version 6.0.0
```

(5) 如有必要，按照任何特定于操作系统的说明，将 dotnet tools 目录添加到 PATH 环境变量中，如安装 dotnet-ef 工具的输出所述。

10.3.7 使用现有数据库搭建模型

搭建(scaffold)是使用逆向工程学创建类来表示现有数据库模型的过程。优秀的搭建工具允许扩展自动生成的类，然后在不丢失扩展类的情况下重新生成这些类。

如果已经知道永远不会使用搭建工具重新生成类，那么可以根据需要随意更改自动生成类的代码。搭建工具生成的代码仅仅做到了最好的近似。

最佳实践

知道有更好的工具时，不要害怕否决它。

下面看看使用搭建工具生成的模型是否和手动生成的模型一样。

(1) 将 Microsoft.EntityFrameworkCore.Design 包添加到 WorkingWithEFCore 项目中。

(2) 在 WorkingWithEFCore 文件夹的命令提示符或终端下，为名为 AutoGenModels 的新文件夹中的 Categories 和 Products 表生成模型，如下所示：

```
dotnet ef dbcontext scaffold "Filename=Northwind.db" Microsoft.
EntityFrameworkCore.Sqlite --table Categories --table Products --outputdir
AutoGenModels --namespace WorkingWithEFCore.AutoGen --data-annotations
--context Northwind
```

对于上述代码，请注意以下几点。

- 需要执行的命令：dbcontext scaffold。
- 连接字符串："Filename=Northwind.db"。
- 数据库提供者：Microsoft.EntityFrameworkCore.Sqlite。
- 用来生成模型的表：--table Categories --table Products。
- 输出文件夹：--outputdir AutoGenModels。
- 名称空间：--namespace WorkingWithEFCore.AutoGen。
- 使用数据注解和 Fluent API：--data-annotations。
- 重命名上下文[database_name]Context：--context Northwind。

更多信息

对于 SQL Server，修改数据库提供程序和连接字符串，如下所示：

dotnet ef dbcontext scaffold "Data Source=.; InitialCatalog=Northwind; Integrated Security=true;" Microsoft. EntityFrameworkCore.SqlServer --table Categories --table Products --outputdir AutoGenModels --namespace WorkingWithEFCore.AutoGen --data-annotations --context Northwind

(3) 注意生成的构建消息和警告，如下所示：

```
Build started...
Build succeeded.
To protect potentially sensitive information in your connection string,
you should move it out of source code. You can avoid scaffolding the
connection string by using the Name= syntax to read it from configuration
- see https://go.microsoft.com/fwlink/?linkid=2131148. For more
guidance on storing connection strings, see http://go.microsoft.com/
fwlink/?LinkId=723263.
Skipping foreign key with identity '0' on table 'Products' since principal
table 'Suppliers' was not found in the model. This usually happens when
the principal table was not included in the selection set.
```

(4) 打开 AutoGenModels 文件夹，注意其中自动生成了三个类文件：Category.cs、Northwind.cs 和 Product.cs。

(5) 打开 Category.cs，观察与手动创建的类别的区别，如下所示：

```
using System;
using System.Collections.Generic;
using System.ComponentModel.DataAnnotations;
using System.ComponentModel.DataAnnotations.Schema;
using Microsoft.EntityFrameworkCore;

namespace WorkingWithEFCore.AutoGen
```

```
{
  [Index(nameof(CategoryName), Name = "CategoryName")]
  public partial class Category
  {
    public Category()
    {
      Products = new HashSet<Product>();
    }

    [Key]
    public long CategoryId { get; set; }

    [Required]
    [Column(TypeName = "nvarchar (15)")] // SQLite
    [StringLength(15)] // SQL Server
    public string CategoryName { get; set; }

    [Column(TypeName = "ntext")]
    public string? Description { get; set; }

    [Column(TypeName = "image")]
    public byte[]? Picture { get; set; }

    [InverseProperty(nameof(Product.Category))]
    public virtual ICollection<Product> Products { get; set; }
  }
}
```

对于上述代码，请注意以下几点。

- 可以用 EF Core 5.0 中引入的[Index]属性来装饰实体类。这表示属性应该具有索引。在早期版本中，只有 Fluent API 支持定义索引。因为使用的是现有的数据库，所以不需要这样做。但是如果想从代码中重新创建一个新的空数据库，就需要这些信息。
- 数据库中的表名是 Categories，但 dotnet-ef 工具使用 Humanizer 第三方库自动将类名单数化为 Category，这是创建一个单独的实体时一个更自然的名称，
- 实体类是使用 partial 关键字声明的，这样就可以通过创建匹配的 partial 类来添加额外的代码。可以重新运行工具并生成实体类，而不会丢失额外的代码。
- CategoryId 属性用[Key]特性装饰，表示它是这个实体的主键。这个属性的数据类型对于 SQL Server 是 int，对于 SQLite 是 long。
- Products 属性则使用[InverseProperty]特性来定义 Product 实体类的 Category 属性的外键关系。

(6) 打开 Product.cs，观察与手动创建的产品的区别。

(7) 打开 Northwind.cs，观察与手动创建的数据库的区别，如下所示：

```
using Microsoft.EntityFrameworkCore;

namespace WorkingWithEFCore.AutoGen
{
  public partial class Northwind : DbContext
  {
    public Northwind()
    {
```

```
    }

    public Northwind(DbContextOptions<Northwind> options)
      : base(options)
    {
    }

    public virtual DbSet<Category> Categories { get; set; } = null!;
    public virtual DbSet<Product> Products { get; set; } = null!;

    protected override void OnConfiguring(
      DbContextOptionsBuilder optionsBuilder)
    {
      if (!optionsBuilder.IsConfigured)
      {
#warning To protect potentially sensitive information in your connection
string, you should move it out of source code. You can avoid scaffolding
the connection string by using the Name= syntax to read it from
configuration - see https://go.microsoft.com/fwlink/?linkid=2131148. For
more guidance on storing connection strings, see http://go.microsoft.com/
fwlink/?LinkId=723263.
        optionsBuilder.UseSqlite("Filename=Northwind.db");
      }
    }
  protected override void OnModelCreating(ModelBuilder modelBuilder)
  {
    modelBuilder.Entity<Category>(entity =>
    {
      ...
    });

    modelBuilder.Entity<Product>(entity =>
    {
      ...
    });

    OnModelCreatingPartial(modelBuilder);
    }

    partial void OnModelCreatingPartial(ModelBuilder modelBuilder);
  }
}
```

对于上述代码，请注意以下几点。

- Northwind 数据上下文类被声明为 partial，从而允许在未来进行扩展和重新生成。
- Northwind 数据上下文类有两个构造函数：默认的那个不带参数；另一个则允许传入 options 参数。这对于想要在运行时指定连接字符串的应用程序很有用。
- 表示 Categories 和 Products 表的两个 DbSet<T>属性设置为 null-forgiving 值，以防止编译时的静态编译器分析警告。它在运行时没有影响。
- 在 OnConfiguring 方法中，如果在构造函数中没有指定 options 参数，那么默认将使用连接字符串在当前文件夹中查找数据库文件。此时将出现编译警告，指示不应在连接字符串中硬编码安全信息。

- 在 OnModelCreating 方法中，可首先使用 Fluent API 配置两个实体类，然后调用名为 OnModelCreatingPartial 的分部方法。这将允许在自己的 Northwind 分部类中实现分部方法 OnModelCreatingPartial，进而添加自己的 Fluent API 配置。即便重新生成模型类，这些配置也不会丢失。

(8) 关闭自动生成的类文件。

10.3.8 配置约定前模型

除了对 SQLite 数据库提供程序使用的 DateOnly 和 TimeOnly 类型的支持，EF Core 6 引入的一个新特性是配置约定前模型。

随着模型变得越来越复杂，依赖约定来发现实体类型及其属性并成功地将它们映射到表和列变得越来越困难。如果能够在使用约定来分析和构建模型之前配置约定本身，这将非常有用。

例如，可能定义一个约定：默认情况下，所有字符串属性的最大长度应该是 50 个字符，或者任何实现自定义接口的属性类型都不应该被映射，如下所示：

```
protected override void ConfigureConventions(
   ModelConfigurationBuilder configurationBuilder)
{
    configurationBuilder.Properties<string>().HaveMaxLength(50);
    configurationBuilder.IgnoreAny<IDoNotMap>();
}
```

在本章的其余部分中，将使用手工创建的类。

10.4 查询 EF Core 模型

现在有了映射到 Northwind 示例数据库以及其中两个表的模型，可以编写一些简单的 LINQ 查询代码来获取数据了。第 11 章将介绍有关编写 LINQ 查询的更多内容。现在，只需要编写代码并查看结果。

(1) 在 Program.cs 的顶部，导入 EF Core 主名称空间，以允许使用 Include 扩展方法来预取相关的表：

```
using Microsoft.EntityFrameworkCore; // Include extension method
```

(2) 在 Program.cs 文件的末尾定义 QueryingCategories 方法，并添加用于执行以下任务的语句。

- 创建 Northwind 类的实例以管理数据库。数据库上下文实例在工作单元中的生命周期较短，它们应该尽快处理掉。为此，可使用 using 语句对它们进行封装。第 14 章将学习如何使用依赖注入获取数据库上下文。
- 为包括相关产品的所有类别创建查询。
- 枚举所有类别，输出每个类别的产品名称和数量。

```
static void QueryingCategories()
{
  using (Northwind db = new())
  {
    WriteLine("Categories and how many products they have:");
    // a query to get all categories and their related products
```

```
    IQueryable<Category>? categories = db.Categories?
      .Include(c => c.Products);

    if (categories is null)
    {
      WriteLine("No categories found.");
      return;
    }

    // execute query and enumerate results
    foreach (Category c in categories)
    {
      WriteLine($"{c.CategoryName} has {c.Products.Count} products.");
    }
  }
}
```

(3) 在 Program.cs 的顶部，在输出数据库提供程序名称之后，调用 QueryingCategories 方法，如下所示：

```
WriteLine($"Using {ProjectConstants.DatabaseProvider} database provider.");
QueryingCategories();
```

(4) 运行应用程序并查看结果(如果使用 SQLite 数据库提供程序在 Windows 上运行 Visual Studio 2022)，输出如下所示：

```
Using SQLite database provider.
Categories and how many products they have:
Using C:\Code\Chapter10\WorkingWithEFCore\bin\Debug\net6.0\Northwind.db
database file.
Beverages has 12 products.
Condiments has 12 products.
Confections has 13 products.
Dairy Products has 10 products.
Grains/Cereals has 7 products.
Meat/Poultry has 6 products.
Produce has 5 products.
Seafood has 12 products.
```

更多信息

如果使用 SQLite 数据库提供程序运行 Visual Studio Code，那么路径将是 WorkingWithEFCore 文件夹。如果使用 SQL Server 数据库提供程序运行，则没有数据库文件路径输出。

最佳实践

如果在 Visual Studio 202 中使用 SQLite 时看到以下异常，最可能的问题是 Northwind.db 文件没有复制到输出目录。确保 Copy to Output Directory 设置为 Copy always:

Unhandled exception. Microsoft.Data.Sqlite.SqliteException (0x80004005): SQLite Error 1: 'no such table: Categories。

10.4.1 过滤结果中返回的实体

EF Core 5.0 引入了 filtered include 功能，这意味着在 Include 方法调用中，可以通过指定 lambda 表达式来过滤结果中返回的实体。

(1) 在 Program.cs 文件的底部定义 FilteredIncludes 方法，在其中添加语句以完成如下任务：

- 创建 Northwind 类的实例以管理数据库。
- 提示用户输入库存单位的最小值。
- 为库存数量最小的产品所属的类别创建查询。
- 枚举类别和产品，输出所有产品的名称和库存单位。

```
static void FilteredIncludes()
{
  using (Northwind db = new())
  {
    Write("Enter a minimum for units in stock: ");
    string unitsInStock = ReadLine() ?? "10";
    int stock = int.Parse(unitsInStock);

    IQueryable<Category>? categories = db.Categories?
        .Include(c => c.Products.Where(p => p.Stock >= stock));

    if (categories is null)
    {
      WriteLine("No categories found.");
      return;
    }

    foreach (Category c in categories)
    {
        WriteLine($"{c.CategoryName} has {c.Products.Count} products with a minimum
of {stock} units in stock.");
        foreach(Product p in c.Products)
        {
        WriteLine($"  {p.ProductName} has {p.Stock} units in stock.");
      }
    }
  }
}
```

(2) 在 Program.cs 中，注释掉 QueryingCategories 方法并调用 FilteredIncludes 方法，如下所示：

```
WriteLine($"Using {ProjectConstants.DatabaseProvider} database provider.");
// QueryingCategories();
FilteredIncludes();
```

(3) 运行代码，输入库存单位的最小值(如 100)并查看结果，输出如下所示：

```
  Enter a minimum for units in stock: 100
  Beverages has 2 products with a minimum of 100 units in stock.
Sasquatch Ale has 111 units in stock.
Rhönbräu Klosterbier has 125 units in stock.
  Condiments has 2 products with a minimum of 100 units in stock.
Grandma's Boysenberry Spread has 120 units in stock.
Sirop d'érable has 113 units in stock.
```

```
  Confections has 0 products with a minimum of 100 units in stock.
  Dairy Products has 1 products with a minimum of 100 units in stock.
Geitost has 112 units in stock.
  Grains/Cereals has 1 products with a minimum of 100 units in stock.
Gustaf's Knäckebröd has 104 units in stock.
  Meat/Poultry has 1 products with a minimum of 100 units in stock.
Pâté chinois has 115 units in stock.
  Produce has 0 products with a minimum of 100 units in stock.
  Seafood has 3 products with a minimum of 100 units in stock.
Inlagd Sill has 112 units in stock.
Boston Crab Meat has 123 units in stock.
Röd Kaviar has 101 units in stock.
```

Windows控制台中的Unicode字符

在Windows 10 Fall Creators Update之前的Windows版本上，微软提供的控制台有一个限制。默认情况下，控制台不能显示Unicode字符，如名称Rhönbräu中的Unicode字符。

如果有这个问题，那么可以在运行应用程序之前，在提示符处输入以下命令，临时更改控制台中的代码页(也称为字符集)为Unicode UTF-8：

```
chcp 65001
```

10.4.2 过滤和排序产品

下面编写一个更复杂的查询以过滤和排序产品。

(1) 在Program.cs文件的底部定义QueryingProducts方法，并添加用于执行以下任务的语句：

- 创建Northwind类的实例以管理数据库。
- 提示用户输入产品的价格。与前面的代码示例不同，我们将执行循环，直到输入是有效的价格为止。
- 使用LINQ为成本高于价格的产品创建查询。
- 遍历结果，输出ID、名称、成本(格式化为美元货币)和库存数量。

```
static void QueryingProducts()
{
  using (Northwind db = new())
  {
    WriteLine("Products that cost more than a price, highest at top.");
    string? input;
    decimal price;

    do
    {
      Write("Enter a product price: ");
      input = ReadLine();
    } while (!decimal.TryParse(input, out price));

    IQueryable<Product>? products = db.Products?
      .Where(product => product.Cost > price)
      .OrderByDescending(product => product.Cost);

    if (products is null)
    {
```

```
      WriteLine("No products found.");
      return;
    }

    foreach (Product p in products)
    {
      WriteLine(
        "{0}: {1} costs {2:$#,##0.00} and has {3} in stock.",
        p.ProductId, p.ProductName, p.Cost, p.Stock);
    }
  }
}
```

(2) 在 Program.cs 中注释掉前面定义的方法，并调用 QueryingProducts 方法。

(3) 运行代码，当提示输入产品价格时，输入 50 并查看结果，输出如下所示：

```
Products that cost more than a price, highest at top.
Enter a product price: 50
38: Côte de Blaye costs $263.50 and has 17 in stock.
29: Thüringer Rostbratwurst costs $123.79 and has 0 in stock.
9: Mishi Kobe Niku costs $97.00 and has 29 in stock.
20: Sir Rodney's Marmalade costs $81.00 and has 40 in stock.
18: Carnarvon Tigers costs $62.50 and has 42 in stock.
59: Raclette Courdavault costs $55.00 and has 79 in stock.
51: Manjimup Dried Apples costs $53.00 and has 20 in stock.
```

10.4.3 获取生成的 SQL

你可能想知道，我们编写的 C#查询生成的 SQL 语句写得有多好。EF Core 5.0 引入了一个快速简单的方法来查看生成的 SQL。

(1) 在 FilteredIncludes 方法中，在使用 foreach 语句枚举查询之前，添加一条语句来输出生成的 SQL，如下所示：

```
WriteLine($"ToQueryString: {categories.ToQueryString()}");
foreach (Category c in categories)
```

(2) 在 Program.cs 中，注释掉对 QueryingProducts 方法的调用，然后取消对 FilteredIncludes 方法的调用。

(3) 运行代码，输入库存单位的最小值(如 99)并查看结果(用 SQLite 运行)，输出如下所示：

```
Enter a minimum for units in stock: 99
Using SQLite database provider.
ToQueryString: .param set @_stock_0 99

SELECT "c"."CategoryId", "c"."CategoryName", "c"."Description",
"t"."ProductId", "t"."CategoryId", "t"."UnitPrice", "t"."Discontinued",
"t"."ProductName", "t"."UnitsInStock"
FROM "Categories" AS "c"
LEFT JOIN (
      SELECT "p"."ProductId", "p"."CategoryId", "p"."UnitPrice",
"p"."Discontinued", "p"."ProductName", "p"."UnitsInStock"
   FROM "Products" AS "p"
   WHERE ("p"."UnitsInStock" >= @_stock_0)
) AS "t" ON "c"."CategoryId" = "t"."CategoryId"
```

```
ORDER BY "c"."CategoryId", "t"."ProductId"
Beverages has 2 products with a minimum of 99 units in stock.
  Sasquatch Ale has 111 units in stock.
  Rhönbräu Klosterbier has 125 units in stock.
...
```

注意，名为@__stock_0 的 SQL 参数已设置为库存单位的最小值 99。

对于 SQL Server，生成的 SQL 稍有不同，例如，它使用了方括号而不是双引号围绕对象名称，如下所示：

```
Enter a minimum for units in stock: 99
Using SqlServer database provider.
ToQueryString: DECLARE @__stock_0 smallint = CAST(99 AS smallint);

SELECT [c].[CategoryId], [c].[CategoryName], [c].[Description], [t].[ProductId],
[t].[CategoryId], [t].[UnitPrice], [t].[Discontinued], [t].[ProductName], [t].
[UnitsInStock]
FROM [Categories] AS [c]
LEFT JOIN (
    SELECT [p].[ProductId], [p].[CategoryId], [p].[UnitPrice], [p].
[Discontinued], [p].[ProductName], [p].[UnitsInStock]
    FROM [Products] AS [p]
    WHERE [p].[UnitsInStock] >= @__stock_0
) AS [t] ON [c].[CategoryId] = [t].[CategoryId]
ORDER BY [c].[CategoryId], [t].[ProductId]
```

10.4.4 使用自定义日志提供程序记录 EF Core

为了监视 EF Core 和数据库之间的交互，可以启用日志记录功能。为此，需要完成以下两项任务：

- 注册日志提供程序。
- 实现日志提供程序。

下面看一个例子。

(1) 将一个名为 ConsoleLogger.cs 的文件添加到项目中。

(2) 修改这个文件以定义两个类，其中一个类实现了 ILoggerProvider 接口，另一个类实现了 ILogger 接口。需要注意以下内容：

- ConsoleLoggerProvider 会返回一个 ConsoleLogger 实例。由于不需要任何非托管资源，因此 Dispose 方法不做任何事情，但该方法必须存在。
- 当日志级别为 None、Trace 和 Information 时，禁用 ConsoleLogger。Consolelogger 对所有其他日志级别都是启用的。
- ConsoleLogger 通过向控制台写入日志来实现 Log 方法。

```
using Microsoft.Extensions.Logging; // ILoggerProvider, ILogger, LogLevel

using static System.Console;

namespace Packt.Shared;

public class ConsoleLoggerProvider : ILoggerProvider
{
```

```
  public ILogger CreateLogger(string categoryName)
  {
    // we could have different logger implementations for
    // different categoryName values but we only have one
    return new ConsoleLogger();
  }

  // if your logger uses unmanaged resources,
  // then you can release them here
  public void Dispose() { }
}

public class ConsoleLogger : ILogger
{
  // if your logger uses unmanaged resources, you can
  // return the class that implements IDisposable here
  public IDisposable BeginScope<TState>(TState state)
  {
    return null;
  }

  public bool IsEnabled(LogLevel logLevel)
  {
    // to avoid overlogging, you can filter on the log level
    switch(logLevel)
    {
      case LogLevel.Trace:
      case LogLevel.Information:
      case LogLevel.None:
        return false;
      case LogLevel.Debug:
      case LogLevel.Warning:
      case LogLevel.Error:
      case LogLevel.Critical:
      default:
        return true;
  };
}

public void Log<TState>(LogLevel logLevel,
  EventId eventId, TState state, Exception? exception,
  Func<TState, Exception, string> formatter)
{
  // log the level and event identifier
  Write($"Level: {logLevel}, Event Id: {eventId.Id}");

  // only output the state or exception if it exists
  if (state != null)
  {
    Write($", State: {state}");
  }

  if (exception != null)
  {
    Write($", Exception: {exception.Message}");
  }
```

```
  WriteLine();
  }
}
```

(3) 在 Program.cs 文件的顶部，添加如下语句以导入日志记录所需的名称空间：

```
using Microsoft.EntityFrameworkCore.Infrastructure;
using Microsoft.Extensions.DependencyInjection;
using Microsoft.Extensions.Logging;
```

(4) 前面使用 ToQueryString 方法来获取 FilteredIncludes 的 SQL，所以不需要向该方法添加日志记录。对于 QueryingCategories 和 QueryingProducts 方法，在 Northwind 数据库上下文的 using 块中添加语句以获得日志工厂，并注册自定义控制台日志记录器，如下所示：

```
using (Northwind db = new())
{
  ILoggerFactory loggerFactory = db.GetService<ILoggerFactory>();
  loggerFactory.AddProvider(new ConsoleLoggerProvider());
```

(5) 在 Program.cs 的顶部，注释掉对 FilteredIncludes 方法的调用，并取消对 QueryingProducts 方法调用的注释。

(6) 运行代码并查看日志，这些日志显示在以下输出中：

```
...
Level: Debug, Event Id: 20000, State: Opening connection to database
'main' on server '/Users/markjprice/Code/Chapter10/WorkingWithEFCore/
Northwind.db'.
Level: Debug, Event Id: 20001, State: Opened connection to database 'main'
on server '/Users/markjprice/Code/Chapter10/WorkingWithEFCore/Northwind.
db'.
Level: Debug, Event Id: 20100, State: Executing DbCommand [Parameters=[@__
price_0='?'], CommandType='Text', CommandTimeout='30']
SELECT "p"."ProductId", "p"."CategoryId", "p"."UnitPrice",
"p"."Discontinued", "p"."ProductName", "p"."UnitsInStock"
FROM "Products" AS "p"
WHERE "p"."UnitPrice" > @__price_0
ORDER BY "product"."UnitPrice" DESC
...
```

根据选择的数据库提供程序和代码编辑器，以及 EF Core 未来的改进，你的日志可能与上面显示的不同。现在请注意，不同事件(如打开连接或执行命令)具有不同的事件 Id。

1. 根据特定于提供程序的值过滤日志

事件 Id 的值及含义特定于.NET 数据提供程序。如果想知道 LINQ 查询是如何转换成 SQL 语句并执行的，那么输出的事件 Id 的值将是 20100。

(1) 将 ConsoleLogger 中的 Log 方法修改为仅输出 Id 为 20100 的事件，如下所示：

```
public void Log<TState>(LogLevel logLevel, EventId eventId,
  TState state, Exception? exception,
  Func<TState, Exception, string> formatter)
{
  if (eventId.Id == 20100)
  {
    // log the level and event identifier
```

```
    Write("Level: {0}, Event Id: {1}, Event: {2}",
      logLevel, eventId.Id, eventId.Name);

    // only output the state or exception if it exists
    if (state != null)
    {
      Write($", State: {state}");
    }

    if (exception != null)
    {
      Write($", Exception: {exception.Message}");
    }
    WriteLine();
  }
}
```

(2) 在 Program.cs 中取消对 QueryingCategories 方法的注释，然后注释掉其他方法，这样就可以监视连接两个表时生成的 SQL 语句。

(3) 运行代码，并注意记录的以下 SQL 语句：

```
Using SQLServer database provider.
Categories and how many products they have:
Level: Debug, Event Id: 20100, State: Executing DbCommand [Parameters=[],
CommandType='Text', CommandTimeout='30']
SELECT [c].[CategoryId], [c].[CategoryName], [c].[Description], [p].
[ProductId], [p].[CategoryId], [p].[UnitPrice], [p].[Discontinued], [p].
[ProductName], [p].[UnitsInStock]
FROM [Categories] AS [c]
LEFT JOIN [Products] AS [p] ON [c].[CategoryId] = [p].[CategoryId]
ORDER BY [c].[CategoryId], [p].[ProductId]
Beverages has 12 products.
Condiments has 12 products.
Confections has 13 products.
Dairy Products has 10 products.
Grains/Cereals has 7 products.
Meat/Poultry has 6 products.
Produce has 5 products.
Seafood has 12 products.
```

2. 使用查询标记进行日志记录

对 LINQ 查询进行日志记录时，在复杂的场景中关联日志消息是很困难的。EF Core 2.2 引入了查询标记特性，以允许向日志中添加 SQL 注释。

可以使用 TagWith 方法对 LINQ 查询进行注释，如下所示：

```
IQueryable<Product>? products = db.Products?
  .TagWith("Products filtered by price and sorted.")
  .Where(product => product.Cost > price)
  .OrderByDescending(product => product.Cost);
```

以上代码向日志添加 SQL 注释，输出如下所示：

```
-- Products filtered by price and sorted.
```

10.4.5 模式匹配与 Like

EF Core 支持常见的 SQL 语句，包括用于模式匹配的 Like。

(1) 在 Program.cs 文件的底部添加名为 QueryingWithLike 的方法，并注意如下要点：

- 这里启用了日志功能。
- 提示用户输入部分产品名称，然后使用 EF.Functions.Like 方法搜索 ProductName 属性中的任何位置。
- 对于匹配的每一个产品，输出产品的名称、库存数量以及是否停产。

```
static void QueryingWithLike()
{
  using (Northwind db = new())
  {
    ILoggerFactory loggerFactory = db.GetService<ILoggerFactory>();
    loggerFactory.AddProvider(new ConsoleLoggerProvider());

    Write("Enter part of a product name: ");
    string? input = ReadLine();

    IQueryable<Product>? products = db.Products?
      .Where(p => EF.Functions.Like(p.ProductName, $"%{input}%"));

    if (products is null)
    {
      WriteLine("No products found.");
      return;
    }

    foreach (Product p in products)
    {
      WriteLine("{0} has {1} units in stock. Discontinued? {2}",
      p.ProductName, p.Stock, p.Discontinued);
    }
  }
}
```

(2) 在 Program.cs 中注释掉现有的方法，然后调用 QueryingWithLike 方法。

(3) 运行代码，输入部分产品名称(如 che)并查看结果，输出如下所示：

```
Using SQLServer database provider.
Enter part of a product name: che
Level: Debug, Event Id: 20100, State: Executing DbCommand [Parameters=[@__
Format_1='?' (Size = 40)], CommandType='Text', CommandTimeout='30']
SELECT "p"."ProductId", "p"."CategoryId", "p"."UnitPrice",
"p"."Discontinued", "p"."ProductName", "p"."UnitsInStock" FROM "Products"
AS "p"
WHERE "p"."ProductName" LIKE @__Format_1
Chef Anton's Cajun Seasoning has 53 units in stock. Discontinued? False
Chef Anton's Gumbo Mix has 0 units in stock. Discontinued? True
Queso Manchego La Pastora has 86 units in stock. Discontinued? False
Gumbär Gummibärchen has 15 units in stock. Discontinued? False
```

EF Core 6.0 引入了另一个有用的函数 EF. Functions.Random，它映射到一个数据库函数，该函数返回一个仅在 0 和 1 之间的伪随机数。例如，可以将随机数乘以表中的行数，从而从表中选择一个随机行。

10.4.6 定义全局过滤器

Northwind 产品可以停产，因此确保停产的产品不会返回结果可能是有用的(即使程序员忘记使用 Where 子句过滤它们)。

(1) 在 Northwind.cs 中，修改 OnModelCreating 方法，添加全局过滤器以删除停产的产品，如下所示：

```
protected override void OnModelCreating(ModelBuilder modelBuilder)
{
  ...

  // global filter to remove discontinued products
  modelBuilder.Entity<Product>()
    .HasQueryFilter(p => !p.Discontinued);
}
```

(2) 运行代码，输入部分产品名称 che，查看结果，注意 Chef Anton 的 Gumbo Mix 产品现在已经丢失，因为生成的 SQL 语句包含了针对 Discontinued 列的过滤器，输出如下所示：

```
SELECT "p"."ProductId", "p"."CategoryId", "p"."UnitPrice",
"p"."Discontinued", "p"."ProductName", "p"."UnitsInStock"
FROM "Products" AS "p"
WHERE ("p"."Discontinued" = 0) AND "p"."ProductName" LIKE @__Format_1
Chef Anton's Cajun Seasoning has 53 units in stock. Discontinued? False
Queso Manchego La Pastora has 86 units in stock. Discontinued? False
Gumbär Gummibärchen has 15 units in stock. Discontinued? False
```

10.5 使用 EF Core 加载模式

EF 通常使用三种加载模式。

- 立即加载：提前加载数据。
- 延迟加载：在需要数据之前自动加载数据。
- 显式加载：手动加载数据。

本节将逐一介绍它们。

10.5.1 立即加载实体

在 QueryingCategories 方法中，代码当前使用 Categories 属性循环遍历每个类别，输出类别名称和类别中的产品数量。这是因为在编写查询时，我们使用了 Include 方法以对相关产品使用立即加载(又称为早期加载)。

(1) 修改查询，注释掉 Include 方法调用，如下所示：

```
IQueryable<Category>? categories =
    db.Categories; //.Include(c => c.Products);
```

(2) 在 Program.cs 中，注释掉除了 QueryingCategories 之外的所有方法。

(3) 运行代码并查看结果，部分输出如下所示：

```
Beverages has 0 products.
Condiments has 0 products.
Confections has 0 products.
Dairy Products has 0 products.
Grains/Cereals has 0 products.
Meat/Poultry has 0 products.
Produce has 0 products.
Seafood has 0 products.
```

foreach 循环中的每一项都是 Category 类的实例，Category 类的 Products 属性代表了类别中的产品列表。由于原始查询仅从 Categories 表中进行选择，因此对于每个类别，Products 属性为空。

10.5.2　启用延迟加载

EF Core 2.1 引入了延迟加载，从而能够自动加载缺失的相关数据。

要启用延迟加载，开发人员必须：

- 为代理引用 NuGet 包。
- 配置延迟加载以使用代理。

(1) 在 WorkingWithEFCore 项目中，添加一个用于 EF Core 代理的包引用，如下所示：

```
<PackageReference
  Include="Microsoft.EntityFrameworkCore.Proxies"
  Version="6.0.0" />
```

(2) 构建项目并还原包。

(3) 打开 Northwind.cs，在 OnConfiguring 方法的顶部调用一个扩展方法，使用延迟加载代理，如下所示：

```
protected override void OnConfiguring(
  DbContextOptionsBuilder optionsBuilder)
{
  optionsBuilder.UseLazyLoadingProxies();
```

现在，每当循环枚举并尝试读取 Products 属性时，延迟加载代理将检查它们是否已加载。如果没有加载，就执行 SELECT 语句，加载它们，以便仅加载当前类别的产品集合，然后将正确的计数结果返回到输出。

(4) 运行代码。并注意产品计数现在是正确的。显然，延迟加载带来的问题是，最终获取所有数据需要多次往返数据库服务器，输出如下所示：

```
Categories and how many products they have:
Level: Debug, Event Id: 20100, State: Executing DbCommand [Parameters=[],
CommandType='Text', CommandTimeout='30']
SELECT "c"."CategoryId", "c"."CategoryName", "c"."Description" FROM
"Categories" AS "c"
Level: Debug, Event Id: 20100, State: Executing DbCommand [Parameters=[@
p_0='?'], CommandType='Text', CommandTimeout='30']
SELECT "p"."ProductId", "p"."CategoryId", "p"."UnitPrice",
"p"."Discontinued", "p"."ProductName", "p"."UnitsInStock"
FROM "Products" AS "p"
```

```
WHERE ("p"."Discontinued" = 0) AND ("p"."CategoryId" = @ p_0)
Beverages has 11 products.
Level: Debug, Event ID: 20100, State: Executing DbCommand [Parameters=[@
p_0='?'], CommandType='Text', CommandTimeout='30']
SELECT "p"."ProductId", "p"."CategoryId", "p"."UnitPrice",
"p"."Discontinued", "p"."ProductName", "p"."UnitsInStock"
FROM "Products" AS "p"
WHERE ("p"."Discontinued" = 0) AND ("p"."CategoryId" = @ p_0)
Condiments has 11 products.
```

10.5.3 显式加载实体

另一种加载类型是显式加载。显式加载的工作方式与延迟加载相似，不同之处在于可以控制加载哪些相关数据以及何时加载。

(1) 在 Program.cs 的顶部，导入更改跟踪名称空间，以使用 CollectionEntry 类手动加载相关实体，如下所示：

```
using Microsoft.EntityFrameworkCore.ChangeTracking; // CollectionEntry
```

(2) 在 QueryingCategories 方法中，修改语句以禁用延迟加载，然后提示用户是否希望启用立即加载和显式加载，如下所示：

```
IQueryable<Category>? categories;
  // = db.Categories;
  // .Include(c => c.Products);

db.ChangeTracker.LazyLoadingEnabled = false;

Write("Enable eager loading? (Y/N): ");
bool eagerloading = (ReadKey().Key == ConsoleKey.Y);
bool explicitloading = false;
WriteLine();

if (eagerloading)
{
  categories = db.Categories?.Include(c => c.Products);
}
else
{
  categories = db.Categories;

  Write("Enable explicit loading? (Y/N): ");
  explicitloading = (ReadKey().Key == ConsoleKey.Y);
  WriteLine();
}
```

(3) 在 foreach 循环内部，在 WriteLine 方法调用之前添加语句，以检查是否启用了显式加载。如果启用了，则提示用户指定是否希望显式加载每个单独的类别，如下所示：

```
if (explicitloading)
{
  Write($"Explicitly load products for {c.CategoryName}? (Y/N): ");
  ConsoleKeyInfo key = ReadKey();
  WriteLine();
```

```
  if (key.Key == ConsoleKey.Y)
  {
    CollectionEntry<Category, Product> products =
      db.Entry(c).Collection(c2 => c2.Products);
    if (!products.IsLoaded) products.Load();
  }
}
WriteLine($"{c.CategoryName} has {c.Products.Count} products.");
```

(4) 运行代码。

- 按 N 禁用立即加载。
- 按 Y 启用显式加载。
- 对于每个类别，按 Y 或按 N 即可按自己希望的方式加载产品。

笔者选择了八类中的两类——Beverages 和 Seafood，如下所示：

```
Categories and how many products they have:
Enable eager loading? (Y/N): n
Enable explicit loading? (Y/N): y
Level: Debug, Event Id: 20100, State: Executing DbCommand [Parameters=[],
CommandType='Text', CommandTimeout='30']
SELECT "c"."CategoryId", "c"."CategoryName", "c"."Description" FROM
"Categories" AS "c"
Explicitly load products for Beverages? (Y/N): y
Level: Debug, Event Id: 20100, State: Executing DbCommand [Parameters=[@
p_0='?'], CommandType='Text', CommandTimeout='30']
SELECT "p"."ProductId", "p"."CategoryId", "p"."UnitPrice",
"p"."Discontinued", "p"."ProductName", "p"."UnitsInStock"
FROM "Products" AS "p"
WHERE ("p"."Discontinued" = 0) AND ("p"."CategoryId" = @ p_0)
Beverages has 11 products.
Explicitly load products for Condiments? (Y/N): n
Condiments has 0 products.
Explicitly load products for Confections? (Y/N): n
Confections has 0 products.
Explicitly load products for Dairy Products? (Y/N): n
Dairy Products has 0 products.
Explicitly load products for Grains/Cereals? (Y/N): n
Grains/Cereals has 0 products.
Explicitly load products for Meat/Poultry? (Y/N): n
Meat/Poultry has 0 products.
Explicitly load products for Produce? (Y/N): n
Produce has 0 products.
Explicitly load products for Seafood? (Y/N): y
Level: Debug, Event ID: 20100, State: Executing DbCommand [Parameters=[@
p_0='?'], CommandType='Text', CommandTimeout='30']
SELECT "p"."ProductId", "p"."CategoryId", "p"."UnitPrice",
"p"."Discontinued", "p"."ProductName", "p"."UnitsInStock"
FROM "Products" AS "p"
WHERE ("p"."Discontinued" = 0) AND ("p"."CategoryId" = @ p_0)
Seafood has 12 products.
```

最佳实践

仔细考虑哪种加载模式最适合自己的代码。惰性加载会让你成为一个变懒的数据库开发人员！有关加载模式的更多信息，请访问链接：https://docs.microsoft.com/en-us/ef/core/querying/related-data。

10.6 使用 EF Core 操作数据

使用 EF Core 插入、更新和删除实体是一项相对容易完成的任务。DbContext 能够自动维护更改跟踪，因此本地实体可以跟踪多个更改，包括添加新实体、修改现有实体和删除实体。当准备将这些更改发送到底层数据库时，请调用 SaveChanges 方法以返回成功更改的实体数量。

10.6.1 插入实体

下面首先看看如何向表中添加新行。

(1) 在 Program.cs 文件中创建名为 AddProduct 的方法，如下所示：

```
static bool AddProduct(
  int categoryId, string productName, decimal? price)
{
  using (Northwind db = new())
  {
    Product p = new()
  {
    CategoryId = categoryId,
    ProductName = productName,
    Cost = price
  };

  // mark product as added in change tracking
  db.Products.Add(p);

  // save tracked change to database
  int affected = db.SaveChanges();
  return (affected == 1);
  }
}
```

(2) 在 Program.cs 文件中创建名为 ListProducts 的方法，输出每个产品的 Id、名称、成本、库存数量和停产信息，最昂贵的产品排在最前面，如下所示：

```
static void ListProducts()
{
  using (Northwind db = new())
  {
    WriteLine("{0,-3} {1,-35} {2,8} {3,5} {4}",
      "Id", "Product Name", "Cost", "Stock", "Disc.");

    foreach (Product p in db.Products
      .OrderByDescending(product => product.Cost))
    {
```

```
        WriteLine("{0:000} {1,-35} {2,8:$#,##0.00} {3,5} {4}",
          p.ProductId, p.ProductName, p.Cost, p.Stock, p.Discontinued);
      }
    }
  }
```

记住，{1，-35}表示在 35 个字符宽的列中，参数 1 是左对齐的；而{3，5}表示在 5 个字符宽的列中，参数 3 是右对齐的。

(3) 在 Program.cs 中注释掉前面的方法调用，然后调用 AddProduct 和 ListProducts 方法，如下所示：

```
// QueryingCategories();
// FilteredIncludes();
// QueryingProducts();
// QueryingWithLike();

if (AddProduct(categoryId: 6,
  productName: "Bob's Burgers", price: 500M))
{
  WriteLine("Add product successful.");
}

ListProducts();
```

(4) 运行代码，查看结果，注意我们添加了新产品，部分输出如下所示：

```
Add product successful.
Id Product Name                Cost Stock      Disc.
078 Bob's Burgers               $500.00         False
038 Côte de Blaye               $263.50     17 False
020 Sir Rodney's Marmalade $81.00 40 False
...
```

10.6.2　更新实体

下面修改表中现有的行。

(1) 在 Program.cs 文件中添加方法 IncreaseProductPrice，把第一个以 Bob 开头的产品的价格提高 20 美元，如下所示：

```
static bool IncreaseProductPrice(
  string productNameStartsWith, decimal amount)
{
  using (Northwind db = new())
  {
    // get first product whose name starts with name
    Product updateProduct = db.Products.First(
      p => p.ProductName.StartsWith(productNameStartsWith));

    updateProduct.Cost += amount;

    int affected = db.SaveChanges();
    return (affected == 1);
  }
}
```

(2) 在 Program.cs 中注释掉调用 AddProduct 方法的整个 if 语句块，并在调用 ListProducts 方法之前添加 IncreaseProductPrice 调用，如下所示：

```
/*
if (AddProduct(categoryId: 6,
productName: "Bob's Burgers", price: 500M))
{
  WriteLine("Add product successful.");
}
*/

if (IncreaseProductPrice(
   productNameStartsWith: "Bob", amount: 20M))
{
   WriteLine("Update product price successful.");
}

ListProducts();
```

(3) 运行代码，查看结果，注意 Bob's Burgers 的现有价格提高了 20 美元，如下所示：

```
Update product price successful.
Id Product Name              Cost Stock        Disc.
078 Bob's Burgers            $520.00           False
038 Côte de Blaye            $263.50      17   False
020 Sir Rodney's Marmalade    $81.00      40   False
...
```

10.6.3 删除实体

可以使用 Remove 方法删除单个实体。当要删除多个实体时，RemoveRange 的效率更高。现在看看如何从表中删除一行。

(1) 在 Program.cs 的底部，添加方法 DeleteProducts 以删除所有名称以 Bob 开头的产品，如下所示：

```
static int DeleteProducts(string productNameStartsWith)
{
  using (Northwind db = new())
  {
    IQueryable<Product>? products = db.Products?.Where(
      p => p.ProductName.StartsWith(productNameStartsWith));

    if (products is null)
    {
      WriteLine("No products found to delete.");
      return 0;
    }
    else
    {
      db.Products.RemoveRange(products);
    }

    int affected = db.SaveChanges();
    return affected;
```

```
    }
}
```

(2) 在 Program.cs 中注释掉调用 IncreaseProductPrice 方法的整个 if 语句块，并添加对 DeleteProducts 方法的调用，如下所示：

```
int deleted = DeleteProducts(productNameStartWith: "Bob");
WriteLine($"{deleted} product(s) were deleted.");
```

(3) 运行代码并查看结果，输出如下所示：

```
1 product(s) were deleted.
```

如果有多个产品的名称以 Bob 开头，那么它们都将被删除。作为一项可选的挑战，对添加三个以 Bob 开头的新产品的语句取消注释，然后删除它们。

10.6.4 池化数据库环境

DbContext 类是可销毁的，并且是按照单一工作单元原则设计的。前面的代码示例在 using 块中创建了所有 DbContext 派生类的 Northwind 实例。以便在每个工作单元的末尾正确地调用 Dispose。

ASP.NET Core 与 EF Core 相关的一个特性是：在构建 Web 应用程序和 Web 服务时，可通过汇集数据库上下文来提高代码的效率。这将允许创建和释放尽可能多的 DbContext 派生对象，从而确保代码仍然是有效的。

10.7 事务

每次调用 SaveChanges 方法时，都会启动隐式事务，以便在出现问题时自动回滚所有更改。如果事务中的多个更改都已成功，就提交事务和所有更改。

事务通过应用锁来防止在发生一系列更改时进行读写操作，从而维护数据库的完整性。

事务有四个基本特性：原子性(Atomicity)、一致性(Consistency)、隔离性(Isolation)、持久性(Durability)，简称 ACID。

- 原子性：事务中的所有操作要么都提交，要么都不提交。
- 一致性：事务前后的数据库状态是一致的，这取决于代码的逻辑。例如，在银行账户之间转账时，业务逻辑要确保：如果从一个账户借 100 美元，就要用另一个账户贷 100 美元。
- 隔离性：在事务处理期间，会对其他进程隐藏更改。可以选择多个隔离级别(请参考表 10.2)。隔离级别越高，数据的完整性越好。然而，我们必须应用更多的锁，这将对其他进程产生负面影响。快照是一种特殊情况，可以创建多个行的副本以避免锁，但这在事务发生时会增加数据库的大小。
- 持久性：如果在事务期间发生故障，可以恢复事务。这通常以两阶段提交和事务日志的形式实现，一旦提交了事务，即使后续有错误，也确保它是持久的。与“持久性”相对的是“不稳定性”。

10.7.1 使用隔离级别控制事务

开发人员可以通过设置隔离级别来控制事务，如表 10.4 所示：

表 10.4 事务的隔离级别

隔离级别	锁	允许的完整性问题
ReadUncommitted	无	脏读、不可重复读和幻像数据
ReadCommitted	当编辑时，应用读取锁以阻止其他用户读取记录，直到事务结束	不可重复读和幻像数据
RepeatableRead	当读取时，应用编辑锁以阻止其他用户编辑记录，直到事务结束	幻像数据
Serializable	应用键范围的锁以防止任何可能影响结果的操作，包括插入和删除	无
Snapshot	无	无

10.7.2 定义显式事务

可以使用数据库上下文的 Database 属性来控制显式事务。

(1) 在 Program.cs 文件中导入 EF Core 存储名称空间，以使用 IDbContextTransaction 接口：

```
using Microsoft.EntityFrameworkCore.Storage; // IDbContextTransaction
```

(2) 在 DeleteProducts 方法中，在实例化 db 变量后，添加一些语句以启动显式事务并输出隔离级别，在方法的底部提交事务并关闭花括号。

```
static int DeleteProducts(string name)
{
  using (Northwind db = new())
  {
    using (IDbContextTransaction t = db.Database.BeginTransaction())
    {
      WriteLine("Transaction isolation level: {0}",
        arg0: t.GetDbTransaction().IsolationLevel);

    IQueryable<Product>? products = db.Products?.Where(
      p => p.ProductName.StartsWith(name));

    if (products is null)
    {
      WriteLine("No products found to delete.");
      return 0;
    }
    else
    {
      db.Products.RemoveRange(products);
    }

    int affected = db.SaveChanges();
    t.Commit();
    return affected;
```

```
      }
    }
  }
```

(3) 运行该代码，通过 SQL Server 查看结果，如下所示。

```
Transaction isolation level: ReadCommitted
```

(4) 运行该代码，使用 SQLite 查看结果，如下所示：

```
Transaction isolation level: Serializable
```

10.8　Code First EF Core 模型

有时，没有现有的数据库。相反，可将 EF Core 模型定义为 Code First，然后 EF Core 可以使用创建和删除 API 生成匹配的数据库。

最佳实践
创建和删除 API 应该只在开发期间使用。一旦你布应用程序，就不希望它删除生产数据库!

例如，可能需要创建一个用于管理学生和学院课程的应用程序。一个学生可以报名参加多个课程。一门课程可以由多个学生参加。这是一个学生和课程之间多对多关系的示例。

下面模拟这个例子:

(1) 使用喜欢的代码编辑器在 Chapter10 解决方案/工作区中添加一个名为 CoursesAndStudents 的新控制台应用程序。

(2) 在 Visual Studio 中，将解决方案的启动项目设置为当前选择。

(3) 在 Visual Studio Code 中，选择 CoursesAndStudents 作为 OmniSharp 项目。

(4) 在 CoursesAndStudents 项目中，添加以下包的包引用：

- Microsoft.EntityFrameworkCore.Sqlite
- Microsoft.EntityFrameworkCore.SqlServer
- Microsoft.EntityFrameworkCore.Design

(5) 构建 CoursesAndStudents 项目来还原包。

(6) 添加名为 Academy.cs、Student.cs 和 Course.cs 的类。

(7) 修改 Student.cs，注意它是一个没有属性修饰类的 POCO(普通的旧 CLR 对象)，代码如下所示：

```
namespace CoursesAndStudents;

public class Student
{
  public int StudentId { get; set; }
  public string? FirstName { get; set; }
  public string? LastName { get; set; }

  public ICollection<Course>? Courses { get; set; }
}
```

(8) 修改 Course.cs，并注意，已经用一些特性装饰了 Title 属性，以向模型提供更多信息，如下面的代码所示：

```
using System.ComponentModel.DataAnnotations;

namespace CoursesAndStudents;

public class Course
{
  public int CourseId { get; set; }
  [Required]
  [StringLength(60)]
  public string? Title { get; set; }

  public ICollection<Student>? Students { get; set; }
}
```

(9) 修改 Academy.cs，如下面的代码所示：

```
using Microsoft.EntityFrameworkCore;

using static System.Console;

namespace CoursesAndStudents;

public class Academy : DbContext
{
  public DbSet<Student>? Students { get; set; }
  public DbSet<Course>? Courses { get; set; }

  protected override void OnConfiguring(
    DbContextOptionsBuilder optionsBuilder)
  {
    string path = Path.Combine(
      Environment.CurrentDirectory, "Academy.db");

    WriteLine($"Using {path} database file.");

    optionsBuilder.UseSqlite($"Filename={path}");

  // optionsBuilder.UseSqlServer(@"Data Source=.;Initial
Catalog=Academy;Integrated Security=true;MultipleActiveResultSets=true;");
}

protected override void OnModelCreating(ModelBuilder modelBuilder)
{
  // Fluent API validation rules

  modelBuilder.Entity<Student>()
      .Property(s => s.LastName).HasMaxLength(30).IsRequired();

    // populate database with sample data

    Student alice = new() { StudentId = 1,
      FirstName = "Alice", LastName = "Jones" };
```

```
      Student bob = new() { StudentId = 2,
        FirstName = "Bob", LastName = "Smith" };

      Student cecilia = new() { StudentId = 3,
        FirstName = "Cecilia", LastName = "Ramirez" };

      Course csharp = new()
      {
        CourseId = 1,
        Title = "C# 10 and .NET 6",
      };

      Course webdev = new()
      {
        CourseId = 2,
        Title = "Web Development",
      };

      Course python = new()
      {
        CourseId = 3,
        Title = "Python for Beginners",
      };

      modelBuilder.Entity<Student>()
        .HasData(alice, bob, cecilia);

      modelBuilder.Entity<Course>()
        .HasData(csharp, webdev, python);

      modelBuilder.Entity<Course>()
        .HasMany(c => c.Students)
        .WithMany(s => s.Courses)
        .UsingEntity(e => e.HasData(
          // all students signed up for C# course
          new { CoursesCourseId = 1, StudentsStudentId = 1 },
          new { CoursesCourseId = 1, StudentsStudentId = 2 },
          new { CoursesCourseId = 1, StudentsStudentId = 3 },
          // only Bob signed up for Web Dev
          new { CoursesCourseId = 2, StudentsStudentId = 2 },
          // only Cecilia signed up for Python
          new { CoursesCourseId = 3, StudentsStudentId = 3 }
        ));
    }
  }
```

最佳实践

使用匿名类型为多对多关系中的中间表提供数据。属性名称遵循命名约定 NavigationPropertyNamePropertyName。例如，Courses 是导航属性名，CourseId 是属性名，因此 CoursesCourseId 是匿名类型的属性名。

(10) 在 Program.cs 中，在文件的顶部导入 EF Core 和处理任务的名称空间，并静态导入 Console，如下面的代码所示：

```
using Microsoft.EntityFrameworkCore; // for GenerateCreateScript()
```

```
using CoursesAndStudents; // Academy

using static System.Console;
```

(11) 在 Program.cs 中，添加语句来创建 Academy 数据库上下文的实例，并使用它来删除存在的数据库，从模型中创建数据库并输出它使用的 SQL 脚本，然后枚举学生和他们的课程，如下面的代码所示：

```
using (Academy a = new())
{
  bool deleted = await a.Database.EnsureDeletedAsync();
  WriteLine($"Database deleted: {deleted}");

  bool created = await a.Database.EnsureCreatedAsync();
  WriteLine($"Database created: {created}");

  WriteLine("SQL script used to create database:");
  WriteLine(a.Database.GenerateCreateScript());

  foreach (Student s in a.Students.Include(s => s.Courses))
  {
    WriteLine("{0} {1} attends the following {2} courses:",
      s.FirstName, s.LastName, s.Courses.Count);
    foreach (Course c in s.Courses)
    {
      WriteLine($"  {c.Title}");
    }
  }
}
```

(12) 运行该代码，并注意，第一次运行该代码时，将需要删除数据库，因为它还不存在，如下所示：

```
Using C:\Code\Chapter10\CoursesAndStudents\bin\Debug\net6.0\Academy.db
database file.
Database deleted: False
Database created: True
SQL script used to create database:
CREATE TABLE "Courses" (
  "CourseId" INTEGER NOT NULL CONSTRAINT "PK_Courses" PRIMARY KEY
AUTOINCREMENT,
  "Title" TEXT NOT NULL
);

CREATE TABLE "Students" (
  "StudentId" INTEGER NOT NULL CONSTRAINT "PK_Students" PRIMARY KEY
AUTOINCREMENT,
  "FirstName" TEXT NULL,
  "LastName" TEXT NOT NULL
);

CREATE TABLE "CourseStudent" (
    "CoursesCourseId" INTEGER NOT NULL,
    "StudentsStudentId" INTEGER NOT NULL,
  CONSTRAINT "PK_CourseStudent" PRIMARY KEY ("CoursesCourseId",
"StudentsStudentId"),
```

```
  CONSTRAINT "FK_CourseStudent_Courses_CoursesCourseId" FOREIGN KEY
("CoursesCourseId") REFERENCES "Courses" ("CourseId") ON DELETE CASCADE,
  CONSTRAINT "FK_CourseStudent_Students_StudentsStudentId" FOREIGN
KEY ("StudentsStudentId") REFERENCES "Students" ("StudentId") ON DELETE
CASCADE
);

INSERT INTO "Courses" ("CourseId", "Title")
VALUES (1, 'C# 10 and .NET 6');

INSERT INTO "Courses" ("CourseId", "Title")
VALUES (2, 'Web Development');

INSERT INTO "Courses" ("CourseId", "Title")
VALUES (3, 'Python for Beginners');

INSERT INTO "Students" ("StudentId", "FirstName", "LastName")
VALUES (1, 'Alice', 'Jones');

INSERT INTO "Students" ("StudentId", "FirstName", "LastName")
VALUES (2, 'Bob', 'Smith');

INSERT INTO "Students" ("StudentId", "FirstName", "LastName")
VALUES (3, 'Cecilia', 'Ramirez');

INSERT INTO "CourseStudent" ("CoursesCourseId", "StudentsStudentId")
VALUES (1, 1);

INSERT INTO "CourseStudent" ("CoursesCourseId", "StudentsStudentId")
VALUES (1, 2);

INSERT INTO "CourseStudent" ("CoursesCourseId", "StudentsStudentId")
VALUES (2, 2);

INSERT INTO "CourseStudent" ("CoursesCourseId", "StudentsStudentId")
VALUES (1, 3);

INSERT INTO "CourseStudent" ("CoursesCourseId", "StudentsStudentId")
VALUES (3, 3);

CREATE INDEX "IX_CourseStudent_StudentsStudentId" ON "CourseStudent"
("StudentsStudentId");

Alice Jones attends the following 1 course(s):
  C# 10 and .NET 6
Bob Smith attends the following 2 course(s):
  C# 10 and .NET 6
  Web Development
Cecilia Ramirez attends the following 2 course(s):
  C# 10 and .NET 6
  Python for Beginners
```

请注意以下几点。

- Title 列不是 NULL，因为模型使用[Required]来装饰。
- LastName 列是 NOT NULL，因为模型使用了 IsRequired()。

- 创建了一个名为 CourseStudent 的中间表，用于保存关于哪些学生参加哪些课程的信息。

(13) 使用 Visual Studio Server Explorer 或 SQLiteStudio 连接到 Academy 数据库并查看表，如图 10.6 所示。

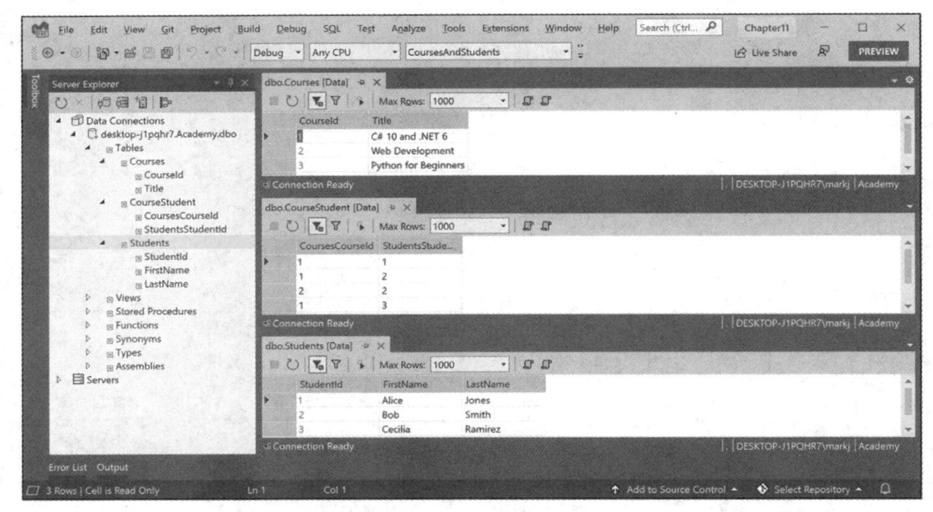

图 10.6　使用 Visual Studio 2022 Server Explorer 在 SQL Server 中查看 Academy 数据库

理解迁移

在发布一个使用数据库的项目之后，可能以后需要更改实体数据模型，从而更改数据库结构。此时，不应该使用 Ensure 方法。相反，需要使用允许增量更新数据库模式的系统，同时保留数据库中的任何现有数据。EF Core 迁移就是这个系统。

迁移很快就会变得复杂，这超出了本书的范围。可以在以下链接中了解它们：

https://docs.microsoft.com/en-us/ef/core/managing-schemas/ migrations/

10.9 实践和探索

你可以通过回答一些问题来测试自己对知识的理解程度，进行一些实践，并深入探索本章涵盖的主题。

10.9.1 练习 10.1：测试你掌握的知识

回答以下问题：

(1) 对于表示表的属性(例如，数据库上下文的 Products 属性)，应使用什么类型？

(2) 对于表示一对多关系的属性(例如，Category 实体的 Products 属性)，应使用什么类型？

(3) 主键的 EF Core 约定是什么？

(4) 何时在实体类中使用注解特性？

(5) 为什么选择 Fluent API 而不是注解特性？

(6) Serializable 事务隔离级别是什么意思？

(7) DbContext.SaveChanges 方法会返回什么？

(8) 立即加载和显式加载之间的区别是什么？

(9) 如何定义 EF Core 实体类以匹配下面的表？

```
CREATE TABLE Employees(
  EmpId INT IDENTITY,
  FirstName NVARCHAR(40) NOT NULL,
  Salary MONEY
)
```

10) 将实体导航属性声明为 virtual 有什么好处？

10.9.2 练习 10.2：练习使用不同的序列化格式导出数据

在 Chapter10 解决方案/工作区中，创建名为 Exercise02 的控制台应用程序，查询 Northwind 示例数据库中的所有类别和产品，然后使用.NET 提供的至少三种序列化格式对数据进行序列化。哪种序列化格式使用的字节数最少？

10.9.3 练习 10.3：研究 EF Core 文档

可通过以下链接来阅读本章所涉及主题的更多细节：

https://github.com/markjprice/cs10dotnet6/blob/main/book-links.md#chapter-10---working-with-data-using-entity-framework-core

10.9.4 练习 10.4：探索 NoSQL 数据库

本章主要介绍 RDBMS，如 SQL Server 和 SQLite。如果想了解更多关于 NoSQL 数据库的知识，如 Cosmos DB 和 MongoDB，以及如何在 EF Core 中使用它们，推荐访问以下网址。

- 欢迎访问 Azure Cosmos DB：
  https://docs.microsoft.com/en-us/azure/cosmos-db/ introduction
- 使用 NoSQL 数据库作为持久性基础设施：
  https://docs.microsoft.com/en-us/dotnet/standard/microservices-architecture/microservice-ddd-cqrs- patterns/nosql-database-persistence-infrastructure
- 实体框架核心文档数据库提供商：
  https://github.com/ BlueshiftSoftware/EntityFrameworkCore

10.10 本章小结

本章介绍如何连接到数据库，如何执行简单的 LINQ 查询并处理结果，如何使用带有筛选的 include 命令，如何添加、修改和删除数据，以及如何为数据库(如 Northwind)构建实体数据模型。还学习了如何定义 Code First 模型，如何使用其创建新数据库并向其填充数据。

第 11 章将介绍如何编写更高级的 LINQ 查询来对数据进行选择、筛选、排序、连接和分组。

第11章 使用 LINQ 查询和操作数据

本章介绍 LINQ(语言集成查询)。LINQ 是一组语言扩展，用于处理数据序列，然后对它们进行过滤、排序，并将它们投影到不同的输出。

本章涵盖以下主题：

- 编写 LINQ 表达式
- 使用 LINQ 处理集合
- 在 EF Core 中使用 LINQ
- 使用语法糖美化 LINQ 语法
- 使用多线程和并行 LINQ
- 创建自己的 LINQ 扩展方法
- 使用 LINQ to XML

11.1 编写 LINQ 表达式

我们虽然在第 10 章编写了一些 LINQ 查询，但它们不是重点，因而也就没有恰当地解释 LINQ 是如何工作的。现在，我们花点时间来正确地理解它们。

11.1.1 LINQ 的组成

LINQ 有多个部分，有些是必需的，有些是可选的。

- 扩展方法(必需的)：包括 Where、OrderBy 和 Select 等方法，它们提供了 LINQ 的功能。
- LINQ 提供程序(必需的)：包括 LINQ to Objects(处理内存中的对象)、LINQ to Entities(处理外部数据库中用 EF 建模的数据)、LINQ to XML(处理存储为 XML 的数据)。这些提供程序以特定于不同类型数据的方式执行 LINQ 表达式。
- lambda 表达式(可选的)：这些方法可以代替命名方法来简化 LINQ 查询，例如，用于过滤的 Where 方法的条件逻辑。
- LINQ 查询理解语法(可选的)：包括 from、in、where、orderby、descending 和 select。这些 C#关键字是 LINQ 扩展方法的别名，使用它们可以简化编写的查询。特别是如果已经有使用其他查询语言(如 SQL)的经验，简化效果将更好。

程序员第一次接触 LINQ 时，通常认为 LINQ 查询理解语法就是 LINQ，但具有讽刺意味的是，这只是 LINQ 中可选的部分之一!

11.1.2　使用 Enumerable 类构建 LINQ 表达式

LINQ 扩展方法(如 Where 和 Select)可由 Enumerable 静态类附加到任何类型，如实现了 IEnumerable<T>的序列。

任何类型的数组都实现了 IEnumerable<T>，其中 T 是数组元素的类型。所以，所有数组都支持使用 LINQ 来查询和操作它们。

所有的泛型集合(如 List<T>、Dictionary<TKey, TValue>、Stack<T>和 Queue<T>)都实现了 IEnumerable<T>，因而也可以使用 LINQ 查询和操作它们。

Enumerable 类定义了 50 个以上的扩展方法，如表 11.1 所示。

表 11.1　Enumerable 类定义的扩展方法

扩展方法	说明
First、FirstOrDefault、Last、LastOrDefault	获取序列中的第一项或最后一项，或抛出异常，或返回类型的默认值。例如，如果没有第一项或最后一项，那么 int 值为 0，引用类型为 null
Where	返回与指定筛选器匹配的项的序列
Single、SingleOrDefault	返回与特定筛选器匹配的项或抛出异常。如果没有完全匹配的项，就返回类型的默认值
ElementAt、ElementAtOrDefault	返回位于指定索引位置的项或抛出异常。如果指定的索引位置没有项，就返回类型的默认值。.NET 6 中的新功能是重载，可以传递 Index 而不是 int，这在处理 Span<T>序列时更有效。
Select、SelectMany	将许多项投影为不同的形状(即不同的类型)，并将嵌套的项的层次结构压扁
OrderBy、OrderByDescending、ThenBy、ThenByDescending	根据指定的属性对项进行排序
Reverse	颠倒项的顺序
GroupBy、GroupJoin、Join	组合、连接序列
Skip、SkipWhile	跳过一些项，或在表达式为 true 时跳过这些项
Take、TakeWhile	提取一些项，或在表达式为 true 时提取这些项。在.NET 6 中新增了一个可以传递 Range 的 Take 重载方法，例如，Take(Range: 3..^5)意味着取一个子集，从开头的 3 个条目开始，以结尾的 5 个条目结束，或者可使用 Take(4..)代替 Skip(4)
Aggregate、Average、Count、LongCount、Max、Min、Sum	计算合计值
TryGetNonEnumeratedCount	Count()检查是否在序列上实现了 Count 属性并返回其值，或者枚举整个序列以计数其项。.NET 6 中的新功能是这个方法，它只检查 Count，如果缺少 Count，它将返回 false 并将 out 参数设置为 0，以避免潜在的性能较差的操作
All、Any、Contains	如果所有项或其中任何项与筛选器匹配，或序列中包含指定的项，就返回 true
Cast	将项转换为指定的类型。在编译器会报错的情况下，将非泛型对象转换为泛型类型是很有用的

(续表)

扩展方法	说明
OfType	移除与指定类型不匹配的项
Distinct	删除重复项
Except、Intersect、Union	执行返回集合的操作。集合中不能有重复的项。虽然这些扩展方法的输入可以是任何序列，可能有重复的项，但结果总是集合
Chunk	将一个序列划分为大小不同的批次
Append、Concat、Prepend	执行序列组合操作
Zip	根据项的位置对两个序列执行匹配操作，例如，第一个序列中位置 1 的项与第二个序列中位置 1 的项相匹配。.NET 6 的新功能是对三个序列进行匹配操作。以前，必须运行两个序列重载两次才能达到相同的目标
ToArray、ToList、ToDictionary、ToLookup	将序列转换为数组或集合。这些是执行 LINQ 表达式的唯一扩展方法
DistinctBy, ExceptBy, IntersectBy, UnionBy, MinBy, MaxBy	在.NET 6 中都是 By 扩展方法。它们允许对项的一个子集(而不是整个项集)执行比较。例如，不是通过比较整个 Person 对象来删除重复项，而是通过比较它们的 LastName 和 DateOfBirth 来删除重复项

Enumerable 类也有一些方法不是扩展方法，如表 11.2 所示。

表 11.2 非扩展方法

方法	说明
Empty<T>	返回指定类型 T 的空序列。将空序列传递给需要 IEnumerable<T>的方法时很有用
Range	返回一个包含计数项、从 start 值开始的整数序列。例如 Enumerable.Range(start: 5, count: 3)包含整数 5、6 和 7
Repeat	返回包含重复 count 次的相同 element 的序列。例如 Enumerable.Repeat(element: "5", count: 3)包含字符串值"5"、"5"和"5"

理解延迟执行

LINQ 使用延迟执行。重要的是要理解，调用这些扩展方法中的大多数并不执行查询并获得结果。这些扩展方法大多数返回一个 LINQ 表达式，表示一个问题，而不是答案。下面将进行探索。

(1) 使用喜欢的代码编辑器创建一个名为 Chapter11 的新解决方案/工作区。

(2) 添加一个控制台应用程序项目，定义如下：

- 项目模板：Console Application/console
- 工作区/解决方案文件和文件夹：Chapter11
- 项目文件和文件夹：LinqWithObjects

(3) 在 Program.cs 中，删除现有的代码并静态导入 Console。

(4) 添加语句，为在办公室工作的人定义字符串值序列，代码如下所示：

```
// a string array is a sequence that implements IEnumerable<string>
string[] names = new[] { "Michael", "Pam", "Jim", "Dwight",
  "Angela", "Kevin", "Toby", "Creed" };

WriteLine("Deferred execution");
// Question: Which names end with an M?
// (written using a LINQ extension method)

var query1 = names.Where(name => name.EndsWith("m"));
// Question: Which names end with an M?
// (written using LINQ query comprehension syntax)
var query2 = from name in names where name.EndsWith("m") select name;
```

(5) 要提出问题并得到答案，即执行查询，必须通过调用其中一个 To 方法，如 ToArray、ToList 或枚举查询来实现它，代码如下所示：

```
// Answer returned as an array of strings containing Pam and Jim
string[] result1 = query1.ToArray();
// Answer returned as a list of strings containing Pam and Jim
List<string> result2 = query2.ToList();

// Answer returned as we enumerate over the results
foreach (string name in query1)
{
  WriteLine(name); // outputs Pam
  names[2] = "Jimmy"; // change Jim to Jimmy
  // on the second iteration Jimmy does not end with an M
}
```

(6) 运行控制台应用程序并查看结果，如下所示：

```
Deferred execution
Pam
```

由于延迟执行，在输出第一个结果 Pam 之后，如果原来的数组值改变了，那么当返回时，就没有更多的匹配了，因为 Jim 已变成 Jimmy，并没有以 M 结束，所以只输出 Pam。

在深入讨论这个问题前，下面先放慢速度，看看一些常见的 LINQ 扩展方法以及如何使用它们。

11.1.3 使用 Where 扩展方法过滤实体

使用 LINQ 的最常见原因是为了使用 Where 扩展方法过滤序列中的项。下面通过定义名称序列并对其应用 LINQ 操作来研究过滤功能。

(1) 在项目文件中，注释掉允许隐式使用的元素，如下所示：

```
<Project Sdk="Microsoft.NET.Sdk">

  <PropertyGroup>
    <OutputType>Exe</OutputType>
    <TargetFramework>net6.0</TargetFramework>
    <Nullable>enable</Nullable>
    <!--<ImplicitUsings>enable</ImplicitUsings>-->
  </PropertyGroup>
```

```
</Project>
```

(2) 在 Program.cs 中，尝试调用数组名的 Where 扩展方法，如下所示：

```
WriteLine("Writing queries");

var query = names.W
```

(3) 输入 Where 扩展方法时，注意该方法在字符串数组成员的 IntelliSense 列表中是不存在的，如图 11.1 所示。

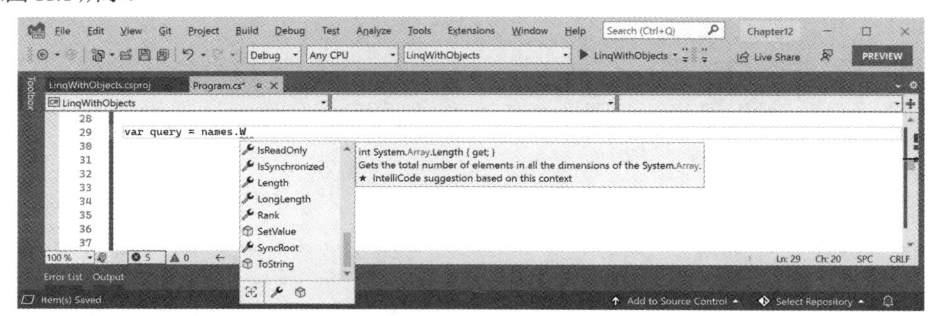

图 11.1　Where 扩展方法不在 IntelliSense 列表中

这是因为 Where 是一个扩展方法。它在数组类型上不存在。要使 Where 扩展方法可用，就必须导入 System.Linq 名称空间。在新的.NET 6 项目中，这是默认隐式导入的，但是我们禁用了它。

(4) 在项目文件中，对允许隐式使用的元素取消注释。

(5) 重新输入 Where 方法，注意智能感知列表现在包括 Enumerable 类添加的扩展方法，如图 11.2 所示。

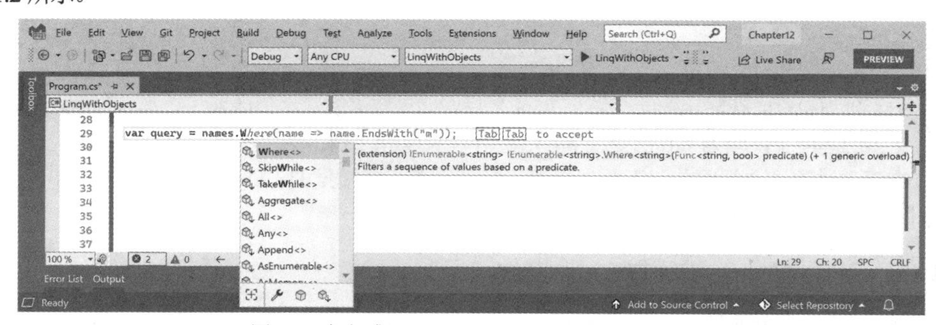

图 11.2　智能感知显示了 LINQ Enumerable 扩展方法

(6) 当输入 Where 扩展方法的圆括号时，IntelliSense 指出，要调用 Where 扩展方法，就必须传递 Func<string,bool>委托的实例。

(7) 输入一个表达式以创建 Func<string, bool>委托的实例，现在请注意，我们还没有提供方法名，因为将在下一步定义它，如下所示：

```
var query = names.Where(new Func<string, bool>( ))
```

Func<string, bool>委托提示我们，对于传递给方法的每个字符串变量，该方法都必须返回一个布尔值。如果返回 true，就表示应该在结果中包含该字符串；如果返回 false，就表示应该排除该字符串。

11.1.4　以命名方法为目标

下面定义一个方法，该方法只包含长度超过四个字符的人名。

(1) 在 Program.cs 的底部，定义一个方法，它将只包含超过四个字符的名称，代码如下所示：

```
static bool NameLongerThanFour(string name)
{
    return name.Length > 4;
}
```

(2) 将 NameLongerThanFour 方法的名称传递给 Func<string, bool>委托，然后循环遍历查询中的项，如下所示：

```
var query = names.Where(
  new Func<string, bool>(NameLongerThanFour));

foreach (string item in query)
{
  WriteLine(item);
}
```

(3) 运行代码并查看结果，注意只列出长于四个字母的名称，如下所示：

```
Writing queries
Michael
Dwight
Angela
Kevin
Creed
```

11.1.5　通过删除委托的显式实例化来简化代码

可通过删除 Func<string, bool>委托的显式实例化来简化代码，因为 C#编译器可以自动实例化委托。

(1) 为了帮助读者通过查看逐步改进的代码来学习，可以复制和粘贴查询。

(2) 注释掉第一个例子，如下所示：

```
// var query = names.Where(
// new Func<string, bool>(NameLongerThanFour));
```

(3) 修改副本，以删除委托的显式实例化，如下所示：

```
var query = names.Where(NameLongerThanFour);
```

(4) 运行代码，应用程序具有相同的行为。

11.1.6　以 lambda 表达式为目标

甚至可以使用 lambda 表达式代替指定的方法，从而进一步简化代码。

虽然一开始看起来很复杂，但 lambda 表达式只是没有名称的函数。lambda 表达式使用=>符号表示返回值。

(1) 复制并粘贴查询，注释掉第二个示例并修改查询，如下所示：

```
var query = names.Where(name => name.Length > 4);
```

注意，lambda 表达式的语法包括 NameLongerThanFour 方法的所有重要部分，但也仅此而已。lambda 表达式只需要定义以下内容：

- 输入参数的名称 name。
- 返回值表达式 name.Length > 4。

name 输入参数的类型是从序列包含字符串这一事实推断出来的，但返回结果必须是布尔值，这样 Where 扩展方法才能工作，因此=>符号之后的表达式也必须返回布尔值。

编译器自动完成大部分工作，所以代码可以尽可能简洁。

(2) 运行代码，注意代码具有相同的行为。

11.1.7 实体的排序

其他常用的扩展方法是 OrderBy 和 ThenBy，它们用于对序列进行排序。

如果前面的扩展方法返回另一个序列(即实现 IEnumerable<T>接口的类型)，那就可以链接扩展方法。

1. 使用 OrderBy 扩展方法按单个属性排序

下面继续使用当前的项目探索排序功能。

(1) 将对 OrderBy 扩展方法的调用追加到现有查询的末尾，如下所示：

```
var query = names
  .Where(name => name.Length > 4)
  .OrderBy(name => name.Length);
```

最佳实践

格式化 LINQ 语句，使每个扩展方法调用都发生在自己的行中，从而让它们更易于阅读。

(2) 运行代码，注意，最短的人名现在排在最前面，输出如下所示：

```
Kevin
Creed
Dwight
Angela
Michael
```

要将最长的人员放在最前面，可以使用 OrderByDescending 扩展方法。

2. 使用 ThenBy 扩展方法按后续属性排序

你可能希望根据多个属性进行排序，例如，按照字母顺序对相同长度的人名进行排序。

(1) 在现有查询的末尾添加对 ThenBy 扩展方法的调用，如下所示：

```
var query = names
  .Where(name => name.Length > 4)
  .OrderBy(name => name.Length)
  .ThenBy(name => name);
```

(2) 运行代码，并注意输出中的细微差别。在一组长度相同的人名中，由于要根据字符串的全部值按字母顺序进行排序，因此Creed排在Kevin之前、Angela排在Dwight之前，如下所示：

```
Creed
Kevin
Angela
Dwight
Michael
```

11.1.8 使用var或指定类型来声明查询

在编写LINQ表达式时，使用var来声明查询对象是很方便的。这是因为处理LINQ表达式时，类型经常会发生变化。例如，查询一开始是IEnumerable<string>，现在是IOrderedEnumerable<string>。

(1) 将鼠标悬停在var关键字上，注意它的类型是IOrderedEnumerable<string>。

(2) 用实际的类型替换var，如下所示：

```
IOrderedEnumerable<string> query = names
  .Where(name => name.Length > 4)
  .OrderBy(name => name.Length)
  .ThenBy(name => name);
```

最佳实践

一旦完成了查询的工作，就可以将声明的类型从var更改为实际类型，以使其更清晰。这很容易，因为代码编辑器可说明它是什么。

11.1.9 根据类型进行过滤

Where扩展方法非常适合根据值(如文本和数字)进行过滤。但是，如果序列中包含多个类型，并且希望根据特定的类型进行筛选，此外需要遵循任何继承层次结构，该怎么办呢？

假设有一系列异常，而异常具有复杂的层次结构，如图11.3所示。

下面研究如何按类型进行过滤。

(1) 在Program.cs中，定义一个异常派生对象列表，如下所示：

```
WriteLine("Filtering by type");

List<Exception> exceptions = new()
{
  new ArgumentException(),
  new SystemException(),
  new IndexOutOfRangeException(),
  new InvalidOperationException(),
  new NullReferenceException(),
  new InvalidCastException(),
  new OverflowException(),
  new DivideByZeroException(),
  new ApplicationException()
};
```

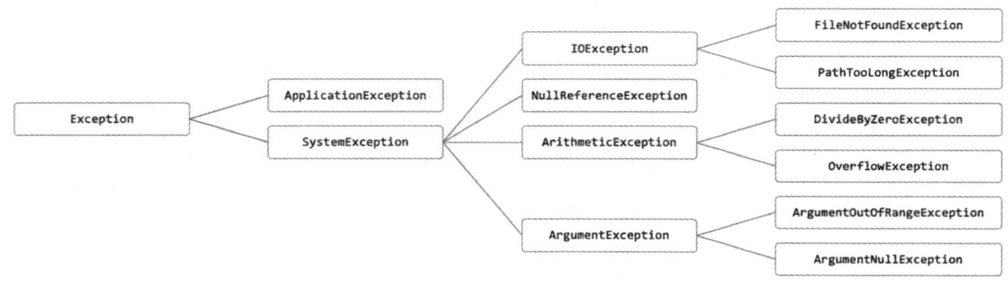

图 11.3　异常的部分层次结构

(2) 使用 OfType<T>扩展方法编写语句，过滤非算术异常并只将算术异常写入控制台，如下所示：

```
IEnumerable<ArithmeticException> arithmeticExceptionsQuery =
  exceptions.OfType<ArithmeticException>();

foreach (ArithmeticException exception in arithmeticExceptionsQuery)
{
  WriteLine(exception);
}
```

(3) 运行代码，注意结果中只包含 ArithmeticException 类型或 ArithmeticException 派生类型的异常，如下所示：

```
System.OverflowException: Arithmetic operation resulted in an overflow.
System.DivideByZeroException: Attempted to divide by zero.
```

11.1.10　使用 LINQ 处理集合

集合是数学中最基本的概念之一，其中包含一个或多个唯一的对象。multiset 或 bag 是一个或多个可以重复的对象的集合。常见的集合操作包括集合之间的交集或并集。

下面创建一个控制台应用程序项目，为一组学徒定义三个字符串数组，然后对它们执行一些常见的集合和 multiset 操作。

(1) 使用喜欢的代码编辑器将名为 LinqWithSets 的新控制台应用程序添加到 Chapter11 解决方案/工作区：

- 在 Visual Studio 中，将解决方案的启动项目设置为当前选择。
- 在 Visual Studio Code 中，选择 LinqWithSets 作为活动的 OmniSharp 项目。

(2) 在 Program.cs 中，删除现有的代码并静态导入 Console 类型，代码如下所示：

```
using static System.Console;
```

(3) 在 Program.cs 的底部，添加如下方法，将任何以字符串变量序列作为逗号分隔的单个字符串输出到控制台，并输出可选的描述信息：

```
static void Output(IEnumerable<string> cohort, string description = "")
{
  if (!string.IsNullOrEmpty(description))
  {
    WriteLine(description);
```

```
    }
    Write(" ");
    WriteLine(string.Join(", ", cohort.ToArray()));
    WriteLine();
  }
```

(4) 在 Output 方法之前添加语句，定义三个人名数组，输出它们，然后对它们执行各种集合操作，如下所示：

```
string[] cohort1 = new[]
  { "Rachel", "Gareth", "Jonathan", "George" };

string[] cohort2 = new[]
  { "Jack", "Stephen", "Daniel", "Jack", "Jared" };

string[] cohort3 = new[]
  { "Declan", "Jack", "Jack", "Jasmine", "Conor" };

Output(cohort1, "Cohort 1");
Output(cohort2, "Cohort 2");
Output(cohort3, "Cohort 3");

Output(cohort2.Distinct(), "cohort2.Distinct()");
Output(cohort2.DistinctBy(name => name.Substring(0, 2)),
  "cohort2.DistinctBy(name => name.Substring(0, 2)):");
Output(cohort2.Union(cohort3), "cohort2.Union(cohort3)");
Output(cohort2.Concat(cohort3), "cohort2.Concat(cohort3)");
Output(cohort2.Intersect(cohort3), "cohort2.Intersect(cohort3)");
Output(cohort2.Except(cohort3), "cohort2.Except(cohort3)");
Output(cohort1.Zip(cohort2,(c1, c2) => $"{c1} matched with {c2}"),
  "cohort1.Zip(cohort2)");
```

(5) 运行代码并查看结果，输出如下所示：

```
Cohort 1
  Rachel, Gareth, Jonathan, George

Cohort 2
  Jack, Stephen, Daniel, Jack, Jared

Cohort 3
  Declan, Jack, Jack, Jasmine, Conor

cohort2.Distinct()
  Jack, Stephen, Daniel, Jared

cohort2.DistinctBy(name => name.Substring(0, 2)):
  Jack, Stephen, Daniel

cohort2.Union(cohort3)
  Jack, Stephen, Daniel, Jared, Declan, Jasmine, Conor

cohort2.Concat(cohort3)
  Jack, Stephen, Daniel, Jack, Jared, Declan, Jack, Jack, Jasmine, Conor

cohort2.Intersect(cohort3)
  Jack
```

```
cohort2.Except(cohort3)
  Stephen, Daniel, Jared

cohort1.Zip(cohort2)
  Rachel matched with Jack, Gareth matched with Stephen, Jonathan matched
with Daniel, George matched with Jack
```

对于 Zip，如果两个序列中的项数不相等，那么一些项将没有匹配的伙伴。像 Jared 这样没有搭档的人将不会出现在结果中。

对于 DistinctBy 示例，我们不是通过比较整个名称来删除重复项，而是定义了一个 lambda 键选择器，通过比较前两个字符来删除重复项，因此删除了 Jared，因为 Jack 已经是以 Ja 开头的名称。

到目前为止，我们已经使用了 LINQ to Objects 提供程序来处理内存中的对象。接下来使用 LINQ to Entities 提供程序来处理存储在数据库中的实体。

11.2 使用 LINQ 与 EF Core

前面介绍了过滤和排序的 LINQ 查询，但没有一个查询会改变序列中条目的形状。这叫做投影，因为它是关于将一个形状的项投影到另一个形状。为了理解投影，最好使用一些更复杂的序列，因此下一个项目将使用 Northwind 示例数据库中的实体序列，而不是字符串序列。

更多信息

下面给出使用 SQLite 的说明，因为它是跨平台的。如果你更喜欢使用 SQL Server，那么请放心这样做。本书包括一些注释代码，以启用 SQL Server。

11.2.1 构建 EF Core 模型

必须定义一个 EF Core 模型来表示使用的数据库和表。我们将手动定义模型，以实现完全控制，并防止自动定义 Categories 和 Products 表之间的关系。稍后，使用 LINQ 来连接这两个实体集。

(1) 使用喜欢的代码编辑器将名为 LinqWithEFCore 的新控制台应用程序添加到 Chapter11 解决方案/工作区。

(2) 在 Visual Studio Code 中，选择 LinqWithEFCore 作为活动的 OmniSharp 项目。

(3) 在 LinqWithEFCore 项目中，将一个包引用添加到 EFCore 的 SQLite 和/或 SQL Server，如下所示：

```
<PackageReference
  Include="Microsoft.EntityFrameworkCore.Sqlite"
  Version="6.0.0" />
<PackageReference
  Include="Microsoft.EntityFrameworkCore.SqlServer"
  Version="6.0.0" />
</ItemGroup>
```

(4) 生成用于还原包的项目。

(5) 将 Northwind4Sqlite.sql 文件复制到 LinqWithEFCore 文件夹。

(6) 在命令提示符或终端中，执行以下命令来创建 Northwind 数据库：

```
sqlite3 Northwind.db -init Northwind4Sqlite.sql
```

(7) 请耐心等待，因为这个命令可能需要一段时间来创建数据库结构。最后，将看到 SQLite 命令提示符，如下所示。

```
-- Loading resources from Northwind.sql
SQLite version 3.36.0 2021-08-02 15:20:15
Enter ".help" for usage hints.
sqlite>
```

(8) 在 macOS 上按 Ctrl + D 组合键，或在 Windows 上按 Ctrl + C 组合键，退出 SQLite 命令模式。

(9) 向项目中添加三个类文件，将它们分别命名为 Northwind.cs、Category.cs 和 Product.cs。

(10) 修改名为 Northwind.cs 的类文件，如下所示：

```
using Microsoft.EntityFrameworkCore; // DbContext, DbSet<T>

namespace Packt.Shared;

// this manages the connection to the database
public class Northwind : DbContext
{
  // these properties map to tables in the database
  public DbSet<Category>? Categories { get; set; }
  public DbSet<Product>? Products { get; set; }

  protected override void OnConfiguring(
    DbContextOptionsBuilder optionsBuilder)
  {
    string path = Path.Combine(
      Environment.CurrentDirectory, "Northwind.db");

  optionsBuilder.UseSqlite($"Filename={path}");
    /*
    string connection = "Data Source=.;" +
      "Initial Catalog=Northwind;" +
      "Integrated Security=true;" +
      "MultipleActiveResultSets=true;";

    optionsBuilder.UseSqlServer(connection);
    */
  }

  protected override void OnModelCreating(
    ModelBuilder modelBuilder)
  {
    modelBuilder.Entity<Product>()
      .Property(product => product.UnitPrice)
      .HasConversion<double>();
  }
}
```

(11) 修改名为 Category.cs 的类文件，如下所示：

```
using System.ComponentModel.DataAnnotations;

namespace Packt.Shared;

public class Category
{
  public int CategoryId { get; set; }

  [Required]
  [StringLength(15)]
  public string CategoryName { get; set; } = null!;

  public string? Description { get; set; }
}
```

(12) 修改名为 Product.cs 的类文件，如下所示：

```
using System.ComponentModel.DataAnnotations;
using System.ComponentModel.DataAnnotations.Schema;

namespace Packt.Shared;

public class Product
{
  public int ProductId { get; set; }
  [Required]
  [StringLength(40)]
  public string ProductName { get; set; } = null!;

  public int? SupplierId { get; set; }
  public int? CategoryId { get; set; }

  [StringLength(20)]
  public string? QuantityPerUnit { get; set; }

  [Column(TypeName = "money")] // required for SQL Server provider
  public decimal? UnitPrice { get; set; }
  public short? UnitsInStock { get; set; }
  public short? UnitsOnOrder { get; set; }
  public short? ReorderLevel { get; set; }
  public bool Discontinued { get; set; }
}
```

(13) 生成项目并修复任何编译器错误。

如果使用的是 Visual Studio 2022 for Windows，那么编译后的应用程序将在 LinqWithEFCore\bin\Debug\net6.0 文件夹中执行，所以它不会找到数据库文件，除非我们指出它应该总是复制到输出目录。

(14) 在 Solution Explorer 中，右击 Northwind.db 文件并选择 Properties。

(15) 在 Properties 中，将 Copy to Output Directory 设置为 Copy always。

11.2.2 序列的筛选和排序

下面编写语句以过滤和排序表中的行。

(1) 在 Program.cs 中，静态导入 Console 类型和名称空间，用于使用 LINQ 处理的 EF Core 和实体模型，代码如下所示：

```
using Packt.Shared; // Northwind, Category, Product
using Microsoft.EntityFrameworkCore; // DbSet<T>

using static System.Console;
```

(2) 在 Program.cs 的底部，编写一个对产品进行过滤和排序的方法，代码如下所示：

```
static void FilterAndSort()
{
  using (Northwind db = new())
  {
    DbSet<Product> allProducts = db.Products;

    IQueryable<Product> filteredProducts =
    allProducts.Where(product => product.UnitPrice < 10M);

    IOrderedQueryable<Product> sortedAndFilteredProducts =
      filteredProducts.OrderByDescending(product => product.UnitPrice);

    WriteLine("Products that cost less than $10:");
    foreach (Product p in sortedAndFilteredProducts)
    {
      WriteLine("{0}: {1} costs {2:$#,##0.00}",
        p.ProductId, p.ProductName, p.UnitPrice);
    }
    WriteLine();
  }
}
```

DbSet<T>实现了 IEnumerable<T>，所以 LINQ 可以用来查询和操作你为 EF Core 构建的模型中的实体集合。实际上，是 TEntity 而不是 T，但这个泛型类型的名称没有功能影响。唯一的要求是：类型是一个类。这个名称只是表示该类应该是一个实体模型。

注意，这些序列实现了 IQueryable<T>(也可在调用了排序用的 LINQ 方法之后实现 IOrderedQueryable<T>)而不是 IEnumerable<T>或 IOrderedEnumerable<T>。

这表明我们正在使用 LINQ 提供程序，LINQ 提供程序使用表达式树在内存中构建查询。它们以树状数据结构表示代码，并支持创建动态查询，这对于为 SQLite 等外部数据提供程序构建 LINQ 查询非常有用。

LINQ 查询转换成另一种查询语言，如 SQL。如果使用 foreach 枚举查询或调用 ToArray 方法，将强制执行查询，填充结果。

(3) 在 Program.cs 中导入名称空间之后，调用 FilterAndSort 方法。

(4) 运行代码并查看结果，输出如下所示：

```
Products that cost less than $10:
41: Jack's New England Clam Chowder costs $9.65
45: Rogede sild costs $9.50
```

```
47: Zaanse koeken costs $9.50
19: Teatime Chocolate Biscuits costs $9.20
23: Tunnbröd costs $9.00
75: Rhönbräu Klosterbier costs $7.75
54: Tourtière costs $7.45
52: Filo Mix costs $7.00
13: Konbu costs $6.00
24: Guaraná Fantástica costs $4.50
33: Geitost costs $2.50
```

虽然这个查询能够输出我们想要的信息，但效率不高，因为要从 Products 表中获取所有列而不是需要的三列，这相当于执行下面的 SQL 语句：

```
SELECT * FROM Products;
```

前面的第 10 章介绍了如何记录针对 SQLite 执行的 SQL 命令以便查看。

11.2.3 将序列投影到新的类型中

在学习投影之前，需要回顾一下对象初始化语法。如果定义了类，就可以使用 new 关键字、类名 new()和花括号实例化对象，以设置字段和属性的初始值，如下所示：

```
public class Person
{
  public string Name { get; set; }
  public DateTime DateOfBirth { get; set; }
}

Person knownTypeObject = new()
{
  Name = "Boris Johnson",
  DateOfBirth = new(year: 1964, month: 6, day: 19)
};
```

C# 3.0 及后续版本允许使用 var 关键字实例化匿名类型，如下所示：

```
var anonymouslyTypedObject = new
{
  Name = "Boris Johnson",
  DateOfBirth = new DateTime(year: 1964, month: 6, day: 19)
};
```

虽然没有指定类型名，但编译器可以从名为 Name 和 DateOfBirth 的两个属性设置中推断出匿名类型。编译器可以根据赋值推断出这两个属性的类型：一个字面值字符串和一个日期/时间值的新实例。

在编写 LINQ 查询以将现有类型投影到新类型，而无须显式定义新类型时，这一功能尤其有用。因为类型是匿名的，所以只能对使用 var 声明的局部变量起作用。

下面在 LINQ 查询中添加 Select 方法调用，通过将 Product 类的实例投影到只有三个属性的匿名类型的实例中，从而提高数据库表执行 SQL 命令的效率。

(1) 在 FilterAndSort 中添加一个语句，扩展 LINQ 查询，使用 Select 方法只返回三个需要的属性(即表列)，修改 foreach 语句，使用 var 关键字和投影 LINQ 表达式，如加粗的代码所示：

```
IOrderedQueryable<Product> sortedAndFilteredProducts =
  filteredProducts.OrderByDescending(product => product.UnitPrice);

var projectedProducts = sortedAndFilteredProducts
  .Select(product => new // anonymous type
  {
    product.ProductId,
    product.ProductName,
    product.UnitPrice
  });

WriteLine("Products that cost less than $10:");
foreach (var p in projectedProducts)
{
```

(2) 将鼠标悬停在 Select 方法调用中的 new 关键字和 foreach 语句中的 var 关键字上，注意它是一个匿名类型，如图 11.4 所示。

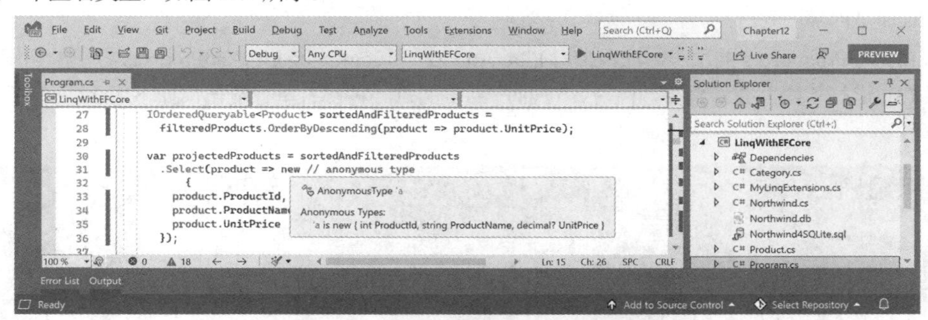

图 11.4　在 LINQ 投影中使用的匿名类型

(3) 运行代码，并确认输出与之前的相同。

11.2.4　连接和分组序列

用于连接和分组的扩展方法有两个。

- Join：这个扩展方法有四个参数，分别是要连接的序列、要匹配的左序列的一个或多个属性、要匹配的右序列的一个或多个属性，以及一个投影。
- GroupJoin：这个扩展方法具有与 Join 扩展方法相同的参数，但前者会将匹配项组合成 group 对象，group 对象具有用于匹配值的 Key 属性和用于多个匹配的 IEnumerable<T> 类型。

1. 连接序列

下面探讨如何在处理 Categories 和 Products 表时使用这两个扩展方法。

(1) 在 Program.cs 的底部，创建如下方法以选择类别和产品，同时将它们连接起来并输出：

```
static void JoinCategoriesAndProducts()
{
  using (Northwind db = new())
  {
    // join every product to its category to return 77 matches
    var queryJoin = db.Categories.Join(
```

```
      inner: db.Products,
      outerKeySelector: category => category.CategoryId,
      innerKeySelector: product => product.CategoryId,
      resultSelector: (c, p) =>
        new { c.CategoryName, p.ProductName, p.ProductId });

    foreach (var item in queryJoin)
    {
      WriteLine("{0}: {1} is in {2}.",
      arg0: item.ProductId,
      arg1: item.ProductName,
      arg2: item.CategoryName);
    }
  }
}
```

上述连接中有两个序列：外部序列和内部序列。在前面的例子中，Categories 是外部序列，Products 是内部序列。

(2) 在 Program.cs 的顶部，注释掉对 FilterAndSort 和 JoinCategoriesAndProducts 方法的调用。

(3) 运行代码并查看结果。注意，77 种产品中的每一种都有单行输出，如下所示(仅包括前 10 项)：

```
1: Chai is in Beverages.
2: Chang is in Beverages.
3: Aniseed Syrup is in Condiments.
4: Chef Anton's Cajun Seasoning is in Condiments.
5: Chef Anton's Gumbo Mix is in Condiments.
6: Grandma's Boysenberry Spread is in Condiments.
7: Uncle Bob's Organic Dried Pears is in Produce.
8: Northwoods Cranberry Sauce is in Condiments.
9: Mishi Kobe Niku is in Meat/Poultry.
10: Ikura is in Seafood.
...
```

(4) 在现有查询的末尾调用 OrderBy 方法，按 CategoryName 进行排序，如下所示：

```
.OrderBy(cp => cp.CategoryName);
```

(5) 运行代码并查看结果，注意，77 种产品中的每一种都有一行输出，结果首先显示饮料类别的所有产品，然后是调味品类别的所有产品等，部分输出如下所示：

```
1: Chai is in Beverages.
2: Chang is in Beverages.
24: Guaraná Fantástica is in Beverages.
34: Sasquatch Ale is in Beverages.
35: Steeleye Stout is in Beverages.
38: Côte de Blaye is in Beverages.
39: Chartreuse verte is in Beverages.
43: Ipoh Coffee is in Beverages.
67: Laughing Lumberjack Lager is in Beverages.
70: Outback Lager is in Beverages.
75: Rhönbräu Klosterbier is in Beverages.
76: Lakkalikööri is in Beverages.
3: Aniseed Syrup is in Condiments.
4: Chef Anton's Cajun Seasoning is in Condiments.
```

```
    ...
```

2. 组合-连接序列

(1) 在 Program.cs 的底部，创建如下方法以分组和连接序列，首先显示组名，然后显示每一组中的所有产品，如下所示：

```
static void GroupJoinCategoriesAndProducts()
{
  using (Northwind db = new())
  {
    // group all products by their category to return 8 matches
    var queryGroup = db.Categories.AsEnumerable().GroupJoin(
      inner: db.Products,
      outerKeySelector: category => category.CategoryId,
      innerKeySelector: product => product.CategoryId,
      resultSelector: (c, matchingProducts) => new
      {
        c.CategoryName,
        Products = matchingProducts.OrderBy(p => p.ProductName)
        });

      foreach (var category in queryGroup)
      {
        WriteLine("{0} has {1} products.",
        arg0: category.CategoryName,
        arg1: category.Products.Count());
       foreach (var product in category.Products)
      {
       WriteLine($" {product.ProductName}");
      }
    }
  }
}
```

如果没有调用 AsEnumerable 方法，就会抛出运行时异常，如下所示：

```
Unhandled exception. System.ArgumentException: Argument type 'System.
Linq.IOrderedQueryable`1[Packt.Shared.Product]' does not match the
corresponding member type 'System.Linq.IOrderedEnumerable`1[Packt.Shared.
Product]' (Parameter 'arguments[1]')
```

这是因为并不是所有的 LINQ 扩展方法都可以从表达式树转换成其他查询语法，如 SQL。这些情况下，为从 IQueryable<T>转换为 IEnumerable<T>，可以调用 AsEnumerable 方法，从而强制查询处理过程使用 LINQ to EF Core，只将数据带入应用程序，然后使用 LINQ to Objects，在内存中执行更复杂的处理。但这通常是低效的。

(2) 在 Program.cs 的顶部，注释掉前面的方法调用，然后调用 GroupJoinCategoriesAndProducts 方法。

(3) 运行代码，查看结果，注意每个类别中的产品都按照名称进行排序，正如查询中定义的那样，部分输出如下所示：

```
   Beverages has 12 products.
Chai
```

```
Chang
Chartreuse verte
Côte de Blaye
Guaraná Fantástica
Ipoh Coffee
Lakkalikööri
Laughing Lumberjack Lager
Outback Lager
Rhönbräu Klosterbier
Sasquatch Ale
Steeleye Stout
   Condiments has 12 products.
Aniseed Syrup
Chef Anton's Cajun Seasoning
Chef Anton's Gumbo Mix
   ...
```

11.2.5 聚合序列

一些 LINQ 扩展方法可以用来执行聚合操作，如 Average 和 Sum 扩展方法。下面编写一些代码，看看其中一些扩展方法如何聚合来自 Products 表的信息。

(1) 在 Program.cs 的底部，创建如下方法以展示聚合扩展方法的使用：

```
static void AggregateProducts()
{
  using (Northwind db = new())
  {
    WriteLine("{0,-25} {1,10}",
      arg0: "Product count:",
      arg1: db.Products.Count());

    WriteLine("{0,-25} {1,10:$#,##0.00}",
      arg0: "Highest product price:",
      arg1: db.Products.Max(p => p.UnitPrice));

    WriteLine("{0,-25} {1,10:N0}",
      arg0: "Sum of units in stock:",
      arg1: db.Products.Sum(p => p.UnitsInStock));

    WriteLine("{0,-25} {1,10:N0}",
      arg0: "Sum of units on order:",
      arg1: db.Products.Sum(p => p.UnitsOnOrder));

    WriteLine("{0,-25} {1,10:$#,##0.00}",
      arg0: "Average unit price:",
      arg1: db.Products.Average(p => p.UnitPrice));

    WriteLine("{0,-25} {1,10:$#,##0.00}",
      arg0: "Value of units in stock:",
      arg1: db.Products
        .Sum(p => p.UnitPrice * p.UnitsInStock));
  }
}
```

(2) 在 Program.cs 的顶部，注释掉前面的方法，然后调用 AggregateProducts 方法。

(3) 运行代码并查看结果，输出如下所示：

```
Product count:                          77
Highest product price:             $263.50
Sum of units in stock:               3,119
Sum of units on order:                 780
Average unit price:                 $28.87
Value of units in stock:        $74,050.85
```

11.3 使用语法糖美化LINQ语法

C# 3.0在2008年引入了一些新的语言关键字，以便有SQL经验的程序员更容易地编写LINQ查询。这种语法糖有时称为LINQ查询理解语法。

考虑以下字符串数组：

```
string[] names = new[] { "Michael", "Pam", "Jim", "Dwight",
"Angela", "Kevin", "Toby", "Creed" };
```

为人名进行过滤和排序，可以使用扩展方法和lambda表达式，如下所示：

```
var query = names
  .Where(name => name.Length > 4)
  .OrderBy(name => name.Length)
  .ThenBy(name => name);
```

也可通过使用LINQ查询理解语法来获得相同的结果，如下所示：

```
var query = from name in names
  where name.Length > 4
  orderby name.Length, name
  select name;
```

编译器会自动将LINQ查询理解语法更改为等价的扩展方法和lambda表达式。

select关键字对于LINQ查询理解语法总是必需的。当使用扩展方法和lambda表达式时，Select扩展方法是可选的，因为所有项都是隐式选择的。

并不是所有的扩展方法都具有与C#相同的关键字，例如Skip和Take扩展方法，它们通常用于实现大量数据的分页。

有些查询不能只使用LINQ查询理解语法来编写，因而可使用所有扩展方法来编写查询，如下所示：

```
var query = names
  .Where(name => name.Length > 4)
  .Skip(80)
  .Take(10);
```

也可以将LINQ查询理解语法放在圆括号中，然后改用扩展方法，如下所示：

```
var query = (from name in names
  where name.Length > 4
  select name)
  .Skip(80)
  .Take(10);
```

最佳实践

一定要学会使用扩展方法和 lambda 表达式，并掌握用来编写查询的 LINQ 查询理解语法，因为你可能必须维护使用了以上技术的代码。

11.4 使用带有并行 LINQ 的多个线程

默认情况下，我们只使用一个线程来执行 LINQ 查询，并行 LINQ(PLINQ)是一种使多个线程能够执行 LINQ 查询的简单方法。

最佳实践

不要假设使用并行线程可以提高应用程序的性能，应该始终度量实际时间和资源使用情况。

创建从多个线程受益的应用程序

为看到实际效果，下面从一些代码开始，这些代码只使用一个线程来计算 45 个整数的斐波纳契数，并使用 StopWatch 类型来测量性能的变化。

下面使用操作系统工具来监视 CPU 和 CPU 核心的使用情况。如果没有多个 CPU，或者至少没有多个核，那么这个练习不会显示太多!

(1) 使用喜欢的代码编辑器将名为LinqInParallel 的新控制台应用程序添加到Chapter11 解决方案/工作区。

(2) 在 Visual Studio Code 中，选择 LinqInParallel 作为活动的 OmniSharp 项目。

(3) 在 Program.cs 中，删除现有的语句，然后导入 System.Diagnostics 名称空间，这样就可以使用 StopWatch 类型，并静态导入 System.Console 类型。

(4) 添加语句，创建秒表以记录时间，在开始计时前等待按键，创建 45 个整数并计算每个整数的最后一个斐波纳契数，在停止计时后显示经过的毫秒数，如下所示：

```
Stopwatch watch = new();
Write("Press ENTER to start. ");
ReadLine();
watch.Start();

int max = 45;

IEnumerable<int> numbers = Enumerable.Range(start: 1, count: max);

WriteLine($"Calculating Fibonacci sequence up to {max}. Please wait...");

int[] fibonacciNumbers = numbers
  .Select(number => Fibonacci(number)).ToArray();

watch.Stop();
WriteLine("{0:#,##0} elapsed milliseconds.",
  arg0: watch.ElapsedMilliseconds);

Write("Results:");
```

```
foreach (int number in fibonacciNumbers)
{
  Write($" {number}");
}

static int Fibonacci(int term) =>
  term switch
  {
    1 => 0,
    2 => 1,
    _ => Fibonacci(term - 1) + Fibonacci(term - 2)
};
```

(5) 运行代码，但不要按 Enter 键启动秒表，因为我们需要确保监控工具显示处理器活动。

1. 使用 Windows

(1) 如果使用的是 Windows ，那么右击 Windows 的 Start 按钮或按 Ctrl + Alt + Delete 组合键，然后单击 Task Manager。

(2) 在打开的 Task Manager 窗口的底部单击 More details 按钮。

(3) 在 Task Manager 窗口的顶部单击 Performance 选项卡。

(4) 右击 CPU Utilization 图形，从弹出的快捷菜单中选择 Change graph to，然后选择 Logical processors。

2. 使用 macOS

(1) 如果使用的是 macOS，那么启动 Activity Monitor。

(2) 导航到 View | Update Frequency | Very often (1 sec)。

(3) 要查看 CPU 图形，请导航到 Window | CPU History。

3. 对于所有操作系统

(1) 重新排列监控工具，将它们并行放置。

(2) 等待 CPU 结束，然后按 Enter 键启动计时并运行查询。结果应该是经过的毫秒数，输出如下所示：

```
Press ENTER to start.
Calculating Fibonacci sequence up to 45. Please wait...
17,624 elapsed milliseconds.
Results: 0 1 1 2 3 5 8 13 21 34 55 89 144 233 377 610 987 1597 2584 4181
6765 10946 17711 28657 46368 75025 121393 196418 317811 514229 832040
1346269 2178309 3524578 5702887 9227465 14930352 24157817 39088169
63245986 102334155 165580141 267914296 433494437 701408733
```

监控工具表明，使用最多的往往是一两个 CPU。其他 CPU 可能会同时执行后台任务，如垃圾收集，因此其他 CPU 或核心的图形不是完全平坦的，但是工作肯定不会均匀分布到所有可能的 CPU 或核心上。另外注意，有些逻辑处理器已经达到 100%的上限。

(3) 在 Program.cs 中，修改查询，以调用 AsParallel 扩展方法，并对结果序列进行排序，因为当并行处理时，结果可能会无序排列，如下所示：

```
int[] fibonacciNumbers = numbers.AsParallel()
  .Select(number => Fibonacci(number))
```

```
    .OrderBy(number => number)
    .ToArray();
```

最佳实践

永远不要在查询结束时调用 AsParallel。这并没有什么。在调用 AsParallel 之后，必须执行至少一个操作，才能将该操作并行化。.NET 6 引入了一个代码分析器，它会对这种类型的误用发出警告。

(4) 运行代码，等待监视工具中的 CPU 图表结束，然后按 Enter 键启动计时并运行查询。这一次，应用程序应该会在更短时间内完成(尽管时间可能没有希望的那么短——管理那些多线程需要付出额外努力)。

```
Press ENTER to start.
Calculating Fibonacci sequence up to 45. Please wait...
9,028 elapsed milliseconds.
Results: 0 1 1 2 3 5 8 13 21 34 55 89 144 233 377 610 987 1597 2584 4181
6765 10946 17711 28657 46368 75025 121393 196418 317811 514229 832040
1346269 2178309 3524578 5702887 9227465 14930352 24157817 39088169
63245986 102334155 165580141 267914296 433494437 701408733
```

(5) 监控工具表明，所有 CPU 都被平等地用于执行 LINQ 查询，注意，没有一个逻辑处理器的最大值是 100%，因为工作被更均匀地分配。

第 12 章将介绍关于管理多线程的更多内容。

11.5 创建自己的 LINQ 扩展方法

第 6 章介绍了如何创建自己的扩展方法。为创建 LINQ 扩展方法，只需要扩展 IEnumerable<T> 类型即可。

最佳实践

请将自己的扩展方法放在单独的类库中，这样就可以轻松地将它们部署为自己的程序集或 NuGet 包。

下面以 Average 扩展方法为例，平均意味着以下三种情况之一。

- 平均值：将所有数字相加，然后除以总数。
- 众数：最常见的数字。
- 中位数：排序时位于中间的数字。

微软实现的 Average 扩展方法用来计算平均值。你可能需要为众数和中位数定义自己的扩展方法。

(1) 在 LinqWithEFCore 项目中添加一个名为 MyLinqExtensions.cs 的类文件。

(2) 修改这个类，如下所示：

```
namespace System.Linq; // extend Microsoft's namespace

public static class MyLinqExtensions
{
  // this is a chainable LINQ extension method
  public static IEnumerable<T> ProcessSequence<T>(
```

```
  this IEnumerable<T> sequence)
{
  // you could do some processing here
  return sequence;
}

public static IQueryable<T> ProcessSequence<T>(
  this IQueryable<T> sequence)
{
  // you could do some processing here
  return sequence;
}

// these are scalar LINQ extension methods
public static int? Median(
  this IEnumerable<int?> sequence)
{
  var ordered = sequence.OrderBy(item => item);
  int middlePosition = ordered.Count() / 2;
  return ordered.ElementAt(middlePosition);
}

public static int? Median<T>(
  this IEnumerable<T> sequence, Func<T, int?> selector)
{
  return sequence.Select(selector).Median();
}

public static decimal? Median(
  this IEnumerable<decimal?> sequence)
{
  var ordered = sequence.OrderBy(item => item);
  int middlePosition = ordered.Count() / 2;
  return ordered.ElementAt(middlePosition);
}

public static decimal? Median<T>(
  this IEnumerable<T> sequence, Func<T, decimal?> selector)
{
  return sequence.Select(selector).Median();
}

public static int? Mode(
  this IEnumerable<int?> sequence)
{
  var grouped = sequence.GroupBy(item => item);
  var orderedGroups = grouped.OrderByDescending(
    group => group.Count());
  return orderedGroups.FirstOrDefault()?.Key;
}

public static int? Mode<T>(
  this IEnumerable<T> sequence, Func<T, int?> selector)
{
  return sequence.Select(selector)?.Mode();
}
```

```
  public static decimal? Mode(
    this IEnumerable<decimal?> sequence)
  {
    var grouped = sequence.GroupBy(item => item);
    var orderedGroups = grouped.OrderByDescending(
      group => group.Count());
    return orderedGroups.FirstOrDefault()?.Key;
  }

  public static decimal? Mode<T>(
    this IEnumerable<T> sequence, Func<T, decimal?> selector)
  {
    return sequence.Select(selector).Mode();
  }
}
```

如果 MyLinqExtensions 类在单独的类库中，那么为了使用 LINQ 扩展方法，只需要引用类库程序集即可，因为 System.Linq 名称空间通常已导入。

注意，上述所有扩展方法都不能用于 IQueryable 序列，就像 LINQ to SQLite 或 LINQ to SQL Server 使用的那些序列，因为我们还没有实现一种方式，将代码翻译成底层查询语言，如 SQL。

1. 尝试可链接的扩展方法

首先，尝试将 ProcessSequence 方法与其他扩展方法链接起来。

(1) 在 Program.cs 的 FilterAndSort 方法中，修改 Products 的 LINQ 查询，以调用自定义的可链接的扩展方法，如下所示：

```
DbSet<Product>? allProducts = db.Products;

if (allProducts is null)
{
  WriteLine("No products found.");
  return;
}

IQueryable<Product> processedProducts = allProducts.ProcessSequence();

IQueryable<Product> filteredProducts = processedProducts
  .Where(product => product.UnitPrice < 10M);
```

(2) 在 Program.cs 中取消对 FilterAndSort 方法的注释，然后注释掉对其他方法的任何调用。

(3) 运行代码，注意输出与之前的相同，因为没有修改序列。但是现在，我们知道了如何使用自己的功能扩展 LINQ。

2. 尝试众数和中位数法

其次，尝试使用众数和中位数方法来计算其他类型的平均值。

(1) 在 Program.cs 的底部，使用自定义的扩展方法和内置的 Average 扩展方法，创建如下方法以输出产品的 UnitsInStock 和 UnitPrice 的平均值、中位数和众数，如下所示：

```
static void CustomExtensionMethods()
{
```

```
  using (Northwind db = new())
  {
    WriteLine("Mean units in stock: {0:N0}",
      db.Products.Average(p => p.UnitsInStock));

    WriteLine("Mean unit price: {0:$#,##0.00}",
      db.Products.Average(p => p.UnitPrice));

    WriteLine("Median units in stock: {0:N0}",
      db.Products.Median(p => p.UnitsInStock));

    WriteLine("Median unit price: {0:$#,##0.00}",
      db.Products.Median(p => p.UnitPrice));

    WriteLine("Mode units in stock: {0:N0}",
      db.Products.Mode(p => p.UnitsInStock));

    WriteLine("Mode unit price: {0:$#,##0.00}",
      db.Products.Mode(p => p.UnitPrice));
  }
}
```

(2) 在 Program.cs 中注释掉以前的任何方法调用，然后调用 CustomExtensionMethods 方法。

(3) 运行代码并查看结果，输出如下所示：

```
Mean units in stock: 41
Mean unit price: $28.87
Median units in stock: 26
Median unit price: $19.50
Mode units in stock: 0
Mode unit price: $18.00
```

一共有四个产品，单价为$18.00。有 5 个产品库存为 0 个单位。

11.6　使用 LINQ to XML

LINQ to XML 是 LINQ 提供程序，用来允许查询和操作 XML。

11.6.1　使用 LINQ to XML 生成 XML

下面创建用来将 Products 表转换成 XML 的方法。

(1) 在 LinqWithEFCore 项目中，在 Program.cs 的顶部，导入 System.Xml.Linq 名称空间。

(2) 在 Program.cs 的底部，创建一个以 XML 格式输出产品的方法，如下所示：

```
static void OutputProductsAsXml()
{
  using (Northwind db = new())
  {
    Product[] productsArray = db.Products.ToArray();

    XElement xml = new("products",
      from p in productsArray
      select new XElement("product",
```

```
        new XAttribute("id", p.ProductId),
        new XAttribute("price", p.UnitPrice),
      new XElement("name", p.ProductName)));

    WriteLine(xml.ToString());
  }
}
```

(3) 在 Program.cs 中注释掉前面的方法调用，然后调用 OutputProductsAsXml 方法。

(4) 运行代码，查看结果，注意生成的 XML 结构能与前面代码中使用 LINQ to XML 语句声明描述的元素和属性相匹配，如下所示：

```
  <products>
<product id="1" price="18">
    <name>Chai</name>
</product>
<product id="2" price="19">
    <name>Chang</name>
</product>
  ...
```

11.6.2 使用 LINQ to XML 读取 XML

使用 LINQ to XML 可以轻松地查询或处理 XML 文件。

(1) 在 LinqWithEFCore 项目中添加一个名为 settings.xml 的文件。

(2) 修改这个文件的内容，如下所示：

```
<?xml version="1.0" encoding="utf-8" ?>
<appSettings>
  <add key="color" value="red" />
  <add key="size" value="large" />
  <add key="price" value="23.99" />
</appSettings>
```

如果使用的是的 Visual Studio 2022 for Windows，那么编译后的应用程序将在 LinqWithEFCore\bin\Debug\net6.0 文件夹中执行，所以它不会找到 settings.xml 文件，除非我们指出它应该总是复制到输出目录。

(3) 在 Solution Explorer 中，右击 settings.xml 文件并选择 Properties。

(4) 在 Properties 中，将 Copy to Output Directory 设置为 Copy always。

(5) 在 Program.cs 的底部，创建一个方法以完成如下任务：

- 加载 XML 文件。
- 使用 LINQ to XML 搜索名为 appSettings 的元素以及名为 add 的子元素。
- 将 XML 投影到具有 Key 和 Value 属性的匿名类型数组。
- 枚举数组并显示结果。

```
static void ProcessSettings()
{
  XDocument doc = XDocument.Load("settings.xml");

  var appSettings = doc.Descendants("appSettings")
    .Descendants("add")
```

```
      .Select(node => new
      {
        Key = node.Attribute("key")?.Value,
        Value = node.Attribute("value")?.Value
      }).ToArray();

    foreach (var item in appSettings)
    {
      WriteLine($"{item.Key}: {item.Value}");
    }
  }
```

(6) 在 Program.cs 中注释掉前面的方法调用，然后调用 ProcessSettings 方法。

(7) 运行代码并查看结果，输出如下所示：

```
color: red
size: large
price: 23.99
```

11.7 实践和探索

你可以通过回答一些问题来测试自己对知识的理解程度，进行一些实践，并深入探索本章涵盖的主题。

11.7.1 练习 11.1：测试你掌握的知识

回答以下问题：

(1) LINQ 必需的两个部分是什么？

(2) 可使用哪个 LINQ 扩展方法返回类型的属性子集？

(3) 可使用哪个 LINQ 扩展方法过滤序列？

(4) 列出 5 个用于执行聚合操作的 LINQ 扩展方法。

(5) Select 和 SelectMany 扩展方法之间的区别是什么？

(6) IEnumerable<T>和 IQueryable <T>有什么区别？如何在它们之间进行切换？

(7) 泛型委托 Func(如 Func<T1, T2, T>)中的最后一个类型参数代表什么？

(8) 使用以 OrDefault 结尾的 LINQ 扩展方法有什么好处？

(9) 为什么 LINQ 查询理解语法是可选的？

(10) 如何创建自己的 LINQ 扩展方法？

11.7.2 练习 11.2：练习使用 LINQ 进行查询

在 Chapter11 解决方案/工作区中，创建名为 Exercise02 的控制台应用程序，提示用户输入一座城市的名字，然后列出这座城市里 Northwind 客户的公司名，如下所示：

```
Enter the name of a city: London
There are 6 customers in London:
Around the Horn
B's Beverages
Consolidated Holdings
```

```
Eastern Connection
North/South
Seven Seas Imports
```

然后，在用户输入他们喜欢的城市之前，显示客户当前居住的所有独特城市的列表，作为提示以增强应用程序，如下所示：

```
Aachen, Albuquerque, Anchorage, Århus, Barcelona, Barquisimeto, Bergamo, Berlin,
Bern, Boise, Bräcke, Brandenburg, Bruxelles, Buenos Aires, Butte, Campinas,
Caracas, Charleroi, Cork, Cowes, Cunewalde, Elgin, Eugene, Frankfurt a.M.,
Genève, Graz, Helsinki, I. de Margarita, Kirkland, Kobenhavn, Köln, Lander,
Leipzig, Lille, Lisboa, London, Luleå, Lyon, Madrid, Mannheim, Marseille,
México D.F., Montréal, München, Münster, Nantes, Oulu, Paris, Portland, Reggio
Emilia, Reims, Resende, Rio de Janeiro, Salzburg, San Cristóbal, San Francisco,
Sao Paulo, Seattle, Sevilla, Stavern, Strasbourg, Stuttgart, Torino, Toulouse,
Tsawassen, Vancouver, Versailles, Walla Walla, Warszawa
```

11.7.3 练习 11.3：探索主题

可通过以下链接来阅读本章所涉及主题的更多细节：

https://github.com/markjprice/cs10dotnet6/blob/main/book-links.md#chapter-11---querying-and-manipulating-data-using-linq

11.8 本章小结

本章介绍了如何编写 LINQ 查询，从而以多种不同的格式(包括 XML)选择、投影、筛选、排序、连接和分组数据，这些是你每天都要执行的任务。

第 12 章将使用 Task 类型来提高应用程序的性能。

第12章 使用多任务提高性能和可伸缩性

本章探讨如何允许多个操作同时发生，以提高构建的应用程序的性能、可伸缩性和用户生产效率。

本章涵盖以下主题：

- 理解进程、线程和任务
- 监控性能和资源使用情况
- 异步运行任务
- 同步访问共享资源
- 理解 async 和 await

12.1 理解进程、线程和任务

进程(示例是前面创建的每个控制台应用程序)拥有资源，比如分配给进程的内存和线程。

线程一条一条地执行代码。默认情况下，每个进程只有一个线程，当需要同时执行多个任务时，这可能会导致问题。线程还跟踪当前经过身份验证的用户，以及当前语言和区域遵循的任何国际化规则等信息。

Windows 和大多数其他现代操作系统使用了抢夺式多任务处理，从而模拟了任务的并行执行。在这种机制下，可将处理器时间分配给各个线程，一个接一个地为每个线程分配时间片，当前线程在时间片结束时挂起，然后处理器允许另一个线程运行时间片。

当 Windows 从一个线程切换到另一个线程时，会保存线程的上下文，并重新加载线程队列中先前保存的下一个线程的上下文。这需要时间和资源才能完成。

作为开发人员，如果有少量复杂的工作要做，并且希望完全控制它们，那么可以创建和管理 Thread 实例。如果有一个主线程和多个可以在后台执行的工作块，那么可以使用 ThreadPool 类添加一些委托实例，这些委托实例指向作为队列方法实现的工作块，并将它们自动分配给线程池中的线程。

本章将使用 Task 类型在更高的抽象级别上管理线程。

线程可能需要竞争并等待对共享资源(如变量、文件和数据库对象)的访问。稍后介绍用于管理它们的一些类型。

根据任务的不同，将执行任务的线程(工作)数量增加一倍，并不会使完成任务所需的时间减少一半。事实上，这反而可能增加任务的完成时间。

最佳实践

永远不要假设使用更多的线程能提高性能！对没有多个线程的基线代码实现运行性能测试，然后对有多个线程的基线代码实现再次运行性能测试，对比性能测试结果。应该在与生产环境尽可能接近的平台环境中执行性能测试。

12.2 监控性能和资源使用情况

在改进任何代码的性能之前，需要能够监控它们的速度和效率，以便记录基线，然后可以度量改进程度。

12.2.1 评估类型的效率

场景中使用的最佳类型是什么？为了回答这个问题，需要仔细考虑什么才是最好的，还应该考虑以下因素。

- 功能：这可通过检查类型是否提供了需要的功能来决定。
- 内存大小：这可以由类型占用的内存字节数决定。
- 性能：这可以由类型的速度决定。
- 未来需求：这取决于需求和可维护性的变化。

某些情况下(如存储数字时)，由于多个类型具有相同的功能，因此需要考虑内存和性能以做出选择。

如果需要存储数百万个数字，那么使用的最佳类型应该是需要最少内存字节的类型。但是，如果只需要存储一些数字，但是需要对它们执行大量计算，那么最佳类型就是在特定 CPU 上运行速度最快的类型。

前面介绍过 sizeof()函数的用法，该函数用于计算类型实例在内存中使用的字节数。在数组和列表等更复杂的数据结构中存储大量的值时，需要一种更好的方法来测量内存使用情况。

你可能听到很多建议，但唯一确定的方案是：对于代码来说，最好的方法是自己比较这些类型。

稍后你将了解如何编写代码来监视实际的内存需求以及使用不同类型时的性能。

现在，short 变量可能是不错的选择，但 int 变量可能是更好的选择，即使后者在内存中占用的空间是前者的两倍，这是因为将来可能需要存储更大范围的值。

开发人员还应该考虑另一个指标：可维护性。可维护性用来衡量另一个程序员在理解和修改你的代码时所要付出的努力程度。如果选择使用不明显的类型，并且没有用注释进行解释，那就可能使稍后阅读代码的程序员感到困惑，因为他们需要修复 bug 并添加功能。

12.2.2 监控性能和内存使用情况

System.Diagnostics 名称空间中有许多用于监控代码的有用类型，如 Stopwatch 类。

(1) 使用喜欢的编码工具创建一个名为 Chapter12 的新工作区/解决方案。

(2) 添加一个类库项目，定义如下。

- 项目模板：Class Library / classlib
- 工作区/解决方案文件和文件夹：Chapter12
- 项目文件和文件夹：MonitoringLib

(3) 添加一个控制台应用程序项目，定义如下。

- 项目模板：Console Application / console
- 工作区/解决方案文件和文件夹：Chapter12
- 项目文件和文件夹：MonitoringApp

(4) 在 Visual Studio 中，将解决方案的启动项目设置为当前选择。

(5) 在 Visual Studio Code 中，选择 MonitoringApp 作为活动的 OmniSharp 项目。

(6) 在 MonitoringLib 项目中，将 Class1.cs 文件重命名为 Recorder.cs。

(7) 在 MonitoringApp 项目中，添加一个对 MonitoringLib 类库的项目引用，如下所示：

```
<ItemGroup>
  <ProjectReference
       Include="..\MonitoringLib\MonitoringLib.csproj" />
</ItemGroup>
```

(8) 构建 MonitoringApp 项目。

1. Stopwatch 和 Process 类型的有用成员

Stopwatch 类有一些有用的成员，如表 12.1 所示。

表 12.1　Stopwatch 类的成员

成员	说明
Restart方法	将经过的时间重置为零，然后启动计时器
Stop方法	停止计时器
Elapsed属性	将经过的时间存储为 TimeSpan 格式(如小时:分钟:秒)
ElapsedMilliseconds 属性	将经过的时间以毫秒为单位存储为 Int64 类型的值

Process 类也有一些有用的成员，如表 12.2 所示。

表 12.2　Process 类的成员

成员	说明
VirtualMemorySize64	显示为进程分配的虚拟内存量(以字节为单位)
WorkingSet64	显示为进程分配的物理内存量(以字节为单位)

2. 实现 Recorder 类

我们将创建一个 Recorder 类，便于监视时间和内存资源的使用情况。为实现 Recorder 类，需要使用 Stopwatch 和 Process 类。

(1) 在 Recorder.cs 中更改其中的内容，以使用 Stopwatch 实例记录计时，并使用当前 Process 实例记录内存使用情况，如下所示：

```
using System.Diagnostics; // Stopwatch
```

```
using static System.Console;
using static System.Diagnostics.Process; // GetCurrentProcess()

namespace Packt.Shared;

public static class Recorder
{
  private static Stopwatch timer = new();

  private static long bytesPhysicalBefore = 0;
  private static long bytesVirtualBefore = 0;

  public static void Start()
  {
    // force two garbage collections to release memory that is
    // no longer referenced but has not been released yet
    GC.Collect();
    GC.WaitForPendingFinalizers();
    GC.Collect();

    // store the current physical and virtual memory use
    bytesPhysicalBefore = GetCurrentProcess().WorkingSet64;
    bytesVirtualBefore = GetCurrentProcess().VirtualMemorySize64;
    timer.Restart();
  }

  public static void Stop()
  {
    timer.Stop();
    long bytesPhysicalAfter =
      GetCurrentProcess().WorkingSet64;

    long bytesVirtualAfter =
      GetCurrentProcess().VirtualMemorySize64;

    WriteLine("{0:N0} physical bytes used.",
      bytesPhysicalAfter - bytesPhysicalBefore);

    WriteLine("{0:N0} virtual bytes used.",
      bytesVirtualAfter - bytesVirtualBefore);

    WriteLine("{0} time span elapsed.", timer.Elapsed);

    WriteLine("{0:N0} total milliseconds elapsed.",
      timer.ElapsedMilliseconds);
  }
}
```

Recorder 类的 Start 方法使用了垃圾收集器(GC 类)，以确保当前虽然分配却未被引用的任何内存是在记录使用的内存量之前收集的。这是一种几乎不应该在应用程序代码中使用的高级技术。

(2) 在 Program.cs 中编写语句，以启动和停止计时，同时生成包含 10 000 个整数的数组，如下所示：

```
using Packt.Shared; // Recorder
```

```
using static System.Console;

WriteLine("Processing. Please wait...");
Recorder.Start();

// simulate a process that requires some memory resources...
int[] largeArrayOfInts = Enumerable.Range(
  start: 1, count: 10_000).ToArray();

// ...and takes some time to complete
Thread.Sleep(new Random().Next(5, 10) * 1000);

Recorder.Stop();
```

(3) 运行代码并查看结果，输出如下所示：

```
Processing. Please wait...
655,360 physical bytes used.
536,576 virtual bytes used.
00:00:09.0038702 time span ellapsed.
9,003 total milliseconds elapsed.
```

记住，经过的时间是随机的，在 5 到 10 秒之间。你的结果会有所不同。例如，在 Mac mini M1 上运行时，使用了更少的物理内存，但更多的虚拟内存，如下所示：

```
Processing. Please wait...
294,912 physical bytes used.
10,485,760 virtual bytes used.
00:00:06.0074221 time span elapsed.
6,007 total milliseconds elapsed.
```

12.2.3　测量处理字符串的效率

前面讨论了如何使用 Stopwatch 和 Process 类型来监控代码，下面使用它们来评估处理字符串变量的最佳方法。

(1) 将 Program.cs 中的旧语句放在/*和*/之间，以注释掉它们。

(2) 添加语句，创建如下包含 50 000 个 int 变量的数组，然后使用 string 类型和 StringBuilder 类，以逗号作为分隔符将它们连接起来：

```
int[] numbers = Enumerable.Range(
    start: 1, count: 50_000).ToArray();

WriteLine("Using string with +");
Recorder.Start();
string s = string.Empty; // i.e. ""
for (int i = 0; i < numbers.Length; i++)
{
   s += numbers[i] + ", ";
}
Recorder.Stop();

WriteLine("Using StringBuilder");
Recorder.Start();
System.Text.StringBuilder builder = new();
```

```
for (int i = 0; i < numbers.Length; i++)
{
    builder.Append(numbers[i]);
    builder.Append(", ");
}
Recorder.Stop();
```

(3) 运行代码并查看结果，输出如下所示：

```
Using string with +
14,883,072 physical bytes used.
3,609,728 virtual bytes used.
00:00:01.6220879 time span ellapsed.
1,622 total milliseconds ellapsed.
Using StringBuilder
12,288 physical bytes used.
0 virtual bytes used.
00:00:00.0006038 time span ellapsed.
0 total milliseconds elapsed.
```

总结：

- 带+运算符的 string 类型使用了大约 14 MB 的物理内存和 1.5 MB 的虚拟内存，耗时 1.5 秒。
- StringBuilder 类使用了 12 KB 的物理内存，没有使用虚拟内存，耗时仅 1 毫秒。

在以上场景中，当连接文本时，StringBuilder 类的速度快了一千多倍，内存效率提高了约一万倍！这是因为每次使用字符串时，字符串连接都会创建一个新的字符串；字符串值是不可变的，可以安全地将它们池化以便重用。StringBuilder 在追加更多字符时创建单个缓冲区。

最佳实践

应避免在循环内部使用 String.Concat 方法或+运算符。应使用 StringBuilder 类代替它们。

前面探讨了如何使用.NET 内置的类型来度量代码的性能和资源效率，接下来介绍提供更复杂性能度量的 NuGet 包。

12.2.4 使用 Benchmark.NET 监控性能和内存

有一个很流行的.NET 基准测试包 NuGet，微软在它的博客文章中提到了性能改进，所以.NET 开发人员了解它的工作原理并将其用于自己的性能测试是很有好处的。下面看看如何使用它来比较字符串连接和 StringBuilder 的性能。

(1) 使用喜欢的代码编辑器将一个新的控制台应用程序 Benchmarking 添加到 Chapter12 解决方案/工作区。

(2) 在 Visual Studio Code 中，选择 Benchmarking 作为活动的 OmniSharp 项目。

(3) 添加一个对 Benchmark.NET 的包引用，记住你可以找到最新的版本，并使用该版本而不是我使用的版本，如下所示：

```
<ItemGroup>
    <PackageReference Include="BenchmarkDotNet" Version="0.13.1" />
</ItemGroup>
```

(4) 生成用于还原包的项目。

(5) 在 Program.cs 中，删除现有的语句，然后导入运行基准测试的名称空间，代码如下所示：

```
using BenchmarkDotNet.Running;
```

(6) 添加一个名为 StringBenchmarks.cs 的新类文件。

(7) 在 StringBenchmarks.cs 中，添加语句为要运行的每个基准定义一个带有方法的类。在本例中，有两个方法都使用字符串连接或 StringBuilder 将以逗号分隔的 20 个数字组合起来，代码如下所示：

```
using BenchmarkDotNet.Attributes; // [Benchmark]

public class StringBenchmarks
{
  int[] numbers;

  public StringBenchmarks()
  {
    numbers = Enumerable.Range(
    start: 1, count: 20).ToArray();
  }

  [Benchmark(Baseline = true)]
  public string StringConcatenationTest()
  {
    string s = string.Empty; // e.g. ""
    for (int i = 0; i < numbers.Length; i++)
    {
       s += numbers[i] + ", ";
    }
    return s;
  }

  [Benchmark]
  public string StringBuilderTest()
  {
    System.Text.StringBuilder builder = new();
    for (int i = 0; i < numbers.Length; i++)
    {
      builder.Append(numbers[i]);
      builder.Append(", ");
    }
    return builder.ToString();
  }
}
```

(8) 在 Program.cs 中，添加一个语句来运行基准测试，代码如下所示：

```
BenchmarkRunner.Run<StringBenchmarks>();
```

(9) 在 Visual Studio 2022 中，在工具栏中将 Solution Configurations 设置为 Release。

(10) 在 Visual Studio Code 中，在终端中，使用 dotnet run --configuration Release 命令。

(11) 运行控制台应用程序，注意结果，包括一些构件(如报告文件，和最重要的个汇总表，显示字符串连接平均耗费 412.990ns，StringBuilder 耗费了平均 275.082ns。

```
  // ***** BenchmarkRunner: Finish *****

  // * Export *
BenchmarkDotNet.Artifacts\results\StringBenchmarks-report.csv
BenchmarkDotNet.Artifacts\results\StringBenchmarks-report-github.md
BenchmarkDotNet.Artifacts\results\StringBenchmarks-report.html

  // * Detailed results *
  StringBenchmarks.StringConcatenationTest: DefaultJob
  Runtime = .NET 6.0.0 (6.0.21.37719), X64 RyuJIT; GC = Concurrent
  Workstation
  Mean = 412.990 ns, StdErr = 2.353 ns (0.57%), N = 46, StdDev = 15.957 ns
  Min = 373.636 ns, Q1 = 413.341 ns, Median = 417.665 ns, Q3 = 420.775 ns,
  Max = 434.504 ns
  IQR = 7.433 ns, LowerFence = 402.191 ns, UpperFence = 431.925 ns
  ConfidenceInterval = [404.708 ns; 421.273 ns] (CI 99.9%), Margin = 8.282
  ns (2.01% of Mean)
  Skewness = -1.51, Kurtosis = 4.09, MValue = 2
  -------------------- Histogram --------------------
  [370.520 ns ; 382.211 ns) | @@@@@@
  [382.211 ns ; 394.583 ns) | @
  [394.583 ns ; 411.300 ns) | @@
  [411.300 ns ; 422.990 ns) | @@@@@@@@@@@@@@@@@@@@@@@@@@@@@@@@
  [422.990 ns ; 436.095 ns) | @@@@@
  ---------------------------------------------------

  StringBenchmarks.StringBuilderTest: DefaultJob
  Runtime = .NET 6.0.0 (6.0.21.37719), X64 RyuJIT; GC = Concurrent
  Workstation
  Mean = 275.082 ns, StdErr = 0.558 ns (0.20%), N = 15, StdDev = 2.163 ns
  Min = 271.059 ns, Q1 = 274.495 ns, Median = 275.403 ns, Q3 = 276.553 ns,
  Max = 278.030 ns
  IQR = 2.058 ns, LowerFence = 271.409 ns, UpperFence = 279.639 ns
  ConfidenceInterval = [272.770 ns; 277.394 ns] (CI 99.9%), Margin = 2.312
  ns (0.84% of Mean)
  Skewness = -0.69, Kurtosis = 2.2, MValue = 2
  -------------------- Histogram --------------------
  [269.908 ns ; 278.682 ns) | @@@@@@@@@@@@@@@
  ---------------------------------------------------

  // * Summary *

  BenchmarkDotNet=v0.13.1, OS=Windows 10.0.19043.1165 (21H1/May2021Update)
  11th Gen Intel Core i7-1165G7 2.80GHz, 1 CPU, 8 logical and 4 physical
  cores
    .NET SDK=6.0.100
  [Host] : .NET 6.0.0 (6.0.21.37719), X64 RyuJIT
  DefaultJob : .NET 6.0.0 (6.0.21.37719), X64 RyuJIT

  | Method    | Mean    | Error    | StdDev | Ratio |
  RatioSD    |
  |--------- |--------:|---------:|-------:|-----:|-----:|
  | StringConcatenationTest | 413.0 ns | 8.28 ns | 15.96 ns | 1.00 |
  0.00 |
  | StringBuilderTest | 275.1 ns | 2.31 ns | 2.16 ns | 0.69 |
  0.04 |
```

```
// * Hints *
Outliers
  StringBenchmarks.StringConcatenationTest: Default -> 7 outliers
were removed, 14 outliers were detected (376.78 ns..391.88 ns, 440.79
ns..506.41 ns)
  StringBenchmarks.StringBuilderTest: Default -> 2 outliers were
detected (274.68 ns, 274.69 ns)

// * Legends *
Mean     : Arithmetic mean of all measurements
Error    : Half of 99.9% confidence interval
StdDev   : Standard deviation of all measurements
Ratio    : Mean of the ratio distribution ([Current]/[Baseline])
RatioSD: Standard deviation of the ratio distribution ([Current]/
[Baseline])
  1 ns : 1 Nanosecond (0.000000001 sec)

// ***** BenchmarkRunner: End *****
// ** Remained 0 benchmark(s) to run **
Run time: 00:01:13 (73.35 sec), executed benchmarks: 2

Global total time: 00:01:29 (89.71 sec), executed benchmarks: 2
// * Artifacts cleanup *
```

输出如图 12.1 所示。

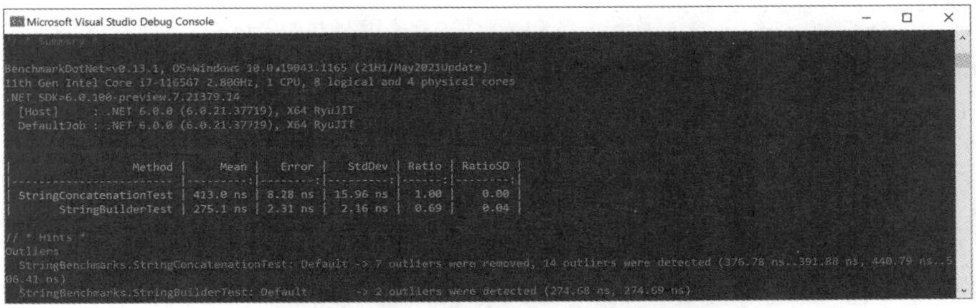

图 12.1　汇总表显示 StringBuilder 花费的时间是字符串连接的 69%

Outliers 部分特别有趣，因为它不仅显示了字符串连接比 StringBuilder 慢，而且它所花费的时间也更不一致。当然，你的结果会有所不同。

前面介绍了两种衡量性能的方法。现在，下面看看如何异步运行任务以潜在地提高性能。

12.3　异步运行任务

为了理解如何同时运行多个任务，下面创建需要执行三个方法的控制台应用程序。这三个方法的执行时间如下：第一个需要 3 秒，第二个需要 2 秒，第三个需要 1 秒。为了进行模拟，可以使用 Thread 类告诉当前线程休眠指定的毫秒数。

12.3.1　同步执行多个操作

在使任务同时运行之前，它们将同步运行，也就是一个接一个地运行。

(1) 使用喜欢的代码编辑器在 Chapter12 解决方案/工作区中添加一个新的控制台应用程序 WorkingWithTasks。

(2) 在 Visual Studio Code 中，选择 WorkingWithTasks 作为活动的 OmniSharp 项目。

(3) 在 Program.cs 中，导入名称空间以使用秒表(隐式导入用于线程和任务的名称空间)，并静态导入 Console，代码如下所示：

```
using System.Diagnostics; // Stopwatch
using static System.Console;
```

(4) 在 Program.cs 的底部，创建一个方法来输出关于当前线程的信息，如下所示：

```
static void OutputThreadInfo()
{
  Thread t = Thread.CurrentThread;

  WriteLine(
    "Thread Id: {0}, Priority: {1}, Background: {2}, Name: {3}",
    t.ManagedThreadId, t.Priority,
    t.IsBackground, t.Name ?? "null");
}
```

(5) 在 Program.cs 的底部，添加三个模拟工作的方法，如下所示：

```
static void MethodA()
{
  WriteLine("Starting Method A...");
  OutputThreadInfo();
  Thread.Sleep(3000); // simulate three seconds of work
  WriteLine("Finished Method A.");
}

static void MethodB()
{
  WriteLine("Starting Method B...");
  OutputThreadInfo();
  Thread.Sleep(2000); // simulate two seconds of work
  WriteLine("Finished Method B.");
}

static void MethodC()
{
  WriteLine("Starting Method C...");
  OutputThreadInfo();
  Thread.Sleep(1000); // simulate one second of work
  WriteLine("Finished Method C.");
}
```

(6) 在 Program.cs 的顶部添加语句，来调用该方法，输出关于线程的信息，定义并启动一个秒表，调用三个模拟工作方法，然后输出经过的毫秒数，如下所示：

```
OutputThreadInfo();
Stopwatch timer = Stopwatch.StartNew();

WriteLine("Running methods synchronously on one thread.");
MethodA();
```

```
MethodB();
MethodC();

WriteLine($"{timer.ElapsedMilliseconds:#,##0}ms elapsed.");
```

(7) 运行代码，查看结果，注意当只有一个未命名的前台线程在做这项工作时，所需的总时间刚刚超过 6 秒，输出如下所示：

```
Thread Id: 1, Priority: Normal, Background: False, Name: null
Running methods synchronously on one thread.
Starting Method A...
Thread Id: 1, Priority: Normal, Background: False, Name: null
Finished Method A.
Starting Method B...
Thread Id: 1, Priority: Normal, Background: False, Name: null
Finished Method B.
Starting Method C...
Thread Id: 1, Priority: Normal, Background: False, Name: null
Finished Method C.
6,017ms elapsed.
```

12.3.2 使用任务异步执行多个操作

Thread 类从.NET 的第一个版本开始就可以用来创建新线程并管理它们，但是直接使用 Thread 类会比较麻烦。

.NET Framework 4.0 在 2010 年引入了 Task 类。Task 类是线程的封装器，允许更容易地创建和管理线程。通过管理任务中封装的多个线程，可以实现代码的异步执行。

每个 Task 实例都有 Status 和 CreationOptions 属性，还有 ContinueWith 方法；该方法可以使用 TaskContinuationOptions 枚举进行自定义，也可以使用 TaskFactory 类进行管理。

启动任务

下面介绍使用 Task 实例启动方法的三种方式。GitHub 存储库中有文章的链接，并讨论了利弊。每种方式的语法都略有不同，但它们都定义并启动了任务。

(1) 注释掉对 MethodA、MethodB、MethodC 方法的调用和相关的控制台消息。添加语句以创建和启动三个任务，如下所示：

```
OutputThreadInfo();
Stopwatch timer = Stopwatch.StartNew();

/*
WriteLine("Running methods synchronously on one thread.");
MethodA();
MethodB();
MethodC();
*/

WriteLine("Running methods asynchronously on multiple threads.");

Task taskA = new(MethodA);
taskA.Start();
```

```
Task taskB = Task.Factory.StartNew(MethodB);

Task taskC = Task.Run(MethodC);

WriteLine($"{timer.ElapsedMilliseconds:#,##0}ms elapsed.");
```

(2) 运行代码，查看结果，并注意运行的毫秒数几乎立即显示出来。这是因为这三个方法现在都由线程池中分配的三个新的后台工作线程执行，如下所示：

```
Thread Id: 1, Priority: Normal, Background: False, Name: null
Running methods asynchronously on multiple threads.
Starting Method A...
Thread Id: 4, Priority: Normal, Background: True, Name: .NET ThreadPool
Worker
Starting Method C...
Thread Id: 7, Priority: Normal, Background: True, Name: .NET ThreadPool
Worker
Starting Method B...
Thread Id: 6, Priority: Normal, Background: True, Name: .NET ThreadPool
Worker
6ms elapsed.
```

甚至有可能在一个或多个任务有机会启动并写入控制台之前，控制台应用程序就会结束！

12.3.3 等待任务

有时，应用程序需要等待任务完成后才能继续。为此，可以对 Task 实例调用 Wait 方法，或者对任务数组调用 WaitAll 或 WaitAny 静态方法，如表 12.3 所示。

表 12.3 等待方法

方法	说明
t.Wait()	等待名为 t 的 Task 实例完成执行
Task.WaitAny(Task[])	等待数组中的任何任务完成执行
Task.WaitAll(Task[])	等待数组中的所有任务完成执行

对任务使用 Wait 方法

下面看看如何使用这些等待方法修复控制台应用程序的问题。

(1) 向 Program.cs 添加语句(在创建三个任务之后，在输出运行时间之前)，将对这三个任务的引用合并到 tasks 数组中，并将它们传递给 WaitAll 方法，如下所示：

```
Task[] tasks = { taskA, taskB, taskC };
Task.WaitAll(tasks);
```

(2) 运行代码并查看结果，注意原始线程将在调用 WaitAll 时暂停，等待所有三个任务完成，然后输出运行时间，即 3 秒多一点，输出如下所示：

```
Id: 1, Priority: Normal, Background: False, Name: null
Running methods asynchronously on multiple threads.
Starting Method A...
Id: 6, Priority: Normal, Background: True, Name: .NET ThreadPool Worker
Starting Method B...
```

```
Id: 7, Priority: Normal, Background: True, Name: .NET ThreadPool Worker
Starting Method C...
Id: 4, Priority: Normal, Background: True, Name: .NET ThreadPool Worker
Finished Method C.
Finished Method B.
Finished Method A.
3,013ms elapsed.
```

这三个新线程将同时执行代码，并能以任意顺序启动。MethodC 方法应该先完成，因为它只需要 1 秒；然后是 MethodB 方法，它需要 2 秒；最后是 MethodA 方法，因为它需要 3 秒。

然而，实际使用的 CPU 对结果有很大的影响。CPU 为每个进程分配时间片以允许它们执行线程。我们无法控制方法何时运行。

12.3.4　继续执行另一项任务

如果这三个任务可以同时执行，那么只需要等待所有任务完成即可。然而，其中一个任务通常依赖于另一个任务的输出。为了处理以上场景，需要定义延续任务。

下面创建一些方法来模拟对 Web 服务的调用，结果将返回一个金额，然后需要使用这个金额来检索数据库中有多少产品的成本高于这个金额。从第一个方法返回的结果需要作为第二个方法的输入。这里使用 Random 类为每个方法调用等待 2～4 秒的随机间隔时间以模拟工作。

(1) 在 Program.cs 的底部添加两个方法以模拟调用 Web 服务和数据库存储过程，如下所示：

```
static decimal CallWebService()
{
  WriteLine("Starting call to web service...");
  OutputThreadInfo();
  Thread.Sleep((new Random()).Next(2000, 4000));
  WriteLine("Finished call to web service.");
  return 89.99M;
}

static string CallStoredProcedure(decimal amount)
{
  WriteLine("Starting call to stored procedure...");
  OutputThreadInfo();
  Thread.Sleep((new Random()).Next(2000, 4000));
  WriteLine("Finished call to stored procedure.");
  return $"12 products cost more than {amount:C}.";
}
```

(2) 使用多行注释字符/*和*/包围前三个任务以注释掉它们。保留用于输出运行时间的语句。

(3) 在现有语句之前添加语句以输出总的运行时间，等待用户按 Enter 键，如下所示：

```
WriteLine("Passing the result of one task as an input into another.");

Task<string> taskServiceThenSProc = Task.Factory
  .StartNew(CallWebService) // returns Task<decimal>
  .ContinueWith(previousTask => // returns Task<string>
    CallStoredProcedure(previousTask.Result));

WriteLine($"Result: {taskServiceThenSProc.Result}");
```

(4) 运行代码并查看结果，输出如下所示：

```
Thread Id: 1, Priority: Normal, Background: False, Name: null
Passing the result of one task as an input into another.
Starting call to web service...
Thread Id: 4, Priority: Normal, Background: True, Name: .NET ThreadPool
Worker
Finished call to web service.
Starting call to stored procedure...
Thread Id: 6, Priority: Normal, Background: True, Name: .NET ThreadPool
Worker
Finished call to stored procedure.
Result: 12 products cost more than £89.99.
5,463ms elapsed.
```

在上面的输出中可能看到运行 Web 服务和存储过程调用的不同线程(线程 4 和 6)，或者由于不再繁忙，相同的线程可能会被重用。

12.3.5 嵌套任务和子任务

除了定义任务之间的依赖项之外，还可以定义嵌套任务和子任务。嵌套任务是在另一个任务中创建的任务。子任务是必须在允许父任务完成之前完成的嵌套任务。

下面探讨一下这两种类型的任务是如何工作的。

(1) 使用喜欢的代码编辑器在 Chapter12 解决方案/工作区中添加一个新的控制台应用程序 NestedAndChildTasks。

(2) 在 Visual Studio Code 中，选择 NestedAndChildTasks 作为活动的 OmniSharp 项目。

(3) 在 Program.cs 中，删除现有的语句，静态导入 Console，然后添加两个方法，其中一个方法启动一个任务来运行另一个方法，代码如下所示：

```
static void OuterMethod()
{
  WriteLine("Outer method starting...");
  Task innerTask = Task.Factory.StartNew(InnerMethod);
  WriteLine("Outer method finished.");
}

static void InnerMethod()
{
  WriteLine("Inner method starting...");
  Thread.Sleep(2000);
  WriteLine("Inner method finished.");
}
```

(4) 在方法前面添加语句以启动一个任务，运行 outer 方法并等待这个任务完成，如下所示：

```
Task outerTask = Task.Factory.StartNew(OuterMethod);
outerTask.Wait();
WriteLine("Console app is stopping.");
```

(5) 运行代码并查看结果，输出如下所示：

```
Outer method starting...
Inner method starting...
Outer method finished.
```

```
Console app is stopping.
```

请注意，虽然要等待外部任务完成，但内部任务不必也完成。实际上，外部任务可能已经完成，而控制台应用程序可能在内部任务开始之前就结束了！

要链接这些嵌套的任务，就必须使用一个特殊选项。

(6) 修改现有的定义内部任务的代码，添加 AttachedToParent 的 TaskCreationOption 值：

```
Task innerTask = Task.Factory.StartNew(InnerMethod,
   TaskCreationOptions.AttachedToParent);
```

(7) 运行代码，查看结果，注意内部任务必须在外部任务可以完成之前完成，输出如下所示：

```
Outer method starting...
Inner method starting...
Outer method finished.
Inner method finished.
Console app is stopping.
```

OuterMethod 方法可以在 InnerMethod 方法之前完成，这一点从控制台的输出可以看出。但是 OuterMethod 方法的任务必须等待，从控制台的输出可以看出，在外部任务和内部任务完成之前应用程序不会停止。

12.3.6 将任务包装在其他对象周围

有时，可能希望某个方法是异步的，但返回的结果本身并不是一个任务。可以将返回值包装在一个成功完成的任务中，返回一个异常，或者通过使用表 12.4 中显示的方法之一来指示任务被取消：

表 12.4　方法

方法	说明
FromResult<TResult>(TResult)	创建一个 Task<tresult>对象，其 Result 属性为非任务结果，Status 属性为 RanToCompletion
FromException<TResult>(Exception)	创建一个包含指定异常的 Task<Tresult>
FromCanceled<TResult>(CancellationToken)	创建一个 Task<tresult>对象，由于使用指定的取消令牌取消而完成

需要时，这些方法很有用：

- 实现一个具有异步方法的接口，但实现是同步的。这在网站和服务中很常见。
- 在单元测试期间模拟异步实现。

第 7 章创建了一个类库，其中包含了检查有效 XML、密码和十六进制代码的函数。

如果想让这些方法符合一个需要返回 Task<T>的接口，就可以使用这些有用的方法，如下面的代码所示：

```
using System.Text.RegularExpressions;

namespace Packt.Shared;

public static class StringExtensions
{
  public static Task<bool> IsValidXmlTagAsync(this string input)
```

```
  {
    if (input == null)
    {
      return Task.FromException<bool>(
        new ArgumentNullException("Missing input parameter"));
    }
    if (input.Length == 0)
    {
      return Task.FromException<bool>(
        new ArgumentException("input parameter is empty."));
    }
    return Task.FromResult(Regex.IsMatch(input,
      @"^<([a-z]+)([^<]+)*(?:>(.*)<\/\1>|\s+\/>)$"));
  }

  // other methods
}
```

如果需要实现的方法返回一个 Task(相当于同步方法中的 void)，就可以返回一个预定义的、已完成的 Task 对象，代码如下所示：

```
public Task DeleteCustomerAsync()
{
//...
return Task.CompletedTask;
}
```

12.4 同步访问共享资源

当多个线程同时执行时，两个或多个线程可能同时访问同一变量或资源，因此可能导致问题。出于这个原因，应该仔细考虑如何使代码线程安全。

实现代码线程安全的最简单机制是使用对象变量作为标志，以指示共享资源何时应用了独占锁。

可以将用于实现代码线程安全的对象变量命名为 conch。当一个线程有了 conch 时，其他线程就不能访问这个 conch 表示的共享资源。只有符合 conch 的代码才允许同步访问。conch 不是锁。

下面介绍一对可用于同步访问资源的类型。

- Monitor：用于防止多个线程在同一进程中同时访问资源的标志。
- Interlocked：用于在 CPU 级别操作简单数值类型的对象。

12.4.1 从多个线程访问资源

执行以下步骤：

(1) 使用喜欢的代码编辑器在 Chapter12 解决方案/工作区中添加一个新的控制台应用程序 SynchronizingResourceAccess。

(2) 在 Visual Studio Code 中，选择 SynchronizingResourceAccess 作为活动的 OmniSharp 项目。

(3) 在 Program.cs 中，删除现有的语句，然后添加语句，执行以下操作。

- 为诊断类型(如 Stopwatch)导入名称空间。

- 静态导入Console类型。
- 在Program.cs的底部，创建一个带有两个字段的静态类：
  - 生成随机等待时间的字段。
  - 用于存储消息的字符串字段(这是共享资源)。
- 在类的上面，创建两个静态方法，在循环中将字母A或B添加到共享字符串5次，每次迭代等待时间最长为2秒(随机间隔时间)。

```
static void MethodA()
{
  for (int i = 0; i < 5; i++)
  {
    Thread.Sleep(SharedObjects.Random.Next(2000));
    SharedObjects.Message += "A";
    Write(".");
  }
}

static void MethodB()
{
  for (int i = 0; i < 5; i++)
  {
    Thread.Sleep(SharedObjects.Random.Next(2000));
    SharedObjects.Message += "B";
    Write(".");
  }
}

static class SharedObjects
{
  public static Random Random = new();
  public static string? Message; // a shared resource
}
```

(4) 导入名称空间后，编写语句。在使用一对任务的独立线程上执行这两个方法，并等待它们完成，然后输出经过的毫秒数，代码如下所示：

```
WriteLine("Please wait for the tasks to complete.");
Stopwatch watch = Stopwatch.StartNew();

Task a = Task.Factory.StartNew(MethodA);
Task b = Task.Factory.StartNew(MethodB);

Task.WaitAll(new Task[] { a, b });

WriteLine();
WriteLine($"Results: {SharedObjects.Message}.");
WriteLine($"{watch.ElapsedMilliseconds:N0} elapsed milliseconds.");
```

(5) 运行代码并查看结果，输出如下所示：

```
Please wait for the tasks to complete.
..........
```

```
Results: BABABAABBA.
5,753 elapsed milliseconds.
```

这表明两个线程在同时修改消息。在实际应用程序中，这可能是一个问题。但是，可以对 conch 对象应用互斥锁来防止并发访问，并对这两个方法应用代码从而在修改共享资源之前自动检查 conch，参见下一节。

12.4.2 对 conch 应用互斥锁

下面使用 conch 来确保一次只有一个线程能访问共享资源。

(1) 在 SharedObjects 中声明并实例化一个 object 变量作为 conch，如下所示：

```
public static object Conch = new();
```

(2) 在 MethodA 和 MethodB 方法中，在 for 语句块的外围添加 lock 语句，如下所示：

```
lock (SharedObjects.Conch)
{
  for (int i = 0; i < 5; i++)
  {
    Thread.Sleep(SharedObjects.Random.Next(2000));
    SharedObjects.Message += "A";
    Write(".");
  }
}
```

最佳实践

注意，由于检查 conch 是自愿的，如果只在这两个方法中的一个使用 lock 语句，那么共享资源将继续被这两个方法访问。确保所有访问共享资源的方法都符合 conch。

(3) 运行代码并查看结果，输出如下所示：

```
Please wait for the tasks to complete.
..........
Results: BBBBBAAAAA.
10,345 elapsed milliseconds.
```

虽然耗费的时间更长，但是一次只有一个方法能访问共享资源。MethodA 或 MethodB 方法都可以先开始。一旦其中一个方法在共享资源上完成自己的工作，然后释放了 conch，另一个方法就有机会完成自己的工作。

1. 理解 lock 语句并避免死锁

lock 语句在锁定 object 变量时是如何工作的(提示：它并没有锁定对象!)？可参考下面的代码：

```
lock (SharedObjects.Conch)
{
// work with shared resource
}
```

C#编译器会将 lock 语句改为 try-finally 语句，从而使用 Monitor 类来输入和退出 object 变量 conch(我喜欢把它想象成提取并释放 conch 对象)，如下所示：

```
try
{
```

```
    Monitor.Enter(SharedObjects.Conch);

    // work with shared resource
  }
  finally
  {
    Monitor.Exit(SharedObjects.Conch);
  }
```

当线程调用任何对象的 Monitor.Enter 时，也就是引用类型，它会检查是否有其他线程已经使用了 conch。如果有，则线程等待。如果没有，线程将接受该 conch 并继续在共享资源上的工作。一旦线程完成了工作，它就调用 Monitor.Exit，释放 conch。如果另一个线程正在等待，它现在可以接受这个 conch 并执行工作。这要求所有线程通过相应地调用 Monitor.Enter和 Monitor.Exit 以符合 conch 要求。

2. 避免死锁

了解编译器如何将锁语句转换为 Monitor 类上的方法调用也很重要，因为使用 lock 语句可能导致死锁。

死锁往往发生在有两个或多个共享资源时(每个共享资源都有一个 conch 来监视哪个线程正在每个共享资源上工作)，事件发生的顺序如下：

- 线程 X 锁定 conch A，并开始在共享资源 A 上工作。
- 线程 Y 锁定 conch B，并开始在共享资源 B 上工作。
- 当线程 X 仍然在资源 A 上工作时，线程 X 也需要与资源 B 一起工作，所以线程 X 试图锁定 conch B，但被阻塞，因为线程 Y 已经锁定了 conch B。
- 当线程 Y 仍然在资源 B 上工作时，它也需要与资源 A 一起工作，所以线程 Y 试图锁定 conch A，但被阻塞，因为线程 X 已经锁定了 conch A。

防止死锁的有效方法是在尝试获取锁时指定超时。为此，必须手动使用 Monitor 类而不是使用 lock 语句。

(1) 修改代码，将 lock 语句替换为以下代码，这些代码试图以超时方式进入 conch 并输出一个错误，然后退出监视器，允许其他线程进入监视器，如下所示：

```
try
{
  if (Monitor.TryEnter(SharedObjects.Conch, TimeSpan.FromSeconds(15)))
  {
    for (int i = 0; i < 5; i++)
    {
      Thread.Sleep(SharedObjects.Random.Next(2000));
      SharedObjects.Message += "A";
      Write(".");
    }
  }
  else
  {
    WriteLine("Method A timed out when entering a monitor on conch.");
  }
}
finally
{
```

```
    Monitor.Exit(SharedObjects.Conch);
  }
```

(2) 运行代码并查看结果，它应该返回与以前相同的结果(尽管 A 或 B 可以先获取 conch)，但这是更好的代码，避免了潜在的死锁。

最佳实践

只有在能够编写避免潜在死锁的代码时才使用 lock 关键字。如果无法避免潜在的死锁，则始终使用 Monitor.TryEnter 方法代替 lock 语句并结合 try-finally 语句，这样就可以提供超时。如果出现死锁，其中一个线程将退出死锁。可以在以下链接阅读更多最佳的线程实践：

https://docs.microsoft.com/en-us/dotnet/standard/threading/managed-threading-best-practices

12.4.3 事件的同步

第 6 章介绍了如何引发和处理事件。但.NET 事件不是线程安全的，所以应避免在多线程场景中使用它们，并使用前面展示的标准事件引发代码。

许多开发人员试图在添加和删除事件处理程序或引发事件时使用独占锁，如下所示(这种做法不推荐)：

```
// event delegate field
public event EventHandler Shout;

// conch
private object eventLock = new();

// method
public void Poke()
{
  lock (eventLock) // bad idea
  {
    // if something is listening...
    if (Shout != null)
    {
      // ...then call the delegate to raise the event
      Shout(this, EventArgs.Empty);
    }
  }
}
```

更多信息

可通过以下链接阅读关于事件和线程安全的更多信息——https://docs.microsoft.com/en-us/archive/blogs/cburrows/field-like-events-considered-harmful。

最佳实践

事件的同步有些复杂，详见 https://blog.stephencleary.com/2009/06/threadsafe-events.html。

12.4.4　使 CPU 操作原子化

理解多线程中的哪些操作是原子操作是很重要的，因为如果它们不是原子操作，那么它们可能会在操作进行到一半时被另一个线程中断。C#递增运算符++是原子的吗？考虑下面的代码：

```
int x = 3;
x++; // is this an atomic CPU operation?
```

++运算符不是原子的！递增一个整数需要执行以下三个操作：

- 将值从实例变量加载到寄存器中。
- 增加值。
- 将值存储在实例变量中。

执行前两个操作后，线程可能被抢占。然后，另一个线程可以执行所有这三个操作。当第一个线程继续执行时，将覆盖实例变量的值，第二个线程执行的增减效果将丢失！

名为 Interlocked 的类型可以用来对值类型(如整数和浮点数)执行原子操作。

(1) 在 SharedObjects 类中声明另一个字段，用于计算发生了多少操作，如下所示：

```
public static int Counter; // another shared resource
```

(2) 在方法 A 和方法 B 的 for 语句内部，在修改字符串值之后，添加如下语句以安全地增加计数器：

```
Interlocked.Increment(ref SharedObjects.Counter);
```

(3) 输出运行时间后，将计数器的当前值写入控制台，如下所示：

```
WriteLine($"{SharedObjects.Counter} string modifications.");
```

(4) 运行代码并查看结果，部分输出如下所示：

```
Please wait for the tasks to complete.
..........
Results: BBBBBAAAAA.
13,531 elapsed milliseconds.
10 string modifications.
```

细心的读者会意识到，现有的 object 变量 conch 保护了由 conch 锁定的在代码块中访问的所有共享资源，因此在这个特定的示例中实际上没有必要使用 Interlocked。但是，如果还没有保护其他共享资源(如 Message)，那么需要使用 Interlocked。

12.4.5　应用其他类型的同步

Monitor 和 Interlocked 是互斥锁，它们简单有效，但有时需要使用更高级的类型来同步对共享资源的访问，如表 12.5 所示。

表 12.5　一些更高级的类型

类型	说明
ReaderWriterLock 和 ReaderWriterLockSlim (推荐)	以读取模式运行多个线程，其中一个线程允许以写入模式运行，并且独占锁的所有权；而另一个线程允许以可升级的读取模式进行读取访问，在这个线程中，可以升级到写入模式，而不必放弃对资源的读取访问权限

(续表)

类型	说明
Mutex	与 Monitor 一样，提供对共享资源的独占访问，但也可用于进程间同步
Semaphore和 SemaphoreSlim	通过定义插槽来限制可以并发访问资源或资源池的线程数量
AutoResetEvent和 ManualResetEvent	事件等待句柄允许线程通过相互发送信号和等待彼此的信号来同步活动

12.5 理解 async 和 await

C# 5.0 引入了两个关键字来简化 Task 类型的使用：async 和 await。它们在以下方面特别有用：

- 为图形用户界面(GUI)实现多任务处理。
- 提高 Web 应用程序和 Web 服务的可伸缩性。

第 15 章将探讨 async 和 await 关键字如何提高网站的可伸缩性。第 19 将探讨 async 和 await 关键字如何实现 GUI 的多任务处理。但是现在，我们首先学习为什么要引入这两个 C#关键字，然后讨论它们在实践中的应用。

12.5.1 提高控制台应用程序的响应能力

控制台应用程序存在的限制是，只能在标记为 async 的方法中使用 await 关键字，C# 7.0 及更早版本不允许把 Main 方法标记为 async！幸运的是，C# 7.1 中引入的新特性之一就是在 Main 方法中支持 async 关键字。

(1) 使用喜欢的代码编辑器在 Chapter12 解决方案/工作区中添加一个新的控制台应用程序 AsyncConsole。

(2) 在 Visual Studio Code 中，选择 AsyncConsole 作为活动的 OmniSharp 项目。

(3) 在 Program.cs 中，删除现有的语句并静态导入 Console，代码如下所示：

```
using static System.Console;
```

(4) 添加语句，创建 HttpClient 实例，对苹果公司的主页发出请求，并输出有多少字节，如下所示：

```
HttpClient client = new();

HttpResponseMessage response =
  await client.GetAsync("http://www.apple.com/");

WriteLine("Apple's home page has {0:N0} bytes.",
  response.Content.Headers.ContentLength);
```

(5) 构建项目，并注意它成功构建了在.NET 5 和更早的版本中，会看到一条错误消息，如下所示：

```
Program.cs(14,9): error CS4033: The 'await' operator can only be used
within an async method. Consider marking this method with the 'async'
```

```
    modifier and changing its return type to 'Task'. [/Users/markjprice/Code/
    Chapter12/AsyncConsole/AsyncConsole.csproj]
```

(6) 必须将 async 关键字添加到 Main 方法，并将其返回类型更改为 Task。在.NET 6 及以后版本中，控制台应用程序项目模板使用顶级程序特性自动定义 program 类和一个异步 Main 方法。

(7) 运行代码并查看结果，可能会有不同的字节数，因为苹果公司经常更改其主页，如下所示：

```
Apple's home page has 40,252 bytes.
```

12.5.2　改进 GUI 应用程序的响应能力

到目前为止，我们只构建了控制台应用程序。构建 Web 应用程序、Web 服务和带有 GUI 的应用程序(如 Windows 桌面应用程序和移动应用程序)时，程序员的工作会变得更加复杂。

原因之一是，对于 GUI 应用程序，有如下特殊的线程：用户界面(UI)线程。

在 GUI 中工作时有两条规则：

- 不要在 UI 线程上执行长时间运行的任务。
- 除 UI 线程外，不要在任何线程上访问 UI 元素。

为了处理这些规则，程序员在过去必须编写复杂的代码，以确保由非 UI 线程执行长时间运行的任务，但是一旦完成，就将任务的执行结果安全地传递给 UI 线程以呈现给用户。代码很快就会变得一团糟！

幸运的是，在 C# 5.0 及后续版本中，可以使用 async 和 await 关键字。它们允许继续编写代码，就像代码是同步的一样，这使代码能保持简洁和易于理解，但是在底层，C#编译器创建了复杂的状态机，并跟踪正在运行的线程。

下面看一个例子。我们将使用 WPF 构建 Windows 桌面应用程序，它使用低级类型 SqlConnection、SqlCommand 和 SqlDataReader 从 SQL Server 数据库 Northwind 中获取员工。只有拥有 Windows，在 SQL Server 中存储了 Northwind 数据库时，才能完成此任务。本节是本书中唯一一个不是跨平台和现代的部分(WPF 已经 16 岁了!)。

当前专注于使 GUI 应用程序响应。第 19 章学习 XAML 和构建跨平台 GUI 应用程序。因为本书没有在其他地方介绍 WPF，所以这个任务是一个很好的机会，至少可以看到一个使用 WPF 构建的示例应用程序，尽管我们没有详细地了解它。

执行下面的步骤。

(1) 如果使用的是 Visual Studio 2022 for Windows，在 Chapter12 解决方案中添加一个名为 WpfResponsive 的新 WPF Application[C#]项目。如果使用的是 Visual Studio Code，请使用以下命令：

```
dotnet new wpf
```

(2) 在项目文件中，注意输出类型是 Windows EXE，目标框架是.NET 6 for Windows(它不会运行在其他平台，如 macOS 和 Linux 上)，并且该项目使用 WPF。

(3) 向项目中添加 Microsoft.Data.SqlClient 的包引用，如下所示：

```
<Project Sdk="Microsoft.NET.Sdk">

  <PropertyGroup>
    <OutputType>WinExe</OutputType>
    <TargetFramework>net6.0-windows</TargetFramework>
```

```
    <Nullable>enable</Nullable>
    <UseWPF>true</UseWPF>
    </PropertyGroup>

  <ItemGroup>
    <PackageReference Include="Microsoft.Data.SqlClient" Version="3.0.0"
/>
  </ItemGroup>

</Project>
```

(4) 生成用于还原包的项目。

(5) 在 MainWindow.xaml 的<Grid>元素中，添加元素来定义两个按钮，一个文本框和一个列表框，垂直放置在堆栈面板中，如下所示：

```
<Grid>
  <StackPanel>
    <Button Name="GetEmployeesSyncButton"
            Click="GetEmployeesSyncButton_Click">
      Get Employees Synchronously</Button>
    <Button Name="GetEmployeesAsyncButton"
            Click="GetEmployeesAsyncButton_Click">
      Get Employees Asynchronously</Button>
    <TextBox HorizontalAlignment="Stretch" Text="Type in here" />
    <ListBox Name="EmployeesListBox" Height="400" />
  </StackPanel>
</Grid>
```

更多信息

Visual Studio 2022 for Windows 支持构建 WPF 应用程序，并在编辑代码和 XAML 标记时提供智能感知。Visual Studio Code 不需要。

(6) 在 MainWindow.xaml.cs 的 MainWindow 类中导入 System.Diagnostics 和 Microsoft.Data.SqlClient 名称空间，而后为数据库连接字符串和 SQL 语句创建两个字符串常量，创建单击两个按钮的事件处理程序，事件处理程序使用这些字符串常量打开 Northwind 数据库的连接，填充列表框的 Id 和所有员工的名字，如下所示：

```
private const string connectionString =
  "Data Source=.;" +
  "Initial Catalog=Northwind;" +
  "Integrated Security=true;" +
  "MultipleActiveResultSets=true;";
private const string sql =
  "WAITFOR DELAY '00:00:05';" +
  "SELECT EmployeeId, FirstName, LastName FROM Employees";

private void GetEmployeesSyncButton_Click(object sender, RoutedEventArgs
e)
{
  Stopwatch timer = Stopwatch.StartNew();
  using (SqlConnection connection = new(connectionString))
  {
    connection.Open();
    SqlCommand command = new(sql, connection);
```

```
    SqlDataReader reader = command.ExecuteReader();

    while (reader.Read())
    {
      string employee = string.Format("{0}: {1} {2}",
        reader.GetInt32(0), reader.GetString(1), reader.GetString(2));

      EmployeesListBox.Items.Add(employee);
    }
    reader.Close();
    connection.Close();
  }
  EmployeesListBox.Items.Add($"Sync: {timer.ElapsedMilliseconds:N0}ms");
}

private async void GetEmployeesAsyncButton_Click(
    object sender, RoutedEventArgs e)
{
  Stopwatch timer = Stopwatch.StartNew();
  using (SqlConnection connection = new(connectionString))
  {
    await connection.OpenAsync();
    SqlCommand command = new(sql, connection);
    SqlDataReader reader = await command.ExecuteReaderAsync();

    while (await reader.ReadAsync())
    {
      string employee = string.Format("{0}: {1} {2}",
        await reader.GetFieldValueAsync<int>(0),
        await reader.GetFieldValueAsync<string>(1),
        await reader.GetFieldValueAsync<string>(2));

      EmployeesListBox.Items.Add(employee);
    }
    await reader.CloseAsync();
    await connection.CloseAsync();
  }
  EmployeesListBox.Items.Add($"Async: {timer.ElapsedMilliseconds:N0}ms");
}
```

请注意以下几点：

- SQL 语句使用 SQL Server 命令 WAITFOR DELAY 来模拟耗时 5 秒的处理过程。然后从 Employees 表中选择三列。
- GetEmployeesSyncButton_Click 事件处理程序使用同步方法打开一个连接并获取员工行。
- GetEmployeesAsyncButton_Click 事件处理程序被标记为 async，并使用异步方法和 await 关键字打开连接并获取员工行。
- 两个事件处理程序都使用秒表记录操作所需的毫秒数，并将其添加到列表框中。

(7) 启动 WPF 应用程序而不进行调试。

(8) 单击文本框，输入一些文本，并注意 GUI 是响应的。

(9) 单击 Get Employees Synchronously 按钮。

(10) 尝试在文本框中单击，并注意 GUI 没有响应。

(11) 请等待至少 5 秒钟，直到列表框中已填满员工。

(12) 单击文本框，输入一些文本，并注意 GUI 再次响应。

(13) 单击 Get Employees Asynchronously 按钮。

(14) 单击文本框，输入一些文本，注意 GUI 在执行操作时仍然是响应的。继续输入，直到列表框填满员工为止。

(15) 请注意这两个操作在计时方面的差异。UI 在同步抓取数据时被阻塞，而 UI 在异步抓取数据时保持响应。

(16) 关闭 WPF 应用程序。

12.5.3 改进 Web 应用程序和 Web 服务的可伸缩性

在构建网站、应用程序和服务时，还可以在服务器端应用 async 和 await 关键字。从客户端应用程序的角度看，没有什么变化(用户可能注意到请求返回的时间略有增加)。因此，从单个客户端的角度看，使用 async和 await 关键字在服务器端实现多任务会使用户的体验更糟！

在服务器端，可创建更便宜的工作线程来等待长时间运行的任务完成，以便昂贵的 I/O 线程可以处理其他客户端请求，而不是被阻塞。这提高了 Web 应用程序或服务整体的可伸缩性，从而可以同时支持更多客户端。

12.5.4 支持多任务处理的常见类型

很多常见类型都提供了可以等待的异步方法，如表 12.6 所示。

表 12.6 提供了可以等待的异步方法的一些常见类型

类型	方法
DbContext<T>	AddAsync、AddRangeAsync、FindAsync 和 SaveChangesAsync
DbSet<T>	AddAsync、AddRangeAsync、ForEachAsync、SumAsync、ToListAsync、ToDictionaryAsync、AverageAsync 和 CountAsync
HttpClient	GetAsync、PostAsync、PutAsync、DeleteAsync 和 SendAsync
StreamReader	ReadAsync、ReadLineAsync 和 ReadToEndAsync
StreamWriter	WriteAsync、WriteLineAsync 和 FlushAsync

最佳实践

每当看到一个以 Async 结尾的方法时，就检查这个方法是否返回 Task 或 Task<T>。如果是，那么应该使用这个方法而不是使用不以 Async 作为后缀的方法。记住使用 await 关键字调用这个方法，并使用 async 关键字进行修饰。

12.5.5 在 catch 块中使用 await 关键字

在 C# 5.0 中，只能在 try 块中使用 await 关键字，而不能在 catch 块中使用。在 C# 6.0 及后续版本中，可以在 try 和 catch 块中使用 await 关键字。

12.5.6 使用 async 流

在.NET Core 3.0 中，微软引入了流的异步处理。

可访问以下链接阅读关于异步流的教程：

https://docs.microsoft.com/en-us/dotnet/csharp/tutorials/generate-consume-asynchronous-stream

在 C# 8.0 和.NET Core 3.0 之前，await 关键字只能用于返回标量值的任务。.NET Standard 2.1 支持的异步流允许 async 方法返回值的序列。

下面看一个模拟的示例，它以异步流的形式返回三个随机整数。

(1) 使用喜欢的代码编辑器在 Chapter12 解决方案/工作区中添加一个新的控制台应用程序 AsyncEnumerable。

(2) 在 Visual Studio Code 中，选择 AsyncEnumerable 作为 OmniSharp 项目。

(3) 在 Program.cs 中，删除现有的语句并静态导入 Console，代码如下所示：

```
using static System.Console; // WriteLine()
```

(4) 在 Program.cs 的底部，创建一个方法，该方法使用 yield 关键字异步返回三个数字的随机序列，代码如下所示：

```
async static IAsyncEnumerable<int> GetNumbersAsync()
{
  Random r = new();

  // simulate work
  await Task.Delay(r.Next(1500, 3000));
  yield return r.Next(0, 1001);

  await Task.Delay(r.Next(1500, 3000));
  yield return r.Next(0, 1001);

  await Task.Delay(r.Next(1500, 3000));
  yield return r.Next(0, 1001);
}
```

(5) 在 GetNumbersAsync 上面，添加语句来枚举数字序列，如下所示：

```
await foreach (int number in GetNumbersAsync())
{
   WriteLine($"Number: {number}");
}
```

(6) 运行代码并查看结果，输出如下所示：

```
Number: 509
Number: 813
Number: 307
```

12.6 实践和探索

你可以通过回答一些问题来测试自己对知识的理解程度，进行一些实践，并深入探索本章涵盖的主题。

12.6.1 练习 12.1：测试你掌握的知识

回答以下问题：

(1) 关于进程，可以找到哪些信息？

(2) Stopwatch 类有多精确？

(3) 按照约定，应该对返回 Task 或 Task< T >的方法使用什么后缀？

(4) 要在方法中使用 await 关键字，必须给方法声明添加什么关键字？

(5) 如何创建子任务？

(6) 为什么要避免使用 lock 关键字？

(7) 什么时候应该使用 Interlocked 类？

(8) 什么时候应该使用 Mutex 类而不是 Monitor 类？

(9) 在网站或 Web 服务中使用 async和 await 关键字的好处是什么？

(10) 能取消任务吗？如何取消？

12.6.2 练习 12.2：探索主题

可通过以下链接来阅读关于本章所涉及主题的更多细节：

https://github.com/markjprice/cs10dotnet6/blob/main/book-links.md#chapter-12---improving-performance-and-scalability-using-multitasking

12.7 本章小结

本章不仅介绍了如何定义和启动任务，还介绍了如何等待一个或多个任务完成，以及如何控制任务的完成顺序。你掌握了如何同步对共享资源的访问，以及 async和 await 关键字背后的工作原理。

本书剩下的章节将介绍如何为.NET 支持的应用程序模型(即工作负载)创建应用程序，比如网站、服务、跨平台桌面应用程序和移动应用程序。

第13章 C#和.NET 的实际应用

本书的第三大部分介绍 C#和.NET 的实际应用。你将学习如何构建完整的跨平台项目，如网站、服务、桌面应用程序以及移动应用程序，微软称构建应用程序的平台为应用模型(App Model)或工作负载(workload)。

在第 1~18 章和第 20 章中，可以使用特定于操作系统的 Visual Studio 或跨平台的 Visual Studio Code 和 JetBrains Rider 来构建所有应用程序。在第 19 章中，尽管可以使用 Visual Studio Code 来构建移动和桌面应用程序，但这并不容易。目前，Visual Studio 2022 for Windows 比 Visual Studio Code 对.NET MAUI 有更好的支持。

建议按顺序完成本章和后续章节，因为后续章节将参考前面章节中的项目，并建立足够的知识和技能，以解决后续章节中更棘手的问题。

本章涵盖以下主题：

- 理解 C#和.NET 的应用模型
- ASP.NET Core 的新特性
- 结构化项目
- 使用其他项目模板
- 为 Northwind 构建实体数据模型

13.1 理解 C#和.NET 的应用模型

本书讨论的是 C# 10 和.NET 6，接下来探讨如何使用它们来构建实际应用程序的应用模型，你在本书的剩余章节中将遇到这些模型。

更多信息

微软在.NET 应用程序架构的指导文档中为实现应用模型提供了广泛的指导，网址为 https://www.microsoft.com/net/learn/architecture。

13.1.1 使用 ASP.NET Core 构建网站

网站由多个从文件系统静态加载的 Web 页面组成，或由使用服务器端技术(如 ASP.NET Core)

动态生成的 Web 页面组成。Web 浏览器使用 URL 发出 GET 请求，URL 标识每个页面，并且可以使用 POST、PUT 和 DELETE 请求来操作存储在服务器上的数据。

对于许多网站，Web 浏览器被视为表示层，几乎所有的处理都在服务器端执行。客户端可以使用少量 JavaScript 来实现一些表示特性，如轮播。

ASP.NET Core 提供了三种构建网站的技术：

- ASP.NET Core Razor Pages 和 Razor 类库可用于为简单网站动态生成 HTML，详见第 14 章。
- ASP.NET Core MVC 是 MVC(模型-视图-控制器)设计模式的一种实现，这种设计模式在开发复杂网站时很流行，详见第 15 章。
- Blazor 允许使用 C#和.NET 来构建用户界面组件，而不是使用基于 Javascript 的 UI 框架，如 Angular、React 和 Vue。Blazor WebAssembly 像基于 Javascript 的框架一样在浏览器中运行代码。Blazor Server 在服务器上运行代码，并动态更新网页。Blazor 技术详见第 17 章。Blazor 不仅用来建网站，也可用来创建混合移动和桌面应用程序。

1. 使用内容管理系统构建网站

大多数网站都有大量的内容，如果每次修改一些内容时都需要开发人员参与，网站就不能很好地扩展了。内容管理系统(CMS)使开发人员能够定义内容结构和模板，从而提供一致且良好的设计，同时使非技术性内容的所有者能够轻松地管理实际内容。开发人员可以创建新的页面或内容块，并更新现有的内容，因为这样做对访问者来说是非常方便的。

所有 Web 平台都有大量可用的 CMS，比如 PHP 的 WordPress 和 Python 的 Django CMS。支持现代.NET 的 CMS 包括 Optimizely Content Cloud、Piranha CMS 和 Orchard Core。

使用 CMS 的主要好处在于有了友好的内容管理用户界面。内容所有者登录网站并自行管理内容。然后使用 ASP.NET MVC 控制器和视图将内容呈现并返回给访问者。或者通过 Web 服务端点(也就是所谓的无头 CMS)将这些内容提供给“头”，这些“头”实现为移动或桌面应用、店内触点或使用 JavaScript 框架或 Blazor 构建的客户端。

本书中并未介绍.NET CMS。想要学习更多相关知识，可以访问 GitHub 库，网址为 https://github.com/markjprice/cs10dotnet6/blob/main/book-links.md#net-content- management-systems。

2. 使用 SPA 框架构建 Web 应用程序

Web 应用程序也称为单页面应用程序(Single-Page Application，SPA)，其中只包含一个 Web 页面，由 Blazor WebAssembly、Angular、React、Vue 等前端技术或一个专有的 JavaScript 库构建而来，这个专有的 JavaScript 库可以向后端 Web 服务发出请求，在需要时获得更多数据，发布更新的数据并使用常见的序列化格式(如 XML 和 JSON)。典型的例子是谷歌 Web 应用程序，如 Gmail、Maps 和 Docs。

对于 Web 应用程序，客户端使用 JavaScript 框架或 Blazor WebAssembly 来实现复杂的用户交互，但是大多数重要的处理和数据访问仍然发生在服务器端，因为 Web 浏览器对本地系统资源的访问是有限的。

JavaScript 是弱类型的，不是专为复杂的项目设计的，所以现在大多数 JavaScript 库使用的都是微软的 TypeScript。TypeScript 为 JavaScript 添加了强类型，并且设计了许多现代语言特性来处理复杂的实现。

.NET SDK 有面向基于 JavaScript 和 TypeScript 的 SPA 的项目模板，但本书不会占用任何篇幅介绍如何构建基于 JavaScript 和 TypeScript 的 SPA，即使这些模板通常与 ASP.NET Core 一起作为后端使用。

综上所述，C#和.NET 在服务器端和客户端都可以用来构建网站，如图 13.1 所示。

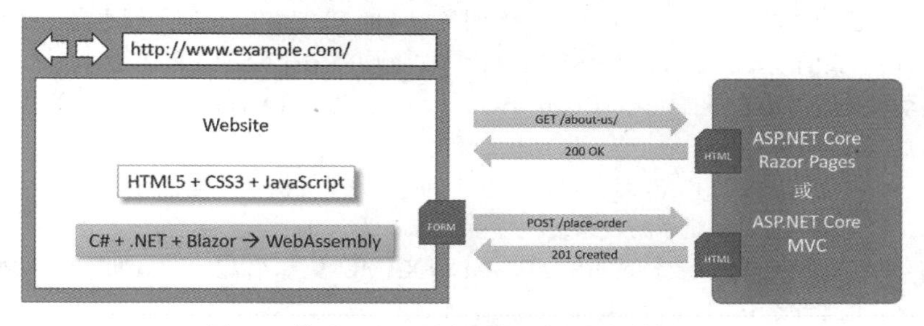

图 13.1　使用 C#和.NET 在服务器端和客户端构建网站

13.1.2　构建 Web 和其他服务

本书虽然不探讨基于 JavaScript 和 TypeScript 的 SPA，但会介绍如何使用 ASP.NET Core Web API 构建 Web 服务，然后在 ASP .NET Core 网站中从服务器端代码调用该 Web 服务。此后，调用来自 Blazor WebAssembly 组件以及跨平台移动和桌面应用程序的 Web 服务。

服务没有正式的定义，但有时会根据它们的复杂性来描述。

- 服务：客户端应用程序需要的所有功能都在单一的服务中。
- 微服务：多个服务，每个服务都专注于更小的功能集。
- 纳米服务：单一功能作为服务提供。与 24/7/365 天托管的服务和微服务不同，纳米服务通常是不活动的，直到被调用以减少资源和成本。

除了使用 HTTP 作为底层通信技术和 API 设计原则的 Web 服务外，我们还将学习如何使用其他技术和设计理念来构建服务，包括：

- **gRPC**，用于构建高效、高性能的服务，支持几乎任何平台。
- **SignalR**，用于构建组件之间的实时通信。
- **OData**，利用 Web API 包装 Entity Framework Core 和其他数据模型。
- **GraphQL**，让客户端控制跨多个数据源检索什么数据。
- **Azure 函数**，用于在云中托管无服务器的纳米服务。

13.1.3　构建移动和桌面应用

目前主要有两大移动平台，即苹果公司的 iOS 和谷歌的 Android，它们都有自己的编程语言和平台 API。还有两种主要的桌面平台，即苹果公司的 macOS 和微软的 Windows，它们都有自己的编程语言和平台 API，如下所示。

- **iOS**：Objective C 或 Swift 和 UIkit。
- **Android**：Java 或 Kotlin 和 Android API。
- **macOS**：Objective C 或 Swift、AppKit 或 Catalyst。
- **Windows**：C、C++或许多其他语言，以及 Win32 API 或 Windows App SDK。

因为本书讨论的是如何使用 C#和.NET 进行现代跨平台开发，所以不包括使用 Windows 窗体、

Windows Presentation Foundation (WPF)或通用 Windows 平台(UWP)应用程序构建桌面应用程序的内容，因为它们仅适用于 Windows。

跨平台的移动和桌面应用程序可以为.NET 多平台应用程序用户界面(MAUI)平台构建一次，然后可以在许多移动和桌面平台上运行。

它们可以面向与控制台应用、网站和 Web 服务相同的.NET API。该应用程序将在移动设备的 Mono 运行时和桌面设备的 CoreCLR 运行时执行。与普通的.NET CoreCLR 运行时相比，Mono 运行时为移动设备进行了更好的优化。Blazor WebAssembly 也使用 Mono 运行时，因为像移动应用一样，它是资源受限的。

这些应用程序可以独立存在，但它们通常通过调用服务来提供一种跨越所有计算设备的体验，从服务器、笔记本电脑到手机和游戏系统。

.NET MAUI 未来的更新支持现有的 MVVM 和 XAML 模式，以及使用 C#的模型-视图-更新(MVU)，这就像苹果公司的 Swift UI。

第 19 章将讲述如何使用.NET MAUI 来构建跨平台移动和桌面应用程序。

13.1.4 .NET MAUI 的替代品

在微软创建.NET MAUI 之前，第三方已经创建了开源项目，让.NET 开发人员使用名为 Uno 和 Avalonia 的 XAML 构建跨平台应用程序。

1. 理解 Uno 平台

正如 Uno 在其网站上所说的那样，它是“第一个也是唯一一个面向 Windows、WebAssembly、iOS、macOS、Android 和 Linux 的单代码库应用程序的 UI 平台。”

开发者可以重用 99%的业务逻辑和 UI 层，跨越本地移动、Web 和桌面。

Uno 平台使用 Xamarin 本地平台，但不使用 Xamarin.Forms。对于 WebAssembly，Uno 使用 Mono-WASM 运行时，就像 Blazor WebAssembly 一样。对于 Linux，Uno 使用 Skia 在画布上绘制用户界面。

2. 理解 Avalonia

在.NET 基金会的网站上，Avalonia “是一个跨平台的基于 XAML 的 UI 框架，提供了一个灵活的样式系统，并通过 Xorg 和 macOS 支持多种操作系统，如 Windows、Linux。Avalonia 已经为通用桌面应用开发做好了准备。”

可将 Avalonia 看作 WPF 的精神继承者。熟悉 WPF 的 WPF、Silverlight 和 UWP 开发人员可以继续受益于他们多年来积累的知识和技能。

JetBrains 使用它来更新基于 WPF 的工具，并使其跨平台。

Visual Studio 的 Avalonia 扩展以及与 JetBrains Rider 的深度集成使开发更容易，效率更高。

13.2 ASP.NET Core 的新特性

在过去几年里，微软迅速扩展了 ASP.NET Core 的功能。你应该注意哪些.NET 平台是目前支持的，如下所示：

- ASP.NET 的 1.0 至 2.2 版本运行在.NET Core 或.NET Framework 上。
- ASP.NET Core 3.0 或更高版本只能运行在.NET Core 3.0 或更高版本上。

13.2.1　ASP.NET Core 1.0

ASP.NET Core 1.0 于 2016 年 6 月发布，重点是实现一个最小化的 API，这个 API 用于为 Windows、macOS 和 Linux 构建现代的跨平台 Web 应用程序和服务。

13.2.2　ASP.NET Core 1.1

ASP.NET Core 1.1 于 2016 年 11 月发布，主要关注 bug 的修复以及实现特性和性能的全面改进。

13.2.3　ASP.NET Core 2.0

ASP.NET Core 2.0 于 2017 年 8 月发布，主要专注于添加新功能，如 ASP.NET Core Razor Pages 以及将程序集捆绑到 Microsoft.AspNetCore.All 集合包。ASP.NET Core 2.0 以.NET Standard 2.0 为目标，提供了新的身份验证模型并改进了性能。

ASP.NET Core 2.0 引入的最大的新特性是 ASP.NET Core Razor Pages(参见第 14 章)和 ASP.NET Core OData 支持(参见第 18 章)。

13.2.4　ASP.NET Core 2.1

ASP.NET Core 2.1 于 2018 年 5 月发布，是一个长期支持(LTS)版本，这意味着它在 2021 年 8 月 21 日之前的 3 年里都得到了支持(直到 2018 年 8 月的版本 2.1.3，它才被正式指定为 LTS)。

重点是添加了用于实时通信的 SignalR、用于重用 Web 组件的 Razor 类库以及用于身份验证的 ASP.NET Core Identity，能够更好地支持 HTTPS 和欧盟的通用数据保护法规(GDPR)，如表 13.1 所示。

表 13.1　ASP.NET Core 2.1 新增的功能

功能	涉及的章节	主题
Razor 类库	第 14 章	使用 Razor 类库
GDPR 支持	第 15 章	创建并探讨 ASP.NET Core MVC 网站
Identity UI 库和搭建脚手架(scaffolding)	第 15 章	探讨 ASP.NET Core MVC 网站
集成测试	第 15 章	测试 ASP.NET Core MVC 网站
[ApiController]和 ActionResult<T>	第 16 章	创建 ASP.NET Core Web API 项目
问题的细节	第 16 章	实现 Web API 控制器
IHttpClientFactory	第 16 章	使用 HttpClientFactory 配置 HTTP 客户端
ASP.NET Core SignalR	第 18 章	使用 SignalR 实现实时通信

13.2.5 ASP.NET Core 2.2

ASP.NET Core 2.2 于 2018 年 12 月发布，重点是改进 RESTful HTTP API 的构建，将项目模板更新为 Bootstrap 4 和 Angular 6(这是托管在 Azure 中的优化配置)以及改进性能，如表 13.2 所示。

表 13.2 ASP.NET Core 2.2 新增的功能

功能	涉及的章节	主题
Kestrel 中的 HTTP/2	第 14 章	传统的 ASP.NET 与现代的 ASP.NET Core
进程内托管模式	第 14 章	创建 ASP.NET Core 项目
端点路由	第 14 章	理解端点路由
健康检查 API	第 16 章	实现健康检查 API
开放的 API 分析器	第 16 章	实现开放的 API 分析器和约定

13.2.6 ASP.NET Core 3.0

ASP.NET Core 3.0 于 2019 年 9 月发布，专注于充分利用.NET Core 3.0 和.NET Standard 2.1(这也意味着不再支持.NET Framework)并增加了一些有用的改进，如表 13.3 所示。

表 13.3 ASP.NET Core 3.0 新增的功能

功能	涉及的章节	主题
Razor 类库中的静态资产	第 14 章	使用 Razor 类库
用于 MVC 服务注册的新选项	第 15 章	了解 ASP.NET Core MVC 的启动
ASP.NET Core gRPC	第 18 章	使用 ASP.NET Core gRPC 构建服务
Blazor 服务器	第 17 章	使用 Blazor Server 构建组件

13.2.7 ASP.NET Core 3.1

ASP.NET Core 3.1 于 2019 年 12 月发布，是一个 LTS 版本，这意味着它将一直支持到 2022 年 12 月 3 日。它关注的是如何对用于 Razor 组件的 Partial 类支持以及新的组件标记助手进行改进。

13.2.8 Blazor WebAssembly 3.2

Blazor WebAssembly 3.2 于 2020 年 5 月发布。这是一个 Current 版本，意味着项目必须在.NET 5 发布后的三个月内，也就是 2021 年 2 月 10 日之前，升级到.NET 5 版本。微软终于兑现了使用.NET 进行全栈 Web 开发的承诺，有关 Blazor Server 和 Blazor WebAssembly 的更多内容见第 17 章。

13.2.9 ASP.NET Core 5.0

ASP.NET Core 5.0 于 2020 年 11 月发布，专注于修复 bug，使用缓存进行证书认证方面的性能改进，在 Kestrel 中实现 HTTP/2 响应头的 HPACK 动态压缩，进行 ASP.NET Core 程序集的可空注解，以及减小容器镜像的大小，如表 13.4 所示。

表 13.4 ASP.NET Core 5.0 新增的功能

功能	涉及的章节	主题
扩展方法以允许匿名访问端点	第 16 章	保护 Web 服务
用于 HttpRequest 和 HttpResponse 的扩展方法	第 16 章	在控制器中以 JSON 的形式获取客户

13.2.10 ASP.NET Core 6.0

ASP.NET Core 6.0 于 2021 年 11 月发布，专注于提高生产率，比如最小化代码来实现基本的网站和服务、.NET Hot Reload 以及 Blazor 的新主机选项(如使用.NET MAUI 的混合应用程序)，包括表 13.5 中列出的主题。

表 13.5 ASP.NET Core 6.0 的相关主题

特性	涉及的章节	主题
新的空 Web 项目模板	第 14 章	了解空 Web 项目模板
HTTP 日志中间件	第 16 章	启用 HTTP 日志功能
最小化 API	第 16 章	实现最小化的 Web API
Blazor 错误边界	第 17 章	定义 Blazor 错误边界
Blazor WebAssembly AOT	第 17 章	启用 Blazor WebAssembly 提前编译
.NET Hot Reload	第 17 章	使用.NET Hot Reload 修复代码
.NET MAUI Blazor 应用程序	第 19 章	在.NET MAUI 应用中托管 Blazor 组件

13.3 构建 Windows 专用的桌面应用程序

构建 Windows 专属桌面应用程序的技术包括：

- Windows Forms, 2002
- Windows Presentation Foundation (WPF), 2006
- Windows Store 应用程序, 2012
- Universal Windows Platform (UWP) 应用程序, 2015
- Windows App SDK (以前的 WinUI 3 和 Project Reunion)应用程序, 2021

13.3.1 理解旧的 Windows 应用程序平台

在 1985 年发布的 Microsoft Windows 1.0 中，创建 Windows 应用程序的唯一方法是使用 C 语言和调用三个核心 DLL 中的函数，这三个 DLL 分别名为 kernel、user 和 GDI。当 Windows 通过 Windows 95 成为 32 位时，DLL 就以 32 为后缀，成为众所周知的 Win32 API。

在 1991 年，微软推出了 Visual Basic，它为开发人员提供了一种可视化的、从控件工具箱中拖曳出来的方式为 Windows 应用程序构建用户界面。它非常流行，Visual Basic 运行时今天仍然作为 Windows 10 的一部分发布。

随着 C#和.NET Framework 的第一个版本在 2002 年发布，微软提供了构建名为 Windows 窗体的 Windows 桌面应用程序的技术。在当时的 Web 开发中，类似的东西被命名为 Web Forms，因此才有了这样的称谓。代码可以用 Visual Basic 或 C#语言编写。Windows 窗体有一个类似的拖放视觉设计器，尽管它生成 C#或 Visual Basic 代码来定义用户界面，但可能很难让人理解和直接编辑。

2006 年，微软发布了一项更强大的构建 Windows 桌面应用程序的技术，名为 Windows Presentation Foundation (WPF)，作为.NET Framework 3.0 的关键组件，与 Windows Communication Foundation (WCF)和 Windows Workflow (WF)并列。

尽管 WPF 应用程序可以通过编写 C#语句来创建，但也可以使用可扩展应用程序标记语言(XAML)来指定其用户界面，这对于人类和代码来说都很容易理解。Windows 的 Visual Studio 部分是用 WPF 构建的。

2012 年，微软发布了 Windows 8 及其 Windows Store 应用程序，这些应用程序运行在一个受保护的沙箱中。

2015 年，微软发布了 Windows 10，并更新了 Windows Store 应用程序的概念，命名为 UWP。可以使用 C++和 DirectX UI，或 JavaScript 和 HTML，或 C#，通过现代.NET 的自定义分支来构建 UWP 应用程序。现代.NET 不是跨平台的，但提供了对底层 WinRT API 的完全访问。

UWP 应用程序只能在 Windows 10 平台上运行，而不能在 Windows 的早期版本上运行，但 UWP 应用程序可以在带有运动控制器的 Xbox 和 Windows Mixed Reality 耳机上运行。

许多 Windows 开发者拒绝 Windows Store 和 UWP 应用程序，因为它们对底层系统的访问受到限制。微软最近创建了 Project Reunion 和 WinUI 3，这两款应用的合作使 Windows 开发者能够将现代 Windows 开发的一些优点带到他们现有的 WPF 应用中，并使他们拥有与 UWP 应用相同的优点和系统集成。这一倡议现在被称为 Windows App SDK。

13.3.2 理解现代.NET 对旧 Windows 平台的支持

在 Linux 和 macOS 上，.NET SDK 的磁盘大小大约是 330 MB。在 Windows 上，.NET SDK 的磁盘大小大约是 440 MB。这是因为它包括 Windows 桌面运行时，允许旧 Windows 应用程序平台 Windows Forms 和 WPF 在现代.NET 上运行。

使用 Windows Forms 和 WPF 构建的许多企业应用程序需要用新特性维护或增强，但直到最近，它们还停留在.NET Framework 上，而该平台现在已经是旧平台。有了现代的.NET 和它的 Windows 桌面包，这些应用程序现在可以充分利用.NET 的现代功能。

13.4 结构化项目

应该如何组织项目？前面创建了小型的独立控制台应用程序来说明语言或库功能。本书的其余部分将使用不同的技术构建多个项目。这些技术合并起来，以提供单一的解决方案。

对于大型、复杂的解决方案，在所有代码中导航可能很困难。因此，结构化项目的主要目的是使组件更容易找到。最好为解决方案或工作区设置一个反映应用程序或解决方案的整体名称。

下面为一个名为 Northwind 的虚构公司构建多个项目。把解决方案或工作区命名为 PracticalApps，并使用名称 Northwind 作为所有项目名称的前缀。

有许多方法可以对项目和解决方案进行结构化和命名，例如，使用文件夹层次结构和命名约定。如果你在一个团队中工作，确保你知道团队是如何做的。

在解决方案或工作区中结构化项目

最好在解决方案或工作区中为项目设置命名约定，这样任何开发人员都可以立即知道每个项目的功能。一个常见的选择是使用项目的类型，例如类库、控制台应用、网站等，如表 13.6 所示。

表 13.6　命名约定

名称	说明
Northwind.Common	一个类库项目，用于跨多个项目使用的通用类型，如接口、枚举、类、记录和结构
Northwind.Common.EntityModels	一个用于通用 EF Core 实体模型的类库项目。实体模型通常在服务器端和客户端都使用，因此最好分离对特定数据库提供者的依赖
Northwind.Common.DataContext	用于 EF Core 数据库上下文的类库项目，依赖于特定的数据库提供商
Northwind.Web	用于简单网站的 ASP.NET Core 项目，使用了静态 HTML 文件和动态 Razor Pages 的混合
Northwind.Razor.Component	在多个项目中用于 Razor Pages 的类库项目
Northwind.Mvc	ASP.NET Core 项目，用于使用 MVC 模式的复杂网站，可以更容易地进行单元测试
Northwind.WebApi	用于 HTTP API 服务的 ASP.NET Core 项目。这是与网站集成的一个很好的选择，因为可以使用任何 JavaScript 库或 Blazor 与服务进行交互
Northwind.OData	用于 HTTP API 服务的 ASP.NET Core 项目，该项目用于实现 OData 标准，使客户端能够控制查询
Northwind.GraphQL	用于 HTTP API 服务的 ASP.NET Core 项目，该项目实现 GraphQL 标准，使客户端能够控制查询
Northwind.gRPC	用于 gRPC 服务的 ASP.NET Core 项目。gRPC 是集成任何语言和平台构建的应用程序的一个很好的选择，因为它有广泛的支持，是高效的
Northwind.SignalR	用于实时通信的 ASP.NET Core 项目
Northwind.AzureFuncs	ASP.NET Core 项目，用于实现 Azure 函数中托管的无服务器纳米服务
Northwind.BlazorServer	ASP.NET Core Blazor Server 项目
Northwind.BlazorWasm.Client	ASP.NET Core Blazor WebAssembly 客户端项目
Northwind.BlazorWasm.Server	ASP.NET Core Blazor WebAssembly 服务器端项目
Northwind.Maui	跨平台桌面/移动应用的.NET MAUI 项目
Northwind.MauiBlazor	.NET MAUI 项目，用于承载与 OS 本地集成的 Blazor 组件

13.5　使用其他项目模板

安装.NET SDK 时，会包含许多项目模板。

(1) 在命令提示符或终端输入以下命令：

```
dotnet new --list
```

(2) 显示当前安装的模板列表，包括 Windows 桌面开发模板(如果你在 Windows 上运行的话)，如图 13.2 所示。

```
PS C:\Users\markj> dotnet new --list
Template Name                                   Short Name           Language    Tags
--------------------------------------------    -------------------  ----------  ----------------------
Console Application                             console              [C#],F#,VB  Common/Console
Class Library                                   classlib             [C#],F#,VB  Common/Library
WPF Application                                 wpf                  [C#],VB     Common/WPF
WPF Class library                               wpflib               [C#],VB     Common/WPF
WPF Custom Control Library                      wpfcustomcontrollib  [C#],VB     Common/WPF
WPF User Control Library                        wpfusercontrollib    [C#],VB     Common/WPF
Windows Forms App                               winforms             [C#],VB     Common/WinForms
Windows Forms Class Library                     winformslib          [C#],VB     Common/WinForms
Windows Forms Control Library                   winformscontrollib   [C#],VB     Common/WinForms
Worker Service                                  worker               [C#],F#     Common/Worker/Web
MSTest Test Project                             mstest               [C#],F#,VB  Test/MSTest
NUnit 3 Test Project                            nunit                [C#],F#,VB  Test/NUnit
NUnit 3 Test Item                               nunit-test           [C#],F#,VB  Test/NUnit
xUnit Test Project                              xunit                [C#],F#,VB  Test/xUnit
MVC ViewImports                                 viewimports          [C#]        Web/ASP.NET
Razor Component                                 razorcomponent       [C#]        Web/ASP.NET
MVC ViewStart                                   viewstart            [C#]        Web/ASP.NET
Razor Page                                      page                 [C#]        Web/ASP.NET
Blazor Server App                               blazorserver         [C#]        Web/Blazor
Blazor WebAssembly App                          blazorwasm           [C#]        Web/Blazor/WebAssembly
ASP.NET Core Empty                              web                  [C#],F#     Web/Empty
ASP.NET Core Web App (Model-View-Controller)    mvc                  [C#],F#     Web/MVC
ASP.NET Core Web App                            webapp               [C#]        Web/MVC/Razor Pages
ASP.NET Core with React.js and Redux            reactredux           [C#]        Web/MVC/SPA
ASP.NET Core with Angular                       angular              [C#]        Web/MVC/SPA
ASP.NET Core with React.js                      react                [C#]        Web/MVC/SPA
Razor Class Library                             razorclasslib        [C#]        Web/Razor/Library
ASP.NET Core Web API                            webapi               [C#],F#     Web/WebAPI
ASP.NET Core gRPC Service                       grpc                 [C#]        Web/gRPC
dotnet gitignore file                           gitignore                        Config
global.json file                                globaljson                       Config
NuGet Config                                    nugetconfig                      Config
Dotnet local tool manifest file                 tool-manifest                    Config
Web Config                                      webconfig                        Config
Solution File                                   sln                              Solution
Protocol Buffer File                            proto                            Web/gRPC
```

图 13.2　dotnet 项目模板的列表

(3) 注意与 Web 相关的项目模板，包括那些使用 Blazor、Angular 和 React 创建 SPA 的模板。但是另一个常见的 JavaScript SPA 库 Vue 却不存在。

安装额外的模板包

开发者可以安装很多额外的模板包。

(1) 打开浏览器并导航到 http://dotnetnew.azurewebsites.net/。

(2) 在文本框中输入 vue，并注意 Vue.js 的可用模板列表，包括一个微软发布的模板，如图 13.3 所示。

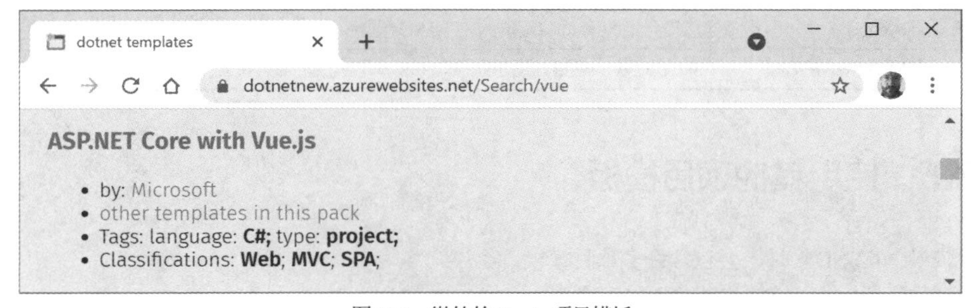

图 13.3　微软的 Vue.js 项目模板

(3) 单击 ASP.NET Core with Vue.js，并注意安装和使用该模板的说明，命令如下所示：

```
dotnet new --install "Microsoft.AspNetCore.SpaTemplates"
```

```
dotnet new vue
```

(4) 单击 View other templates in this package，注意除了 Vue.js 的项目模板外，它还有 Aurelia 和 Knockout.js 的项目模板。

13.6 为 Northwind 数据库建立实体数据模型

实际的应用程序通常需要处理关系数据库或其他数据存储中的数据。本节将为存储在 SQLite 中的 Northwind 示例数据库构建实体数据模型，以便用在后续章节创建的大多数应用程序中。

最佳实践

Northwind4SQLServer.sql 和 Northwind4SQLite.SQL 脚本文件不同。SQL Server 的脚本创建 13 个表以及相关的视图和存储过程。SQLite 的脚本是一个简化版本，它只创建 10 个表，因为 SQLite 不支持那么多特性。本书中的主要项目只需要这 10 个表，因此可以使用任意一个数据库完成本书中的每一个任务。

安装 SQL Server 和 SQLite 的说明参见第 10 章，那一章还将找到安装 dotnet-ef 工具的说明，使用该工具可以从现有数据库中构建实体模型。

最佳实践

应该为实体数据模型创建单独的类库项目。这便于后端 Web 服务器和前端桌面、移动端和 Blazor WebAssembly 客户端之间的共享。

13.6.1 使用 SQLite 创建实体模型类库

现在，在类库中定义实体数据模型，以便它们可以在包括客户端应用程序模型在内的其他类型的项目中重用。如果不使用 SQL Server，就需要为 SQLite 创建这个类库。如果使用的是 SQL Server，就可以为 SQLite 创建类库，也可以为 SQL Server 创建类库，然后在它们之间切换。

下面使用 EF Core 命令行工具自动生成一些实体模型。

(1) 使用喜欢的代码编辑器创建一个新的解决方案/工作区，命名为 PracticalApps。

(2) 添加一个类库项目，定义如下。

- 项目模板：Class Library / classlib
- 工作区/解决方案文件和文件夹：PracticalApps
- 项目文件和文件夹：Northwind.Common.EntityModels.Sqlite

(3) 在 Northwind.Common.EntityModels.Sqlite 项目中，添加 SQLite 数据库提供程序和 EF Core 设计时支持的包引用，如下所示：

```
<ItemGroup>
  <PackageReference
    Include="Microsoft.EntityFrameworkCore.Sqlite"
    Version="6.0.0" />
  <PackageReference
    Include="Microsoft.EntityFrameworkCore.Design"
    Version="6.0.0">
  <PrivateAssets>all</PrivateAssets>
```

```
  <IncludeAssets>runtime; build; native; contentfiles; analyzers;
buildtransitive</IncludeAssets>
  </PackageReference>
</ItemGroup>
```

(4) 删除 Class1.cs 文件。

(5) 构建项目。

(6) 通过将 Northwind4SQLite.sql 文件复制到 PracticalApps 文件夹，然后在命令提示符或终端输入以下命令，为 SQLite 创建 Northwind.db 文件：

```
sqlite3 Northwind.db -init Northwind4SQLite.sql
```

(7) 请耐心等待，因为该命令可能需要一段时间才能创建数据库结构，如下所示：

```
-- Loading resources from Northwind4SQLite.sql
SQLite version 3.35.5 2021-04-19 14:49:49
Enter ".help" for usage hints.
sqlite>
```

(8) 在 Windows 上按 Ctrl + C，在 macOS 上按 Cmd + D 退出 SQLite 命令模式。

(9) 打开 Northwind.Common.EntityModels.Sqlite 文件夹的命令提示符或终端。

(10) 在命令行中，为所有表生成实体类模型，如下所示：

```
dotnet ef dbcontext scaffold "Filename=../Northwind.db" Microsoft.
EntityFrameworkCore.Sqlite --namespace Packt.Shared --data-annotations
```

请注意以下几点。

- 要执行的命令：dbcontext scaffold
- 连接字符串："Filename=../Northwind.db"
- 数据库提供商：Microsoft.EntityFrameworkCore.Sqlite
- 名称空间：--namespace Packt.Shared
- 使用数据注解以及 Fluent API：--data-annotations

(11) 注意构建消息和警告，输出如下所示：

```
Build started...
Build succeeded.
To protect potentially sensitive information in your connection string,
you should move it out of source code. You can avoid scaffolding the
connection string by using the Name= syntax to read it from configuration
- see https://go.microsoft.com/fwlink/?linkid=2131148. For more
guidance on storing connection strings, see http://go.microsoft.com/
fwlink/?LinkId=723263.
```

1. 改进类到表的映射

命令行工具 dotnet-ef 为 SQL Server 和 SQLite 生成不同的代码，因为它们支持不同级别的功能。

例如，SQL Server 文本列可以限制字符的数量。SQLite 不支持此功能。因此，dotnet-ef 将生成验证属性，以确保 SQL Server(而不是 SQLite)的字符串属性被限制在指定的字符数，代码如下所示：

```
// SQLite database provider-generated code
[Column(TypeName = "nvarchar (15)")]
```

```
public string CategoryName { get; set; } = null!;
// SQL Server database provider-generated code
[StringLength(15)]
public string CategoryName { get; set; } = null!;
```

两个数据库提供程序都不会按要求标记非空字符串属性：

```
// no runtime validation of non-nullable property
public string CategoryName { get; set; } = null!;
// nullable property
public string? Description { get; set; }

// decorate with attribute to perform runtime validation
[Required]
public string CategoryName { get; set; } = null!;
```

下面做一些小的改变来改进 SQLite 的实体模型映射和验证规则。

(1) 打开 Customer.cs 文件，并添加一个正则表达式来验证它的主键值是否只允许大写的西方字符，如下所示：

```
[Key]
[Column(TypeName = "nchar (5)")]
[RegularExpression("[A-Z]{5}")]
public string CustomerId { get; set; }
```

(2) 激活代码编辑器的查找和替换功能(在 Visual Studio 2022 中，导航到 Edit | Find and Replace | Quick Replace)，切换到 Use Regular Expressions，然后在搜索框中输入正则表达式，如下所示：

```
\[Column\(TypeName = "(nchar|nvarchar) \((.*)\)"\)\]
```

(3) 在替换框中，键入替换正则表达式，如下所示：

```
$&\n [StringLength($2)]
```

更多信息

在换行符\n 之后，包含了四个空格字符，以便在系统上正确缩进，它在每个缩进级别使用两个空格字符。可以插入任意数量的空白。

(4) 将 Find and Replace 设置为搜索当前项目中的文件。

(5) 执行搜索和替换，替换全部，如图 13.4 所示。

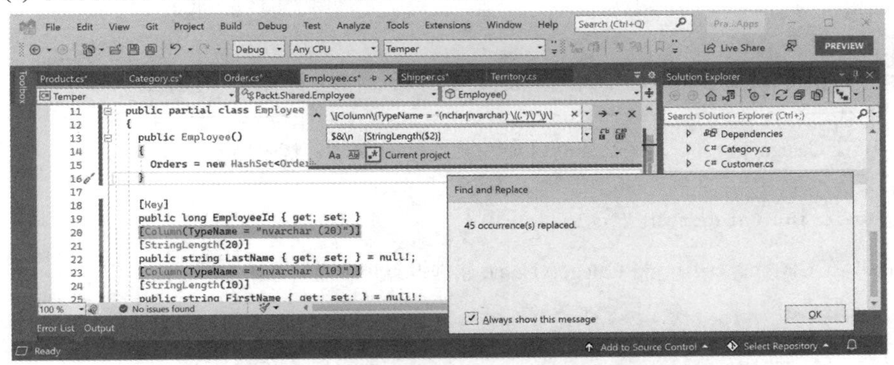

图 13.4　在 Visual Studio 2022 中使用正则表达式搜索和替换所有匹配项

(6) 更改任何日期/时间属性，例如在 Employee.cs 中，使用可空的 DateTime 值而不是字节数组，如下所示：

```
// before
[Column(TypeName = "datetime")]
public byte[] BirthDate { get; set; }

// after
[Column(TypeName = "datetime")]
public DateTime? BirthDate { get; set; }
```

更多信息

使用代码编辑器的查找功能来搜索 datetime，以找到需要更改的所有属性。

(7) 更改任何货币属性，例如，在 Order.cs 中，使用一个可为空的小数而不是字节数组，如下所示：

```
// before
[Column(TypeName = "money")]
public byte[] Freight { get; set; }

// after
[Column(TypeName = "money")]
public decimal? Freight { get; set; }
```

更多信息

使用代码编辑器的查找功能来搜索 money，以找到需要更改的所有属性。

(8) 更改任何位属性，例如在 Product.cs 中，使用 bool 而不是字节数组，如下所示：

```
// before
[Column(TypeName = "bit")]
public byte[] Discontinued { get; set; } = null!;

// after
[Column(TypeName = "bit")]
public bool Discontinued { get; set; }
```

更多信息

使用代码编辑器的查找功能来搜索 bit，以找到需要更改的所有属性。

(9) 在 Category.cs 中，将 CategoryId 属性设置为 int 类型，代码如下所示：

```
[Key]
public int CategoryId { get; set; }
```

(10) 在 Category.cs 中，将 CategoryName 属性设置为必需的，如下所示：

```
[Required]
[Column(TypeName = "nvarchar (15)")]
[StringLength(15)]
```

```
public string CategoryName { get; set; }
```

(11) 在 Customer.cs 中，将 CompanyName 属性设置为必需的，如下所示：

```
[Required]
[Column(TypeName = "nvarchar (40)")]
[StringLength(40)]
public string CompanyName { get; set; }
```

(12) 在 Employee.cs 中，将 EmployeeId 属性设置为 int 而不是 long。

(13) 在 Employee.cs 中，设置 FirstName 和 LastName 属性为必需属性。

(14) 在 Employee.cs 中，将 ReportsTo 属性设置为 int 而不是 long。

(15) 在 EmployeeTerritory.cs 中，将 EmployeeId 属性设置为 int 而不是 long。

(16) 在 EmployeeTerritory.cs 中，将 TerritoryId 属性设置为必需。

(17) 在 Order.cs 中，将 OrderId 属性设置为 int 而不是 long。

(18) 在 Order.cs 中，使用正则表达式装饰 CustomerId 属性，以强制使用 5 个大写字符。

(19) 在 Order.cs 中，将 EmployeeId 属性设置为 int 而不是 long。

(20) 在 Order.cs 中，将 ShipVia 属性设置为 int 而不是 long。

(21) 在 OrderDetail.cs 中，将 OrderId 属性设置为 int 而不是 long。

(22) 在 OrderDetail.cs 中，将 ProductId 属性设置为 int 而不是 long 类型。

(23) 在 OrderDetail.cs 中，将 Quantity 属性设置为 short 而不是 long。

(24) 在 Product.cs 中，将 ProductId 属性设置为 int 而不是 long。

(25) 在 Product.cs 中，将 ProductName 属性设置为必需的。

(26) 在 Product.cs 中，使 SupplierId 和 CategoryId 属性为 int 而不是 long。

(27) 在 Product.cs 中，将 UnitsInStock、UnitsOnOrder 和 ReorderLevel 属性设置为 short 而不是 long。

(28) 在 Shipper.cs 中，将 ShipperId 属性设置为 int 类型而不是 long 类型。

(29) 在 Shipper.cs 中，将 Company Name 属性设置为必需的。

(30) 在 Supplier.cs 中，将 SupplierId 属性设置为 int 而不是 long。

(31) 在 Supplier.cs 中，将 CompanyName 属性设置为必需的。

(32) 在 Territory.cs 中，将 RegionId 属性设置为 int 而不是 long。

(33) 在 Territory.cs 中，设置 TerritoryId 和 TerritoryDescription 属性为必需属性。

既然已经为实体类创建了类库，就可以为数据库上下文创建类库了。

2. 为 Northwind 数据库上下文创建类库

现在定义一个数据库上下文类库。

(1) 将类库项目添加到解决方案/工作区中，如下所示。

- 项目模板：Class Library/classlib
- 工作区/解决方案文件和文件夹：PracticalApps
- 项目文件和文件夹：Northwind.Common.DataContext.Sqlite

(2) 在 Visual Studio 中，将解决方案的启动项目设置为当前选择。

(3) 在 Visual Studio Code 中，选择 Northwind.Common.DataContext.Sqlite 作为 OmniSharp 活动项目。

(4) 在 Northwind.Common.DataContext.Sqlite 项目中，添加一个对 Northwind.Common.EntityModels.Sqlite 项目的引用，并添加一个对 EF Core SQLite 数据提供程序的包引用，如下所示：

```
<ItemGroup>
  <PackageReference
    Include="Microsoft.EntityFrameworkCore.SQLite"
    Version="6.0.0" />
</ItemGroup>
<ItemGroup>
  <ProjectReference Include=
    "..\Northwind.Common.EntityModels.Sqlite\Northwind.Common
.EntityModels.Sqlite.csproj" />
</ItemGroup>
```

更多信息

项目引用的路径在项目文件中不应该有换行符。

(5) 在 Northwind.Common.DataContext.Sqlite 项目中，删除 Class1.cs 类文件。

(6) 构建 Northwind.Common.DataContext.Sqlite 项目。

(7) 从Northwind.Common.EntityModels.Sqlite 中将NorthwindContext.cs 文件移到Northwind.Common.DataContext.Sqlite 项目/文件夹下。

更多信息

在 Visual Studio Solution Explorer 中，如果在项目之间拖放文件，文件将被复制。如果按住 Shift 的同时拖放，它将被移动。在 Visual Studio Code EXPLORER 中，如果在项目之间拖放一个文件，它将被移动。如果你按住 Ctrl 的同时拖放，它将被复制。

(8) 在 NorthwindContext.cs 中的 OnConfiguration 方法中，删除关于连接字符串的编译器 #warning。

最佳实践

在任何项目中覆盖默认的数据库连接字符串，比如需要使用 Northwind 数据库的网站，所以从 DbContext 派生的类必须有一个带有 DbContextOptions 参数的构造函数才能工作，代码如下所示：

```
public NorthwindContext(DbContextOptions<NorthwindConte
xt> options)
    : base(options)
{
}
```

(9) 在 OnModelCreating 方法中，删除调用 ValueGeneratedNever 方法来配置主键属性(如 SupplierId)的所有 Fluent API 语句，使其永远不会自动生成值或调用 HasDefaultValueSql 方法，如下所示：

```
modelBuilder.Entity<Supplier>(entity =>
{
entity.Property(e => e.SupplierId).ValueGeneratedNever();
});
```

更多信息

如果不像上面的语句那样删除配置，那么当添加新的供应商时，SupplierId 的值将总是 0，并且将只能添加一个具有该值的供应商，然后所有其他尝试都会抛出一个异常。

(10) 对于 Product 实体，告诉 SQLite 可将 UnitPrice 从 decimal 转换为 double。OnModelCreating 方法现在应该被简化了，如下所示：

```
protected override void OnModelCreating(ModelBuilder modelBuilder)
{
  modelBuilder.Entity<OrderDetail>(entity =>
  {
    entity.HasKey(e => new { e.OrderId, e.ProductId });
    entity.HasOne(d => d.Order)
      .WithMany(p => p.OrderDetails)
      .HasForeignKey(d => d.OrderId)
      .OnDelete(DeleteBehavior.ClientSetNull);
    entity.HasOne(d => d.Product)
      .WithMany(p => p.OrderDetails)
      .HasForeignKey(d => d.ProductId)
      .OnDelete(DeleteBehavior.ClientSetNull);
  });

  modelBuilder.Entity<Product>()
    .Property(product => product.UnitPrice)
    .HasConversion<double>();

  OnModelCreatingPartial(modelBuilder);
}
```

(11) 添加一个名为 NorthwindContextExtensions.cs 的类，并修改它的内容来定义一个扩展方法，将 Northwind 数据库上下文添加到一个依赖服务集合中，如下所示：

```
using Microsoft.EntityFrameworkCore; // UseSqlite
using Microsoft.Extensions.DependencyInjection; // IServiceCollection

namespace Packt.Shared;

public static class NorthwindContextExtensions
{
  /// <summary>
  /// Adds NorthwindContext to the specified IServiceCollection. Uses the
  Sqlite database provider.
  /// </summary>
  /// <param name="services"></param>
  /// <param name="relativePath">Set to override the default of ".."</
  param>
  /// <returns>An IServiceCollection that can be used to add more
  services.</returns>
  public static IServiceCollection AddNorthwindContext(
    this IServiceCollection services, string relativePath = "..")
  {
    string databasePath = Path.Combine(relativePath, "Northwind.db");

    services.AddDbContext<NorthwindContext>(options =>
```

```
      options.UseSqlite($"Data Source={databasePath}")
    );

    return services;
    }
}
```

(12) 构建两个类库并修复任何编译器错误。

13.6.2 使用 SQL Server 创建实体模型类库

要使用 SQL Server，如果已经在第 10 章设置了 Northwind 数据库，则不需要做任何事情。但是现在使用 dotnet-ef 工具创建实体模型。

(1) 使用喜欢的代码编辑器创建一个新的解决方案/工作区，命名为 PracticalApps。

(2) 添加一个类库项目，定义如下。

- 项目模板：Class Library / classlib
- 工作区/解决方案文件和文件夹：PracticalApps
- 项目文件和文件夹：Northwind.Common.EntityModels.SqlServer

(3) 在 Northwind.Common.EntityModels.SqlServer 项目中，添加 SQL Server 数据库提供程序和 EF Core 设计时支持的包引用，如下所示：

```
<ItemGroup>
  <PackageReference
    Include="Microsoft.EntityFrameworkCore.SqlServer"
    Version="6.0.0" />
  <PackageReference
    Include="Microsoft.EntityFrameworkCore.Design"
    Version="6.0.0">
     <PrivateAssets>all</PrivateAssets>
    <IncludeAssets>runtime; build; native; contentfiles; analyzers;
buildtransitive</IncludeAssets>
  </PackageReference>
</ItemGroup>
```

(4) 删除 Class1.cs 文件。

(5) 构建项目。

(6) 为 Northwind.Common.EntityModels.SqlServer 文件夹打开命令提示符或终端。

(7) 在命令行中，为所有表生成实体类模型，如下所示：

```
dotnet ef dbcontext scaffold "Data Source=.;Initial
Catalog=Northwind;Integrated Security=true;" Microsoft.
EntityFrameworkCore.SqlServer --namespace Packt.Shared --data-annotations
```

请注意以下几点。

- 要执行的命令：dbcontext scaffold
- 连接字符串："Data Source=.;Initial Catalog=Northwind;IntegratedSecurity=true;"
- 数据库提供者：Microsoft.EntityFrameworkCore.SqlServer
- 名称空间：--namespace Packt.Shared
- 使用数据注解以及 Fluent API：--data-annotations

(8) 在Customer.cs中，添加一个正则表达式来验证它的主键值是否只允许大写西方字符，如下所示：

```
[Key]
[StringLength(5)]
[RegularExpression("[A-Z]{5}")]
public string CustomerId { get; set; } = null!;
```

(9) 在Customer.cs中，把CustomerId和CompanyName属性设置为必需的。

(10) 将类库项目添加到解决方案/工作区中，如下所示。

- 项目模板：Class Library / classlib
- 工作区/解决方案文件和文件夹：PracticalApps
- 项目文件和文件夹：Northwind.Common.DataContext.SqlServer

(11) 在Visual Studio Code中，选择Northwind.Common.DataContext.SqlServer作为OmniSharp活动项目。

(12) 在Northwind.Common.DataContext.SqlServer项目中，添加一个对Northwind.Common.EntityModels.SqlServer项目的引用，并添加一个对SQL Server的EF Core数据提供程序的包引用，如下所示：

```
<ItemGroup>
  <PackageReference
    Include="Microsoft.EntityFrameworkCore.SqlServer"
    Version="6.0.0" />
</ItemGroup>

<ItemGroup>
  <ProjectReference Include=
    "..\Northwind.Common.EntityModels.SqlServer\Northwind.Common
.EntityModels.SqlServer.csproj" />
</ItemGroup>
```

(13) 在Northwind.Common.DataContext.SqlServer项目中，删除Class1.cs类文件。

(14) 构建Northwind.Common.DataContext.SqlServer项目。

(15) 将NorthwindContext.cs文件从Northwind.Common.EntityModelsSqlServer 项目/文件夹移到Northwind.Common.DataContext.SqlServer 项目/文件夹中。

(16) 在NorthwindContext.cs中，删除关于连接字符串的编译器警告。

(17) 添加一个名为NorthwindContextExtensions.cs的类，并修改它的内容来定义一个扩展方法，将Northwind数据库上下文添加到一个依赖服务集合中，如下所示：

```
using Microsoft.EntityFrameworkCore; // UseSqlServer
using Microsoft.Extensions.DependencyInjection; // IServiceCollection

namespace Packt.Shared;

public static class NorthwindContextExtensions
{
  /// <summary>
  /// Adds NorthwindContext to the specified IServiceCollection. Uses the
  SqlServer database provider.
  /// </summary>
```

```
    /// <param name="services"></param>
    /// <param name="connectionString">Set to override the default.</param>
    /// <returns>An IServiceCollection that can be used to add more
    services.</returns>
    public static IServiceCollection AddNorthwindContext(
      this IServiceCollection services, string connectionString =
        "Data Source=.;Initial Catalog=Northwind;"
        + "Integrated Security=true;MultipleActiveResultsets=true;")
    {
        services.AddDbContext<NorthwindContext>(options =>
          options.UseSqlServer(connectionString));

        return services;
    }
  }
```

(18) 构建两个类库，并修复任何编译器错误。

最佳实践

我们为 AddNorthwindContext 方法提供了可选参数，以覆盖硬编码的 SQLite 数据库文件名路径或 SQL Server 数据库连接字符串。这将提供更大的灵活性，例如，从配置文件中加载这些值。

13.7 实践和探索

你可以通过回答一些问题来测试自己对知识的理解程度，进行一些实践，并深入探索本章涵盖的主题。

13.7.1 练习 13.1：测试你掌握的知识

回答以下问题：

(1) .NET 6 是跨平台的。Windows 窗体和 WPF 应用程序可以在.NET 6 上运行。因此，这些应用程序能在 macOS 和 Linux 上运行吗?

(2) Windows Forms 应用程序如何定义其用户界面，为什么这是一个潜在的问题?

(3) WPF 或 UWP 应用程序如何定义其用户界面，为什么这对开发者有利?

13.7.2 练习 13.2：探索主题

使用以下页面的链接，可以了解本章主题的更多细节：

https://github.com/markjprice/cs10dotnet6/blob/main/book-links.md#chapter-13---introducing-practical-applications-of-c-and-net

13.8 本章小结

本章介绍了一些应用程序模型和工作负载，用于使用 C#和.NET 来构建实际的应用程序。

本章创建了 2~4 个类库来定义实体数据模型，用于使用 SQLite 和/或 SQL Server 处理

Northwind 数据库。

后面的六章将详细讨论以下内容：

- 简单的网站使用静态 HTML 页面和动态 Razor Page。
- 复杂的网站使用模型-视图-控制器(MVC)设计模式。
- Web 服务可以被任何可以发出 HTTP 请求的平台和调用这些 Web 服务的客户端网站调用。
- Blazor 用户界面组件可托管在 Web 服务器、浏览器、Web 原生移动应用程序和桌面应用程序上。
- 使用 gRPC 实现远程过程调用的服务。
- 使用 SignalR 实现实时通信的服务。
- 提供简单和灵活的访问 EF Core 模型的服务。
- 在 Azure 函数中托管的无服务器纳米服务。
- 使用.NET MAUI 的跨平台原生移动和桌面应用程序。

第14章 使用 ASP.NET Core Razor Pages 构建网站

本章讨论如何使用微软 ASP.NET Core 在服务器端构建具有现代 HTTP 架构的网站，以及如何使用 ASP.NET Core 2.0 引入的 Razor Pages 和 ASP.NET Core 2.1 引入的 Razor 类库功能构建简单的网站。

本章涵盖以下主题：

- 了解 Web 开发
- 了解 ASP.NET Core
- 了解 ASP.NET Core Razor Pages
- 使用 Entity Framework Core 与 ASP.NET Core
- 使用 Razor 类库
- 配置服务和 HTTP 请求管道

14.1 了解 Web 开发

Web 开发就是使用 HTTP(超文本传输协议)进行开发。因此本章首先回顾这一重要的基础技术。

14.1.1 HTTP

为了与 Web 服务器通信，客户端(也称为用户代理)使用 HTTP 通过网络进行调用。因此，HTTP 是 Web 的技术基础。当讨论 Web 应用程序或 Web 服务时，背后的含义就是使用 HTTP 在客户端(通常是 Web 浏览器)和服务器之间进行通信。

客户端对资源(如页面)发出 HTTP 请求，并通过 URL(统一资源定位器)进行唯一标识，服务器返回 HTTP 响应，如图 14.1 所示。

可使用 Google Chrome 或其他浏览器来记录请求和响应。

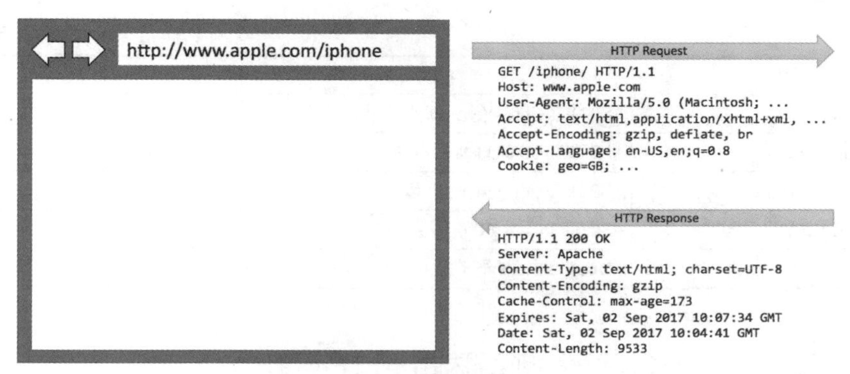

图 14.1　HTTP 请求和响应

最佳实践

与其他浏览器相比，Google Chrome 可在更多操作系统中使用，而且内置了强大的开发工具，是测试网站的首选浏览器。建议始终使用 Google Chrome 和至少其他两种浏览器测试 Web 应用程序，例如用于 macOS 和 iPhone 的 Firefox 与 Safari。微软 Edge 在 2019 年从使用微软自己的渲染引擎切换到使用 Chromium，所以用它进行测试就不那么重要了。如果使用微软的 Internet Explorer，往往主要是组织的内部网。

URL 的组成

URL 由以下几个组件组成。

- 方案：http(明文)或 https(加密)。
- 域名：对于一个生产网站或服务，顶级域名(TLD)可能是 example.com，也可能有 www、jobs 或 extranet 等子域。在开发过程中，通常对所有网站和服务使用 localhost。
- 端口号：对于生产站点或服务，http 为 80，https 为 443。这些端口号通常从方案中推断出来。在开发过程中，通常会使用其他端口号，如 5000、5001 等，以区分所有使用共享域 localhost 的网站和服务。
- 路径：资源的相对路径，例如/customers/germany。
- 查询字符串：传递参数值的一种方式，例如:?country= germany&searchext =shoes。
- 片段(fragment)：在一个网页上通过 Id 引用一个元素，如#toc。

在本书中为项目分配端口号

本书对所有的网站和服务使用域 localhost，所以当多个项目需要同时执行时，使用端口号来区分项目，如表 14.1 所示。

表 14.1　分配端口号

项目	说明	端口号
Northwind.Web	ASP.NET Core Razor Pages 网站	5000　HTTP, 5001 HTTPS
Northwind.Mvc	ASP.NET Core MVC 网站	5000　HTTP, 5001 HTTPS
Northwind.WebApi	ASP.NET Core Web API 服务	5002　HTTPS, 5008 HTTP

(续表)

项目	说明	端口号
Minimal.WebApi	ASP.NET Core Web API (最小化)	5003 HTTPS
Northwind.OData	ASP.NET Core Odata 服务	5004 HTTPS
Northwind.GraphQL	ASP.NET Core GraphQL 服务	5005 HTTPS
Northwind.gRPC	ASP.NET Core gRPC 服务	5006 HTTPS
Northwind.AzureFuncs	Azure Functions 纳米服务	7071 HTTP

14.1.2 使用 Google Chrome 浏览器发出 HTTP 请求

下面探讨如何使用 Google Chrome 来发出 HTTP 请求。

(1) 启动 Google Chrome。

(2) 导航到 More tools | Developer tools。

(3) 单击 Network 选项卡，Google Chrome 立即开始记录浏览器和任何 Web 服务器之间的网络流量，如图 14.2 所示。

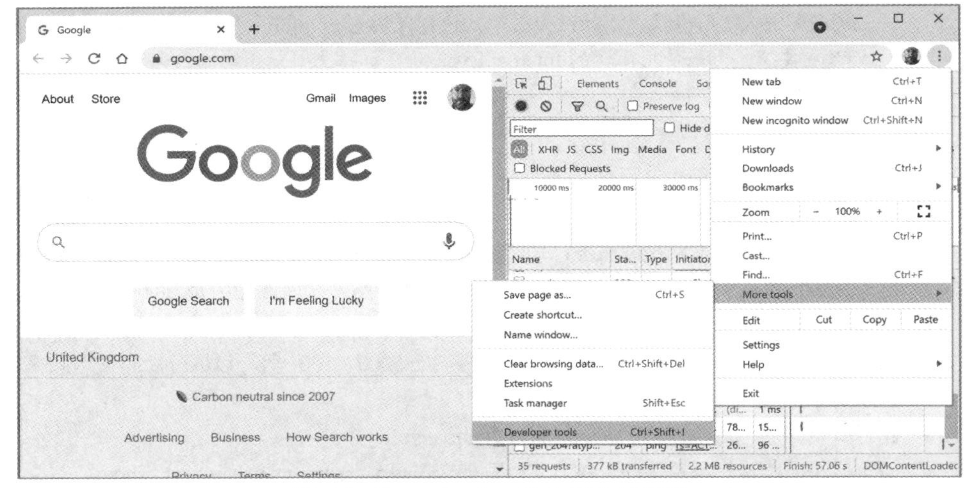

图 14.2 Chrome Developer Tools 记录网络流量

(4) 在 Chrome 浏览器的地址栏中，输入微软的 ASP.NET 学习网站的地址：https://dotnet.microsoft.com/learn/aspnet。

(5) 在 Developer Tools 窗口中，在记录的请求列表中，滚动到顶部并单击 Type 是 document 的第一个条目，如图 14.3 所示。

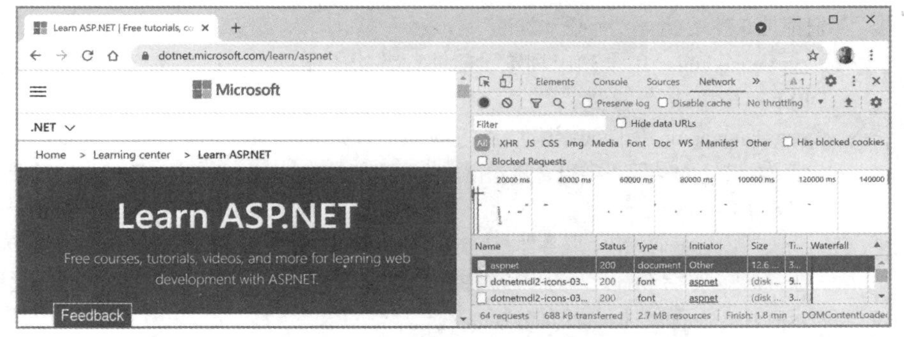

图 14.3　Developer Tools 中记录的请求

(6) 在右侧单击 Headers 选项卡，显示关于请求和响应的详细信息，如图 14.4 所示。

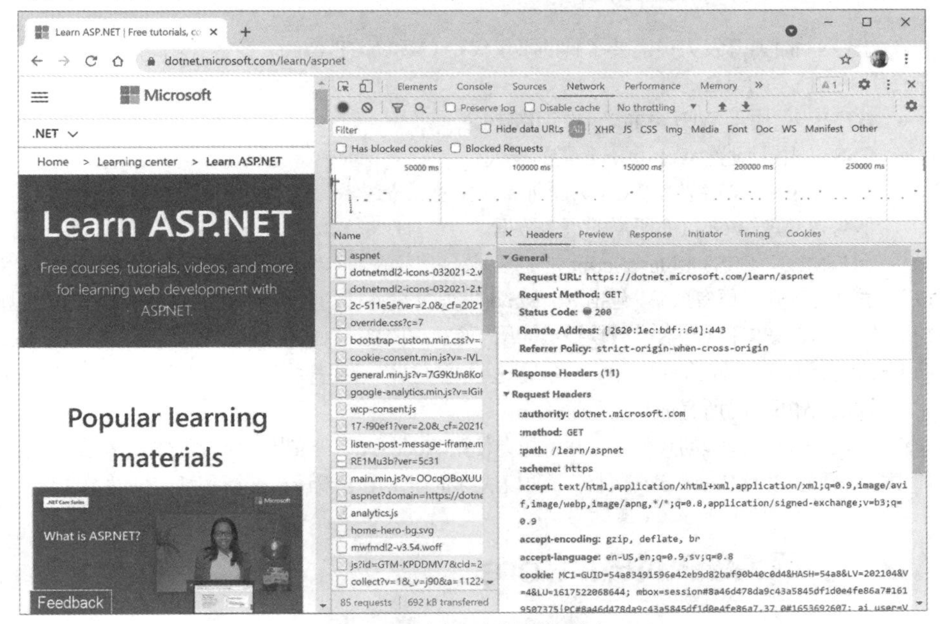

图 14.4　请求和响应的详细信息

注意以下几个方面。

- 请求方法为 GET。HTTP 定义的其他请求方法包括 POST、PUT、DELETE、HEAD 和 PATCH。
- 状态码是 200 OK。这意味着服务器找到了浏览器请求的资源，并且在响应体中返回了它们。你可能在响应 GET 请求时看到的其他状态码包括 301 Moved Permanently、400 Bad Request、401 Unauthorized 和 404 Not Found。
- 浏览器发送给 Web 服务器的请求头信息包括：
    - accept，用于列出浏览器允许的格式。在本例中，浏览器能理解 HTML、XHTML、XML 和一些图像格式，并可接收其他所有文件。默认的权重(也称为质量值)是 1.0。XML 的质量值为 0.9，因此 XML 不如 HTML 或 XHTML 受欢迎。所有其他类型文件的质量值都是 0.8，因此是最不受欢迎的。

  - accept-encoding，用于列出浏览器能够理解的压缩算法。在本例中，包括 GZIP、DEFLATE 和 Brotli 算法。
  - accept-language，用于列出浏览器希望使用的人类语言。在本例中，美式英语的默认质量值为 1.0，为其他人类语言显式指定的质量值是 0.9。为瑞典方言明确指定的质量值为 0.8。

- 响应头——内容编码指出，服务器已经返回使用 GZIP 算法压缩的 HTML Web 页面响应，因为服务器知道客户端可以解压缩这种格式(这在图 14.4 中是不可见的，因为没有足够的空间来展开 Response Headers 部分)。

(7) 关闭 Google Chrome。

14.1.3 客户端 Web 开发技术

在构建网站时，开发人员需要了解的不仅仅是 C#和.NET Core。在客户端(如 Web 浏览器)，经常使用下列技术的组合。

- HTML5：用于 Web 页面的内容和结构。
- CSS3：用于设置 Web 页面元素的样式。
- JavaScript：用于编写 Web 页面所需的任何业务逻辑。例如，验证表单输入或调用 Web 服务以获取 Web 页面所需的更多数据。

尽管 HTML5、CSS3 和 JavaScript 是前端 Web 开发的基本组件，但是还有许多额外的技术，可以使前端 Web 开发更有效率，包括 Bootstrap(世界上最流行的前端开源工具集)和 CSS 预处理器(如用于样式的 SASS 和 LESS)、微软提供的用于编写更健壮代码的 TypeScript 语言，以及 jQuery、Angular、React 和 Vue 等 JavaScript 库。所有这些高级技术最终都将转换或编译为底层的三种核心技术，因此它们可以跨所有现代浏览器工作。

作为构建和部署过程的一部分，你可能会使用 Node.js、NPM(节点包管理器)、Yarn(它们都是客户端包管理器)以及 Webpack(一种流行的模块绑定器，用于编译、转换和绑定网站源文件)。

14.2 了解 ASP.NET Core

ASP.NET Core 是微软用来建立网站和 Web 服务的技术历史的一部分，这些技术已经发展了多年。

- Active Server Pages (ASP)于 1996 年发布，是微软首次尝试开发的在服务器端动态执行网站代码的平台。ASP 文件包含 HTML 以及使用 VBScript 语言编写的、在服务器上执行的代码。
- ASP.NET Web Forms 是在 2002 年发布的，带有.NET Framework，旨在使非 Web 开发人员(如那些熟悉 Visual Basic 的人)能够通过拖放可视化组件并使用 Visual Basic 或 C#编写事件驱动的代码来快速创建网站。新的 Web 表单应该避免使用.NET Framework Web 项目，而应该使用 ASP.NET MVC。

- WCF (Windows Communication Foundation)于 2006 年发布，旨在允许开发人员构建 SOAP 和 REST 服务。SOAP 功能强大但复杂，因此应避免使用，除非需要高级特性，比如分布式事务和复杂的消息传递拓扑。
- ASP.NET MVC 是在 2009 年发布的，旨在将 Web 开发人员所关心的问题清楚地分离到模型、视图和控制器之间。模型用来临时存储数据，视图在 UI 中使用各种格式显示数据，控制器获取模型并将其传递给视图。这种分离有助于改进重用和单元测试效果。
- ASP.NET Web API 是在 2012 年发布的，旨在使开发人员能够创建 HTTP 服务，也称为 REST 服务；REST 服务比 SOAP 服务更简单、更具可伸缩性。
- ASP.NET SignalR 于 2013 年发布，旨在通过抽象底层技术和 WebSocket、Long Polling 等其他技术实现网站中的实时通信。这使得诸如实时聊天的网站功能或针对时效性数据(如股价)的更新能够跨多种 Web 浏览器实现，尽管它们不支持诸如 WebSocket 的技术。
- ASP.NET Core 于 2016 年发布，它结合了 MVC、Web API 和 SignalR 等.NET Framework 技术的现代实现，以及更新的技术，如 Razor Pages、gRPC 和 Blazor，这些都运行在现代的.NET 上。因此，ASP.NET Core 可以跨平台执行。ASP.NET Core 有许多项目模板，这有助于你了解它所支持的技术。

最佳实践

选择 ASP.NET Core 开发网站和 Web 服务，因为其中包含现代的、跨平台的 Web 相关技术。

ASP.NET Core 2.0、ASP.NET Core 2.1 和 ASP.NET Core 2.2 可以运行在.NET Framework 4.6.1 或更高版本上(仅适用于 Windows)，也可以运行在.NET Core 2.0 或更高版本上(跨平台)。ASP.NET Core 3.0 只支持.NET Core 3.0，ASP.NET Core 6.0 只支持.NET 6.0。

14.2.1 传统的 ASP.NET 与现代的 ASP.NET Core

ASP.NET 是在.NET Framework 中的大型程序集 System.Web.dll 的基础上构建的，并且与微软仅在 Windows 下使用的 Web 服务器 IIS(Internet Information Services)做了紧密耦合。多年来，这个程序集积累了许多特性，但其中的许多特性并不适合现代的跨平台开发。

ASP.NET Core 对 ASP.NET 做了重新设计，消除了对 System.Web.dll 程序集和 IIS 的依赖，由模块化的轻量级包组成，就像现代.NET 的其余部分一样。使用 IIS 作为 Web 服务器仍然受到 ASP.NET Core 的支持，但是有一个更好的选择。

ASP.NET Core 应用程序在 Windows、macOS 和 Linux 上是跨平台的。微软甚至还创建了名为 Kestrel 的跨平台、高性能的 Web 服务器，整个栈都是开源的。

ASP.NET Core 2.2 或更高版本默认使用新的进程内托管模型，这在 IIS 中可实现 400%的性能改进，但是微软仍然建议使用 Kestrel 来获得更好的性能。

14.2.2 创建 ASP.NET Core 项目

下面创建一个 ASP.NET Core 项目来显示 Northwind 示例数据库中的供应商列表。

dotnet 工具有很多项目模板，可以自动做很多工作。但是在特定的情况下，很难辨别哪种方法是最好的，所以建议从空白的网站项目模板开始，逐步添加功能，这样就可以了解所有细节。

(1) 使用喜欢的代码编辑器添加一个新项目，如下所示。

- 项目模板：ASP.NET Core Empty/web
- 语言：C#
- 工作区/解决方案文件和文件夹：PracticalApps
- 项目文件和文件夹：Northwind.Web
- 对于 Visual Studio 2022，保留所有其他选项的默认值，例如，选中 Configure for HTTPS，清除 Enable Docker。

(2) 在 Visual Studio Code 中，选择 Northwind.Web 作为活动的 OmniSharp 项目。

(3) 构建 Northwind.Web 项目。

(4) 打开 Northwind.Web.csproj 文件，注意该项目类似于一个类库，只是 SDK 是 Microsoft.NET.Sdk.Web，如下所示：

```
<Project Sdk="Microsoft.NET.Sdk.Web">
  <PropertyGroup>
    <TargetFramework>net6.0</TargetFramework>
    <Nullable>enable</Nullable>
    <ImplicitUsings>enable</ImplicitUsings>
  </PropertyGroup>
</Project>
```

(5) 如果使用 Visual Studio 2022，请在 Solution Explorer 中，切换 Show All Files。

(6) 展开 obj 文件夹，展开 Debug 文件夹，展开 net6.0 文件夹，选择 Northwind.Web.GlobalUsings.g.cs 文件，并注意隐式导入的名称空间包括用于控制台应用程序或类库的所有名称空间，以及一些 ASP.NET Core 名称空间，如 Microsoft.AspNetCore.Builder，如下所示：

```
// <autogenerated />
global using global::Microsoft.AspNetCore.Builder;
global using global::Microsoft.AspNetCore.Hosting;
global using global::Microsoft.AspNetCore.Http;
global using global::Microsoft.AspNetCore.Routing;
global using global::Microsoft.Extensions.Configuration;
global using global::Microsoft.Extensions.DependencyInjection;
global using global::Microsoft.Extensions.Hosting;
global using global::Microsoft.Extensions.Logging;
global using global::System;
global using global::System.Collections.Generic;
global using global::System.IO;
global using global::System.Linq;
global using global::System.Net.Http;
global using global::System.Net.Http.Json;
global using global::System.Threading;
global using global::System.Threading.Tasks;
```

(7) 折叠 obj 文件夹。

(8) 打开 Program.cs，注意以下几点：

- ASP.NET Core 项目就像顶级的控制台应用程序，有一个隐藏的 Main 方法作为入口点，它有一个使用 args 名称传递的参数。
- 调用 WebApplication.CreateBuilder，它为网站创建一个主机，为稍后构建的 Web 主机使用默认设置。

- 网站将用纯文本“Hello World! ”响应所有 HTTP GET 请求。
- 对 Run 方法的调用是一个阻塞调用，所以隐藏的 Main 方法不会返回，直到 Web 服务器停止运行为止，代码如下所示：

```
var builder = WebApplication.CreateBuilder(args);
var app = builder.Build();

app.MapGet("/", () => "Hello World!");

app.Run();
```

(9) 在文件的底部，添加一条语句。在调用 Run 方法之后，也就是 Web 服务器停止之后，向控制台写入一条消息，代码如下所示：

```
app.Run();

Console.WriteLine("This executes after the web server has stopped!");
```

14.2.3 测试和保护网站

下面测试 ASP.NET Core Empty 网站项目的功能。从 HTTP 切换到 HTTPS，为浏览器和 Web 服务器之间的所有流量启用加密以保护隐私。HTTPS 是 HTTP 的安全加密版本。

(1) 对于 Visual Studio，可执行以下操作。

- 在工具栏中，确保选择 Northwind.Web 而不是 IIS Express 或 WSL，然后将 Web Browser (Microsoft Edge)切换到 Google Chrome，如图 14.5 所示。

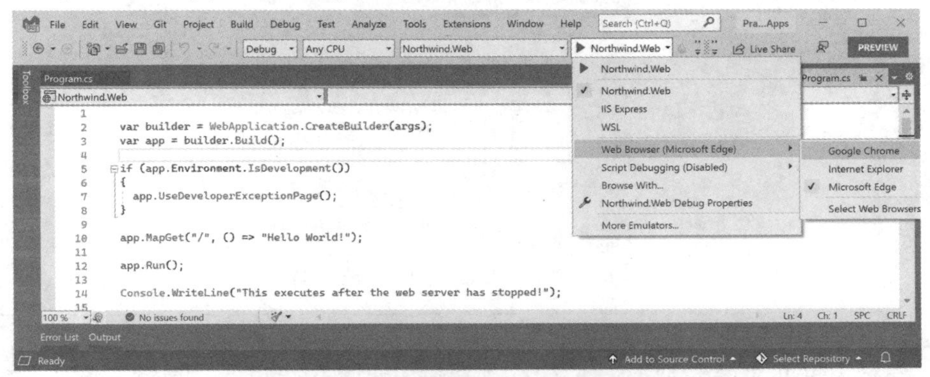

图 14.5 选择 Northwind.Web 配置文件和 Visual Studio 中的 Kestrel Web 服务器

- 导航到 Debug | Start Without Debugging...。
- 当第一次启动安全的网站时，会提示项目配置为使用 SSL，并且为了避免浏览器中的警告，可以选择信任 ASP.NET Core 生成的自签名证书。单击 Yes 按钮。
- 当看到安全警告对话框时，再次单击 Yes 按钮。

(2) 对于 Visual Studio Code，在 TERMINAL 中输入 dotnet run 命令。

(3) 在 Visual Studio 的命令提示符窗口或 Visual Studio Code 的终端，注意 Kestrel Web 服务器已经开始为 HTTP 和 HTTPS 侦听随机端口，可以按 Ctrl＋C 快捷键关闭 Kestrel Web 服务器，托管环境是 Development，如以下输出所示：

```
info: Microsoft.Hosting.Lifetime[14]
  Now listening on: https://localhost:5001
info: Microsoft.Hosting.Lifetime[14]
  Now listening on: http://localhost:5000
info: Microsoft.Hosting.Lifetime[0]
  Application started. Press Ctrl+C to shut down.
info: Microsoft.Hosting.Lifetime[0]
  Hosting environment: Development
info: Microsoft.Hosting.Lifetime[0]
  Content root path: C:\Code\PracticalApps\Northwind.Web
```

更多信息

Visual Studio 也会自动启动选择的浏览器。如果使用的是 Visual Studio Code，就必须手动启动 Chrome。

(4) 让 Web 服务器处于运行状态。

(5) 在 Chrome 浏览器中，显示 Developer Tools，单击 Network 选项卡。

(6) 输入地址 http://localhost:5000/或任何分配给 HTTP 的端口号，并注意响应是纯文本的 Hello World!，来自跨平台 Kestrel Web 服务器，如图 14.6 所示。

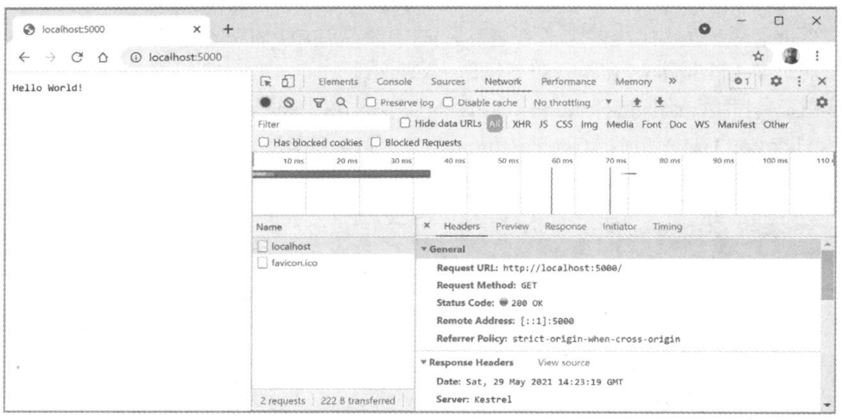

图 14.6　来自 http://localhost:5000/的纯文本响应

更多信息

Chrome 还请求 favicon.ico 文件，自动显示在浏览器选项卡中，但这是缺失的，所以它显示为 404 Not Found 错误。

(7) 输入地址 https://localhost:5001/，或者任何分配给 HTTPS 的端口号。注意如果没有使用 Visual Studio，或者当提示信任 SSL 证书时单击 No 按钮，那么响应是一个隐私错误，如图 14.7 所示。

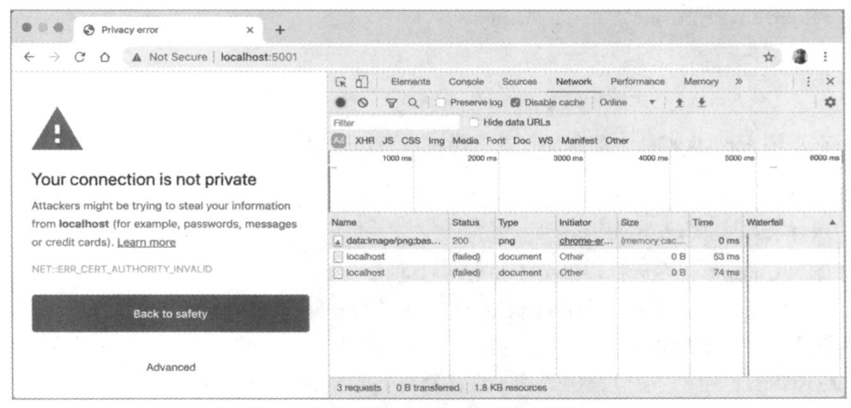

图 14.7 隐私错误显示没有通过证书启用 SSL 加密

这是因为没有配置浏览器可以信任的证书来加密和解密 HTTP 通信(如果没有显示这条错误消息，就说明已经配置了证书)。

在生产环境中，可能希望向 Verisign 这样的公司付费，因为此类公司提供了责任保护和技术支持。

更多信息

如果不介意每隔 90 天重新申请证书，那么可以从以下链接获得免费证书：https://letsencrypt.org。

在开发期间，可以让操作系统信任 ASP.NET Core 提供的临时开发证书。

(8) 在命令行或终端中，按 Ctrl + C 关闭 Web 服务器，并注意所写的信息，如下所示：

```
info: Microsoft.Hosting.Lifetime[0]
Application is shutting down...
This executes after the web server has stopped!
C:\Code\PracticalApps\Northwind.Web\bin\Debug\net6.0\Northwind.Web.exe
(process 19888) exited with code 0.
```

(9) 如果需要信任本地的自签名 SSL 证书，那么在命令行或终端中，输入 dotnet dev-certs https--trust 命令，注意消息 Trusting the HTTPS development certificate was requested。系统可能会提示输入密码，并且可能已经存在有效的 HTTPS 证书。

启用更强的安全性并重定向到安全连接

启用更严格的安全性并自动将 HTTP 请求重定向到 HTTPS 是一种良好的实践。

最佳实践

HSTS (HTTP 严格传输安全)是一种可选择的安全增强，应该始终启用它。如果网站指定了它，浏览器也支持它，它就强制所有通信通过 HTTPS 进行，并阻止访问者使用不受信任或无效的证书。

(1) 在 Program.cs 中，添加一个 if 语句，在未开发时启用 HSTS，代码如下所示：

```
if (!app.Environment.IsDevelopment())
{
    app.UseHsts();
}
```

(2) 在调用 app.MapGet 之前添加一条语句，将 HTTP 请求重定向到 HTTPS，代码如下所示：

```
app.UseHttpsRedirection();
```

(3) 启动 Northwind.Web 网站项目。

(4) 如果 Chrome 仍在运行，请关闭并重新启动。

(5) 在 Chrome 浏览器中，显示 Developer Tools，单击 Network 选项卡。

(6) 输入地址 http://localhost:5000/，或者任何分配给 HTTP 的端口号，注意服务器如何用 307 Temporary Redirect 响应到端口 5001。证书现在是有效的和受信任的，如图 14.8 所示。

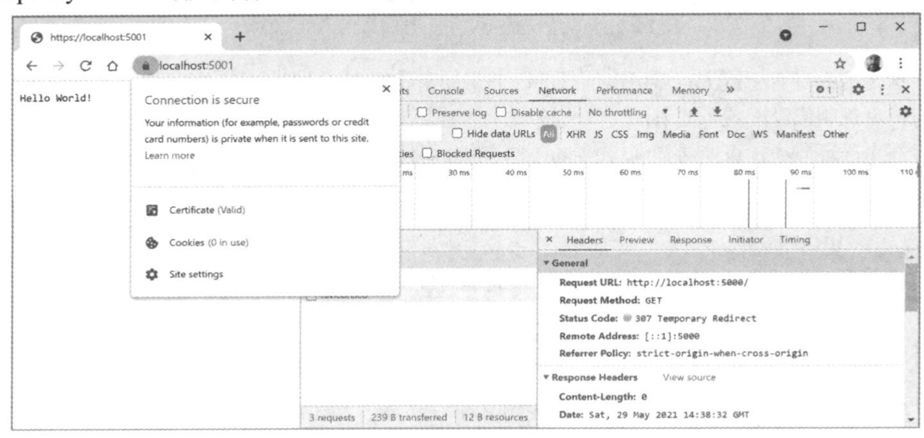

图 14.8　现在使用一个有效的证书和 307 重定向保护了连接

(7) 关闭 Chrome。

(8) 关闭 Web 服务器。

最佳实践

当完成一个网站的测试时，记得关闭 Kestrel 的 Web 服务器。

14.2.4　控制托管环境

在 ASP.NET Core 的早期版本中，项目模板设置了一个规则，表示在开发模式下，任何未处理的异常将显示在浏览器窗口中，以便开发人员查看异常的详细信息，代码如下所示：

```
if (app.Environment.IsDevelopment())
{
    app.UseDeveloperExceptionPage();
}
```

在 ASP.NET Core 6 及以后版本，代码在默认情况下是自动执行的，所以它不包含在项目模板中。

ASP.NET Core 如何知道什么时候在开发模式中运行，所以 IsDevelopment 方法返回 true？下面寻找答案。

ASP.NET Core 可以通过从环境变量中读取信息来确定使用什么托管环境，例如 DOTNET_ENVIRONMENT 或 ASPNETCORE_ENVIRONMENT。

可在本地开发期间重写这些设置。

(1) 在 Northwind.Web 文件夹中，展开名为 Properties 的子文件夹，打开名为 launchSettings.json 的文件，注意其中名为 NorthwindWeb 的配置部分，这里已将托管环境设置为 Development，如下所示：

```
{
  "iisSettings": {
    "windowsAuthentication": false,
    "anonymousAuthentication": true,
    "iisExpress": {
      "applicationUrl": "http://localhost:56111",
      "sslPort": 44329
    }
  },
    "profiles": {
      "Northwind.Web": {
      "commandName": "Project",
      "dotnetRunMessages": "true",
      "launchBrowser": true,
      "applicationUrl": "https://localhost:5001;http://localhost:5000",
      "environmentVariables": {
        "ASPNETCORE_ENVIRONMENT": "Development"
    }
  },
  "IIS Express": {
    "commandName": "IISExpress",
    "launchBrowser": true,
    "environmentVariables": {
      "ASPNETCORE_ENVIRONMENT": "Development"
    }
  }
 }
}
```

(2) 将 HTTP 随机分配的端口号修改为 5000，将 HTTPS 随机分配的端口号修改为 5001。

(3) 将托管环境改为 Production。可选地，将 launchBrowser 更改为 false，以防止 Visual Studio 自动启动浏览器。

(4) 启动网站，注意托管环境为 Production，如下所示：

```
info: Microsoft.Hosting.Lifetime[0]
Hosting environment: Production
```

(5) 关闭 Web 服务器。

(6) 在 launchSettings.json 文件中，将托管环境改回为 Development。

更多信息

launchSettings.json 文件也有一个配置，把 IIS 作为使用随机端口号的 Web 服务器。本书只使用 Kestrel 作为 Web 服务器，因为它是跨平台的。

14.2.5 分离服务和管道的配置

将所有用于初始化简单 Web 项目的代码放在 Program.cs 中是个好主意，对于 Web 服务而言尤其如此。这种风格可参见第 16 章。

然而，对于最基本的 Web 项目之外的任何东西，你可能更喜欢将配置分离到一个单独的 Startup 类中，该类有如下两个方法，如图 14.9 所示。

- ConfigureServices(IServiceCollection services)：将依赖服务添加到依赖注入容器，如 Razor Pages 支持，跨源资源共享(CORS)支持，或处理 Northwind 数据库的数据库上下文。
- Configure(IApplicationBuilder app, IWebHostEnvironment env)：设置请求和响应流通过的 HTTP 管道。在 app 参数上调用各种 Use 方法，以按照处理特征的顺序构造管道。

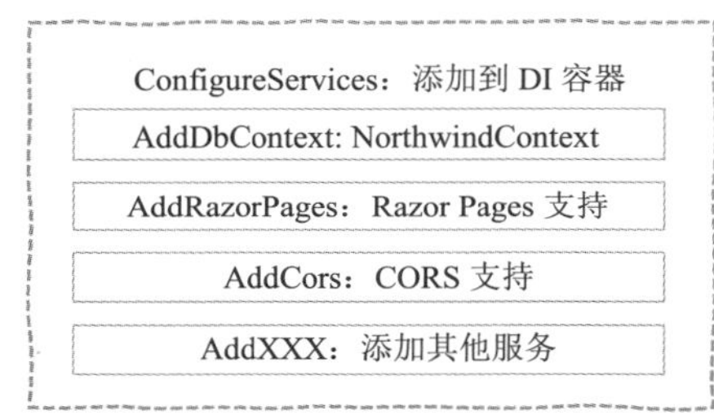

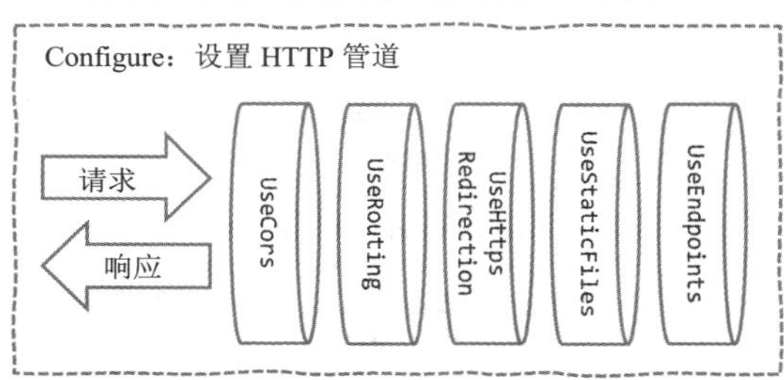

图 14.9 Startup 类的 ConfigureServices 和 Configure 方法图

运行时将自动调用这两个方法。下面创建一个 Startup 类。

(1) 向 Northwind.Web 项目添加一个新的类文件，名为 Startup.cs。

(2) 修改 Startup.cs，代码如下所示：

```
namespace Northwind.Web;

public class Startup
{
  public void ConfigureServices(IServiceCollection services)
  {
  }

  public void Configure(
    IApplicationBuilder app, IWebHostEnvironment env)
  {
    if (!env.IsDevelopment())
    {
      app.UseHsts();
    }

    app.UseRouting(); // start endpoint routing

    app.UseHttpsRedirection();
```

```
    app.UseEndpoints(endpoints =>
    {
      endpoints.MapGet("/", () => "Hello World!");
    });
  }
}
```

关于代码，请注意以下几点：

- ConfigureServices 方法目前是空的，因为还不需要添加任何依赖服务。
- 配置方法设置 HTTP 请求管道，并允许使用端点路由。它配置一个路由端点，等待为每个 HTTP GET 请求使用根路径/的相同映射，根路径/通过返回纯文本“Hello World!”来响应这些请求。本章末尾将分析路由端点及其优点。

现在，必须指定希望在应用程序入口点中使用 Startup 类。

(3) 修改 Program.cs，代码如下所示：

```
using Northwind.Web; // Startup

Host.CreateDefaultBuilder(args)
  .ConfigureWebHostDefaults(webBuilder =>
  {
    webBuilder.UseStartup<Startup>();
  }).Build().Run();

Console.WriteLine("This executes after the web server has stopped!");
```

(4) 启动网站，并注意它有与之前相同的行为。

(5) 关闭 Web 服务器。

更多信息

在本书创建的其他所有网站和服务项目中，将使用由.NET 6 项目模板创建的单个 Program.cs 文件。如果喜欢使用 Startup.cs，会在本章中看到它的使用方法。

14.2.6　使网站能够提供静态内容

只返回一条纯文本消息的网站没有多大用处！对于网站来说，至少应该返回静态的 HTML 页面、用于样式化 Web 页面的 CSS 以及其他任何静态资源(如图像和视频)。

按照惯例，这些文件应该存储在一个名为 wwwroot 的目录中，以使它们与网站项目的动态执行部分分开。

1. 为静态文件和网页创建文件夹

下面创建文件夹以存放静态的网站资源，并创建使用 Bootstrap 进行样式化的基本索引页。

(1) 在 NorthwindWeb 项目/文件夹中创建一个名为 wwwroot 的文件夹。

(2) 将名为 index.html 的新文件添加到 wwwroot 文件夹中。

(3) 修改 index.html 文件的内容以链接到 CDN 托管的引导程序，进行样式化并实现一些良好实践，如设置视口，如下所示：

```
<!doctype html>
```

```
<html lang="en">

<head>
  <!-- Required meta tags -->
  <meta charset="utf-8" />
  <meta name="viewport" content=
    "width=device-width, initial-scale=1 " />

  <!-- Bootstrap CSS -->
  <link href=
"https://cdn.jsdelivr.net/npm/bootstrap@5.1.0/dist/css/bootstrap.min.css"
rel="stylesheet" integrity="sha384-KyZXEAg3QhqLMpG8r+8fhAXLRk2vvoC2f3B09zV
Xn8CA5QIVfZOJ3BCsw2P0p/We" crossorigin="anonymous">

  <title>Welcome ASP.NET Core!</title>
</head>
  <body>
    <div class="container">
      <div class="jumbotron">
        <h1 class="display-3">Welcome to Northwind B2B</h1>
        <p class="lead">We supply products to our customers.</p>
        <hr />
        <h2>This is a static HTML page.</h2>
        <p>Our customers include restaurants, hotels, and cruise lines.</p>
         <p>
          <a class="btn btn-primary"
             href="https://www.asp.net/">Learn more</a>
        </p>
      </div>
    </div>
  </body>
</html>
```

更多信息

要获取最新的用于引导的<link>元素，请从 Getting Started-Introduction 页面上复制并粘贴它们，链接为 https://getbootstrap.com/docs/5.0/getting-started/introduction/#starter-template。

2. 启用静态文件和默认文件

如果现在启动网站，并在浏览器的地址栏中输入 http://localhost:5000/index.html，网站将返回 404 Not Found 错误，这说明没有找到网页。为了使网站能够返回静态文件，如 index.html，必须显式地配置默认文件。

即使启用了静态文件，如果启动网站，并在浏览器的地址框中输入 http://localhost:5000/，网站也会返回 404 Not Found 错误。因为如果没有请求指定的文件，Web 服务器在默认情况下将不知道该返回什么。

现在启用静态文件并显式地配置默认文件，然后更改注册的用于返回 Hello World 的 URL 路径。

(1) 在 Startup.cs 的 Configure 方法中，将 GET 请求映射到返回的纯文本消息“Hello World!”，以只响应 URL 路径/hello，并在启用 HTTPS 重定向后添加语句，以启用静态文件和默认文件，如下所示：

```
app.UseHttpsRedirection();

app.UseDefaultFiles(); // index.html, default.html, and so on

app.UseStaticFiles();

app.UseEndpoints(endpoints =>
{
  endpoints.MapGet("/hello", () => "Hello World!");
});
```

更多信息

UseDefaultFiles 调用必须在 UseStaticFiles 调用之前，否则应用程序将无法工作！本章最后将进一步介绍中间件和端点路由的排序。

(2) 启动网站。

(3) 启动 Chrome，显示 Developer Tools。

(4) 在 Chrome 中输入 http://localhost:5000/，注意浏览器会重定向到位于端口 5001 的 HTTPS 地址。现在返回 index.html 文件，因为它是这个网站可能的默认文件。

(5) 在 Developer Tools 中，注意对 Bootstrap 样式表的请求。

(6) 在 Chrome 中输入 http://localhost:5000/hello，注意返回的是纯文本消息"Hello World!"，就像以前一样。

(7) 关闭 Chrome 浏览器，关闭 Web 服务器。

如果所有的网页都是静态的，也就是说，它们只能通过 Web 编辑器手动修改，那么 Web 编程工作就完成了。但是，几乎所有的网站都需要动态内容，这意味着网页是在运行时是通过执行代码生成的。

最简单的方法就是使用 ASP.NET Core 的一个特性，名为 Razor Pages。

14.3 了解 ASP.NET Core Razor Pages

ASP.NET Core Razor Pages 允许开发人员轻松地将 HTML 标记和 C#代码混合在一起，动态生成 Web 页面。这就是使用.cshtml 文件扩展名的原因。

默认情况下，ASP.NET Core 在名为 Pages 的文件夹中查找 Razor Pages。

14.3.1 启用 Razor Pages

下面把静态的 HTML 页面改为动态的 Razor Pages，然后添加并启用 Razor Pages 服务。

(1) 在 NorthwindWeb 项目文件夹中创建一个名为 Pages 的文件夹。

(2) 将 index.html 文件复制到 Pages 文件夹。

(3) 将 Pages 文件夹中的文件扩展名从.html 重命名为.cshtml。

(4) 删除表明这是一个静态 HTML 页面的<h2>元素。

(5) 在 Startup.cs 的 ConfigureServices 方法中，添加语句以添加 ASP.NET Core Razor Pages 及

相关服务，如模型绑定、授权、防伪、视图和标记助手，如下所示：

```
services.AddRazorPages();
```

(6) 在 Startup.cs 的 Configure 方法中，在用于端点的配置中，添加一条调用 MapRazorPages 方法的语句，如下所示：

```
app.UseEndpoints(endpoints =>
{
endpoints.MapRazorPages();
endpoints.MapGet("/hello", () => "Hello World!");
});
```

14.3.2 给 Razor Pages 添加代码

在 Web 页面的 HTML 标记中，Razor 语法由@符号表示。Razor Pages 可以如下描述。

- 它们需要文件顶部的@page 指令。
- 它们的@functions 部分定义了以下内容：
  - 用于存储数据的属性。这种类的实例可自动实例化为模型，模型可以在特殊方法中设置属性，可以在标记中获取属性值。
  - OnGet、OnPost、OnDelete 等方法，这些方法会在发出 GET、POST 和 DELETE 等 HTTP 请求时执行。

下面将静态的 HTML 页面转换为 Razor Pages。

(1) 在 Pages 文件夹中打开 index.cshtml。

(2) 将@page 语句添加到 index.cshtml 文件的顶部。

(3) 在@page 语句之后添加@functions 语句块。

(4) 定义一个属性，将当前日期的名称存储为字符串。

(5) 定义一个用于设置 DayName 的方法，该方法会在对页面发出 HTTP GET 请求时执行，如下所示：

```
@page

@functions
{
  public string? DayName { get; set; }

  public void OnGet()
  {
    Model.DayName = DateTime.Now.ToString("dddd");
  }
}
```

(6) 输出一个段落内的日期名称，如下所示：

```
<p>It's @Model.DayName! Our customers include restaurants, hotels, and
cruise lines.</p>
```

(7) 启动网站。

(8) 在 Chrome 中输入 https://localhost:5001/，注意页面上显示当前的一天，如图 14.10 所示。

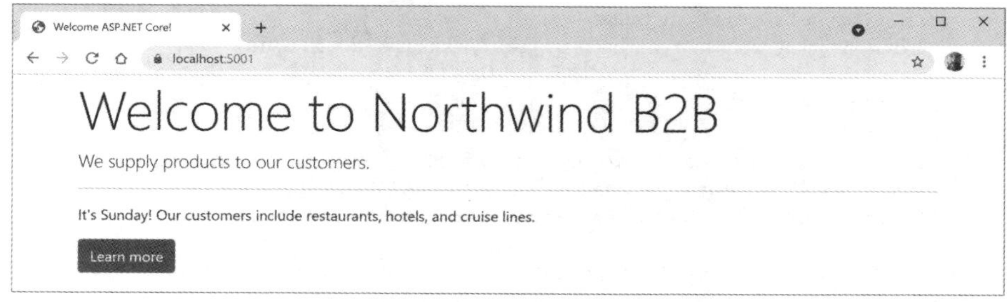

图 14.10　欢迎来到 Northwind 页面显示当前的一天

(9) 在 Chrome 中输入 http://localhost:5000/index.html 以完全匹配静态文件名，注意浏览器会像以前一样返回静态的 HTML 页面。

(10) 在 Chrome 中输入 https://localhost:5001/hello，它与返回纯文本的端点路由完全匹配，并注意它返回 Hello World!，与以前一样。

(11) 关闭 Chrome 浏览器，关闭 Web 服务器。

14.3.3　通过 Razor Pages 使用共享布局

大多数网站都有一个以上的页面。如果每个页面都必须包含当前 index.cshtml 中的所有样板标记，那么管理起来将十分痛苦。为此，ASP.NET Core 支持使用布局。

要想使用布局，就必须创建 Razor 文件以定义所有 Razor Pages 以及所有 MVC 视图的默认布局，并将它们存储在 Shared 文件夹中，这样就可以很方便地按照惯例发现它们。这个文件的名字是任意的，因为我们会指定它，但_Layout.cshtml 是一个很好的选择。

还必须创建一个特殊命名的文件来设置所有 Razor Pages 以及 MVC 视图的默认布局文件。这个文件必须命名为_ViewStart.cshtml。

下面看看实际的布局。

(1) 在 Pages 文件夹中添加一个名为_ViewStart.cshtml 的文件。Visual Studio 项模板是 Razor View Start。

(2) 修改_ViewStart.cshtml 文件中的内容，如下所示：

```
@{
    Layout = "_Layout";
}
```

(3) 在 Pages 文件夹中创建一个名为 Shared 的文件夹。

(4) 在 Shared 文件夹中创建一个名为_Layout.cshtml 的文件。Visual Studio 项模板是 Razor View。

(5) 修改_Layout.cshtml 文件夹中的内容(因为内容类似于 index.cshtml，所以可从那里复制并粘贴)，如下所示：

```
<!doctype html>
<html lang="en">

<head>
  <!-- Required meta tags -->
  <meta charset="utf-8" />
```

```
  <meta name="viewport" content=
    "width=device-width, initial-scale=1, shrink-to-fit=no" />

  <!-- Bootstrap CSS -->
  <link href=
"https://cdn.jsdelivr.net/npm/bootstrap@5.1.0/dist/css/bootstrap.min.css"
rel="stylesheet" integrity="sha384-KyZXEAg3QhqLMpG8r+8fhAXLRk2vvoC2f3B09zV
Xn8CA5QIVfZOJ3BCsw2P0p/We" crossorigin="anonymous">

  <title>@ViewData["Title"]</title>
</head>

<body>
  <div class="container">
    @RenderBody()
    <hr />
    <footer>
      <p>Copyright &copy; 2021 - @ViewData["Title"]</p>
  </footer>
</div>

<!-- JavaScript to enable features like carousel -->
  <script src="https://cdn.jsdelivr.net/npm/bootstrap@5.1.0/
dist/js/bootstrap.bundle.min.js" integrity="sha384-
U1DAWAznBHeqEIlVSCgzq+c9gqGAJn5c/t99JyeKa9xxaYpSvHU5awsuZVVFIhvj"
crossorigin="anonymous"></script>

  @RenderSection("Scripts", required: false)

</body>
</html>
```

当回顾前面的标记时，请注意以下几点：

- <title>是使用 ViewData 字典中的服务器端代码动态设置的。这是在 ASP.NET Core 网站的不同部分之间传递数据的一种简单方法。这种情况下，数据是在 Razor Pages 类文件中进行设置的，然后在共享布局中输出。
- @RenderBody()用于标记被请求页面的插入点。
- 水平规则和页脚将出现在每个页面的底部。
- 布局的底部是一些脚本，用来实现 Bootstrap 的一些很酷的特性，稍后将像图片的旋转木马一样使用这些特性。
- 在 Bootstrap 的<script>元素之后，定义名为 Scripts 的部分，以便 Razor Pages 可以选择性地插入需要的其他脚本。

(6) 修改 index.cshtml 以删除除了<div class="jumbotron">及其内容之外的所有 HTML 标记，并将 C#代码保留在前面添加的@functions 语句块中。

(7) 在 OnGet 方法中添加一条语句，将页面标题存储在 ViewData 字典中，并修改按钮以导航到供应商页面(下一节创建)，如下所示：

```
@page

@functions
{
```

```
  public string? DayName { get; set; }

  public void OnGet()
  {
    ViewData["Title"] = "Northwind B2B";

    Model.DayName = DateTime.Now.ToString("dddd");
  }
}
<div class="jumbotron">
  <h1 class="display-3">Welcome to Northwind B2B</h1>
  <p class="lead">We supply products to our customers.</p>
  <hr />
  <p>It's @Model.DayName! Our customers include restaurants, hotels, and
  cruise lines.</p>
    <p>
      <a class="btn btn-primary" href="suppliers">
        Learn more about our suppliers</a>
  </p>
</div>
```

(8) 启动网站，然后使用 Chrome 访问这个网站，注意这个网站的行为与之前类似。单击供应商按钮，将显示 404 Not Found 错误，因为尚未创建供应商页面。

14.3.4 使用后台代码文件与 Razor Pages

有时，最好将 HTML 标记与数据和可执行代码分开，因此 Razor Pages 允许使用后台代码文件。它们与.cshtml 文件的名称相同，但以.cshtml.cs 结尾。

下面创建供应商页面。在本例中，我们主要学习后台代码文件。下一个主题从数据库中加载供应商列表，但现在用字符串值的硬编码数组来模拟。

(1) 在 Pages 文件夹中添加两个名为 suppliers.cshtml 和 suppliers.cshtml.cs 的文件。Visual Studio 项模板为 Razor Page - Empty，它创建了两个文件。

(2) 在 suppliers.cshtml.cs 中添加语句，如下所示：

```
using Microsoft.AspNetCore.Mvc.RazorPages; // PageModel

namespace Northwind.Web.Pages;

public class SuppliersModel : PageModel
{
  public IEnumerable<string>? Suppliers { get; set; }

  public void OnGet()
  {
    ViewData["Title"] = "Northwind B2B - Suppliers";

    Suppliers = new[]
    {
       "Alpha Co", "Beta Limited", "Gamma Corp"
    };
  }
}
```

当查看上面的标记时，请注意以下几点：

- SuppliersModel 继承自 PageModel，因此其中有一些成员，如用于共享数据的 ViewData 字典。可以右击 PageModel，并选择 Go To Definition 以查看更多有用的特性，比如当前请求的整个 HttpContext。
- SuppliersModel 定义了用于存储字符串集合的 Suppliers 属性。
- 对这个 Razor Pages 发出 HTTP GET 请求时，Suppliers 属性会从字符串值数组中填充一些供应商名称。稍后从 Northwind 数据库填充它。

(3) 修改 suppliers.cshtml 文件中的内容，如下所示：

```
@page
@model Northwind.Web.Pages.SuppliersModel
<div class="row">
  <h1 class="display-2">Suppliers</h1>
  <table class="table">
    <thead class="thead-inverse">
      <tr><th>Company Name</th></tr>
    </thead>
    <tbody>
    @if (Model.Suppliers is not null)
    {
      @foreach(string name in Model.Suppliers)
      {
        <tr><td>@name</td></tr>
      }
    }
    </tbody>
  </table>
</div>
```

当查看上面的标记时，请注意以下几点：

- 这个 Razor Pages 的模型类型被设置为 SuppliersModel。
- 这个 Razor Pages 输出了一个带有引导样式的 HTML 表格。
- 这个 HTML 表格中的数据行是通过循环模型的 Suppliers 属性生成的。

(4) 启动网站，然后使用 Chrome 访问这个网站。

(5) 单击按钮以了解供应商的更多信息，如图 14.11 所示。

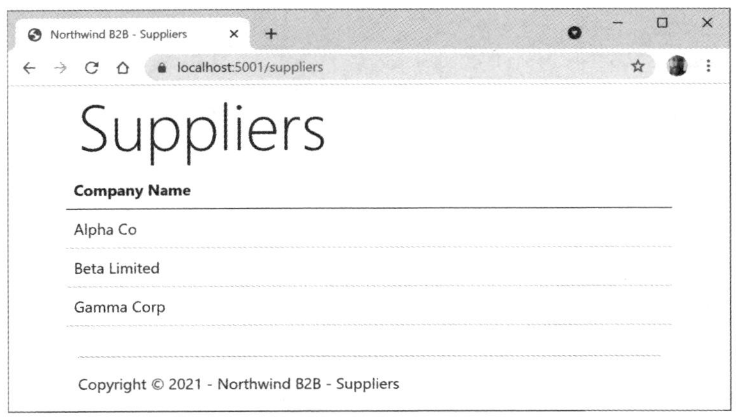

图 14.11 从字符串数组中加载的供应商表

14.4 使用 Entity Framework Core 与 ASP.NET Core

Entity Framework Core 是将真实数据导入网站的自然方式。第 13 章创建了两个类库：一个用于实体模型，另一个用于 Northwind 数据库上下文(针对 SQL Server 或 SQLite 或两者)。现在，可在网站项目中使用它们。

14.4.1 将 Entity Framework Core 配置为服务

诸如 ASP.NET Core 所需的 Entity Framework Core 数据库上下文等功能，必须在网站启动期间注册为服务。GitHub 存储库解决方案和下面的代码使用 SQLite，但如果你愿意，也可以很方便地使用 SQL Server。

(1) 在 Northwind.Web 项目中为 SQLite 或 SQL Server 添加对 Northwind.Common.DataContext 项目的引用，如下所示：

```
<!-- change Sqlite to SqlServer if you prefer -->
<ItemGroup>
  <ProjectReference Include="..\Northwind.Common.DataContext.Sqlite\
Northwind.Common.DataContext.Sqlite.csproj" />
</ItemGroup>
```

更多信息

项目引用必须全部在一行中，不能换行。

(2) 构建 Northwind.Web 项目。

(3) 在 Startup.cs 中，导入名称空间来处理实体模型类型，代码如下所示：

```
using Packt.Shared; // AddNorthwindContext extension method
```

(4) 在 ConfigureServices 方法中添加一条语句，注册 Northwind 数据库上下文类，如下所示：

```
services.AddNorthwindContext();
```

(5) 在 NorthwindWeb 项目的 Pages 文件夹中，打开 Suppliers.cshtml.cs 并导入用于数据库上下文的名称空间，如下所示：

```
using Packt.Shared; // NorthwindContext
```

(6) 在 SuppliersModel 类中，添加如下私有字段和构造函数，以存储和设置 Northwind 数据库上下文：

```
private NorthwindContext db;

public SuppliersModel(NorthwindContext injectedContext)
{
    db = injectedContext;
}
```

(7) 更改 Supplier 属性以包含 Supplier 对象而不是字符串值。

(8) 在 OnGet 方法中，从数据库上下文的 Suppliers 属性中选择 Suppliers，修改语句，按国家/地区和公司名称排序，如下所示：

```
public void OnGet()
{
  ViewData["Title"] = "Northwind B2B - Suppliers";

  Suppliers = db.Suppliers
    .OrderBy(c => c.Country).ThenBy(c => c.CompanyName);
}
```

(9) 修改 Suppliers.cshtml 的内容，导入 Packt.Shared 名称空间并为每个供应商呈现多个列，如下所示：

```
@page
@using Packt.Shared
  @model Northwind.Web.Pages.SuppliersModel
  <div class="row">
    <h1 class="display-2">Suppliers</h1>
    <table class="table">
      <thead class="thead-inverse">
        <tr>
          <th>Company Name</th>
          <th>Country</th>
          <th>Phone</th>
        </tr>
      </thead>
      <tbody>
      @if (Model.Suppliers is not null)
      {
        @foreach(Supplier s in Model.Suppliers)
        {
          <tr>
            <td>@s.CompanyName</td>
            <td>@s.Country</td>
            <td>@s.Phone</td>
          </tr>
        }
      }
    </tbody>
  </table>
</div>
```

(10) 启动网站，在 Google Chrome 浏览器的地址栏中输入 http://localhost:5000/，单击 Learn more about our suppliers。注意，供应商列表现在可从数据库中加载，如图 14.12 所示。

图 14.12　从数据库中加载的供应商列表

14.4.2　使用 Razor Pages 操作数据

下面添加功能以插入新的供应商。

1. 启用模型以插入实体

首先，修改供应商模型，使其能够在访问者提交表单以插入新的供应商时，响应 HTTP POST 请求。

(1) 在 NorthwindWeb 项目的 Pages 文件夹中，打开 Suppliers.cshtml.cs 并导入以下名称空间：

```
using Microsoft.AspNetCore.Mvc; // [BindProperty], IActionResult
```

(2) 在 SuppliersModel 类中，添加属性以存储供应商，并添加名为 OnPost 的方法，从而在供应商模型有效时给 Northwind 数据库的 Suppliers 表添加供应商，如下所示：

```
[BindProperty]
public Supplier? Supplier { get; set; }

public IActionResult OnPost()
{
  if ((Supplier is not null) && ModelState.IsValid)
  {
    db.Suppliers.Add(Supplier);
    db.SaveChanges();
    return RedirectToPage("/suppliers");
  }
  else
  {
    return Page(); // return to original page
  }
}
```

当回顾上述代码时，请注意以下事项：

- 这里添加了名为 Supplier 的属性，通过使用[BindProperty]特性装饰 Supplier 属性，就可以轻松地将 Web 页面上的 HTML 元素与 Supplier 类中的属性连接起来。
- 这里还添加了用于响应 HTTP POST 请求的方法，检查所有属性值是否符合 Supplier 类实体模型上的验证规则(如[Required]和[StringLength])，然后将供应商添加到现有表中，并将更改保存到数据库上下文中。这将生成一条 SQL 语句来执行对数据库的插入操作。然后它重定向到供应商页面，以便访问者看到新添加的供应商。

2. 定义用来插入新供应商的表单

其次，修改 Razor Pages 以定义访问者可以填写和提交的表单，从而插入新的供应商。

(1) 打开 Suppliers.cshtml，并在@model 声明之后添加标记助手，这样就可以在 Razor Pages 上使用类似于 asp-for 的标记助手，如下所示：

```
@addTagHelper *, Microsoft.AspNetCore.Mvc.TagHelpers
```

(2) 在文件底部添加表单，以插入新的供应商并使用 asp-for 标记助手将 Supplier 类的 CompanyName、Country 和 Phone 属性连接到输入框，如下所示：

```
<div class="row">
  <p>Enter details for a new supplier:</p>
  <form method="POST">
    <div><input asp-for="Supplier.CompanyName"
                placeholder="Company Name" /></div>
    <div><input asp-for="Supplier.Country"
                placeholder="Country" /></div>
    <div><input asp-for="Supplier.Phone"
                placeholder="Phone" /></div>
    <input type="submit" />
  </form>
</div>
```

当回顾上述标记时，请注意以下事项：

- 带有 POST 方法的<form>元素是普通的 HTML 标记，<input type="submit" />子元素则用于将 HTTP POST 请求发送回当前页面，其中包含这个表单中其他任何元素的值。
- 带有 asp-for 标记助手的<input>元素允许将数据绑定到 Razor Pages 背后的模型。

(3) 打开网站。

(4) 单击 Learn more about our suppliers，向下滚动供应商列表，添加新的供应商，输入 Bob's Burgers、USA 和(603) 555-4567，然后单击 Submit 按钮。

(5) 注意，页面现在被重定向到添加了新供应商的供应商列表。

(6) 关闭 Chrome 浏览器，关闭 Web 服务器。

14.4.3 将依赖服务注入 Razor Pages 中

如果.cshtml Razor Pages 没有后台代码文件，就可以使用@inject 指令注入依赖服务，而不是构造函数参数注入，然后在标记中间使用 Razor 语法直接引用注入的数据库上下文。

下面创建一个简单例子。

(1) 在 Pages 文件夹中，添加一个名为 Orders.cshtml 的新文件(Visual Studio 项模板是 Razor Pages - Empty，它创建了两个文件。删除.cs 文件)。

(2) 在 Orders.cshtml 中，编写代码，输出 Northwind 数据库的订单数量，标记如下所示：

```
@page
@using Packt.Shared
@inject NorthwindContext db
@{
```

```
  string title = "Orders";
  ViewData["Title"] = $"Northwind B2B - {title}";
}
<div class="row">
  <h1 class="display-2">@title</h1>
  <p>
    There are @db.Orders.Count() orders in the Northwind database.
  </p>
</div>
```

(3) 启动网站。

(4) 导航到/orders，注意 Northwind 数据库中有 830 个订单。

(5) 关闭 Chrome 浏览器，关闭 Web 服务器。

14.5 使用 Razor 类库

所有与 Razor Pages 相关的内容都可以编译成类库，以便在多个项目中重用。在.NET Core 3.0 及后续版本中，已经可以包含静态文件，如 HTML、CSS、JavaScript 库和媒体资源(如图片文件)。网站既可以使用类库中定义的 Razor Pages 视图，也可以覆盖它们。

14.5.1 创建 Razor 类库

为了创建 Razor 类库，请执行以下步骤：

使用喜欢的代码编辑器添加一个新项目，如下所示。

(1) 项目模板：Razor Class Library/razorclasslib

(2) 复选框/开关：Support pages and views / -s

(3) 工作区/解决方案文件和文件夹：PracticalApps

(4) 项目文件和文件夹：Northwind.Razor.Employees

更多信息

-s 选项是--support-pages-and-views 的缩写，作用是使 Razor 类库能够使用 Razor Pages 和.cshtml 文件视图。

14.5.2 禁用 Visual Studio Code 的 Compact Folders 功能

在实现 Razor 类库之前，解释一下 Visual Studio Code 的一个特性，这个特性让之前版本的一些读者感到困惑，因为这个特性是在发布之后才添加的。

压缩文件夹是指如果层次结构中的中间文件夹不包含文件，就将嵌套的文件夹(如/Areas/MyFeature/Pages/)以压缩形式显示，如图 14.13 所示。

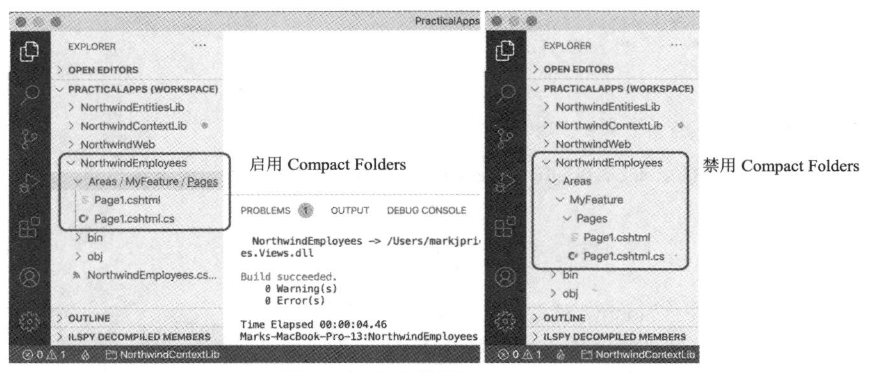

图 14.13　启用或禁用 Compact Folders 功能

如果想禁用 Visual Studio Code 的 Compact Folders 功能，请执行以下步骤：

(1) 在 Windows 上，导航到 File | Preferences | Settings。在 macOS 上，导航到 Code | Preferences | Settings。

(2) 在搜索框中输入 compact。

(3) 取消选中 Explorer: Compact Folders 下方的复选框，如图 14.14 所示。

(4) 关闭 Settings 选项卡。

更多信息

可通过以下链接进一步了解 Visual Studio Code 1.41 于 2019 年 11 月引入的 Compact Folders 功能——https://github.com/microsoft/vscode-docs/blob/vnext/release-notes/v1_41.md#compact-folders-in-explorer。

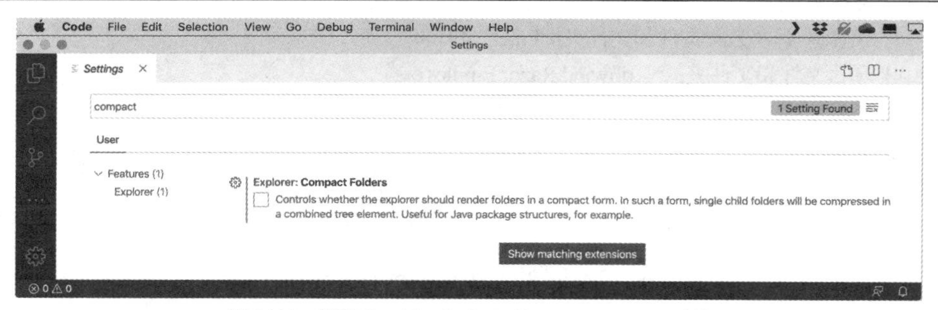

图 14.14　禁用 Visual Studio Code 的 Compact Folders 功能

14.5.3　使用 EF Core 实现员工特性

下面添加指向对实体模型的引用，从而在 Razor 类库中显示员工。

(1) 在 Northwind.Razor.Employees 项目中，为 SQLite 或 SQL Server 添加对 Northwind.Common.DataContext 项目的引用，并注意 SDK 是 Microsoft.NET.Sdk.Razor，如下所示：

```
<Project Sdk="Microsoft.NET.Sdk.Razor">

  <PropertyGroup>
    <TargetFramework>net6.0</TargetFramework>
```

```
    <Nullable>enable</Nullable>
    <ImplicitUsings>enable</ImplicitUsings>
    <AddRazorSupportForMvc>true</AddRazorSupportForMvc>
  </PropertyGroup>

  <ItemGroup>
    <FrameworkReference Include="Microsoft.AspNetCore.App" />
  </ItemGroup>

  <!-- change Sqlite to SqlServer if you prefer -->
  <ItemGroup>
    <ProjectReference Include="..\Northwind.Common.DataContext.Sqlite
\Northwind.Common.DataContext.Sqlite.csproj" />
  </ItemGroup>

</Project>
```

更多信息

项目引用必须全部在一行中，不要换行。另外，不要混合SQLite和SQL Server项目，否则将看到编译器错误。如果在Northwind.Web项目中使用SQL Server，就必须在Northwind.Razor.Employees项目中也使用SQL Server。

(2) 构建Northwind.Razor.Employees项目。

(3) 在Areas文件夹下，右击MyFeature文件夹，从弹出的菜单中选择Rename，输入新的名称PacktFeatures，然后按回车键。

(4) 在PacktFeatures文件夹下，在Pages子文件夹中添加一个名为_ViewStart.cshtml的新文件(Visual Studio项模板是Razor View Start。或者直接从Northwind.Web项目中复制过来)。

(5) 修改_ViewStart.cshtml文件中的内容，来通知这个类库，任何Razor Pages都应该寻找与Northwind.Web项目中使用的名称相同的布局，如下所示：

```
@{
  Layout = "_Layout";
}
```

最佳实践

这个项目不需要创建_Layout.cshtml文件，而将使用主项目中的文件，如Northwind.Web项目中的那个布局文件。

(6) 在Pages子文件夹中，将Page1.cshtml重命名为Employees.cshtml，将Page1.cshtml.cs重命名为Employees.cshtml.cs。

(7) 修改Employees.cshtml.cs，使用从Northwind示例数据库中加载的Employee实体实例数组来定义页面模型，如下所示：

```
using Microsoft.AspNetCore.Mvc.RazorPages; // PageModel
using Packt.Shared; // Employee, NorthwindContext

namespace PacktFeatures.Pages;

public class EmployeesPageModel : PageModel
{
  private NorthwindContext db;
```

```
  public EmployeesPageModel(NorthwindContext injectedContext)
  {
    db = injectedContext;
  }

  public Employee[] Employees { get; set; } = null!;

  public void OnGet()
  {
    ViewData["Title"] = "Northwind B2B - Employees";
    Employees = db.Employees.OrderBy(e => e.LastName)
    .ThenBy(e => e.FirstName).ToArray();
  }
}
```

(8) 修改 Employees.cshtml，如下所示：

```
@page
@using Packt.Shared
@addTagHelper *, Microsoft.AspNetCore.Mvc.TagHelpers
@model PacktFeatures.Pages.EmployeesPageModel
<div class="row">
  <h1 class="display-2">Employees</h1>
</div>
<div class="row">
@foreach(Employee employee in Model.Employees)
{
  <div class="col-sm-3">
    <partial name="_Employee" model="employee" />
  </div>
}
</div>
```

当回顾上述标记时，请注意以下事项：

- 导入 Packt.Shared 名称空间，这样就可以像 Employee 那样使用其中的类。
- 添加对标记助手的支持，这样就可以使用<partial>元素。
- 声明 Razor Pages 的模型类型，这样就可以使用刚刚定义的页面模型类。
- 枚举模型中的员工，并使用分部视图输出每个员工。

14.5.4 实现分部视图以显示单个员工

在 ASP.NET Core 2.1 中引入了<partial>标记助手。分部视图就像 Razor Pages 的一部分。接下来的几个步骤创建一个分部视图，显示单个员工。

(1) 在 Northwind.Razor.Employees 项目的 Pages 文件夹中创建 Shared 子文件夹。

(2) 在 Shared 子文件夹中创建一个名为_Employee.cshtml 的文件 (Visual Studio 项模板是 Razor View - Empty)。

(3) 修改_Employee.cshtml 文件，如下所示：

```
@model Packt.Shared.Employee
<div class="card border-dark mb-3" style="max-width: 18rem;">
  <div class="card-header">@Model?.LastName, @Model?.FirstName</div>
  <div class="card-body text-dark">
```

```
      <h5 class="card-title">@Model?.Country</h5>
      <p class="card-text">@Model?.Notes</p>
    </div>
  </div>
```

当回顾上述标记时，请注意以下事项：

- 按照约定，分部视图的名称应以下画线开头。
- 如果把分部视图放在 Shared 子文件夹中，就可以自动找到分部视图。
- 分部视图的模型类型是 Employee 实体。
- 可使用 Bootstrap 样式输出每个员工的信息。

14.5.5　使用和测试 Razor 类库

下面在网站项目中引用并使用 Razor 类库。

(1) 在 Northwind.Web 项目中，添加对 Northwind.Razor.Employees 项目的引用，如下所示：

```
<ProjectReference Include=
  "..\Northwind.Razor.Employees\Northwind.Razor.Employees.csproj" />
```

(2) 修改 Pages\index.cshtml 文件，在链接到供应商页面之后，添加一个段落，其中包含指向 Packt 特性员工页面的链接，如下所示：

```
<p>
  <a class="btn btn-primary" href="packtfeatures/employees">
    Contact our employees
  </a>
</p>
```

(3) 启动网站，使用 Chrome 访问这个网站，单击 Contact our employees 按钮以卡片形式查看员工信息，如图 14.15 所示。

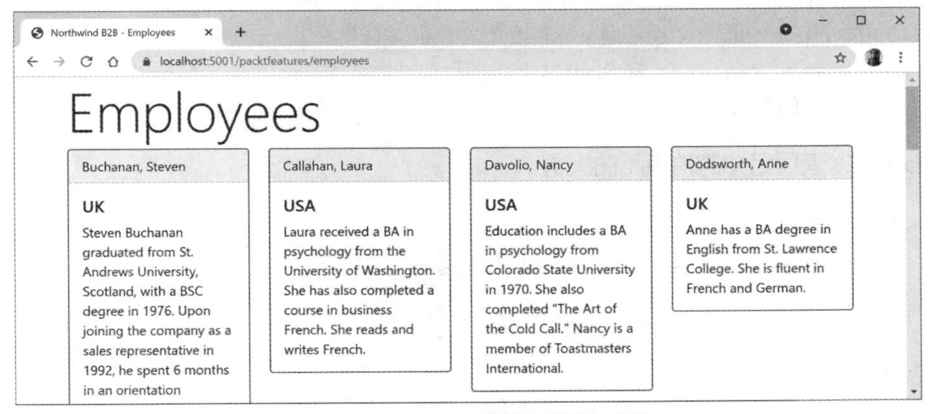

图 14.15　来自 Razor 类库特性的员工列表

14.6　配置服务和 HTTP 请求管道

网站已经构建好了，下面返回 Startup 配置，看看服务和 HTTP 请求管道是如何工作的。

14.6.1 端点路由

在 ASP.NET Core 的早期版本中，路由系统和可扩展中间件系统并不总是能够很容易地一起工作；例如，为在中间件和 MVC 中实现相同的策略(如 CORS)，微软在 ASP.NET Core 2.2 中引入了一个名为端点路由的系统，用于改进路由。

最佳实践

端点路由替代了 ASP.NET Core 2.1 及更早版本中使用的基于 IRouter 的路由。微软推荐如果可能的话，所有旧的 ASP.NET Core 项目都迁移到端点路由。

有了端点路由，需要路由的框架(如 Razor Pages、MVC 或 Web API)和需要理解路由如何影响它们的中间件(如本地化、授权、CORS 等)将可以更好地进行互操作。

端点路由之所以得名，是因为它将路由表表示为一个已编译的端点树，路由系统可以有效地遍历这些端点。最大的改进之一是路由和操作方法选择的性能。

如果兼容性设置为 2.2 或更高版本，它在 ASP.NET Core 2.2 或更高版本中默认是开启的。使用 MapRoute 方法注册的传统路由或带有属性的路由被映射到新系统。

新的路由系统包括一个链接生成服务，它注册为一个不需要 HttpContext 的依赖服务。

配置端点路由

端点路由需要对 UseRouting 和 UseEndpoints 方法的一对调用：

- UseRouting 标记了路由决策的管道位置。
- UseEndpoints 标记执行所选端点的管道位置。

在这些方法之间运行的中间件(比如本地化)可以看到选定的端点，并可以在必要时切换到不同的端点。

端点路由自 2010 年以来使用了与 ASP.NET MVC 相同的路由模板语法。2013 年的 ASP.NET MVC 5 引入了[Route]属性。迁移通常只需要更改 Startup 配置。

MVC 控制器、Razor Pages 和 SignalR 之类的框架过去是通过调用 UseMvc 或类似的方法来启用的，但现在它们都添加到 UseEndpoints 方法调用中，都与中间件一起集成到相同的路由系统中。

14.6.2 检查项目中的端点路由配置

查看 Startup.cs 类文件，如下所示：

```
using Packt.Shared; // AddNorthwindContext extension method

namespace Northwind.Web;

public class Startup
{
  public void ConfigureServices(IServiceCollection services)
  {
    services.AddRazorPages();

    services.AddNorthwindContext();
  }

  public void Configure(
```

```
        IApplicationBuilder app, IWebHostEnvironment env)
    {
      if (!env.IsDevelopment())
      {
        app.UseHsts();
      }

      app.UseRouting();

      app.UseHttpsRedirection();

      app.UseDefaultFiles(); // index.html, default.html, and so on
      app.UseStaticFiles();

      app.UseEndpoints(endpoints =>
      {
        endpoints.MapRazorPages();
        endpoints.MapGet("/hello", () => "Hello World!");
      });
    }
  }
```

Startup 类有两个方法，它们将由主机自动调用以配置网站。

使用 ConfigureServices 方法注册的服务可以在需要依赖注入时检索它们提供的功能。上述代码注册了两个服务：Razor Pages 和 EF Core 数据库上下文。

1. 在 ConfigureServices 方法中注册服务

为了注册依赖服务，通常会结合注册服务的其他方法调用的服务，如表 14.2 所示。

表 14.2 注册依赖服务的常用方法

方法	注册的服务
AddMvcCore	路由请求和调用控制器所需的最小服务集，大多数网站都需要进行更多的配置
AddAuthorization	身份验证和授权服务
AddDataAnnotations	MVC 数据注解服务
AddCacheTagHelper	MVC 缓存标记助手服务
AddRazorPages	Razor Pages 服务，包括 Razor 视图引擎，通常用于简单的网站项目。 可调用以下附加方法： • AddMvcCore • AddAuthorization • AddDataAnnotations • AddCacheTagHelper
AddApiExplorer	Web API 探测服务
AddCors	为提高安全性而支持 CORS
AddFormatterMappings	URL 格式与对应的媒体类型之间的映射

(续表)

方法	注册的服务
AddControllers	控制器服务，但不是视图或页面的服务。常用于 ASP.NET Core Web API 项目。 可调用以下附加方法： • AddMvcCore • AddAuthorization • AddDataAnnotations • AddCacheTagHelper • AddApiExplorer • AddCors • AddFormatterMappings
AddViews	用于支持.cshtml 视图，包括默认约定
AddRazorViewEngine	用于支持 Razor 视图引擎，包括处理@符号
AddControllersWithViews	控制器、视图和页面服务，常用于 ASP.NET Core MVC 网站项目。 可调用以下附加方法： • AddMvcCore • AddAuthorization • AddDataAnnotations • AddCacheTagHelper • AddApiExplorer • AddCors • AddFormatterMappings • AddViews • AddRazorViewEngine
AddMvc	类似于 AddControllersWithViews，但应该仅为了向后兼容才使用
AddDbContext<T>	DbContext 类型及其可选的 DbContextOptions<TContext>
AddNorthwindContext	我们创建的一个自定义扩展方法，使它更容易为基于引用的项目的 SQLite 或 SQL Server 注册 NorthwindContext 类

接下来的几章使用 MVC 和 Web API 服务时，你将看到更多使用这些扩展方法注册服务的例子。

2. 配置 HTTP 请求管道

Configure 方法用来配置 HTTP 请求管道，这种管道由连接的委托序列组成。这些委托可以执行处理，然后决定是返回响应还是将处理传递给管道中的下一个委托。返回的响应也是可以操控的。

请记住，委托定义了方法签名，在委托的实现中可以插入方法签名。HTTP 请求管道的委托如下所示：

```
public delegate Task RequestDelegate(HttpContext context);
```

我们可以看到，输入参数是 HttpContext，这提供了在处理传入的 HTTP 请求时可能需要的对所有内容的访问，包括 URL 路径、查询字符串参数、cookie、用户代理等。

这些委托通常又称为中间件，因为它们位于浏览器和网站或服务之间。

对于中间件委托的配置，可使用以下方法之一或调用它们自己的自定义方法。

- Run：添加一个中间件，通过立即返回响应来终止管道，而不是调用下一个委托。
- Map：添加一个中间件，当存在匹配的请求(通常基于 URL 路径，如/hello)时，就在管道中创建分支。
- Use：添加一个中间件作为管道的一部分，这样就可以决定是否将请求传递给管道中的下一个委托，并且可以在下一个委托的前后修改请求和响应。

此外，还有很多扩展方法，它们使管道的构建变得更容易了，例如 UseMiddleware<T>。其中的 T 用来表示类。

- 这个类的构造函数带有 RequestDelegate 参数，该参数会被传递给下一个管道组件。
- 这个类还包含带有 HTTPContext 参数的 Invoke 方法，调用后返回的是 Task 对象。

14.6.3　总结关键的中间件扩展方法

在代码中使用的关键中间件扩展方法如下。

- UseDeveloperExceptionPage：在管道中捕捉同步和异步的 System.Exception 实例，并生成 HTML 错误响应。
- UseHsts：添加中间件以使用 HSTS，HSTS 则增加了 Strict-Transport-Security 头。
- UseRouting：添加中间件以定义管道中做出路由决策的点，并且必须与执行处理的 UseEndpoints 调用相结合。这意味着对于代码来说，匹配/、/index 或/suppliers 的任何 URL 路径都将被映射到 Razor Pages，而匹配/hello 的 URL 路径将被映射到匿名委托。其他任何 URL 路径都将被传递给下一个委托以进行匹配，例如静态文件。虽然看起来 Razor Pages 和 URL 路径/hello 之间的映射发生在管道中的静态文件之后，但实际上它们具有较高的优先级，因为对 UseRouting 的调用发生在对 UseStaticFiles 的调用之前。
- UseHttpsRedirection：添加中间件以重定向 HTTP 请求到 HTTPS，因此对 http://localhost:5000 的请求需要修改为 https://localhost:5001。
- UseDefaultFiles：添加中间件以允许在当前路径上进行默认的文件映射，从而识别像 index.html 这样的文件。
- UseStaticFiles：添加中间件，从而在 wwwroot 文件夹中查找要在 HTTP 响应中返回的静态文件。
- UseEndpoints：添加想要执行的中间件，以从管道中早期做出的决策中生成响应。需要新增两个端点，如下所示。
    - MapRazorPages 添加中间件，用于将 URL 路径(如/suppliers)映射到/Pages 文件夹中名为 suppliers.cshtml 的 Razor Pages 文件并将结果作为 HTTP 响应返回。
    - MapGet 添加中间件，用于将 URL 路径(如/hello)映射到内联委托，内联委托则负责直接向 HTTP 响应写入纯文本。

14.6.4 可视化 HTTP 管道

可将 HTTP 请求和响应管道可视化为请求委托序列并逐个调用，如图 14.16 所示，其中排除了一些中间件委托，如 UseHsts。

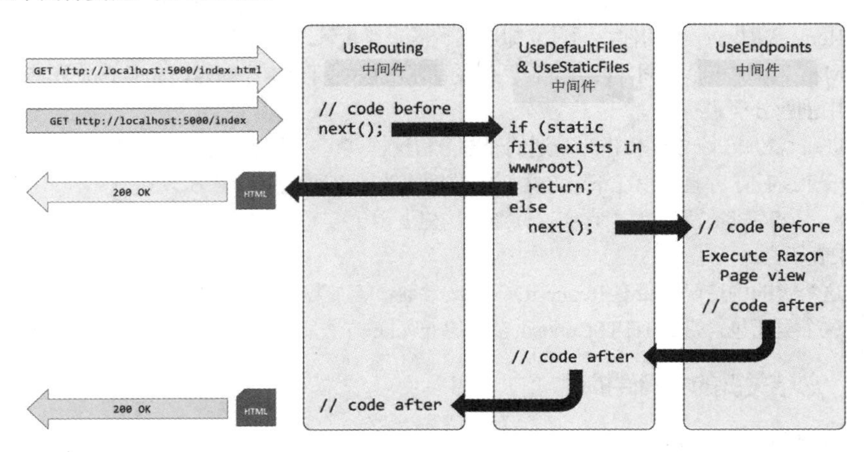

图 14.16 HTTP 请求和响应管道

如前所述，UseRouting 和 UseEndpoints 方法必须同时使用才行。尽管定义/hello 等映射路由的代码是在 UseEndpoints 中编写的，但判断传入的 HTTP 请求与 URL 路径是否匹配并因此决定执行哪个端点是由管道中的 UseRouting 做出的。

14.6.5 实现匿名内联委托作为中间件

委托可指定为内联匿名方法。下面注册一个插件，在为端点做出路由决策之后，将这个插件插入管道中。

它将输出选择了哪个端点，以及处理特定的路由/bonjour。如果路由得到了匹配，就以纯文本进行响应，而不再进一步调用管道。

(1) 在 Startup.cs 中静态导入 Console，如下所示：

```
using static System.Console;
```

(2) 在调用 UseHttpsRedirection 之前，调用 UseRouting 之后添加语句，使用匿名方法作为中间件委托，如下所示：

```
app.Use(async (HttpContext context, Func<Task> next) =>
{
  RouteEndpoint? rep = context.GetEndpoint() as RouteEndpoint;
  if (rep is not null)
  {
    WriteLine($"Endpoint name: {rep.DisplayName}");
    WriteLine($"Endpoint route pattern: {rep.RoutePattern.RawText}");
  }

  if (context.Request.Path == "/bonjour")
  {
    // in the case of a match on URL path, this becomes a terminating
```

```
      // delegate that returns so does not call the next delegate
      await context.Response.WriteAsync("Bonjour Monde!");
      return;
    }

    // we could modify the request before calling the next delegate
    await next();
    // we could modify the response after calling the next delegate
  });
```

(3) 启动网站。

(4) 在 Chrome 中，导航到 https://localhost:5001/，查看控制台输出，并注意终端窗口中出现了端点路由/的匹配结果，它被处理为/index 和 index.cshtml，执行 Razor Pages 以返回响应，如下所示：

```
Endpoint name: /index
Endpoint route pattern:
```

(5) 导航到 https://localhost:5001/suppliers，在终端窗口中可以看到，端点路由/Suppliers 的匹配结果为 Suppliers.cshtml，执行 Razor Pages 以返回响应，如下所示：

```
Endpoint name: /Suppliers
Endpoint route pattern: Suppliers
```

(6) 导航到 https://localhost:5001/index，端点路由/ index 的匹配结果为 Index.cshtml，执行 Razor Pages 以返回响应，如下所示：

```
Endpoint name: /index
Endpoint route pattern: index
```

(7) 导航到 https://localhost:5001/index.html，虽然没有匹配的.cshtml 文件，但出现了一个静态文件，可作为响应结果返回。

(8) 导航到 https://localhost:5001/bonjour，注意没有写入到控制台的输出，因为端点路由上没有匹配。相反，委托在/bonjour 上匹配，直接写入响应流，然后不做进一步处理返回。

(9) 关闭 Google Chrome 浏览器并停止 Web 服务器。

14.7 实践和探索

你可以通过回答一些问题来测试自己对知识的理解程度，进行一些实践，并深入探索本章涵盖的主题。

14.7.1 练习 14.1：测试你掌握的知识

回答以下问题：

(1) 列出 HTTP 请求中 6 个特定的方法名。

(2) 列出可以在 HTTP 响应中返回的 6 个状态码及相应的描述信息。

(3) 在 ASP.NET Core 中，Startup 类的用途是什么？

(4) HSTS 这个缩写词代表什么？作用是什么？

(5) 如何为网站启用静态 HTML 页面？

(6) 如何将 C#代码混合到 HTML 中以创建动态页面?

(7) 如何为 Razor Pages 定义共享布局?

(8) 如何将标记与 Razor Pages 中隐藏的代码分开?

(9) 如何配置 Entity Framework Core 数据上下文，以与 ASP.NET Core 网站一起使用?

(10) 如何在 ASP.NET 2.2 或更高版本中重用 Razor Pages?

14.7.2 练习 14.2：练习建立数据驱动的网页

为 Northwind.Web 网站添加一个 Razor Pages，使用户能够看到按国家/地区分组的客户列表。当用户单击一条客户记录时，就会看到一个页面，其中显示了相应客户的完整联系信息，并列出订单。

14.7.3 练习 14.3：练习为控制台应用程序构建 Web 页面

将前面章节中的一些控制台应用重新实现为 Razor Pages。例如，可通过提供 Web 用户界面来输出乘法表，计算税负并生成阶乘和斐波那契数列。

14.7.4 练习 14.4：探索主题

可通过以下链接来阅读本章所涉及主题的更多细节。

https://github.com/markjprice/cs10dotnet6/blob/main/book-links.md#chapter-14--- building-websites-using-aspnet-core-razor-pages

14.8 本章小结

本章介绍了使用 HTTP 进行 Web 开发的基础知识，讲述如何构建返回静态文件的简单网站，如何使用 ASP.NET Core Razor Pages 和 Entity Framework Core，以及如何创建从数据库中动态生成的 Web 页面。最后还讨论了 HTTP 请求和响应管道、扩展方法的作用以及如何添加自己的中间件来影响处理。

第 15 章将介绍如何使用 ASP.NET Core MVC 构建更复杂的网站，以及如何将构建网站的技术问题分解为模型、视图和控制器，从而使它们更容易管理。

第15章 使用MVC模式构建网站

本章介绍如何使用ASP.NET Core MVC在服务器端构建具有现代HTTP架构的网站，部件包括启动配置、身份验证、授权、路由、请求和响应管道、模型、视图和控制器，正是这些部件组成了ASP.NET Core MVC项目。

本章涵盖以下主题：

- 设置ASP.NET Core MVC网站
- 探索ASP.NET Core MVC网站
- 自定义ASP.NET Core MVC网站
- 查询数据库并使用显示模板
- 使用异步任务提高可伸缩性

15.1 设置ASP.NET Core MVC网站

ASP.NET Core Razor Pages非常适合简单的网站。对于更复杂的网站，最好有一种更正式的结构来管理这种复杂性。

此时就可以使用MVC(模型-视图-控制器)设计模式。MVC模式使用了与Razor Pages类似的技术，但允许在技术关注点之间进行更清晰的分离。

- 模型：用来表示网站中使用的数据实体和视图模型的类。
- 视图：Razor文件，也就是.cshtml文件，用来将视图模型中的数据呈现为HTML网页。Blazor使用了.razor文件扩展名，但不要将它们与Razor文件混淆!
- 控制器：当HTTP请求到达Web服务器时用来执行代码的类。我们通常会创建可能包含实体模型的视图模型，并将视图模型传递给视图以生成HTTP响应，HTTP响应发送回Web浏览器或其他客户端。

理解如何将MVC设计模式用于Web开发的最佳方法是查看示例。

15.1.1 创建ASP.NET Core MVC网站

下面使用项目模板来创建一个ASP.NET Core MVC网站项目，它有一个用于认证和授权用户的数据库。Visual Studio 2022默认使用SQL Server LocalDB作为账户数据库。Visual Studio Code(或者更准确地说，dotnet工具)默认使用SQLite，可以指定一个选项来使用SQL Server LocalDB。

(1) 使用喜欢的代码编辑器添加一个 MVC 网站项目，其认证账户存储在数据库中，如下所示：

- 项目模板：ASP.NET Core Web App (Model-View-Controller) / mvc
- 语言：C#
- 工作区/解决方案文件和文件夹：PracticalApps
- 项目文件和文件夹：Northwind.Mvc
- 选项：Authentication Type: Individual Accounts / --auth Individual
- 对于 Visual Studio，保留所有其他选项的默认值

(2) 在 Visual Studio Code 中，选择 Northwind.Mvc 作为 OmniSharp 活动项目。

(3) 构建 Northwind.Mvc 项目。

(4) 在命令行或终端，使用 help 选项查看该项目模板的其他选项，命令如下所示：

```
dotnet new mvc --help
```

(5) 请注意如下部分输出所示的结果：

```
ASP.NET Core Web App (Model-View-Controller) (C#)
Author: Microsoft
Description: A project template for creating an ASP.NET Core application
with example ASP.NET Core MVC Views and Controllers. This template can
also be used for RESTful HTTP services.
This template contains technologies from parties other than Microsoft, see
https://aka.ms/aspnetcore/6.0-third-party-notices for details.
```

表 15.1 列出很多选项(特别是与身份验证相关的选项)。

表 15.1 选项

选项	说明
-au|--auth	要使用的身份验证类型如下。 None (默认)：这个选项还允许禁用 HTTPS。 Individual：将注册用户及其密码存储在数据库(默认情况下是 SQLite)中的个人身份验证信息。本章创建的项目将使用它。 IndividualB2C：Azure AD B2C 的个人认证。 SingleOrg：单个租户的组织认证。 MultiOrg：多租户的组织认证。 Windows：Windows 身份验证。主要用于内部网
-uld|--use-local-db	是否使用 SQL Server LocalDB 而不是 SQLite。此选项仅在指定了--auth Individual 或--auth IndividualB2C 时适用。该值为可选的 bool 类型，默认值为 false
-rrc|--razor-runtime-compilation	确定项目在调试版本中是否配置为使用 Razor 运行时编译。这可以提高调试期间的启动性能，因为它可以推迟 Razor 视图的编译。该值为可选的 bool 类型，默认值为 false
-f|--framework	项目的目标框架。取值包括 net6.0(默认)、net5.0 或 netcoreapp3.1

15.1.2 为 SQL Server LocalDB 创建认证数据库

如果使用 Visual Studio 2022 创建 MVC 项目，或者使用 dotnet new mvc 和-uld 或--use-local-db 选项，那么用于身份验证和授权的数据库将存储在 SQL Server LocalDB 中。但是这个数据库尚不

存在。现在就创建它。

在命令提示符或终端，在 Northwind.Mvc 文件夹下，输入运行数据库迁移的命令，创建用于存储认证凭据的数据库，命令如下所示：

```
dotnet ef database update
```

如果使用 dotnet new 创建了 MVC 项目，那么用于认证和授权的数据库将存储在 SQLite 中，并且已经创建了名为 app.db 的文件。

认证数据库的连接字符串名为 DefaultConnection，它存储在 MVC 网站项目的根文件夹的 appsettings.json 文件中。

对于 SQL Server LocalDB(带有截断的连接字符串)，请参见下面的标记：

```
{
  "ConnectionStrings": {
    "DefaultConnection": "Server=(localdb)\\mssqllocaldb;Database=aspnet-
Northwind.Mvc-...;Trusted_Connection=True;MultipleActiveResultSets=true"
},
```

对于 SQLite，请参见下面的标记：

```
{
  "ConnectionStrings": {
    "DefaultConnection": "DataSource=app.db;Cache=Shared"
},
```

15.1.3　探索默认的 ASP.NET Core MVC 网站

下面分析默认 ASP.NET Core MVC 网站项目模板的行为。

(1) 在 Northwind.Mvc 项目中，展开 Properties 文件夹，打开 launchSettings.json 文件，并注意为 HTTPS 和 HTTP 配置的随机端口号(你的端口号应该是不同的)，如下所示：

```
"profiles": {
  "Northwind.Mvc": {
    "commandName": "Project",
    "dotnetRunMessages": true,
    "launchBrowser": true,
    "applicationUrl": "https://localhost:7274;http://localhost:5274",
    "environmentVariables": {
      "ASPNETCORE_ENVIRONMENT": "Development"
    }
  },
```

(2) 将 HTTPS 的端口号更改为 5001，HTTP 的端口号更改为 5000，如下面的标记所示：

```
"applicationUrl": "https://localhost:5001;http://localhost:5000",
```

(3) 将更改保存到 launchSettings.json 文件。

(4) 启动网站。

(5) 打开 Chrome 浏览器并打开 Developer Tools。

(6) 浏览 http://localhost:5001/，注意以下内容，如图 15.1 所示。

- 对 HTTP 的请求已自动重定向到 HTTPS。

- 顶部的导航菜单和链接，如 Home、Privacy、Register 和 Login。如果视口的宽度为 575 像素或更窄，那么导航栏就会折叠成汉堡菜单。
- 页眉和页脚上显示了网站的名称 NorthwindMvc。

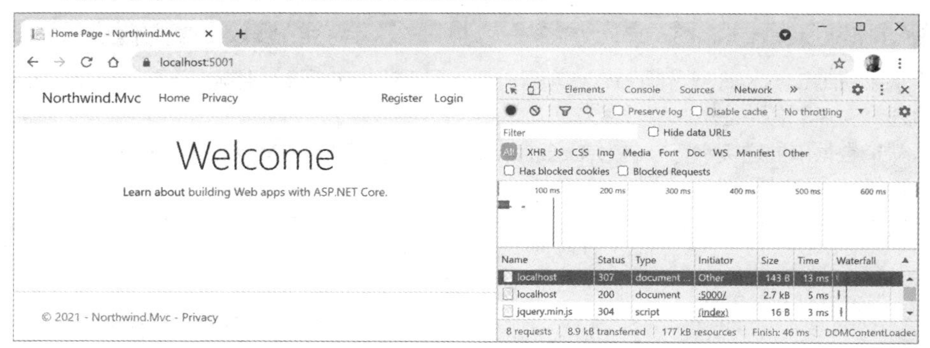

图 15.1　ASP.NET Core MVC 项目模板网站的首页

了解访客登记

默认情况下，密码必须至少包含一个非字母数字字符、一个数字('0'~'9')和一个大写字母('A'~'Z')。若只是在探索，在这样的场景中使用 Pa$$w0rd。

MVC 项目模板遵循了双重选择(Double-Opt-In，DOI)这一最佳实践，也就是在填写了用于注册的电子邮件和密码后，电子邮件将被发送到电子邮件地址，访问者必须单击电子邮件中的链接，以确认想要进行注册。

我们还没有配置电子邮件提供程序以发送电子邮件，因此接下来模拟这一操作。

(1) 在顶部导航菜单中，单击 Register。

(2) 输入电子邮件和密码，然后单击 Register 按钮(这里使用 test@example.com和 Pa$$w0rd)。

(3) 单击链接 Click here to confirm your account，注意浏览器将被重定向到可以自定义的邮件确认页面。

(4) 在顶部的导航菜单中，单击 Login，输入电子邮件和密码(请注意，这里有一个可选的复选框来记住你，如果访问者忘记了密码或想注册为一个新访问者，这里有链接)，然后单击 Log in 按钮。

(5) 在顶部的导航菜单中单击邮件，导航到账户管理页面，注意可以设置电话号码、改变邮件地址、改变密码、设置是否支持双因素身份验证(假设添加了身份验证应用程序)以及下载和删除个人资料。

(6) 关闭 Chrome，关闭 Web 浏览器。

15.1.4 审查 MVC 网站项目结构

在代码编辑器中，在 Visual Studio Solution Explorer 中(选择 Show All Files)或在 Visual Studio Code EXPLORER 中，检查 MVC 网站项目的结构，如图 15.2 所示。

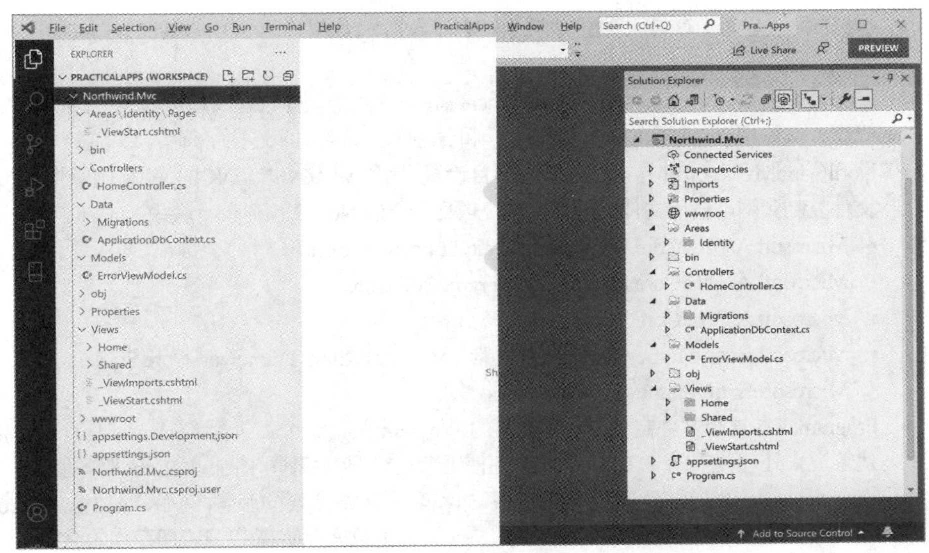

图 15.2　ASP.NET Core MVC 项目的默认文件夹结构

稍后详细讨论其中的一些细节，但是现在，请注意以下几点。

- Areas：这个文件夹包含一些嵌套的子文件夹和一个文件，该文件将网站项目与 ASP.NET Core Identity 集成，用于身份验证。
- bin 和 obj：这些文件夹包含生成过程中需要的临时文件和项目的已编译程序集。
- Controllers：这个文件夹包含一些 C#类，这些 C#类有一些方法(称为操作)用来获取模型并将它们传递给视图，例如 HomeController.cs。
- Data：这个文件夹包含 ASP.NET Core Identity 使用的 Entity Framework Core 迁移类，它们用来为身份验证和授权提供数据存储，例如 ApplicationDbContext.cs。
- Models：这个文件夹包含一些 C#类，它们表示由控制器收集并传递给视图的所有数据，例如 ErrorViewModel.cs。
- Properties：这个文件夹包含用于 Windows 上 IIS Express 的 launchSettings.json 配置文件，可在开发期间启动网站。这个配置文件只能在本地开发机器上使用，不能部署到生产网站上。
- Views：这个文件夹包含.cshtml Razor 文件，该文件用于将 HTML 和 C#代码结合在一起以动态生成 HTML 响应。_ViewStart 文件用于设置默认布局，_ViewImports 文件用于导入所有视图中使用的公共名称空间，如标记助手。
    - Home 子文件夹包含用于首页和私有页面的 Razor 文件。
    - Shared 子文件夹包含共享布局的 Razor 文件、错误页面，还包含两个用于登录、验证脚本的分部视图。
- wwwroot：这个文件夹包含网站中使用的静态内容，如用于样式化的 CSS、JavaScript 库以及用于网站项目的 JavaScript 和 favicon.ico 文件。还可将图像和其他静态文件资源(如 PDF 文档)放到这个文件夹中。项目模板包括 Bootstrap 和 jQuery 库。

- app.db：这是用于存储已注册访客的 SQLite 数据库(如果你用 SQL Server LocalDB，就不需要它)。
- appsettings.json 和 appsettings.Development.json：这两个文件包含网站可以在运行时加载的设置，例如用于 ASP.NET Core Identity 和日志级别的数据库连接字符串。
- NorthwindMvc.csproj：这个文件包含项目设置，比如 Web.NET SDK 的使用、确保将 app.db 文件复制到网站输出文件夹的条目以及项目所需的 NuGet 包列表，这些 NuGet 包如下。
  - Microsoft.AspNetCore.Diagnostics.EntityFrameworkCore
  - Microsoft.AspNetCore.Identity.EntityFrameworkCore
  - Microsoft.AspNetCore.Identity.UI
  - Microsoft.EntityFrameworkCore.Sqlite 或 Microsoft.EntityFrameworkCore.SqlServer
  - Microsoft.EntityFrameworkCore.Tools
- Program.cs：这个文件定义了一个隐藏的 Program 类，这个类包含 Main 入口点，从而构建管道来处理传入的 HTTP 请求，并使用默认选项(如配置 Kestrel Web 服务器和加载 appsettings.json)来托管网站。它用于添加和配置网站需要的服务(例如，ASP.NET Core Identity 用于身份验证、SQLite 或 SQL Server 用于数据存储等)以及应用程序的路由。

15.1.5 回顾 ASP.NET Core Identity 数据库

打开 appsettings.json，查找用于 ASP.NET Core Identity 数据库的连接字符串，如下用于 SQL Server LocalDB 的标记所示：

```
{
  "ConnectionStrings": {
    "DefaultConnection": "Server=(localdb)\\mssqllocaldb;Database=aspnet-
Northwind.Mvc-2F6A1E12-F9CF-480C-987D-FEFB4827DE22;Trusted_Connection=True;Mul
tipleActiveResultSets=true"
  },
    "Logging": {
      "LogLevel": {
      "Default": "Information",
      "Microsoft": "Warning",
      "Microsoft.Hosting.Lifetime": "Information"
    }
  },
  "AllowedHosts": "*"
}
```

如果使用 SQL Server LocalDB 作为标识数据存储，则可以使用 Server Explorer 连接到数据库。Appsettings.Json 文件中的连接字符串可以复制并粘贴，但删除(localdb)和 mssqllocaldb 之间的第二个反斜杠。

如果安装了一个 SQLite 工具(如 SQLiteStudio)，就可以打开 SQLite app.db 数据库文件。

然后可以看到 ASP.NET Core Identity 系统用于注册用户和角色，包括用于存储注册访问者的 AspNetUsers 表。

最佳实践

ASP.NET Core MVC 项目模板遵循了最佳实践，方法是存储密码的散列值而不是密码本身，参见第 20 章。

15.2 探索 ASP.NET Core MVC 网站

下面看看组成现代 ASP.NET Core MVC 网站的各个部分。

15.2.1 了解 ASP.NET Core MVC 的启动

下面开始探索 ASP.NET Core MVC 网站的默认启动配置。

(1) 打开 Program .cs 文件，注意它使用顶级程序特性(因此有一个隐藏的 Program 类，带有 Main 方法)。这个文件可以从上到下分成四个重要的部分。

.NET 5 和更早的 ASP.NET Core 项目模板使用了一个 Startup 类将这些部分分隔成不同的方法，但在.NET 6 中，微软鼓励将所有内容都放在一个 Program.cs 文件中。

(2) 第一部分导入一些名称空间，如下所示：

```
using Microsoft.AspNetCore.Identity; // IdentityUser
using Microsoft.EntityFrameworkCore; // UseSqlServer, UseSqlite
using Northwind.Mvc.Data; // ApplicationDbContext
```

更多信息

请记住，在默认情况下，许多其他名称空间都是使用.NET 6 及以后版本的隐式 using 特性导入的。构建项目，然后全局导入的名称空间可以在以下路径中找到：obj\Debug\net6.0\Northwind.Mvc.GlobalUsings.g.cs。

(3) 第二部分创建和配置一个 Web 主机生成器。它使用 SQL Server 或 SQLite 添加应用程序数据库上下文；从 appsettings.json 文件中加载数据库连接字符串用于存储数据；添加用于身份验证的 ASP.NET Core Identity，并将其配置为使用应用程序数据库；以及添加对视图和 MVC 控制器的支持。代码如下所示：

```
var builder = WebApplication.CreateBuilder(args);

// Add services to the container.
var connectionString = builder.Configuration
  .GetConnectionString("DefaultConnection");

builder.Services.AddDbContext<ApplicationDbContext>(options =>
  options.UseSqlServer(connectionString)); // or UseSqlite

builder.Services.AddDatabaseDeveloperPageExceptionFilter();

builder.Services.AddDefaultIdentity<IdentityUser>(options =>
  options.SignIn.RequireConfirmedAccount = true)
  .AddEntityFrameworkStores<ApplicationDbContext>();

builder.Services.AddControllersWithViews();
```

builder 对象有两个常用的对象，即 Configuration 和 Services。

- Configuration 包含所有配置：appsettings.Json、环境变量、命令行参数等。
- Services 是注册的依赖服务的集合。

对 AddDbContext 方法的调用是注册依赖服务的典型示例。ASP.NET Core 实现了依赖注入(DI)设计模式，这样控制器等其他组件就可通过构造函数请求所需的服务。开发人员在 Program.cs 的这一节中注册这些服务(如果使用 Startup 类，则在其 ConfigureServices 方法中注册)。

(4) 第三部分配置 HTTP 请求管道。如果网站运行在开发阶段，它会配置一个相对 URL 路径来运行数据库迁移，或者配置更友好的错误页面和用于生产的 HSTS。我们还在 Configure 方法中启用了 HTTPS 重定向、静态文件、路由和 ASP.NET Identity，并且配置了 MVC 默认路由和 Razor Pages，如下所示：

```
// Configure the HTTP request pipeline.
if (app.Environment.IsDevelopment())
{
  app.UseMigrationsEndPoint();
}
else
{
  app.UseExceptionHandler("/Home/Error");
  // The default HSTS value is 30 days. You may want to change this for
production scenarios, see https://aka.ms/aspnetcore-hsts.
  app.UseHsts();
}

app.UseHttpsRedirection();
app.UseStaticFiles();

app.UseRouting();

app.UseAuthentication();
app.UseAuthorization();

app.MapControllerRoute(
  name: "default",
  pattern: "{controller=Home}/{action=Index}/{id?}");

app.MapRazorPages();
```

第 14 章介绍了这些方法和特性。

最佳实践

扩展方法 UseMigrationsEndPoint 的作用是什么？可以阅读官方文档，但并没有多大帮助。例如，它没有告知默认定义的相对 URL 路径是 https://docs.microsoft.com/en-us/dotnet/api/Microsoft.aspnetcore.builder.migrationsendpointextensions.usemigrationsendpoint。幸运的是，ASP.NET Core 是开源的，所以可以阅读源代码并发现它的功能，链接如下：https://github.com/dotnet/aspnetcore/blob/main/src/Middleware/Diagnostics.EntityFrameworkCore/src/MigrationsEndPointOptions.cs#L18。

养成探索 ASP.NET Core 的源代码的习惯，来理解它是如何工作的。

除了 UseAuthentication 和 UseAuthorization 方法之外，Program.cs 的这一部分中最重要的新方法是 MapControllerRoute，后者用于映射供 MVC 使用的默认路由。默认路由非常灵活，几乎可以映射到传入的所有 URL。

本章虽然不会创建任何 Razor Pages，但仍需要保留映射 Razor Pages 所需的方法调用，因为 MVC 网站需要使用 ASP.NET Core Identity 来进行身份验证和授权，而 ASP.NET Core Identity 在用户界面组件中需要使用 Razor 类库，如访客的注册和登录。

(5) 第四部分(即最后一部分)有一个线程阻塞方法调用，它运行网站并等待响应传入的 HTTP 请求，代码如下所示：

```
app.Run(); // blocking call
```

15.2.2 理解 MVC 使用的默认路由

路由的职责是发现控制器类的名称，以实例化想要执行的操作方法，并将可选的 id 参数传递给生成 HTTP 响应的方法。

默认路由是为 MVC 配置的，如下所示：

```
endpoints.MapControllerRoute(
  name: "default",
  pattern: "{controller=Home}/{action=Index}/{id?}");
```

路由模板的花括号中有称为段的部分，它们类似于方法的命名参数。这些段的值可以是任何字符串。URL 中的段不区分大小写。

路由模板会查看浏览器请求的任何 URL 路径，并匹配它们以提取控制器的名称、操作的名称和可选的 id 值(?符号表示可选)。

如果用户没有输入这些名称，就使用默认的 Home 作为控制器，使用 Index 作为操作(=赋值运算符用于为指定的段设置默认值)。

表 15.2 展示了示例 URL 路径和默认路由如何计算出控制器和操作的名称。

表 15.2　由示例 URL 路径和默认路由计算出的控制器和操作的名称

示例 URL 路径	控制器	操作	ID
/	Home	Index	
/Muppet	Muppet	Index	
/Muppet/Kermit	Muppet	Kermit	
/Muppet/Kermit/Green	Muppet	Kermit	Green
/Products	Products	Index	
/Products/Detail	Products	Detail	
/Products/Detail/3	Products	Detail	3

15.2.3 理解控制器和操作

在 MVC 中，C 代表控制器。ASP.NET Core MVC 从路由和传入的 URL 得知控制器的名称，接着寻找使用[Controller]特性装饰的类，或相应类的派生类，例如微软提供的 ControllerBase 类，如下所示：

```
namespace Microsoft.AspNetCore.Mvc
{
  //
  // Summary:
  // A base class for an MVC controller without view support.
  [Controller]
  public abstract class ControllerBase
  {
...
```

1. ControllerBase 类

在 XML 注释中，ControllerBase 类不支持视图，主要作用是创建 Web 服务，参见第 16 章。ControllerBase 有很多有用的属性，用于处理当前的 HTTP 上下文，如表 15.3 所示。

表 15.3 ControllerBase 包含的属性

属性	说明
Request	仅用于 HTTP 请求。例如，报头、查询字符串参数、作为可读取的流的请求体、内容类型和长度，以及 cookie
Response	仅用于 HTTP 响应。例如，报头、作为可写入的流的响应体、内容类型和长度、状态码和 cookie；也有像 OnStarting 和 OnCompleted 这样连接到方法的委托
HttpContext	关于当前 HTTP 上下文的所有内容，包括请求和响应、有关连接的信息、在服务器上使用中间件启用的一组特性，以及用于身份验证和授权的 User 对象

2. Controller 类

微软提供了名为 Controller 的类。如果自己的类也需要视图支持，那么可从 Controller 类继承。如下所示：

```
namespace Microsoft.AspNetCore.Mvc
{
  //
  // Summary:
  // A base class for an MVC controller with view support.
  public abstract class Controller : ControllerBase,
    IActionFilter, IFilterMetadata, IAsyncActionFilter, IDisposable
  {
...
```

Controller 有很多有用的属性来处理视图，如表 15.4 所示。

表 15.4 Controller 的属性

属性	说明
ViewData	控制器可以存储键/值对的字典，键/值对在视图中是可访问的。字典的生存期只针对当前的请求/响应
ViewBag	封装了 ViewData 的动态对象，为设置和获取字典值提供了更友好的语法
TempData	控制器可以存储键/值对的字典，键/值对可以在视图中访问。字典的生存期用于当前请求/响应和同一访问者会话的下一个请求/响应。这可用于在初始请求期间存储值、用重定向响应、然后在随后的请求中读取存储的值

Controller 有很多有用的方法来处理视图，如表 15.5 所示。

表 15.5　Controller 的方法

方法	说明
View	在执行视图后返回一个 ViewResult，该视图会呈现一个完整的响应，例如动态生成的网页。可以使用约定选择视图，也可以使用字符串名称指定视图。模型可以传递给视图
PartialView	在执行视图后返回一个 PartialViewResult，该视图是完整响应的一部分，如动态生成的 HTML 块。可以使用约定选择视图，也可以使用字符串名称指定视图。模型可以传递给视图
ViewComponent	在执行动态生成 HTML 的组件后，返回一个 ViewComponentResult。必须通过指定组件的类型或名称来选择组件。对象可以作为参数传递
Json	返回一个包含 JSON 序列化对象的 JsonResult。这可用于将简单的 Web API 实现为主要返回 HTML 供人查看的 MVC 控制器的一部分

3. 控制器的职责

控制器的职责如下：

- 标识控制器需要哪些服务才能处于有效状态，并在它们的类构造函数中正常工作。
- 使用 action 名称标识要执行的方法。
- 从 HTTP 请求中提取参数。
- 使用参数获取构建视图模型所需的任何额外数据，并将它们传递给客户端相应的视图。例如，如果客户端是 Web 浏览器，那么呈现 HTML 的视图是最合适的。其他客户端可能更喜欢别的呈现方式，比如文档格式(如 PDF 文件或 Excel 文件)或数据格式(如 JSON 或 XML)。
- 将视图中的结果作为 HTTP 响应返回给客户端，并带有适当的状态码。

现在回顾一下用于生成首页、私有页面和错误页面的控制器。

(1) 展开 Controllers 文件夹。

(2) 打开名为 HomeController.cs 的文件。

(3) 请注意如下要点：

- 导入额外的名称空间，这里已经添加了注释，以显示它们需要的类型。
- 这里声明一个私有只读字段来存储对记录器的引用，进而用于要在构造函数中设置的 HomeController。
- 这里定义的三个操作方法都调用了名为 View 的方法，并将结果作为 IActionResult 接口返回给客户端。
- Error 操作方法通过用于跟踪的请求 ID，将视图模型传递给视图。错误响应不会被缓存。

```
using Microsoft.AspNetCore.Mvc; // Controller, IActionResult
using Northwind.Mvc.Models; // ErrorViewModel
using System.Diagnostics; // Activity

namespace Northwind.Mvc.Controllers;
public class HomeController : Controller
{
  private readonly ILogger<HomeController> _logger;
```

```
    public HomeController(ILogger<HomeController> logger)
    {
      _logger = logger;
    }

    public IActionResult Index()
    {
      return View();
    }

    public IActionResult Privacy()
    {
      return View();
    }

    [ResponseCache(Duration = 0,
      Location = ResponseCacheLocation.None, NoStore = true)]
    public IActionResult Error()
    {
      return View(new ErrorViewModel { RequestId =
        Activity.Current?.Id ?? HttpContext.TraceIdentifier });
    }
  }
```

如果访问者输入/或/Home，就相当于输入/Home/Index，因为这些是默认路由中控制器和动作的默认名称。

15.2.4 理解视图搜索路径约定

Index 和 Privacy 方法的实现虽然相似，但它们返回的是不同的 Web 页面。这是因为通过调用 View 方法，可在不同的路径中寻找 Razor 文件以生成 Web 页面。

下面故意分解其中一个页面名，这样就可以看到默认情况下搜索的路径：

(1) 在 NorthwindMvc 项目中展开 Views 文件夹，然后展开 Home 子文件夹。

(2) 将 Privacy.cshtml 重命名为 Privacy2.cshtml。

(3) 启动网站。

(4) 打开 Chrome，导航到 http://localhost:5001/，单击 Privacy，观察搜索到的路径，它们都可用来呈现 Web 页面(MVC 视图和 Razor Pages 包括在 Shared 文件夹中)，如图 15.3 所示。

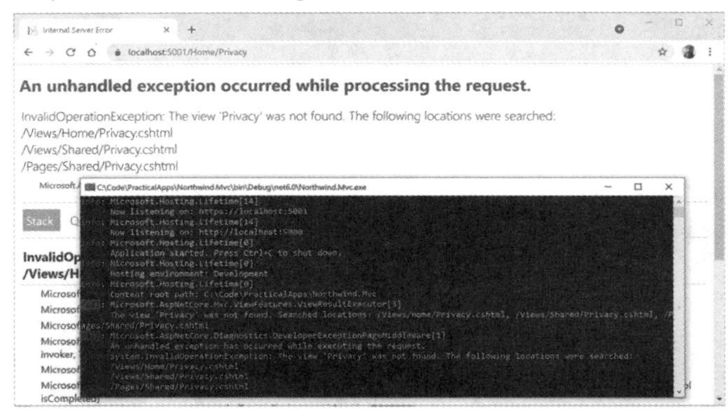

图 15.3 显示视图默认搜索路径的异常

(5) 关闭 Chrome，然后关闭 Web 服务器。

(6) 将 Privacy2.cshtml 重命名为 Privacy.cshtml。

视图搜索路径约定如下。

- 指定 Razor 视图：/Views/{controller}/{action}.cshtml
- 共享 Razor 视图：/Views/Shared/{action}.cshtml
- 共享 Razor 页面：/Pages/Shared/{action}.cshtml

15.2.5　了解记录

前面看到一些错误被捕获并写入控制台。使用记录器，可采用同样的方式将消息写入控制台。

(1) 在 Controllers 文件夹的 HomeController.cs 中，在 Index 方法中，添加语句，使用记录器将一些不同级别的消息写入控制台，代码如下所示：

```
_logger.LogError("This is a serious error (not really!)");
_logger.LogWarning("This is your first warning!");
_logger.LogWarning("Second warning!");
_logger.LogInformation("I am in the Index method of the HomeController.");
```

(2) 启动 Northwind.Mvc 项目网站。

(3) 打开网页浏览器，导航到该网站的主页。

(4) 在命令提示符或终端，注意如下信息：

```
fail: Northwind.Mvc.Controllers.HomeController[0]
This is a serious error (not really!)
warn: Northwind.Mvc.Controllers.HomeController[0]
This is your first warning!
warn: Northwind.Mvc.Controllers.HomeController[0]
Second warning!
info: Northwind.Mvc.Controllers.HomeController[0]
I am in the Index method of the HomeController.
```

(5) 关闭 Chrome 浏览器，然后关闭 Web 服务器。

15.2.6　过滤器

当需要向多个控制器和操作添加一些功能时，可以使用或定义作为特性类实现的过滤器。

过滤器可应用于以下级别。

- 操作级：可通过使用特性装饰方法来实现。这只会影响控制器的一个方法。
- 控制器级：可通过使用特性装饰类来实现。这将影响控制器的所有方法。
- 全局级：将属性类型添加到 MvcOptions 实例的 Filters 集合中，当调用 AddControllersWithViews 方法时，可以用来配置 MVC，如下所示：

```
builder.Services.AddControllersWithViews(options =>
  {
    options.Filters.Add(typeof(MyCustomFilter));
  });
```

1. 使用过滤器保护操作方法

如果希望确保控制器的某个特定方法只能由某些安全角色的成员调用，就可以使用[Authorize]

特性装饰方法，如下所示。

- [Authorize]：只允许经过身份验证(非匿名、登录)的访问者访问此操作方法。
- [Authorize(Roles = "Sales,Marketing")]：仅允许属于指定角色成员的访问者访问此操作方法。

下面看一个例子。

(1) 在 HomeController.cs 中，导入 Microsoft.AspNetCore.Authorization 名称空间。

(2) 向 Privacy 方法添加一个属性，只允许属于名为 Administrators 的组/角色的登录用户访问，如下所示：

```
[Authorize(Roles = "Administrators")]
public IActionResult Privacy()
```

(3) 启动网站。

(4) 单击 Privacy，并注意你被重定向到登录页面。

(5) 输入邮箱和密码。

(6) 单击 Log in 并注意被拒绝访问。

(7) 关闭 Chrome 浏览器，关闭 Web 服务器。

2. 启用角色管理并以编程方式创建角色

默认情况下，ASP.NET Core MVC 项目中没有启用角色管理功能，所以在创建角色之前，必须首先启用它，然后创建一个控制器，它将以编程方式创建 Administrators 角色(如果它还不存在)，并给该角色分配一个测试用户。

(1) 在 Program.cs 中，在 ASP.NET Core Identity 及其数据库的设置中，添加一个对 AddRoles 的调用，启用角色管理，如下所示：

```
services.AddDefaultIdentity<IdentityUser>(
  options => options.SignIn.RequireConfirmedAccount = true)
  .AddRoles<IdentityRole>() // enable role management
  .AddEntityFrameworkStores<ApplicationDbContext>();
```

(2) 在 Controllers 中，添加一个名为 RolesController.cs 的空控制器类，并修改其内容，代码如下所示：

```
using Microsoft.AspNetCore.Identity; // RoleManager, UserManager
using Microsoft.AspNetCore.Mvc; // Controller, IActionResult

using static System.Console;

namespace Northwind.Mvc.Controllers;

public class RolesController : Controller
{
  private string AdminRole = "Administrators";
  private string UserEmail = "test@example.com";

  private readonly RoleManager<IdentityRole> roleManager;
  private readonly UserManager<IdentityUser> userManager;

  public RolesController(RoleManager<IdentityRole> roleManager,
```

```
  UserManager<IdentityUser> userManager)
{
  this.roleManager = roleManager;
  this.userManager = userManager;
}

public async Task<IActionResult> Index()
{
  if (!(await roleManager.RoleExistsAsync(AdminRole)))
  {
    await roleManager.CreateAsync(new IdentityRole(AdminRole));
  }

  IdentityUser user = await userManager.FindByEmailAsync(UserEmail);

  if (user == null)
  {
    user = new();
    user.UserName = UserEmail;
    user.Email = UserEmail;
    IdentityResult result = await userManager.CreateAsync(
      user, "Pa$$w0rd");

    if (result.Succeeded)
    {
      WriteLine($"User {user.UserName} created successfully.");
    }
    else
    {
      foreach (IdentityError error in result.Errors)
      {
        WriteLine(error.Description);
      }
    }
  }

  if (!user.EmailConfirmed)
  {
    string token = await userManager
      .GenerateEmailConfirmationTokenAsync(user);
    IdentityResult result = await userManager
      .ConfirmEmailAsync(user, token);

  if (result.Succeeded)
  {
    WriteLine($"User {user.UserName} email confirmed successfully.");
  }
  else
  {
    foreach (IdentityError error in result.Errors)
    {
      WriteLine(error.Description);
    }
    }
  }
```

```
    if (!(await userManager.IsInRoleAsync(user, AdminRole)))
    {
      IdentityResult result = await userManager
        .AddToRoleAsync(user, AdminRole);

      if (result.Succeeded)
      {
        WriteLine($"User {user.UserName} added to {AdminRole}
      successfully.");
      }
      else
      {
        foreach (IdentityError error in result.Errors)
        {
          WriteLine(error.Description);
      }
    }
  }

  return Redirect("/");
  }
}
```

请注意以下几点：

- 两个字段是用户的角色名和电子邮件。
- 构造函数获取并存储注册的用户和角色管理器依赖服务。
- 如果 Administrators 角色不存在，则使用角色管理器创建。
- 我们试图通过其电子邮件找到一个测试用户，如果它不存在，则创建它，然后将用户分配到 Administrators 角色。
- 由于网站使用 DOI，因此必须生成一个电子邮件确认令牌，并使用它来确认新用户的电子邮件地址。
- 成功消息和任何错误都写入控制台。
- 会自动跳转到首页。

(3) 启动网站。

(4) 单击 Privacy，注意你被重定向到登录页面。

(5) 输入邮箱和密码(这里使用 mark@example.com)。

(6) 单击 Log in 并注意，你将像以前一样被拒绝访问。

(7) 单击 Home。

(8) 在地址栏中，手动输入角色，作为相对 URL 路径，如 https://localhost:5001/roles。

(9) 查看写入控制台的成功消息，如下所示：

```
User test@example.com created successfully.
User test@example.com email confirmed successfully.
User test@example.com added to Administrators successfully.
```

(10) 单击 Logout，因为在登录后创建角色成员关系时，必须注销并重新登录以加载它们。

(11) 再次尝试访问 Privacy 页面，输入以编程方式创建的新用户的电子邮件，例如 test@example.com，以及密码，然后单击 Log in，现在就可以访问了。

(12) 关闭 Chrome 浏览器，然后关闭 Web 服务器。

3. 使用过滤器缓存响应

为了缩短响应时间，提高可伸缩性，可以使用[ResponseCache]属性装饰方法来缓存由动作方法生成的 HTTP 响应。

可通过设置如下参数来控制响应的缓存位置和缓存时间。

- Duration：以秒为单位设置 max-age HTTP 响应头。通常的选择是 1 小时(3600 秒)和 1 天(86400 秒)。
- Location：ResponseCacheLocation 的可取值之一，其他可取值有 Any、Client 或 None，用于设置 cache-control HTTP 响应头。
- NoStore：如果为 true，就忽略 Duration 和 Location 参数，并把 cache-control HTTP 响应头设置为 no-store。

下面看一个例子。

(1) 在 HomeController.cs 中，为 Index 方法添加一个属性，在浏览器或服务器和浏览器之间的任何代理上缓存响应 10 秒，代码如下所示：

```
[ResponseCache(Duration = 10, Location = ResponseCacheLocation.Any)]
public IActionResult Index()
```

(2) 在视图中，在主页中，打开 Index.cshtml，并添加一个段落，以长格式输出当前时间，以包含秒，如下所示：

```
<p class="alert alert-primary">@DateTime.Now.ToLongTimeString()</p>
```

(3) 启动网站。

(4) 注意主页上的时间。

(5) 单击 Register。

(6) 单击 Home 并注意主页上的时间是相同的，因为使用的是页面的缓存版本。

(7) 单击 Register。至少等十秒钟。

(8) 单击 Home 并注意时间现在已经更新。

(9) 单击 Log in，输入电子邮件和密码，然后单击 Log in。

(10) 注意主页上的时间。

(11) 单击 Privacy。

(12) 单击 Home 并注意页面没有缓存。

(13) 查看控制台并注意解释缓存已经被覆盖的警告消息，因为访问者已经登录，在这个场景中，ASP.NET Core 使用防伪令牌，它们不应该缓存，如下输出所示：

```
warn: Microsoft.AspNetCore.Antiforgery.DefaultAntiforgery[8]
The 'Cache-Control' and 'Pragma' headers have been overridden and
set to 'no-cache, no-store' and 'no-cache' respectively to prevent caching
of this response. Any response that uses antiforgery should not be cached.
```

(14) 关闭 Chrome 浏览器，然后关闭 Web 服务器。

4. 使用过滤器自定义路由

你可能希望为操作方法定义简化的路由而不是使用默认路由。

例如，为了显示当前的私有页面，需要以下 URL 路径来指定控制器和动作：

```
https://localhost:5001/home/privacy
```

可以使路由更简单，如下所示：

```
https://localhost:5001/private
```

下面看看具体的做法。

(1) 在 HomeController.cs 中，为 Privacy 方法添加一个属性，来定义简化的路由，代码如下所示：

```
[Route("private")]
[Authorize(Roles = "Administrators")]
public IActionResult Privacy()
```

(2) 启动网站。

(3) 在地址栏中输入以下 URL 路径：

```
https://localhost:5001/private
```

(4) 输入电子邮件和密码，单击 Log in，并注意简化的路径显示 Privacy 页面。

(5) 关闭 Chrome 浏览器，然后关闭 Web 服务器。

15.2.7 实体和视图模型

在 MVC 中，M 代表模型。模型表示响应请求所需的数据。通常有两种类型的模型：实体模型和视图模型。

实体模型表示数据库(如 SQL Server 或 SQLite)中的实体。根据请求，你可能需要从数据存储中检索一个或多个实体。实体模型使用类定义，因为它们可能需要更改，然后用于更新底层数据存储。

在响应请求时，你可能希望显示的所有数据都是 MVC 模型。该模型有时也称为视图模型，因为将被传递给视图，用于呈现为 HTML 或 JSON 这样的响应格式。视图模型应该是不可变的，所以它们通常是使用记录定义的。

例如，下面的 HTTP GET 请求可能意味着浏览器正在请求产品编号为 3 的产品的详细信息页面：

```
http://www.example.com/products/details/3
```

控制器需要使用值 3 的 ID 来检索产品实体，并将产品实体传递给视图，视图随后可以将模型转换为 HTML，以便在浏览器中显示。

想象一下，当用户访问网站时，我们需要向他们显示类别列表、产品列表和本月访客人数。

我们将参考第 13 章创建的 Northwind 示例数据库的 Entity Framework Core 实体数据模型。

(1) 在 Northwind.Mvc 项目中，为 SQLite 或 SQL Server 添加对 Northwind.Common.DataContext 项目的引用，如下所示：

```
<ItemGroup>
  <!-- change Sqlite to SqlServer if you prefer -->
  <ProjectReference Include=
"..\Northwind.Common.DataContext.Sqlite\Northwind.Common.DataContext.
Sqlite.csproj" />
</ItemGroup>
```

(2) 构建 Northwind.Mvc 项目，编译它的依赖项。

(3) 如果使用的是 SQL Server，或者想要在 SQL Server 和 SQLite 之间切换，那么在 appsettings.json 中，使用 SQL Server 为 Northwind 数据库添加连接字符串，如下所示：

```
{
  "ConnectionStrings": {
    "DefaultConnection": "Server=(localdb)\\mssqllocaldb;Database=aspnet-
Northwind.Mvc-DC9C4FAF-DD84-4FC9-B925-69A61240EDA7;Trusted_Connection=True
;MultipleActiveResultSets=true",
    "NorthwindConnection": "Server=.;Database=Northwind;Trusted_Connection
=True;MultipleActiveResultSets=true"
  },
```

(4) 在 Program.cs 中，导入名称空间来处理实体模型类型，如下所示：

```
using Packt.Shared; // AddNorthwindContext extension method
```

(5) 在 builder.Build 方法调用中，添加语句来加载适当的连接字符串，然后注册 Northwind 数据库上下文，如下所示：

```
// if you are using SQL Server
string sqlServerConnection = builder.Configuration
  .GetConnectionString("NorthwindConnection");
builder.Services.AddNorthwindContext(sqlServerConnection);

// if you are using SQLite default is ..\Northwind.db
builder.Services.AddNorthwindContext();
```

(6) 将一个类文件添加到 Models 文件夹中，命名为 HomeIndexViewModel.cs。

最佳实践

尽管 MVC 项目模板创建的 ErrorViewModel 类没有遵循这一约定，但仍然建议为自己的视图模型类使用命名约定{Controller}{Action}ViewModel。

(7) 修改语句，定义一个记录，使之具有三个属性以表示访客人数、类别列表和产品列表，如下所示：

```
using Packt.Shared; // Category, Product

namespace Northwind.Mvc.Models;

public record HomeIndexViewModel
(
  int VisitorCount,
  IList<Category> Categories,
  IList<Product> Products
);
```

(8) 在 HomeController.cs 中，导入 Packt.Shared 名称空间，代码如下所示：

```
using Packt.Shared; // NorthwindContext
```

(9) 添加如下字段以存储对 Northwind 实例的引用，并在构造函数中进行初始化：

```
public class HomeController : Controller
{
  private readonly ILogger<HomeController> _logger;
  private readonly NorthwindContext db;

  public HomeController(ILogger<HomeController> logger,
    NorthwindContext injectedContext)
  {
    _logger = logger;
    db = injectedContext;
  }
...
```

ASP.NET Core 将使用在 Program.cs 类中指定的数据库路径，并使用构造函数参数注入来传递 NorthwindContext 数据库上下文的实例。

(10) 修改 Index 操作方法的语句，创建视图模型的实例，并使用 Random 类来模拟访客人数，生成一个介于 1 和 1000 之间的数字，然后使用 Northwind 示例数据库获取类别列表和产品列表，再把模型传递给视图，如下所示：

```
[ResponseCache(Duration = 10, Location = ResponseCacheLocation.Any)]
public IActionResult Index()
{
  _logger.LogError("This is a serious error (not really!)");
  _logger.LogWarning("This is your first warning!");
  _logger.LogWarning("Second warning!");
  _logger.LogInformation("I am in the Index method of the
HomeController.");

  HomeIndexViewModel model = new
  (
    VisitorCount: (new Random()).Next(1, 1001),
    Categories: db.Categories.ToList(),
    Products: db.Products.ToList()
  );
  return View(model); // pass model to view
}
```

在控制器的操作方法中调用 View()方法时，ASP.NET Core MVC 将在 Views 文件夹中查找与当前控制器同名的子文件夹，如 Home 子文件夹，然后查找与当前操作同名的文件，如 Index.cshtml 文件。它也会在 Shared 文件夹中搜索与动作方法名称匹配的视图，并在 Pages 文件夹中搜索 Razor Pages。

15.2.8 视图

在 VC 中，V 代表视图。视图的职责是将模型转换为 HTML 或其他格式。

可以使用多个视图引擎来完成此任务。默认的视图引擎称为 Razor，Razor 使用@符号来表示服务器端代码的执行。由于 ASP.NET Core 2.0 中引入的 Razor Pages 使用相同的视图引擎，因此可以使用相同的 Razor 语法。

下面修改主页视图以呈现类别列表和产品列表。

(1) 展开 Views 文件夹，然后展开 Home 子文件夹。

(2) 打开 Index.cshtml 文件，注意@{ }中封装的 C#代码块。这些代码将首先执行，并可用于存储一些数据，这些数据需要传递到共享布局文件，例如 Web 页面的标题，如下所示：

```
@{
 ViewData["Title"] = "Home Page";
}
```

(3) 注意<div>元素中的静态 HTML 内容，它们可使用 Bootstrap 进行样式化。

最佳实践

除了定义自己的样式之外，还可以让样式基于公共库，例如实现了响应式设计的 Bootstrap。

与 Razor Pages 一样，这里也有一个名为_ViewStart.cshtml 的文件，这个文件由 View 方法执行，用于设置应用于所有视图的默认值。

例如，可将所有视图的 Layout 属性设置为共享的布局文件，如下所示：

```
@{
   Layout = "_Layout";
}
```

(4) 在 Views 文件夹中打开_ViewImports.cshtml 文件，注意其中导入了一些名称空间，此外添加了 ASP.NET Core 标记助手，如下所示：

```
@using Northwind.Mvc
@using Northwind.Mvc.Models
@addTagHelper *, Microsoft.AspNetCore.Mvc.TagHelpers
```

(5) 在 Shared 文件夹中打开_Layout.cshtml 文件。

(6) 注意，标题是从 ViewData 字典中读取的，ViewData 字典是在 Index.cshtml 视图中设置的，如下所示：

```
<title>@ViewData["Title"] - Northwind.Mvc</title>
```

(7) 这里还显示了支持 Bootstrap 和站点样式表的链接，其中~表示 wwwroot 文件夹，如下所示：

```
<link rel="stylesheet"
  href="~/lib/bootstrap/dist/css/bootstrap.css" />
<link rel="stylesheet" href="~/css/site.css" />
```

(8) 注意标题中导航条的呈现方式，如下所示：

```
<body>
  <header>
    <nav class="navbar ...">
```

(9) 这里使用 ASP.NET Core 标记助手以及 asp-controller 和 asp-action 等特性呈现了如下可折叠的<div>元素，其中包含用于登录的分部视图以及允许用户在页面之间导航的超链接：

```
<div class=
  "navbar-collapse collapse d-sm-inline-flex justify-content-between">
  <ul class="navbar-nav flex-grow-1">
    <li class="nav-item">
      <a class="nav-link text-dark" asp-area=""
```

```
      asp-controller="Home" asp-action="Index">Home</a>
    </li>
    <li class="nav-item">
      <a class="nav-link text-dark"
       asp-area="" asp-controller="Home"
       asp-action="Privacy">Privacy</a>
    </li>
  </ul>
  <partial name="_LoginPartial" />
</div>
```

<a>元素可使用名为 asp-controller 和 asp-action 的标记助手属性来指定当链接被单击时执行的控制器和操作。如果想要导航到 Razor 类库中的某个特性，就像前一章创建的 employees 组件一样，那么可以使用 asp-area 来指定特性的名称。

(10) 注意<main>元素内部主体的呈现方式，如下所示：

```
<div class="container">
  <main role="main" class="pb-3">
    @RenderBody()
  </main>
</div>
```

@RenderBody()方法调用类似于 Index.cshtml 的页面，并在共享布局的特定点注入特定 Razor 视图的内容。

(11) 请注意页面底部包含了<script>元素以免减慢页面的显示速度，可以将自己的脚本块添加到名为 scripts 的可选部分，如下所示：

```
<script src="~/lib/jquery/dist/jquery.min.js"></script>
<script src="~/lib/bootstrap/dist/js/bootstrap.bundle.min.js">
</script>
<script src="~/js/site.js" asp-append-version="true"></script>
@await RenderSectionAsync("scripts", required: false)
```

在任何包含 src 属性的元素中将 asp-append-version 属性指定为 true 时，都将调用“图像标记助手”(图像标记助手并不仅影响图像)！

图像标记助手的工作方式是自动附加从参考源文件的哈希值中生成的查询字符串 v，如下所示：

```
<script src="~/js/site.js? v=Kl_dqr9NVtnMdsM2MUg4qthUnWZm5T1fCEimBPWDNgM"></
script>
```

如果 site.js 文件中的单个字节发生更改，那么哈希值也将不同。因此，如果浏览器或 CDN 在缓存脚本文件，这种行为将破坏已缓存的副本，可将文件替换为新版本。

15.3 自定义 ASP.NET Core MVC 网站

前面讨论了 MVC 网站的基本结构，接下来自定义 ASP.NET Core MVC 网站。我们已经添加了从 Northwind 示例数据库中检索实体的代码，因此下一个任务是在首页上输出信息。

15.3.1 自定义样式

首页上会显示 Northwind 示例数据库中的 77 种产品。为了有效利用空间，我们希望在三列中显示这些产品。为此，我们需要自定义网站的样式表。

(1) 在 wwwroot\css 文件夹中打开 site.css 文件。

(2) 在 site.css 文件的底部添加一种新样式，并应用于带有 product-columns ID 的元素，如下所示：

```
#product-columns
{
  column-count: 3;
}
```

15.3.2 设置类别图像

Northwind 示例数据库中包含了类别表，但它们没有图像。可给网站加上一些彩色图片，使效果看起来更好。

(1) 在 wwwroot 文件夹中创建一个名为 images 的子文件夹。

(2) 在 images 子文件夹中添加 8 个图像文件：category1.jpeg、category2.jpeg、…、category8.jpeg。

更多信息

可通过以下链接下载本书 GitHub 存储库中的图像：

https://github.com/markjprice/cs10dotnet6/tree/ master/Assets/Categories。

15.3.3 Razor 语法

在自定义首页视图之前，先看一个示例 Razor 文件。该 Razor 文件具有初始的 Razor 代码块，用于实例化带价格和数量的订单，然后在网页上输出有关订单的信息，如下所示：

```
@{
  Order order = new()
  {
    OrderId = 123,
    Product = "Sushi",
    Price = 8.49M,
    Quantity = 3
  };
}

<div>Your order for @order.Quantity of @order.Product has a total cost of $@
order.Price * @order.Quantity</div>
```

上面的 Razor 表达式将产生以下错误输出：

```
Your order for 3 of Sushi has a total cost of $8.49 * 3
```

尽管 Razor 标记可以使用@object.property 语法来包含任何单个属性的值，但应该将表达式用括号括起来，如下所示：

```
<div>Your order for @order.Quantity of @order.Product has a total cost of $@
(order.Price * order.Quantity)</div>
```

上面的 Razor 表达式会产生以下正确输出：

```
Your order for 3 of Sushi has a total cost of $25.47
```

15.3.4 定义类型化视图

要在编写视图时改进 IntelliSense，可以在 Index.cshtml 文件的顶部使用@model 指令定义视图的类型。

(1) 在 Views\Home 文件夹中打开 Index.cshtml 文件。

(2) 在 Index.cshtml 文件的顶部添加一条语句，设置模型类型以使用 HomeIndexViewModel，如下所示：

```
@model HomeIndexViewModel
```

现在，无论何时在首页视图中输入 Model，代码编辑器将指示模型的正确类型并提供 IntelliSense。

在视图中输入代码时，请记住以下几点：

- 要声明模型的类型，请使用@model。
- 要与模型实例进行交互，请使用@Model。

下面继续自定义首页视图。

(3) 在初始的 Razor 代码块中添加一条语句，为当前项声明字符串变量，在现有的<div>元素下添加新标记，以轮播方式输出类别和产品的无序列表，如下所示：

```
@using Packt.Shared
@model HomeIndexViewModel
@{
  ViewData["Title"] = "Home Page";
  string currentItem = "";
}

<div class="text-center">
  <h1 class="display-4">Welcome</h1>
  <p>Learn about <a href="https://docs.microsoft.com/aspnet/core">building
Web apps with ASP.NET Core</a>.</p>
  <p class="alert alert-primary">@DateTime.Now.ToLongTimeString()</p>
</div>
@if (Model is not null)
{
<div id="categories" class="carousel slide" data-ride="carousel"
     data-interval="3000" data-keyboard="true">
  <ol class="carousel-indicators">
  @for (int c = 0; c < Model.Categories.Count; c++)
  {
    if (c == 0)
    {
      currentItem = "active";
    }
```

```
else
{
  currentItem = "";
}
<li data-target="#categories" data-slide-to="@c"
   class="@currentItem"></li>
}
</ol>
<div class="carousel-inner">
@for (int c = 0; c < Model.Categories.Count; c++)
{
  if (c == 0)
  {
     currentItem = "active";
  }
  else
  {
     currentItem = "";
  }
  <div class="carousel-item @currentItem">
    <img class="d-block w-100" src=
    "~/images/category@(Model.Categories[c].CategoryId).jpeg"
    alt="@Model.Categories[c].CategoryName" />
  <div class="carousel-caption d-none d-md-block">
    <h2>@Model.Categories[c].CategoryName</h2>
    <h3>@Model.Categories[c].Description</h3>
    <p>
     <a class="btn btn-primary"
       href="/category/@Model.Categories[c].CategoryId">View</a>
     </p>
    </div>
   </div>
  }
  </div>
  <a class="carousel-control-prev" href="#categories"
    role="button" data-slide="prev">
    <span class="carousel-control-prev-icon"
      aria-hidden="true"></span>
    <span class="sr-only">Previous</span>
  </a>
  <a class="carousel-control-next" href="#categories"
    role="button" data-slide="next">
    <span class="carousel-control-next-icon" aria-hidden="true"></span>
    <span class="sr-only">Next</span>
   </a>
  </div>
  }
  <div class="row">
    <div class="col-md-12">
      <h1>Northwind</h1>
      <p class="lead">
        We have had @Model?.VisitorCount visitors this month.
      </p>
      @if (Model is not null)
      {
       <h2>Products</h2>
```

```
          <div id="product-columns">
            <ul>
            @foreach (Product p in @Model.Products)
            {
            <li>
              <a asp-controller="Home"
                asp-action="ProductDetail"
                asp-route-id="@p.ProductId">
                @p.ProductName costs
      @(p.UnitPrice is null ? "zero" : p.UnitPrice.Value.ToString("C"))
              </a>
            </li>
        }
        </ul>
      </div>
    }
  </div>
</div>
```

当查看上面的 Razor 标记时，请注意以下几点。

- 很容易将静态 HTML 元素(例如<ul>和<li>元素)与 C#代码混合在一起，以实现类别列表和产品列表的轮播效果。
- id 属性为 product-columns 的<div>元素使用了之前的自定义样式，因此这个<div>元素中的所有内容显示在三列中。
- 每个类别的<img>元素会在 Razor 表达式的周围使用圆括号，以确保编译器不将.jpeg 作为表达式的一部分，如下所示：

```
"~/images/category@(Model.Categories[c].CategoryID).jpeg"
```

- 产品链接的<a>元素会使用标记助手来生成 URL 路径。单击这些超链接，它们将由 HomeController 和 ProductDetail 操作方法处理。产品的 ID 将作为 id 路由段传递，如以下用于 IpohCoffee 的 URL 路径所示：

```
https://localhost:5001/Home/ProductDetail/43
```

15.3.5 测试自定义首页

下面看看自定义首页的效果。

(1) 启动 Northwind.Mvc 网站项目。

(2) 请注意，首页上有旋转的轮播效果，分别显示了类别、随机访客人数和三列的产品列表，如图 15.4 所示。

目前，单击任何类别或产品链接都会出现 404 Not Found 错误，下面看看如何传递参数，以便查看产品或类别的详细信息。

(3) 关闭 Chrome 浏览器，然后关闭 Web 服务器。

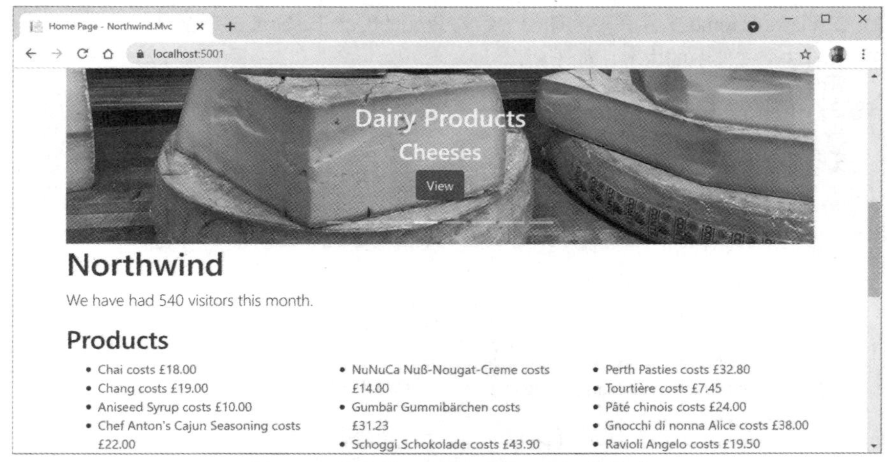

图 15.4　更新后的 Northwind MVC 网站的首页

15.3.6　使用路由值传递参数

传递简单参数的一种方法是使用默认路由中定义的 id 段。

(1) 在 HomeController 类中添加一个名为 ProductDetail 的操作方法，如下所示：

```
public IActionResult ProductDetail(int? id)
{
  if (!id.HasValue)
  {
    return BadRequest("You must pass a product ID in the route, for example,
/Home/ProductDetail/21");
  }

  Product? model = db.Products
    .SingleOrDefault(p => p.ProductId == id);

  if (model == null)
  {
     return NotFound($"ProductId {id} not found.");
  }

  return View(model); // pass model to view and then return result
}
```

请注意以下几点：

- 这个方法使用了 ASP.NET Core 的“模型绑定”功能，以自动对路由中传递的 id 与方法中的参数 id 进行匹配。
- 在方法内部检查 id 是否为 null。如果是，就调用 BadRequest 方法，返回 404 状态码和自定义消息以指明正确的 URL 路径格式；否则，可以连接到数据库，并尝试使用 id 变量检索产品。
- 如果找到产品，就将产品传递给视图；否则调用 NotFound 方法，返回 404 状态码和自定义消息，以指明在数据库中找不到具有指定 id 的产品。

(2) 在 Views / Home 文件夹中添加一个名为 ProductDetail.cshtml 的新文件。

(3) 修改这个文件中的内容，如下所示：

```
@model Packt.Shared.Product
@{
  ViewData["Title"] = "Product Detail - " + Model.ProductName;
}
<h2>Product Detail</h2>
<hr />
<div>
  <dl class="dl-horizontal">
    <dt>Product Id</dt>
    <dd>@Model.ProductId</dd>
    <dt>Product Name</dt>
    <dd>@Model.ProductName</dd>
    <dt>Category Id</dt>
    <dd>@Model.CategoryId</dd>
    <dt>Unit Price</dt>
    <dd>@Model.UnitPrice.Value.ToString("C")</dd>
    <dt>Units In Stock</dt>
    <dd>@Model.UnitsInStock</dd>
  </dl>
</div>
```

(4) 启动 Northwind.Mvc 项目。

(5) 当首页上显示产品列表时，单击其中一个产品，例如第二个产品 Chang。

(6) 留意浏览器的地址栏中的 URL 路径、浏览器中显示的页面标题以及产品详细信息页面，如图 15.5 所示。

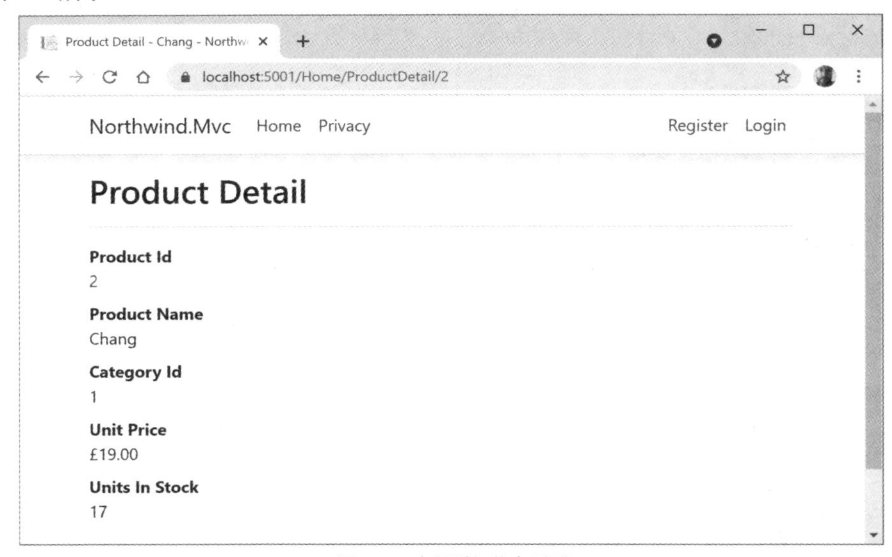

图 15.5　产品详细信息页面

(7) 查看 Developer tools。

(8) 在 Chrome 的地址栏中编辑 URL 来请求一个不存在的产品 ID，如 99，并注意 404 not Found

状态码和自定义错误响应。

15.3.7 模型绑定程序

模型绑定程序非常强大，默认的绑定程序能给你带来很大的帮助。在使用默认路由标识了要实例化的控制器类和要调用的操作方法之后，如果操作方法具有参数，那么需要为这些参数设置值。

为此，模型绑定程序将查找 HTTP 请求中传递的参数值，作为以下任何参数的类型。

- 路由参数，就像 id 一样，如以下 URL 路径所示：/Home/ProductDetail/2
- 查询字符串参数，如以下 URL 路径所示：/Home/ProductDetail?id=2
- 表单参数，如以下标记所示：

```
<form action="post" action="/Home/ProductDetail">
  <input type="text" name="id" value="2" />
  <input type="submit" />
</form>
```

模型绑定程序几乎可以填充以下任何类型：

- 简单类型，例如 int、string、DateTime 和 bool。
- 由 class、record、sruct 定义的复杂类型。
- 集合类型，如数组和列表。

下面通过示例来说明使用默认的模型绑定程序可以实现的目标。

(1) 在 Models 文件夹中添加一个名为 Thing.cs 的类文件。

(2) 修改这个类文件中的内容以定义 Thing 类，该类有两个属性，分别用于名为 Id 的可空数字和名为 Color 的字符串，如下所示：

```
namespace Northwind.Mvc.Models;

public class Thing
{
  public int? Id { get; set; }
  public string? Color { get; set; }
}
```

(3) 在 HomeController.cs 中添加两个新的操作方法，其中一个会显示带有表单的页面，另一个则使用新的模型类型来显示带有参数的页面，如下所示：

```
public IActionResult ModelBinding()
{
   return View(); // the page with a form to submit
}

public IActionResult ModelBinding(Thing thing)
{
   return View(thing); // show the model bound thing
}
```

(4) 在 Views\Home 文件夹中添加一个名为 ModelBinding.cshtml 的新文件。

(5) 修改这个文件中的内容，如下所示：

```
@model Thing
```

```
@{
  ViewData["Title"] = "Model Binding Demo";
}
<h1>@ViewData["Title"]</h1>
<div>
  Enter values for your thing in the following form:
</div>
<form method="POST" action="/home/modelbinding?id=3">
  <input name="color" value="Red" />
  <input type="submit" />
</form>
@if (Model != null)
{
<h2>Submitted Thing</h2>
<hr />
<div>
  <dl class="dl-horizontal">
    <dt>Model.Id</dt>
    <dd>@Model.Id</dd>
    <dt>Model.Color</dt>
    <dd>@Model.Color</dd>
  </dl>
</div>
}
```

(6) 在 Views/Home 中，打开 Index.cshtml，在第一个<div>中，添加一个带有模型绑定页面链接的新段落，如下所示：

```
<p><a asp-action="ModelBinding" asp-controller="Home">Binding</a></p>
```

(7) 启动网站。

(8) 在首页单击 Binding。

(9) 请留意关于歧义匹配的未处理异常，如图 15.6 所示：

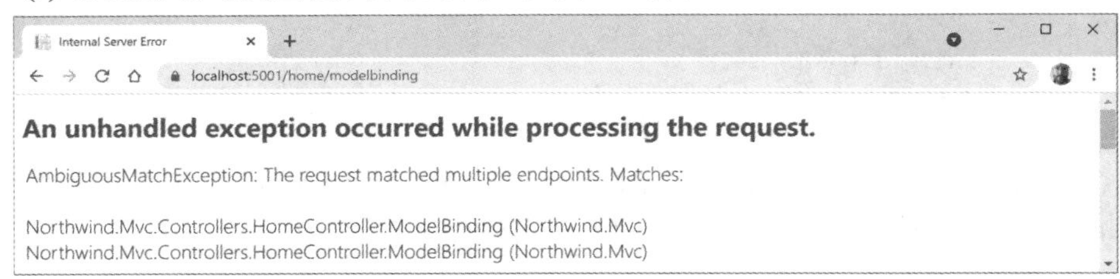

图 15.6 关于歧义匹配的未处理异常

(10) 关闭 Chrome 浏览器，然后关闭 Web 服务器。

1. 二义性消除操作方法

尽管 C#编译器可通过签名的不同来区分这两种方法，但从 HTTP 的角度看，这两种方法都是潜在的匹配。需要使用一种特定于 HTTP 的方式来消除操作方法的歧义。

为此，可创建不同的操作名称，或者指定一种方法以应用于特定的 HTTP 谓词(如 GET、POST 或 DELETE)。

(1) 在 HomeController.cs 中装饰第二个 ModelBinding 操作方法，以指示应将这个操作方法用于当表单提交时处理 HTTP POST 请求，如下所示：

```
[HttpPost]
public IActionResult ModelBinding(Thing thing)
```

更多信息

其他 ModelBinding 操作方法将隐式地用于所有其他类型的 HTTP 请求，如 GET、PUT、DELETE 等。

(2) 启动网站。

(3) 在首页上单击 Binding。

(4) 单击 Submit 按钮，注意 Id 属性的值是通过查询字符串参数进行设置的，Color 属性的值是在表单参数中设置的，如图 15.7 所示。

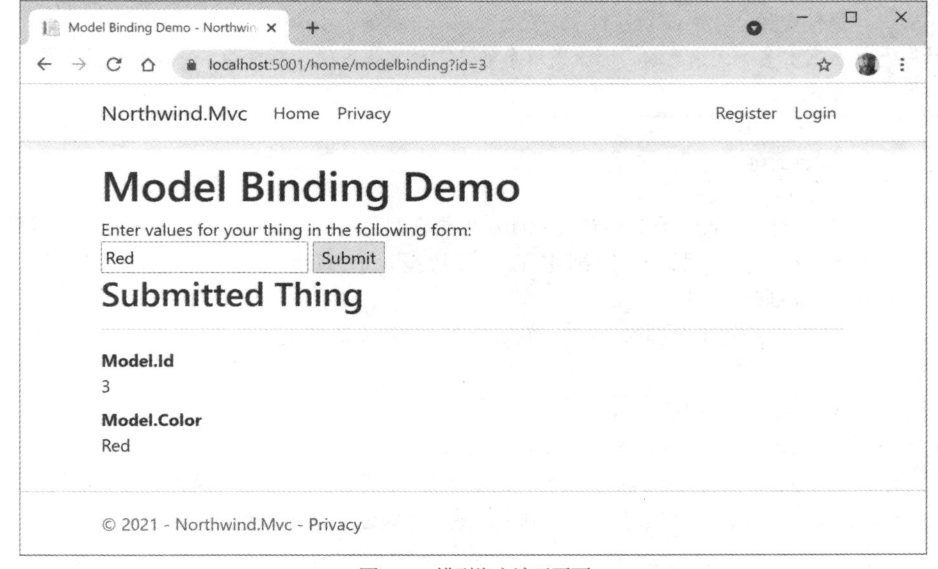

图 15.7　模型绑定演示页面

(5) 关闭 Chrome 浏览器，然后关闭 Web 服务器。

2. 传递路由参数

现在使用一个路由参数来设置属性。

(1) 修改表单的动作，将值 2 作为路由参数传递，如下所示：

```
<form method="POST" action="/home/modelbinding/2?id=3">
```

(2) 启动网站。

(3) 在首页上单击 Binding。

(4) 单击 Submit 按钮，注意 Id 属性的值是在路由参数中设置的，而 Color 属性的值是在表单参数中设置的。

(5) 关闭 Chrome 浏览器，然后关闭 Web 服务器。

3. 传递表单参数

现在使用一个表单参数来设置属性。

(1) 修改表单操作，将值 1 作为表单参数传递，如下所示：

```
<form method="POST" action="/home/modelbinding/2?id=3">
  <input name="id" value="1" />
  <input name="color" value="Red" />
  <input type="submit" />
</form>
```

(2) 启动网站。

(3) 在首页上单击 Binding。

(4) 单击 Submit 按钮，注意 Id 和 Color 属性的值都是在表单参数中设置的。

最佳实践

如果有多个同名参数，那么表单参数具有最高优先级，而查询字符串参数具有最低优先级。

15.3.8 验证模型

模型绑定的过程可能会导致错误。例如，如果模型已使用验证规则进行装饰，就会导致数据类型转换或验证错误。无论绑定了什么数据，任何绑定或验证错误都将存储在 ControllerBase.ModelState 中。

下面对模型绑定应用一些验证规则，然后在视图中显示数据无效的消息，它们用于说明如何处理模型状态。

(1) 在 Models 文件夹中打开 Thing.cs 类文件。

(2) 导入 System.ComponentModel.DataAnnotations 名称空间。

(3) 使用验证特性装饰 Id 属性，将允许的数字范围限制为 1～10，并确保访问者提供颜色，添加一个新的 Email 属性，它带有一个正则表达式用于验证，如下所示：

```
public class Thing
{
  [Range(1, 10)]
  public int? Id { get; set; }

  [Required]
  public string? Color { get; set; }

  [EmailAddress]
  public string? Email { get; set; }
}
```

(4) 在 Models 文件夹中添加一个名为 HomeModelBindingViewModel.cs 的新文件。

(5) 修改这个文件的内容，以定义带有属性的记录，来存储绑定的模型、一个表示存在错误的标志和一个错误消息序列，如下面的代码所示：

```
namespace Northwind.Mvc.Models;

public record HomeModelBindingViewModel
```

```
(
  Thing Thing,
  bool HasErrors,
  IEnumerable<string> ValidationErrors
);
```

(6) 在 HomeController.cs 文件的处理 HTTP POST 的 ModelBinding 方法中，注释掉将 Thing 传递给视图的上一条语句，然后添加语句以创建视图模型的实例、验证模型并存储错误消息数组，然后将视图模型传递给视图，如下所示：

```
[HttpPost]
public IActionResult ModelBinding(Thing thing)
{
  HomeModelBindingViewModel model = new(
    thing,
    !ModelState.IsValid,
    ModelState.Values
      .SelectMany(state => state.Errors)
      .Select(error => error.ErrorMessage)
  );
  return View(model);
}
```

(7) 在 Views\Home 文件夹中打开 ModelBinding.cshtml 文件。

(8) 修改模型类型的声明以使用视图模型类，如下所示：

```
@model Northwind.Mvc.Models.HomeModelBindingViewModel
```

(9) 添加<div>元素以显示任何模型验证错误，并且由于视图模型已更改而更改 Thing 属性的输出，如下所示：

```
<form method="POST" action="/home/modelbinding/2?id=3">
  <input name="id" value="1" />
  <input name="color" value="Red" />
  <input name="email" value="test@example.com" />
  <input type="submit" />
</form>
@if (Model != null)
{
  <h2>Submitted Thing</h2>
  <hr />
  <div>
   <dl class="dl-horizontal">
      <dt>Model.Thing.Id</dt>
      <dd>@Model.Thing.Id</dd>
      <dt>Model.Thing.Color</dt>
      <dd>@Model.Thing.Color</dd>
      <dt>Model.Thing.Email</dt>
      <dd>@Model.Thing.Email</dd>
   </dl>
  </div>
  @if (Model.HasErrors)
  {
    <div>
      @foreach(string errorMessage in Model.ValidationErrors)
```

```
        {
          <div class="alert alert-danger" role="alert">@errorMessage</div>
        }
      </div>
    }
}
```

(10) 启动网站。

(11) 在主页单击 Binding。

(12) 单击 Submit 按钮，注意 1、Red 和 test@example.com是有效值。

(13) 输入 Id 为 13，清空颜色文本框，删除邮箱地址中的@，单击 Submit 按钮，并注意出错消息，如图 15.8 所示。

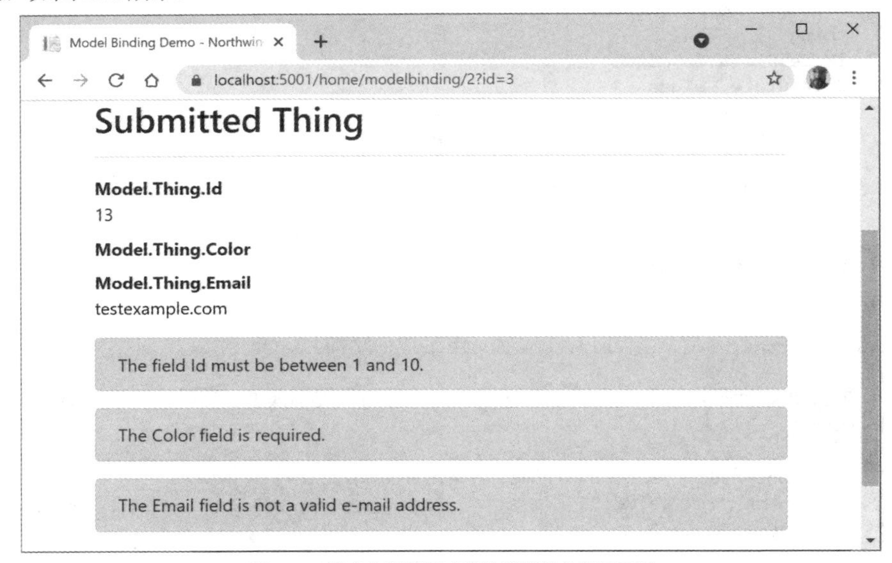

图 15.8 带有字段验证功能的模型绑定演示页面

(14) 关闭 Chrome 浏览器，然后关闭 Web 服务器。

最佳实践

Microsoft 使用什么正则表达式实现 EmailAddress 验证属性？可查看以下链接：https://github.com/microsoft/referencesource/blob/5697c29004a34d80acdaf5742d7e699022c64ecd/System.ComponentModel.DataAnnotations/DataAnnotations EmailAddressAttribute.cs # L54

15.3.9 视图辅助方法

在为 ASP.NET Core MVC 创建视图时，可以使用 Html 对象及其方法来生成标记。

一些有用的视图辅助方法如下。

- ActionLink：用于生成锚元素<a>，锚元素包含指向指定的控制器和操作的 URL 路径。例如 Html.ActionLink(linkText: "Binding", actionName: "ModelBinding", controllerName:

"Home"将生成<a href="/ Home / ModelBinding">Binding</a>。可以使用锚标记助手<a asp-action="ModelBinding" asp-controller="Home">Binding</a>实现相同的结果.

- AntiForgeryToken：在<form>元素中用于插入<hidden>元素，当提交表单时，可验证<hidden>元素包含的防伪令牌。
- Display 和 DisplayFor：使用显示模板为相对于当前模型的表达式生成 HTML 标记。我们已经有了用于.NET 类型的内置模板，自定义模板则可以在 DisplayTemplates 文件夹中创建。文件夹名称在区分大小写的文件系统中区分大小写。
- DisplayForModel：用于为整个模型而不是单个表达式生成 HTML 标记。
- Editor 和 EditorFor：使用编辑器模板为相对于当前模型的表达式生成 HTML 标记。对于使用<label>和<input>元素的.NET 类型，有内置的编辑器模板，并且可以在 EditorTemplates 文件夹中创建自定义模板。文件夹名称在区分大小写的文件系统中区分大小写。
- EditorForModel：用于为整个模型而不是单个表达式生成 HTML 标记。
- Encode：用于将对象或字符串安全地编码为 HTML。例如，字符串"<script>"可编码为"<script>"。通常不需要这样做，因为默认情况下可使用 Razor@符号对字符串进行编码。
- Raw：用来呈现字符串而不是编码为 HTML。
- PartialAsync 和 RenderPartialAsync：用来为分部视图生成 HTML 标记。可以选择传递模型和视图数据。

下面看一个例子。

(1) 在 Views/Home 中，打开 ModelBinding.cshtml。

(2) 将 Email 属性的呈现修改为使用 DisplayFor，如下所示：

```
<dd>@Html.DisplayFor(model => model.Thing.Email)</dd>
```

(3) 启动网站。

(4) 单击 Binding。

(5) 单击 Submit。

(6) 请注意，电子邮件地址是一个可单击的超链接，而不仅仅是文本。

(7) 关闭 Chrome 浏览器，然后关闭 Web 服务器。

(8) 在 Models/Thing.cs 中，注释掉 Email 属性上面的[EmailAddress]属性。

(9) 启动网站。

(10) 单击 Binding。

(11) 单击 Submit。

(12) 请注意，电子邮件地址只是文本。

(13) 关闭 Chrome 浏览器，然后关闭 Web 服务器。

(14) 在 Models/Thing.cs 中，取消[EmailAddress]属性的注释。

它是用[EmailAddress]验证属性装饰 Email 属性，并使用 DisplayFor 显示它，来通知 ASP.NET Core，将该值视为电子邮件地址，因此将其呈现为可单击链接。

15.4 查询数据库和使用显示模板

下面创建一个新的操作方法，可以向它传递一个查询字符串参数，并使用这个参数查询 Northwind 示例数据库中成本高于指定价格的产品。

前面的例子定义了一个视图模型，其中包含了需要在视图中呈现的每个值的属性。这个示例中有两个值，即一个产品列表和访问者输入的价格。为了避免必须为视图模型定义一个类或记录，将产品列表传递为模型，并将最大价格存储在 ViewData 集合中。

下面实现这个特性。

(1) 在 HomeController 类中导入 Microsoft.EntityFrameworkCore 名称空间，因为需要使用 Include 扩展方法以便包括相关实体，参见第 10 章。

(2) 添加一个新的操作方法，如下所示：

```
public IActionResult ProductsThatCostMoreThan(decimal? price)
{
  if (!price.HasValue)
  {
    return BadRequest("You must pass a product price in the query string,
for example, /Home/ProductsThatCostMoreThan?price=50");
  }

  IEnumerable<Product> model = db.Products
    .Include(p => p.Category)
    .Include(p => p.Supplier)
    .Where(p => p.UnitPrice > price);
  if (!model.Any())
  {
    return NotFound(
      $"No products cost more than {price:C}.");
  }

  ViewData["MaxPrice"] = price.Value.ToString("C");
  return View(model); // pass model to view
}
```

(3) 在 Views/Home 文件夹中添加新文件 ProductsThatCostMoreThan.cshtml。

(4) 修改这个文件中的内容，如下所示：

```
@using Packt.Shared
@model IEnumerable<Product>
@{
  string title =
    "Products That Cost More Than " + ViewData["MaxPrice"];
  ViewData["Title"] = title;
} <
h2>@title</h2>
@if (Model is null)
{
  <div>No products found.</div>
}
else
{
```

```
    <table class="table">
      <thead>
        <tr>
          <th>Category Name</th>
          <th>Supplier's Company Name</th>
          <th>Product Name</th>
          <th>Unit Price</th>
          <th>Units In Stock</th>
        </tr>
      </thead>
      <tbody>
      @foreach (Product p in Model)
      {
        <tr>
          <td>
            @Html.DisplayFor(modelItem => p.Category.CategoryName)
          </td>
          <td>
            @Html.DisplayFor(modelItem => p.Supplier.CompanyName)
          </td>
          <td>
            @Html.DisplayFor(modelItem => p.ProductName)
          </td>
          <td>
            @Html.DisplayFor(modelItem => p.UnitPrice)
          </td>
          <td>
            @Html.DisplayFor(modelItem => p.UnitsInStock)
          </td>
        </tr>
      }
      <tbody>
    </table>
}
```

(5) 在 Views/Home 文件夹中打开 Index.cshtml 文件。

(6) 在访客人数的下方、产品标题及产品列表的上方添加<form>元素，从而为用户提供用来输入价格的表单。然后，用户可以单击 Submit 按钮，调用操作方法，仅显示成本高于输入价格的产品：

```
<h3>Query products by price</h3>
<form asp-action="ProductsThatCostMoreThan" method="GET">
  <input name="price" placeholder="Enter a product price" />
  <input type="submit" />
</form>
```

(7) 启动网站。

(8) 在主页上，在表单中输入价格(如 50)，然后单击 Submit。

(9) 结果将显示成本高于所输入价格的所有产品，如图 15.9 所示。

(10) 关闭 Chrome 浏览器，然后关闭 Web 服务器。

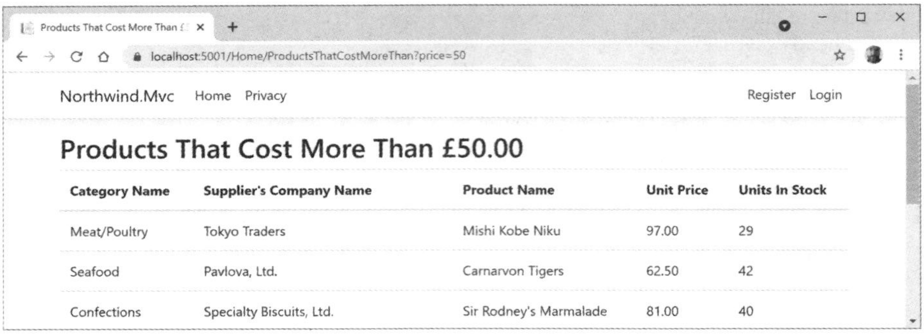

Products That Cost More Than £50.00

Category Name	Supplier's Company Name	Product Name	Unit Price	Units In Stock
Meat/Poultry	Tokyo Traders	Mishi Kobe Niku	97.00	29
Seafood	Pavlova, Ltd.	Carnarvon Tigers	62.50	42
Confections	Specialty Biscuits, Ltd.	Sir Rodney's Marmalade	81.00	40

图 15.9　成本高于 50 英镑的产品

15.5　使用异步任务提高可伸缩性

在构建桌面应用程序或移动应用程序时，可以使用多个任务(及其底层线程)来提高响应能力，因为当一个线程忙于任务时，另一个线程可以处理与用户的交互。

任务及其线程在服务器端也很有用，特别是对于处理文件的网站，或从存储或 Web 服务中请求数据(可能需要一段时间才能响应)时。但它们对复杂的计算不利，因为这些计算会受 CPU 的限制，可以像平常那样对它们进行同步处理。

当 HTTP 请求到达 Web 服务器时，就从线程池中分配线程来处理请求。但如果线程必须等待资源，就阻止处理其他任何传入的请求。如果一个网站同时收到的请求数多于线程池中的线程数，其中一些请求将响应服务器超时错误 503 Service Unavailable。

被锁住的线程没有办法进行有效工作。它们可以处理其他请求之一，但前提是网站实现了异步代码。

每当线程在等待需要的资源时，就可以返回线程池并处理不同的传入请求，从而提高网站的可伸缩性。也就是说，增加网站可以同时处理的请求数量。

为什么不创建更大的线程池呢？在现代操作系统中，线程池中的每个线程都有 1 MB 大小的堆栈。异步方法使用的内存较少，并且消除了在线程池中创建新线程的需求，但这需要时间。向线程池中添加新线程的速度通常为每两秒添加一个，与在异步线程之间切换相比，时间有些太长了。

最佳做法是让控制器动作方法异步。

使控制器的操作方法异步

很容易就能使现有的操作方法异步。

(1) 将 Index 操作方法修改为异步的，返回 Task<T>并等待调用异步方法以获取类别和产品，如下所示：

```
public async Task<IActionResult> Index()
{
  HomeIndexViewModel model = new
  (
    VisitorCount = (new Random()).Next(1, 1001),
    Categories = await db.Categories.ToListAsync(),
```

```
      Products = await db.Products.ToListAsync()
    );
    return View(model); // pass model to view
  }
```

(2) 以类似的方式修改ProductDetail操作方法，如下所示：

```
public async Task<IActionResult> ProductDetail(int? id)
{
  if (!id.HasValue)
  {
    return BadRequest("You must pass a product ID in the route, for
example,
/Home/ProductDetail/21");
  }

  Product? model = await db.Products
    .SingleOrDefaultAsync(p => p.ProductId == id);

  if (model == null)
  {
    return NotFound($"ProductId {id} not found.");
  }
  return View(model); // pass model to view and then return result
}
```

(3) 启动网站注意网站的功能是相同的，但现在可以更好地扩展。

(4) 关闭Chrome浏览器，然后关闭Web服务器。

15.6 实践与探索

你可以通过回答一些问题来测试自己对知识的理解程度，进行一些实践，并深入探索本章涵盖的主题。

15.6.1 练习15.1：测试你掌握的知识

回答下列问题。

(1) 在Views文件夹中创建具有特殊名称_ViewStart和_ViewImports的文件时，可执行什么操作？

(2) ASP.NET Core MVC默认路由中定义的三个段的名称代表什么，哪些是可选的？

(3) 默认的模型绑定程序会做什么？可以处理哪些数据类型？

(4) 在共享布局文件(如_layout.cshtml)中，如何输出当前视图的内容？

(5) 在共享布局文件(如_layout.cshtml)中，如何输出当前视图可以为其提供内容的段？当前视图如何为段提供内容？

(6) 在控制器的操作方法中调用View方法时，按照约定搜索视图时路径是什么？

(7) 如何指示访客的浏览器将响应缓存24小时？

(8) 即使自己没有创建Razor Pages，为什么还要启用Razor Pages呢？

(9) ASP.NET Core MVC如何识别可以充当控制器的类？

(10) ASP.NET Core MVC 在哪些方面使测试网站更容易？

15.6.2 练习 15.2：通过实现类别详细信息页面来练习实现 MVC

NorthwindMvc 项目的首页上会显示类别，但是当单击 View 按钮时，网站会返回 404 Not Found 错误。例如，对于以下 URL：

```
https://localhost:5001/category/1
```

请添加显示类别详细信息的页面以扩展 Northwind.Mvc 项目。

15.6.3 练习 15.3：理解和实现异步操作方法以提高可伸缩性

几年前，Stephen Cleary 为 MSDN 撰写了一篇优秀的文章，解释了为 ASP.NET 实现异步操作方法后对可伸缩性带来的好处。同样的原则也适用于 ASP.NET Core，但更重要的是，与那篇文章中描述的 ASP.NET 不同，ASP.NET Core 支持异步过滤器和其他组件。

在如下链接阅读文章：

https://docs.microsoft.com/en-us/archive/msdn-magazine/2014/october/async-programming-introduction-to-async-await-on-asp-net

15.6.4 练习 15.4：单元测试 MVC 控制器

控制器是运行网站业务逻辑的地方，所以使用单元测试来测试逻辑的正确性是很重要的，参见第 4 章。

为 HomeController 编写一些单元测试。

最佳实践

可以在以下链接阅读更多关于如何控制器进行单元测试的内容：

https://docs.microsoft.com/en-us/aspnet/core/mvc/ controllers/testing

15.6.5 练习 15.5：探索主题

可通过以下链接来阅读本章所涉及主题的更多细节。

https://github.com/markjprice/cs10dotnet6/blob/main/book-links.md#chapter-15---building-websites-using-the-model-view-controller-pattern

15.7 本章小结

本章学习了如何以一种易于进行单元测试的方式构建大型、复杂的网站，方法是通过注册和注入依赖服务(如数据库上下文和日志记录器)，并通过使用 ASP.NET Core MVC 更方便地管理程序员团队。了解了配置、认证、路由、模型、视图和控制器。

第 16 章将学习如何构建和使用将 HTTP 作为通信层的服务，也就是 Web 服务。

第16章 构建和消费 Web 服务

本章介绍如何使用 ASP.NET Core Web API 构建 Web 服务(也称为 HTTP 或 REST 服务)，以及如何使用 HTTP 客户端消费 Web 服务，这些 HTTP 客户端可以是其他任何类型的.NET 应用程序，包括网站、桌面应用程序或移动应用程序。

本章假设读者已掌握第 10 章和第 13~15 章介绍的知识及技能。

本章涵盖以下主题：

- 使用 ASP.NET Core Web API 构建 Web 服务
- 记录和测试 Web 服务
- 使用 HTTP 客户端消费 Web 服务
- 实现 Web 服务的高级功能
- 使用最少的 API 构建 Web 服务

16.1 使用 ASP.NET Core Web API 构建 Web 服务

在构建现代 Web 服务之前，我们先介绍一些背景知识。

16.1.1 理解 Web 服务缩写词

虽然 HTTP 最初的设计目的是使用 HTML 和其他资源发出请求，做出响应，供人们查看，但 HTTP 也很适合构建服务。

Roy Fielding 在自己的博士论文中描述了 REST(Representational State Transfer，具象状态转移)体系结构风格，他认为 HTTP 对于构建服务非常有用，因为 HTTP 定义了以下内容：

- 可唯一标识资源的 URI，如 https://localhost:5001/API/products/23。
- 对这些资源执行常见任务的方法，如 GET、POST、PUT 和 DELETE。
- 能够协商在请求和响应中交换的内容的媒体类型，如 XML 和 JSON。当客户端指定请求头(如 Accept:application/xml,*/*;q=0.8)时，就会发生内容协商。ASP.NET Core Web API 使用的默认响应格式是 JSON，这意味着其中一种响应头是 Content-Type:application/json;charset=utf-8。

Web 服务使用 HTTP 通信标准，因此它们有时被称为 HTTP 或 RESTful 服务。HTTP 或 RESTful

服务是本章要重点介绍的内容。

Web 服务也可以是实现了某些 WS-*标准的 SOAP 服务。这些标准使在不同系统上实现的客户端和服务能够相互通信。WS-*标准最初是由 IBM 定义的，其输入来自其他公司，如微软。

1. Windows Communication Foundation (WCF)

.NET Framework 3.0 及其更高版本提供了一项名为 WCF 的远程过程调用(RPC)技术，RPC 技术使一个系统上的代码能够通过网络执行另一个系统上的代码。

WCF 使开发人员可以很容易地创建服务，包括实现了 WS-*标准的 SOAP 服务，后来，它还支持构建 Web/HTTP/REST 风格的服务，但如果这就是你所需要的，那么它的设计就过于复杂了。

如果有现有的 WCF 服务，并且想把它们移植到现代的.NET 上，那么有一个开源项目在 2021 年 2 月发布了它的第一个通用可用性(GA)版本。可以浏览以下链接：

https://corewcf.github.io/blog/2021/02/19/corewcf-ga-release

2. WCF 的替代方案

微软推荐的 WCF 的替代方案是 gRPC。gRPC 是一个现代的跨平台开源 RPC 框架，由谷歌(gRPC 中的非正式“g”)创建。参见第 18 章。

16.1.2 理解 Web API 的 HTTP 请求和响应

HTTP 定义了请求的标准类型和表示响应类型的标准代码。它们中的大多数都可用于实现 Web API 服务。

最常见的请求类型是 GET，用来检索由唯一路径标识的资源，还有一些额外选项(如什么媒体类型是可接受的)设置为请求头，如下所示：

```
GET /path/to/resource
Accept: application/json
```

常见的响应包括成功和多种类型的失败，如表 16.1 所示。

表 16.1 状态代码

状态代码	描述
200 OK	路径正确形成，资源被成功找到，序列化为可接受的媒体类型，然后在响应体中返回。响应头指定 Content-Type、Content-Lengt 和 Content-Encoding，如 GZIP
301 Moved Permanently	随着时间的推移，Web 服务可能会改变其资源模型，包括用于标识现有资源的路径。Web 服务可以通过返回此状态代码和具有新路径的名为 Location 的响应头来指示新路径
302 Found	与 301 相似
304 Not Modified	如果请求包含 If-Modified-Since 头，那么 Web 服务可以用这个状态码来响应。响应体为空，因为客户端应该使用其缓存的资源副本
400 Bad Request	该请求无效，例如，为一个使用整数 ID(ID 值已丢失)的产品使用了路径
401 Unauthorized	请求是有效的，资源找到了，但客户端没有提供凭据或没有被授权访问该资源。例如，通过添加或更改 Authorization 请求头，重新身份验证可以启用访问
403 Forbidden	请求有效，资源已找到，但客户端没有权限访问该资源。重新身份验证无法解决该问题

(续表)

状态代码	描述
404 Not Found	请求有效，但没有找到资源。如果稍后重复请求，可能会找到资源。要表示资源永远找不到，返回 410 Gone
406 Not Acceptable	请求的 Accept 报头中只列出了 Web 服务不支持的媒体类型。例如，客户端请求 JSON，但 Web 服务只能返回 XML
451 Unavailable for Legal Reasons	美国的网站可能对来自欧洲的请求返回这个状态码，以避免遵守通用数据保护条例(GDPR)。这个数字是根据小说《华氏 451 度》选择的。在小说中，书籍被禁止并被焚烧
500 Server Error	请求有效，但是服务器端在处理请求时出错。稍后再试一次可能会有效
503 Service Unavailable	Web 服务繁忙，无法处理请求。稍后再试可能会奏效

其他常见的 HTTP 请求类型包括 POST、PUT、PATCH 或 DELETE，用于创建、修改或删除资源。

要创建新资源，可以用包含新资源的请求体发出 POST 请求，代码如下所示：

```
POST /path/to/resource
Content-Length: 123
Content-Type: application/json
```

创建新的资源或更新现有资源，可以对请求体发出 PUT 请求，该请求包含现有资源的全新版本，如果资源不存在，就创建它，或者如果它存在，就取代它(有时称为 upsert 操作)，如以下代码所示：

```
PUT /path/to/resource
Content-Length: 123
Content-Type: application/json
```

为了更有效地更新现有的资源，可以对请求体发出 PATCH 请求，这个请求包含一个对象，该对象只包含需要更改的属性，代码如下所示：

```
PATCH /path/to/resource
Content-Length: 123
Content-Type: application/json
```

要删除现有的资源，可以发出 DELETE 请求，代码如下所示：

```
DELETE /path/to/resource
```

除了上表中显示的 GET 请求的响应外，所有类型的创建、修改或删除资源的请求都有其他可能的公共响应，如表 16.2 所示。

表 16.2 其他可能的公共响应

状态代码	描述
201 Created	新资源创建成功，响应头 Location 包含了它的路径，响应体包含了新创建的资源。立即获取资源应该返回 200
202 Accepted	新资源不能立即创建，因此请求要排队，等待后续处理，立即获取资源可能会返回 404。请求体可以包含指向某种形式的状态检查器的资源，或者对资源何时可用的估计

(续表)

状态代码	描述
204 No Content	通常用于响应 DELETE 请求，因为在删除资源后在 body 中返回资源通常没有意义！如果客户端不需要确认请求是否正确处理，则此状态码有时用于响应 POST、PUT 或 PATCH 请求
405 Method Not Allowed	当请求使用了不支持的方法时返回。例如，设计为只读的 Web 服务可能显式地禁止 PUT、DELETE 等
415 Unsupported Media Type	当请求体中的资源使用 Web 服务不能处理的媒体类型时返回。例如，请求体包含 XML 格式的资源，但 Web 服务只能处理 JSON

16.1.3 创建 ASP.NET Core Web API 项目

下面构建一个 Web 服务，这个 Web 服务提供了一种方式，从而使用 ASP.NET Core 处理 Northwind 示例数据库中的数据，并且使数据可以供任何平台上的任何客户端应用程序使用，既可以发出 HTTP 请求，也可以接收 HTTP 响应。

(1) 使用喜欢的代码编辑器添加一个新项目，如下所示。

- 项目模板：ASP.NET Core Web API / webapi
- 工作区/解决方案文件和文件夹：PracticalApps
- 项目文件和文件夹：Northwind.WebApi
- 其他 Visual Studio 选项：Authentication Type:None，Configure for HTTPS:selected，Enable Docker:cleared，Enable OpenAPI support:selected。

(2) 在 Visual Studio Code 中，选择 Northwind.WebApi 作为 OmniSharp 的活动项目。

(3) 构建 Northwind.WebApi 项目。

(4) 在 Controllers 文件夹中，打开并查看 WeatherForecastController.cs，代码如下所示：

```
using Microsoft.AspNetCore.Mvc;

namespace Northwind.WebApi.Controllers;

[ApiController]
[Route("[controller]")]
public class WeatherForecastController : ControllerBase
{
  private static readonly string[] Summaries = new[]
  {
    "Freezing", "Bracing", "Chilly", "Cool", "Mild",
    "Warm", "Balmy", "Hot", "Sweltering", "Scorching"
  };

  private readonly ILogger<WeatherForecastController> _logger;

  public WeatherForecastController(
      ILogger<WeatherForecastController> logger)
  {
      _logger = logger;
  }
```

```
    [HttpGet]
    public IEnumerable<WeatherForecast> Get()
    {
      return Enumerable.Range(1, 5).Select(index =>
        new WeatherForecast
        {
          Date = DateTime.Now.AddDays(index),
          TemperatureC = Random.Shared.Next(-20, 55),
          Summary = Summaries[Random.Shared.Next(Summaries.Length)]
        })
        .ToArray();
    }
}
```

在回顾上述代码时，请注意以下事项：

- 这里的 Controller 类继承自 ControllerBase 类。这相比 MVC 中使用的 Controller 类更简单，因为它没有像 View 这样的方法(通过将视图模型传递给 Razor 文件来生成 HTML 响应)。
- [Route]特性用来注册/weatherforecast 相对 URL，以便客户端使用该 URL 发出 HTTP 请求，这些 HTTP 请求将由控制器处理。例如，控制器将处理针对 https://localhost:5001/weatherforecast/的 HTTP 请求。一些开发人员喜欢在控制器名称的前面加上 api/，这是在混合项目中区分 MVC 和 Web API 的一种约定。如果使用[controller]，我们将在类名中使用 Controller 之前的字符，在本例中是 WeatherForecast。也可以简单地输入没有括号的不同名称，例如[Route("api/forecast")]。
- ASP.NET Core 2.1 引入了[ApiController]特性，以支持特定于 REST 的控制器行为，比如针对无效模型的自动 HTTP 400 响应。
- [HttpGet]特性用来在 Controller 类中注册 Get 方法以响应 HTTP Get 请求，可使用 Random 对象返回一个 WeatherForecast 数组，其中包含随机温度和总结信息，例如用于未来五天天气的 Bracing或 Balmy。

(5) 添加另一个 Get 方法，以指定预报应该提前多少天，具体操作如下：

- 在原有 Get 方法的上方添加注释，以显示响应的 GET 和 URL 路径。
- 添加一个带有整型参数 days 的新方法。
- 剪切原有 Get 方法的实现代码并粘贴到新的 Get 方法中。
- 修改新的 Get 方法，创建 Ienumerable 接口，其中包含要求的天数，然后修改原来的 Get 方法，在其中调用新的 Get 方法并传递值 5。

代码如下所示：

```
// GET /weatherforecast
[HttpGet]
public IEnumerable<WeatherForecast> Get() // original method
{
   return Get(5); // five day forecast
}

// GET /weatherforecast/7
[HttpGet("{days:int}")]
public IEnumerable<WeatherForecast> Get(int days) // new method
{
```

```
  return Enumerable.Range(1, days).Select(index =>
    new WeatherForecast
    {
      Date = DateTime.Now.AddDays(index),
      TemperatureC = Random.Shared.Next(-20, 55),
      Summary = Summaries[Random.Shared.Next(Summaries.Length)]
    })
    .ToArray();
}
```

请注意在[HttpGet]特性中，路由的格式模式{days:int}已将 days 参数约束为 int 值。

16.1.4 检查 Web 服务的功能

下面测试 Web 服务的功能。

(1) 如果使用的是 Visual Studio，在 Properties 中，打开 launchSettings.json 文件。注意，默认情况下，它会启动浏览器并导航到/swagger 相对 URL 路径，如下所示：

```
"profiles": {
  "Northwind.WebApi": {
    "commandName": "Project",
    "dotnetRunMessages": "true",
    "launchBrowser": true,
    "launchUrl": "swagger",
    "applicationUrl": "https://localhost:5001;http://localhost:5000",
    "environmentVariables": {
      "ASPNETCORE_ENVIRONMENT": "Development"
  }
},
```

(2) 修改名为 Northwind.WebApi 的配置文件，将 launchBrowser 设置为 false。

(3) 对于 applicationUrl，将 HTTP 和 HTTPS 的随机端口号更改为 5001。

(4) 启动 Web 服务项目。

(5) 启动 Chrome。

(6) 导航到 https://localhost:5001/，注意会得到 404 状态代码响应。因为没有启用静态文件，所以既没有 index.html，也没有配置了路由的 MVC 控制器。请记住，这个项目不是为人类查看和交互而设计的，所以这是 Web 服务的预期行为。

更多信息

GitHub 上的解决方案配置为使用端口 5002，因为本书的后面将更改它的配置。

(7) 在 Chrome 浏览器中显示 Developer tools。

(8) 导航到 https://localhost:5001/weatherforecast，注意 Web API 服务应该返回一个 JSON 文档，其中包含 5 个随机天气预报对象，如图 16.1 所示。

(9) 关闭 Developer tools。

(10) 导航到 https:/localhost:5001/weatherforecast/14，注意请求两周天气预报时的响应，如图 16.2 所示。

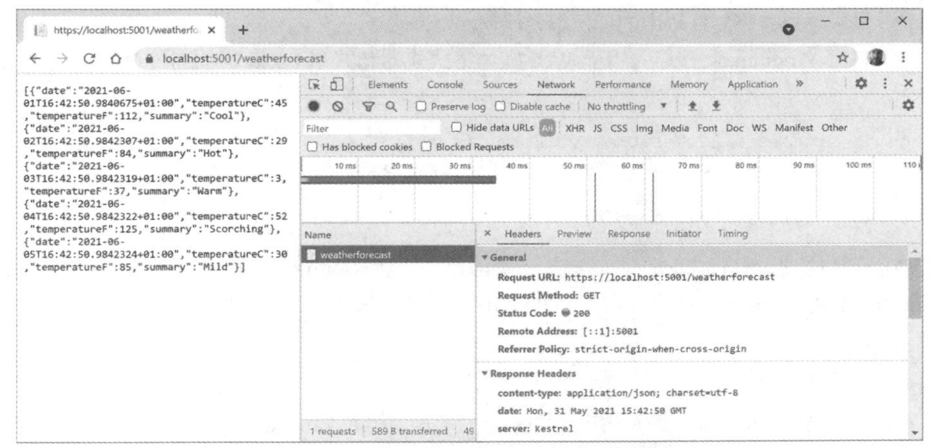

图 16.1　来自天气预报 Web 服务的请求和响应

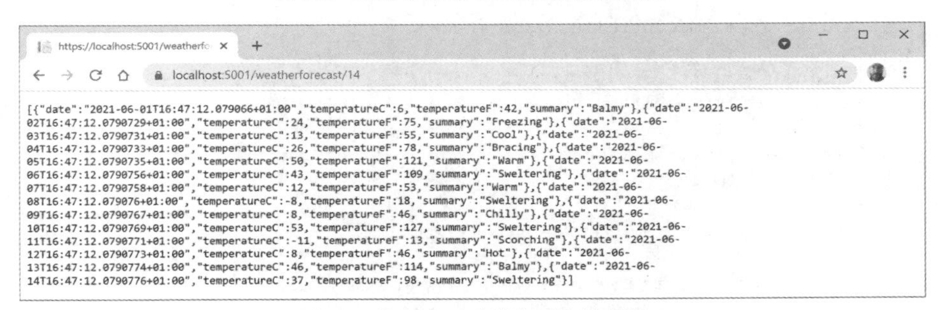

图 16.2　作为 JSON 文档的两周天气预报

(11) 关闭 Chrome 浏览器，然后关闭 Web 服务器。

16.1.5　为 Northwind 示例数据库创建 Web 服务

与 MVC 控制器不同，Web API 控制器并不通过调用 Razor 视图来返回 HTML 响应供人们在浏览器中查看。相反，它们使用内容协商与客户端应用程序，客户端应用程序发出 HTTP 请求，在 HTTP 响应中返回 XML、JSON 或 X-WWW-FORM-URLENCODED 等格式的数据。

然后，客户端应用程序必须从协商的格式中反序列化数据。现代 Web 服务最常用的格式是 JSON，因为在使用 Angular、React 和 Vue 等客户端技术构建单页面应用程序(SPA)时，JSON 非常紧凑，可以与浏览器中的 JavaScript 在本地协同工作。

参考第 13 章为 Northwind 示例数据库创建的 Entity Framework Core 实体数据模型。

(1) 在 Northwind.WebApi 项目中，为 SQLite 或 SQL Server 添加一个对 Northwind.Common.DataContext 项目的引用，如下所示：

```
<ItemGroup>
  <!-- change Sqlite to SqlServer if you prefer -->
  <ProjectReference Include=
"..\Northwind.Common.DataContext.Sqlite\Northwind.Common.DataContext.
Sqlite.csproj" />
</ItemGroup>
```

(2) 生成项目并修复代码中的任何编译错误。

(3) 打开 Program.cs 并导入用于 Web 媒体格式化器和共享 Packt 类的名称空间，代码如下所示：

```
using Microsoft.AspNetCore.Mvc.Formatters;
using Packt.Shared; // AddNorthwindContext extension method

using static System.Console;
```

(4) 在调用 AddControllers 之前添加一个语句来注册 Northwind 数据库上下文类(它是使用 SQLite 还是 SQL Server 取决于在项目文件中引用的数据库提供商)，代码如下所示：

```
// Add services to the container.
builder.Services.AddNorthwindContext();
```

(5) 在对 AddControllers 的调用中，添加一个带有语句的 lambda 块，将默认输出格式化器的名称和支持的媒体类型写入控制台，然后添加用于 XML 序列化的格式化程序，代码如下所示：

```
builder.Services.AddControllers(options =>
{
  WriteLine("Default output formatters:");
  foreach (IOutputFormatter formatter in options.OutputFormatters)
  {
    OutputFormatter? mediaFormatter = formatter as OutputFormatter;
    if (mediaFormatter == null)
    {
      WriteLine($"  {formatter.GetType().Name}");
    }
    else // OutputFormatter class has SupportedMediaTypes
    {
      WriteLine("  {0}, Media types: {1}",
        arg0: mediaFormatter.GetType().Name,
        arg1: string.Join(", ",
          mediaFormatter.SupportedMediaTypes));
    }
  }
})
.AddXmlDataContractSerializerFormatters()
.AddXmlSerializerFormatters();
```

(6) 启动 Web 服务。

(7) 在命令提示符或终端中，注意有四个默认的输出格式化程序，包括将 null 值转换为 204 No Content 的格式化程序以及支持纯文本、字节流和 JSON 响应的格式化程序。

```
Default output formatters:
HttpNoContentOutputFormatter
StringOutputFormatter, Media types: text/plain
StreamOutputFormatter
SystemTextJsonOutputFormatter, Media types: application/json, text/json,
application/*+json
```

(8) 停止 Web 服务器。

16.1.6　为实体创建数据存储库

定义和实现数据存储库以提供 CRUD 操作是很好的实践。CRUD 这个首字母缩略词包括以下操作：

- C 代表创建(Create)
- R 表示检索(Retrieve)或读取(Read)
- U 表示更新(Update)
- D 代表删除(Delete)

下面为 Northwind 示例数据库中的 Customers 表创建数据存储库。Customers 表中只有 91 个客户，因此可在内存中存储整个表的副本，以提高读取客户记录时的可伸缩性和性能。

最佳实践

在真实的 Web 服务中，应该使用分布式缓存，如 Redis(一种开源的数据结构存储，可以用作高性能、高可用的数据库、缓存或消息代理)。

这里将遵循现代的良好实践，使存储库 API 异步化。存储库 API 可使用 Controller 类通过构造函数参数注入技术进行实例化，因此下面创建一个新的 Controller 实例来处理每个 HTTP 请求。

(1) 在 Northwind.WebApi 项目中创建 Repositories 文件夹。

(2) 在指定的 Repositories 文件夹中添加类文件 ICustomerRepository.cs 和 CustomerRepository.cs。

(3) 为 ICustomerRepository 接口定义 5 个方法，如下所示：

```
using Packt.Shared; // Customer

namespace Northwind.WebApi.Repositories;

public interface ICustomerRepository
{
  Task<Customer?> CreateAsync(Customer c);
  Task<IEnumerable<Customer>> RetrieveAllAsync();
  Task<Customer?> RetrieveAsync(string id);
  Task<Customer?> UpdateAsync(string id, Customer c);
  Task<bool?> DeleteAsync(string id);
}
```

(4) 让 CustomerRepository 类实现上面定义的 5 个方法，记住，其中使用 await 的方法必须标记为 async，如下所示：

```
using Microsoft.EntityFrameworkCore.ChangeTracking; // EntityEntry<T>
using Packt.Shared; // Customer
using System.Collections.Concurrent; // ConcurrentDictionary

namespace Northwind.WebApi.Repositories;

public class CustomerRepository : ICustomerRepository
{
  // use a static thread-safe dictionary field to cache the customers
  private static ConcurrentDictionary
    <string, Customer>? customersCache;

  // use an instance data context field because it should not be
```

```
// cached due to their internal caching
private NorthwindContext db;

public CustomerRepository(NorthwindContext injectedContext)
{
  db = injectedContext;
  // pre-load customers from database as a normal
  // Dictionary with CustomerId as the key,
  // then convert to a thread-safe ConcurrentDictionary
  if (customersCache is null)
  {
    customersCache = new ConcurrentDictionary<string, Customer>(
      db.Customers.ToDictionary(c => c.CustomerId));
  }
}

public async Task<Customer?> CreateAsync(Customer c)
{
  // normalize CustomerId into uppercase
  c.CustomerId = c.CustomerId.ToUpper();

  // add to database using EF Core
  EntityEntry<Customer> added = await db.Customers.AddAsync(c);
  int affected = await db.SaveChangesAsync();
  if (affected == 1)
  {
    if (customersCache is null) return c;
    // if the customer is new, add it to cache, else
    // call UpdateCache method
    return customersCache.AddOrUpdate(c.CustomerId, c, UpdateCache);
  }
  else
  {
    return null;
  }
}

public Task<IEnumerable<Customer>> RetrieveAllAsync()
{
  // for performance, get from cache
  return Task.FromResult(customersCache is null
      ? Enumerable.Empty<Customer>() : customersCache.Values);
}

public Task<Customer?> RetrieveAsync(string id)
{
  // for performance, get from cache
  id = id.ToUpper();
  if (customersCache is null) return null!;
  customersCache.TryGetValue(id, out Customer? c);
  return Task.FromResult(c);
}

private Customer UpdateCache(string id, Customer c)
{
  Customer? old;
```

```
    if (customersCache is not null)
    {
      if (customersCache.TryGetValue(id, out old))
      {
        if (customersCache.TryUpdate(id, c, old))
        {
          return c;
        }
      }
    }
    return null!;
  }

  public async Task<Customer?> UpdateAsync(string id, Customer c)
  {
    // normalize customer Id
    id = id.ToUpper();
    c.CustomerId = c.CustomerId.ToUpper();

    // update in database
    db.Customers.Update(c);
    int affected = await db.SaveChangesAsync();
    if (affected == 1)
    {
      // update in cache
      return UpdateCache(id, c);
    }
    return null;
  }

  public async Task<bool?> DeleteAsync(string id)
  {
    id = id.ToUpper();

    // remove from database
    Customer? c = db.Customers.Find(id);
    if (c is null) return null;
    db.Customers.Remove(c);
    int affected = await db.SaveChangesAsync();
    if (affected == 1)
    {
      if (customersCache is null) return null;
      // remove from cache
      return customersCache.TryRemove(id, out c);
    }
    else
    {
      return null;
    }
  }
}
```

16.1.7 实现Web API控制器

对于返回数据(而不是HTML)的控制器来说，有一些有用的属性和方法。

对于 MVC 控制器，像/home/index/这样的路由指出了 Controller 类名和操作方法名，例如 HomeController 类和 Index 操作方法。

对于 Web API 控制器，像/weatherforecast 这样的路由指出了 Controller 类名，例如 WeatherForecastController。为了确定要执行的操作方法，必须将 HTTP 方法(如 GET 和 POST)映射到 Controller 类中的方法。

我们应该使用以下特性装饰 Controller 方法，以指示要响应的 HTTP 方法。

- [HttpGet]和[HttpHead]：响应 HTTP GET 或 HEAD 请求以检索资源，并返回资源及响应报头，或者只返回响应报头。
- [HttpPost]：响应 POST 请求，以创建新资源或执行服务定义的其他操作。
- [HttpPut]和[HttpPatch]：响应 HTTP PUT 或 PATCH 请求，可通过替换来更新现有资源或更新现有资源的某些属性。
- [HttpDelete]：响应 HTTP DELETE 请求以删除资源。
- [HttpOptions]：响应 HTTP OPTIONS 请求。

操作方法的返回类型

操作方法可以返回.NET 类型(如单个字符串值)，返回由类、记录或结构定义的复杂对象，或返回复杂对象的集合。如果注册了合适的序列化器，那么 ASP.NET Core Web API 会自动将它们序列化为 HTTP 请求的 Accept 标头中设置的请求数据格式，例如 JSON。

要对响应进行更多控制，可以使用一些辅助方法，这些辅助方法会返回.NET 类型的 ActionResult 封装器。

如果操作方法可根据输入或其他变量返回不同的类型，那么可以将返回类型声明为 IActionResult。如果操作方法只返回单个类型，但是状态码不同，可将返回类型声明为 ActionResult<T>。

最佳实践

建议使用[ProducesResponseType]特性装饰操作方法，以指示客户端希望在响应中包含的所有已知类型和 HTTP 状态码。然后可以公开这些信息，以记录客户端应该如何与 Web 服务交互。稍后将介绍如何安装代码分析器，以便在不像这样装饰操作方法时发出警告。

例如，根据 id 参数获取产品的操作方法可使用三个特性进行装饰：一个用来指示响应 GET 请求并具有 id 参数，另外两个用来指示当操作成功时以及当客户端提供无效的产品 id 时会发生什么。

```
[HttpGet("{id}")]
[ProducesResponseType(200, Type = typeof(Product))]
[ProducesResponseType(404)]
public IActionResult Get(string id)
```

ControllerBase 类有一些方法，可以方便地返回不同的响应，如表 16.3 所示。

表 16.3　ControllerBase 类的一些方法

方法	说明
Ok	返回 HTTP 200 状态码，其中包含要转换为客户端首选格式(如 JSON 或 XML)的资源。通常用于响应 HTTP GET 请求
CreatedAtRoute	返回 HTTP 201 状态码，其中包含到新资源的路径。通常用于响应 HTTP POST 请求，以创建可以快速执行的资源
Accepted	返回 HTTP 202 状态码，表明请求正在处理但尚未完成。通常用于响应对需要很长时间才能完成的后台进程的请求
NoContentResult	返回 HTTP 204 状态码。通常用于响应 DELETE 或 PUT 请求，以更新现有资源，而响应不需要包含更新后的资源
BadRequest	返回带有可选消息字符串的 HTTP 400 状态码
NotFound	返回能够自动填充 ProblemDetails 主体(需要兼容 2.2 或更高版本)的 HTTP 404 状态码

16.1.8　配置客户存储库和 Web API 控制器

现在，配置存储库以便可以从 Web API 控制器调用。

当 Web 服务启动时，为存储库注册范围确定的依赖服务，然后使用构造函数参数注入技术将其放入新的 Web API 控制器，以便与客户一起工作。

为了展示如何使用路由区分 MVC 和 Web API 控制器，下面对 Customers 控制器使用通用 URL 前缀约定/api。

(1) 打开 Startup.cs 并导入 NorthwindService.Repositories 名称空间。

(2) 在调用 Build 方法之前添加一条语句，该语句将注册 CustomerRepository，以便在运行时作为一个限定范围的依赖项使用，如下所示：

```
builder.Services.AddScoped<ICustomerRepository, CustomerRepository>();
var app = builder.Build();
```

最佳实践

存储库使用的数据库上下文是一个注册为限定范围的依赖项。只能在限定范围的依赖项中使用其他限定范围的依赖项，因此不能将存储库注册为单例。参见以下链接：https://docs.microsoft. com/en-us/dotnet/core/extensions/dependency-injection#scoped

(3) 在 Controllers 文件夹中添加一个名为 CustomersController.cs 的类文件。

(4) 在 CustomersController 类文件中添加语句，定义 Web API 控制器类并与客户一起工作，如下所示：

```
using Microsoft.AspNetCore.Mvc; // [Route], [ApiController],
ControllerBase
using Packt.Shared; // Customer
using Northwind.WebApi.Repositories; // ICustomerRepository

namespace Northwind.WebApi.Controllers;

// base address: api/customers
[Route("api/[controller]")]
```

```
[ApiController]
public class CustomersController : ControllerBase
{
private readonly ICustomerRepository repo;

// constructor injects repository registered in Startup
public CustomersController(ICustomerRepository repo)
{
   this.repo = repo;
}

// GET: api/customers
// GET: api/customers/?country=[country]
// this will always return a list of customers (but it might be empty)
[HttpGet]
[ProducesResponseType(200, Type = typeof(IEnumerable<Customer>))]
public async Task<IEnumerable<Customer>> GetCustomers(string? country)
{
  if (string.IsNullOrWhiteSpace(country))
  {
    return await repo.RetrieveAllAsync();
  }
  else
  {
    return (await repo.RetrieveAllAsync())
      .Where(customer => customer.Country == country);
  }
}

// GET: api/customers/[id]
[HttpGet("{id}", Name = nameof(GetCustomer))] // named route
[ProducesResponseType(200, Type = typeof(Customer))]
[ProducesResponseType(404)]
public async Task<IActionResult> GetCustomer(string id)
{
  Customer? c = await repo.RetrieveAsync(id);
  if (c == null)
  {
    return NotFound(); // 404 Resource not found
  }
  return Ok(c); // 200 OK with customer in body
}

// POST: api/customers
// BODY: Customer (JSON, XML)
[HttpPost]
[ProducesResponseType(201, Type = typeof(Customer))]
[ProducesResponseType(400)]
public async Task<IActionResult> Create([FromBody] Customer c)
{
  if (c == null)
  {
    return BadRequest(); // 400 Bad request
  }

  Customer? addedCustomer = await repo.CreateAsync(c);
```

```
    if (addedCustomer == null)
    {
        return BadRequest("Repository failed to create customer.");
    }
    else
    {
      return CreatedAtRoute( // 201 Created
        routeName: nameof(GetCustomer),
        routeValues: new { id = addedCustomer.CustomerId.ToLower() },
        value: addedCustomer);
    }
  }

  // PUT: api/customers/[id]
  // BODY: Customer (JSON, XML)
  [HttpPut("{id}")]
  [ProducesResponseType(204)]
  [ProducesResponseType(400)]
  [ProducesResponseType(404)]
  public async Task<IActionResult> Update(
    string id, [FromBody] Customer c)
  {
      id = id.ToUpper();
      c.CustomerId = c.CustomerId.ToUpper();

      if (c == null || c.CustomerId != id)
      {
        return BadRequest(); // 400 Bad request
      }

      Customer? existing = await repo.RetrieveAsync(id);
      if (existing == null)
      {
        return NotFound(); // 404 Resource not found
      }

      await repo.UpdateAsync(id, c);

      return new NoContentResult(); // 204 No content
    }

    // DELETE: api/customers/[id]
    [HttpDelete("{id}")]
    [ProducesResponseType(204)]
    [ProducesResponseType(400)]
    [ProducesResponseType(404)]
    public async Task<IActionResult> Delete(string id)
    {
      Customer? existing = await repo.RetrieveAsync(id);
      if (existing == null)
      {
          return NotFound(); // 404 Resource not found
      }

      bool? deleted = await repo.DeleteAsync(id);
```

```
    if (deleted.HasValue && deleted.Value) // short circuit AND
    {
      return new NoContentResult(); // 204 No content
    }
    else
    {
      return BadRequest( // 400 Bad request
        $"Customer {id} was found but failed to delete.");
    }
  }
}
```

在回顾 Web API 控制器类时，请注意以下几点：

- Controller 类注册了一个以 api/开头的路由，并且包含控制器的名称，也就是 api/customers。
- 构造函数使用依赖注入来获得注册的存储库，以与客户一起工作。
- 有 5 个方法可以用来对客户执行 CRUD 操作——两个 GET 方法(所有客户或一个客户)以及 POST(创建)、PUT(更新)和 DELETE 方法各一个。
- GetCustomer 方法可以传递带有国家名的字符串参数。如果丢失，就返回所有客户。如果存在，就用于按国家过滤客户。
- GetCustomer 方法有一个被显式命名为 GetCustomer 的路由，因此可以在插入新客户后使用这个路由生成 URL。
- Create 方法使用[FromBody]特性装饰 customer 参数，从而告诉模型绑定程序使用 HTTP POST 请求体中的值进行填充。
- Create 方法会返回使用了 GetCustomer 路由的响应，以便客户知道如何在将来获得新创建的资源。我们正在匹配两个方法以创建并获得客户。
- Create 和 Update 方法检查在 HTTP 请求体中传递的客户的模型状态，如果无效，就返回包含模型验证错误细节的 400 Bad Request。因为这个控制器被装饰了[ApiController]，它自动实现了这一点。

当服务接收到 HTTP 请求时，就创建控制器类的实例，调用适当的操作方法，以客户端首选的格式返回响应，并释放控制器使用的资源，包括存储库及数据上下文。

16.1.9 指定问题的细节

微软在 ASP.NET Core 2.1 及后续版本中添加的功能是用于指定问题细节的 Web 标准的实现。

在与 ASP.NET Core 2.2 或其更高版本兼容的项目中，在使用[APIController]特性装饰的 Web API 控制器中，操作方法返回 IActionResult，而 IActionResult 返回客户端状态码，因而操作方法会自动在响应体中包含 ProblemDetails 类的序列化实例。

如果想获得控制权，那么可以创建 ProblemDetails 实例并包含其他信息。

下面模拟糟糕的请求，需要把自定义数据返回给客户端。

(1) 在 Delete 方法的顶部添加语句，检查 id 是否与字符串"bad"匹配。如果匹配，就返回自定义的 ProblemDetails 对象。

```
// take control of problem details
if (id == "bad")
{
  ProblemDetails problemDetails = new()
```

```
    {
      Status = StatusCodes.Status400BadRequest,
      Type = "https://localhost:5001/customers/failed-to-delete",
      Title = $"Customer ID {id} found but failed to delete.",
      Detail = "More details like Company Name, Country and so on.",
      Instance = HttpContext.Request.Path
    };
    return BadRequest(problemDetails); // 400 Bad Request
  }
```

(2) 稍后将测试此功能。

16.1.10　控制 XML 序列化

在 Program.cs 文件中添加了 XmlSerializer，以便 Web API 服务可以在客户端请求时返回 XML 和 JSON。

然而，XmlSerializer 不能序列化接口，实体类需要使用 ICollection<T>来定义相关的子实体；否则，这将导致在运行时对 Customer 类及其 Orders 属性发出警告，如下所示：

```
warn: Microsoft.AspNetCore.Mvc.Formatters.XmlSerializerOutputFormatter[1]
An error occurred while trying to create an XmlSerializer for the type 'Packt.
Shared.Customer'.
System.InvalidOperationException: There was an error reflecting type 'Packt.
Shared.Customer'.
---> System.InvalidOperationException: Cannot serialize member 'Packt.
Shared.Customer.Orders' of type
'System.Collections.Generic.ICollection`1[[Packt.
Shared.Order, Northwind.Common.EntityModels, Version=1.0.0.0, Culture=neutral,
PublicKeyToken=null]]', see inner exception for more details.
```

要将 Customer 序列化为 XML，可以通过排除 Orders 属性来阻止上述警告。

(1) 在 Northwind.Common.EntityModels.Sqlite 和 Northwind.Common.EntityModels.SqlServer 项目中，打开 Customers.cs 类文件。

(2) 导入 System.Xml.Serialization 名称空间，以便使用[XmlIgnore]特性。

(3) 使用[XmlIgnore]特性装饰 Orders 属性，以便在序列化时排除该属性，如下所示：

```
[InverseProperty(nameof(Order.Customer))]
[XmlIgnore]
public virtual ICollection<Order> Orders { get; set; }
```

(4) 在 Northwind.Common.EntityModels.SqlServer 项目的 Customers.cs 中，也用[XmlIgnore]装饰 CustomerTypes 属性。

16.2　解释和测试 Web 服务

通过让浏览器发出 HTTP GET 请求，就可以轻松地测试 Web 服务。为了测试其他 HTTP 方法，需要使用更高级的工具。

16.2.1 使用浏览器测试 GET 请求

下面使用 Chrome 浏览器测试 GET 请求的三种实现，分别针对所有客户、特定国家的客户以及使用唯一客户 ID 的单个客户。

(1) 启动 Northwind.WebApi Web 服务。

(2) 启动 Chrome 浏览器。

(3) 导航到 https://localhost:5001/api/customers，注意返回的 JSON 文档，其中包含 Northwind 示例数据库中的所有 91 个客户(未排序)，如图 16.3 所示。

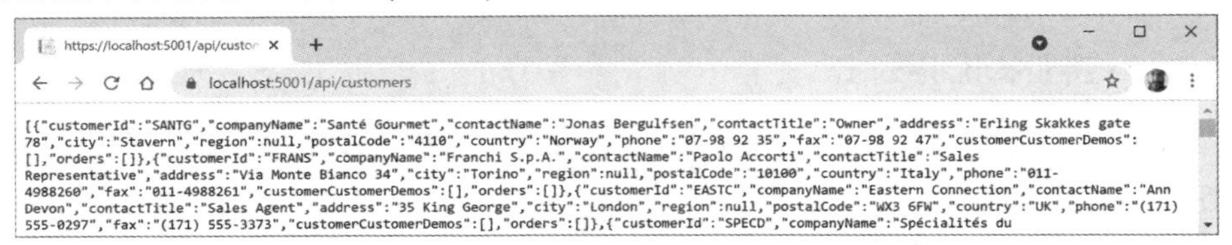

图 16.3 来自 Northwind 示例数据库的客户作为 JSON 文档

(4) 导航到 https://localhost:5001/api/customers/?country=Germany，并注意返回的 JSON 文档，其中只包含德国的客户，如图 16.4 所示。

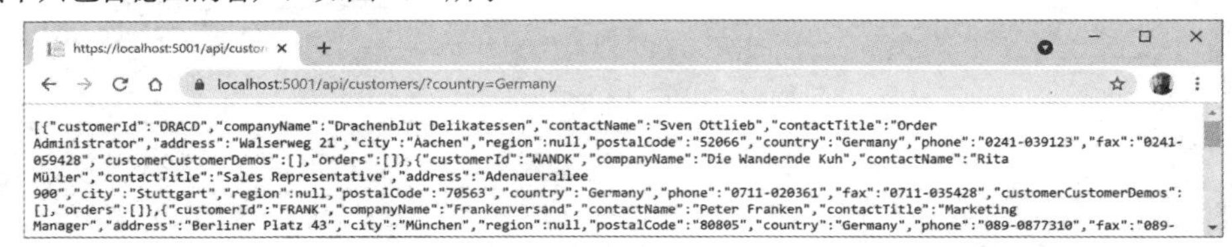

图 16.4 来自德国的客户作为 JSON 文档

更多信息

如果返回的是空数组，那么应确保使用正确的大小写输入国家名，因为数据库查询是区分大小写的。例如，比较 uk 和 UK 的结果。

(5) 导航到 https://localhost:5001/api/customs/alfki，注意返回的 JSON 文档只包含名为 Alfreds Futterkiste 的客户，如图 16.5 所示。

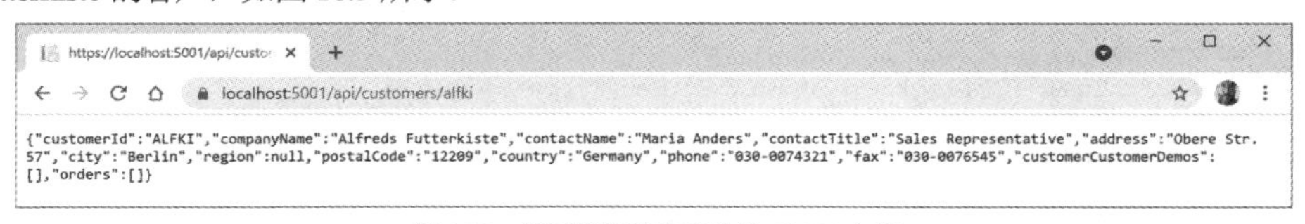

图 16.5 返回指定的客户作为 JSON 文档

与国家名不同，不必担心客户 id 值的大小写，因为在控制器类的代码中已将字符串规范化为大写形式。

但是，如何测试其他 HTTP 方法，比如 POST、PUT 和 DELETE 方法呢？如何记录 Web 服务，使任何人都容易理解如何与之交互？

为了解决第一个问题，可以安装名为 REST Client 的 Visual Studio Code 扩展。为了解决第二个问题，可以启用 Swagger，这是世界上最流行的记录和测试 HTTP API 的技术。下面首先来看看 Visual Studio Code 扩展都有哪些功能。

更多信息

有许多测试 Web API 的工具，如 Postman。虽然 Postman 很流行，但我更喜欢 REST Client，因为它不隐藏实际上发生了什么。我觉得 Postman 使用了过多图形用户界面。但鼓励你探索不同的工具，并找到适合自己的工具。有关 Postman 的详情，请浏览 https://www.postman.com/。

16.2.2　使用 REST Client 扩展测试 HTTP 请求

REST Client 是一个扩展，它允许你发送任何类型的 HTTP 请求，并在 Visual Studio Code 中查看响应。即使更喜欢使用 Visual Studio 作为代码编辑器，安装 Visual Studio Code 来使用像 REST Client 这样的扩展也是很有用的。

1. 使用 REST Client 发出 GET 请求

首先创建一个用于测试 GET 请求的文件。

(1) 如果还没有安装由 Huachao Mao 提供的 REST Client(humao.rest-client)，那么现在就请安装。

(2) 在喜欢的代码编辑器中，启动 Northwind.WebApi 项目 Web 服务。

(3) 在 Visual Studio Code 中，在 PracticalApps 文件夹中创建 RestClientTests 文件夹，然后打开该文件夹。

(4) 在 RestClientTests 文件夹中，创建一个名为 get-customers.http 的文件，并修改其内容以包含一个 HTTP GET 请求，来检索所有客户，代码如下所示：

```
GET https://localhost:5001/api/customers/ HTTP/1.1
```

(5) 在 Visual Studio Code 中，导航到 View | Command Palette，输入 rest client，选择 Rest Client: Send Request 命令，然后按回车键，如图 16.6 所示。

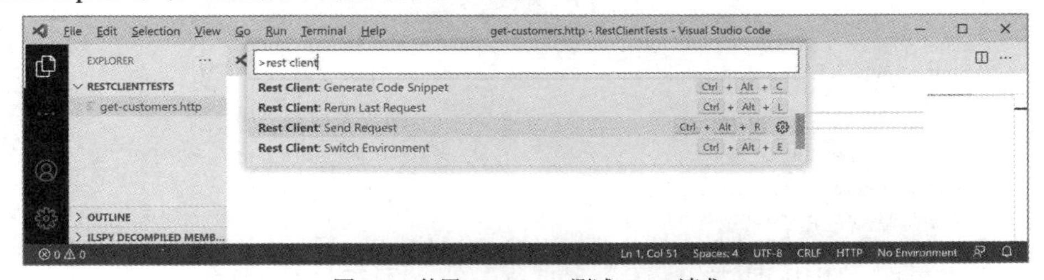

图 16.6　使用 Rest Client 测试 HTTP 请求

(6) 注意，响应现在垂直地显示在一个新的选项卡中，可通过拖放选项卡，将打开的选项卡重新设置为水平显示。

(7) 输入更多的 HTTP GET 请求，将每个 HTTP GET 请求用###符号分隔，以获取不同国家的客户，使用客户的 ID 获取客户，如下所示：

```
###
GET https://localhost:5001/api/customers/?country=Germany HTTP/1.1
###
```

```
GET https://localhost:5001/api/customers/?country=USA HTTP/1.1
Accept: application/xml
###
GET https://localhost:5001/api/customers/ALFKI HTTP/1.1
###
GET https://localhost:5001/api/customers/abcxy HTTP/1.1
```

(8) 单击每个请求上方的 Send Request 链接发送请求；例如，GET 有一个请求头以 XML(而不是 JSON)的形式请求美国的客户，如图 16.7 所示。

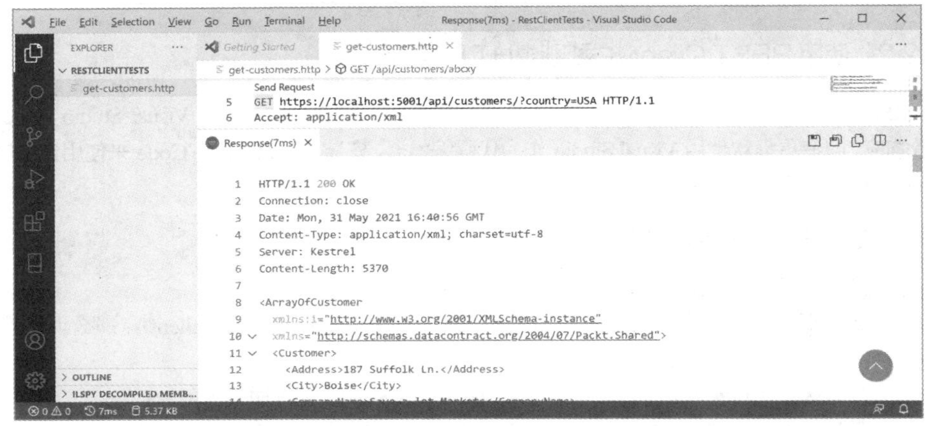

图 16.7　使用 REST Client 发送 XML 请求并获得响应

2. 使用 REST Client 发出其他请求

接下来，创建一个文件来测试其他请求，如 POST。

(1) 在 RestClientTests 文件夹中，创建一个名为 create-customer.http 的文件，修改它的内容，定义一个 POST 请求来创建新客户，注意输入常见的 HTTP 请求时，REST Client 将提供智能感知功能，代码如下所示：

```
POST https://localhost:5001/api/customers/ HTTP/1.1
Content-Type: application/json
Content-Length: 301

{
  "customerID": "ABCXY",
  "companyName": "ABC Corp",
  "contactName": "John Smith",
  "contactTitle": "Sir",
  "address": "Main Street",
  "city": "New York",
  "region": "NY",
  "postalCode": "90210",
  "country": "USA",
  "phone": "(123) 555-1234",
  "fax": null,
  "orders": null
}
```

(2) 由于在不同的操作系统中有不同的行结束符，因此在 Windows、macOS 或 Linux 中，

Content-Length 头的值是不同的。如果该值是错误的，那么请求将失败。要发现正确的内容长度，请选择请求的主体，然后在状态栏中查看字符数，如图 16.8 所示。

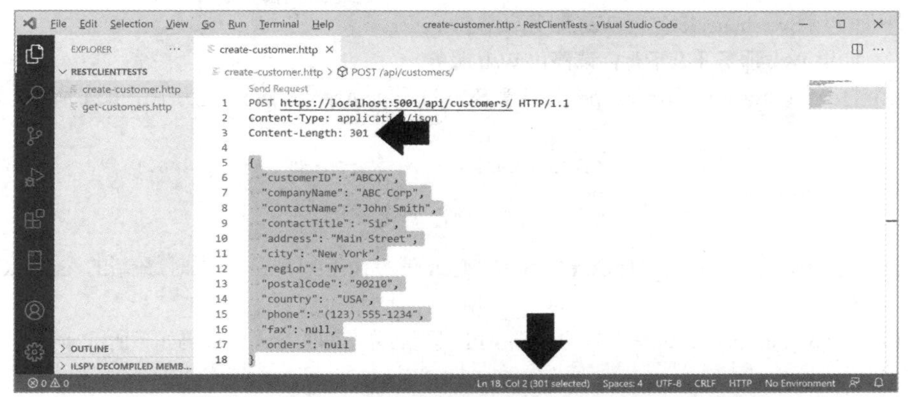

图 16.8　检查正确的内容长度

(3) 发送请求，并注意响应是 201 Created。还要注意，新创建客户的位置(即 URL)是 https://localhost:5001/api/customers/abcxy，并在响应体中包含新创建的客户，如图 16.9 所示。

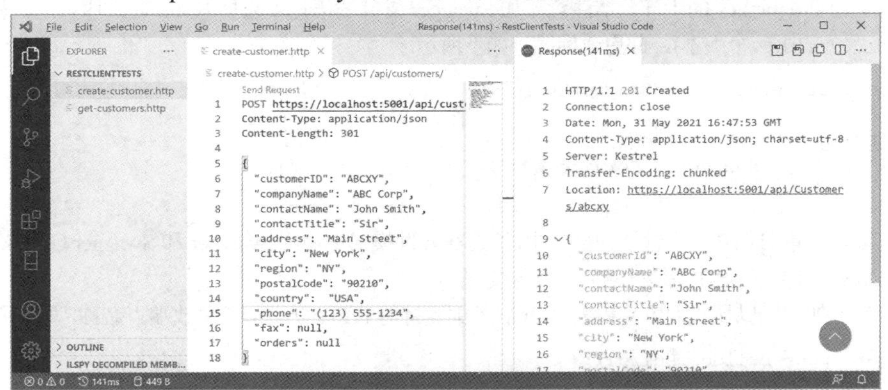

图 16.9　添加一个新客户

这里把创建 REST Client 文件的任务留作可选的挑战，即创建 REST Client 文件，测试更新客户(使用 PUT)和删除客户(使用 DELETE)的功能。在存在的客户和不存在的客户身上尝试它们。解决方案在本书的 GitHub 库中。

前面介绍了一种快速、简单的方法来测试服务，这正是学习 HTTP 的好方法。对于外部开发人员，我们希望他们在学习时尽可能容易，然后调用服务。为此，我们需要启用 Swagger。

16.2.3　启用 Swagger

Swagger 最重要的部分是 OpenAPI 规范，OpenAPI 规范为 API 定义了 REST 样式的契约，并以人和机器可读的格式详细描述所有资源和操作，从而便于开发、发现和集成。

开发人员可以为 Web API 使用 OpenAPI 规范，以他们喜欢的语言或库自动生成强类型的客户端代码。

对于我们来说，另一个有用的特性是 Swagger UI，Swagger UI 能自动为带有内置的可视化测试功能的 API 生成文档。

下面使用 Swashbuckle 包为 Web 服务启用 Swagger。

(1) 如果 Web 服务正在运行，请停止 Web 服务。

(2) 打开 Northwind.WebApi.csproj，注意 Swashbuckle.AspNetCore 的包引用，如下所示：

```
<ItemGroup>
  <PackageReference Include="Swashbuckle.AspNetCore" Version="6.1.5" />
</ItemGroup>
```

(3) 更新 Swashbuckle.AspNetCore 的版本。例如，在 2021 年 9 月撰写本书时，最新的 AspNetCore 包是 6.2.1。

(4) 在 Program.cs 中，注意微软的 OpenAPI 模型名称空间的导入，代码如下所示：

```
using Microsoft.OpenApi.Models;
```

(5) 导入 Swashbuckle 包的 Swagger 和 SwaggerUI 名称空间，如下所示：

```
using Swashbuckle.AspNetCore.SwaggerUI; // SubmitMethod
```

(6) 在 Program.cs 的中部，请注意添加 Swagger 支持的语句，包括 Northwind 服务的文档(表明这是服务的第一个版本)，并更改标题，如下所示：

```
builder.Services.AddSwaggerGen(c =>
{
c.SwaggerDoc("v1", new()
{ Title = "Northwind Service API", Version = "v1" });
});
```

(7) 在配置 HTTP 请求管道的部分中，注意在开发模式下使用 Swagger 和 Swagger UI 的语句，并为 OpenAPI 规范 JSON 文档定义一个端点。

(8) 添加代码以显式列出希望在 Web 服务中支持的 HTTP 方法，并更改端点名称，如下所示：

```
var app = builder.Build();

// Configure the HTTP request pipeline.
if (builder.Environment.IsDevelopment())
{
   app.UseSwagger();
   app.UseSwaggerUI(c =>
    {
       c.SwaggerEndpoint("/swagger/v1/swagger.json",
         "Northwind Service API Version 1");
       c.SupportedSubmitMethods(new[] {
         SubmitMethod.Get, SubmitMethod.Post,
         SubmitMethod.Put, SubmitMethod.Delete });
  });
}
```

16.2.4 使用 Swagger UI 测试请求

下面使用 Swagger UI 测试 HTTP 请求。

(1) 启动 Web 服务 NorthwindService。

(2) 在 Chrome 浏览器中导航到 https://localhost:5001/swagger/，注意已发现和记录的 Web API 控制器 Customers 和 WeatherForecast 以及 API 使用的模式。

(3) 单击 GET/api/Customers/{id}，展开该端点，并注意客户 id 所需的参数，如图 16.10 所示。

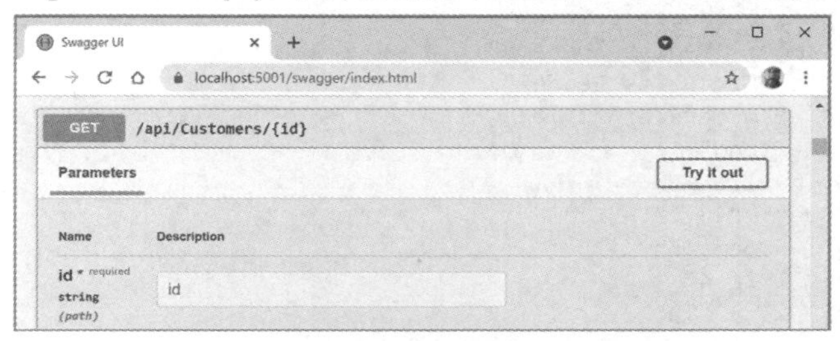

图 16.10　在 Swagger 中检查 GET 请求的参数

(4) 单击 Try it out 按钮，输入 ALFKI 作为 id，然后单击 Execute 按钮，如图 16.11 所示。

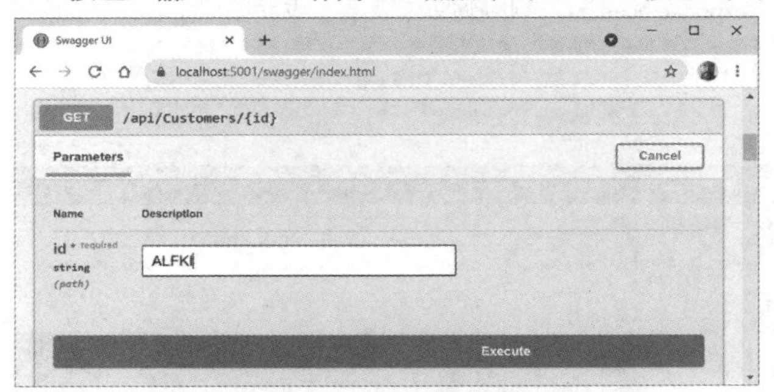

图 16.11　在单击 Execute 按钮之前输入客户 id

(5) 向下滚动，观察 Request URL、Server response 和 Code 信息，Details 部分包括 Response body 和 Response headers，如图 16.12 所示。

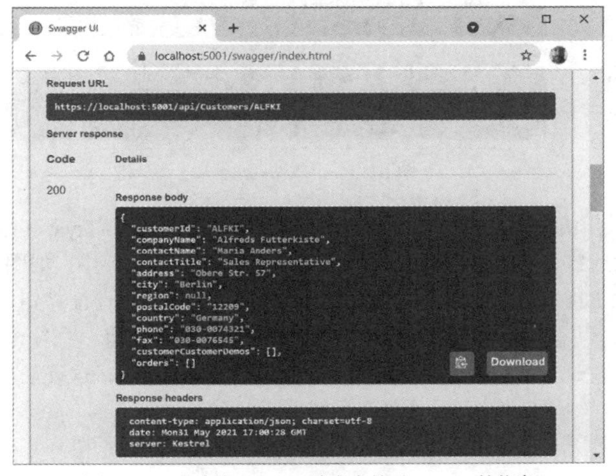

图 16.12　成功的 Swagger 请求中关于 ALFKI 的信息

(6) 回滚到顶部，单击POST /api/Customers，展开该端点，然后单击Try it out按钮。

(7) 在Request body文本框内单击，修改JSON，定义如下新的客户：

```
{
  "customerID": "SUPER",
  "companyName": "Super Company",
  "contactName": "Rasmus Ibensen",
  "contactTitle": "Sales Leader",
  "address": "Rotterslef 23",
  "city": "Billund",
  "region": null,
  "postalCode": "4371",
  "country": "Denmark",
  "phone": "31 21 43 21",
  "fax": "31 21 43 22"
}
```

(8) 单击Execute按钮，观察Request URL、Server response和Code信息，Details部分包括Response body和Response headers，响应码201表示已成功创建了客户。如图16.13所示。

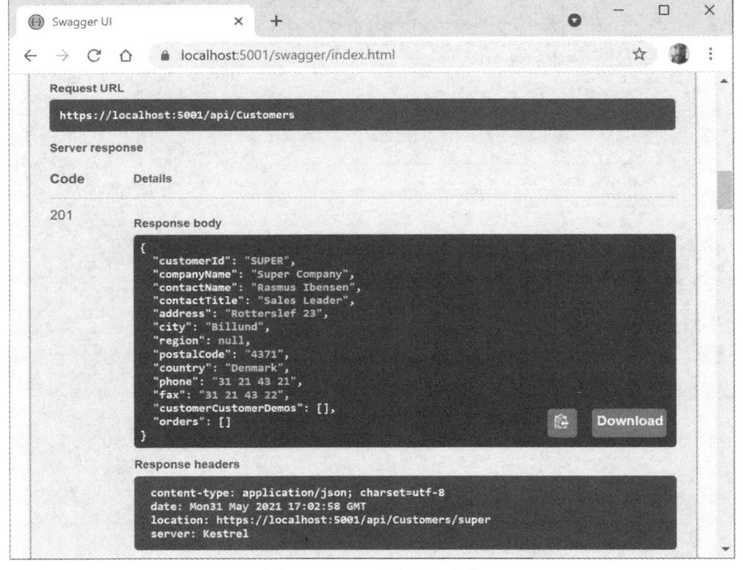

图16.13　已成功创建客户

(9) 向上滚动到顶部，单击GET /api/Customers，展开该端点，单击Try it out按钮，输入Denmark作为国家参数，然后单击Execute按钮，确认新客户已添加到数据库中，如图16.14所示。

(10) 单击DELETE /api/Customers/{id}，展开该端点，单击Try it out按钮，输入super作为id，单击Execute按钮，注意服务器返回的响应码为204，表示删除成功，如图16.15所示。

(11) 再次单击Execute按钮，注意服务器返回的响应码是404，这表示客户不存在，响应体中包含了关于问题详细信息的JSON文件，如图16.16所示。

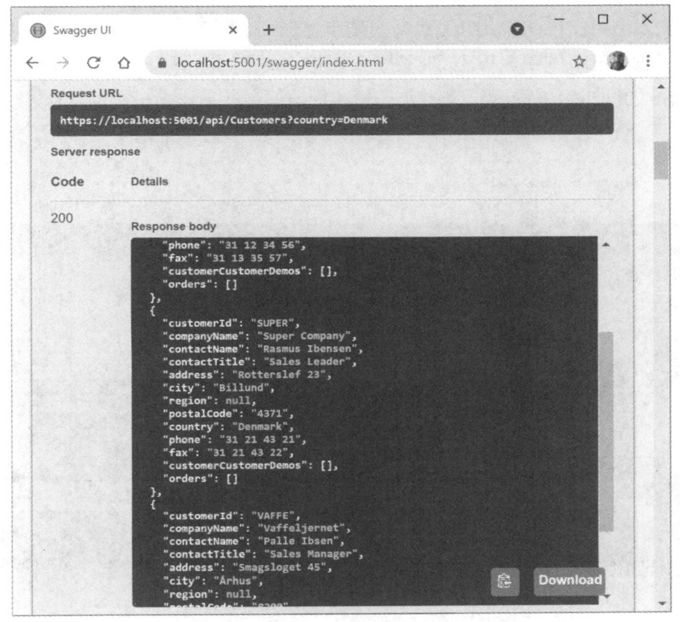

图 16.14　确认新客户已添加到数据库中

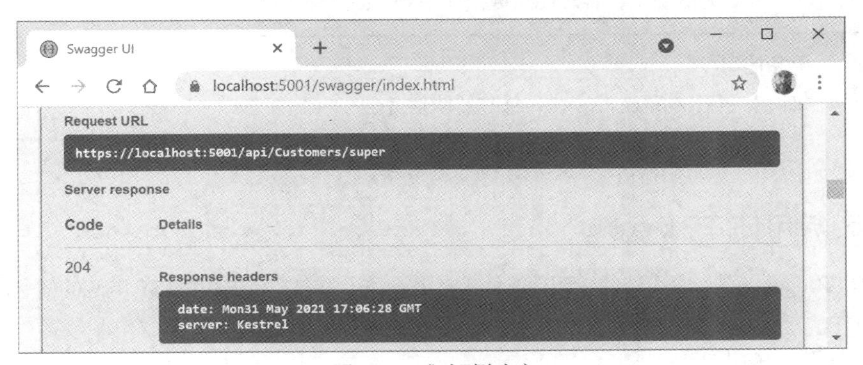

图 16.15　成功删除客户

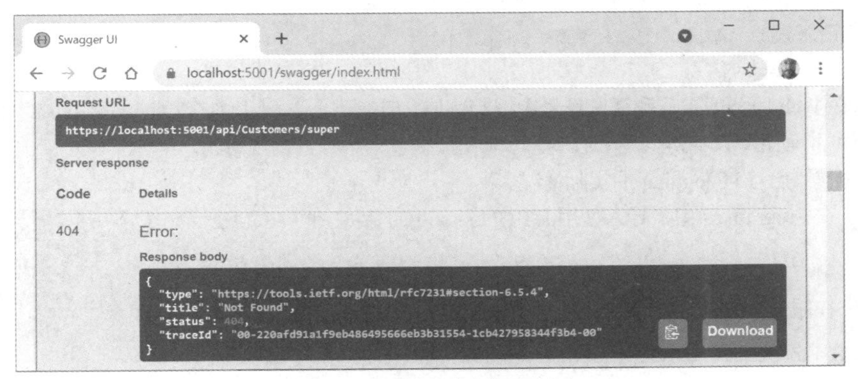

图 16.16　已删除的客户将不再存在

(12) 为 id 输入 bad，再次单击 Execute 按钮，注意服务器返回的响应码是 400，这表明客户确实存在，未能删除(在本例中，Web 服务用来模拟这种错误)，响应体中包含了用来定制问题细节的 JSON 文档，如图 16.17 所示。

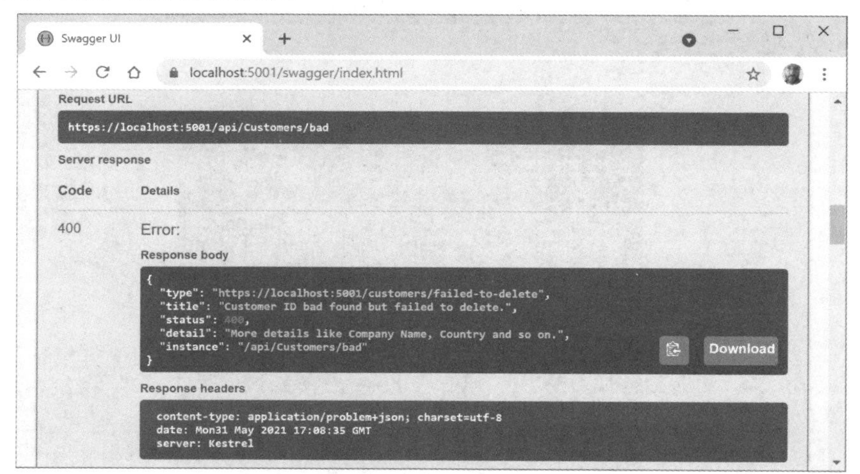

图 16.17　客户确实存在，未能删除

(13) 使用 GET 方法确认新客户已从数据库中删除(之前在丹麦只有两个客户)。

更多信息

把使用 PUT 测试现有客户的操作留给读者。

(14) 关闭 Chrome 浏览器，然后关闭 Web 服务器。

16.2.5 启用 HTTP logging

HTTP logging 是一个可选的中间件组件，它记录关于 HTTP 请求和 HTTP 响应的信息，包括以下内容：

- HTTP 请求信息
- 请求头
- 请求体
- HTTP 响应信息

这在 Web 服务的审计和调试场景中很有价值，但是要小心，因为它可能会对性能产生负面影响。还可能记录个人身份信息(PII)，这可能在某些管辖区导致合规问题。

下面看看 HTTP logging 的实际情况。

(1) 在 Program.cs 中，导入使用 HTTP logging 的名称空间，如下所示：

```
using Microsoft.AspNetCore.HttpLogging; // HttpLoggingFields
```

(2) 在服务配置部分，添加一条语句来配置 HTTP logging，代码如下所示：

```
builder.Services.AddHttpLogging(options =>
{
```

```
  options.LoggingFields = HttpLoggingFields.All;
  options.RequestBodyLogLimit = 4096; // default is 32k
  options.ResponseBodyLogLimit = 4096; // default is 32k
});
```

(3) 在 HTTP 管道配置部分，添加一条语句，在调用使用路由之前添加 HTTP logging，代码如下所示：

```
app.UseHttpLogging();
```

(4) 启动 Northwind.WebApi Web 服务。

(5) 启动 Chrome。

(6) 导航到 https://localhost:5001/api/customers.。

(7) 在命令提示符或终端中，注意请求和响应已被记录，如下所示：

```
info: Microsoft.AspNetCore.HttpLogging.HttpLoggingMiddleware[1]
 Request:
 Protocol: HTTP/1.1
 Method: GET
 Scheme: https
 PathBase:
 Path: /api/customers
 QueryString:
 Connection: keep-alive
 Accept: */*
 Accept-Encoding: gzip, deflate, br
 Host: localhost:5001

info: Microsoft.AspNetCore.HttpLogging.HttpLoggingMiddleware[2]
 Response:
 StatusCode: 200
 Content-Type: application/json; charset=utf-8
 ...
 Transfer-Encoding: chunked
```

(8) 关闭 Chrome 浏览器，然后关闭 Web 服务器。

现在可以构建使用 Web 服务的应用程序了。

16.3 使用 HTTP 客户端消费 Web 服务

构建并测试 Northwind 服务后，下面学习如何使用 HttpClient 类从任何.NET 应用程序中调用 Northwind 服务。

16.3.1 了解 HttpClient 类

消费 Web 服务的最简单方法是使用 HttpClient 类。然而，大多数人以错误的方式使用 HttpClient 类，因为它实现了 IDisposable，(微软自己的文档显示了它的使用情况)。有关这方面的更多讨论，请参阅 GitHub 知识库中的书籍链接。

通常，如果类型实现了 IDisposable 接口，就应该在 using 语句中引用以确保能尽快被释放。但 HttpClient 类是不同的，因为它是共享的、可重入的，并且部分是线程安全的。

这个问题与如何管理底层网络套接字有关。底线是，应该为应用程序生命周期中使用的每个 HTTP 端点使用单个实例。这允许每个 HttpClient 实例拥有默认设置，默认设置十分适合处理的端点，同时能够有效地管理底层网络套接字。

16.3.2 使用 HttpClientFactory 配置 HTTP 客户端

微软意识到这个问题，在 ASP.NET Core 2.1 中引入了 HttpClientFactory，以鼓励开发人员进行最佳实践，这正是我们要使用的技术。

下面的示例使用 Northwind MVC 网站作为 Northwind Web API 服务的客户端。因为两者需要在 Web 服务器上同时托管，所以首先需要将它们配置为使用不同的端口号。

- Northwind Web API 服务将继续使用 HTTPS 侦听端口 5002。
- Northwind MVC 将使用 HTTP 侦听端口 5000，使用 HTTPS 侦听端口 5001。

下面配置这些端口。

(1) 在 Northwind.WebApi 项目的 Program.cs 中，向 UseUrls 添加如下扩展方法调用，为 HTTPS 指定端口号 5002：

```
var builder = WebApplication.CreateBuilder(args);

builder.WebHost.UseUrls("https://localhost:5002/");
```

(2) 在 Northwind.Mvc 项目中，打开 Program.cs，并导入使用 HTTP 客户端工厂的名称空间，代码如下所示：

```
using System.Net.Http.Headers; // MediaTypeWithQualityHeaderValue
```

(3)添加一条语句，使指定的客户端使用端口 5000 上的 HTTPS 调用 Northwind Web API 服务，并请求 JSON 作为默认的响应格式，如下所示：

```
builder.Services.AddHttpClient(name: "Northwind.WebApi",
  configureClient: options =>
  {
    options.BaseAddress = new Uri("https://localhost:5002/");
    options.DefaultRequestHeaders.Accept.Add(
    new MediaTypeWithQualityHeaderValue(
      "application/json", 1.0));
  });
```

16.3.3 在控制器中以 JSON 的形式获取客户

下面创建一个 MVC 控制器操作方法，从而创建 HTTP 客户端，为客户发出 GET 请求，并使用.NET 5 在 System.Net.Http.Json 程序集和名称空间中引入的扩展方法来反序列化 JSON 响应。

(1) 打开 Controllers/HomeController.cs 文件，声明如下字段以存储 HTTP 客户端工厂：

```
private readonly IHttpClientFactory clientFactory;
```

(2) 在构造函数中设置如下字段：

```
public HomeController(
  ILogger<HomeController> logger,
  NorthwindContext injectedContext,
  IHttpClientFactory httpClientFactory)
```

```
{
  _logger = logger;
  db = injectedContext;
  clientFactory = httpClientFactory;
}
```

(3) 创建如下新的操作方法以调用 Northwind Web API 服务，获取所有客户并将它们传递给视图：

```
public async Task<IActionResult> Customers(string country)
{
  string uri;

  if (string.IsNullOrEmpty(country))
  {
    ViewData["Title"] = "All Customers Worldwide";
    uri = "api/customers/";
  }
  else
  {
    ViewData["Title"] = $"Customers in {country}";
    uri = $"api/customers/?country={country}";
  }

  HttpClient client = clientFactory.CreateClient(
    name: "Northwind.WebApi");

  HttpRequestMessage request = new(
    method: HttpMethod.Get, requestUri: uri);

  HttpResponseMessage response = await client.SendAsync(request);

  IEnumerable<Customer>? model = await response.Content
    .ReadFromJsonAsync<IEnumerable<Customer>>();

  return View(model);
}
```

(4) 在 Views/Home 文件夹中创建一个名为 Customers.cshtml 的 Razor 文件。

(5) 修改这个 Razor 文件以呈现客户，如下所示：

```
@using Packt.Shared
@model IEnumerable<Customer>
<h2>@ViewData["Title"]</h2>
<table class="table">
  <thead>
    <tr>
      <th>Company Name</th>
      <th>Contact Name</th>
      <th>Address</th>
      <th>Phone</th>
    </tr>
  </thead>
  <tbody>
    @if (Model is not null)
    {
```

```
        @foreach (Customer c in Model)
        {
          <tr>
            <td>
              @Html.DisplayFor(modelItem => c.CompanyName)
            </td>
            <td>
              @Html.DisplayFor(modelItem => c.ContactName)
            </td>
            <td>
              @Html.DisplayFor(modelItem => c.Address)
              @Html.DisplayFor(modelItem => c.City)
              @Html.DisplayFor(modelItem => c.Region)
              @Html.DisplayFor(modelItem => c.Country)
              @Html.DisplayFor(modelItem => c.PostalCode)
            </td>
            <td>
              @Html.DisplayFor(modelItem => c.Phone)
          </td>
        </tr>
      }
    }
    </tbody>
  </table>
```

(6) 打开Views/Home/Index.cshtml，在显示访客人数的代码下方添加如下表单，以允许访问者输入国家名并查看指定国家的客户：

```
<h3>Query customers from a service</h3>
<form asp-action="Customers" method="get">
  <input name="country" placeholder="Enter a country" />
  <input type="submit" />
</form>
```

16.3.4 支持跨源资源共享

CORS (Cross-Origin Resource Sharing，跨源资源共享)是一种基于HTTP头的标准，用于在客户端和服务器处于不同域(源)时保护Web资源。允许服务器指示除了它自己的源之外，还允许从哪个源(由域、方案或端口的组合定义)加载资源。

因为Web服务托管在端口5002上，而MVC网站托管在端口5000和5001上，它们被认为是不同的源，因此资源不能共享。

在服务器上启用CORS，配置Web服务只允许来自MVC网站的请求是有用的。

(1) 在Northwind.WebApi项目中打开Program.cs文件。

(2) 在服务配置部分添加一条语句，来添加对CORS的支持，代码如下所示：

```
builder.Services.AddCors();
```

(3) 在调用UseEndpoints方法之前，向Configure方法添加一条语句以使用CORS，并允许来自任何网站(如Northwind MVC网站，网址为https://localhost:5002)的HTTP GET、POST、PUT和DELETE请求，如下所示：

```
app.UseCors(configurePolicy: options =>
```

```
{
  options.WithMethods("GET", "POST", "PUT", "DELETE");
  options.WithOrigins(
    "https://localhost:5001" // allow requests from the MVC client
  );
});
```

(4) 启动 Northwind.WebApi 项目。确认 Web 服务只侦听 5002 端口，如下所示：

```
info: Microsoft.Hosting.Lifetime[14]
  Now listening on: https://localhost:5002
```

(5) 启动 Northwind.Mvc 项目。确认 Web 服务只侦听 5000 和 5002 端口，如下所示：

```
info: Microsoft.Hosting.Lifetime[14]
  Now listening on: https://localhost:5001
info: Microsoft.Hosting.Lifetime[14]
  Now listening on: http://localhost:5000
```

(6) 启动 Chrome 浏览器。

(7) 在客户表单中输入国家名，如德国、英国或美国，单击 Submit 按钮，注意列出的客户，如图 16.18 所示。

Customers in UK - Northwind.Mv
localhost:5002/Home/Customers?country=UK

Northwind.Mvc　Home　Privacy　　Register　Login

Customers in UK

Company Name	Contact Name	Address	Phone
Seven Seas Imports	Hari Kumar	90 Wadhurst Rd. London UK OX15 4NB	(171) 555-1717
Consolidated Holdings	Elizabeth Brown	Berkeley Gardens 12 Brewery London UK WX1 6LT	(171) 555-2282
North/South	Simon Crowther	South House 300 Queensbridge London UK SW7 1RZ	(171) 555-7733

图 16.18　位于英国的客户

(8) 在浏览器中单击 Back 按钮，清除输入的国家名，单击 Submit 按钮，结果将列出所有客户。

(9) 在命令提示符或终端中，请注意 HttpClient 输出它发出的每个 HTTP 请求和它收到的每个 HTTP 响应，如下所示：

```
info: System.Net.Http.HttpClient.Northwind.WebApi.ClientHandler[100]
  Sending HTTP request GET https://localhost:5002/api/
customers/?country=UK
info: System.Net.Http.HttpClient.Northwind.WebApi.ClientHandler[101]
  Received HTTP response headers after 931.864ms - 200
```

(10) 关闭 Chrome 浏览器，然后关闭 Web 服务器。

前面成功地构建了一个 Web 服务，并从 MVC 网站调用了它。

16.4 为 Web 服务实现高级功能

你已经能够构建并从客户端调用 Web 服务并了解到基本原理，下面来看一些更高级的功能。

16.4.1 实现健康检查 API

有许多付费服务可用来执行站点的可用性测试，其中一些带有更高级的 HTTP 响应分析。

ASP.NET Core 2.2 及后续版本更容易实现详细的网站健康检查。例如，网站可能是活动的，但我们确实准备好了吗？能从数据库中检索数据吗？

下面给 Web 服务添加基本的健康检查功能。

(1) 在 Northwind.WebApi 项目中，添加如下项目引用以启用 Entity Framework Core 数据库健康检查：

```
<PackageReference Include=
  "Microsoft.Extensions.Diagnostics.HealthChecks.EntityFrameworkCore"
  Version="6.0.0" />
```

(2) 构建项目。

(3) 在 Program.cs 中，在服务配置部分的底部，添加一条语句以支持健康检查，包括向 Northwind 数据库上下文添加健康检查支持，如下所示：

```
builder.Services.AddHealthChecks()
  .AddDbContextCheck<NorthwindContext>();
```

更多信息

默认情况下，数据库上下文检查调用 EF Core 的 CanConnectAsync 方法。可以使用 AddDbContextCheck 方法自定义想要执行什么操作。

(4) 在 HTTP 管道配置部分，在调用 MapControllers 之前，添加一条语句以使用基本的健康检查功能，如下所示：

```
app.UseHealthChecks(path: "/howdoyoufeel");
```

(5) 启动 Web 服务。

(6) 启动 Chrome。

(7) 导航到 https://localhost:5001/howdoyoufeel。注意，网站给出的回复是纯文本消息 Healthy。

(8) 在命令提示符或终端，注意执行的 SQL 语句，以测试数据库的健康状况，如下所示：

```
Level: Debug, Event Id: 20100, State: Executing DbCommand [Parameters=[],
CommandType='Text', CommandTimeout='30']
SELECT 1
```

(9) 关闭 Chrome 浏览器，然后关闭 Web 服务器。

16.4.2 实现 Open API 分析器和约定

本章介绍了如何使用特性手动装饰控制器类，从而使 Swagger 能够记录 Web 服务。

在 ASP.NET Core 2.2 或更高版本中，一些 API 分析器可以反映控制器类的情况，这些控制器类已经用[APIController]特性进行了注解以方便自动记录。分析器往往会采用一些 API 约定。

为了使用分析器，项目必须引用 OpenAPI Analyzers，如下所示：

```
<PropertyGroup>
  <TargetFramework>net6.0</TargetFramework>
  <Nullable>enable</Nullable>
  <ImplicitUsings>enable</ImplicitUsings>
  <IncludeOpenAPIAnalyzers>true</IncludeOpenAPIAnalyzers>
</PropertyGroup>
```

安装后，没有做适当装饰的控制器应该会发出警告(绿色的波浪线)，在编译源代码时，控制器也应该会发出警告。例如 WeatherForecastController 类。

然后，自动代码修复可以添加适当的[Produces]和[ProducesResponseType]特性，尽管目前这只在 Visual Studio 中有效。在 Visual Studio Code 中，你会看到分析器认为应该在何处添加特性的警告，但是你必须自行添加它们。

16.4.3 实现临时故障处理

当客户端或网站调用 Web 服务时，客户端和服务器之间的网络问题可能导致与实现代码无关的一些其他问题。即便客户端发出调用后失败了，应用程序也不应该就此放弃。不妨再次尝试，也许问题已经解决了。

为了处理这些临时故障，微软建议使用第三方库 Polly 来实现指数级的自动重试。你只需要定义策略，其他所有事情交给库来处理即可。

更多信息

可通过以下链接来了解关于 Polly 库如何使 Web 服务更可靠的更多信息——https://docs.microsoft.com/en-us/dotnet/architecture/microservices/implement-resilient-applications/implement-http-call-retries-exponential-backoff-polly。

16.4.4 添加 HTTP 安全标头

ASP.NET Core 内置了对常见 HTTP 安全标头(如 HSTS)的支持，但是还有更多的 HTTP 标头需要实现。

添加这些 HTTP 标头的最简单方法是使用中间件。

(1) 在 Northwind.WebApi 项目/文件夹中创建一个名为 SecurityHeadersMiddleware.cs 的类文件，修改其中的语句，如下所示：

```
using Microsoft.Extensions.Primitives; // StringValues

public class SecurityHeaders
{
  private readonly RequestDelegate next;

  public SecurityHeaders(RequestDelegate next)
  {
    this.next = next;
  }

  public Task Invoke(HttpContext context)
```

```
    {
      // add any HTTP response headers you want here
      context.Response.Headers.Add(
        "super-secure", new StringValues("enable"));

      return next(context);
    }
  }
```

(2) 在 Program.cs 的 HTTP 管道配置部分，在调用 UseEndpoints 之前添加一条注册中间件的语句，如下所示：

```
app.UseMiddleware<SecurityHeaders>();
```

(3) 启动 Web 服务。

(4) 启动 Chrome 浏览器。

(5) 显示 Developer Tools 及其 Network 选项卡以记录请求和响应。

(6) 导航到 https://localhost:5001/weatherforecast。

(7) 注意，添加的自定义 HTTP 标头名为 super-secure，如图 16.19 所示。

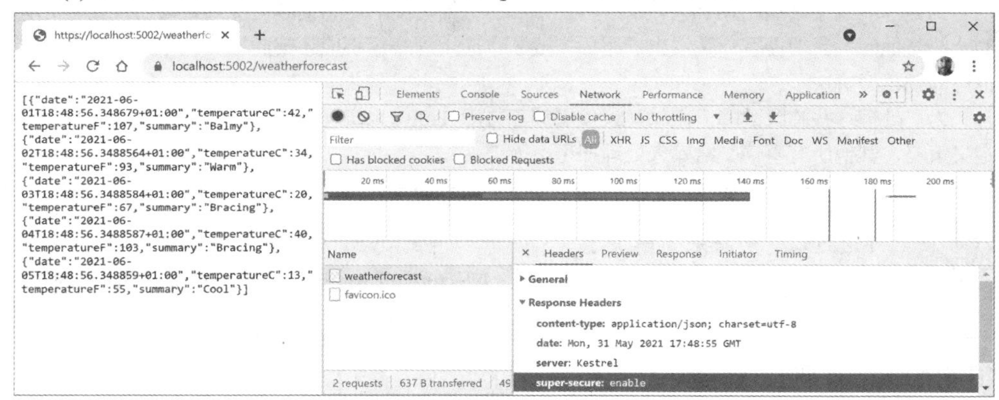

图 16.19　名为 super-secure 的自定义 HTTP 标头

16.5 使用最少的 API 构建 Web 服务

对于.NET 6，微软花费了大量精力为 C# 10 语言添加新特性，并简化了 ASP.NET Core 库，支持使用最少的 API 创建 Web 服务。

你可能还记得在 Web API 项目模板中提供的天气预报服务。它展示了如何使用控制器类和虚假数据返回五天的天气预报。下面使用最少的 API 重新创建天气服务。

首先，天气服务有一个类表示单个天气预报。多个项目都需要使用这个类，所以为它创建一个类库。

(1) 使用喜欢的代码编辑器添加一个新项目，如下所示。

- 项目模板：Class Library / classlib
- 工作区/解决方案文件和文件夹：PracticalApps
- 项目文件和文件夹：Northwind.Common

(2) 将 Class1.cs 改名为 WeatherForecast.cs。

(3) 修改 WeatherForecast.cs，代码如下所示：

```
namespace Northwind.Common
{
  public class WeatherForecast
  {
    public static readonly string[] Summaries = new[]
    {
      "Freezing", "Bracing", "Chilly", "Cool", "Mild",
      "Warm", "Balmy", "Hot", "Sweltering", "Scorching"
    };

    public DateTime Date { get; set; }

    public int TemperatureC { get; set; }

    public int TemperatureF => 32 + (int)(TemperatureC / 0.5556);

    public string? Summary { get; set; }
  }
}
```

16.5.1　使用最少的 API 构建天气服务

现在，将使用最少的 API 重新创建天气服务。它将侦听端口 5003，并启用 CORS 支持，这样请求只能来自 MVC 网站，并且只允许 GET 请求。

(1) 使用喜欢的代码编辑器添加一个新项目，如下所示。

- 项目模板：ASP.NET Core Empty / web
- 工作区/解决方案文件和文件夹：PracticalApps
- 项目文件和文件夹：Minimal.WebApi
- 其他 Visual Studio 选项：Authentication Type:None，Configure for HTTPS:selected，Enable Docker:cleared，Enable OpenAPI supportselected。

(2) 在 Visual Studio Code 中，选择 Minimal.WebApi 作为 OmniSharp 的活动项目。

(3) 在 Minimal.WebApi 项目中，添加一个对 Northwind.Common 项目的引用，如下所示：

```
<ItemGroup>
  <ProjectReference Include="..\Northwind.Common\Northwind.Common.csproj"
/>
</ItemGroup>
```

(4) 建立 Minimal.WebApi 项目。

(5) 修改 Program.cs，代码如下所示：

```
using Northwind.Common; // WeatherForecast

var builder = WebApplication.CreateBuilder(args);

builder.WebHost.UseUrls("https://localhost:5003");

builder.Services.AddCors();
```

```
var app = builder.Build();

// only allow the MVC client and only GET requests
app.UseCors(configurePolicy: options =>
{
  options.WithMethods("GET");
  options.WithOrigins("https://localhost:5001");
});

app.MapGet("/api/weather", () =>
{
  return Enumerable.Range(1, 5).Select(index =>
    new WeatherForecast
    {
      Date = DateTime.Now.AddDays(index),
      TemperatureC = Random.Shared.Next(-20, 55),
      Summary = WeatherForecast.Summaries[
        Random.Shared.Next(WeatherForecast.Summaries.Length)]
    })
  .ToArray();
});

app.Run();
```

最佳实践

对于简单的 Web 服务，避免创建控制器类，而是使用最少的 API 将所有配置和实现放在同一个地方，即 Program.cs。

(6) 在 Properties 中，修改 launchSettings.json 以配置 Minimal.WebApi 配置文件，在 URL 中使用端口 5003 启动浏览器，如以下标记所示：

```
"profiles": {
  "Minimal.WebApi": {
    "commandName": "Project",
    "dotnetRunMessages": "true",
    "launchBrowser": true,
    "applicationUrl": "https://localhost:5003/api/weather",
    "environmentVariables": {
      "ASPNETCORE_ENVIRONMENT": "Development"
    }
```

16.5.2 测试最小天气服务

在为服务创建客户端之前，先测试一下它是否以 JSON 的形式返回预测。

(1) 启动 Web 服务项目。

(2) 如果不使用 Visual Studio 2022，就启动 Chrome 浏览器，并导航到以下链接：https://localhost:5003/api/weather。

(3) 注意，Web API 服务应该返回一个 JSON 文档，其中一个数组包含五个随机天气预报对象。

(4) 关闭 Chrome 浏览器，然后关闭 Web 服务器。

16.5.3 向 Northwind 网站主页添加天气预报

最后，向 Northwind 网站添加一个 HTTP 客户端，这样它就可以调用天气服务，并在主页上显示天气预报。

(1) 在 Northwind.Mvc 项目中，添加一个对 Northwind.Common 项目的引用，如下所示：

```
<ItemGroup>
  <!-- change Sqlite to SqlServer if you prefer -->
  <ProjectReference Include="..\Northwind.Common.DataContext.Sqlite\
Northwind.Common.DataContext.Sqlite.csproj" />
  <ProjectReference Include="..\Northwind.Common\Northwind.Common.csproj"
/>
</ItemGroup>
```

(2) 在 Program.cs 中，添加一条语句，配置 HTTP 客户端调用端口 5003 上的最小服务，代码如下所示：

```
builder.Services.AddHttpClient(name: "Minimal.WebApi",
  configureClient: options =>
  {
    options.BaseAddress = new Uri("https://localhost:5003/");
    options.DefaultRequestHeaders.Accept.Add(
    new MediaTypeWithQualityHeaderValue(
      "application/json", 1.0));
});
```

(3) 在 HomeController.cs 中，导入 Northwind.Common 名称空间。在 Index 方法中，添加语句来获取和使用 HTTP 客户端，以调用天气服务来获取天气预报并将其存储在 ViewData 中，代码如下所示：

```
try
{
  HttpClient client = clientFactory.CreateClient(
    name: "Minimal.WebApi");

  HttpRequestMessage request = new(
    method: HttpMethod.Get, requestUri: "api/weather");

  HttpResponseMessage response = await client.SendAsync(request);

  ViewData["weather"] = await response.Content
    .ReadFromJsonAsync<WeatherForecast[]>();
}
catch (Exception ex)
{
  _logger.LogWarning($"The Minimal.WebApi service is not responding.
Exception: {ex.Message}");
  ViewData["weather"] = Enumerable.Empty<WeatherForecast>().ToArray();
}
```

(4) 在 Views/Home 的 Index.cshtml 中，导入 Northwind.Common 名称空间，然后在顶部的代码块中从 ViewData 字典中获取天气预报，如下所示：

```
@{
  ViewData["Title"] = "Home Page";
```

```
  string currentItem = "";
  WeatherForecast[]? weather = ViewData["weather"] as WeatherForecast[];
}
```

(5) 在第一个<div>中，在呈现当前时间之后，添加标记来枚举天气预报(除非没有天气预报)，并将它们呈现在一个表中，如下所示：

```
<p>
  <h4>Five-Day Weather Forecast</h4>
  @if ((weather is null) || (!weather.Any()))
  {
    <p>No weather forecasts found.</p>
  }
  else
  {
  <table class="table table-info">
    <tr>
      @foreach (WeatherForecast w in weather)
      {
        <td>@w.Date.ToString("ddd d MMM") will be @w.Summary</td>
      }
    </tr>
  </table>
  }
</p>
```

(6) 启动 Minimal.WebApi 服务。

(7) 启动 Northwind.Mvc 网站。

(8) 导航到 https://localhost:5001/，并注意天气预报，如图 16.20 所示。

图 16.20 Northwind 网站首页的五天天气预报

(9) 查看 MVC 网站的命令提示符或终端，并注意消息，指出一个请求在大约 83ms 的时间内发送到 api/weather 端点的最小 API Web 服务，输出如下所示：

```
info: System.Net.Http.HttpClient.Minimal.WebApi.LogicalHandler[100]
      Start processing HTTP request GET https://localhost:5003/api/weather
info: System.Net.Http.HttpClient.Minimal.WebApi.ClientHandler[100]
      Sending HTTP request GET https://localhost:5003/api/weather
info: System.Net.Http.HttpClient.Minimal.WebApi.ClientHandler[101]
      Received HTTP response headers after 76.8963ms - 200
info: System.Net.Http.HttpClient.Minimal.WebApi.LogicalHandler[101]
      End processing HTTP request after 82.9515ms - 200
```

(10) 停止 Minimal.WebApi 服务，刷新浏览器，并注意，几秒钟后 MVC 网站主页出现，没有天气预报。

(11) 关闭 Chrome 浏览器，然后关闭 Web 服务器。

16.6 实践和探索

你可以通过回答一些问题来测试自己对知识的理解程度，进行一些实践，并深入探索本章涵盖的主题。

16.6.1 练习 16.1：测试你掌握的知识

回答以下问题：

(1) 对于 ASP.NET Core Web API 服务，要创建控制器类，应该继承哪个基类？

(2) 为了使用[APIController]特性装饰控制器类以获得默认的行为，比如用于无效模型的自动 400 响应，你必须做些什么？

(3) 如何指定执行哪个控制器操作方法以响应 HTTP 请求？

(4) 调用操作方法时，为了得到期望的响应，你应该做些什么？

(5) 列出三个方法，使得调用它们可以返回具有不同状态码的响应。

(6) 列出测试 Web 服务的四种方法。

(7) 为什么不将 HttpClient 封装到 using 语句中，以便在完成时释放(即使 HttpClient 实现了 IDisposable 接口)？应该怎么做？

(8) CORS 这个缩略词代表什么？在 Web 服务中为什么启用 CORS 很重要？

(9) 如何使用 ASP.NET Core 2.2 及更高版本，使客户端能够检测 Web 服务是否健康？

(10) 端点路由提供了什么好处？

16.6.2 练习 16.2：练习使用 HttpClient 创建和删除客户

扩展 Northwind.Mvc 网站项目，让访问者可通过填写表单来创建新客户或搜索客户，然后删除客户。MVC 控制器应该通过调用 Northwind 服务来创建和删除客户。

16.6.3 练习 16.3：探索主题

可通过以下链接来阅读关于本章所涉及主题的更多细节：

https://github.com/markjprice/cs10dotnet6/blob/main/book-links.md#chapter-16---building-and-consuming-web-services

16.7 本章小结

本章介绍了如何构建 ASP.NET Core Web API 服务，任何平台上的任何应用程序都可以调用这种服务，可以发出 HTTP 请求并处理 HTTP 响应。本章讨论了如何使用 Swagger 测试和记录 Web 服务 API，以及如何有效地消费服务。

下一章将学习如何使用 Blazor 构建用户界面。Blazor 是微软的一项很酷的新组件技术，使开发人员能够使用 C#(而不是 JavaScript)为网站构建客户端、单页面应用程序(SPA)、桌面和移动应用程序的混合应用程序。

第17章 使用 Blazor 构建用户界面

本章介绍如何使用 Blazor 构建用户界面。我们将介绍 Blazor 的不同风格及优缺点，还将学习如何构建 Blazor 组件，以便在 Web 服务器或 Web 浏览器中执行代码。当使用 Blazor 服务器托管模型时，可使用 SignalR 向客户端发送用户界面所需的更新。当使用 Blazor WebAssembly 托管模型时，组件将在客户端执行代码，但必须通过 HTTP 调用来与服务器交互。

本章讨论以下主题：

- 理解 Blazor
- 比较 Blazor 项目模板
- 使用 Blazor Server 构建组件
- 为 Blazor 组件抽象服务
- 使用 Blazor WebAssembly 构建组件
- 改进 Blazor WebAssembly 应用程序

17.1 理解 Blazor

Blazor 允许使用 C#(而不是 JavaScript)来构建共享组件和交互式 Web 用户界面。2019 年 4 月，微软宣布 Blazor“不再是试验性的，我们承诺将其作为一个受支持的 Web UI 框架发布，包括支持在 WebAssembly 上的浏览器中运行客户端。”所有现代浏览器都支持 Blazor。

17.1.1 JavaScript

传统上，任何需要在 Web 浏览器中执行的代码都是使用 JavaScript 编程语言或更高级别的技术编写的，这些技术可以将代码转换或编译成 JavaScript。因为所有的浏览器都已经支持 JavaScript 大约 20 年了，所以 JavaScript 已经成为在客户端实现业务逻辑的最小公分母。

然而，JavaScript 确实有一些问题。尽管它在表面上与 C#和 Java 等 C 风格语言有相似之处，但一旦深入挖掘，就会发现实际上它是非常不同的。它是一种动态类型的伪函数语言，使用原型(而不是类继承)来实现对象重用。它可能看起来像人类，但当你发现它实际上是一只 Skrull 时，会大吃一惊。

如果可以在 Web 浏览器中使用与服务器端相同的语言和库，这不是很好吗?

17.1.2　Silverlight——使用插件的 C#和.NET

微软曾尝试使用名为 Silverlight 的技术来实现这个目标。当 Silverlight 2.0 在 2008 年发布时，C#和.NET 开发人员可以使用它们的技能来构建库和可视化组件，这些库和可视化组件可以通过 Silverlight 插件在浏览器中执行。

微软公司在 2011 年发布了 Silverlight 5.0，苹果公司在 iPhone 上的成功以及史蒂夫 • 乔布斯对 Flash 等浏览器插件的憎恨最终导致微软放弃了 Silverlight。因为和 Flash 一样，Silverlight 也被 iPhone 和 ipad 禁止使用。

17.1.3　WebAssembly——Blazor 的目标

最近浏览器的发展给了微软再次尝试的机会。2017 年，WebAssembly Consensus 完成，现在所有主流浏览器都支持它：Chromium (Chrome、Edge、Opera、Brave)、Firefox 和 WebKit (Safari)。Blazor 不被微软的 IE 浏览器支持，因为它是一个传统的 Web 浏览器。

WebAssembly (Wasm)是一种用于虚拟机的二进制指令格式，它提供了一种在网络上以接近本地速度运行用多种语言编写的代码的方式。Wasm 被设计为用于编译高级语言(如 C#)的可移植目标。

17.1.4　理解 Blazor 托管模型

Blazor 是一种带有多个托管模式的单一编程或应用模式。

- Blazor 服务器运行在服务器端。正因为如此，我们编写的 C#代码可以完全访问业务逻辑可能需要的所有资源而不需要进行验证。然后，可使用 SignalR 将 UI 更新发送给客户端。
- 服务器必须保持到每个客户端的实时 SignalR 连接，并跟踪每个客户端的当前状态；因此，如果需要支持大量的客户端，Blazor 服务器的可伸缩性将降低。它最初是作为 ASP.NET Core 3.0 的扩展在 2019 年 9 月发布的，并包含在.NET 5.0 及更高版本中。
- Blazor WebAssembly 在客户端运行，所以我们写的 C#代码只能访问浏览器中的资源，必须进行 HTTP 调用(可能需要认证)才能访问服务器上的资源。它最初是作为 ASP.NET Core 3.1 的扩展在 2020 年 5 月发布的，当前版本是 3.2，由于是当前版本，因此 ASP.NET Core 3.1 的长期支持版本没有覆盖到它。Blazor WebAssembly 3.2 版本使用了 Mono 运行时和 Mono 库；.NET 5 及以后的版本使用 Mono 运行时和.NET 5 库。Blazor WebAssembly 可运行在没有任何 JIT 的.NET IL 解释器上，因而速度上并没有什么优势，但微软已经在.NET 5 中对此做了一些改进，并将在.NET 6 中对此做进一步改进。
- .NET MAUI Blazor App 又名 Blazor Hybrid，运行在.NET 进程中，使用本地互操作通道将其 Web UI 呈现为 Web 视图控件，并托管在.NET MAUI 应用中。它在概念上类似于使用 Node.js 的电子应用。这种托管模式参见第 19 章。

这种多主机模式意味着，经过仔细的规划，开发者可以编写一次 Blazor 组件，然后在 Web 服务器端、Web 客户端或桌面应用中运行它们。

Internet Explorer 11 虽然支持 Blazor 服务器，但不支持 Blazor WebAssembly。

Blazor WebAssembly 能够可选地支持渐进式 Web 应用程序(PWA)，这意味着网站访问者可以使用浏览器菜单将应用程序添加到桌面并离线运行应用程序。

17.1.5 理解 Blazor 组件

Blazor 用于创建用户界面组件，理解这一点非常重要。组件定义了如何呈现用户界面、如何响应用户事件、如何组合和嵌套，以及如何编译成 NuGet Razor 类库以进行打包和分发。

例如，可以创建一个名为 Rating.Razor 的组件，如下所示：

```
<div>
@for (int i = 0; i < Maximum; i++)
{
  if (i < Value)
  {
    <span class="oi oi-star-filled" />
  }
  else
  {
    <span class="oi oi-star-empty" />
  }
}
</div>

@code {
  [Parameter]
  public byte Maximum { get; set; }

  [Parameter]
  public byte Value { get; set; }
}
```

更多信息

代码可以存储在单独的名为 Rating.razor.cs 的代码隐藏文件中，而不是包含标记和@code 块的单个文件中。文件中的类必须是局部的，并且与组件具有相同的名称。

然后可以在网页上使用该组件，如下所示：

```
<h1>Review</h1>
<Rating id="rating" Maximum="5" Value="3" />
<textarea id="comment" />
```

有许多内置的 Blazor 组件，包括用于设置元素的组件，如网页<head>部分中的<title>和大量第三方组件。

未来，Blazor 可能不仅仅局限于使用 Web 技术创建用户界面组件。微软正在开展一项名为 Blazor Mobile Bindings 的实验，旨在允许开发人员使用 Blazor 构建移动用户界面组件，而且不是使用 HTML 和 CSS 来构建 Web 用户界面，而是使用 XAML 和.NET MAUI 来构建跨平台的图形用户界面。

17.1.6 比较 Blazor 和 Razor

为什么 Blazor 组件使用.razor 作为文件扩展名呢？Razor 作为一种模板标记语法，允许混合使用 HTML 和 C#。支持 Razor 的旧技术则使用.cshtml 文件扩展名来表示 C#和 HTML 的混合。

Razor 可用于：

- 使用.cshtml 文件扩展名的 ASP.NET Core MVC 视图和分部视图。业务逻辑被分离到控制器类中，控制器类将视图视为模板，并将视图模型推入其中，最后输出到 Web 页面上。
- 使用.cshtml 文件扩展名的 Razor Pages。可将业务逻辑嵌入或分离到使用.cshtml.cs 文件扩展名的文件中，最后输出一个 Web 页面。
- 使用.razor 文件扩展名的 Blazor 组件。尽管布局可以用来封装组件，但最后输出的不是 Web 页面。@page 指令可以用来分配路由，路由定义了 URL 路径，从而能够将组件获取为页面。

17.2 比较 Blazor 项目模板

理解如何在 Blazor 服务器和 Blazor WebAssembly 托管模型之间做出选择的一种方法是回顾它们各自的默认项目模板之间的差异。

17.2.1 Blazor 服务器项目模板

下面看看 Blazor 服务器项目的默认模板。大多数情况下，Blazor 服务器项目的默认模板和 ASP.NET Core Razor Pages 模板是一样的。

(1) 使用喜欢的代码编辑器添加一个新项目，如下所示。

- 项目模板：Blazor Server App / blazorserver
- 工作区/解决方案文件和文件夹：PracticalApps
- 项目文件和文件夹：Northwind.BlazorServer
- 其他 Visual Studio 选项：Authentication Type:None; Configure for HTTPS:selected; Enable Docker:cleared

(2) 在 Visual Studio Code 中，选择 Northwind.BlazorServer 作为 OmniSharp 的主项目。

(3) 构建 Northwind.BlazorServer 项目。

(4) 在 Northwind.BlazorServer 项目/文件夹中，打开 Northwind.BlazorServer.csproj，并注意它与 ASP.NET Core 项目相同：也使用 Web SDK，并且针对的是.NET 6.0。

(5) 打开 Program.cs，并注意它几乎与 ASP.NET Core 项目相同。不同之处包括配置服务的部分及其对 AddServerSideBlazor 方法的调用，代码如下所示：

```
builder.Services.AddRazorPages();
builder.Services.AddServerSideBlazor();
builder.Services.AddSingleton<WeatherForecastService>();
```

(6) 还要注意配置 HTTP 管道部分，该部分添加了对配置 ASP.NET Core 应用程序的 MapBlazorHub 和 MapFallbackToPage 方法的调用。另外，ASP.NET Core 应用程序被配置为接收传入 Blazor 组件的 SignalR 连接，其他请求则被回退到名为_Host.cshtml 的 Razor Pages，如下所示：

```
app.UseRouting();

app.MapBlazorHub();
app.MapFallbackToPage("/_Host");

app.Run();
```

(7) 在 Pages 文件夹中，打开_Host.cshtml，并注意它设置了一个名为_Layout 的布局，渲染应用类型的 Blazor 组件，在服务器上预渲染，如下所示：

```
@page "/"
@namespace Northwind.BlazorServer.Pages
@addTagHelper *, Microsoft.AspNetCore.Mvc.TagHelpers
@{
  Layout = "_Layout";
}

<component type="typeof(App)" render-mode="ServerPrerendered" />
```

(8) 在 Pages 文件夹中，打开名为_Layout.cshtml 的共享布局文件，如下所示：

```
@using Microsoft.AspNetCore.Components.Web
@namespace Northwind.BlazorServer.Pages
@addTagHelper *, Microsoft.AspNetCore.Mvc.TagHelpers

<!DOCTYPE html>
<html lang="en">
<head>
  <meta charset="utf-8" />
  <meta name="viewport"
  content="width=device-width, initial-scale=1.0" />
  <base href="~/" />
  <link rel="stylesheet" href="css/bootstrap/bootstrap.min.css" />
  <link href="css/site.css" rel="stylesheet" />
  <link href="Northwind.BlazorServer.styles.css" rel="stylesheet" />
  <component type="typeof(HeadOutlet)" render-mode="ServerPrerendered" />
</head>
<body>
  @RenderBody()

  <div id="blazor-error-ui">
    <environment include="Staging,Production">
      An error has occurred. This application may no longer respond until
reloaded.
  </environment>
  <environment include="Development">
    An unhandled exception has occurred. See browser dev tools for
details.
  </environment>
  <a href="" class="reload">Reload</a>
  <a class="dismiss">X< /a>
</div>
  <script src="_framework/blazor.server.js"></script>
</body>
</html>
```

当回顾上述标记时，请注意以下事项。

- <div id="blazor-error-ui">用于显示 Blazor 错误。当错误发生时，Web 页面的底部将显示黄色的色条。
- blazor.server.js 的脚本块用于管理到服务器的 SignalR 连接。

(9) 在 Northwind.BlazorServer 文件夹中打开 App.razor，注意其中为当前程序集中的所有组件定义了如下路由器：

```
<Router AppAssembly="@typeof(App).Assembly">
  <Found Context="routeData">
    <RouteView RouteData="@routeData"
               DefaultLayout="@typeof(MainLayout)" />
    <FocusOnNavigate RouteData="@routeData" Selector="h1" />
  </Found>
  <NotFound>
    <PageTitle>Not found</PageTitle>
    <LayoutView Layout="@typeof(MainLayout)">
      <p>Sorry, there's nothing at this address.</p>
    </LayoutView>
  </NotFound>
</Router>
```

当回顾上述标记时，请注意以下事项。

- 如果找到匹配的路由，就执行 RouteView，将组件的默认布局设置为 MainLayout，并将任何路由数据传递给组件。
- 如果没有找到匹配的路由，就执行 LayoutView，并输出 MainLayout 的内部标记(在这种情况下，也就是一个简单的段落元素，用于告诉访问者此处没有任何内容)。

(10) 在 Shared 文件夹中打开 MainLayout.razor，注意其中定义了如下用于包含导航菜单(由本项目中的组件 NavMenu.razor 实现)的侧边栏以及用于显示主要内容的 HTML 5 元素(如<main>和<article>)：

```
@inherits LayoutComponentBase

<PageTitle>Northwind.BlazorServer</PageTitle>

<div class="page">
  <div class="sidebar">
    <NavMenu />
  </div>

  <main>
    <div class="top-row px-4">
      <a href="https://docs.microsoft.com/aspnet/"
         target="_blank">About</a>
    </div>
    <article class="content px-4">
      @Body
    </article>
  </main>
</div>
```

(11) 在 Shared 文件夹中打开 MainLayout.razor.css，注意其中包含了用于组件的 CSS 独立样式。

(12) 在 Shared 文件夹中打开 NavMenu.razor，注意其中定义了三个菜单项：Home、Counter 和 Fetch data。这些是通过使用微软提供的名为 NavLink 的 Blazor 组件创建的，如下所示：

```
<div class="top-row ps-3 navbar navbar-dark">
  <div class="container-fluid">
    <a class="navbar-brand" href="">Northwind.BlazorServer</a>
    <button title="Navigation menu" class="navbar-toggler"
```

```
            @onclick="ToggleNavMenu">
        <span class="navbar-toggler-icon"></span>
    </button>
  </div>
</div>

<div class="@NavMenuCssClass" @onclick="ToggleNavMenu">
  <nav class="flex-column">
    <div class="nav-item px-3">
      <NavLink class="nav-link" href="" Match="NavLinkMatch.All">
          <span class="oi oi-home" aria-hidden="true"></span> Home
      </NavLink>
    </div>
    <div class="nav-item px-3">
      <NavLink class="nav-link" href="counter">
        <span class="oi oi-plus" aria-hidden="true"></span> Counter
      </NavLink>
    </div>
  <div class="nav-item px-3">
    <NavLink class="nav-link" href="fetchdata">
      <span class="oi oi-list-rich" aria-hidden="true"></span> Fetch
  data
    </NavLink>
      </div>
    </nav>
  </div>

  @code {
    private bool collapseNavMenu = true;

    private string? NavMenuCssClass => collapseNavMenu ? "collapse" : null;

    private void ToggleNavMenu()
    {
        collapseNavMenu = !collapseNavMenu;
  }
}
```

(13) 在 Pages 文件夹中打开 FetchData.razor，其中定义了一个组件，用于从注入的依赖天气服务中获取天气预报，并将它们呈现到一张表格中，如下所示：

```
@page "/fetchdata"

<PageTitle>Weather forecast</PageTitle>

@using Northwind.BlazorServer.Data
@inject WeatherForecastService ForecastService

<h1>Weather forecast</h1>

<p>This component demonstrates fetching data from a service.</p>

@if (forecasts == null)
{
  <p><em>Loading...</em></p>
}
```

```
else
{
  <table class="table">
    <thead>
      <tr>
        <th>Date</th>
        <th>Temp. (C)</th>
        <th>Temp. (F)</th>
        <th>Summary</th>
      </tr>
    </thead>
    <tbody>
    @foreach (var forecast in forecasts)
    {
      <tr>
        <td>@forecast.Date.ToShortDateString()</td>
        <td>@forecast.TemperatureC</td>
        <td>@forecast.TemperatureF</td>
        <td>@forecast.Summary</td>
        </tr>
    }
    </tbody>
   </table>
}
@code {
    private WeatherForecast[]? forecasts;

    protected override async Task OnInitializedAsync()
    {
     forecasts = await ForecastService.GetForecastAsync(DateTime.Now);
    }
}
```

(14) 在 Data 文件夹中打开 WeatherForecastService.cs，注意 WeatherForecastService 不是 Web API 控制器类，而只是用于返回随机天气数据的普通类，如下所示：

```
namespace Northwind.BlazorServer.Data
{
  public class WeatherForecastService
  {
    private static readonly string[] Summaries = new[]
    {
      "Freezing", "Bracing", "Chilly", "Cool", "Mild", "Warm",
      "Balmy", "Hot", "Sweltering", "Scorching"
    };

    public Task<WeatherForecast[]> GetForecastAsync(DateTime startDate)
    {
      return Task.FromResult(Enumerable.Range(1, 5)
        .Select(index => new WeatherForecast
        {
          Date = startDate.AddDays(index),
          TemperatureC = Random.Shared.Next(-20, 55),
          Summary = Summaries[Random.Shared.Next(Summaries.Length)]
        }).ToArray());
    }
```

```
    }
}
```

理解 CSS 和 JavaScript 隔离

Blazor 组件通常需要提供自己的 CSS 来应用样式，或提供 JavaScript 来处理那些不能单纯用 C#来执行的活动，比如访问浏览器 API。为了确保这不会与站点级的 CSS 和 JavaScript 冲突，Blazor 支持 CSS 和 JavaScript 隔离。如果有一个名为 Index.razor 的组件，只需要创建一个名为 Index.razor.css 的 CSS 文件。此文件中定义的样式将覆盖项目中的任何其他样式。

17.2.2 理解到页面组件的 Blazor 路由

App.razor 文件中的 Router 组件支持路由到组件。用于创建组件实例的标记看起来像 HTML 标记，其中标记的名称是组件类型。可以使用元素将组件嵌入网页，例如，<rating stars="5" />，或者可以路由到 Razor Pages 或 MVC 控制器。

1. 如何定义可路由的页面组件

要创建可路由的页面组件，将@page 指令添加到.razor 文件的组件顶部，如下所示：

```
@page "customers"
```

前面的代码相当于一个用[Route]特性装饰的 MVC 控制器，代码如下所示：

```
[Route("customers")]
public class CustomersController
{
```

Router 组件在它的 AppAssembly 参数中专门扫描带有[Route]特性装饰的组件，并注册它们的 URL 路径。

任何单页组件都可以使用多个@page 指令来注册多个路由。

在运行时，页面组件与指定的任何特定布局合并，就像 MVC 视图或 Razor Pages 一样。默认情况下，Blazor Server 项目模板定义 MainLayout.razor 作为页面组件的布局。

最佳实践

按照约定，将可路由的页面组件放在 Pages 文件夹中。

2. 如何导航 Blazor 路由

微软提供了一个名为 NavigationManager 的依赖服务，它可以理解 Blazor 路由和 NavLink 组件。

NavigateTo 方法用于转到指定的 URL。

3. 如何传递路由参数

Blazor 路由可包含大小写不敏感的命名参数，通过使用[parameter]特性将参数绑定到代码块中的一个属性，你可以很容易地访问传递的值，如下面的标记所示：

```
@page "/customers/{country}"
```

```
<div>Country parameter as the value: @Country</div>

@code {
  [Parameter]
  public string Country { get; set; }
}
```

当参数丢失时，处理应该有默认值的参数的推荐方法是在参数后面加上“?”，并在 OnParametersSet 方法中使用空合并操作符，如下所示：

```
@page "/customers/{country?}"

<div>Country parameter as the value: @Country</div>

@code {
  [Parameter]
  public string Country { get; set; }

  protected override void OnParametersSet()
  {
    // if the automatically set property is null
    // set its value to USA
    Country = Country ?? "USA";
  }
}
```

4. 理解基组件类

OnParametersSet 方法是由组件继承的基类定义的，默认命名为 ComponentBase，代码如下所示：

```
using Microsoft.AspNetCore.Components;

public abstract class ComponentBase : IComponent, IHandleAfterRender,
IHandleEvent
{
  // members not shown
}
```

ComponentBase 有一些有用的方法，可以调用和覆盖这些方法，如表 17.1 所示。

表 17.1　ComponentBase 的一些方法

方法	说明
InvokeAsync	调用此方法在相关呈现器的同步上下文中执行函数
OnAfterRender, OnAfterRenderAsync	每次渲染组件后，覆盖这些方法来调用代码
OnInitialized, OnInitializedAsync	组件在渲染树中从它的父组件初始化参数后，覆盖这些方法来调用代码
OnParametersSet, OnParametersSetAsync	组件收到已分配给属性的参数和值后，重载这些方法来调用代码
ShouldRender	重写这个方法来指示是否应该呈现组件
StateHasChanged	调用这个方法来重新呈现组件

Blazor 组件可采用类似于 MVC 视图和 Razor Pages 的方式共享布局。

创建一个.razor 组件文件，但是让它显式地从 LayoutComponentBase 继承，如下所示：

```
@inherits LayoutComponentBase

<div>
  ...
  @Body
  ...
</div>
```

基类有一个名为 Body 的属性，可以在布局中使用标记在正确位置呈现它。

在 App.razor 文件及其 Router 组件中设置组件的默认布局。要显式地设置组件的布局，使用@layout 指令，如下所示：

```
@page "/customers"
@layout AlternativeLayout

<div>
  ...
</div>
```

5. 如何使用导航链接组件与路由

在 HTML 中，使用<a>元素来定义导航链接，如下所示：

```
<a href="/customers">Customers</a>
```

在 Blazor 中，使用<NavLink>组件，如下所示：

```
<NavLink href="/customers">Customers</NavLink>
```

NavLink 组件比锚定元素更好，因为如果它的 href 与当前位置 URL 匹配，会自动将类设置为活动的。如果 CSS 使用不同的类名，那么可以在 NavLink.ActiveClass 属性中设置类名。

默认情况下，在匹配算法中，href 是路径前缀，所以如果 NavLink 的 href 是/customers，如前面的代码示例所示，将匹配以下所有路径，并将它们都设置为 active 类样式。

```
/customers
/customers/USA
/customers/Germany/Berlin
```

为了保证匹配算法只匹配所有路径，可将 Match 参数设置为 NavLinkMatch.All，代码如下所示：

```
<NavLink href="/customers" Match="NavLinkMatch.All">Customers</NavLink>
```

如果设置了 target 等其他属性，则将它们传递给生成的底层<a>元素。

17.2.3 运行 Blazor 服务器项目模板

前面介绍了项目模板和 Blazor 服务器特有的重要部分，下面启动网站并查看具体行为。

(1) 在 Properties 文件夹中，打开 launchSettings.json。

(2) 修改 applicationUrl，为 HTTP 使用端口 5000，为 HTTPS 使用端口 5001，如下所示：

```
"profiles": {
  "Northwind.BlazorServer": {
    "commandName": "Project",
    "dotnetRunMessages": true,
    "launchBrowser": true,
    "applicationUrl": "https://localhost:5001;http://localhost:5000",
    "environmentVariables": {
      "ASPNETCORE_ENVIRONMENT": "Development"
  }
},
```

(3) 启动网站。

(4) 启动 Chrome。

(5) 导航到 https://localhost: 5001/。

(6) 在左侧导航菜单中，单击 Fetch data，如图 17.1 所示。

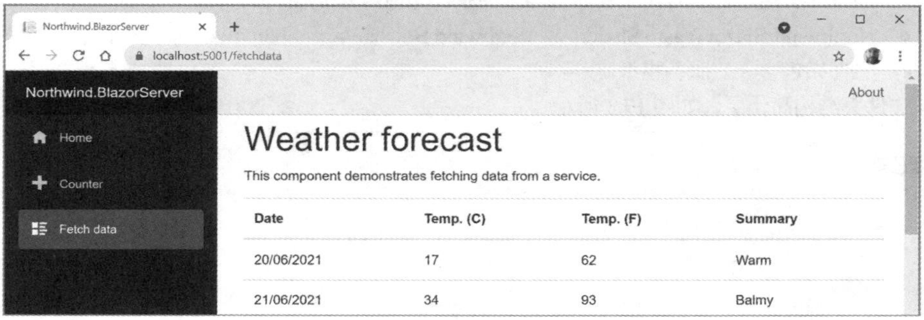

图 17.1　将天气数据抓取到 Blazor Server 应用程序

(7) 在浏览器地址栏中，将路由更改为/apples，并注意缺失的消息，如图 17.2 所示。

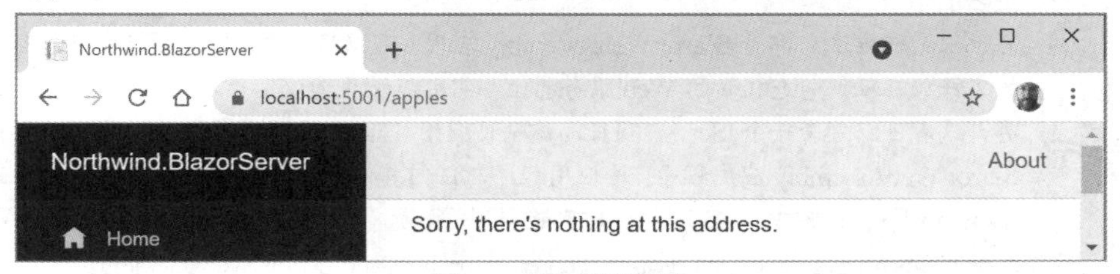

图 17.2　缺失的组件消息

(8) 关闭 Chrome 浏览器，然后关闭 Web 服务器。

17.2.4　查看 Blazor WebAssembly 项目模板

下面创建一个 Blazor WebAssembly 项目。对照之前的 Blazor 服务器项目，相同的代码不再列出。

(1) 使用喜欢的代码编辑器向 PracticalApps 解决方案或工作区添加一个新项目，如下所示。

- 项目模板：Blazor WebAssembly App / blazorwasm
- 选项：--pwa --hosted
- 工作区/解决方案文件和文件夹：PracticalApps

- 项目文件和文件夹：Northwind.BlazorWasm
- Authentication Type：None
- Configure for HTTPS：checked
- ASP.NET Core hosted：checked
- Progressive Web Application：checked

在查看生成的文件夹和文件时，请注意生成了三个项目，如下所示：

- Northwind.BlazorWasm.Client 是 Northwind.BlazorWasm\Client 文件夹中的 Blazor WebAssembly 项目。
- Northwind.BlazorWasm.Server 是 Northwind.BlazorWasm.Server 文件夹中的 ASP.NET Core 项目网站，用于托管天气服务。天气服务的实现虽然可以与之前返回随机的天气预报相同，但这里却实现为适当的 Web API 控制器类。Server 项目文件包含对 Shared 和 Client 项目的引用，还包含用于在服务器端支持 WebAssembly 的包引用。
- Northwind.BlazorWasm.Shared 是 Northwind.BlazorWasm\Shared 文件夹中的一个类库。该文件夹包含天气服务模型。

文件夹结构简化了，如图 17.3 所示。

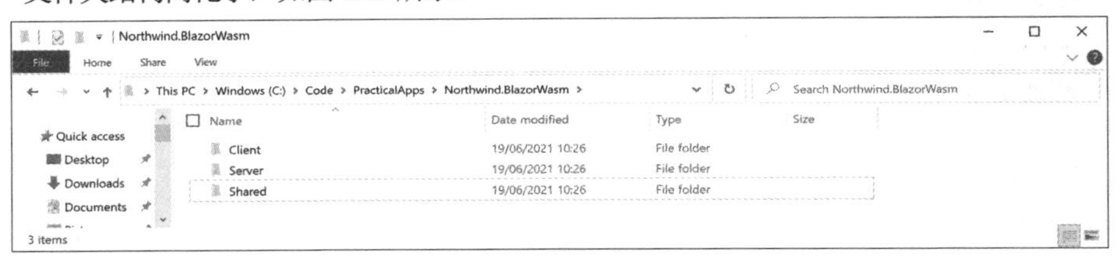

图 17.3　Blazor WebAssembly 项目模板的文件夹结构

更多信息

可采用两种方法来部署 Blazor WebAssembly 应用。可以只部署 Client 项目，把它发布的文件放在任何静态托管的 Web 服务器上。它可以配置为调用第 16 章创建的天气服务，或者可以部署一个 Server 项目，该项目引用 Client 应用程序，托管天气服务和 Blazor WebAssembly 应用程序。该应用程序与任何其他静态资产都放在服务器的网站 wwwroot 文件夹中。可以在以下链接中阅读有关这些选择的更多信息：https://docs.microsoft.com/en-us/aspnet/core/blazor/ host-and-deploy/webassembly。

(2) 在 Client 文件夹中，打开 Northwind.BlazorWasm.Client.csproj，注意它使用了 Blazor WebAssembly SDK，并引用了两个 WebAssembly 包和 Shared 项目，以及 PWA 支持所需的服务工作程序，如下所示：

```
<Project Sdk="Microsoft.NET.Sdk.BlazorWebAssembly">

  <PropertyGroup>
    <TargetFramework>net6.0</TargetFramework>
    <Nullable>enable</Nullable>
    <ImplicitUsings>enable</ImplicitUsings>
    <ServiceWorkerAssetsManifest>service-worker-assets.js
      </ServiceWorkerAssetsManifest>
  </PropertyGroup>
```

```
  <ItemGroup>
    <PackageReference Include=
      "Microsoft.AspNetCore.Components.WebAssembly"
      Version="6.0.0" />
    <PackageReference Include=
      "Microsoft.AspNetCore.Components.WebAssembly.DevServer"
      Version="6.0.0" PrivateAssets="all" />
  </ItemGroup>

  <ItemGroup>
    <ProjectReference Include=
     "..\Shared\Northwind.BlazorWasm.Shared.csproj" />
  </ItemGroup>

  <ItemGroup>
   <ServiceWorker Include="wwwroot\service-worker.js"
     PublishedContent="wwwroot\service-worker.published.js" />
  </ItemGroup>

</Project>
```

(3) 在 Client 文件夹中打开 Program.cs，注意托管构建器将用于 WebAssembly 而不是服务器端的 ASP.NET Core。我们还注册了如下用于发出 HTTP 请求的依赖服务，这是 Blazor WebAssembly 应用十分常见的需求之一：

```
using Microsoft.AspNetCore.Components.Web;
using Microsoft.AspNetCore.Components.WebAssembly.Hosting;
using Northwind.BlazorWasm.Client;

var builder = WebAssemblyHostBuilder.CreateDefault(args);
builder.RootComponents.Add<App>("#app");
builder.RootComponents.Add<HeadOutlet>("head::after");

builder.Services.AddScoped(sp => new HttpClient
  { BaseAddress = new Uri(builder.HostEnvironment.BaseAddress) });

await builder.Build().RunAsync();
```

(4) 在 wwwroot 文件夹中打开 index.html，注意用于支持离线工作的 manifest.json 和 service-worker.js 文件以及用于下载 Blazor WebAssembly 的所有 NuGet 包的 blazor.webassembly.js 脚本，如下所示：

```
<!DOCTYPE html>
<html>

<head>
  <meta charset="utf-8" />
  <meta name="viewport" content="width=device-width, initial-scale=1.0,
maximum-scale=1.0, user-scalable=no" />
  <title>Northwind.BlazorWasm</title>
  <base href="/" />
  <link href="css/bootstrap/bootstrap.min.css" rel="stylesheet" />
  <link href="css/app.css" rel="stylesheet" />
  <link href="Northwind.BlazorWasm.Client.styles.css" rel="stylesheet" />
```

```
  <link href="manifest.json" rel="manifest" />
  <link rel="apple-touch-icon" sizes="512x512" href="icon-512.png" />
  <link rel="apple-touch-icon" sizes="192x192" href="icon-192.png" />
</head>

<body>
  <div id="app">Loading...</div>

  <div id="blazor-error-ui">
    An unhandled error has occurred.
    <a href="" class="reload">Reload</a>
    <a class="dismiss">×< /a>
  </div>
  <script src="_framework/blazor.webassembly.js"></script>
  <script>navigator.serviceWorker.register('service-worker.js');</script>
</body>

</html>
```

(5) 在 Client 文件夹中，注意以下文件与 Blazor 服务器的相同:

- App.razor
- Shared\MainLayout.razor
- Shared\NavMenu.razor
- SurveyPrompt.razor
- Pages\Counter.razor
- Pages\Index.razor

(6) 在 Pages 文件夹中打开 FetchData.razor，注意其中的标记与 Blazor 服务器的相似，只不过注入的依赖服务用于发出 HTTP 请求，如下所示:

```
@page "/fetchdata"
@using Northwind.BlazorWasm.Shared
@inject HttpClient Http

<h1>Weather forecast</h1>

...

@code {
  private WeatherForecast[]? forecasts;

  protected override async Task OnInitializedAsync()
  {
    forecasts = await
    Http.GetFromJsonAsync<WeatherForecast[]>("WeatherForecast");
  }
}
```

(7) 启动 Northwind.BlazorWasm.Server 项目。

(8) 注意，应用程序的功能与之前相同，但 Blazor 组件代码是在浏览器中执行的，而不是在服务器上执行。天气服务在 Web 服务器上运行。

(9) 关闭 Chrome 浏览器，然后关闭 Web 服务器。

17.3 使用 Blazor 服务器构建组件

本节将使用 Blazor 服务器构建一个组件来列出、创建和编辑 Northwind 示例数据库中的客户。首先为 Blazor Server 构建它，然后重构它，使其同时适用于 Blazor Server 和 Blazor WebAssembly。

17.3.1 定义和测试简单的组件

要把新的组件添加到现有的 Blazor 服务器项目中，请执行以下步骤。

(1) 在 Northwind.BlazorServer 项目(不是 Northwind.BlazorWasm.Server 项目)中，将一个名为 Customers.razor 的新文件添加到 Pages 文件夹中。在 Visual Studio 中，项目名为 Razor Component。

最佳实践

组件文件名必须以大写字母开头，否则会出现编译错误!

(2) 添加一些语句，输出 Customers 组件的标题并定义一个代码块，该代码块定义了一个属性来存储国家的名称，如下所示：

```
<h3>Customers@(string.IsNullOrWhiteSpace(Country) ? " Worldwide":"in "
+ Country)</h3>

@code {
  [Parameter]
  public string? Country { get; set; }
}
```

(3) 在 Pages 文件夹的 Index.razor 组件中，在文件底部添加语句实例化两次 Customers 组件，一次将 Germany 作为国家参数，另一次不设置国家，如下所示：

```
<Customers Country="Germany" />
<Customers />
```

(4) 启动 Northwind.BlazorServer 网站项目。

(5) 启动 Chrome。

(6) 导航到 https://localhost:5001/并注意 Customer 组件，如图 17.4 所示。

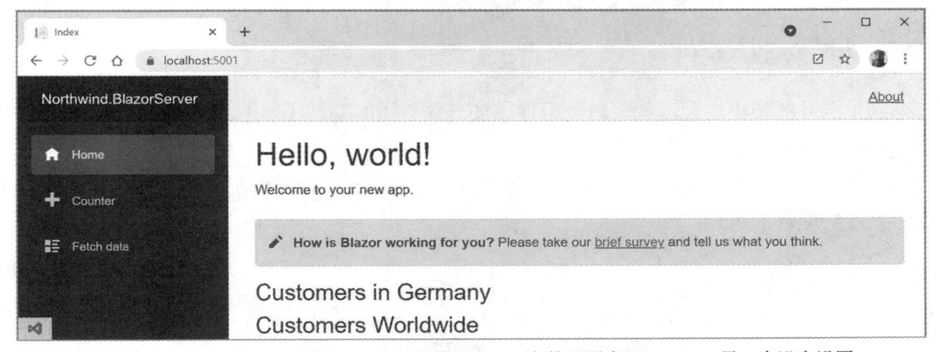

图 17.4　两个 Customers 组件，一个组件的 Country 参数设置为 Germany，另一个没有设置

(7) 关闭 Chrome 浏览器，然后关闭 Web 服务器。

17.3.2 转换成可路由的页面组件

把这个组件转换成一个路由参数是国家的可路由页面组件很简单。

(1) 打开 Pages 文件夹，找到 Customers.Razor 组件，在文件顶部添加一条语句，用一个可选的国家路由参数来注册/customers 作为它的路由，如下所示：

```
@page "/customers/{country?}"
```

(2) 在 Shared 文件夹中，打开 NavMenu.razor，并为可路由页面组件添加两个列表项元素，以显示全球和德国的客户，都使用人像图标，如下所示：

```
<div class="nav-item px-3">
  <NavLink class="nav-link" href="customers" Match="NavLinkMatch.All">
    <span class="oi oi-people" aria-hidden="true"></span>
    Customers Worldwide
  </NavLink>
</div>
<div class="nav-item px-3">
  <NavLink class="nav-link" href="customers/Germany">
  <span class="oi oi-people" aria-hidden="true"></span>
    Customers in Germany
    </NavLink>
</div>
```

更多信息

为客户菜单项使用了人像图标。可在以下链接看到其他可用的图标：https://iconify.design/icon-sets/oi/。

(3) 启动网站项目。

(4) 启动 Chrome。

(5) 导航到 https://localhost: 5001/。

(6) 在左侧导航菜单中，单击 Customers In Germany，注意国家名称已正确传递给页面组件，并且该组件使用与其他页面组件(如 Index.razor)相同的共享布局。

(7) 关闭 Chrome 浏览器，然后关闭 Web 服务器。

17.3.3 将实体放入组件

得到了组件的最小实现，就可以为组件添加一些有用的功能了。下面使用 Northwind 数据库上下文从数据库中获取客户。

(1) 在 NorthwindBlazorServer.csproj 中，为 SQL Server 或 SQLite 添加如下用于引用 Northwind 数据库上下文项目的语句：

```
<ItemGroup>
  <!-- change Sqlite to SqlServer if you prefer -->
  <ProjectReference Include="..\Northwind.Common.DataContext.Sqlite
\Northwind.Common.DataContext.Sqlite.csproj" />
</ItemGroup>
```

(2) 构建 Northwind.BlazorServer 项目。

(3) 在 Program.cs 中，导入与 Northwind 数据库上下文一起工作的名称空间，代码如下所示:

```
using Packt.Shared; // AddNorthwindContext extension method
```

(4) 在配置服务的部分，添加一条语句，在依赖服务集合中注册 Northwind 数据库上下文，代码如下所示:

```
builder.Services.AddNorthwindContext();
```

(5) 打开_Imports.razor，导入用于使用 Northwind 实体的名称空间，这样在构建 Blazor 组件时就不需要再单独导入名称空间了，如下所示:

```
@using Packt.Shared @* Northwind entities *@
```

更多信息

_Imports。Razor 文件只适用于.razor 文件。如果使用代码隐藏.cs 文件来实现组件代码，那么必须单独导入名称空间，或者使用全局 using 来隐式导入名称空间。

(6) 在 Pages 文件夹的 Customers.razor 中，注入 Northwind 数据库上下文并输出一个包含所有客户的表格，如下所示:

```
@using Microsoft.EntityFrameworkCore @* ToListAsync extension method *@
@page "/customers/{country?}"
@inject NorthwindContext db

<h3>Customers @(string.IsNullOrWhiteSpace(Country)
     ? "Worldwide" : "in " + Country)</h3>

@if (customers == null)
{ <
p><em>Loading...</em></p>
}
else
{<
table class="table">
  <thead>
    <tr>
      <th>Id</th>
      <th>Company Name</th>
      <th>Address</th>
      <th>Phone</th>
      <th></th>
    </tr>
  <tbody>
  @foreach (Customer c in customers)
  {
    <tr>
    <td>@c.CustomerId</td>
    <td>@c.CompanyName</td>
    <td>
      @c.Address<br/>
      @c.City<br/>
      @c.PostalCode<br/>
```

```
        @c.Country
      </td>
      <td>@c.Phone</td>
      <td>
        <a class="btn btn-info" href="editcustomer/@c.CustomerId">
          <i class="oi oi-pencil"></i></a>
        <a class="btn btn-danger"
            href="deletecustomer/@c.CustomerId">
          <i class="oi oi-trash"></i></a>
        </td>
      </tr>
    }
    </tbody>
</table>
}

@code {
  [Parameter]
  public string? Country { get; set; }

  private IEnumerable<Customer>? customers;

  protected override async Task OnParametersSetAsync()
  {
    if (string.IsNullOrWhiteSpace(Country))
    {
       customers = await db.Customers.ToListAsync();
    }
    else
    {
      customers = await db.Customers
          .Where(c => c.Country == Country).ToListAsync();
    }
  }
}
```

(7) 启动 Northwind.BlazorServer 项目网站。

(8) 启动 Chrome。

(9) 导航到 https://localhost: 5001/。

(10) 在左侧导航菜单中，单击 Customers Worldwide，注意一个包含客户信息的表格将从数据库加载并呈现在网页中，如图 17.5 所示。

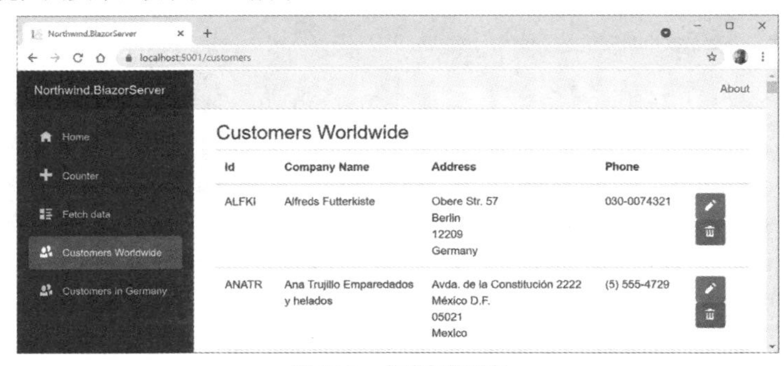

图 17.5　全球客户列表

(11) 在左侧导航菜单中，单击 Customers In Germany。注意客户表经过筛选，只显示德国客户。

(12) 在浏览器地址栏中，将 Germany 更改为 UK。注意客户表经过筛选，只显示英国客户。

(13) 在左侧导航菜单中，单击 Home。注意，将 customer 组件用作页面上的嵌入式组件时，它也能正常工作。

(14) 单击任何编辑或删除按钮，并注意，它们会返回一条消息：sorry, there's nothing at this address(对不起，这个地址没有任何东西)。因为我们还没有实现相应的功能。

(15) 关闭浏览器。

(16) 关闭 Web 服务器。

17.4　为 Blazor 组件抽象服务

目前，Blazor 组件直接通过调用 Northwind 数据库上下文来获取客户，这种方式在 Blazor 服务器上工作得很好，因为组件是在服务器上执行的。但是，Blazor 组件不能在 Blazor WebAssembly 中运行。

为此，下面创建一个本地依赖服务，以便更好地重用 Blazor 组件。

(1) 在 Northwind.BlazorServer 项目中，在 Data 文件夹中添加一个名为 INorthwindService.cs 的类文件(Visual Studio 项目中的项模板是 Interface)。

(2) 修改其中的内容——为抽象 CRUD 操作的本地服务定义契约，如下所示：

```
namespace Packt.Shared;

public interface INorthwindService
{
  Task<List<Customer>> GetCustomersAsync();
  Task<List<Customer>> GetCustomersAsync(string country);
  Task<Customer?> GetCustomerAsync(string id);
  Task<Customer> CreateCustomerAsync(Customer c);
  Task<Customer> UpdateCustomerAsync(Customer c);
  Task DeleteCustomerAsync(string id);
}
```

(3) 在 Data 文件夹中添加一个名为 NorthwindService.cs 的类文件，修改其中的内容——通过使用 Northwind 数据库上下文来实现 INorthwindService 接口，如下所示：

```
using Microsoft.EntityFrameworkCore;

namespace Packt.Shared;

public class NorthwindService : INorthwindService
{
  private readonly NorthwindContext db;

  public NorthwindService(NorthwindContext db)
  {
    this.db = db;
  }
```

```
    public Task<List<Customer>> GetCustomersAsync()
    {
      return db.Customers.ToListAsync();
    }

    public Task<List<Customer>> GetCustomersAsync(string country)
    {
      return db.Customers.Where(c => c.Country == country).ToListAsync();
    }

    public Task<Customer?> GetCustomerAsync(string id)
    {
      return db.Customers.FirstOrDefaultAsync
        (c => c.CustomerId == id);
    }

    public Task<Customer> CreateCustomerAsync(Customer c)
    {
      db.Customers.Add(c);
      db.SaveChangesAsync();
      return Task.FromResult(c);
    }

    public Task<Customer> UpdateCustomerAsync(Customer c)
    {
      db.Entry(c).State = EntityState.Modified;
      db.SaveChangesAsync();
      return Task.FromResult(c);
    }

    public Task DeleteCustomerAsync(string id)
    {
      Customer? customer = db.Customers.FirstOrDefaultAsync
        (c => c.CustomerId == id).Result;

      if (customer == null)
      {
        return Task.CompletedTask;
      }
      else
      {
        db.Customers.Remove(customer);
        return db.SaveChangesAsync();
      }
    }
  }
```

(4) 在 Program.cs 中，给配置服务的部分添加一条语句，用于将 NorthwindService 注册为实现 INorthwindService 接口的临时服务，如下所示：

```
builder.Services.AddTransient<INorthwindService, NorthwindService>();
```

(5) 在 Pages 文件夹中打开 Customers.razor，删除注入 Northwind 数据库上下文的指令，并添加注入 Northwind 服务(已注册)的指令，如下所示：

```
@inject INorthwindService service
```

(6) 修改 OnParametersSetAsync 方法以调用服务，如下所示：

```
protected override async Task OnParametersSetAsync()
{
  if (string.IsNullOrWhiteSpace(Country))
  {
    customers = await service.GetCustomersAsync();
  }
  else
  {
    customers = await service.GetCustomersAsync(Country);
  }
}
```

(7) 启动 Northwind.BlazorServer 网站项目，以测试是否保留了与之前相同的功能。

17.4.1 使用 EditForm 组件定义表单

微软为构建表单提供了一些现成的组件，下面使用它们为客户提供创建和编辑表单的功能。

微软提供了 EditForm 组件和一些表单元素(如 InputText)，从而使 Blazor 表单的创建变得更容易。

EditForm 可以通过设置模型来绑定对象，对象具有用于自定义验证的属性和事件处理程序，我们还可以从模型类中识别标准的微软验证属性，如下所示：

```
<EditForm Model="@customer" OnSubmit="ExtraValidation">
  <DataAnnotationsValidator />
  <ValidationSummary />
  <InputText id="name" @bind-Value="customer.CompanyName" />
  <button type="submit">Submit</button>
</EditForm>

@code {
  private Customer customer = new();

  private void ExtraValidation()
  {
     // perform any extra validation
  }
}
```

作为 ValidationSummary 组件的替代方案，我们可以使用 ValidationMessage 组件在单个表单元素的旁边显示一条消息。

17.4.2 构建和使用客户表单组件

下面创建自定义组件以创建和编辑客户。

(1) 在 Shared 文件夹中，创建一个名为 CustomerDetail.razor 的新文件(Visual Studio 项目项模板被称为 Razor 组件)。该组件将在多个页面组件中重用。

(2) 修改其中的内容——定义一个表单以编辑客户的属性，如下所示：

```
<EditForm Model="@Customer" OnValidSubmit="@OnValidSubmit">
  <DataAnnotationsValidator />
```

```
  <div class="form-group">
    <div>
      <label>Customer Id</label>
      <div>
        <InputText @bind-Value="@Customer.CustomerId" />
        <ValidationMessage For="@(() => Customer.CustomerId)" />
      </div>
    </div>
  </div>
  <div class="form-group ">
    <div>
      <label>Company Name</label>
      <div>
        <InputText @bind-Value="@Customer.CompanyName" />
        <ValidationMessage For="@(() => Customer.CompanyName)" />
      </div>
    </div>
  </div>
  <div class="form-group ">
    <div>
      <label>Address</label>
      <div>
        <InputText @bind-Value="@Customer.Address" />
        <ValidationMessage For="@(() => Customer.Address)" />
      </div>
    </div>
  </div>
  <div class="form-group ">
    <div>
      <label>Country</label>
      <div>
        <InputText @bind-Value="@Customer.Country" />
        <ValidationMessage For="@(() => Customer.Country)" />
      </div>
    </div>
  </div>
  <button type="submit" class="btn btn-@ButtonStyle">
    @ButtonText
  </button>
</EditForm>

@code {
  [Parameter]
  public Customer Customer { get; set; } = null!;

  [Parameter]
  public string ButtonText { get; set; } = "Save Changes";

  [Parameter]
  public string ButtonStyle { get; set; } = "info";

  [Parameter]
  public EventCallback OnValidSubmit { get; set; }
}
```

(3) 在 Pages 文件夹中创建一个名为 CreateCustomer.razor 的文件。这是一个可路由的页面组件。

(4) 修改其中的内容——使用 CustomerDetail 组件创建新客户，如下所示：

```
@page "/createcustomer"
@inject INorthwindService service
@inject NavigationManager navigation

<h3>Create Customer</h3>
<CustomerDetail ButtonText="Create Customer"
                Customer="@customer"
                OnValidSubmit="@Create" />

@code {
  private Customer customer = new();

  private async Task Create()
  {
    await service.CreateCustomerAsync(customer);
    navigation.NavigateTo("customers");
  }
}
```

(5) 在 Pages 文件夹中打开 Customers.razor。在<h3>元素之后添加一个<div>元素，这个<div>元素带有一个按钮，用于导航到 createcustomer 页面组件，如下所示：

```
<div class="form-group">
  <a class="btn btn-info" href="createcustomer">
  <i class="oi oi-plus"></i> Create New</a>
</div>
```

(6) 在 Pages 文件夹中创建一个名为 EditCustomer.razor 的文件并修改其中的内容——使用 CustomerDetail 组件编辑并保存对现有客户所做的更改，如下所示：

```
@page "/editcustomer/{customerid}"
@inject INorthwindService service
@inject NavigationManager navigation

<h3>Edit Customer</h3>
<CustomerDetail ButtonText="Update"
                Customer="@customer"
                OnValidSubmit="@Update" />
@code {
  [Parameter]
  public string CustomerId { get; set; }

  private Customer? customer = new();

  protected async override Task OnParametersSetAsync()
  {
    customer = await service.GetCustomerAsync(CustomerId);
  }

  private async Task Update()
  {
    if (customer is not null)
    {
      await service.UpdateCustomerAsync(customer);
```

```
    }
    navigation.NavigateTo("customers");
  }
}
```

(7) 在 Pages 文件夹中创建一个名为 DeleteCustomer.razor 的文件并修改其中的内容——使用 CustomerDetail 组件显示即将被删除的客户，如下所示：

```
@page "/deletecustomer/{customerid}"
@inject INorthwindService service
@inject NavigationManager navigation

<h3>Delete Customer</h3>
<div class="alert alert-danger">
  Warning! This action cannot be undone!
</div>
<CustomerDetail ButtonText="Delete Customer"
                ButtonStyle="danger"
                Customer="@customer"
                OnValidSubmit="@Delete" />
@code {
  [Parameter]
  public string CustomerId { get; set; }

  private Customer? customer = new();

  protected async override Task OnParametersSetAsync()
  {
    customer = await service.GetCustomerAsync(CustomerId);
  }

  private async Task Delete()
  {
    if (customer is not null)
    {
      await service.DeleteCustomerAsync(CustomerId);
    }
    navigation.NavigateTo("customers");
  }
}
```

17.4.3 测试客户表单组件

现在可以测试客户表单组件，说明如何使用它来创建、编辑和删除客户。

(1) 启动 Northwind.BlazorServer 网站项目。

(2) 启动 Chrome。

(3) 导航到 https://localhost: 5001/。

(4) 导航到 Customers Worldwide，单击+ Create New 按钮。

(5) 输入一个无效的 Customer Id，如 ABCEDF。离开文本框，并注意验证消息，如图 17.6 所示。

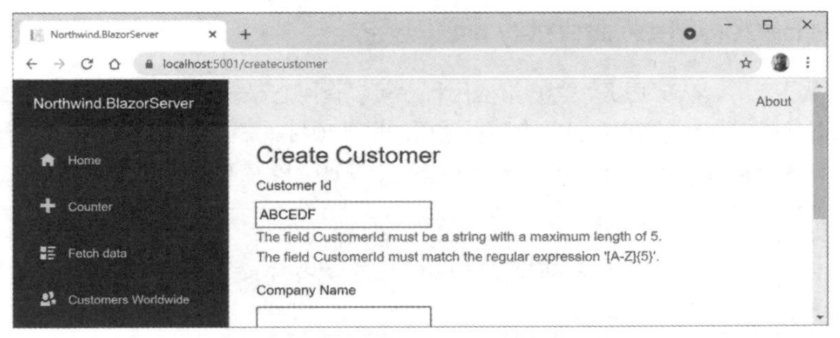

图 17.6　创建一个新客户并输入无效的客户 Id

(6) 将 Customer Id 更改为 ABCDE，为其他文本框输入值，然后单击 Create Customer 按钮。

(7) 当客户表出现时，向下滚动到页面底部以查看新客户。

(8) 在 ABCDE 客户行上，单击 Edit 图标按钮，更改地址，然后单击 Update 按钮，并注意客户记录已被更新。

(9) 在 ABCDE 客户行上，单击 Delete 图标按钮。可以看到警告消息，单击 Delete Customer 按钮，注意该客户记录已被删除。

(10) 关闭 Chrome 浏览器，然后关闭 Web 服务器。

17.5　使用 Blazor WebAssembly 构建组件

下面使用 Blazor WebAssembly 构建相同的功能，这样就可以清楚地看出 Blazor 服务器和 Blazor WebAssembly 之间的关键区别。

因为是在 INorthwindService 接口中抽象本地依赖服务，所以我们能够重用这个接口以及所有的组件和实体模型类，只需要重写 NorthwindService 类的实现，不是直接调用 NorthwindContext 类，而是在服务器端调用客户 Web API 控制器，如图 17.7 所示。

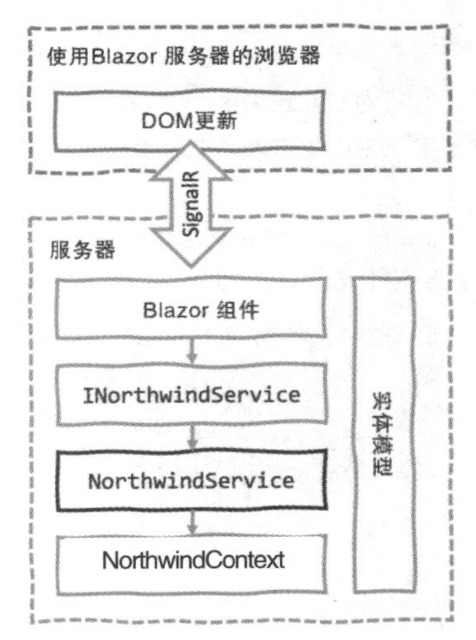

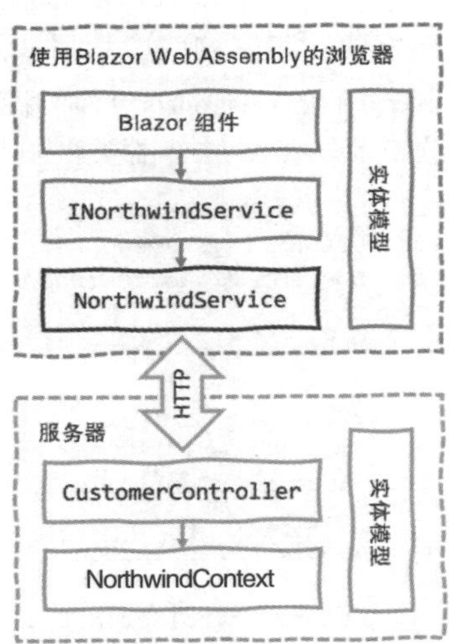

图 17.7　比较 Blazor 服务器和 Blazor WebAssembly 的区别

17.5.1 为 Blazor WebAssembly 配置服务器

首先，需要一个 Web 服务，客户端应用程序可以调用它来获取和管理客户。如果完成了第 16 章，Northwind.WebApi 客户项目就有可以使用的服务项目。然而，为了使本章更加独立，下面在 Northwind.BlazorWasm.Server 项目中构建一个客户 Web API 控制器。

警告：

与以前的项目不同，共享项目(如实体模型和数据库)的相对路径引用都需要向上移动两个层级，例如"..\..\"。

(1) 在 Server 项目/文件夹中打开 NorthwindBlazorWasm.Server.csproj。添加语句，为 SQL Server 或 SQLite 引用 Northwind 数据库上下文项目，如下所示：

```
<ItemGroup>
  <!-- change Sqlite to SqlServer if you prefer -->
  <ProjectReference Include="..\..\Northwind.Common.DataContext.Sqlite
\Northwind.Common.DataContext.Sqlite.csproj" />
</ItemGroup>
```

(2) 构建 Northwind.BlazorWasm.Server 项目。

(3) 在 Server 项目/文件夹中，打开 Program.cs 并添加一条语句来导入名称空间，用于使用 Northwind 数据库上下文，如下所示：

```
using Packt.Shared;
```

(4) 在配置服务的部分，添加一条语句，为 SQL Server 或 SQLite 注册 Northwind 数据库上下文，如下所示：

```
// if using SQL Server
builder.Services.AddNorthwindContext();

// if using SQLite
builder.Services.AddNorthwindContext(
  relativePath: Path.Combine("..", ".."));
```

(5) 在 Server 项目的 Controllers 文件夹中创建一个名为 CustomersController.cs 的类文件，并在其中添加语句以定义 Web API 控制器类和与以前类似的 CRUD 方法，如下所示：

```
using Microsoft.AspNetCore.Mvc; // [ApiController], [Route]
using Microsoft.EntityFrameworkCore; // ToListAsync, FirstOrDefaultAsync
using Packt.Shared; // NorthwindContext, Customer

namespace Northwind.BlazorWasm.Server.Controllers;

[ApiController]
[Route("api/[controller]")]
public class CustomersController : ControllerBase
{
  private readonly NorthwindContext db;

  public CustomersController(NorthwindContext db)
  {
    this.db = db;
```

```
}

[HttpGet]
public async Task<List<Customer>> GetCustomersAsync()
{
    return await db.Customers.ToListAsync();
}

[HttpGet("in/{country}")] // different path to disambiguate
public async Task<List<Customer>> GetCustomersAsync(string country)
{
  return await db.Customers
    .Where(c => c.Country == country).ToListAsync();
}

[HttpGet("{id}")]
public async Task<Customer?> GetCustomerAsync(string id)
{
  return await db.Customers
    .FirstOrDefaultAsync(c => c.CustomerId == id);
}

[HttpPost]
public async Task<Customer?> CreateCustomerAsync
  (Customer customerToAdd)
{
  Customer? existing = await db.Customers.FirstOrDefaultAsync
    (c => c.CustomerId == customerToAdd.CustomerId);
  if (existing == null)
  {
    db.Customers.Add(customerToAdd);
    int affected = await db.SaveChangesAsync();
    if (affected == 1)
    {
      return customerToAdd;
    }
  }
  return existing;
}

[HttpPut]
public async Task<Customer?> UpdateCustomerAsync(Customer c)
{
  db.Entry(c).State = EntityState.Modified;
  int affected = await db.SaveChangesAsync();
  if (affected == 1)
  {
    return c;
  }
  return null;
}

[HttpDelete("{id}")]
public async Task<int> DeleteCustomerAsync(string id)
{
  Customer? c = await db.Customers.FirstOrDefaultAsync
```

```
        (c => c.CustomerId == id);

      if (c != null)
      {
        db.Customers.Remove(c);
        int affected = await db.SaveChangesAsync();
        return affected;
      }
      return 0;
    }
  }
```

17.5.2 为 Blazor WebAssembly 配置客户端

我们还可以重用 Blazor 服务器项目中的组件。这些组件是相同的，可以复制它们，只需要对用于抽象 Northwind 服务的本地实现进行更改即可。

(1) 在 Client 项目中打开 NorthwindBlazorWasm.Client.csproj，添加语句，为 SQL Server 或 SQLite 引用 Northwind 实体库项目(不是数据库上下文项目)，如下所示：

```
<ItemGroup>
  <!-- change Sqlite to SqlServer if you prefer -->
  <ProjectReference Include="..\..\Northwind.Common.EntityModels.Sqlite\
Northwind.Common.EntityModels.Sqlite.csproj" />
</ItemGroup>
```

(2) 构建 Northwind.BlazorWasm.Client 项目。

(3) 在 Client 项目中打开_Imports.razor，导入 Packt.Shared 名称空间，从而使 Northwind 实体模型类型在所有 Blazor 组件中可用，如下所示：

```
@using Packt.Shared
```

(4) 在 Client 项目中，打开 Shared 文件夹中的 NavMenu.razor，为全球客户和法国客户添加 NavLink 元素，如下所示：

```
<div class="nav-item px-3">
  <NavLink class="nav-link" href="customers" Match="NavLinkMatch.All">
    <span class="oi oi-people" aria-hidden="true"></span>
    Customers Worldwide
  </NavLink>
</div>
<div class="nav-item px-3">
  <NavLink class="nav-link" href="customers/France">
    <span class="oi oi-people" aria-hidden="true"></span>
    Customers in France
  </NavLink>
</div>
```

(5) 将 CustomerDetail.razor 组件从 Northwind.BlazorServer 项目的 Shared 文件夹复制到 Northwind.BlazorWasmClient 项目的 Shared 文件夹。

(6) 将以下可路由的页面组件从 NorthwindBlazorServer 项目的 Pages 文件夹复制到 Northwind.BlazorWasmClient 项目的 Pages 文件夹中：

- CreateCustomer.razor

- Customers.razor
- DeleteCustomer.razor
- EditCustomer.razor

(7) 在 Client 项目中创建 Data 文件夹。

(8) 将 NorthwindBlazorServer 项目的 Data 文件夹中的 INorthwindService.cs 文件复制到 Client 项目的 Data 文件夹中。

(9) 在 Client 项目的 Data 文件夹中添加一个名为 NorthwindService.cs 的类文件。

(10) 修改其内容，可通过使用 HttpClient 调用客户的 Web API 服务来实现 INorthwindService 接口，如下所示：

```
using System.Net.Http.Json; // GetFromJsonAsync, ReadFromJsonAsync
using Packt.Shared; // Customer

namespace Northwind.BlazorWasm.Client.Data
{
  public class NorthwindService : INorthwindService
  {
    private readonly HttpClient http;

    public NorthwindService(HttpClient http)
    {
      this.http = http;
    }

    public Task<List<Customer>> GetCustomersAsync()
    {
      return http.GetFromJsonAsync
        <List<Customer>>("api/customers");
    }

    public Task<List<Customer>> GetCustomersAsync(string country)
    {
      return http.GetFromJsonAsync
        <List<Customer>>($"api/customers/in/{country}");
    }

    public Task<Customer> GetCustomerAsync(string id)
    {
      return http.GetFromJsonAsync
        <Customer>($"api/customers/{id}");
    }

    public async Task<Customer>
      CreateCustomerAsync (Customer c)
    {
      HttpResponseMessage response = await
        http.PostAsJsonAsync("api/customers", c);
      return await response.Content
        .ReadFromJsonAsync<Customer>();
    }

    public async Task<Customer> UpdateCustomerAsync(Customer c)
    {
```

```
        HttpResponseMessage response = await
          http.PutAsJsonAsync("api/customers", c);

        return await response.Content
          .ReadFromJsonAsync<Customer>();
      }

      public async Task DeleteCustomerAsync(string id)
      {
        HttpResponseMessage response = await
          http.DeleteAsync($"api/customers/{id}");
      }
    }
  }
```

(11) 在 Program.cs 中，导入 Packt.Shared 和 NorthwindBlazorWasm.Client.Data 名称空间。

(12) 在配置服务部分添加一条语句以注册 Northwind 依赖服务，如下所示：

```
builder.Services.AddTransient<INorthwindService, NorthwindService>();
```

17.5.3 测试 Blazor WebAssembly 组件和服务

现在可以启动 Blazor WebAssembly 服务器托管项目，测试组件是否与调用客户 Web API 服务的抽象 Northwind 服务一起工作。

(1) 在 Server 项目/文件夹中，启动 Northwind.BlazorWasm.Server 网站项目。

(2) 启动 Chrome，显示 Developer Tools 并选择 Network 选项卡。

(3) 导航到 https://localhost: 5001/。你的端口号会有所不同，因为它是随机分配的。查看控制台输出以了解它是什么。

(4) 选择 Console 选项卡，注意 Blazor WebAssembly 已经将.NET 程序集加载到浏览器缓存中，它们占用了大约 10MB 的空间，如图 17.8 所示。

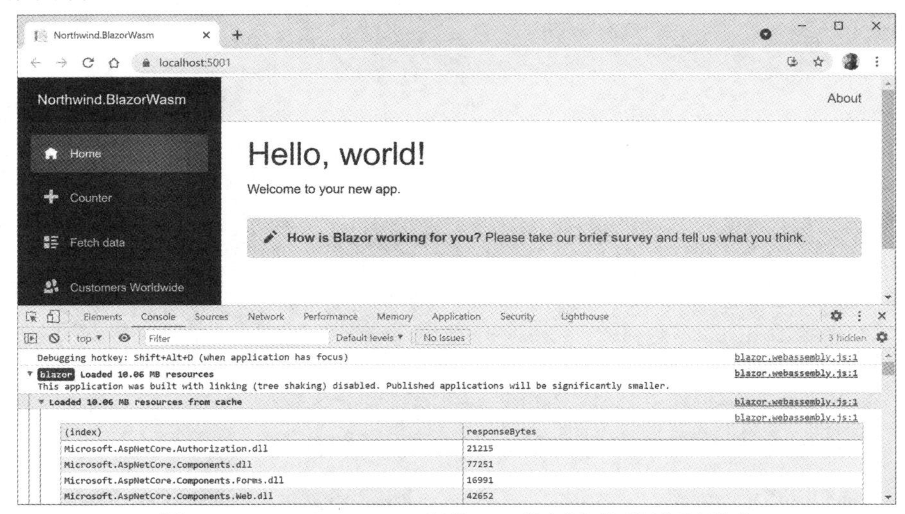

图 17.8 Blazor WebAssembly 已经将.NET 程序集加载到浏览器缓存中

(5) 选择 Network 选项卡。

(6) 在左侧导航菜单中单击 Customers Worldwide，注意 HTTP GET 请求以及包含所有客户的 JSON 响应，如图 17.9 所示。

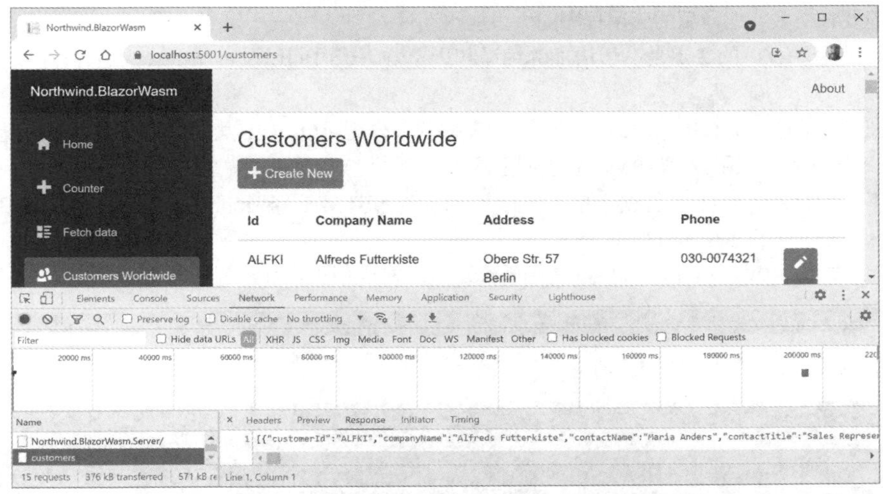

图 17.9　HTTP GET 请求以及包含所有客户的 JSON 响应

(7) 单击+ Create New 按钮，像前面那样完成表单以添加新客户，注意发出的 HTTP POST 请求，如图 17.10 所示。

图 17.10　用于添加新客户的 HTTP POST 请求

(8) 重复前面的步骤，编辑并删除新创建的客户。

(9) 关闭 Chrome 浏览器，然后关闭 Web 服务器。

17.6　改进 Blazor WebAssembly 应用程序

有一些常见的方法可以改进 Blazor WebAssembly 应用程序。现在来看看其中一些最流行的方式。

17.6.1　启用 Blazor WebAssembly AOT

默认情况下，Blazor WebAssembly 使用的.NET 运行时使用 WebAssembly 编写的解释器进行 IL 解释。与其他.NET 应用程序不同，它不使用即时(JIT)编译器，因此 CPU 密集型工作负载的性能比希望的要低。

在.NET 6 中，微软增加了对 AOT 编译的支持，但是必须明确地选择加入，因为尽管它可以显著提高运行时性能，但是 AOT 编译在像本书中这样的小项目上可能需要几分钟，而在大项目上可能要长得多。编译后的应用程序的大小也比没有 AOT 时大——通常是没有 AOT 时的两倍。因此，使用 AOT 的决定是基于增加的编译和浏览器下载时间以及可能更快的运行时间之间的平衡。

在微软的一项调查中，AOT 是最受欢迎的特性，缺乏 AOT 被认为是一些开发人员还没有采用.NET 开发单页应用程序(SPA)的主要原因。

下面为 Blazor AOT 安装额外的工作负载，命名为.NET WebAssembly 构建工具，然后为 Blazor WebAssembly 项目启用 AOT。

(1) 在命令提示符或具有 admin 权限的终端上，安装 Blazor AOT 工作负载，命令如下：

```
dotnet workload install wasm-tools
```

(2) 请注意如下部分输出的消息：

```
...
Installing pack Microsoft.NET.Runtime.MonoAOTCompiler.Task version
6.0.0...
Installing pack Microsoft.NETCore.App.Runtime.AOT.Cross.browser-wasm
version 6.0.0...
Successfully installed workload(s) wasm-tools.
```

(3) 修改 Northwind.BlazorWasm.Client 项目文件以启用 AOT，如下所示：

```
<PropertyGroup>
<TargetFramework>net6.0</TargetFramework>
<Nullable>enable</Nullable>
<ImplicitUsings>enable</ImplicitUsings>
<ServiceWorkerAssetsManifest>service-worker-assets.js
</ServiceWorkerAssetsManifest>
<RunAOTCompilation>true</RunAOTCompilation>
</PropertyGroup>
```

(4) 发布 Northwind.BlazorWasm.Client 项目，命令如下所示：

```
dotnet publish -c Release
```

(5) 注意，有 75 个程序集应用了 AOT，下面显示了部分输出。

```
Northwind.BlazorWasm.Client -> C:\Code\PracticalApps\Northwind.
BlazorWasm\Client\bin\Release\net6.0\Northwind.BlazorWasm.Client.dll
Northwind.BlazorWasm.Client (Blazor output) -> C:\Code\PracticalApps\
Northwind.BlazorWasm\Client\bin\Release\net6.0\wwwroot
Optimizing assemblies for size, which may change the behavior of the
app. Be sure to test after publishing. See: https://aka.ms/dotnet-illink
AOT'ing 75 assemblies
[1/75] Microsoft.Extensions.Caching.Abstractions.dll -> Microsoft.
Extensions.Caching.Abstractions.dll.bc
...
[75/75] Microsoft.EntityFrameworkCore.Sqlite.dll -> Microsoft.
EntityFrameworkCore.Sqlite.dll.bc
Compiling native assets with emcc. This may take a while ...
...
```

```
Linking with emcc. This may take a while ...
...
Optimizing dotnet.wasm ...
Compressing Blazor WebAssembly publish artifacts. This may take a
while...
```

(6) 等待进程完成。即使在现代的多核 CPU 上，这个过程也需要大约 20 分钟。

(7) 导航到 Northwind.BlazorWasm\Client\bin\release\net6.0\publish 文件夹，注意下载大小从 10 MB 增加到 112 MB。

在没有 AOT 的情况下，下载的 Blazor WebAssembly 应用程序占用了大约 10MB 的空间。而使用 AOT，则需要大约 112 MB 的内存。这种大小的增加将影响网站访问者的体验。

使用 AOT 是在较慢的初始下载和较快的潜在执行之间的一种平衡。根据应用的具体情况，使用 AOT 可能并不值得。

17.6.2　Web App 的渐进式支持

在 Blazor WebAssembly 项目中，对渐进式 Web App (PWA)提供支持意味着 Web 应用程序将获得以下好处：

- 可作为正常的网页使用，直到访问者明确决定想要得到完整的应用程序体验为止。
- 应用程序安装后，可从操作系统的开始菜单或桌面启动。
- 可显示在自己的应用程序窗口中，而不是显示为浏览器中的选项卡。
- 可离线运行。
- 能自动更新。

下面看看具体如何对 PWA 提供支持。

(1) 启动 Northwind.BlazorWasm.Server Web 主机项目。

(2) 导航到 https://localhost:5001/或任何端口号。

(3) 在 Chrome 浏览器中，在右侧地址栏中，单击带有 NorthwindBlazorWasm 安装提示的图标，如图 17.11 所示。

图 17.11　将 NorthwindBlazorWasm 作为应用程序安装

(4) 单击 Install 按钮。

(5) 关闭 Chrome 浏览器。如果应用程序自动运行，可能还需要关闭它。

(6) 从 macOS 启动板或 WindowsD Start 菜单中启动 Northwind.BlazorWasm 应用程序，注意你将得到完整的应用程序体验。

(7) 在标题栏的右侧单击⋮菜单，可以卸载应用程序。

(8) 导航到 Developer Tools，或者在 Windows 上按 F12 功能键或 Ctrl + Shift + I。在 macOS 上

按 Cmd + Shift + I。

(9) 选择 Network 选项卡，在 Throttling 下拉菜单中选择 Offline。

(10) 在左侧导航菜单中，单击 Home，然后单击 Customers Worldwide，注意 app 窗口底部出现错误消息，指出无法加载客户，如图 17.12 所示。

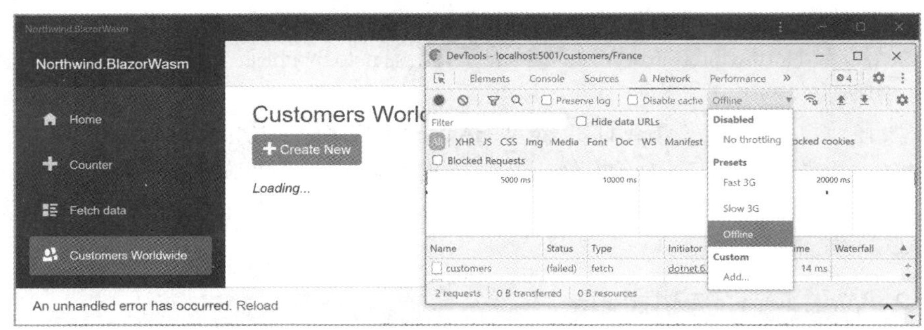

图 17.12　离线时无法加载客户

(11) 在 Developer Tools 中，从 Throttling 下拉菜单中选择 Disabled: No throttling。

(12) 单击应用程序窗口底部的黄色错误栏中的 Reload 链接，就可以成功加载客户了。

(13) 现在可以卸载或仅关闭应用程序。

实现对 PWA 的离线支持

改善 NorthwindBlazorWasm 应用程序体验的一种方法是在本地缓存来自 Web API 服务的 HTTP GET 响应并存储新客户，然后在本地修改或删除客户，最后与服务器进行同步。一旦恢复网络连接，就发出 HTTP 请求，但这需要付出很多努力才能实现，所以超出了本书的讨论范围。

17.6.3　了解 Blazor WebAssembly 的浏览器兼容性分析程序

在.NET 6 中，微软为所有的工作负载统一了.NET 库。尽管理论上，这意味着 Blazor WebAssembly 应用程序可以完全访问所有的.NET API，但实际上，它运行在浏览器的沙箱中，因此存在局限性。如果调用一个不支持的 API，这将抛出一个 PlatformNotSupportedException。

不受支持的 API 的警告是，可以添加一个平台兼容性分析程序，提醒当代码使用浏览器不支持的 API 时发出警告。

Blazor WebAssembly App 和 Razor 类库项目模板会自动启用浏览器兼容性检查。

可以手动激活浏览器兼容性检查，例如，在类库项目中，向项目文件中添加一个条目，如下所示。

```
<ItemGroup>
<SupportedPlatform Include="browser" />
</ItemGroup>
```

Microsoft 会装饰不受支持的 API，如下面的代码所示：

```
[UnsupportedOSPlatform("browser")]
public void DoSomethingOutsideTheBrowserSandbox()
{
  ...
}
```

最佳实践

如果创建的库不应该在 Blazor WebAssembly 应用中使用，可用同样的方式装饰 API。

17.6.4　在类库中共享 Blazor 组件

目前在 Blazor Server 项目和 Blazor WebAssembly 项目中都有复制的组件。最好在类库项目中定义一次，然后从另外两个 Blazor 项目中引用它们。

下面创建一个新的 Razor 类库。

(1) 使用喜欢的代码编辑器添加一个新项目，如下所示。

- 项目模板：Razor Class Library / razorclasslib
- 工作区/解决方案文件和文件夹：PracticalApps
- 项目文件和文件夹：Northwind.Blazor.Customers
- 支持页面和视图：checked

(2) 在 Northwind.Blazor.Customers 项目中，添加对 Northwind.Common.EntityModels.Sqlite 或 SqlServer 项目的引用。

(3) 在 Northwind.Blazor.Customers 项目中，添加一个检查浏览器兼容性的条目，如下所示：

```
<Project Sdk="Microsoft.NET.Sdk.Razor">

  <PropertyGroup>
    <TargetFramework>net6.0</TargetFramework>
    <Nullable>enable</Nullable>
    <ImplicitUsings>enable</ImplicitUsings>
    <AddRazorSupportForMvc>true</AddRazorSupportForMvc>
  </PropertyGroup>

  <ItemGroup>
    <FrameworkReference Include="Microsoft.AspNetCore.App" />
  </ItemGroup>

  <ItemGroup>
    <ProjectReference Include="..\Northwind.Common.EntityModels.Sqlite
\Northwind.Common.EntityModels.Sqlite.csproj" />
  </ItemGroup>

  <ItemGroup>
    <SupportedPlatform Include="browser" />
  </ItemGroup>

</Project>
```

(4) 在 Northwind.BlazorServer 项目中，添加对 Northwind.Blazor.Customers 项目的引用。

(5) 构建 Northwind.BlazorServer 项目。

(6) 在 Northwind.Blazor.Customers 项目中，删除 Areas 文件夹及其所有内容。

(7) 将_Imports.razor 文件从 Northwind.BlazorServer 的根目录复制到 Northwind.Blazor.Customers 项目的根目录。

(8) 在_Imports.razor 中，删除两个用于导入_Imports.razor 名称空间的语句，并添加一条语句来导入包含共享 Blazor 组件的名称空间，代码如下所示：

```
@using Northwind.Blazor.Customers.Shared
```

(9) 创建三个文件夹 Data、Pages 和 Shared。

(10) 将 INorthwindService.cs 从 Northwind.BlazorServer 项目的 Data 文件夹移到 Northwind.Blazor.Customers 项目的 Data 文件夹。

(11) 将所有组件从 Northwind.BlazorServer 项目的 Shared 文件夹移到 Northwind.Blazor.Customers 项目的 Shared 文件夹。

(12) 将 CreateCustomer.razor、Customers.razor、EditCustomer.razor 和 DeleteCustomer.razor 从 Northwind.BlazorServer 项目的 Pages 文件夹移到 Northwind.Blazor.Customers 项目的 Pages 文件夹。

更多信息

保留其他页面组件，因为它们依赖于尚未正确重构的天气服务。

(13) 在 Northwind.BlazorServer 项目的_Imports.razor 中，移除 Northwind.BlazorServer.Shared 的 using 语句，并在类库中添加导入页面和共享组件的语句，代码如下所示：

```
@using Northwind.Blazor.Customers.Pages
@using Northwind.Blazor.Customers.Shared
```

(14) 在 Northwind.BlazorServer 项目的 App.razor 中，添加一个参数来告诉 Router 组件，扫描额外的程序集来为类库中的页面组件设置路由，代码如下所示：

```
<Router AppAssembly="@typeof(App).Assembly"
AdditionalAssemblies="new[] { typeof(Customers).Assembly }">
```

最佳实践

指定哪个类并不重要，只要它在外部程序集中即可。我之所以选择 Customers，是因为它是最重要和最明显的组件类。

(15) 启动 Northwind.BlazorServer 项目，注意它具有和以前一样的行为。

最佳实践

现在可以在其他 Blazor Server 项目中重用 Blazor 组件。但是，不能在 Blazor WebAssembly 项目中使用这个类库，因为它依赖于完整的 ASP.NET Core 工作负载。创建使用这两个托管模型的 Blazor 组件库超出了本书的范围。

17.6.5 使用 JavaScript 交互操作

默认情况下，Blazor 组件不能访问本地存储、地理位置和媒体捕捉等浏览器功能，也不能访问 React 或 Vue 等 JavaScript 库。如果需要与它们交互，可使用 JavaScript 互操作。

下面看一个例子，它使用了浏览器窗口的警告框和本地存储，可以为每个访问者无限期地存储高达 5 MB 的数据。

(1) 在 Northwind.BlazorServer 项目的 wwwroot 文件夹中，添加一个名为 scripts 的文件夹。

(2) 在 scripts 文件夹中，添加一个名为 interop.js 的文件。

(3) 修改其内容，代码如下所示：

```
function messageBox(message) {
  window.alert(message);
}

function setColorInStorage() {
  if (typeof (Storage) !== "undefined") {
    localStorage.setItem("color",
      document.getElementById("colorBox").value);
  }
}

function getColorFromStorage() {
  if (typeof (Storage) !== "undefined") {
    document.getElementById("colorBox").value =
      localStorage.getItem("color");
  }
}
```

(4) 在 Pages 文件夹的_Layout.cshtml 中，在添加了 Blazor Server 支持的 script 元素之后，添加一个 script 元素，引用刚刚创建的 JavaScript 文件，代码如下所示：

```
<script src="scripts/interop.js"></script>
```

(5) 在 Pages 文件夹的 Index.razor 中，删除两个客户组件实例，然后添加一个按钮和一个代码块，它使用 Blazor JavaScript 运行时依赖服务来调用 JavaScript 函数，代码如下所示：

```
<button type="button" class="btn btn-info" @onclick="AlertBrowser">
  Poke the browser</button>

<hr />

<input id="colorBox" />

<button type="button" class="btn btn-info" @onclick="SetColor">
  Set Color</button>

<button type="button" class="btn btn-info" @onclick="GetColor">
  Get Color</button>

@code {
  [Inject]
  public IJSRuntime JSRuntime { get; set; } = null!;

  public async Task AlertBrowser()
  {
    await JSRuntime.InvokeVoidAsync(
    "messageBox", "Blazor poking the browser");
  }

public async Task SetColor()
  {
    await JSRuntime.InvokeVoidAsync("setColorInStorage");
  }
```

```
    public async Task GetColor()
    {
      await JSRuntime.InvokeVoidAsync("getColorFromStorage");
    }
  }
```

(6) 启动 Northwind.BlazorServer 项目。

(7) 打开 Chrome 浏览器，登录 https://localhost:5001/。

(8) 在主页的文本框中，输入 red，然后单击 Set Color 按钮。

(9) 显示 Developer Tools，选择 Application 选项卡，展开 Local Storage，选择 https://localhost:5001，如图 17.13 所示：

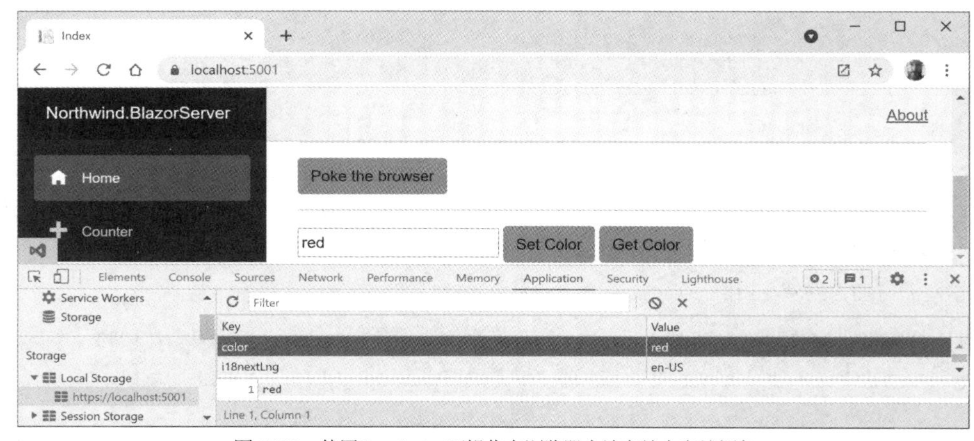

图 17.13　使用 JavaScript 互操作在浏览器本地存储中存储颜色

(10) 关闭 Chrome 浏览器，然后关闭 Web 服务器。

(11) 启动 Northwind.BlazorServer 项目。

(12) 打开 Chrome 浏览器，登录 https://localhost:5001/。

(13) 在主页上，单击 Get Color 按钮，并注意文本框中显示的值为 red，该值在访问者会话之间从本地存储中检索。

(14) 关闭 Chrome 浏览器，然后关闭 Web 服务器。

17.6.6 Blazor 组件库

Blazor 组件有很多库。付费组件库来自 Telerik、DevExpress 和 Syncfusion 等公司。开源的 Blazor 组件库包括以下内容。

- Radzen Blazor 组件：https://blazor.radzen.com/
- 非常棒的开源 Blazor 项目：https://awesomeopensource.com/projects/blazor

17.7 实践和探索

你可以通过回答一些问题来测试自己对知识的理解程度，进行一些实践，并深入探索本章涵盖的主题。

17.7.1　练习 17.1：测试你掌握的知识

回答以下问题：

(1) Blazor 提供了哪两种托管模型？它们之间有什么不同？

(2) 在 Blazor 服务器网站项目中，与 ASP.NET Core MVC 网站项目相比，Startup 类需要哪些额外的配置？

(3) Blazor 的优点之一是可以使用 C#和.NET(而不是 JavaScript)来实现用户界面组件。Blazor 需要 JavaScript 吗？

(4) 在 Blazor 项目中，App.razor 文件有什么作用？

(5) 使用<NavLink>组件有什么好处？

(6) 如何将值传递给组件？

(7) 使用<EditForm>组件有什么好处？

(8) 当设置了参数时，如何执行一些语句？

(9) 当组件出现时，如何执行一些语句？

(10) Blazor 服务器项目中的 Program 类和 Blazor WebAssembly 项目中的 Program 类有何关键不同？

17.7.2　练习 17.2：练习创建组件

创建一个基于名为 Number 的参数来呈现乘法表的组件，并使用两种方式测试这个组件。

首先，在 Index.razor 文件中添加组件的实例，如下所示：

```
<timestable Number="6" />
```

其次，在浏览器的地址栏中输入路径，如下所示：

```
https://localhost:5001/timestable/6
```

17.7.3　练习 17.3：通过创建国家导航项进行练习

向 CustomersController 类添加一个动作方法，以返回国家名称列表。

在共享的 NavMenu 组件中，调用客户的 Web 服务来获取国家名称列表，并对它们进行循环，为每个国家创建一个菜单项。

17.7.4　练习 17.4：探索主题

可通过以下链接来阅读本章所涉及主题的更多细节：

https://github.com/markjprice/cs10dotnet6/blob/main/book-links.md#chapter-17---building-user-interfaces-using-blazor

17.8 本章小结

本章介绍了如何为 Blazor 服务器和 Blazor WebAssembly 构建 Blazor 组件，还讨论了这两种托管模型之间的一些关键区别，比如应该如何使用依赖服务管理数据。

第18章 构建和消费专业服务

本章介绍几种服务技术的基础知识，这些技术用于比通用 Web 服务更特殊的场景中。一旦理解了每种技术的概念和好处，就可以更深入地挖掘最感兴趣的方法。

本章涵盖以下主题：

- 了解专业服务技术
- 使用 OData 将数据公开为 Web 服务
- 使用 GraphQL 将数据公开为服务
- 使用 gRPC 实现服务
- 使用 SignalR 实现实时通信
- 使用 Azure Functions 实现无服务器服务
- 了解身份服务
- 专业服务的选择摘要

18.1 了解专业服务技术

ASP.NET Core Web API 通常是实现通用 Web 服务的最佳选择，但它并不是实现服务或分布式应用程序的组件之间通信的唯一技术。

虽然我们不会详细介绍这些技术，但是你应该知道它们可以做什么以及应该在什么时候使用它们。

了解 Windows 通信基础(WCF)

2006 年，微软发布了.NET Framework 3.0，其中包括一些主要的新框架，其中一个就是 Windows Communication Foundation (WCF)。它将服务的业务逻辑实现从通信技术基础设施中抽象出来，这样就可以在未来轻松地切换到另一个替代方案，甚至可以使用多种机制与服务进行通信。

WCF 大量使用 XML 配置来声明性地定义端点，包括它们的地址、绑定和契约。这称为 WCF 端点的 ABC。一旦理解了如何做到这一点，WCF 就是一种强大而灵活的技术。

微软决定不将 WCF 正式移植到现代的.NET 上，但是有一个社区所有的 OSS 项目，名为 Core WCF，由.NET 基金会管理。如果需要将现有的服务从.NET Framework 迁移到现代的.NET，或者将客户端构建到 WCF 服务上，就可以使用 Core WCF。请注意，它不可能是一个完整的端口，因为 WCF 的某些部分是特定于 Windows 的。

像 WCF 这样的技术允许构建分布式应用程序。客户机应用程序可以对服务器应用程序进行远程过程调用(RPC)。可以使用另一种 RPC 技术(如本章后面介绍的 gRPC)，而不是使用 WCF 的端口来实现这一点。

18.2 使用 OData 将数据公开为 Web 服务

Web 服务最常见的用途之一是向不了解如何使用本机数据库的客户端公开数据库。另一个常用的用法是提供一个简化或抽象的 API，只向数据的子集公开经过身份验证的接口。

第 10 章学习了如何创建一个 EF 核心模型来将数据库提供给任何.NET 应用程序或网站。但是非.NET 应用程序和网站怎么办？我知道这很疯狂，但并不是每个开发人员都使用.NET！

幸运的是，所有的开发平台都支持 HTTP，这样它们就可以调用 Web 服务，ASP.NET Core 有一个包，使用一个名为 OData 的标准来实现这个简单而强大的功能。

18.2.1 理解 OData

OData(开放数据协议)是 ISO/IEC 批准的 OASIS 标准，它定义了一组构建和使用 RESTful API 的最佳实践。微软在 2007 年创建了它，并根据微软开放规范承诺发布了 1.0、2.0 和 3.0 版本。之后 OASIS 对 4.0 版本进行了标准化，并于 2014 年发布。

ASP.NET Core OData 实现了 OData 4.0 版本。

OData 基于 HTTP，有多个端点，支持多个版本和实体集。

传统的 Web API 中，服务定义了所有的方法和返回的内容，而 OData 为其查询使用查询字符串，使客户端能够对查询内容有更多的控制，并最小化往返行程。例如，客户机可能只需要两个数据字段 ProductName 和 Cost，以及相关的 Supplier 对象，且仅针对其中 ProductName 包含 burger 这个词，成本小于 4.95 的产品，如下所示：

```
GET https://example.com/v1/products?$filter=contains(ProductName, 'burger') and
Cost lt 4.95&$orderby=Country,Cost&$select=ProductName,Cost&$expand=Supplier
```

18.2.2 构建一个支持 OData 的 Web 服务

ASP.NET Core OData 没有 dotnet 新项目模板，它使用了控制器类，所以下面将使用 Web API 项目模板，然后添加包引用来支持 Odata。

(1) 使用喜欢的代码编辑器添加一个新项目，如下所示。

- 项目模板：ASP.NET Core Web API / webapi
- 工作区/解决方案文件和文件夹：PracticalApps
- 项目文件和文件夹：Northwind.OData
- 其他 Visual Studio 选项：Authentication Type: None，Configure for HTTPS: selected，Enable Docker:cleared，Enable OpenAPI support:selected。在 Visual Studio Code 中，选择 Northwind.OData 作为活动的 OmniSharp 项目。

(2) 为 ASP.NET Core OData 添加一个包引用，如下所示：

```
<ItemGroup>
  <PackageReference Include="Microsoft.AspNetCore.OData"
    Version="8.0.1" />
  <PackageReference Include="Swashbuckle.AspNetCore"
    Version="6.1.4" />
</ItemGroup>
```

最佳实践

本书出版后，上面 NuGet 包的版本号可能会增加。一般来说，应该使用最新的包版本。

(3) 为 SQLite 或 SQL Server 添加一个到 Northwind 数据库上下文项目的引用，如下所示：

```
<ItemGroup>
  <!-- change Sqlite to SqlServer if you prefer -->
  <ProjectReference Include=
"..\Northwind.Common.DataContext.Sqlite\Northwind.Common.DataContext.Sqlite.
csproj" />
</ItemGroup>
```

(4) 在 Northwind.OData 文件夹中删除 WeatherForecast.cs。

(5) 在 Controllers 文件夹中，删除 WeatherForecastController.cs。

(6) 在 Program.cs 中，配置 UseUrls 为 HTTPS 指定端口 5004，代码如下所示：

```
var builder = WebApplication.CreateBuilder(args);
builder.WebHost.UseUrls("https://localhost:5004");
```

(7) 构建 Northwind.OData 项目。

1. 为 EF Core 模型定义 OData 模型

第一个任务是定义希望在 Web 服务中作为 OData 模型公开的内容。我们有完全的控制，所以如果有一个现有的 EF Core 模型，就像为 Northwind 做的那样，不必公开它的所有内容。甚至不需要使用 EF Core 模型。数据源可以是任何东西；但本书只讨论在 EF Core 中使用它，因为这是.NET 开发人员最常用的用法。

定义两个 OData 模型。一个用于公开 Northwind 产品目录，即类别和产品表；还有一个用来公开客户、订单和相关的表。

(1) 在 Program.cs 中，导入用于处理 ONorthwind 数据库的 Data 和 EF Core 模型的名称空间，代码如下所示：

```
using Microsoft.AspNetCore.OData; // AddOData extension method
using Microsoft.OData.Edm; // IEdmModel
using Microsoft.OData.ModelBuilder; // ODataConventionModelBuilder
using Packt.Shared; // NorthwindContext and entity models
```

(2) 在 Program.cs 的底部，添加一个方法来定义和返回 Northwind 类别的 OData 模型，该模型将只公开实体集，即类别、产品和供应商的表，如下所示：

```
IEdmModel GetEdmModelForCatalog()
{
  ODataConventionModelBuilder builder = new();
  builder.EntitySet<Category>("Categories");
  builder.EntitySet<Product>("Products");
```

```
  builder.EntitySet<Supplier>("Suppliers");
  return builder.GetEdmModel();
}
```

(3) 添加一个方法来定义 Northwind 客户订单的 OData 模型，并注意相同的实体集可以出现在多个 OData 模型中，就像 Products 那样，代码如下所示：

```
IEdmModel GetEdmModelForOrderSystem()
{
  ODataConventionModelBuilder builder = new();
  builder.EntitySet<Customer>("Customers");
  builder.EntitySet<Order>("Orders");
  builder.EntitySet<Employee>("Employees");
  builder.EntitySet<Product>("Products");
  builder.EntitySet<Shipper>("Shippers");
  return builder.GetEdmModel();
}
```

(4) 在服务配置部分，在调用 AddControllers 之后，将调用链接到 AddOData 扩展方法，以定义两个 OData 模型，并启用投影、过滤和排序等功能，如下所示：

```
builder.Services.AddControllers()
  .AddOData(options => options
    // register OData models including multiple versions
    .AddRouteComponents(routePrefix: "catalog",
      model: GetEdmModelForCatalog())
    .AddRouteComponents(routePrefix: "ordersystem",
      model: GetEdmModelForOrderSystem())

    // enable query options
    .Select() // enable $select for projection
    .Expand() // enable $expand to navigate to related entities
    .Filter() // enable $filter
    .OrderBy() // enable $orderby
    .SetMaxTop(100) // enable $top
    .Count() // enable $count
);
```

(5) 在调用 AddControllers 之前添加语句，以注册 Northwind 数据库上下文，如下所示：

```
builder.Services.AddNorthwindContext();
```

(6) 在 Properties 文件夹中，打开 launchSettings.json。

(7) 在 Northwind.OData 配置文件中，修改 applicationUrl，以使用端口 5004，如下所示：

```
"applicationUrl": "https://localhost:5004",
```

2. 测试 OData 模型

现在可以检查 OData 模型的定义是否正确。

(1) 启动 Northwind.OData Web 服务。

(2) 启动 Chrome。

(3) 导航到 https://localhost:5004/swagger。可以看到，Northwind.OData v1 服务具有文档说明。

(4) 在 Metadata 部分，依次单击 GET /catalog、Try it out 和 Execute。注意响应体显示了类别

OData 模型中三个实体集的名称和 URL，如下所示：

```
{
"@odata.context": "https://localhost:5004/catalog/$metadata",
"value": [
  {
    "name": "Categories",
    "kind": "EntitySet",
    "url": "Categories"
  },
  {
    "name": "Products",
    "kind": "EntitySet",
    "url": "Products"
  },
  {
    "name": "Suppliers",
    "kind": "EntitySet",
    "url": "Suppliers"
  }
]
}
```

(5) 单击 GET /catalog 折叠该部分。

(6) 依次单击 GET /catalog/$metadata、Try it out 和 Execute。注意模型用属性和键详细描述了像 Category 这样的实体，包括每个类别中产品的导航属性，如图 18.1 所示。

图 18.1　Northwind 类别的 OData 模型元数据

(7) 单击 GET/catalog/$metadata 折叠该部分。

(8) 关闭 Chrome 浏览器，然后关闭 Web 服务器。

18.2.3 创建和测试 OData 控制器

接下来为每个类型的实体创建一个 OData 控制器，用于检索数据。

(1) 在 Controllers 文件夹中，添加一个名为 CategororiesController 的空控制器类。

(2) 将其内容修改为从 ODataController 继承，使用构造函数参数注入获取 Northwind 数据库上下文的实例，并定义两个 get 方法，使用唯一键检索所有类别或一个类别，如下所示：

```
using Microsoft.AspNetCore.Mvc; // IActionResult
using Microsoft.AspNetCore.OData.Query; // [EnableQuery]
using Microsoft.AspNetCore.OData.Routing.Controllers; // ODataController
using Packt.Shared; // NorthwindContext

namespace Northwind.OData.Controllers;

public class CategoriesController : ODataController
{
  private readonly NorthwindContext db;

  public CategoriesController(NorthwindContext db)
  {
    this.db = db;
  }

  [EnableQuery]
  public IActionResult Get()
  {
    return Ok(db.Categories);
  }

  [EnableQuery]
  public IActionResult Get(int key)
  {
    return Ok(db.Categories.Find(key));
  }
}
```

(3) 对 Products和 Suppliers 重复上述步骤 (请读者对其他实体做同样的工作，以启用订单系统 OData 模型。请注意，CustomerId 是一个字符串而不是整数)。

(4) 启动 Northwind.OData Web 服务。

(5) 启动 Chrome。

(6) 导航到 https://localhost:5004/swagger，并注意 Categories、Products 和 Suppliers 实体集现在可以使用了，因为已经为它们创建了 OData 控制器。

(7) 依次单击 GET /catalog/Categories、Try it out 和 Execute。注意响应体显示了一个 JSON 文档，其中包含实体集中的所有类别，如下所示：

```
{
"@odata.context": "https://localhost:5004/catalog/$metadata#Categories",
"value": [
  {
    "CategoryId": 1,
    "CategoryName": "Beverages",
    "Description": "Soft drinks, coffees, teas, beers, and ales",
```

```
      "Picture": null
    },
    {
      "CategoryId": 2,
      "CategoryName": "Condiments",
      "Description": "Sweet and savory sauces, relishes, spreads, and seasonings",
      "Picture": null
    },
     ...
  ]
  }
```

(8) 关闭 Chrome 浏览器，然后关闭 Web 服务器。

18.2.4　使用 REST 客户端测试 OData 控制器

使用 Swagger 用户界面来测试 OData 控制器很快就会变得笨拙。一个更好的工具是名为 REST Client 的 Visual Studio Code 扩展。

(1) 如果还没有通过 Huachao Mao(humao.rest-client)安装 REST 客户端，那么现在就在 Visual Studio Code 中安装它。

(2) 在喜欢的代码编辑器中，启动 Northwind.OData 项目 Web 服务。

(3) 在 Visual Studio Code 中，查看 PracticalApps 文件夹中是否存在 RestClientTests 文件夹(如果不存在，则创建一个)，然后打开该文件夹。

(4) 在 RestClientTests 文件夹中，创建一个名为 odata-catalog.http 的文件，并修改其内容，以包含获取所有类别的请求，代码如下所示：

```
GET https://localhost:5004/catalog/categories/ HTTP/1.1
```

(5) 单击 Send Request，并注意响应与 Swagger 返回的响应相同，即一个包含所有类别的 JSON 文档。

(6) 在 odata-catalog.http 中，添加更多以###分隔的请求，如表 18.1 所示。

表 18.1　添加更多请求

请求	响应
https://localhost:5004/catalog/ categories(3)	{ "@odata.context": "https://localhost:5004/catalog/$metadata#categories/$entity", "CategoryId":3, "CategoryName":"Confections", "Description":"Desserts, candies, and sweet breads", "Picture":null }
https://localhost:5004/catalog/ categories/3	同上
https://localhost:5004/catalog/ categories/$count	8
https://localhost:5004/catalog/ products	包含所有产品的 JSON 文档
https://localhost:5004/catalog/ products/$count	77

(续表)

请求	响应

https://localhost:5004/catalog/ products(2)	{
	"@odata.context":
	"https://localhost:5004/catalog/$metadata#Products/$entity",
	"ProductId": 2, "ProductName": "Chang",
	"SupplierId": 1,
	"CategoryId": 1,
	"QuantityPerUnit": "24 - 12 oz bottles",
	"UnitPrice": 19,
	"UnitsInStock": 17,
	"UnitsOnOrder": 40,
	"ReorderLevel": 25,
	"Discontinued": false
	}

https://localhost:5004/catalog/ suppliers	包含所有供应商的 JSON 文档
https://localhost:5004/catalog/ suppliers/$count	29

18.2.5 查询 OData 模型

为了对 OData 模型执行任意查询，前面启用了选择、过滤和排序功能。OData 的好处之一是它定义了标准的查询选项，如表 18.2 所示。

表 18.2 标准的查询选项

选项	描述	例子
$select	为每个实体选择属性	$select=CategoryId,CategoryName
$expand	通过导航属性选择相关的实体	$expand=Products
$filter	为每个资源计算表达式，只有表达式为 true 的实体才会包含在响应中	$filter=startswith(ProductName,'ch') or (UnitPrice gt 50)
$orderby	根据按升序(默认)或降序列出的属性对实体进行排序	$orderby=UnitPricedesc,ProductName
$skip $top	跳过指定的项数。获取指定的项数	$skip=40&$take=10

出于性能原因，默认情况下禁用了带有$skip 和$top 的批处理。

1. 理解 OData 操作符

OData 有用于$filter 选项的操作符，如表 18.3 所示。

表 18.3 用于$filter 选项的操作符

操作符	描述
eq	等于
ne	不等于
lt	小于

(续表)

操作符	描述
gt	大于
le	小于或等于
ge	大于等于
and	与
or	或
not	非
add	数字和日期/时间值的算术加法
sub	数字和日期/时间值的算术减法
mul	数字的算术乘法
div	数字的算术除法
mod	数字的模数除法

2. 理解 OData 函数

OData 有用于$filter 选项的函数，如表 18.4 所示。

表 18.4　用于$filter 选项的函数

函数	说明
startswith(property,'value')	以指定值开头的文本值
endswith(property,'value')	以指定值结尾的文本值
concat(property,'value')	连接两个文本值
contains(property,'value')	包含指定值的文本值
indexof(property,'value')	返回文本值的位置
length(property)	返回文本值的长度
substring	从文本值中提取子字符串
tolower	转换为小写字母
toupper	转换为大写字母
trim	删除文本值前后的空白
now	当前日期和时间
date, day, month, year	提取日期成分
time, hour, minute, second	提取时间成分

3. 探索 OData 查询

下面实验一些 OData 查询。

(1) 在 RestClientTests 文件夹中，创建一个名为 odata-catalog-queries.http 的文件，并修改其内容以包含获取所有类别的请求，代码如下所示：

```
GET https://localhost:5004/catalog/categories/
```

```
?$select=CategoryId,CategoryName
```

(2) 单击 Send Request 并注意响应；响应是一个 JSON 文档，其中包含所有类别，但只有 CategoryId 和 CategoryName 属性。

(3) 在 odata-catalog-queries.http 添加一个请求，获取名称以 Ch 开头的产品，如 Chai 和 Chef Anton's Gumbo Mix，或单价在 50 以上的产品，如 Mishi Kobe Niku 或 Sir Rodney's Marmalade，如下所示：

```
GET https://localhost:5004/catalog/products/
?$filter=startswith(ProductName,'Ch') or (UnitPrice gt 50)
```

(4) 在 odata-catalog-queries.http 中，添加一个请求来获取按价格排序的产品，最昂贵的在顶部，然后按产品名称排序，并且只包含 ID、名称和价格属性，如下所示：

```
GET https://localhost:5004/catalog/products/
?$orderby=UnitPrice desc,ProductName
&$select=ProductId,ProductName,UnitPrice
```

(5) 在 odata-catalog-queries.http 中，添加一个请求来获取类别及其相关产品，如下所示：

```
GET https://localhost:5004/catalog/categories/
?$select=CategoryId,CategoryName
&$expand=Products
```

18.2.6 记录 OData 请求

OData 查询是如何工作的？让我们通过给 Northwind 数据库上下文添加日志来查看实际执行的 SQL 语句。

(1) 在 Northwind.Common.DataContext.Sqlite 和 SqlServer 项目中，添加一个名为 ConsoleLogger.cs 的文件。

(2) 修改文件以定义三个类，一个实现 ILoggerFactory，一个实现 ILoggerProvider，一个实现 ILogger，代码如下所示：

```
using Microsoft.Extensions.Logging;

using static System.Console;

namespace Packt.Shared;

public class ConsoleLoggerFactory : ILoggerFactory
{
  public void AddProvider(ILoggerProvider provider) { }

  public ILogger CreateLogger(string categoryName)
  {
    return new ConsoleLogger();
  }
  public void Dispose() { }
}

public class ConsoleLogger : ILogger
{
  public IDisposable BeginScope<TState>(TState state)
```

```
    {
      return null;
    }

    public bool IsEnabled(LogLevel logLevel)
    {
      switch(logLevel)
      {
        case LogLevel.Trace:
        case LogLevel.Information:
        case LogLevel.None:
          return false;
        case LogLevel.Debug:
        case LogLevel.Warning:
        case LogLevel.Error:
        case LogLevel.Critical:
        default:
          return true;
      };
    }

    public void Log<TState>(LogLevel logLevel,
      EventId eventId, TState state, Exception exception,
      Func<TState, Exception, string> formatter)
    {
      if (eventId.Id == 20100) // execute SQL statement
      {
      Write($"Level: {logLevel}, Event Id: {eventId.Id}");

      // only output the state or exception if it exists
      if (state != null)
      {
        Write($", State: {state}");
      }

      if (exception != null)
      {
        Write($", Exception: {exception.Message}");
      }
      WriteLine();
      }
    }
  }
```

(3) 在 NorthwindContextextensions.cs 的 AddNorthwindContext 方法中，在调用 UseSqlServer 或 UseSqlite 之后，调用 UseLoggerFactory 来注册自定义控制台记录器，代码如下所示：

```
services.AddDbContext<NorthwindContext>(options =>
  options.UseSqlServer(connectionString) // or UseSqlite(...)
  .UseLoggerFactory(new ConsoleLoggerFactory())
);
```

(4) 启动 Northwind.OData Web 服务。

(5) 启动 Chrome。

(6) 导航到 https://localhost:5004/catalog/products/?$filter=startswith(ProductName,'Ch')or (UnitPrice

gt 50)&$select=ProductId,ProductName,UnitPrice。

(7) 在 Chrome 浏览器中查看结果，如下所示：


```
{"@odata.context":"https://localhost:5004/catalog/$metadata#Products(ProductId,ProductName,UnitPrice)","value":[{"ProductId":1,"ProductName":"Chai","UnitPrice":18.0000},{"ProductId":2,"ProductName":"Chang","UnitPrice":19.0000},{"ProductId":4,"ProductName":"Chef Anton's Cajun
Seasoning","UnitPrice":22.0000},{"ProductId":5,"ProductName":"Chef Anton's Gumbo
Mix","UnitPrice":21.3500},{"ProductId":9,"ProductName":"Mishi Kobe
Niku","UnitPrice":97.0000},{"ProductId":18,"ProductName":"Carnarvon
Tigers","UnitPrice":62.5000},{"ProductId":20,"ProductName":"Sir Rodney's
Marmalade","UnitPrice":81.0000},{"ProductId":29,"ProductName":"Th\u00fcringer
Rostbratwurst","UnitPrice":123.7900},{"ProductId":38,"ProductName":"C\u00f4te de
Blaye","UnitPrice":263.5000},{"ProductId":39,"ProductName":"Chartreuse
verte","UnitPrice":18.0000},{"ProductId":48,"ProductName":"Chocolade","UnitPrice":12.7500},{"ProductId":51,"ProductName":"Manjimup Dried
Apples","UnitPrice":53.0000},{"ProductId":59,"ProductName":"Raclette
Courdavault","UnitPrice":55.0000}]}
```


(8) 在命令提示符或终端，注意记录的 SQL 语句，例如，使用 SQL Server 数据库提供程序，如下所示：

```
    Level: Debug, Event Id: 20100, State: Executing DbCommand
[Parameters=[@__TypedProperty_0='?' (Size = 4000), @__TypedProperty_1='?' (DbType =
Decimal)], CommandType='Text', CommandTimeout='30']
    SELECT [p].[ProductId], [p].[ProductName], [p].[UnitPrice]
    FROM [Products] AS [p]
    WHERE ((@__TypedProperty_0 = N'') OR (LEFT([p].[ProductName],
LEN(@__TypedProperty_0)) = @__TypedProperty_0)) OR ([p].[UnitPrice] >
@__TypedProperty_1)
```

更多信息

它可能看起来像 ProductsController 上的 Get 动作方法。它返回的不是整个 Products 表，而是一个 IQueryable<Products>对象。换句话说，它返回一个 LINQ 查询，而不是结果。我们用[EnableQuery]属性装饰了 Get 动作方法。这使得 OData 可以扩展 LINQ 查询，使之包括过滤器、投影、排序等，然后才执行查询、序列化结果并将它们返回给客户机。这使得 OData 服务尽可能灵活和高效。

18.2.7 OData 控制器的版本控制

为可能具有不同模式和行为的 OData 模型的未来版本做计划是一种很好的实践。

为了保持向后兼容性，可以使用 OData URL 前缀来指定版本号。

(1) 在 Northwind.OData 项目的 Program.cs 中，在服务配置部分，添加 catalog 和 ordersystem 的两个 OData 模型后，添加第三个具有版本号的 OData 模型，如下所示：

```
.AddRouteComponents(routePrefix: "catalog",
  model: GetEdmModelForCatalog())
.AddRouteComponents(routePrefix: "ordersystem",
  model: GetEdmModelForOrderSystem())
.AddRouteComponents(routePrefix: "v{version}",
  model: GetEdmModelForCatalog())
```

(2) 在 ProductsController.cs 中，静态地导入 Console，然后修改 Get 方法来添加一个名为 version 的字符串参数。如果在请求中指定了版本 2，则使用它来更改方法的行为，如下所示：

```
[EnableQuery]
public IActionResult Get(string version = "1")
{
  WriteLine($"ProductsController version {version}.");
  return Ok(db.Products);
}

[EnableQuery]
public IActionResult Get(int key, string version = "1")
{
  WriteLine($"ProductsController version {version}.");
  Product? p = db.Products.Find(key);
  if (p is null)
  {
    return NotFound($"Product with id {key} not found.");
  }
  if (version == "2")
  {
    p.ProductName += " version 2.0";
  }
  return Ok(p);
}
```

(3) 在喜欢的代码编辑器中，启动 Northwind.OData 项目 Web 服务。

(4) 在 Visual Studio Code 中，在 odata-catalog-queries.http 中，添加一个请求，使用 v2 OData 模型获取 ID 为 50 的产品，代码如下所示：

```
GET https://localhost:5004/v2/products(50)
```

(5) 单击 Send Request，并注意响应是名称附有 version 2.0 的产品，如下所示：

```
{
"@odata.context": "https://localhost:5004/v2/$metadata#Products/$entity",
"ProductId": 50,
"ProductName": "Valkoinen suklaa                ",
"SupplierId": 23,
"CategoryId": 3,
"QuantityPerUnit": "12 - 100 g bars",
"UnitPrice": 16.2500,
"UnitsInStock": 65,
"UnitsOnOrder": 0,
"ReorderLevel": 30,
"Discontinued": false
}
```

18.2.8　使用 POST 启用实体插入

OData 最常见的用途是提供支持自定义查询的 Web API。我们可能还希望支持 CRUD 操作，比如插入。

(1) 在 ProductsController.cs 中，添加一个动作方法来响应 POST 请求，代码如下所示：

```
public IActionResult Post([FromBody] Product product)
{
  db.Products.Add(product);
  db.SaveChanges();
  return Created(product);
}
```

(2) 启动 Web 服务。

(3) 创建一个名为 odata-catalog-insert-product.http 的文件，如下 HTTP 请求所示：

```
POST https://localhost:5004/catalog/products
Content-Type: application/json
Content-Length: 234

{
  "ProductName": "Impossible Burger",
  "SupplierId": 7,
  "CategoryId": 6,
  "QuantityPerUnit": "Pack of 4",
  "UnitPrice": 40.25,
  "UnitsInStock": 50,
  "UnitsOnOrder": 0,
  "ReorderLevel": 30,
  "Discontinued": false
}
```

(4) 单击 Send Request。

(5) 注意成功的响应，如下面的标记所示：

```
HTTP/1.1 201 Created
Connection: close
Content-Type: application/json; odata.metadata=minimal; odata.streaming=true
Date: Sat, 17 Jul 2021 12:01:57 GMT
Server: Kestrel
Location: https://localhost:5004/catalog/Products(80)
Transfer-Encoding: chunked
OData-Version: 4.0

{
  "@odata.context":
"https://localhost:5004/catalog/$metadata#Products/$entity",
  "ProductId": 78,
  "ProductName": "Impossible Burger",
  "SupplierId": 7,
  "CategoryId": 6,
  "QuantityPerUnit": "Pack of 4",
  "UnitPrice": 40.25,
  "UnitsInStock": 50,
  "UnitsOnOrder": 0,
  "ReorderLevel": 30,
  "Discontinued": false
}
```

18.2.9　为 OData 构建客户端

本节看看客户端如何调用 OData Web 服务。

如果想查询 OData 服务中以字母 Cha 开头的产品，就发送一个相对 URL 路径的 GET 请求，如下所示：

```
    catalog/products/?$filter=startswith(ProductName, 'Cha')&$select=ProductId,
ProductName,UnitPrice
```

OData 返回 JSON 文档中的数据，该数据带有一个名为 value 的属性，包含结果产品作为一个数组，如下面的 JSON 文档所示：

```
{
  "@odata.context": "https://localhost:5004/catalog/$metadata#Products",
  "value": [
    {
      "ProductId": 1,
      "ProductName": "Chai",
      "SupplierId": 1,
      "CategoryId": 1,
      "QuantityPerUnit": "10 boxes x 20 bags",
      "UnitPrice": 18,
      "UnitsInStock": 39,
      "UnitsOnOrder": 0,
      "ReorderLevel": 10,
      "Discontinued": false
},
```

下面创建一个模型类来简化反序列化响应。

(1) 在 Northwind.Mvc 项目的 Models 文件夹中，添加一个新的类文件，命名为 ODataProducts.cs，代码如下所示：

```
using Packt.Shared; // Product

namespace Northwind.Mvc.Models;

public class ODataProducts
{
  public Product[]? Value { get; set; }
}
```

(2) 在 Program.cs 中，添加语句为 OData 服务注册一个 HTTP 客户端，代码如下所示：

```
builder.Services.AddHttpClient(name: "Northwind.OData",
  configureClient: options =>
  {
    options.BaseAddress = new Uri("https://localhost:5004/");
    options.DefaultRequestHeaders.Accept.Add(
      new MediaTypeWithQualityHeaderValue(
      "application/json", 1.0));
  });
```

给 Northwind MVC 网站添加一个服务页面

接下来，创建一个服务页面。

(1) 在 Controllers 文件夹中，打开 HomeController.cs，并为调用 OData 服务的服务添加一个新的 action 方法，以获取以 Cha 开头的产品，并将结果存储在 ViewData 字典中，代码如下所示：

```
public async Task<IActionResult> Services()
{
  try
  {
    HttpClient client = clientFactory.CreateClient(
      name: "Northwind.OData");

    HttpRequestMessage request = new(
      method: HttpMethod.Get, requestUri:
      "catalog/products/?$filter=startswith(ProductName,
  'Cha')&$select=ProductId,ProductName,UnitPrice");

    HttpResponseMessage response = await client.SendAsync(request);
      ViewData["productsCha"] = (await response.Content
        .ReadFromJsonAsync<ODataProducts>())?.Value;
  }
  catch (Exception ex)
  {
     _logger.LogWarning($"Northwind.OData service exception: {ex.Message}");
  }

  return View();
}
```

(2) 在 Views/Shared 的_Layout.cshtml 中，在进入服务页面的 Privacy 导航项后面添加一个新的导航项，如下所示：

```
<li class="nav-item">
  <a class="nav-link text-dark" asp-area=""
    asp-controller="Home" asp-action="Services">Services</a>
</li>
```

(3) 在 Views/Home 中，添加一个名为 Services.cshtml 的新空视图。并修改其内容以呈现产品，如下所示：

```
@using Packt.Shared
@using Northwind.Common
@{
  ViewData["Title"] = "Services";
  Product[]? products = ViewData["productsCha"] as Product[];
}
<div class="text-center">
  <h1 class="display-4">@ViewData["Title"]</h1>
  @if (ViewData["productsCha"] != null)
  {
    <h2>Products that start with Cha using OData</h2>
    <p>
      @if (products is null)
      {
```

```
            <span class="badge badge-info">No products found.</span>
        }
        else
        {
          @foreach (Product p in products)
          {
            <span class="badge badge-info">
              @p.ProductId
              @p.ProductName
              @(p.UnitPrice is null ? "" : p.UnitPrice.Value.ToString("c"))
            </span>
          }
        }
      </p>
    }
</div>
```

(4) 可以选择启动 Minimal.Web 项目且不启动调试功能(如果使用的是 Visual Studio 2022，请在解决方案资源管理器中选择该项目，使其成为当前选项，然后导航到 Debug | Start Without Debugging)。

(5) 启动 Northwind.OData 项目且不启动调试功能。

(6) 启动 Northwind.Mvc 项目且不启动调试功能。

(7) 启动 Chrome。

(8) 单击菜单或浏览以下链接，进入 Services 页面：https://localhost:5001/Home/Services。

(9) 注意，OData 服务返回三个产品，如图 18.2 所示。

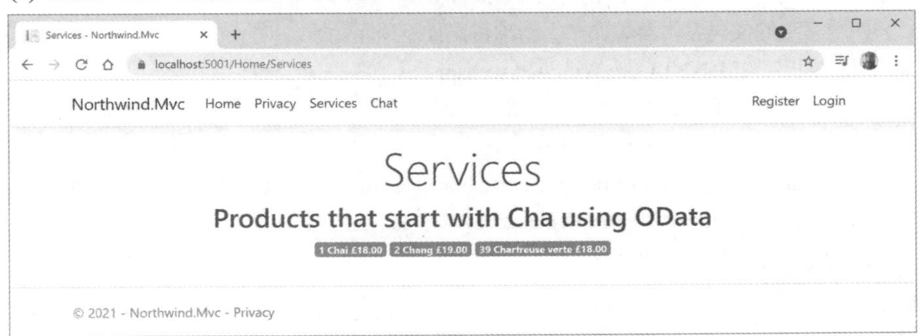

图 18.2　从 OData 服务返回的三个以 Cha 开头的产品名

(10) 关闭 Chrome 浏览器然后关闭所有 Web 服务器。

18.3　使用 GraphQL 将数据公开为服务

如果希望使用更现代的技术将数据作为服务公开，那么可以选择 GraphQL。

18.3.1　理解 GraphQL

像 OData 一样，GraphQL 是描述数据和查询数据的标准，客户可以准确地控制他们的需求。它是 Facebook 于 2012 年在内部开发的，在 2015 年开源，现在由 GraphQL 基金会管理。

GraphQL 优于 OData 的一些好处是，它不需要 HTTP，因为它是与传输无关的，所以可以使用其他传输协议(如 WebSockets)，而且 GraphQL 有一个端点，通常是简单的/GraphQL。

GraphQL 使用自己的文档格式进行查询，这有点像 JSON，但 GraphQL 查询不需要字段名之间的逗号，如下面的查询所示：

```
{
  product (productId: 23) {
    productId
    productName
    cost
    supplier {
      companyName
      country
    }
  }
}
```

更多信息

GraphQL 查询文档的官方媒体类型是 application/GraphQL。

18.3.2 构建支持 GraphQL 的服务

GraphQL 没有 dotnet 新项目模板，所以下面使用 Web API 项目模板(即使 GraphQL 不需要托管在 Web 服务中)，然后添加包引用来支持 GraphQL。

(1) 使用喜欢的代码编辑器添加一个新项目，如下所示。

- 项目模板：ASP.NET Core Web API/webapi
- 工作区/解决方案文件和文件夹：PracticalApps
- 项目文件和文件夹：Northwind.GraphQL
- Visual Studio 选项：Authentication Type: None，Configure for HTTPS:selected, Enable Docker: cleared，Enable OpenAPI support:cleared。

最佳实践

因为 GraphQL 不是传统的 Web API 服务，所以不应该启用 Swagger。如果使用命令行，就使用以下选项：

dotnet new webapi——no-openapi。

(2) 在 Visual Studio Code 中，选择 Northwind.GraphQL 作为 OmniSharp 活动项目。

(3) 添加核心 GraphQL 服务器端组件和 GraphQL 游乐场用户界面的包引用，如下所示：

```
<ItemGroup>
  <PackageReference
    Include="GraphQL.Server.Transports.AspNetCore"
    Version="5.0.2" />
  <PackageReference
    Include="GraphQL.Server.Transports.AspNetCore.SystemTextJson"
    Version="5.0.2" />
  <PackageReference
    Include="GraphQL.Server.Ui.Playground"
```

```
        Version="5.0.2" />
    </ItemGroup>
```

最佳实践

将服务部署到生产环境之前，删除 GraphQL 游乐场用户界面包。尽管只能在开发模式下启用该游乐场用户界面包，但任何未使用的包都会增加项目的潜在攻击面。

(4) 为 SQLite 或 SQL Server 添加一个对 Northwind 数据库上下文项目的引用，如下所示：

```
    <ItemGroup>
      <!-- change Sqlite to SqlServer if you prefer -->
      <ProjectReference Include=
    "..\Northwind.Common.DataContext.Sqlite\Northwind.Common.DataContext.Sqlite.cs
proj" />
    </ItemGroup>
```

(5) 在 Northwind.GraphQL 文件夹中，删除 WeatherForecast.cs。

(6) 在 Controllers 文件夹中，删除 WeatherForecastController.cs。

(7) 删除 Controllers 文件夹。

(8) 在 Program.cs 中，添加一个对 UseUrls 的扩展方法调用来指定 HTTPS 的端口 5005，代码如下所示：

```
var builder = WebApplication.CreateBuilder(args);
builder.WebHost.UseUrls("https://localhost:5005/");
```

(9) 在 Properties 文件夹中，打开 launchSettings. json，修改 launchUrl 和 applicationUrl 设置，如下所示：

```
"profiles": {
  "Northwind.GraphQL": {
    "commandName": "Project",
    "dotnetRunMessages": "true",
    "launchBrowser": true,
    "launchUrl": "ui/playground",
    "applicationUrl": "https://localhost:5005",
    "environmentVariables": {
      "ASPNETCORE_ENVIRONMENT": "Development"
  }
},
```

(10) 构建 Northwind.GraphQL 项目。

18.3.3 为 Hello World 定义 GraphQL 模式

第一个任务是定义希望在 Web 服务中作为 GraphQL 模型公开的内容。下面为最基本的 Hello World 例子定义一个 GraphQL 模型。

(1) 在 Northwind.GraphQL 项目/文件夹中，添加一个名为 GreetQuery.cs 的类文件。

(2) 修改这个类来定义一个名为 greet 的对象图类型，它以纯文本“Hello, World!”进行响应，代码如下所示：

```
using GraphQL.Types; // ObjectGraphType
```

```
namespace Northwind.GraphQL;

public class GreetQuery : ObjectGraphType
{
  public GreetQuery()
  {
    Field<StringGraphType>(name: "greet",
    description: "A query type that greets the world.",
    resolve: context => "Hello, World!");
  }
}
```

(3) 在 Northwind.GraphQL 项目/文件夹中，添加一个名为 NorthwindSchema.cs 的类文件。

(4) 修改类来定义一个对象图模式，它将 GreetQuery 类注册为唯一的查询类型，代码如下所示：

```
using GraphQL.Types; // Schema

namespace Northwind.GraphQL;

public class NorthwindSchema : Schema
{
  public NorthwindSchema(IServiceProvider provider) : base(provider)
  {
    Query = new GreetQuery();
  }
}
```

最佳实践

使用构造函数参数注入来获得 IServiceProvider，该 provider 用于获得注册的依赖服务。

(5) 在 Program.cs 中，导入使用 GraphQL 以及刚才定义的 GraphQL 查询和模式的名称空间，代码如下所示：

```
using GraphQL.Server; // GraphQLOptions
using Northwind.GraphQL; // GreetQuery, NorthwindSchema
```

(6) 在配置服务部分，调用 AddControllers 之后，添加语句将 schema 类注册为 builder.Services.AddScoped<NorthwindSchema>()的依赖服务，并添加 GraphQL 支持，代码如下所示：

```
builder.Services.AddScoped<NorthwindSchema>();
builder.Services.AddGraphQL()
.AddGraphTypes(typeof(NorthwindSchema), ServiceLifetime.Scoped)
.AddDataLoader()
.AddSystemTextJson(); // serialize responses as JSON
```

最佳实践

稍后，Northwind 数据库上下文将被注册为一个限定范围的依赖服务，因此使用它的任何服务也必须被注册为限定范围的依赖服务而不是单例的依赖服务。

(7) 在配置 HTTP 管道的部分中，添加语句以使用 Northwind 模式的 GraphQL，并在开发模式下使用游乐场用户界面，如下所示：

```
if (builder.Environment.IsDevelopment())
{
    app.UseGraphQLPlayground(); // default path is /ui/playground
}
app.UseGraphQL<NorthwindSchema>(); // default path is /graphql
```

(8) 启动 Northwind.GraphQL 服务项目。

(9) 如果使用的是 Visual Studio Code，就启动 Chrome 浏览器，并导航到 https://localhost:5005/ui/playground。

(10) 在左边，写一个未命名的查询来请求 greet，如下所示：

```
{
greet
}
```

(11) 单击圆形灰色 play 按钮，注意 playground 使用的端点 URL、https://localhost:5005/graphql 和响应，如下输出和图 18.3 所示。

```
{
  "data": {
    "greet": "Hello, World!"
  },
  "extensions": {}
}
```

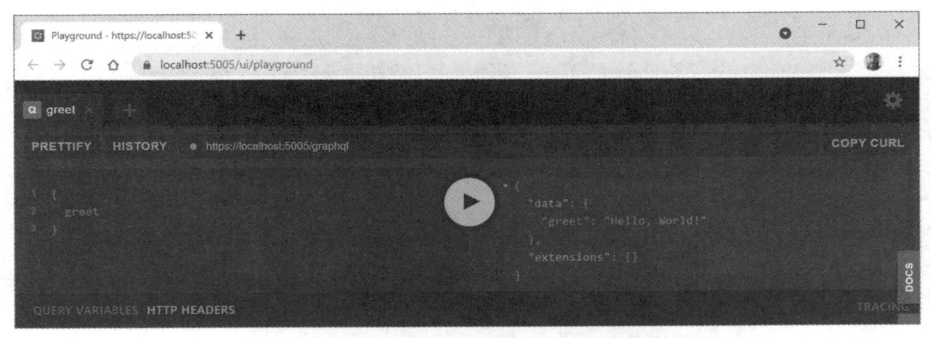

图 18.3　使用 GraphQL 游乐场用户界面执行问候查询

(12) 关闭 Chrome 浏览器，然后关闭 Web 服务器。

也可以将它创建为一个命名查询，代码如下所示：

```
query QueryNameGoesHere {
  greet
}
```

命名查询允许客户端识别用于遥测目的的查询和响应，例如，当托管在微软 Azure 云服务和使用 Application Insights 进行监控时。

18.3.4　为 EF Core 模型定义 GraphQL 模式

前面成功地运行了一个基本的 GraphQL 服务，下面添加类型来支持查询 Northwind 数据库。

(1) 在 Program.cs 中，导入名称空间，以处理 Northwind 数据库的 EF Core 模型，代码如下所示：

```
using Packt.Shared; // AddNorthwindContext extension method
```

(2) 在用于配置服务的部分顶部添加一条语句，注册 Northwind 数据库上下文类，代码如下所示：

```
builder.Services.AddNorthwindContext();
```

(3) 在 Northwind.GraphQL 项目/文件夹中，添加一个名为 CategoryType.cs 的类文件，用于向 GraphQL 系统描述 Category 实体类。

(4) 修改 CategoryType 类，以定义一个与 Category 实体模型结构匹配的对象图类型，代码如下所示：

```
using GraphQL.Types; // ObjectGraphType<T>, ListGraphType<T>
using Packt.Shared; // Category

namespace Northwind.GraphQL;

public class CategoryType : ObjectGraphType<Category>
{
  public CategoryType()
  {
    Name = "Category";
    Field(c => c.CategoryId).Description("Id of the category.");
    Field(c => c.CategoryName).Description("Name of the category.");
    Field(c => c.Description).Description("Description of the category.");
    Field(c => c.Products, type: typeof(ListGraphType<ProductType>))
      .Description("Products in the category.");
  }
}
```

更多信息

ProductType 类将生成一个临时错误，因为我们还没有创建它。

(5) 在 Northwind.GraphQL 项目/文件夹中，添加一个名为 ProductType.cs 的类文件。

(6) 修改类以定义与 Product 实体模型的结构匹配的对象图类型，代码如下所示：

```
using GraphQL.Types; // ObjectGraphType<T>, IntGraphType, DecimalGraphType
using Packt.Shared; // Category, Product

namespace Northwind.GraphQL;

public class ProductType : ObjectGraphType<Product>
{
  public ProductType()
  {
    Name = "Product";
    Field(p => p.ProductId).Description("Id of the product.");
    Field(p => p.ProductName).Description("Name of the product.");
    Field(p => p.CategoryId, type: typeof(IntGraphType))
      .Description("CategoryId of the product.");
```

```
      Field(p => p.Category, type: typeof(CategoryType))
        .Description("Category of the product.");
      Field(p => p.UnitPrice, type: typeof(DecimalGraphType))
        .Description("Unit price of the product.");
      Field(p => p.UnitsInStock, type: typeof(IntGraphType))
        .Description("Units in stock of the product.");
      Field(p => p.UnitsOnOrder, type: typeof(IntGraphType))
        .Description("Units on order of the product.");
    }
  }
```

最佳实践

像 int 和 string 这样的简单类型可以被 GraphQL 自动识别。复杂类型都需要显式指定，如 Category 属性所使用的可空类型(如 int?和 decimal?)，Category 属性所使用的复杂类型(如 Category)，以及像 short 这样的小整数；否则 GraphQL 将在运行时抛出异常。

(7) 在 Northwind.GraphQL 项目/文件夹中，添加一个名为 NorthwindQuery.cs 的类文件。

(8) 修改这个类以定义一个对象图类型，该对象图类型具有三种查询类型，以返回类别列表、单个类别和类别的产品，代码如下所示：

```
using GraphQL; // GetArgument extension method
using GraphQL.Types; // ObjectGraphType, QueryArguments, QueryArgument<T>
using Microsoft.EntityFrameworkCore; // Include extension method
using Packt.Shared; // NorthwindContext

namespace Northwind.GraphQL;

public class NorthwindQuery : ObjectGraphType
{
  public NorthwindQuery(NorthwindContext db)
  {
    Field<ListGraphType<CategoryType>>(
    name: "categories",
    description: "A query type that returns a list of all categories.",
    resolve: context => db.Categories.Include(c => c.Products)
  );

  Field<CategoryType>(
    name: "category",
    description: "A query type that returns a category using its Id.",
    arguments: new QueryArguments(
      new QueryArgument<IntGraphType> { Name = "categoryId" }),
    resolve: context =>
    {
      Category? category = db.Categories.Find(
        context.GetArgument<int>("categoryId"));
      db.Entry(category).Collection(c => c.Products).Load();
      return category;
    }
    );

    Field<ListGraphType<ProductType>>(
      name: "products",
      arguments: new QueryArguments(
```

```
          new QueryArgument<IntGraphType> { Name = "categoryId" }),
        resolve: context =>
        {
          Category? category = db.Categories.Find(
            context.GetArgument<int>("categoryId"));
          db.Entry(category).Collection(c => c.Products).Load();
          return category.Products;
        }
      );
    }
  }
```

(9) 在 NorthwindSchema.cs 中，导入名称空间以获得具有依赖注入的服务和 Northwind 数据库上下文，代码如下所示：

```
using Packt.Shared; // NorthwindContext
using Microsoft.Extensions.DependencyInjection; // GetRequiredService
```

(10) 在构造函数中，注释掉将 Query 设置为使用 GreetQuery 的语句，并添加一个语句，设置它使用 NorthwindQuery，获取和传递所需的 Northwind 数据库上下文，代码如下所示：

```
// Query = new GreetQuery();
Query = new NorthwindQuery(provider.GetRequiredService<NorthwindContext>());
```

18.3.5 利用 Northwind 探索 GraphQL 查询

现在可以测试为 Northwind 数据库编写的 GraphQL 查询。

(1) 启动 Northwind.GraphQL 服务项目。

(2) 如果使用的是 Visual Studio Code，就启动 Chrome 浏览器，并导航到 https://localhost:5005/ui/playground。

(3) 在游乐场用户界面上，单击右边的 SCHEMA 选项卡，注意模式、查询和类型定义，并注意输入查询时提供的智能感知帮助，如图 18.4 所示。

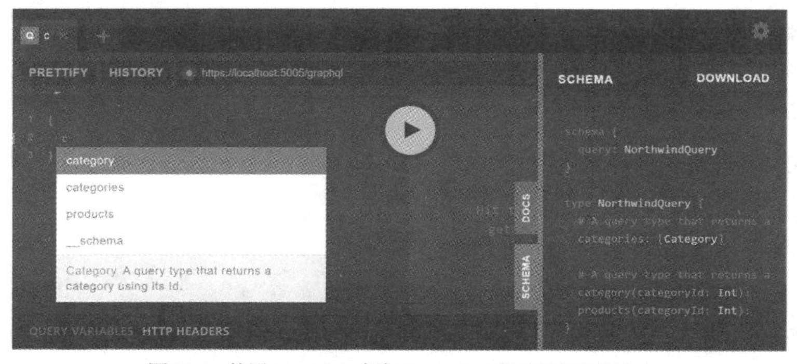

图 18.4 使用 GraphQL 查询 Northwind 类别和产品的模式

(4) 单击 DOCS 选项卡，然后单击 categories、category(...)和 products(...)来查看文档。

(5) 再次单击 DOCS 选项卡来折叠窗格。

(6) 在左边，编写一个命名查询请求所有类别，如下所示：

```
query AllCategories {
```

```
    categories {
      categoryId
      categoryName
      description
    }
  }
```

(7) 单击播放按钮，注意响应，部分输出如下：

```
  {
"data": {
"categories": [
{
  "categoryId": 1,
  "categoryName": "Beverages",
  "description": "Soft drinks, coffees, teas, beers, and ales"
},
{
  "categoryId": 2,
  "categoryName": "Condiments",
  "description": "Sweet and savory sauces, relishes, spreads, and seasonings"
},
...
```

(8) 单击+选项卡打开一个新选项卡，编写一个查询，请求 Id 为 2 的类别，包括 Id、名称和其产品的价格，如下所示：

```
query Condiments {
  category (categoryId: 2) {
    categoryId
    categoryName
    products {
      productId
      productName
      unitPrice
    }
  }
}
```

最佳实践

确保 categoryId 中的 I 是大写。

(9) 单击播放按钮，注意响应，部分输出如下：

```
  {
"data": {
"category": {
"categoryId": 2,
"categoryName": "Condiments",
"products": [
{
  "productId": 3,
  "productName": "Aniseed Syrup",
  "unitPrice": 10
},
```

```
  {
    "productId": 4,
    "productName": "Chef Anton's Cajun Seasoning",
    "unitPrice": 22
  },
  ...
```

(10) 单击+选项卡打开一个新选项卡，编写一个查询，请求 Id 为 1 的类别中产品的 Id、名称和库存单位，如下所示：

```
query BeverageProducts {
  products (categoryId: 1) {
    productId
    productName
    unitsInStock
  }
}
```

(11) 单击播放按钮，注意响应，部分输出如下：

```
{
 "data": {
  "products": [
   {
     "productId": 1,
     "productName": "Chai",
     "unitsInStock": 39
   },
   {
     "productId": 2,
     "productName": "Chang",
     "unitsInStock": 17
   },
  ...
```

(12) 关闭 Chrome 浏览器，然后关闭 Web 服务器。

18.3.6 理解 GraphQL 变化和订阅

除了查询之外，其他标准的 GraphQL 特性还有突变(mutation)和订阅(subscription)。

- 突变允许创建、更新和删除资源。
- 订阅使客户端在资源更改时得到通知。它们与其他通信技术(如 WebSockets)一起使用效果最佳。

如果希望下一版增加这些内容，请与笔者联系并让笔者知道。

18.3.7 为 GraphQL 构建客户机

最后看看客户端如何调用 GraphQL 服务。将创建一个模型类来简化反序列化响应的过程。

(1) 在 Northwind.Mvc 项目的 Models 文件夹中，添加一个新的类文件，命名为 GraphQLProducts.cs，代码如下所示：

```
using Packt.Shared; // Product

namespace Northwind.Mvc.Models;
```

```
public class GraphQLProducts
{
  public class DataProducts
  {
   public Product[]? Products { get; set; }
  }

  public DataProducts? Data { get; set; }
}
```

(2) 在Program.cs中添加语句，为GraphQL服务注册一个HTTP客户端，代码如下所示：

```
builder.Services.AddHttpClient(name: "Northwind.GraphQL",
  configureClient: options =>
  {
    options.BaseAddress = new Uri("https://localhost:5005/");
    options.DefaultRequestHeaders.Accept.Add(
      new MediaTypeWithQualityHeaderValue(
      "application/json", 1.0));
  });
```

(3) 在Controllers文件夹的HomeController.cs中，导入用于处理文本编码的名称空间，代码如下所示：

```
using System.Text; // Encoding
```

(4) 在Services动作方法中，添加语句来调用GraphQL服务，注意HTTP请求是POST请求，媒体类型是GraphQL，查询请求类别8中的所有产品(即海鲜)，代码如下所示：

```
try
{
  HttpClient client = clientFactory.CreateClient(
    name: "Northwind.GraphQL");

  HttpRequestMessage request = new(
    method: HttpMethod.Post, requestUri: "graphql");

  request.Content = new StringContent(content: @"
    {
      products (categoryId: 8) {
        productId
        productName
        unitsInStock
      }
    }",
    encoding: Encoding.UTF8,
     mediaType: "application/graphql");

  HttpResponseMessage response = await client.SendAsync(request);

  if (response.IsSuccessStatusCode)
  {
    ViewData["seafoodProducts"] = (await response.Content
        .ReadFromJsonAsync<GraphQLProducts>())?.Data?.Products;
  }
```

```
    else
    {
      ViewData["seafoodProducts"] = Enumerable.Empty<Product>().ToArray();
    }
  }
  catch (Exception ex)
  {
    _logger.LogWarning($"Northwind.GraphQL service exception: {ex.Message}");
  }
```

(5) 在 Views/Home 文件夹的 Services.cshtml 中，在@if 部分之后最外面的<div>中添加一个新部分，该部分渲染 OData 服务中以 Cha 开头的产品，并渲染海鲜产品，如下所示：

```
@{
  ViewData["Title"] = "Services";
  Product[]? products = ViewData["productsCha"] as Product[];
  Product[]? seafoodProducts = ViewData["seafoodProducts"] as Product[];
}
...
  @if (seafoodProducts is not null)
  {
    <h2>Seafood products using GraphQL</h2>
    <p>
      @foreach (Product p in seafoodProducts)
      {
        <span class="badge badge-success">
          @p.ProductId
          @p.ProductName
          -
          @(p.UnitsInStock is null ? "0" : p.UnitsInStock.Value) in stock
        </span>
      }
    </p>
}
```

(6) 可以选择启动 Minimal.Web 项目，且不启动调试功能。

(7) 可以选择启动 Northwind.OData 项目。

(8) 启动 Northwind.GraphQL 项目，且不启动调试功能。

(9) 启动 Northwind.Mvc 项目。

(10) 进入 **Services** 页面：https://localhost:5001/home/services。

(11) 注意，使用 GraphQL 成功检索海鲜产品，如图 18.5 所示。

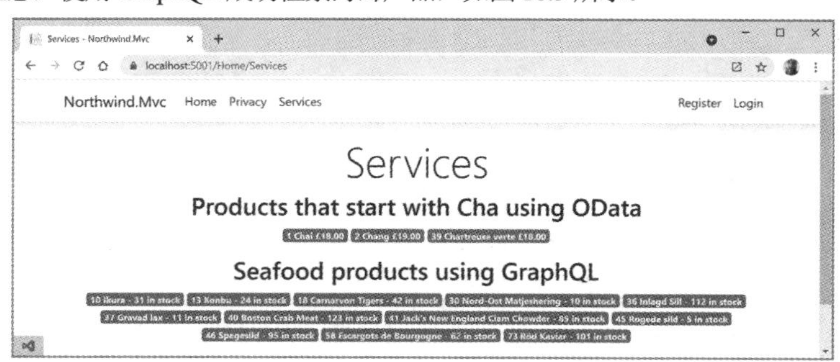

图 18.5 来自 GraphQL 服务的海鲜类产品

(12) 关闭 Chrome 浏览器，然后关闭所有 Web 服务器。

18.4 使用 gRPC 实现服务

gRPC 是一种现代开源高性能 RPC 框架，可以在任何环境中运行。

18.4.1 理解 gRPC

gRPC 客户机可以调用不同服务器上 gRPC 服务中的方法，就像它是本地对象一样。开发人员可以用远程调用的方法定义服务接口，包括它们的参数和返回类型。服务器实现了这个接口，并运行一个 gRPC 服务器来处理客户端调用。在客户机上，强类型的 gRPC 客户机提供了与服务器上相同的方法。

像 WCF 一样，gRPC 使用契约优先的 API 开发，支持与语言无关的实现。使用.proto 文件编写契约，这些文件有自己的语言语法，然后使用工具将它们转换成各种语言，比如 C#。proto 文件被服务器和客户端用来以正确的格式交换消息。

与 Web 服务使用的 JSON 或 XML 不同，gRPC 通过使用 Protobuf 二进制序列化最小化了网络使用。gRPC 需要 HTTP/2，它比早期版本提供了显著的性能优势，如二进制帧和压缩，以及在单个连接上的 HTTP/2 调用的多路复用。

gRPC 的主要限制是它不能在 Web 浏览器中使用，因为没有浏览器提供支持 gRPC 客户机所需的控制级别。例如，浏览器不允许调用者要求使用 HTTP/2。有一个叫做 gRPC-Web 的计划，它增加了一个额外的代理层，代理将请求转发给 gRPC 服务器。

18.4.2 构建 gRPC 服务

下面是一个管理 Northwind 数据库中供应商的服务示例。

(1) 使用喜欢的代码编辑器添加一个新项目，如下所示。

- 项目模板：ASP.NET Core gRPC Service / gRPC
- 工作区/解决方案文件和文件夹：PracticalApps
- 项目文件和文件夹：Northwind.gRPC

(2) 在 Visual Studio Code 中，选择 Northwind.gRPC 作为 OmniSharp 的活跃项目。

更多信息

要在 Visual Studio Code 中使用.proto 文件，可以安装名为 vcode-proto3 (zxh404.vcode-proto3)的扩展。

(3) 在 Protos 文件夹中，打开 greet.proto。注意它定义了一个名为 Greeter 的服务和一个名为 SayHello 的方法，该方法交换名为 HelloRequest 和 HelloReply 的消息，代码如下所示：

```
syntax = "proto3";

option csharp_namespace = "Northwind.gRPC";

package greet;
```

```
// The greeting service definition.
service Greeter {
  // Sends a greeting
  rpc SayHello (HelloRequest) returns (HelloReply);
}

// The request message containing the user's name.
message HelloRequest {
  string name = 1;
}

// The response message containing the greetings.
message HelloReply {
  string message = 1;
}
```

(4) 打开 Northwind.gRPC.csproj 文件，并注意在 ASP.NET Core 中实现 gRPC 服务的包引用，.proto 文件注册为在服务器端使用，如下所示：

```
<ItemGroup>
    <Protobuf Include="Protos\greet.proto" GrpcServices="Server" />
</ItemGroup>

<ItemGroup>
    <PackageReference Include="Grpc.AspNetCore" Version="2.32.0" />
</ItemGroup>
```

(5) 在 Services 文件夹中，打开 GreeterService.cs，并注意它实现了 Greeter 服务合同，代码如下所示：

```
using Grpc.Core; // ServerCallContext
using Northwind.gRPC;

namespace Northwind.gRPC.Services;
public class GreeterService : Greeter.GreeterBase
{
  private readonly ILogger<GreeterService> _logger;
  public GreeterService(ILogger<GreeterService> logger)
  {
    _logger = logger;
  }

  public override Task<HelloReply> SayHello(
    HelloRequest request, ServerCallContext context)
  {
    return Task.FromResult(new HelloReply
    {
       Message = "Hello " + request.Name
     });
  }
}
```

(6) 在 Program.cs 中，配置服务的部分，注意将 gRPC 添加到服务集合的调用，代码如下所示：

```
builder.Services.AddGrpc();
```

(7) 在 Program.cs 中，在配置 HTTP 管道的部分中，注意映射 Greeter 服务的调用，代码如下所示：

```
app.MapGrpcService<GreeterService>();
```

(8) 在 Program.cs 中，添加一个对 UseUrls 扩展方法的调用，来为 HTTPS 指定端口 5006，代码如下所示：

```
var builder = WebApplication.CreateBuilder(args);

builder.WebHost.UseUrls("https://localhost:5006/");
```

(9) 在 Properties 文件夹中，打开 launchSettings.Json，并修改 applicationUrl 设置，以使用端口 5006，如下所示：

```
{
  "profiles": {
    "Northwind.gRPC": {
      "commandName": "Project",
      "dotnetRunMessages": "true",
      "launchBrowser": false,
      "applicationUrl": "https://localhost:5006",
      "environmentVariables": {
        "ASPNETCORE_ENVIRONMENT": "Development"
      }
    }
  }
}
```

(10) 构建 Northwind.gRPC 项目。

18.4.3 构建 gRPC 客户端

下面在 Northwind MVC 网站项目中添加 gRPC 客户端包，使其能够调用 gRPC 服务。

(1) 在 Northwind.Mvc 项目中，添加谷歌的 Protobuf 格式的包引用、gRPC 客户端和工具，如下面的标记所示：

```
<PackageReference Include="Google.Protobuf" Version="3.17.3" />
<PackageReference Include="Grpc.Net.Client" Version="2.38.0" />
<PackageReference Include="Grpc.Tools" Version="2.38.1">
  <PrivateAssets>all</PrivateAssets>
  <IncludeAssets>runtime; build; native; contentfiles;
   analyzers; buildtransitive</IncludeAssets>
</PackageReference>
```

最佳实践

Grpc.Tools 包只在开发过程中使用，所以它被标记为 PrivateAssets=all，以确保这些工具不会与生产网站一起发布。

(2) 在 Northwind.gRPC 项目/文件夹中把 Protos 文件夹复制到 Northwind.Mvc 项目/文件夹(在 Visual Studio 2022 中，可以通过拖放来复制。在 Visual Studio Code 中，按住 Ctrl 或 Cmd 键拖放)。

(3) 在 Northwind.Mvc 项目的 greet.proto 中，修改名称空间，以匹配当前项目的名称空间，这样自动生成的类将在同一个名称空间中，代码如下所示：

```
option csharp_namespace = "Northwind.Mvc";
```

(4) 在 Northwind.Mvc 项目文件中，添加一个项目组，把.proto 文件注册为在客户端上使用，如下所示：

```
<ItemGroup>
   <Protobuf Include="Protos\greet.proto" GrpcServices="Client" />
</ItemGroup>
```

更多信息

Visual Studio 会创建项目组，但是默认情况下它会将 GrpcServices 设置为 Server，所以必须手动将其更改为 Client。

(5) 构建 Northwind.Mvc 项目，确保创建自动生成的类。

(6) 在 HomeController.cs 中，导入名称空间以作为客户端与 gRPC 一起工作，代码如下所示：

```
using Grpc.Net.Client; // GrpcChannel
```

(7) 在 Services 操作方法中，添加语句，以创建 gRPC 客户机，并调用 Greet 方法，如下面的代码所示：

```
try
{
  using (GrpcChannel channel =
    GrpcChannel.ForAddress("https://localhost:5006"))
  {
    Greeter.GreeterClient greeter = new(channel);
    HelloReply reply = await greeter.SayHelloAsync(
      new HelloRequest { Name = "Henrietta" });
    ViewData["greeting"] = "Greeting from gRPC service: " + reply.Message;
  }
}
catch (Exception)
{
  _logger.LogWarning($"Northwind.gRPC service is not responding.");
}
```

(8) 在 Views/Home 的 Services.cshtml 中，添加代码，在产品呈现之前，在标题下面直接呈现问候，如下所示：

```
@if (ViewData["greeting"] != null)
{
   <p class="alert alert-primary">@ViewData["greeting"]</p>
}
```

最佳实践

如果清除了一个 gRPC 项目，就将丢失自动生成的类型并看到编译错误。要重新创建它们，只需要对.proto 文件进行任何更改，或者关闭并重新打开项目/解决方案。

18.4.4 针对 gRPC 服务测试 gRPC 客户端

现在可以启动 gRPC 服务，看看 Northwind MVC 网站是否可以成功调用它。

(1) 可以选择启动 Minimal.WebApi 项目，且不启动调试功能。

(2) 可以选择启动 Northwind.OData 项目，且不启动调试功能。

(3) 可以选择启动 Northwind.GraphQL 项目，且不启动调试功能。

(4) 启动 Northwind.gRPC 服务项目，且不启动调试功能。

(5) 启动 Northwind.Mvc 项目。

(6) 进入服务页面：https://localhost:5001/Home/Services。

(7) 注意服务页面上的欢迎语，如图 18.6 所示。

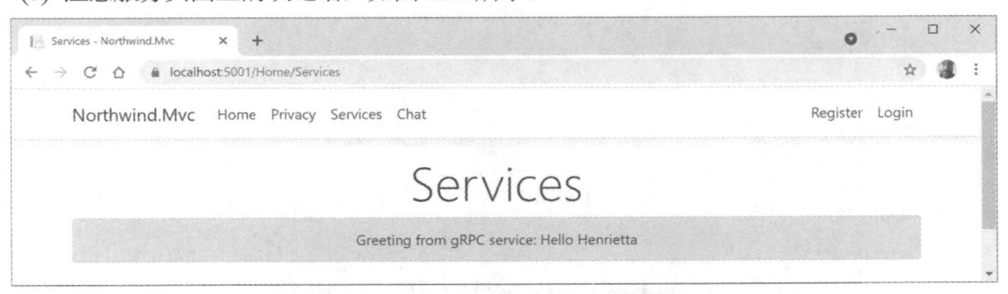

图 18.6 调用 gRPC 服务获得问候语后的服务页面

(8) 查看 gRPC 服务的命令提示符或终端，并注意指示 HTTP/2 POST 被 greet.Greeter/SayHello 处理的消息。用时大约 41ms，如下所示：

```
    info: Microsoft.AspNetCore.Hosting.Diagnostics[1]
          Request starting HTTP/2 POST https://localhost:5006/greet.Greeter/SayHello
application/grpc -
    info: Microsoft.AspNetCore.Routing.EndpointMiddleware[0]
          Executing endpoint 'gRPC - /greet.Greeter/SayHello'
    info: Microsoft.AspNetCore.Routing.EndpointMiddleware[1]
          Executed endpoint 'gRPC - /greet.Greeter/SayHello'
    info: Microsoft.AspNetCore.Hosting.Diagnostics[2]
          Request finished HTTP/2 POST https://localhost:5006/greet.Greeter/SayHello
application/grpc - - 200 - application/grpc 41.3434ms
```

(9) 关闭 Chrome 浏览器，然后关闭 Web 服务器。

18.4.5 为 EF Core 模型实现 gRPC 服务

现在为 gRPC 服务添加对处理 Northwind 数据库的支持。

(1) 在 Northwind.gRPC 项目中，为 SQLite 或 SQL Server 添加一个对 Northwind 数据库上下文项目的引用，如下所示：

```
    <ItemGroup>
      <!-- change Sqlite to SqlServer if you prefer -->
      <ProjectReference Include=
    "..\Northwind.Common.DataContext.Sqlite\Northwind.Common.DataContext.Sqlite.cs
proj" />
    </ItemGroup>
```

(2) 在 Northwind.gRPC 项目的 Protos 文件夹中，添加一个名为 shipper.Proto 的新文件(项目模板在 Visual Studio 中名为 Protocol Buffer File)，代码如下所示：

```
syntax = "proto3";

option csharp_namespace = "Northwind.gRPC";

package shipr;

service Shipr {
    rpc GetShipper (ShipperRequest) returns (ShipperReply);
}

message ShipperRequest {
  int32 shipperId = 1;
}

message ShipperReply {
  int32 shipperId = 1;
  string companyName = 2;
  string phone = 3;
}
```

(3) 打开项目文件并添加包含 shipper.proto 文件的一项，如下所示：

```
<ItemGroup>
  <Protobuf Include="Protos\greet.proto" GrpcServices="Server" />
  <Protobuf Include="Protos\shipper.proto" GrpcServices="Server" />
</ItemGroup>
```

(4) 构建 Northwind.gRPC 项目。

(5) 在 Services 文件夹中，添加一个名为 ShipperService.cs 的新类文件，并修改其内容以定义一个托运人服务，该服务使用 Northwind 数据库上下文返回托运人，如下所示：

```
using Grpc.Core; // ServerCallContext
using Packt.Shared; // NorthwindContext, Shipper

namespace Northwind.gRPC.Services;

public class ShipperService : Shipr.ShiprBase
{
  private readonly ILogger<ShipperService> _logger;
  private readonly NorthwindContext db;

  public ShipperService(ILogger<ShipperService> logger,
    NorthwindContext db)
  {
    _logger = logger;
    this.db = db;
  }

  public override async Task<ShipperReply> GetShipper(
    ShipperRequest request, ServerCallContext context)
  {
    return ToShipperReply(
      await db.Shippers.FindAsync(request.ShipperId));
```

```
  }

  private ShipperReply ToShipperReply(Shipper? shipper)
  {
    return new ShipperReply
    {
      ShipperId = shipper?.ShipperId ?? 0,
      CompanyName = shipper?.CompanyName ?? string.Empty,
      Phone = shipper?.Phone ?? string.Empty
    };
  }
}
```

(6) 在 Program.cs 中，导入用于 Northwind 数据库上下文的名称空间，代码如下所示：

```
using Packt.Shared; // AddNorthwindContext extension method
```

(7) 在配置服务的部分，添加一个调用来注册 Northwind 数据库上下文，代码如下所示：

```
builder.Services.AddNorthwindContext();
```

(8) 在配置 HTTP 管道的部分中，在注册 Greeter 服务的调用之后，添加一条语句来注册托运人服务，如下所示：

```
app.MapGrpcService<ShipperService>();
```

18.4.6　为 EF Core 模型实现 gRPC 客户端

现在可以给 Northwind MVC 网站添加客户端功能。

(1) 把 shipper.proto 文件从 Northwind.gRPC 项目的 proto 文件夹复制到 Northwind.Mvc 项目的 Protos 文件夹(如果使用的是 Visual Studio Code，拖放时按住 Ctrl 或 Cmd)。

(2) 在 Northwind.Mvc 项目的 shipper.proto 文件中，修改名称空间以匹配当前项目的名称空间，这样自动生成的类将在同一个名称空间中，代码如下所示：

```
option csharp_namespace = "Northwind.Mvc";
```

(3) 在 Northwind.Mvc 项目文件中，添加一个条目来注册.proto 文件，作为客户端上使用的文件，如下所示：

```
<ItemGroup>
  <Protobuf Include="Protos\greet.proto" GrpcServices="Client" />
  <Protobuf Include="Protos\shipper.proto" GrpcServices="Client" />
</ItemGroup>
```

(4) 在 Controllers 文件夹的 HomeController.cs 中，在 Services 动作方法中，添加调用 Shipper gRPC 服务的语句，代码如下所示：

```
try
{
  using (GrpcChannel channel =
    GrpcChannel.ForAddress("https://localhost:5006"))
  {
    Shipr.ShiprClient shipr = new(channel);

    ShipperReply reply = await shipr.GetShipperAsync(
```

```
        new ShipperRequest { ShipperId = 3 });

      ViewData["shipr"] = new Shipper
      {
        ShipperId = reply.ShipperId,
        CompanyName = reply.CompanyName,
        Phone = reply.Phone
      };
    }
  }
  catch (Exception)
  {
    _logger.LogWarning($"Northwind.gRPC service is not responding.");
  }
```

(5) 在 Views/Home 文件夹的 Services.cshtml 中，添加代码，在问候之后呈现发货人的详细信息，如下面的标记所示：

```
@if (ViewData["shipr"] != null)
{
  Shipper? shipper = ViewData["shipr"] as Shipper;
  <p class="alert alert-danger">
    ShipperId: @shipper?.ShipperId, CompanyName: @shipper?.CompanyName, Phone:
@shipper?.Phone
  </p>
}
```

(6) 可以选择启动 Minimal.WebApi 项目，且不启用调试功能。

(7) 可以选择启动 Northwind.OData 项目，且不启用调试功能。

(8) 可以选择启动 Northwind.GraphQL 项目，且不启用调试功能。

(9) 启动 Northwind.gRPC 服务项目，且不启用调试功能。

(10) 启动 Northwind.Mvc 项目。

(11) 进入 Services 页面:https://localhost:5001/Home/Services。

(12) 注意服务页面上的托运人信息，如图 18.7 所示。

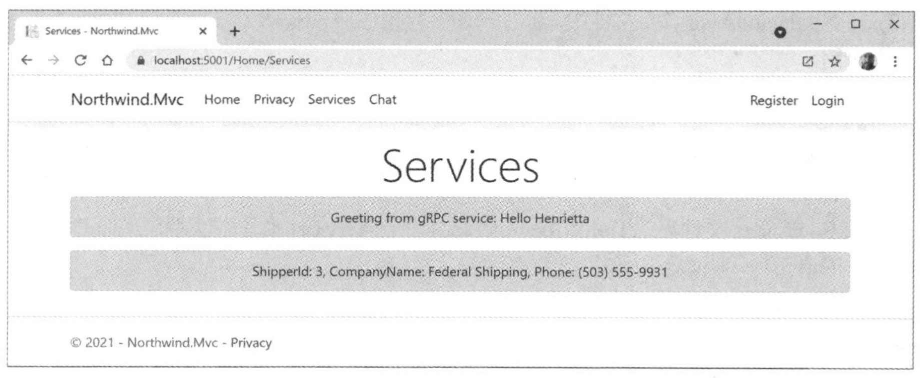

图 18.7　调用 gRPC 服务以获取托运人后的服务页面

(13) 关闭 Chrome 浏览器，然后关闭 Web 服务器。

18.5　使用 SignalR 实现实时通信

Web 很适合建立通用的网站和服务，但它不是为特殊场景设计的，因为这种场景要求网页在可用时立即更新信息。

18.5.1　了解网络实时通信的历史

有必要理解 SignalR 的好处，这有助于了解 HTTP 的历史，以及组织如何使其更好地用于客户机和服务器之间的实时通信。

在 20 世纪 90 年代的 Web 早期，浏览器必须向 Web 服务器发出一个完整页面的 HTTP GET 请求，以获得显示给访问者的新信息。

1. 理解 XMLHttpRequest

1999 年底，微软发布了带有 XMLHttpRequest 组件的 Internet Explorer 5.0，该组件可以在后台进行异步 HTTP 调用。这与动态 HTML (DHTML)一起，允许部分网页平滑地更新新鲜数据。

这种技术的好处是显而易见的，很快所有的浏览器都添加了相同的组件。

2. 理解 AJAX

谷歌最大限度地利用了这一功能来构建诸如谷歌 Maps 和 Gmail 的智能 Web 应用程序。几年后，这种技术被称为 Asynchronous JavaScript and XML (AJAX)。

然而，AJAX 仍然使用 HTTP 进行通信，这有其局限性：

- 首先，HTTP 是一个请求-响应通信协议，这意味着服务器不能向客户端推送数据。它必须等待客户端发出请求。
- 其次，HTTP 请求和响应消息的头有很多潜在的不必要的开销。
- 再次，HTTP 通常需要在每个请求上创建一个新的底层 TCP 连接。

3. 理解 WebSocket

WebSocket 是全双工的，这意味着无论是客户端还是服务器都可以发起新的数据通信。WebSocket 在连接的生命周期中使用相同的 TCP 连接。它在发送的消息大小方面也更有效，因为它们的最小帧长度为 2 字节。

WebSocket 工作在 HTTP 端口 80 和 443 上，因此它与 HTTP 协议兼容。WebSocket 握手使用 HTTP Upgrade 头从 HTTP 协议切换到 WebSocket 协议。

现代的网络应用程序被期望提供最新的信息。即时聊天是一个典型的例子，它有很多潜在的应用，从股票价格到游戏等。

当需要服务器向网页推送更新时，需要一种与网页兼容的实时通信技术。WebSocket 可以使用，但不是所有的客户端都支持它。

4. 引入 SignalR

ASP.NET Core SignalR 是一个开源库，通过抽象多个底层通信技术，它简化了向应用程序添加实时 Web 功能，允许使用 C#代码添加实时通信功能。

开发人员不需要理解或实现所使用的底层技术，SignalR 将自动在底层技术之间切换，具体取决于访问者的 Web 浏览器支持什么。例如，当 WebSocket 可用时，SignalR 将使用它；当它不可用时，优雅地使用其他技术，如 AJAX 长轮询，而应用程序代码保持不变。

SignalR 是一个用于服务器到客户端远程过程调用的 API。RPC 从服务器端.NET 代码中调用客户机上的 JavaScript 函数。SignalR 拥有 hub 来定义管道，并使用两个内置 hub 协议自动处理消息分派：JSON 和一个基于 MessagePack 的二进制协议。

在服务器端，SignalR 运行于运行 ASP.NET Core 的所有地方(Windows、macOS 或 Linux 服务器)。SignalR 支持以下客户端平台：

- 当前浏览器的 JavaScript 客户端，包括 Chrome、Firefox、Safari、Edge 和 Internet Explorer 11。
- .NET 客户端，包括针对 Android 和 iOS 移动应用的 Blazor 和 Xamarin。

5. 设计方法签名

为 SignalR 服务设计方法签名时，最好使用单个对象参数而不是多个简单类型参数来定义方法。例如，定义具有多个属性的类用作单个参数的类型，而不是传递多个字符串值，代码如下所示：

```
// bad practice
public void SendMessage(string to, string body)

// better practice
public class Message
{
  public string To { get; set; }
  public string Body { get; set; }
}

public void SendMessage(Message message)
```

原因是它允许将来的更改，比如添加消息标题。对于糟糕的实践示例，需要添加第三个名为 title 的字符串参数，现有的客户端将收到错误，因为它们没有发送额外的字符串值。但是使用好的实践示例不会破坏方法签名，因此现有的客户端可以像更改之前一样继续调用它。在服务器端，额外的 title 属性将只有一个空值，可以检查并设置默认值。

18.5.2 使用 SignalR 构建实时通信服务

SignalR 服务器库包含在 ASP.NET Core 中。但是 JavaScript 客户端库不会自动包含在项目中。下面使用 Library Manager CLI 从 unpkg 获取客户端库，unpkg 是一个内容交付网络(CDN)，可以交付 Node.js 包管理器中的任何内容。

向 Northwind MVC 项目添加一个 SignalR 服务器端 hub 和客户端 JavaScript，来实现聊天功能，允许访问者向当前使用网站的每个人、动态定义的组或单个指定用户发送消息。

最佳实践

在产品解决方案中，最好将 SignalR hub 托管在一个独立的 Web 项目中，这样它可以独立于网站的其他部分进行托管和伸缩。实时通信通常会给网站带来过多负荷。

1. 定义一些共享模型

定义两个可使用聊天服务的、在服务器端和客户端.NET 项目中使用的共享模型。

(1) 在 Northwind.Common 项目中，添加一个名为 RegisterModel.cs 的类文件，并修改其内容定义一个模型，来注册用户名和他们想要属于的组，代码如下所示：

```
namespace Northwind.Chat.Models;

public class RegisterModel
{
  public string? Username { get; set; }
  public string? Groups { get; set; }
}
```

(2) 在 Northwind.Common 项目中，添加一个名为 MessageModel.cs 的类文件，并修改其内容。针对消息接收者、类型(用户、组或所有人)、消息发送者和消息体，利用属性定义一个消息模型，如以下代码所示：

```
namespace Northwind.Chat.Models;

public class MessageModel
{
  public string? To { get; set; }
  public string? ToType { get; set; }
  public string? From { get; set; }
  public string? Body { get; set; }
}
```

2. 启用服务器端 SignalR hub

在 Northwind MVC 项目的服务器端启用 SignalR hub。

(1) 在 Northwind.Mvc 项目中，添加一个对 Northwind MVC 项目的引用，假定没有在前面添加项目引用。

(2) 在 Northwind.Mvc 项目中，添加 Hubs 文件夹。

(3) 在 Hubs 文件夹中，添加一个名为 ChatHub.cs 的类文件，并将其内容修改为继承 Hub 类，并实现两个客户端可以调用的方法，代码如下所示：

```
using Microsoft.AspNetCore.SignalR; // Hub
using Northwind.Chat.Models; // RegisterModel, MessageModel

namespace Northwind.Mvc.Hubs;

public class ChatHub : Hub
{
  // a new instance of ChatHub is created to process each method so
  // we must store usernames and their connectionids in a static field
  private static Dictionary<string, string> users = new();

  public async Task Register(RegisterModel model)
  {
    // add to or update dictionary with username and its connectionId
    users[model.Username] = Context.ConnectionId;
```

```
    foreach (string group in model.Groups.Split(','))
    {
      await Groups.AddToGroupAsync(Context.ConnectionId, group);
    }
  }

  public async Task SendMessage(MessageModel command)
  {
    MessageModel reply = new()
    {
    From = command.From,
    Body = command.Body
  };

  IClientProxy proxy;

  switch (command.ToType)
  {
    case "User":
      string connectionId = users[command.To];
      reply.To = $"{command.To} [{connectionId}]";
      proxy = Clients.Client(connectionId);
      break;

    case "Group":
      reply.To = $"Group: {command.To}";
      proxy = Clients.Group(command.To);
      break;

    default:
      reply.To = "Everyone";
      proxy = Clients.All;
      break;
    }

    await proxy.SendAsync(
      method: "ReceiveMessage", arg1: reply);
  }
}
```

请注意以下几点：

- Chathub 有两个客户端可以调用的方法：Register 和 SendMessage。
- Register 只有一个类型为 RegisterModel 的参数。用户名及其连接 Id 存储在静态字典中，以便稍后使用用户名查找连接 Id，并直接向该用户发送消息。
- SendMessage 有一个类型为 MessageModel 的参数。该方法创建 MessageModel 类的一个实例，该实例将作为它发送给一个或多个客户端的消息。然后根据接收方的类型进行切换。对于用户，它使用用户名查找连接 Id，然后调用 Client 方法来获取仅与该客户端通信的代理。对于组，它调用 Group 方法来获得一个代理，该代理将只与该组的成员通信。在其他所有情况下，它调用 All 方法来获得将与每个客户机通信的代理。最后，它使用代理异步发送消息。

(4) 在 Program.cs 中，为 SignalR hub 导入名称空间，代码如下所示：

```
using Northwind.Mvc.Hubs; // ChatHub
```

(5) 在配置服务部分，添加一条语句将对 SignalR 的支持添加到服务集合中，代码如下所示：

```
builder.Services.AddSignalR();
```

(6) 在配置 HTTP 管道的部分中，在调用映射 Razor Pages 之后添加一条语句，将相对 URL 路径/chat 映射到 SignalR hub，如下所示：

```
app.MapHub<ChatHub>("/chat");
```

3. 添加 SignalR 客户端 JavaScript 库

接下来，添加 SignalR 客户端 JavaScript 库，这样就可以在网页上使用它了。

(1) 为 Northwind.Mvc 项目打开一个命令提示符或终端。

(2) 安装 Library Manager CLI 工具，命令如下所示：

```
dotnet tool install -g Microsoft.Web.LibraryManager.Cli
```

更多信息

此工具可能已经安装。要将其更新到最新版本，请重复该命令，但将 install 替换为 update。

(3) 注意成功提示信息，如下所示：

```
    You can invoke the tool using the following command: libman
    Tool 'microsoft.web.librarymanager.cli' (version '2.1.113') was successfully
installed.
```

(4) 从 unpkg 源文件将 signalr.js 和 signalr.min.js 库添加到项目中，命令如下：

```
    libman install @microsoft/signalr@latest -p unpkg -d wwwroot/js/signalr --files
dist/browser/signalr.js --files dist/browser/signalr.min.js
```

(5) 注意成功提示信息，如下所示：

```
    Downloading file
https://unpkg.com/@microsoft/signalr@latest/dist/browser/signalr.js...
    Downloading file
https://unpkg.com/@microsoft/signalr@latest/dist/browser/signalr.min.js...
    wwwroot/js/signalr/dist/browser/signalr.js written to disk
    wwwroot/js/signalr/dist/browser/signalr.min.js written to disk
    Installed library "@microsoft/signalr@latest" to "wwwroot/js/signalr"
```

更多信息

Visual Studio 有一个用于添加客户端 JavaScript 库的 GUI。要使用它，右击一个 Web 项目，然后导航到 Add | Client Side Libraries。

4. 将一个聊天页面添加到 Northwind MVC 网站

接下来，创建一个聊天页面。

(1) 在 Controllers 文件夹中，打开 HomeController.cs，并添加一个新的聊天操作方法，代码如下所示：

```
public IActionResult Chat()
{
    return View();
}
```

(2) 在 Views/Shared 的_Layout cshtml 中，在进入聊天页面的 Services 导航项之后添加一个新的导航项，如下所示：

```
<li class="nav-item">
   <a class="nav-link text-dark" asp-area=""
      asp-controller="Home" asp-action="Chat">Chat</a>
</li>
```

(3) 在 Views/Home 中，添加一个名为 Chat.cshtml 的新空视图，并修改其内容，如下所示：

```
@{
  ViewData["Title"] = "Chat";
}
<div class="container">
  <h1>@ViewData["Title"]</h1>
  <div class="row">
    <div class="col-12">
      <h2>Register</h2>
    </div>
  </div>
  <div class="row">
    <div class="col-4">My name</div>
    <div class="col-8"><input type="text" id="from" /></div>
  </div>
  <div class="row">
    <div class="col-4">My groups</div>
    <div class="col-8"><input type="text" id="groups" value="Sales,IT" /></div>
  </div>
  <div class="row">
    <div class="col-12">
      <input type="button" id="registerButton" value="Register" />
      </div>
    </div>
    <div class="row">
      <div class="col-12">
          <h2>Message</h2>
      </div>
    </div>
    <div class="row">
      <div class="col-4">To type</div>
      <div class="col-8">
        <select id="toType">
          <option selected>Everyone</option>
          <option>Group</option>
          <option>User</option>
          </select>
      </div>
    </div>
```

```
    <div class="row">
      <div class="col-4">To</div>
      <div class="col-8"><input type="text" id="to" /></div>
    </div>
    <div class="row">
      <div class="col-4">Body</div>
      <div class="col-8"><input type="text" id="body" /></div>
    </div>
    <div class="row">
      <div class="col-12">
        <input type="button" id="sendButton" value="Send" />
      </div>
    </div>
    <div class="row">
      <div class="col-12">
        <hr />
      </div>
    </div>
  </div>
  <div class="row">
    <div class="col-12">
      <h2>Messages received</h2>
    </div>
  </div>
  <div class="row">
    <div class="col-12">
      <ul id="messages"></ul>
    </div>
  </div>
</div>
<script src="~/js/signalr/dist/browser/signalr.js"></script>
<script src="~/js/chat.js"></script>
```

请注意以下几点。

- 页面上有三个部分：Register、Message 和 Messages received。
- Register 部分有两个访问者名字的输入和一个逗号分隔的、想要成为成员的组列表和一个单击注册的按钮。
- Message 部分有三个输入(用于收件人的类型、收件人的姓名和邮件的正文)，以及一个单击发送消息的按钮。
- Messages received 部分有一个无序的列表元素，当收到消息时，会动态地填充列表项。
- 聊天客户端的实现后面是 SignalR 客户端库的两个脚本元素。

(4) 在 wwwroot/js 中，新增一个名为 chat.js 的 JavaScript 文件，并修改其内容，代码如下：

```
"use strict";

var connection = new signalR.HubConnectionBuilder()
  .withUrl("/chat").build();

document.getElementById("registerButton").disabled = true;
document.getElementById("sendButton").disabled = true;

connection.start().then(function () {
  document.getElementById("registerButton").disabled = false;
  document.getElementById("sendButton").disabled = false;
```

```
}).catch(function (err) {
  return console.error(err.toString());
});

connection.on("ReceiveMessage", function (received) {
  var li = document.createElement("li");
  document.getElementById("messages").appendChild(li);
  // note the use of backtick ` to enable a formatted string
  li.textContent =
     `${received.from} says ${received.body} (sent to ${received.to})`;
});

document.getElementById("registerButton").addEventListener("click",
  function (event) {
  var registermodel = {
    username: document.getElementById("from").value,
    groups: document.getElementById("groups").value
  };
  connection.invoke("Register", registermodel).catch(function (err) {
     return console.error(err.toString());
  });
  event.preventDefault();
});

document.getElementById("sendButton").addEventListener("click",
  function (event) {
  var messageToSend = {
    to: document.getElementById("to").value,
    toType: document.getElementById("toType").value,
    from: document.getElementById("from").value,
    body: document.getElementById("body").value
  };
  connection.invoke("SendMessage", messageToSend).catch(function (err) {
    return console.error(err.toString());
  });
  event.preventDefault();
});
```

请注意以下几点：

- 脚本创建一个 SignalR hub 连接构建器，指定 server/chat 上聊天 hub 的相对 URL 路径。
- 脚本禁用 Register 和 Send 按钮，除非成功建立了到服务器端 hub 的连接。
- 当连接从服务器端 hub 获得一个 ReceiveMessage 调用时，它将一个列表项元素添加到 messages 无序列表。列表项的内容包含消息的详细信息，如发件人、收件人和正文。注意 JavaScript 使用 camelCasing。
- 在 Register 按钮中添加了一个单击事件处理程序。它创建了一个注册模型(其中包含用户名及其组)，然后在服务器端调用 Register 方法。
- 在 Send 按钮添加了一个单击事件处理程序。它创建了一个消息模型(包含发件人、收件人类型和消息体)，然后在服务器端调用 SendMessage 方法。

18.5.3 测试聊天功能

现在准备尝试在多个网站访问者之间发送聊天消息。

(1) 启动 Northwind.Mvc 项目网站。
(2) 启动 Chrome。
(3) 导航到 https://localhost:5001/Home/Chat。
(4) 输入 Alice 作为名称，输入 Sales, IT 作为组，然后单击 Register 按钮。
(5) 打开一个新的浏览器窗口或启动另一个浏览器，如 Firefox 或 Edge。
(6) 导航到 https://localhost:5001/Home/Chat。
(7) 输入 Bob 作为名称，输入 Sales 作为组，然后单击 Register 按钮。
(8) 打开一个新的浏览器窗口或启动另一个浏览器，如 Firefox 或 Edge。
(9) 导航到 https://localhost:5001/Home/Chat。
(10) 输入 Charlie 作为名称，输入 IT 作为组，然后单击 Register 按钮。
(11) 安排浏览器窗口，以便可以同时看到这三个窗口。
(12) 在 Alice 的浏览器中，选择 Group，输入 Sales，输入 Sell more!，然后单击 Send 按钮。
(13) 注意，Alice 和 Bob 收到消息，如图 18.8 所示。

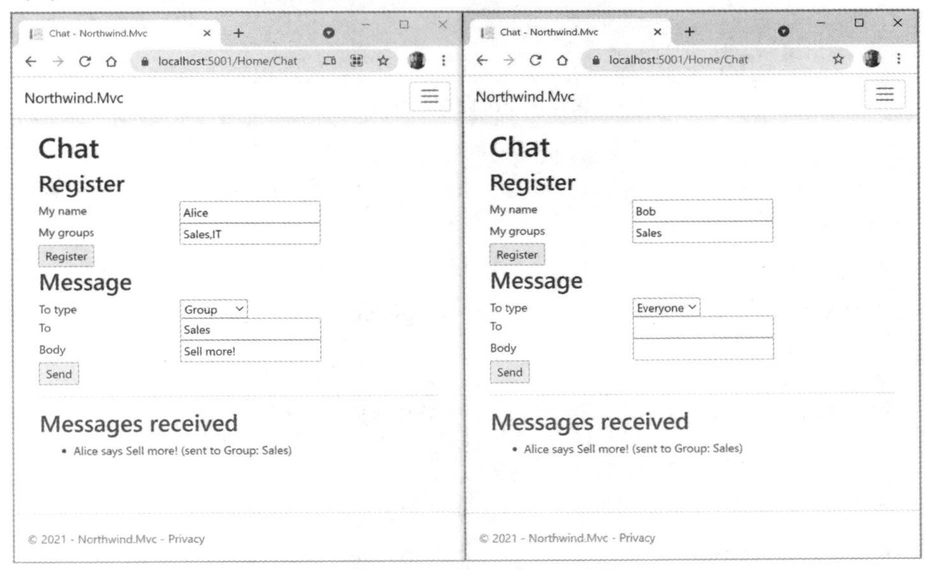

图 18.8 Alice 向 Sales 组发送消息

(14) 在 Bob 的浏览器中，选择 Group，输入 IT，输入 Fix more bugs!，然后单击 Send 按钮。
(15) 注意，Alice 和 Charlie 收到消息，如图 18.9 所示。
(16) 在 Alice 的浏览器中，选择 User，输入 Bob，输入 Bonjour Bob!，然后单击 Send 按钮。
(17) 注意，只有 Bob 收到消息，如图 18.10 所示。
(18) 在 Charlie 的浏览器中，将 To type 设置为 Everyone，将 To 留空，输入任何消息，然后单击 Send 按钮，并注意每个人都收到了这条消息。
(19) 关闭浏览器，然后关闭 Web 服务器。

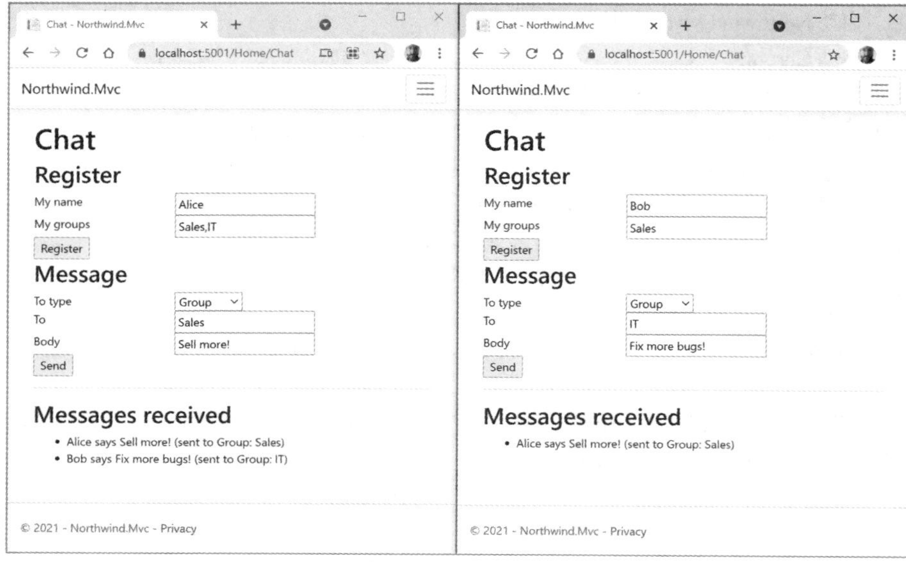

图 18.9 Bob 向 IT 组发送消息

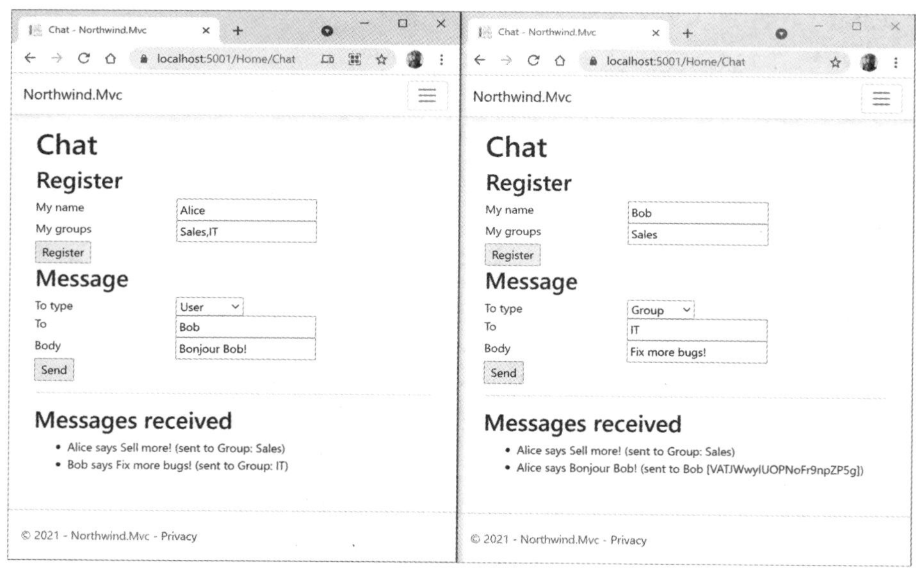

图 18.10 Alice 发送消息给 Bob

18.5.4 建立控制台应用聊天客户端

现在，为 SignalR 创建一个.NET 客户端。我们将使用控制台应用程序，但任何.NET 项目类型都需要相同的包引用和实现代码。

(1) 使用喜欢的代码编辑器添加一个新项目，如下所示。

- 项目模板：Console Application/console

- 工作区/解决方案文件和文件夹：PracticalApps
- 项目文件和文件夹：Northwind.SignalR.ConsoleClient

(2) 为ASP.NET Core SignalR客户端添加一个包引用，为Northwind.Common添加一个项目引用，如下标记所示：

```
<ItemGroup>
  <PackageReference Include="Microsoft.AspNetCore.SignalR.Client"
                    Version="6.0.0" />
</ItemGroup>
<ItemGroup>
  <ProjectReference
     Include="..\Northwind.Common\Northwind.Common.csproj" />
</ItemGroup>
```

(3) 在Program.cs中，导入名称空间，把SignalR处理为客户端与聊天模型，然后添加语句创建hub连接，提示用户输入要注册的用户名和组，此后侦听接收到的消息，代码如下所示：

```
using Microsoft.AspNetCore.SignalR.Client; // HubConnection
using Northwind.Chat.Models; // RegisterModel, MessageModel

using static System.Console;

Write("Enter a username: ");
string? username = ReadLine();

Write("Enter your groups: ");
string? groups = ReadLine();

HubConnection hubConnection = new HubConnectionBuilder()
  .WithUrl("https://localhost:5001/chat")
  .Build();

hubConnection.On<MessageModel>("ReceiveMessage", message =>
{
  WriteLine($"{message.From} says {message.Body} (sent to {message.To})");
});

await hubConnection.StartAsync();

WriteLine("Successfully started.");

RegisterModel registration = new()
{
  Username = username,
  Groups = groups
};

await hubConnection.InvokeAsync("Register", registration);

WriteLine("Successfully registered.");
WriteLine("Listening... (press ENTER to stop.)");
ReadLine();
```

(4) 启动Northwind.Mvc项目网站，且不启用调试功能。

(5) 启动 Chrome。

(6) 导航到 https://localhost:5001/Home/Chat。

(7) 输入 Alice 作为名称，输入 Sales,IT 作为组，然后单击 Register。

(8) 启动 Northwind.SignalR.ConsoleClient 项目，然后输入自己的名字和 Sales 组、Admins 组。

(9) 安排浏览器和控制台应用程序窗口，以便同时看到两者。

(10) 在 Alice 的浏览器中，在 Message 部分，选择 Group，输入 Sales，输入 Go team!，单击 Send 按钮，并注意 Alice 和你收到了该消息。

(11) 尝试向自己、Admins 组的成员以及所有人发送消息，如图 18.11 所示。

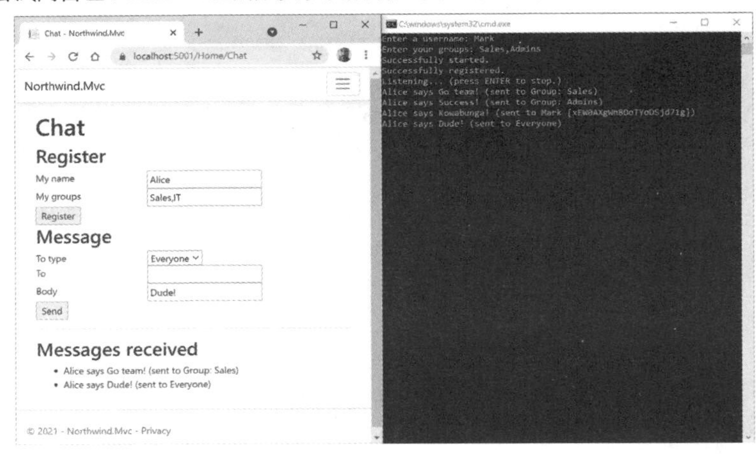

图 18.11　Alice 向不同类型的接收者发送消息

(12) 在控制台应用程序中，按 Enter 键停止它。

(13) 关闭 Chrome 浏览器，然后关闭 Web 服务器。

18.6　使用 Azure Functions 实现无服务器服务

Azure Functions 是一个事件驱动的无服务器计算平台。可以在本地构建和调试，然后部署到 Microsoft Azure 云。Azure Functions 可以用多种语言(不仅是 C#和.NET)实现。它有 Visual Studio 和 Visual Studio Code 的扩展。

为什么需要在没有服务器的情况下创建服务？无服务器并不意味着没有服务器。无服务器意味着没有一个永久运行的服务器；服务器通常在大多数时间运行。

例如，组织的业务功能通常每个月只需要运行一次，或者临时运行。也许组织打印支票，在月底支付员工的工资。这些支票可能需要将工资金额转换成文字，打印在支票上。将数字转换为文字的函数可以实现为一个无服务器的服务。

Azure Functions 可以不仅仅是单一的函数。它们支持复杂的、有状态的工作流和使用持久函数的事件驱动解决方案。本书不会涉及这些内容，所以如果感兴趣，可以通过以下链接了解更多信息：

https://docs.microsoft.com/en-us/azure/azure-functions/durable/durable-functions-overview?tabs=csharp

18.6.1 理解 Azure Functions

Azure Functions 有一个基于触发器和绑定的编程模型，使无服务器的应用程序能够响应事件并连接到其他服务(如数据存储)。

1. 理解 Azure Functions 触发器和绑定

触发器和绑定是 Azure Functions 的关键概念。触发器是使函数执行的东西。每个函数必须有且只有一个触发器。下面列出最常见的触发器。

- HTTP：该触发器响应传入的 HTTP 请求。
- Queue：该触发器响应到达队列准备处理的消息。
- Timer：该触发器响应时间的发生。
- Event Grid：当一个预定义的事件发生时，该触发器会响应。

绑定允许函数具有输入和输出。每个函数可以有 0 个、1 个或多个绑定。下面列出了一些常用的绑定。

- BLOB 存储：读写以 BLOB 形式存储的任何文件。
- Cosmos DB：将文档读写到云规模的数据存储中。
- SignalR：接收或进行远程方法调用。
- Queue：将消息写入队列。
- SendGrid：发送电子邮件消息。
- Twilio：发送短信。
- IoT Hub：向联网设备写数据。

更多信息

可以在以下链接看到支持的绑定的完整列表：

https://docs.microsoft.com/en-us/azure/azure-functions/functions-triggers-bindings?tabs=csharp#supported-bindings

对于不同的语言，触发器和绑定的配置是不同的。对于 C#和 Java，可以使用属性装饰方法和参数。对于其他语言，可以配置一个名为 function.json 的文件。

2. 理解 Azure Functions 的版本和语言

Azure Functions 支持运行时主机的四个版本和多种语言，如表 18.5 所示。

表 18.5 四个版本

语言	v1	v2	v3	v4
C#, F#	.NET Framework 4.8	.NET Core 2.1	.NET Core 3.1, .NET 5.0[2]	.NET 6.0[2]
JavaScript[1]	Node 6	Node 8, 10	Node 10, 12, 14	
Java	-	Java 8	Java 8, 11	
PowerShell	-	PowerShell Core 6	PowerShell Core 6, 7	
Python	-	Python 3.6, 3.7	Python 3.6, 3.7, 3.8, 3.9	

1 Azure Functions 通过转换/编译到 JavaScript 来支持 TypeScript 语言。

2 .NET 5.0 只受到独立的主机模型支持，因为它是一个当前版本。.NET 6.1 支持隔离的和进程内的托管模型，因为它是一个长期支持版本。

本书只关注如何使用 C#和.NET 实现 Azure Functions。

3. 理解 Azure Functions 托管模型

Azure Functions 有两个托管模型：进程内的和隔离的。

- 进程内：函数是在类库中实现的，这个类库运行在与主机相同的进程中。函数需要运行在与 Azure Functions 运行时相同的.NET 版本上。
- 隔离的：函数是在一个运行在自己进程中的控制台应用程序中实现的。因此，函数可以在 Azure Functions 运行时不支持的当前版本(如.NET 5.0)上执行，Azure Functions 运行时只允许它在 LTS 进程内发布。

Azure Functions 只支持.NET 的一个 LTS 版本。例如，对于 Azure Functions v3，函数必须使用.NET Core 3.1 进程内模型。对于 Azure Functions v4，函数必须使用.NET 6.0 进程内模型。如果你创建了一个独立的函数，就可以选择任何.NET 版本。

18.6.2 为 Azure Functions 建立本地开发环境

首先，需要安装 Azure Functions Core Tools 的最新版本，撰写本书的时候是 v4 版本，请单击下面的链接：

https://www.npmjs.com/package/azure-functions-core-tools

Azure Functions Core Tools 提供了创建函数的核心运行时和模板，支持在 Windows、macOS 和 Linux 上使用任何代码编辑器进行本地开发。

更多信息

Azure Functions Core Tools 包含在 Visual Studio 2022 的 Azure 开发工作负载中，所以它可能已经安装了。

18.6.3 构建一个 Azure Functions 项目用于本地运行

现在，可以创建一个 Azure Functions 项目。尽管可以使用 Azure 门户在云中创建它们，但开发人员在本地创建和运行它们时会有更好的体验。一旦在自己的计算机上测试了函数，就可以将其部署到云上。

每个代码编辑器在开始 Azure Functions 项目时都有不同的体验。

1. 使用 Visual Studio 2022

如果更喜欢使用 Visual Studio，下面是创建 Azure Functions 项目的步骤。

(1) 使用喜欢的代码编辑器添加一个新项目，如下所示。

- 项目模板：Azure Functions
- 工作区/解决方案文件和文件夹：PracticalApps
- 项目文件和文件夹：Northwind.AzureFuncs

(2) 在 Visual Studio 中，选择.NET 6 (Isolated)、Http trigger、Storage emulator，对于 Authorization level，选择 Anonymous，然后单击 Create，如图 18.12 所示。

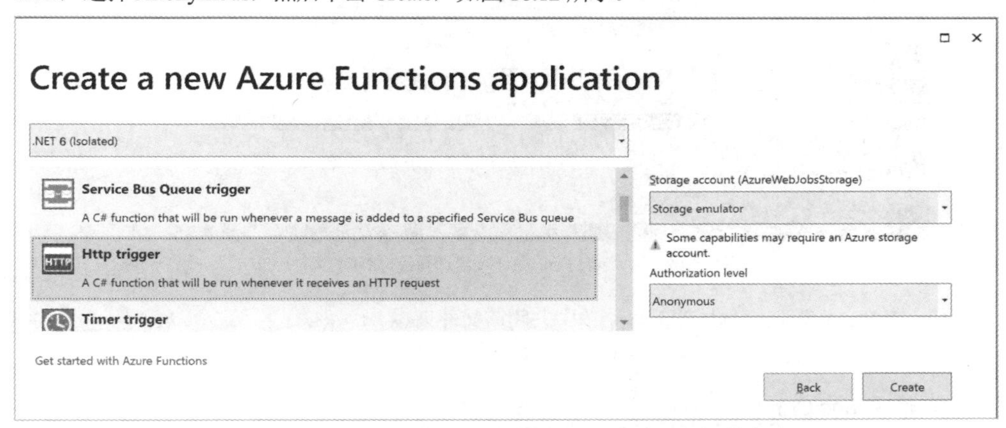

图 18.12　在 Visual Studio 2022 中选择 Azure Functions 项目的选项

2. 使用 Visual Studio Code

如果更喜欢使用 Visual Studio Code，下面是创建 Azure Functions 项目的步骤。

(1) 在 Visual Studio Code 中，导航到 Extensions 并搜索 Azure Functions(ms- azuretools. vcode -azurefunctions)。它依赖于另外两个扩展:Azure Account(ms-vcode.azure-account)和 Azure Resources (ms-azuretools. vscode-azureresourcegroups)，所以也将安装这些。

(2) 在 PracticalApps 文件夹中，创建一个名为 Northwind. AzureFuncs 的新文件夹，并将其添加到 PracticalApps 工作区。

(3) 关闭 PracticalApps 工作区，然后打开 Northwind.AzureFuncs 文件夹(以下步骤仅适用于工作区之外)。

(4) 在 AZURE 扩展中，在 FUNCTIONS 部分，单击 Create new project 按钮，然后选择 Northwind.AzureFuncs 文件夹。如图 18.13 所示。

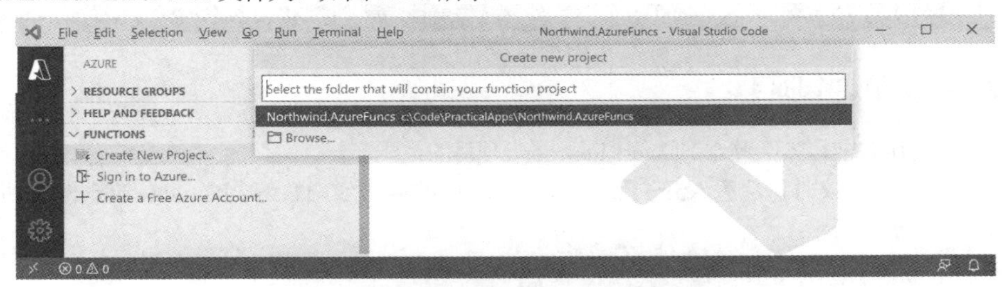

图 18.13　为 Azure Functions 项目选择文件夹

(5) 在提示中，选择以下内容。

- 为 Functions 项目选择一种语言：C#。
- 选择.NET 6 LTS 作为.NET 运行时，如图 18.14 所示。
- 为项目的第一个函数选择一个模板：HTTP trigger。
- 提供函数名：NumbersToWordsFunction。

- 提供名称空间：Northwind.AzureFuncs。
- 选择授权级别：Anonymous。

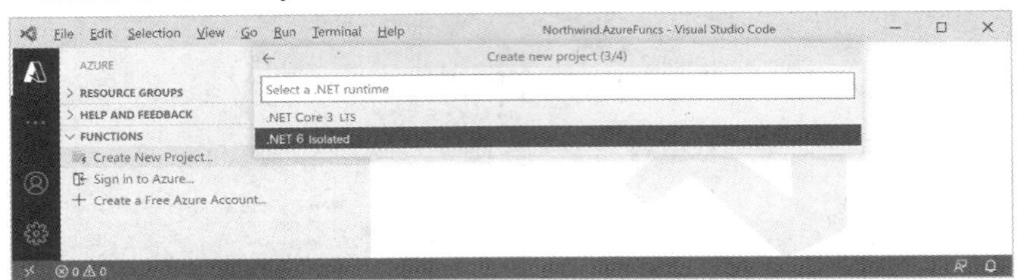

图 18.14　为 Azure Functions 项目选择目标.NET 运行时

(6) 在 Visual Studio Code 的 File 菜单中关闭该文件夹。

(7) 打开 PracticalApps 工作区。

3. 使用 func CLI

如果更喜欢使用命令行和其他一些代码编辑器，下面是创建 Azure Functions 项目的步骤。

(1) 在 PracticalApps 文件夹中，创建一个名为 Northwind.AzureFuncs 的新文件夹，并将其添加到 PracticalApps 工作区。

(2) 在命令提示符或终端，在 Northwind.AzureFuncs 文件夹下，使用 C#创建一个新的 Azure Functions 项目，命令如下所示：

```
func init --csharp
```

(3) 在命令提示符或终端，在 Northwind.AzureFuncs 文件夹中使用 C#创建新的 Azure Functions 项目，命令如下所示：

```
func new --name NumbersToWordsFunction --template "HTTP trigger" --authlevel
"anonymous"
```

(4) 也可在本地启动该函数，命令如下所示：

```
func start
```

18.6.4　评估这个项目

在编写函数前，先回顾一下 Azure Functions 项目的组成部分。

(1) 打开项目文件，注意 Azure Functions 版本和实现响应 HTTP 请求的 Azure Functions 所需的包引用，如下所示：

```
<Project Sdk="Microsoft.NET.Sdk">
  <PropertyGroup>
    <TargetFramework>net6.0</TargetFramework>
    <AzureFunctionsVersion>v4</AzureFunctionsVersion>
  </PropertyGroup>
  <ItemGroup>
    <PackageReference Include="Microsoft.NET.Sdk.Functions"
      Version="3.0.13" />
  </ItemGroup>
  <ItemGroup>
```

```
    <None Update="host.json">
      <CopyToOutputDirectory>PreserveNewest</CopyToOutputDirectory>
    </None>
    <None Update="local.settings.json">
      <CopyToOutputDirectory>PreserveNewest</CopyToOutputDirectory>
      <CopyToPublishDirectory>Never</CopyToPublishDirectory>
    </None>
  </ItemGroup>
</Project>
```

(2) 打开 local.settings.json 文件，并注意在本地开发期间，项目将使用本地开发存储和一个独立的流程，如下所示：

```
{
  "IsEncrypted": false,
  "Values": {
    "AzureWebJobsStorage": "UseDevelopmentStorage=true",
    "FUNCTIONS_WORKER_RUNTIME": "dotnet"
  }
}
```

18.6.5 实现函数

现在，可以实现将数字转换为单词的函数。

(1) 如果完成了第 8 章的练习，编写一个将数字转换为文字的函数，然后使用你的实现。如果没完成该练习，就使用以下链接的这个类：

https://github.com/markjprice/cs10dotnet6/blob/master/vscode/PracticalApps/Northwind.AzureFuncs/NumbersToWords.cs

(2) 如果使用的是 Visual Studio，在 Northwind.AzureFuncs 项目中，右击 Function1.cs，将其重命名为 NumbersToWordsFunction.cs。

(3) 打开 NumbersToWordsFunction.cs，并修改其内容，实现一个 Azure Functions，将数量或数字转换为单词，如下面的代码所示：

```
using Microsoft.AspNetCore.Mvc;
using Microsoft.Azure.WebJobs; // [FunctionName], [HttpTrigger]
using Microsoft.Azure.WebJobs.Extensions.Http;
using Microsoft.AspNetCore.Http;
using Microsoft.Extensions.Logging;
using System.Numerics; // BigInteger
using Packt.Shared; // ToWords extension method
using System.Threading.Tasks; // Task

namespace Northwind.AzureFuncs;

public static class NumbersToWordsFunction
{
  [FunctionName(nameof(NumbersToWordsFunction))]
  public static async Task<IActionResult> Run(
    [HttpTrigger(AuthorizationLevel.Anonymous, "get", "post")]
    HttpRequest req, ILogger log)
  {
    log.LogInformation($"C# HTTP trigger function processed a request.");
```

```
        string amount = req.Query["amount"];

        if (BigInteger.TryParse(amount, out BigInteger number))
        {
          return new OkObjectResult(number.ToWords());
        }
        else
        {
          return new BadRequestObjectResult($"Failed to parse: {amount}");
        }
      }
    }
```

18.6.6 测试函数

现在可以测试函数。

(1) 启动 Northwind.AzureFuncs 项目。如果使用的是 Visual Studio Code，则需要导航到 Run and Debug 窗格，确保选中了 Attach to .NET Functions，然后单击 Run 按钮。

(2) 请注意，Azure Storage emulator 已经启动。

(3) 在 Windows 上，如果看到来自 Windows Defender Firewall 的 Windows Security Alert，可单击 Allow access。

(4) Azure Functions Core Tools 托管函数通常位于 7071 端口，如下所示：

```
    Azure Functions Core Tools
    Core Tools Version: 4.0.3743 Commit hash: 44e84987044afc45f0390191bd5d70680a1c544e
(64-bit)
    Function Runtime Version: 4.0.16281

    Functions:
         NumbersToWordsFunction: [GET,POST]
         http://localhost:7071/api/NumbersToWordsFunction

    For detailed output, run func with --verbose flag.
    [2021-09-12T18:44:47.499Z] Worker process started and initialized.
    [2021-09-12T18:44:51.038Z] Host lock lease acquired by instance ID
'000000000000000000000000011150C3D'.
```

(5) 为函数选择 URL，并将其复制到剪贴板。

(6) 启动 Chrome。

(7) 将 URL 粘贴到地址栏中，添加查询字符串?amount=123456，并注意成功的响应，如图 18.15 所示。

(8) 在命令提示符或终端中，注意函数调用成功，输出如下所示：

```
    [2021-09-14T05:58:27.357Z] Executing 'Functions.NumbersToWordsFunction'
(Reason='This function was programmatically called via the host APIs.',
Id=c2c98c67-bf9f-4121-8f7b-701dbc9c0bad)
    [2021-09-14T05:58:27.417Z] C# HTTP trigger function processed a request.
    [2021-09-14T05:58:27.461Z] Executed 'Functions.NumbersToWordsFunction'
(Succeeded, Id=c2c98c67-bf9f-4121-8f7b-701dbc9c0bad, Duration=111ms)
```

(9) 尝试在查询字符串中没有数额或数额是非整数值的情况下调用该函数，并注意该函数返回一个 400 状态码，表示一个错误请求，如图 18.16 所示。

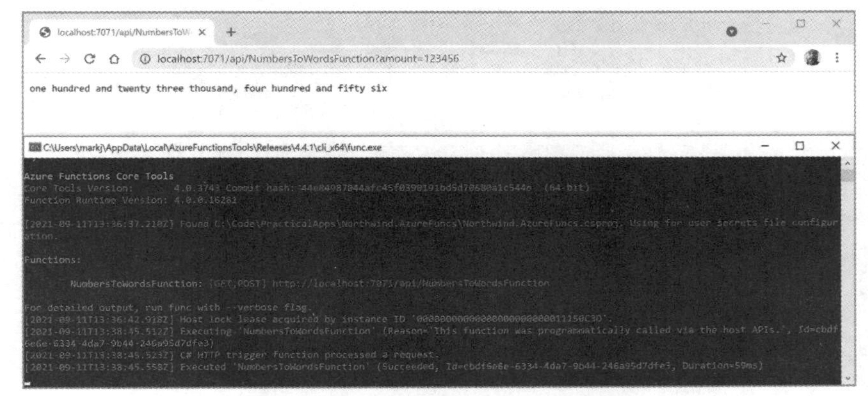

图 18.15　成功调用 Azure Functions 在本地运行

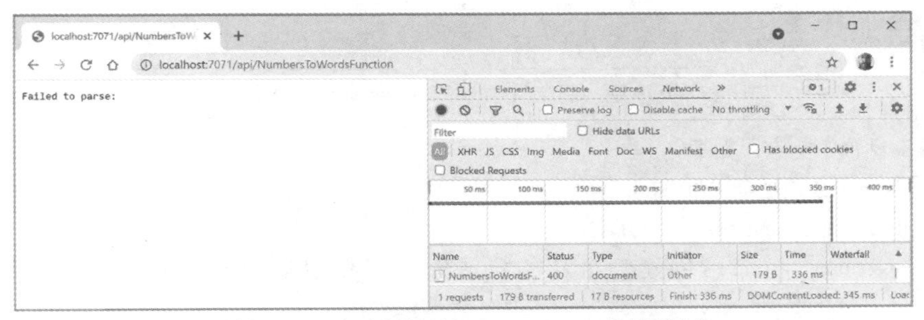

图 18.16　一个对本地运行 Azure Functions 的错误请求

(10) 关闭 Chrome，然后关闭 Web 服务器(或在 Visual Studio Code 中停止调试)。

18.6.7　发布 Azure Functions 项目到云

现在，在 Azure 订阅中创建一个函数应用程序和相关资源，然后将函数部署到云中，并在云中运行。

如果还没有 Azure 账户，可以通过以下链接免费注册一个：

https://azure.microsoft.com/en-us/free/

使用 Visual Studio 2022

Visual Studio 有一个可以发布到 Azure 的 GUI。

(1) 在 Solution Explorer 中，右击 Northwind.AzureFuncs 项目，选择 Publish。

(2) 选择 Azure，然后单击 Next 按钮。

(3) 选择 Azure Function App (Windows)，单击 Next 按钮。

(4) 登录并输入凭证。

(5) 选择订阅。

(6) 在 Function Instance 部分，单击“+”按钮，该按钮显示工具提示：Create a new Azure Function…。

(7) 完成对话框，如图 18.17 所示。

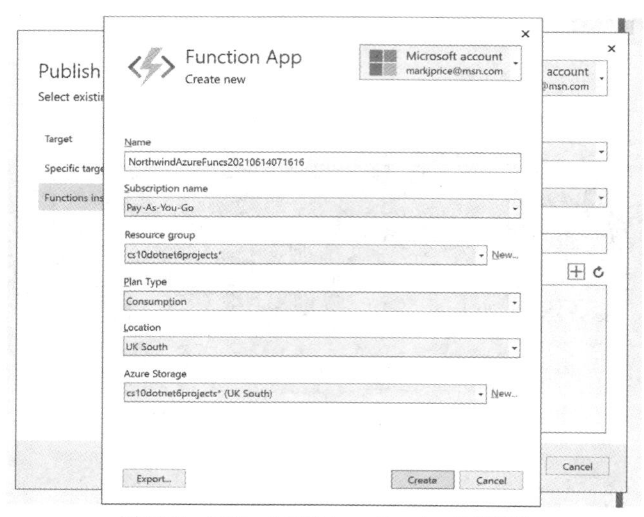

图 18.17　创建一个新的 Azure Function 应用程序

该对话框中的字段如下。

- Name:必须是全局唯一的。
- Subscription name：你的订阅。
- Resource group：创建一个新的资源组，以便以后删除所有内容。这里输入 cs10dotnet6projects。
- Plan Type：Consumption (只为用过的东西付费)。
- Location：距离最近的数据中心。这里选择 UK South。
- Azure Storage：在距离最近的数据中心创建一个名为 cs10dotnet6projects 的新账户(或其他全局唯一的名称)，并选择 Standard – Locally Redundant Storage 作为账户类型。

(8) 单击 Create。这个过程可能需要一分钟或更长时间。

(9) 在 Publish 对话框中，单击 Finish 按钮。

(10) 在 Publish 窗口中，单击 Publish 按钮，如图 18.18 所示。

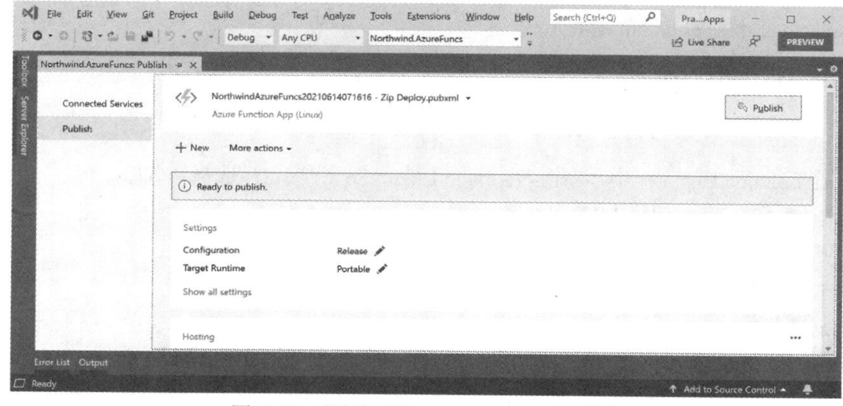

图 18.18　准备发布的 Azure Function 应用程序

(11) 查看输出窗口，如下所示：

```
    Build started...
    2>------ Publish started: Project: Northwind.AzureFuncs, Configuration: Release
Any CPU ------
    2>Northwind.AzureFuncs ->
C:\Code\PracticalApps\Northwind.AzureFuncs\bin\Release\net6.0\Northwind.AzureFuncs.
dll
    2>Northwind.AzureFuncs ->
C:\Code\PracticalApps\Northwind.AzureFuncs\obj\Release\net6.0\PubTmp\Out\
    2>Publishing
C:\Code\PracticalApps\Northwind.AzureFuncs\obj\Release\net6.0\PubTmp\Northwind.Azur
eFuncs - 20210911153432123.zip to
https://northwindazurefuncs20210911151522.scm.azurewebsites.net/api/zipdeploy...
    2>Zip Deployment succeeded.
    ========== Build: 1 succeeded, 0 failed, 0 up-to-date, 0 skipped ==========
    ========== Publish: 1 succeeded, 0 failed, 0 skipped ==========
    Waiting for function app ready....
    Finished waiting for function app to be ready
```

(12) 在浏览器中测试这个函数，如图 18.19 所示。

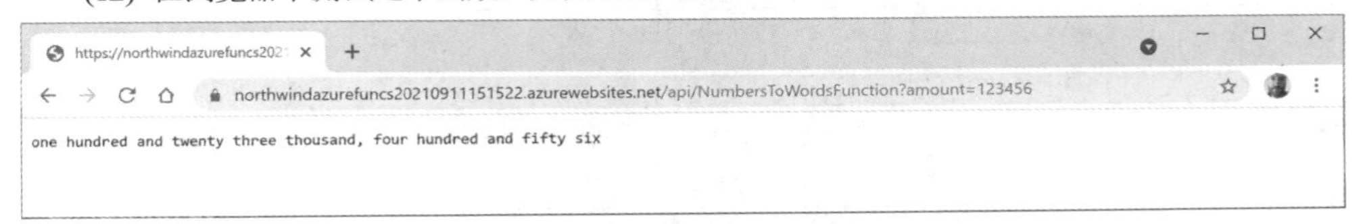

图 18.19　在云中调用 Azure Functions

18.6.8　清理 Azure 资源

可以使用以下步骤删除该函数应用及其相关资源，以避免产生进一步的成本。

(1) 在 Visual Studio Code 中，导航到 View | Command Palette。

(2) 搜索并选择 Azure Functions: Open in portal。

(3) 选择函数应用程序。

(4) 在 Azure 门户中，在函数应用程序 Overview 刀片中，选择 Resource Group。

(5) 确认它只包含想删除的资源。

(6) 单击 Delete resource group，并接受其他确认信息。

18.7　了解身份服务

身份服务用于对用户进行身份验证和授权。这些服务实现开放标准非常重要，这样就可以集成不同的系统。常用的标准包括 OpenID Connect 和 OAuth 2.0。

这些身份标准的一个流行的开源实现是 IdentityServer4。它使开发人员能够集成基于令牌的身份验证、单点登录以及网站、服务和应用程序中的 API 访问控制。

微软没有正式支持 IdentityServer4 的计划，因为“创建和维护身份验证服务器是一项全职工作，而且微软已经在该领域拥有一个团队和一个产品，Azure Active Directory 可以免费提供 50 万个对象。”

更多信息

可以在下面的链接中阅读 IdentityServer4 的文档：
https://identityserver4.readthedocs.io/。

18.8 专门服务的选择摘要

使用针对各种场景的建议作为指导，如表 18.6 所示。

表 18.6 选择摘要

场景	建议
公共服务	REST 又称基于 HTTP 的服务，最适合那些需要公开访问的服务，特别是需要从浏览器(甚至移动设备)调用这些服务的时候
公共数据服务	OData 和 GraphQL 都是公开可能来自不同数据存储的复杂分层数据集的好选择。OData 是由微软通过官方的.NET 软件包设计和支持的。GraphQL 由 Facebook 设计，并由第三方软件包支持
服务对服务	gRPC 是为低延迟和高吞吐量通信而设计的。gRPC 对于效率至关重要的轻量级内部微服务非常有用
点对点实时通信	gRPC 对双向流有很好的支持。gRPC 服务可以实时推送消息，不需要轮询。SignalR 也是多种实时通信的一种选择，尽管它的效率不如 gRPC
广播实时通信	SignalR 对多客户端广播实时通信有很好的支持
Polyglot 环境	gRPC 工具支持所有流行的开发语言，这使得 gRPC 成为多语言和平台环境的一个很好的选择
网络带宽受限的环境	使用 Protobuf(一种轻量级消息格式)序列化 gRPC 消息。gRPC 消息总是比等价的 JSON 消息要小
Nanoservices	Azure Functions 不需要 24/7 托管，因此对于通常不需要持续运行的纳米服务来说，它们是一个很好的选择

18.9 实践和探索

你可以通过回答一些问题来测试自己对知识的理解程度，进行一些实践，并深入探索本章涵盖的主题。

18.9.1 练习 18.1：测试你掌握的知识

回答以下问题。

(1) 有一个应用程序，它与使用旧 Windows Communication Foundation 服务构建的服务进行通信。将服务和客户端迁移到现代.NET 的两个可能选择是什么？

(2) OData 服务使用什么传输协议？

(3) 为什么 OData Web 服务比传统的 ASP.NET Core Web API Web 服务更灵活？

(4) 必须对 OData 控制器中的一个动作方法做什么，才能使查询字符串自定义返回的内容？

(5) GraphQL 服务使用什么传输协议?

(6) gRPC 中如何定义契约?

(7) 使 gRPC 成为实现服务的良好选择的三个优点是什么?

(8) SignalR 使用哪些传输协议，哪些是默认的?

(9) Azure Functions 的进程内托管模型和隔离托管模型有什么区别?

(10) RPC 方法签名设计的最佳实践是什么?

18.9.2 练习 18.2：探索主题

使用以下页面的链接，可以了解本章主题的更多细节：

https://github.com/markjprice/cs10dotnet6/blob/main/book-links.md#chapter-18---building-and-consuming-other-services。

18.10 本章小结

本章学习了如何使用各种技术(包括 gRPC、SignalR、OData、GraphQL 和 Azure Functions)构建更专业的服务类型。

第 19 章将学习如何使用.NET MAUI 构建跨平台的移动和桌面应用程序。

第19章 使用.NET MAUI构建移动和桌面应用程序

本章介绍如何使用.NET MAUI (Multi-platform App User Interface)为iOS、Android、macOS Catalyst和Windows构建跨平台的移动和桌面应用程序，从而构建GUI应用程序。

更多信息

警告！本章使用.NET Release Candidate 2、.NET MAUI Preview 9和Visual Studio 2022 Preview 5进行了测试。未来的预览版本可能会修复一些不工作的东西，但也会破坏一些正在工作的东西，直到GA在2022年第二季度发布为止。关于最新的更新，请在以下链接查看更新的章节：https://github.com/ markjprice/cs10dotnet6/tree/main/docs/chapter19。

本章介绍XAML如何简化图形化应用程序的用户界面定义。

跨平台GUI开发不可能通过一个章节学会，但就像Web开发一样，它是如此重要，所以本章介绍一些可能的东西。可以把本章看作是引言，它会给你一些启发，然后就可以从一本专注于移动或桌面开发的书中学到更多东西。

该应用程序允许在Northwind数据库中列出和管理客户。创建的移动应用程序将调用第16章使用ASP Core Web API构建的Northwind服务。如果还没有构建Northwind服务，请立即返回并构建它，或者从本书的GitHub库中下载它，链接如下：https://github.com/markjprice/cs10dotnet6。

.NET MAUI预计在2022年5月发布其通用可获得版本后，无论是Windows电脑上的Visual Studio，还是macOS电脑上的Visual Studio for Mac都可以用来创建.NET MAUI项目。但需要一台Windows电脑来编译WinUI 3应用程序，需要一台安装了macOS和Xcode的电脑来编译macOS Catalyst和iOS。

虽然可以在命令行中创建.NET MAUI项目，然后使用Visual Studio Code编辑它，但目前还没有官方工具可用。预期美国东部时间2022年底将达到.NET 7.0。

本章涵盖以下主题：

- 理解.NET MAUI延迟
- 理解XAML
- 理解.NET MAUI
- 使用.NET MAUI构建移动和桌面应用程序

- 在.NET MAUI 应用程序中消费 Web 服务

19.1 理解.NET MAUI 延迟

2021 年 9 月 14 日，微软宣布.NET MAUI 将被推迟。.NET 项目管理总监 Scott Hunter 说“遗憾的是，.NET MAUI 将不会在 11 月与.NET 6 GA 一起投入生产。”可以在以下链接阅读更多关于 Scott 的声明：https://devblogs.microsoft.com/dotnet/update-on-dotnet-maui/。

以下是.NET MAUI 在 2022 年第二季度发布的预览和候选版本发布的时间表。

- 2021 年 10 月 12 日：本章使用的.NET MAUI Preview 9 和.NET 6 Release Candidate 2 在本书的印刷版和电子书中发布
- 2021 年 11 月 9 日：.NET MAUI Preview 10 和.NET 6 GA
- 2021 年 12 月：.NET MAUI Preview 11
- 2022 年 1 月：.NET MAUI Preview 12
- 2022 年 2 月：.NET MAUI Preview 13
- 2022 年 3 月：.NET MAUI Release Candidate 1
- 2022 年 4 月：.NET MAUI Release Candidate 2
- 2022 年 5 月：.NET MAUI 在 Microsoft Build 上的 General Availability
- 2022 年 11 月：.NET MAUI 包含在.NET 7 中

我和出版商 Packt 想在出版的书中包括本章，尽管部分内容可能会在出版后发生变化。随着.NET MAUI 预览版的不断发布，为了保持本章的更新，我计划在 GitHub 知识库中更新本章，直到 GA 版本发布。可在以下链接找到本章的网上版本：

https://github.com/markjprice/cs10dotnet6/tree/main/docs/chapter19。

下面首先介绍.NET MAUI 使用的标记语言。

19.2 理解 XAML

2006 年，微软发布了 Windows Presentation Foundation (WPF)，这是第一个使用 XAML 的技术。用于 Web 和移动应用的 Silverlight 也很快跟进，但微软不再支持它了。WPF 至今仍被用于创建 Windows 桌面应用程序；例如，Visual Studio for Windows 是部分使用 WPF 构建的。

XAML 可以用来构建以下应用。

- 用于移动和桌面设备，包括 Android、iOS、Windows 和 macOS 的.NET MAUI 应用程序。这是名为 Xamarin.Forms 的技术的进化。
- WinNi 3 应用程序(用于 Windows 10 和 11)。
- 适用于 Windows 10 和 11、Xbox 和混合现实耳机的通用 Windows 平台(UWP)应用程序。
- WPF 应用程序的 Windows 桌面，包括 Windows 7 和更高版本。
- 使用跨平台、第三方技术的 Avalonia 和 Uno 平台应用。

19.2.1 使用 XAML 简化代码

XAML 简化了 C#代码，特别是在构建用户界面时。

假设需要两个或多个水平布局的按钮来创建工具栏。在 C#中，可以这样写：

```
StackPanel toolbar = new();
toolbar.Orientation = Orientation.Horizontal;

Button newButton = new();
newButton.Content = "New";
newButton.Background = new SolidColorBrush(Colors.Pink);
toolbar.Children.Add(newButton);

Button openButton = new();
openButton.Content = "Open";
openButton.Background = new SolidColorBrush(Colors.Pink);
toolbar.Children.Add(openButton);
```

在 XAML 中，这可以简化为以下几行代码。处理这个 XAML 时，会设置等价的属性，调用方法，以达到与前面的 C#代码相同的目标：

```
<StackPanel Name="toolbar" Orientation="Horizontal">
  <Button Name="newButton" Background="Pink">New</Button>
  <Button Name="openButton" Background="Pink">Open</Button>
</StackPanel>
```

可将 XAML 视为声明和实例化.NET 类型的另一种更简单的方法，特别是在定义用户界面和它使用的资源时。

XAML 允许笔刷、样式和主题等资源在不同的级别上声明，比如 UI 元素、页面或应用程序的全局资源共享。

XAML 允许 UI 元素之间或 UI 元素与对象和集合之间的数据绑定。

19.2.2 选择常见的控件

对于常见的用户界面场景，有很多预定义的控件可供选择，如表 19.1 所示。几乎所有的 XAML 方言都支持这些控件。

表 19.1 预定义的控件

控件	说明
Button、ImageButton、Menu、Toolbar	执行操作
CheckBox、RadioButton	选择选项
Calendar、DatePicker	选择日期
ComboBox、ListBox、ListView、TreeView	从列表和层次树中选择项
Canvas、DockPanel、Grid、StackPanel、WrapPanel	以不同方式影响其子容器的布局容器
Label、TextBlock	显示只读文本
RichTextBox、TextBox	编辑文本
Image、MediaElement	嵌入图像、视频和音频文件
DataGrid	便捷地查看和编辑数据

Scrollbar、Slider、StatusBar	其他用户界面元素

19.2.3　理解标记扩展

为了支持一些高级特性，XAML 使用了标记扩展。一些最重要的启用元素和数据绑定以及资源重用，如下所示：

- {Binding}将一个元素链接到另一个元素或数据源的值
- {StaticResource}将一个元素链接到一个共享资源
- {ThemeResource}将一个元素链接到一个在主题中定义的共享资源

本章将列举一些标记扩展的实际例子。

19.3　了解.NET MAUI

要创建一个只需要在 iPhone 上运行的移动应用程序，可以选择 Objective-C 或 Swift 语言和使用 Xcode 开发工具的 UIKit 库。

要创建一个只需要在 Android 手机上运行的移动应用程序，可以选择 Java 或 Kotlin 语言以及使用 Android Studio 开发工具的 Android SDK 库。

但是，如果需要创建一个可以在 iPhone 和 Android 手机上运行的移动应用程序，该怎么办?如果只想用一种编程语言和已经熟悉的开发平台创建移动应用，该怎么办？如果你意识到这一点，为了使用户界面适应桌面大小的设备，可以进行更多的编码工作。面向 macOS 和 Windows 桌面也是这样吗?

.NET MAUI 使开发者能够为苹果 iOS (iPhone)、iPadOS、macOS(使用 Catalyst)、Windows(使用 WinUI 3)和谷歌 Android (使用 C#和.NET)开发跨平台的移动应用，然后编译为本地 API，并在本地手机和桌面平台上执行。

业务逻辑层代码可以编写一次，并在所有平台之间共享。用户界面交互和 API 在不同的移动和桌面平台上是不同的，所以用户界面层有时是针对每个平台定制的。

与 WPF 和 UWP 应用一样，.NET MAUI 使用 XAML 为所有平台定义一次用户界面，使用特定于平台的用户界面组件的抽象。使用.NET MAUI 构建的应用程序使用本地平台小部件绘制用户界面，这意味着应用程序的外观和感觉很自然地适合目标移动平台。

使用.NET MAUI 构建的用户体验不会像使用本地工具自定义构建的平台那样完美地适合特定的平台，但对于没有数百万用户的移动和桌面应用程序来说，它已经足够好了。

19.3.1　开发工具的移动优先、云优先

移动应用通常由云服务支持。担任微软 CEO 的 Satya Nadella 有句名言：

“对我来说，当我们说移动优先时，它并不是指设备的移动性，而是指个人体验的移动性。[...]要想协调这些应用程序和数据的移动性，唯一的方法就是云计算。”

正如本书前面所述，要创建 ASP.NET Core Web API 服务来支持移动应用，可以使用 Visual Studio Code。为了创建.NET MAUI 应用程序，开发者可以使用 Windows 版的 Visual Studio 2022 或 Mac 版的 Visual Studio 2022。

安装 Visual Studio 2022 时，必须选中.NET MAUI(Preview)复选框，它是 Mobile development with .NET 工作负载的一部分，如图 19.1 所示。

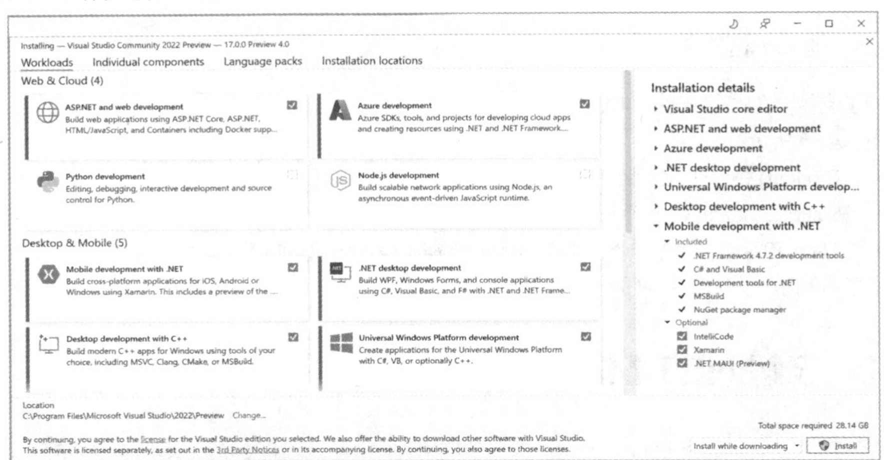

图 19.1　为 Visual Studio 2022 选择.NET MAUI 工作负载

使用 Windows 创建 iOS 和 macOS 应用程序

如果你想使用 Windows 的 Visual Studio 2022 来创建 iOS 移动应用程序或 macOS Catalyst 桌面应用程序，就可以通过网络连接到 Mac 构建主机。说明可在以下链接找到：

https://docs.microsoft.com/en-us/xamarin/ios/get-started/installation/windows/ connecting-to-mac/。

19.3.2　了解额外的功能

下面构建一个跨平台的移动和桌面应用程序，它使用了很多在前几章学到的技能和知识。我们还将使用一些以前没有见过的功能。

1. 理解 MVVM

模型-视图-视图模型(MVVM)是一种类似 MVC 的设计模式。

- M：模型，一个实体类，表示存储(如关系数据库)中的一个数据对象。
- V：视图，在图形用户界面中表示数据的一种方式，包括显示和编辑数据字段、按钮和其他与数据交互的元素。
- VM：ViewModel，表示数据字段、操作和事件的类，可以绑定到视图中的文本框和按钮等元素上。

在 MVC 中，传递给视图的模型是只读的，因为它们只能通过一种方式传递到视图中。这就是为什么不可变记录适合 MVC 模型。但是 ViewModel 是不同的。它们需要支持双向交互，如果原始数据在对象的生命周期内发生变化，视图就需要动态更新。

2. 了解 INotifyPropertyChanged 接口

INotifyPropertyChanged 接口使模型类能够支持双向数据绑定。它的工作原理是强制类有一个名为 PropertyChanged 的事件，带有一个类型为 PropertyChangedEventArgs 的参数，代码如下所示：

```
namespace System.ComponentModel
{
```

```
    public class PropertyChangedEventArgs : EventArgs
    {
      public PropertyChangedEventArgs(string? propertyName);
      public virtual string? PropertyName { get; }
    }

    public delegate void PropertyChangedEventHandler(
      object? sender, PropertyChangedEventArgs e);

    public interface INotifyPropertyChanged
    {
      event PropertyChangedEventHandler PropertyChanged;
    }
  }
```

在类的每个属性内部，当设置一个新值时，必须用一个PropertyChangedEventArgs实例引发事件(如果它不是null)，该实例包含属性的名称作为字符串值，代码如下所示：

```
private string companyName;

public string CompanyName
{
  get => companyName;
  set
   {
    companyName = value; // store the new value being set
    PropertyChanged?.Invoke(this,
    new PropertyChangedEventArgs(nameof(CompanyName)));
  }
}
```

当用户界面控件被数据绑定到属性时，或当属性发生变化时，它将自动更新以显示新的值。

为了简化实现，可以使用编译器特性，通过使用[CallerMemberName]特性装饰字符串形参来获得属性的名称，代码如下所示：

```
private void NotifyPropertyChanged(
  [CallerMemberName] string propertyName = "")
{
  // if an event handler has been set then invoke
  // the delegate and pass the name of the property
  PropertyChanged?.Invoke(this,
    new PropertyChangedEventArgs(propertyName));
}

public string CompanyName
{
  get => companyName;
  set
  {
    companyName = value; // store the new value being set
    NotifyPropertyChanged(); // caller member name is "CompanyName"
  }
}
```

3. 理解 ObservableCollection

与 INotifyPropertyChanged 相关的是 INotifyCollectionChanged 接口，它是由 ObservableCollection<T>类实现的。这将在添加、删除项或刷新集合时提供通知。当绑定到像 ListView 或 TreeView 这样的控件时，用户界面将动态更新以反映变化。

4. 理解依赖服务

像 iOS 和 Android 这样的移动平台，以及像 Windows 和 macOS 这样的桌面平台，都以不同的方式来实现常见功能，所以需要一种方法来实现常见功能的平台本地实现。可以使用依赖服务来做到这一点。它的工作方式如下。

- 为常见的功能定义一个接口，例如，用于电话设备上电话号码拨号器的 IDialer，或用于桌面和移动设备上本地弹出通知的 INotificationManager。
- 实现所有需要支持的平台的接口，例如，iOS 和 Android 的电话拨号器，并利用一个属性注册实现，代码如下所示：

```
[assembly: Dependency(typeof(PhoneDialer))]
namespace Northwind.Maui.iOS
{
  public class PhoneDialer : IDialer
```

- 使用依赖服务获取接口的平台本地实现，代码如下所示：

```
IDialer dialer = DependencyService.Get<IDialer>();
```

更多信息

.NET MAUI Essentials 包含一个 PhoneDialer 组件，所以项中将使用它，而不是定义自己的电话 dialer 依赖服务。

19.3.3 理解.NET MAUI 用户界面组件

.NET MAUI 包含一些用于构建用户界面的常用控件。它们分为以下四类。

- 页面：代表跨平台的应用程序屏幕，如 ContentPage、NavigationPage、FlyoutPage 和 TabbedPage。
- 布局：表示其他用户界面组件的组合结构，如 Grid、StackLayout 和 FlexLayout。
- 视图：表示单个用户界面组件，如 CarouselView、CollectionView、Label、Entry、Editor 和 Button。
- 单元格：表示列表或表格视图中的单个项目，如 TextCell、ImageCell、SwitchCell 和 EntryCell。

更多信息

可以在以下链接中跟踪.NET MAUI 组件的迁移进度状态：

https://github.com/dotnet/maui/wiki/Status。

1. 理解 ContentPage 视图

ContentPage 视图用于简单的用户界面。它有一个 ToolbarItems 属性，显示用户可以以平台本机方式执行的操作。每个 ToolbarItem 可以有一个图标和文本：

```
<ContentPage.ToolbarItems>
  <ToolbarItem Text="Add" Activated="Add_Activated"
    Order="Primary" Priority="0" />
  ...
</ContentPage.ToolbarItems>
```

2. 了解 ListView 控件

ListView 控件用于相同类型的数据绑定值的长列表。它可以有页眉和页脚，它的列表项可以分组。

它有单元格来包含每个列表项。有两种内置的单元格类型：文本和图像。开发人员可以自定义单元格类型。

单元格可以有上下文操作，在 iPhone 上滑动或在 Android 上长按单元格时出现。具有破坏性的上下文操作可以用红色表示，如下所示：

```
<TextCell Text="{Binding CompanyName}" Detail="{Binding Location}">
  <TextCell.ContextActions>
    <MenuItem Clicked="Customer_Phoned" Text="Phone" />
    <MenuItem Clicked="Customer_Deleted" Text="Delete" IsDestructive="True" />
  </TextCell.ContextActions>
</TextCell>
```

3. 理解 Entry 和 Editor 控件

Entry 和 Editor 控件用于编辑文本值，通常是数据绑定到实体模型属性，如下所示：

```
<Editor Text="{Binding CompanyName, Mode=TwoWay}" />
```

对于单行文本使用 Entry。对多行文本使用 Editor。

19.3.4　理解.NET MAUI 处理程序

在.NET MAUI 中，XAML 控件定义在 Microsoft.Maui.Controls 名称空间中。称为处理程序的组件将这些公共控件映射到每个平台上的本机控件。在 iOS 上，处理程序会将.NET MAUI 按钮映射到一个由 UIKit 定义的 iOS 本地 UIButton。在 macOS 上，Button 映射到 AppKit 定义的 NSButton。在 Android 上，Button 映射到 Android 本地的 AppCompatButton。

处理程序有一个公开底层本机控件的 NativeView 属性。这允许使用特定于平台的特性，如属性、方法和事件，并自定义本机控件的所有实例。

19.3.5　编写特定于平台的代码

如果需要编写只针对特定平台(如 Android)执行的代码语句，就可以使用编译器指令。

例如，默认情况下，Android 上的 Entry 控件显示下画线字符。

如果想隐藏下画线，就可以编写一些 Android 特定的代码来获取 Entry 控件的处理程序，使用它的 NativeView 属性来访问底层的本机控件，然后将控制该特性的属性设置为 false，如下所示：

```
#if _ _ANDROID_ _
  Handlers.EntryHandler.EntryMapper[nameof(IEntry.BackgroundColor)] = (h, v) =>
```

```
  {
    (h.NativeView as global::Android.Views.Entry).UnderlineVisible = false;
  };
#endif
```

预定义的编译器常量包括以下内容：

- __ANDROID__
- IOS
- WINDOWS

编译器的#if 语句语法与 C#的 if 语句语法略有不同，代码如下所示：

```
#if __IOS__
  // iOS-specific statements
#elif __ANDROID__
  // Android-specific statements
#elif WINDOWS
  // Windows-specific statements
#endif
```

19.4 使用.NET MAUI 构建移动和桌面应用

下面建立一个移动和桌面应用程序，来管理在 Northwind 中的客户。

最佳实践

如果从来没有运行过 Xcode，现在就运行它，直到看到 Start 窗口，以确保所有必需的组件都已安装和注册。如果不运行 Xcode，那么项目可能会在 Mac 的 Visual Studio 中出现错误。

19.4.1 创建用于本地应用测试的虚拟 Android 设备

要瞄准 Android，必须安装至少一个 Android SDK。带有移动开发工作负载的 Visual Studio 的默认安装已经包含一个 Android SDK，但它通常是一个较旧的版本，以支持尽可能多的 Android 设备。

要使用.NET MAUI 的最新特性，必须安装最新的 Android SDK。

(1) 在 Windows 中，启动 Visual Studio 2022。

(2) 导航到 Tools | Android | Android Device Manager。

(3) 在 Android 设备管理器中，单击+ New 按钮创建一个新设备。

(4) 在 New Device 对话框中，进行以下选择。

- Base Device: Pixel 2 (+ Store)
- Processor：x86
- OS：Pie 9.0 – API 28

(5) 单击 Create 按钮。

(6) 接受任何许可协议。

(7) 等待任何所需的下载。

(8) 在 Android Device Manager 的设备列表中，在刚刚创建的设备的行中，单击 Start 按钮。

(9) 当 Android 设备完成启动后，单击浏览器，并通过导航到 https://www.bbc.co.uk/news 测试它是否可以访问网络。

(10) 关闭模拟器。

(11) 重新启动 Visual Studio 2022，以确保它能够识别新的模拟器。

19.4.2 创建.NET MAUI 解决方案

现在创建一个跨平台移动和桌面应用程序的项目。

(1) 在 Windows 的 Visual Studio 中，添加一个新项目，如下所示。

- 项目模板：.NET MAUI App (Preview) / maui
- 工作区/解决方案文件和文件夹：PracticalApps
- 项目文件及文件夹：Northwind.Maui.Customers

(2) 打开项目文件，取消注释元素以启用 Windows 目标，如下所示：

```
<Project Sdk="Microsoft.NET.Sdk">

    <PropertyGroup>
        <TargetFrameworks>net6.0-ios;net6.0-android;net6.0-maccatalyst</Target
Frameworks>
      <TargetFrameworks
Condition="$([MSBuild]::IsOSPlatform('windows')) and '$(MSBuildRuntimeType)' ==
'Full'">$(TargetFrameworks);net6.0-windows10.0.19041</TargetFrameworks>
      <OutputType>Exe</OutputType>
      <RootNamespace>Northwind.Maui.Customers</RootNamespace>
      <UseMaui>true</UseMaui>
      <SingleProject>true</SingleProject>
```

(3) 在工具栏的 Run 按钮的右边，设置 Framework 为 net6.0-android，并选择之前创建的 Pixel 2 - API 28 (Android 9.0 - API 28)模拟器镜像，如图 19.2 所示。

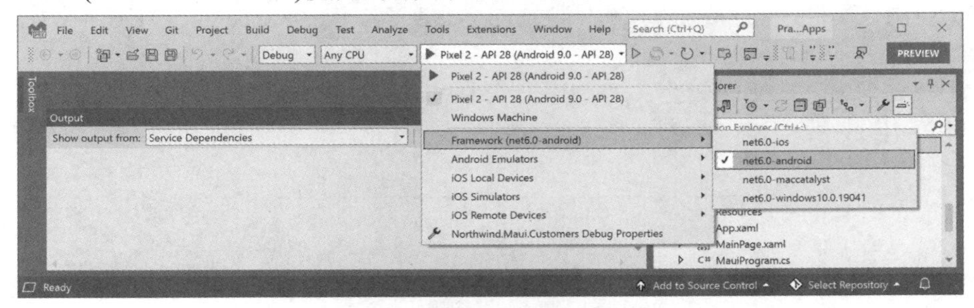

图 19.2　选择 Android 作为启动目标

(4) 单击工具栏中的 Run 按钮，等待设备模拟器启动 Android 操作系统，并启动移动应用程序。

(5) 在.NET MAUI 应用程序中，单击 Cick me 按钮使计数器增加 3 次，如图 19.3 所示。

(6) 请注意 Visual Studio 中的 XAML Live Preview 窗口和 XAML Hot Reload 是连接在一起的，所以可以对 XAML 进行更改，并且不需要重新启动就可以在应用程序中看到它们。例如，尝试将 Hello World 标签的文本更改为其他内容，保存 XAML 文件，并单击工具栏中的 Hot Reload

按钮。

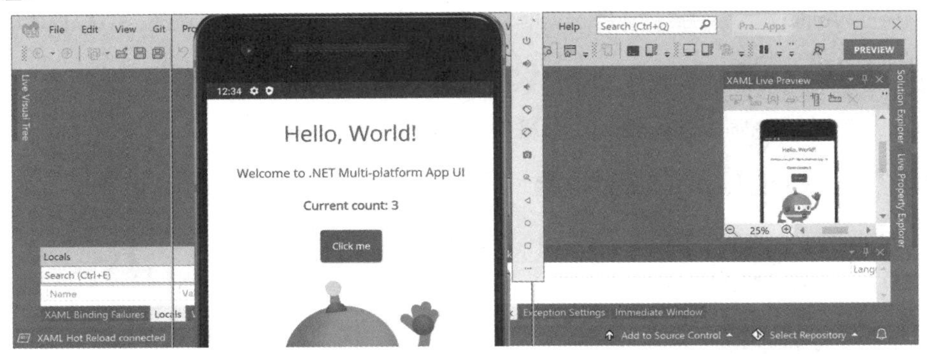

图 19.3　在 Android .NET MAUI 应用中增加计数器

(7) 关闭 Android 设备模拟器。

(8) 导航到 Build | Configuration Manager。

(9) 在 Northwind.Maui.Customers 项目的行中，选择 Deploy 列中的复选框，如图 19.4 所示。

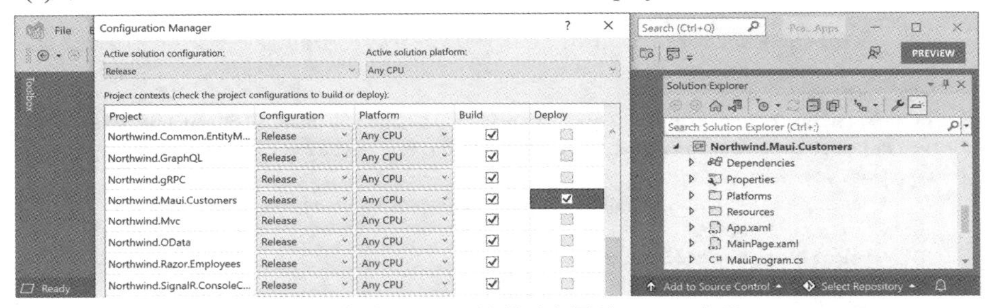

图 19.4　启用 Windows 应用程序部署到 Windows 机器

(10) 在工具栏的 Run 按钮的右侧，将 Framework 设置为 net6.0-windows，然后选择 Windows Machine。

(11) 确保选择了 Debug 配置，然后单击标记为 Windows Machine 的绿色三角形开始按钮。

(12) 几分钟后，注意 Windows 应用程序显示相同的 Click me 按钮和计数器功能，如图 19.5 所示。

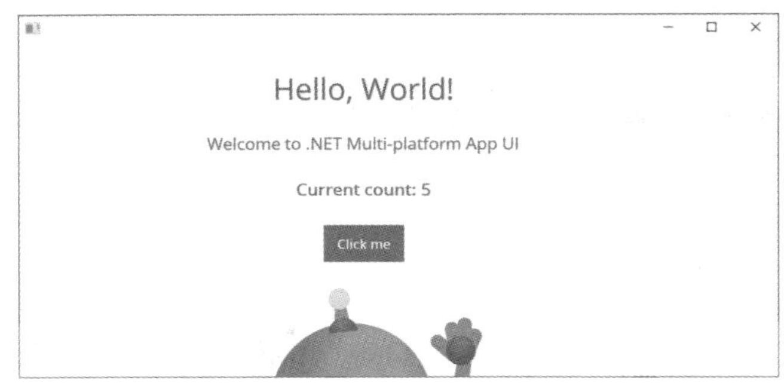

图 19.5　在 Windows .NET MAUI 应用程序中增加计数器

(13) 关闭 Windows 应用程序。

19.4.3　使用双向数据绑定创建视图模型

需要创建一个视图模型来显示和修改客户实体，这样类就应该实现双向数据绑定。

(1) 在 Northwind.Maui.Customers 项目文件夹中，创建两个类。一个名为 CustomerDetail-ViewModel.cs，以显示单个客户的详细信息；另一个名为 CustomersListViewModel.cs，以显示客户列表。

(2) 在 CustomerDetailViewModel.cs 中，修改语句来定义一个实现 INotifyPropertyChanged 接口的类，它有六个属性，代码如下所示：

```
using System.ComponentModel; // INotifyPropertyChanged
using System.Runtime.CompilerServices; // [CallerMemberName]

namespace Northwind.Maui.Customers;

public class CustomerDetailViewModel : INotifyPropertyChanged
{
  public event PropertyChangedEventHandler PropertyChanged;

  private string customerId;
  private string companyName;
  private string contactName;
  private string city;
  private string country;
  private string phone;

  // this attribute sets the propertyName parameter
  // using the context in which this method is called
  private void NotifyPropertyChanged(
    [CallerMemberName] string propertyName = "")
  {
    // if an event handler has been set then invoke
    // the delegate and pass the name of the property
    PropertyChanged?.Invoke(this,
       new PropertyChangedEventArgs(propertyName));
  }

  public string CustomerId
  {
    get => customerId;
    set
    {
      customerId = value;
      NotifyPropertyChanged();
    }
  }

  public string CompanyName
  {
    get => companyName;
    set
    {
      companyName = value;
```

```
        NotifyPropertyChanged();
      }
    }

    public string ContactName
    {
      get => contactName;
      set
      {
        contactName = value;
        NotifyPropertyChanged();
      }
    }

    public string City
    {
      get => city;
      set
      {
        city = value;
        NotifyPropertyChanged();
        NotifyPropertyChanged(nameof(Location));
      }
    }

    public string Country
    {
      get => country;
      set
      {
        country = value;
        NotifyPropertyChanged();
        NotifyPropertyChanged(nameof(Location));
      }
    }

    public string Phone
    {
      get => phone;
      set
      {
        phone = value;
        NotifyPropertyChanged();
      }
    }

    public string Location
    {
      get => $"{City}, {Country}";
    }
}
```

请注意以下几点：

- 该类实现了 INotifyPropertyChanged，所以像 Editor 这样的双向绑定控件会更新属性，反之亦然。每当使用 NotifyPropertyChanged 私有方法来简化实现，修改一个属性时，就会引发 PropertyChanged 事件。
- 除了存储从 HTTP 服务获取的值的属性外，类还定义了一个只读的 Location 属性。这将被绑定到一个客户汇总列表，以显示每个客户的位置。当 City 或 Country 属性发生变化时，还需要通知 Location 发生了变化，否则绑定到 Location 的任何视图将无法正确更新。

(3) 在 CustomersListViewModel.cs 中，修改语句来定义一个继承自 ObservableCollection<T> 的类，并且有一个方法来填充示例数据，代码如下所示：

```
using System.Collections.ObjectModel; // ObservableCollection<T>

namespace Northwind.Maui.Customers;

public class CustomersListViewModel :
  ObservableCollection<CustomerDetailViewModel>
{
  // for testing before calling web service
  public void AddSampleData(bool clearList = true)
  {
    if (clearList) Clear();

    Add(new CustomerDetailViewModel
    {
      CustomerId = "ALFKI",
      CompanyName = "Alfreds Futterkiste",
      ContactName = "Maria Anders",
      City = "Berlin",
      Country = "Germany",
      Phone = "030-0074321"
    });

    Add(new CustomerDetailViewModel
    {
      CustomerId = "FRANK",
      CompanyName = "Frankenversand",
      ContactName = "Peter Franken",
      City = "München",
      Country = "Germany",
      Phone = "089-0877310"
    });

    Add(new CustomerDetailViewModel
    {
      CustomerId = "SEVES",
      CompanyName = "Seven Seas Imports",
      ContactName = "Hari Kumar",
      City = "London",
      Country = "UK",
      Phone = "(171) 555-1717"
    });
  }
}
```

请注意以下几点：

- 从服务加载后，客户使用 ObservableCollection<T>进行本地缓存，这个服务将在本章的后面部分实现。这样，可将通知发送到任何绑定的用户界面组件(如 ListView)，这样当底层数据从集合中添加或删除项目时，用户界面可以重新绘制自己。
- 为了测试目的，当 HTTP 服务不可用时，有一个静态方法来填充三个示例客户。

19.4.4 为客户列表和客户详细信息创建视图

现在，用一个显示客户列表的视图和一个显示客户详细信息的视图替换现有的 MainPage。

(1) 在 Northwind.Maui.Customers 项目中，删除 MainPage.xaml。

(2) 打开 App.xaml，添加一个样式，使 Entry 控件的背景颜色和字体与 Label 控件相同，如下所示：

```
<Style TargetType="Entry">
  <Setter Property="TextColor" Value="{DynamicResource PrimaryTextColor}" />
  <Setter Property="FontFamily" Value="OpenSansRegular" />
  <Setter Property="HorizontalOptions" Value="StartAndExpand" />
  <Setter Property="WidthRequest" Value="300" />
</Style>
```

19.4.5 实现客户列表视图

首先，为一个客户列表创建两个视图，并显示一个客户的详细信息，然后实现客户列表。

(1) 右击 Northwind.Maui.Customers 项目文件夹，选择 Add | New Item...，选择 Content Page，输入名称 CustomersListPage，然后单击 Add，如图 19.6 所示。

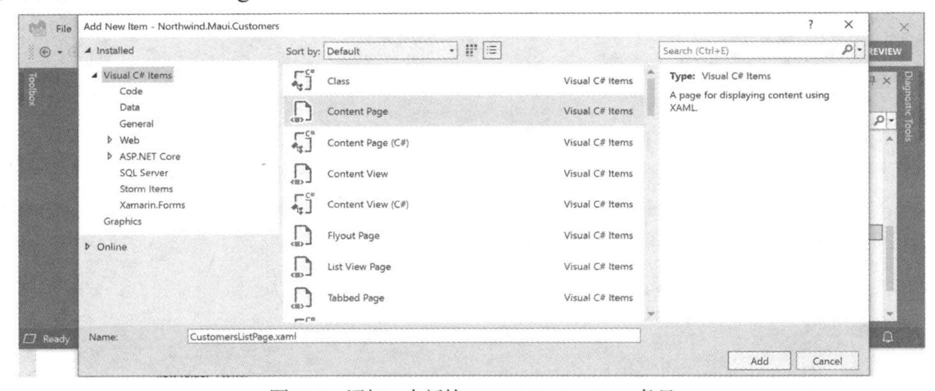

图 19.6 添加一个新的 XAML Content Page 条目

(2) 右击 Views 文件夹，选择 Add | New Item...，选择 Content Page，输入名称 CustomerDetailPage，然后单击 Add。

更多信息

在撰写本书时，Visual Studio 2022 还没有.NET MAUI 的项目项模板。ContentPage 项目项模板是针对旧的 Xamarin.Forms 的。下一步将替换几乎所有的标记和代码，所以这不是一个问题。到 2022 年 5 月，预计 Visual Studio 2022 将拥有用于公共.NET MAUI 文件类型的项目项模板。

(3) 打开 CustomersListPage，并修改其内容，如下所示：

```
<ContentPage
  xmlns="http://schemas.microsoft.com/dotnet/2021/maui"
  xmlns:x="http://schemas.microsoft.com/winfx/2009/xaml"
  x:Class="Northwind.Maui.Customers.CustomersListPage"
  BackgroundColor="{DynamicResource PageBackgroundColor}"
  Title="List">
  <ContentPage.Content>
    <ListView ItemsSource="{Binding .}"
              VerticalOptions="Center"
              HorizontalOptions="Center"
              IsPullToRefreshEnabled="True"
              ItemTapped="Customer_Tapped"
              Refreshing="Customers_Refreshing">
      <ListView.Header>
        <StackLayout Orientation="Horizontal">
          <Label Text="Northwind Customers"
                 FontSize="Subtitle" Margin="10" />
          <Button Text="Add" Clicked="Add_Clicked" />
        </StackLayout>
      </ListView.Header>
      <ListView.ItemTemplate>
        <DataTemplate>
          <TextCell Text="{Binding CompanyName}"
                    Detail="{Binding Location}"
                    TextColor="{DynamicResource PrimaryTextColor}"
                    DetailColor="{DynamicResource PrimaryTextColor}" >
            <TextCell.ContextActions>
              <MenuItem Clicked="Customer_Phoned" Text="Phone" />
              <MenuItem Clicked="Customer_Deleted" Text="Delete"
                        IsDestructive="True" />
            </TextCell.ContextActions>
          </TextCell>
        </DataTemplate>
      </ListView.ItemTemplate>
    </ListView>
  </ContentPage.Content>
</ContentPage>
```

请注意以下几点。

- ContentPage 的 Title 属性设置为 List。
- Listview 的 IsPullToRefreshEnabled 属性设置为 True。
- 已经为以下事件编写了处理程序：
  - Customer_Tapped：客户被选中，显示他们的详细信息。
  - Customers_Refreshing：下拉列表以刷新其项目。
  - Customer_Phone：手机在 iPhone 上向左滑动或在 Android 上长按，然后单击 **Phone**。
  - Customer_Deleted：在 iPhone 上向左滑动或在 Android 上长按，然后单击 Delete。
  - Add_Clicked：单击 Add 按钮。
- 数据模板定义了如何显示每个客户：大文本表示公司名称，小文本表示下面的位置。
- 在列表视图头部有一个 Add 按钮，这样用户可以导航到一个详细视图来添加新客户。

(4) 打开 CustomersListPage.xaml.cs 并修改内容，代码如下所示：

```
using Microsoft.Maui.Controls; // ContentPage, ListView
using Microsoft.Maui.Essentials; // PhoneDialer
using System;
using System.Threading.Tasks;

namespace Northwind.Maui.Customers;

public partial class CustomersListPage : ContentPage
{
  public CustomersListPage()
  {
    InitializeComponent();

    CustomersListViewModel viewModel = new();
    viewModel.AddSampleData();
    BindingContext = viewModel;
  }

  async void Customer_Tapped(object sender, ItemTappedEventArgs e)
  {
    if (e.Item is not CustomerDetailViewModel c) return;

    // navigate to the detail view and show the tapped customer
    await Navigation.PushAsync(new CustomerDetailPage(
      BindingContext as CustomersListViewModel, c));
  }

  async void Customers_Refreshing(object sender, EventArgs e)
  {
    if (sender is not ListView listView) return;

    listView.IsRefreshing = true;

    // simulate a refresh
    await Task.Delay(1500);

    listView.IsRefreshing = false;
  }

  void Customer_Deleted(object sender, EventArgs e)
  {
    MenuItem menuItem = sender as MenuItem;
    if (menuItem.BindingContext is not CustomerDetailViewModel c) return;
    (BindingContext as CustomersListViewModel).Remove(c);
  }

  async void Customer_Phoned(object sender, EventArgs e)
  {
    MenuItem menuItem = sender as MenuItem;
    if (menuItem.BindingContext is not CustomerDetailViewModel c) return;

    if (await DisplayAlert("Dial a Number",
        "Would you like to call " + c.Phone + "?",
        "Yes", "No"))
```

```
      {
        PhoneDialer.Open(c.Phone);
      }
    }

    async void Add_Clicked(object sender, EventArgs e)
    {
      await Navigation.PushAsync(new CustomerDetailPage(
      BindingContext as CustomersListViewModel));
    }
  }
```

请注意以下几点：

- BindingContext 设置为 CustomersViewModel 的一个实例，它在页面的构造函数中填充示例数据。
- 当在列表视图中单击时，用户就会进入详细视图(下一步实现)。
- 当下拉列表视图时，就会触发一个模拟刷新，耗时 1.5 秒。
- 当在列表视图中删除一个客户时，将从绑定的客户视图模型中删除。
- 在列表视图上单击一个客户时，就会单击 Phone 按钮，并显示一个对话框，提示用户是否想拨电话号码。如果是，就使用依赖解析器检索这个平台的本地实现，然后拨电话号码。
- 当单击 Add 按钮时，用户就会进入客户详情页面，为新客户输入详细信息。

19.4.6 实现客户详情视图

接下来，实现客户详情视图。

(1) 打开 CustomerDetailPage.xaml，并修改其内容，如下标记所示，并注意以下几点。

- 内容页面的 Title 设置为 Edit。
- 2 列 6 行的客户网格用于布局。
- Entry 视图是绑定到 CustomerViewModel 类的属性的双向数据。
- InsertButton 有一个事件处理程序来执行添加新客户的代码。

```
<ContentPage
  xmlns="http://schemas.microsoft.com/dotnet/2021/maui"
  xmlns:x="http://schemas.microsoft.com/winfx/2009/xaml"
  x:Class="Northwind.Maui.Customers.Views.CustomerDetailPage"
  BackgroundColor="{DynamicResource PageBackgroundColor}"
  Title="Edit">

  <ContentPage.Content>
    <StackLayout VerticalOptions="Fill" HorizontalOptions="Fill">
      <Grid ColumnDefinitions="Auto,Auto"
            RowDefinitions="Auto,Auto,Auto,Auto,Auto,Auto">
        <Label Text="Customer Id" VerticalOptions="Center" Margin="6" />
        <Entry Text="{Binding CustomerId, Mode=TwoWay}" Grid.Column="1"
               MaxLength="5" TextTransform="Uppercase" />
        <Label Text="Company Name" Grid.Row="1"
               VerticalOptions="Center" Margin="6" />
        <Entry Text="{Binding CompanyName, Mode=TwoWay}"
               Grid.Column="1" Grid.Row="1" />
        <Label Text="Contact Name" Grid.Row="2"
               VerticalOptions="Center" Margin="6" />
```

```
        <Entry Text="{Binding ContactName, Mode=TwoWay}"
               Grid.Column="1" Grid.Row="2" />
        <Label Text="City" Grid.Row="3"
               VerticalOptions="Center" Margin="6" />
        <Entry Text="{Binding City, Mode=TwoWay}"
               Grid.Column="1" Grid.Row="3" />
        <Label Text="Country" Grid.Row="4"
               VerticalOptions="Center" Margin="6" />
        <Entry Text="{Binding Country, Mode=TwoWay}"
               Grid.Column="1" Grid.Row="4" />
        <Label Text="Phone" Grid.Row="5"
               VerticalOptions="Center" Margin="6" />
        <Entry Text="{Binding Phone, Mode=TwoWay}"
               Grid.Column="1" Grid.Row="5" />
        </Grid>
        <Button x:Name="InsertButton" Text="Insert Customer"
              Clicked="InsertButton_Clicked" />
    </StackLayout>
  </ContentPage.Content>
</ContentPage>
```

(2) 打开 CustomerDetailPage.xaml.cs 并修改内容，代码如下所示。

```
using Microsoft.Maui.Controls;
using System;
using System.Threading.Tasks;

namespace Northwind.Maui.Customers;

public partial class CustomerDetailPage : ContentPage
{
  private CustomersListViewModel customers;

  public CustomerDetailPage(CustomersListViewModel customers)
  {
    InitializeComponent();

    this.customers = customers;
    BindingContext = new CustomerDetailViewModel();
    Title = "Add Customer";
  }

  public CustomerDetailPage(CustomersListViewModel customers,
    CustomerDetailViewModel customer)
  {
    InitializeComponent();

    this.customers = customers;
    BindingContext = customer;
    InsertButton.IsVisible = false;
  }

  async void InsertButton_Clicked(object sender, EventArgs e)
  {
    customers.Add((CustomerDetailViewModel)BindingContext);
    await Navigation.PopAsync(animated: true);
  }
```

```
}
```

请注意以下几点：

- 默认构造函数将绑定上下文设置为一个新的 customer 实例，视图标题更改为 Add customer。
- 带有 customer 参数的构造函数将绑定上下文设置为该实例，并隐藏 Insert 按钮，因为由于双向数据绑定，在编辑现有客户时不需要它。
- 当单击 Insert 按钮时，新客户添加到客户视图模型中，导航被异步地移回前一个视图。

19.4.7　设置手机应用的主界面

最后，需要修改移动应用程序，使用封装在导航页面中的客户列表(它是由项目模板创建的)作为主页，而不是前面删除的旧页面。

(1) 打开 App.xaml.cs。

(2) 在 App 构造函数中，修改创建 MainPage 的语句，改为创建 CustomersListPage 的实例，封装在 NavigationPage 的实例中，如下所示：

```
public App()
{
    InitializeComponent();

    MainPage = new NavigationPage(new CustomersListPage());
}
```

19.4.8　测试移动应用程序

现在使用 Android 设备模拟器测试移动应用程序。

(1) 在 Visual Studio 中，在工具栏中 Run 按钮的右侧，设置目标框架为 net6.0-android，选择 Android 模拟器。

(2) 从项目调试开始。构建项目，此后，Android 设备模拟器将显示正在运行的.NET MAUI 应用程序，如图 19.7 所示。

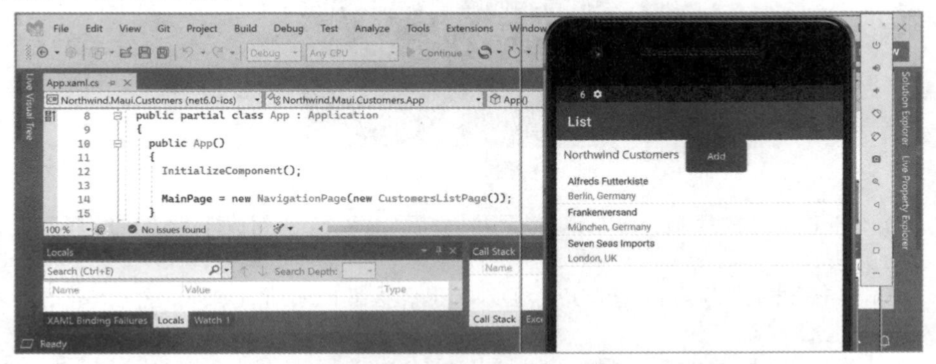

图 19.7　Android 设备模拟器运行 Northwind Customers .NET MAUI 应用程序

(3) 单击 Seven Seas Imports，将 Company Name 修改为 Seven Oceans Imports，客户详情页面如图 19.8 所示。

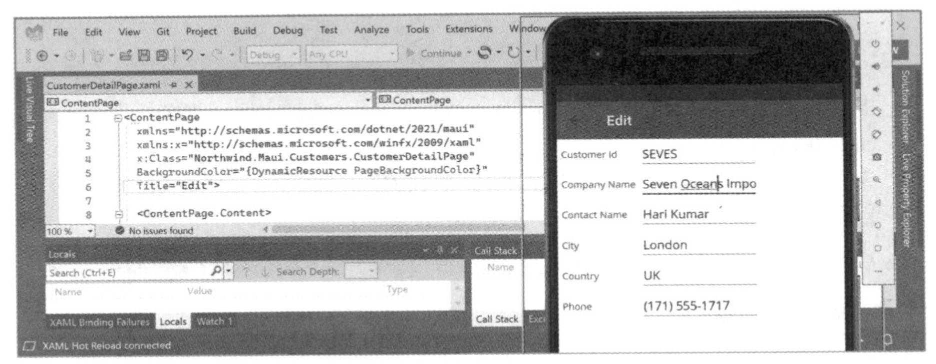

图 19.8 在客户详情页面上编辑公司名称

(4) 单击 back 按钮返回到客户列表，并注意由于双向数据绑定，公司名称已经更新。

(5) 单击 Add，然后填写新客户的字段。

更多信息

默认情况下，在 Android 设备模拟器中，当在物理键盘上输入时，会显示虚拟键盘。要隐藏虚拟键盘，请单击正方形 Android 软按钮右侧的键盘图标，然后切换 Show virtual keyboard。

(6) 在客户详情页面上，单击 Insert Customer，在返回到客户列表后，注意新客户已添加到列表的底部(在使用.NET MAUI Preview 9 编写本章的时候，有一个 bug，意味着列表视图没有正确更新。在列表视图上单击、按住并向下拖动，然后释放以刷新它)。

(7) 单击并按住其中一个顾客，会出现 Phone 和 Delete 两个动作按钮，如图 19.9 所示。

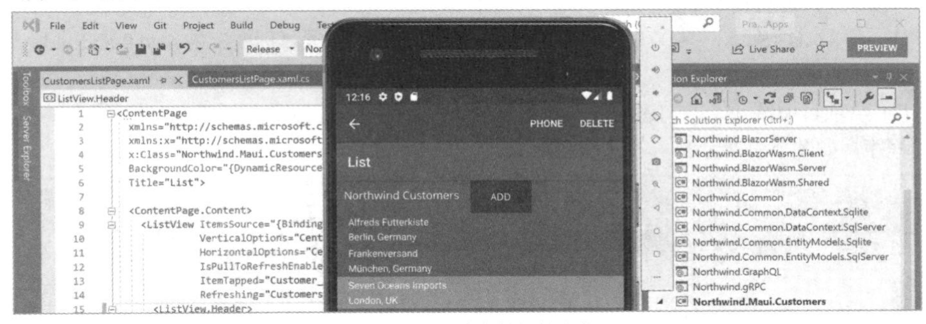

图 19.9 指定客户的额外命令

(8) 单击 Phone 并注意到弹出提示，提示用户使用 Yes 和 No 按钮拨打该客户的号码。

(9) 单击 No。

(10) 单击列表并按住其中一个客户会显示两个操作按钮(Phone 和 Delete)，然后单击 Delete，注意该客户已被删除。

(11) 单击，按住，拖曳列表，然后释放，并注意刷新列表的动画效果，但是要记住这个特性是模拟的，所以列表不会改变。

(12) 关闭 Android 设备模拟器。

现在使应用程序调用 Northwind.WebApi 服务，获取客户列表。

19.5 从移动应用程序中消费 Web 服务

苹果的应用程序传输安全(ATS)迫使开发者使用最佳实践，包括应用程序和 Web 服务之间的安全连接。ATS 默认启用，如果移动应用程序连接不安全，就会抛出异常。

如果需要调用一个由自签名证书(如 Northwind.WebApi 服务)保护的 Web 服务，就是可行的，但很复杂。为了简单起见，我们将允许 Web 服务的不安全连接，并禁用移动应用程序中的安全检查。

19.5.1 配置 Web 服务以允许不安全的请求

首先，启用 Web 服务，在新的 URL 上处理不安全的连接。

(1) 在 Northwind.WebApi 项目的 Program.cs 中，在配置 HTTP 管道的部分，注释掉 HTTPS 重定向，代码如下所示：

```
// commented out for the .NET MAUI app project to use
// app.UseHttpsRedirection();
```

(2) 在 Program.cs 的 UseUrls 方法中，添加不安全的 URL，代码如下所示：

```
var builder = WebApplication.CreateBuilder(args);

builder.WebHost.UseUrls(
  "https://localhost:5002"
  , "http://localhost:5008" // for .NET MAUI client
);
```

(3) 启动 Northwind.WebApi 服务项目，且不启用调试功能。

(4) 启动 Chrome，测试 Web 服务通过导航到以下 URL，将客户返回为 JSON：
http://localhost:5008/api/customers/。

(5) 关闭 Chrome 浏览器，但保持 Web 服务运行。

1. 配置 iOS 应用，允许不安全连接

现在需要配置 Northwind.Maui.Customers 项目，来禁用 ATS，以允许对 Web 服务的不安全 HTTP 请求。

(1) 在 Northwind.Maui.Customers 项目中，在平台/iOS 文件夹中，通过右击，打开 Info.plist 文件。用 XML (Text) Editor 打开它。

(2) 在字典的底部，添加一个名为 NSAppTransportSecurity 的新键，它是一个字典，并在其中添加一个名为 NSAllowsArbitraryLoads 的键，其值为 true，如下所示：

```
<?xml version="1.0" encoding="UTF-8"?>
<!DOCTYPE plist PUBLIC "-//Apple//DTD PLIST 1.0//EN"
          "http://www.apple.com/DTDs/PropertyList-1.0.dtd">
<plist version="1.0">
<dict>
  <key>LSRequiresIPhoneOS</key>
  <true/>
  ...
  <key>NSAppTransportSecurity</key>
```

```
    <dict>
      <key>NSAllowsArbitraryLoads</key>
      <true/>
    </dict>
  </dict>
  </plist>
```

(3) 保存并关闭 Info.plist。

2. 配置 Android 应用，允许不安全连接

与苹果和 ATS 类似，支持 Android 9 (API 级别 28)的明文(即非 HTTPS)默认情况下是禁用的。现在要配置这个项目为启用明文，允许对 Web 服务的不安全 HTTP 请求。

(1) 在 Platforms/Android 文件夹的 Properties 文件夹中，打开 MainApplication.cs。

(2) 在 Application 属性中，启用明文，如下所示:

```
namespace Northwind.Maui.Customers
{
  [Application(UsesCleartextTraffic = true)]
  public class MainApplication : MauiApplication
```

19.5.2 从 Web 服务中获取客户

现在，可以修改客户列表页面，从 Web 服务中获取客户列表，而不是使用示例数据。

(1) 在 Northwind.Maui.Customers 项目中，打开 CustomersListPage.xaml.cs。

(2) 导入以下名称空间:

```
using System.Collections.Generic; // IEnumerable<T>
using System.Linq; // OrderBy
using System.Net.Http; // HttpClient
using System.Net.Http.Headers; // MediaTypeWithQualityHeaderValue
using System.Net.Http.Json; // ReadFromJsonAsync<T>
```

(3) 修改 CustomersListPage 构造函数来使用服务代理加载客户列表，并且只在发生异常时调用 AddSampleData 方法，代码如下所示:

```
public CustomersListPage()
{
  InitializeComponent();
  CustomersListViewModel viewModel = new();

  try
  {
    HttpClient client = new()
    {
      BaseAddress = new Uri("http://localhost:5008/")
    };

    client.DefaultRequestHeaders.Accept.Add(
      new MediaTypeWithQualityHeaderValue("application/json"));

    HttpResponseMessage response = client
      .GetAsync("api/customers").Result;
```

```
      response.EnsureSuccessStatusCode();

      IEnumerable<CustomerDetailViewModel> customersFromService =
        response.Content.ReadFromJsonAsync
        <IEnumerable<CustomerDetailViewModel>>().Result;

      foreach (CustomerDetailViewModel c in customersFromService
        .OrderBy(customer => customer.CompanyName))
      {
        viewModel.Add(c);
      }
    }
    catch (Exception ex)
    {
      DisplayAlert(title: "Exception",
        message: $"App will use sample data due to: {ex.Message}",
        cancel: "OK");

      viewModel.AddSampleData();
    }

    BindingContext = viewModel;
  }
```

(4) 导航到 Build | Clean Northwind.Maui.Customers，因为更改了 Info.plist(如允许不安全连接)，有时需要一个干净的构建。

(5) 导航到 Build | Build Northwind.Maui.Customers。

(6) 在 Android 模拟器中运行 Northwind.Maui.Customers 项目，注意从 Web 服务中加载了 91 个客户。

(7) 关闭 Android 模拟器。

19.6 实践和探索

你可以通过回答一些问题来测试自己对知识的理解程度，进行一些实践，并深入探索本章涵盖的主题。

19.6.1 练习 19.1：测试你掌握的知识

回答以下问题：

(1) .NET MAUI 用户界面组件的四个类别是什么？它们代表什么？

(2) 列出四种类型的单元格。

(3) 如何使用户能够在列表视图中对单元格执行操作?

(4) 什么时候使用 Entry 而不使用 Editor?

(5) 在单元格的上下文操作中将菜单的 IsDestructive 设置为 true 的效果是什么?

(6) 什么时候会在.NET MAUI 应用程序中调用方法 PushAsync 和 PopAsync ?

(7) 像 Button 这样的元素的 Margin 和 Padding 有什么区别?

(8) 如何使用 XAML 将事件处理程序附加到对象上?

(9) XAML 样式有什么作用?

(10) 在哪里可以定义资源?

19.6.2 练习 19.2:探索主题

请使用以下页面的链接,以了解本章所涵盖的主题:

https://github.com/markjprice/cs10dotnet6/blob/main/book-links.md#chapter-19---building-mobile-and-desktop-apps-using-net-maui。

19.7 本章小结

本章学习了如何使用.NET MAUI 构建跨平台的移动和桌面应用程序(它使用来自 Web 服务的数据)。

第 20 章将学习如何使用散列、签名加密、身份验证和授权来保护数据和文件。

第20章 保护数据和应用程序

本章讨论如何使用加密技术保护数据不被恶意用户查看，以及如何使用哈希和签名保护数据不被操纵或损坏。

在.NET Core 2.1 中，微软引入了基于 Span<T>的加密 API，用于计算哈希值、生成随机数、生成和处理非对称签名以及进行 RSA 加密。

加密操作由操作系统实现并执行，因此当操作系统的安全漏洞得到修复时，.NET 应用程序会立即受益，但这也意味着.NET 应用程序只能使用操作系统支持的功能。可通过以下链接了解不同的操作系统都支持哪些特性：

https://docs.microsoft.com/ en-us/dotnet/standard/security/cross-platform-cryptography。

本章涵盖以下主题：

- 理解数据保护术语
- 加密和解密数据
- 哈希数据
- 签名数据
- 生成随机数
- 用户的身份验证和授权

更多信息

警告！本章中的代码显示仅用于基本教育目的的安全原语。不能在产品库和应用程序中使用本章中的任何代码。只使用专业编写的安全库，这些安全库是使用这些安全原语构建的，并且按照最新的最佳安全实践为现实世界的使用进行了强化。

20.1 理解数据保护术语

有许多技术可以保护数据，下面简要介绍一些最流行的术语，本章将讨论更详细的解释和实际的实现。

- 加密和解密：这是一个双向过程，将数据从明文转换为密文，然后转换回来。
- 哈希：这是一个生成哈希值以安全存储密码的单向过程，也可以用来检测数据的恶意更改或损坏。简单的哈希值不应该用于密码。应该使用 PBKDF2、bcrypt 或 scrypt，因为它们保证不可能有两个输入生成相同的散列。
- 签名：用于根据某人的公钥来验证应用于某些数据的签名，从而确保数据来自信任的人。
- 身份验证：用于通过检查某人的凭据来识别此人。
- 授权：用于通过检查某人所属的角色或组来确保此人具有执行操作或处理某些数据的权限。

最佳实践

如果安全很重要(确实应该如此!)，那么建议请一位有经验的安全专家来做指导，而不是依赖网络上的建议。这是非常容易犯的小错误，会让应用程序和数据变得很脆弱!

20.1.1 密钥和密钥的大小

保护算法通常使用密钥。密钥由大小不同的字节数组表示。键用于各种目的，如下所示。

- 加密和解密：AES、3DES、RC2、Rijndael、RSA。
- 签名验证：RSA、ECDSA、DSA。
- 消息验证：HMAC。
- 关键协议：Diffie-Hellman、椭圆曲线 Diffie-Hellman。

最佳实践

为密钥选择更大的字节数组以加强保护。这是一种过分简化的做法，因为一些 RSA 实现支持 16384 位的密钥，这可能需要几天的时间来生成，在大多数情况下这是多余的。到 2030 年，2048 位的密钥应该足够了，那时应该升级到 3192 位的密钥。

用于加密和解密的密钥可以是对称的(也称为共享密钥或秘密密钥，因为使用相同的密钥进行加密和解密)，也可以是非对称的(公钥-私钥对，其中公钥用于加密，私钥用于解密)。

最佳实践

对称密钥加密算法速度快，可以使用流加密大量数据。非对称密钥加密算法速度慢，只能加密小字节数组。非对称密钥最常见的用途是创建签名和验证签名。

在现实世界中，要想两全其美，可以使用对称密钥加密数据，而使用非对称密钥共享对称密钥，这就是 1995 年互联网上 SSL 2.1 加密的工作原理。今天，仍然经常被称为 SSL 的实际上是 Transport Layer Security (TLS)，它使用密钥协议(而不是 RSA)加密的会话密钥。

键有不同的字节数组大小。

20.1.2 IV 和块大小

对大量数据进行加密时，可能出现重复的序列。例如，在英文文档中，字符序列中经常出现

the，the 每次都可能被加密为 hQ2。优秀的破解者会利用这一点，使密文更容易被破解，如下所示：

```
When the wind blew hard the umbrella broke.
5:s4&hQ2aj#D f9d1d£8fh"&hQ2s0)an DF8SFd#][1
```

把数据分解成块，就可以避免出现重复的序列。对一个块进行加密后，就会从这个块生成一个字节数组值，可以将这个字节数组值输入下一个块以调整算法，进而以不同的方式加密数据。为了加密第一个块，需要一个字节数组，这称为初始化向量(IV)。

IV 应该：

- 每一个加密消息都是随机生成的。
- 与加密消息一起传输。
- Not 本身是一个秘密。

20.1.3 salt

salt 是随机的字节数组，可用作单向哈希函数的额外输入。如果在生成哈希时没有使用 salt，那么当许多用户使用 123456 作为密码时(大约有 8%的用户在 2016 年仍然这样做!)，他们将具有相同的哈希值，他们的账户将很容易受到字典式攻击。

当用户注册时，应该随机生成 salt，并在进行哈希之前将 salt 与选择的密码连接起来。输出(但不是原始密码)与 salt 一起存储在数据库中。

然后，当用户下一次登录并输入密码时，就查找 salt 并与输入的密码连接起来，重新生成哈希值，然后与数据库中存储的哈希值进行比较。如果它们是相同的，就说明用户输入的密码是正确的。

即使是加密密码也不足以保证真正的安全存储。应该做更多的工作，如 PBKDF2、bcrypt 或 scrypt，但这些工作超出了本书的范围。

20.1.4 生成密钥和 IV

键和 IV 是字节数组。想要交换加密数据的双方都需要密钥和 IV，但是字节数组很难可靠地交换。可使用基于密码的密钥派生函数(PBKDF2)可靠地生成密钥或 IV。在这方面，一个很好的例子就是 Rfc2898DeriveBytes 类，这个类接收密码、salt、迭代计数和以及哈希算法(默认为 SHA-1，不再推荐)。作为参数，然后通过调用 GetBytes 方法来生成键和 IV。迭代计数是在此过程中对密码进行哈希处理的次数。迭代越多，破解难度就越大。

虽然 Rfc2898DeriveBytes 类可以用来生成 IV 和密钥，但 IV 应该在每次都是随机生成的，并以明文形式与加密消息一起传输，因为它不需要保密。

最佳实践

salt 的大小应该是 8 字节或更大，迭代计数应该是一个值，该值大约需要 100 毫秒来生成目标机器上的加密算法的密钥和 IV。随着 CPU 性能的提高，这个值也会增加。在下面的示例代码中使用 150 000，但是当阅读本书时，这个值对于某些计算机来说已经太低了。

20.2 加密和解密数据

在.NET 中，有多种加密算法可供选择。

在旧的.NET Framework 中，一些加密算法由操作系统实现，它们的名称以 CryptoServiceProvider 或 Cng 作为后缀。还有一些加密算法是在.NET BCL 中实现的，它们的名字以 Managed 作为后缀。

在现代.NET 中，所有的算法都由操作系统实现。如果操作系统算法是使用联邦信息处理标准(FIPS)进行认证的，那么.NET 将使用 FIPS 认证算法。

通常情况下，由于我们经常使用像 Aes 这样的抽象类及其 Create 工厂方法来获取算法的实例，因此我们不需要知道使用的后缀是 CryptoServiceProvider 还是 Managed。

有些加密算法使用对称密钥，而有些使用非对称密钥。主要的非对称加密算法是 RSA。Ron Rivest、Adi Shamir 和 Leonard Adleman 在 1977 年描述了这个算法。1973 年，为英国情报机构 GCHQ 工作的英国数学家克利福德•科克斯(Clifford Cocks)设计了一个类似的算法，但直到 1997 年才解密，所以 Rivest、Shamir 和 Adleman 得到了荣誉。

对称加密算法使用 CryptoStream 对大量字节进行有效的加密或解密。非对称加密算法只能处理少量字节，并且这些字节存储在字节数组中而不是存储在流中。

最常见的对称加密算法源自名为 SymmetricAlgorithm 的抽象类，比如：

- AES
- DESCryptoServiceProvider
- TripleDES
- RC2CryptoServiceProvider
- RijndaelManaged

如果需要编写代码来解密外部系统发送的某些数据，就必须使用外部系统用于加密数据的任何算法。或者，如果需要将加密的数据发送到只能使用特定算法解密的系统，就无法选择加密算法。

如果代码将被加密和解密，那么可以选择最适合强度和性能要求的加密算法。

最佳实践

选择 AES(高级加密标准，基于 Rijndael 算法)进行对称加密，而选择 RSA 进行非对称加密。不要把 RSA 和 DSA 搞混淆了。数字签名算法(DSA)不能加密数据，而只能生成和验证签名。

使用 AES 进行对称加密

为了在多个项目中更容易地重用受保护的代码，下面在自己的类库中创建静态类 Protector，然后在控制台应用程序中引用它。

(1) 使用喜欢的代码编辑器创建一个名为 Chapter20 的新解决方案/工作区。

(2) 添加一个控制台应用程序项目，定义如下。

- 项目模板：Console Application / console
- 工作区/解决方案文件和文件夹：Chapter20
- 项目文件和文件夹：EncryptionApp

(3) 向 Chapter20 解决方案/工作区添加一个名为 CryptographyLib 的新类库。

- 在 Visual Studio 中，将解决方案的启动项目设置为当前选择。
- 在 Visual Studio Code 中，选择 EncryptionApp 作为活动的 OmniSharp 项目。

(4) 在 CryptographyLib 项目中，将 Class1.cs 文件重命名为 Protector.cs。

(5) 在 EncryptionApp 项目中，给 CryptographyLib 库添加一个项目引用，如下所示：

```
<ItemGroup>
  <ProjectReference
    Include="..\CryptographyLib\CryptographyLib.csproj" />
</ItemGroup>
```

(6) 构建 EncryptionApp 项目，并确保没有编译错误。

(7) 打开 Protector.cs 文件，更改其中的内容以定义静态类 Protector，其中的字段用于存储 salt 字节数组和迭代数字，静态类 Proctector 还有 Encrypt 和 Decrypt 方法，如下所示：

```
using System.Diagnostics;
using System.Security.Cryptography;
using System.Security.Principal;
using System.Text;
using System.Xml.Linq;

using static System.Console;
using static System.Convert;

namespace Packt.Shared
{
  public static class Protector
  {
    // salt size must be at least 8 bytes, we will use 16 bytes
    private static readonly byte[] salt =
      Encoding.Unicode.GetBytes("7BANANAS");

    // iterations should be high enough to take at least 100ms to
    // generate a Key and IV on the target machine. 150,000 iterations
    // takes 139ms on my 11th Gen Intel Core i7-1165G7 @ 2.80GHz.
    private static readonly int iterations = 150_000;

    public static string Encrypt(
      string plainText, string password)
    {
      byte[] encryptedBytes;
      byte[] plainBytes = Encoding.Unicode.GetBytes(plainText);
      using (Aes aes = Aes.Create()) // abstract class factory method
      {
        // record how long it takes to generate the Key and IV
        Stopwatch timer = Stopwatch.StartNew();

        using (Rfc2898DeriveBytes pbkdf2 = new(
          password, salt, iterations))
        {
```

```
        aes.Key = pbkdf2.GetBytes(32); // set a 256-bit key
        aes.IV = pbkdf2.GetBytes(16); // set a 128-bit IV
      }

      timer.Stop();

      WriteLine("{0:N0} milliseconds to generate Key and IV using {1:N0}
  iterations.",
        arg0: timer.ElapsedMilliseconds,
        arg1: iterations);

      using (MemoryStream ms = new())
      {
        using (ICryptoTransform transformer = aes.CreateEncryptor())
        {
          using (CryptoStream cs = new(
            ms, transformer, CryptoStreamMode.Write))
        {
          cs.Write(plainBytes, 0, plainBytes.Length);
        }
      }
      encryptedBytes = ms.ToArray();
    }
  }
  return ToBase64String(encryptedBytes);
}

  public static string Decrypt(
      string cipherText, string password)
  {
    byte[] plainBytes;
    byte[] cryptoBytes = FromBase64String(cipherText);

    using (Aes aes = Aes.Create())
    {
     using (Rfc2898DeriveBytes pbkdf2 = new(
        password, salt, iterations))
    {
      aes.Key = pbkdf2.GetBytes(32);
      aes.IV = pbkdf2.GetBytes(16);
    }

    using (MemoryStream ms = new())
    {
      using (ICryptoTransform transformer = aes.CreateDecryptor())
      {
        using (CryptoStream cs = new(
          ms, transformer, CryptoStreamMode.Write))
      {
        cs.Write(cryptoBytes, 0, cryptoBytes.Length);
      }
    }
    plainBytes = ms.ToArray();
    }
  }
```

```
      return Encoding.Unicode.GetString(plainBytes);
    }
  }
}
```

对于上述代码，请注意以下要点：

- 虽然 salt 和迭代计数可以硬编码(但最好单独存储在消息中)，但是当运行时(runtime)调用 Encrypt 和 Decrypt 方法时必须传递密码。
- 使用临时的 MemoryStream 类型来存储加密和解密的结果，然后调用 ToArray 方法以将流转换为字节数组。
- 将加密的字节数组转换为 Base64 编码，从而更易于读取。

最佳实践

永远不要在源代码中硬编码密码，因为即使在编译之后，也可通过反汇编工具在程序集中读取密码。

(8) 在 EncryptionApp 项目中打开 Program.cs 文件，然后分别导入 Protector 类和 CryptographicException 类所在的名称空间，并静态导入 Console 类，如下所示：

```
using System.Security.Cryptography; // CryptographicException
using Packt.Shared; // Protector
using static System.Console;
```

(9) 在 Program.cs 方法中添加语句，提示用户输入消息和密码，然后进行加密和解密，如下所示：

```
Write("Enter a message that you want to encrypt: ");
string? message = ReadLine();

Write("Enter a password: ");
string? password = ReadLine();

if ((password is null) || (message is null))
{
  WriteLine("Message or password cannot be null.");
  return;
}

string cipherText = Protector.Encrypt(message, password);

WriteLine($"Encrypted text: {cipherText}");

Write("Enter the password: ");
string? password2Decrypt = ReadLine();

if (password2Decrypt is null)
{
  WriteLine("Password to decrypt cannot be null.");
  return;
}

try
```

```
{
  string clearText = Protector.Decrypt(cipherText, password2Decrypt);
  WriteLine($"Decrypted text: {clearText}");
}
catch (CryptographicException ex)
{
  WriteLine("{0}\nMore details: {1}",
    arg0: "You entered the wrong password!",
    arg1: ex.Message);
}
catch (Exception ex)
{
  WriteLine("Non-cryptographic exception: {0}, {1}",
    arg0: ex.GetType().Name,
    arg1: ex.Message);
}
```

(10) 运行该代码，尝试输入要加密的消息和密码，输入要解密的相同密码，并查看结果，输出如下所示：

```
Enter a message that you want to encrypt: Hello Bob
Enter a password: secret
139 milliseconds to generate Key and IV using 150,000 iterations.
Encrypted text: eWt8sgL7aSt5DC9g74ONEPO7mjd551XB/MmCZpUsFE0=
Enter the password: secret
Decrypted text: Hello Bob
```

更多信息

如果输出显示的毫秒数小于 100，则增加迭代的次数，直到毫秒数大于或等于 100。注意，不同的迭代次数将影响散列值，因此它看起来与上面的输出不同。

(11) 重新运行代码，并尝试输入要加密的消息和密码，但这一次加密后故意输入要解密的不正确密码，并查看结果，输出如下所示：

```
Enter a message that you want to encrypt: Hello Bob
Enter a password: secret
134 milliseconds to generate Key and IV using 150,000 iterations.
Encrypted text: eWt8sgL7aSt5DC9g74ONEPO7mjd551XB/MmCZpUsFE0=
Enter the password: 123456
You entered the wrong password!
More details: Padding is invalid and cannot be removed.
```

最佳实践

为了支持未来的加密升级，记录关于所做选择的信息，例如，AES-256、带有 PKCS#7 填充的 CBC 模式、PBKDF2 及其哈希算法和迭代计数。这就是所谓的密码敏捷性。

20.3 哈希数据

在.NET 中，有多种哈希算法可供选择。有些不使用任何密钥，有些则使用对称密钥，还有些使用非对称密钥。

在选择哈希算法时，有两个重要的因素需要考虑。

- 抗碰撞性(collision resistance)：两个输入拥有相同哈希的情况有多罕见？
- 逆原像阻力(preimage resistance)：对于某个哈希，另一个输入想要共享相同的哈希有多难？

一些常用的非键哈希算法如表 20.1 所示。

表 20.1 一些常用的非键哈希算法

算法	哈希大小	说明
MD5	16 字节	这种算法比较常用，很快，但没有抗碰撞性
SHA1	20 字节	自 2011 年以来，SHA1 算法在互联网上已被禁用
SHA256 SHA384 SHA512	32 字节 48 字节 64 字节	这些都是安全哈希算法(SHA)的第二代版本，具有不同的哈希大小

最佳实践

应避免使用 MD5 和 SHA1 算法，因为它们都有已知的弱点。可选择较大的哈希以减小哈希重复的可能性。第一次公开的 MD5 冲突发生在 2010 年。第一次公开的 SHA1 碰撞发生在 2017 年，详见 https://arstechnica.co.uk/information-technology/2017/02/at-deaths-door-for-years-widely-used-sha1-function-is-now-dead/。

哈希与常用的 SHA256 算法

下面添加一个类来表示存储在内存、文件或数据库中的用户。可以使用字典在内存中存储多个用户。

(1) 在 CryptographyLib 类库项目中添加一个名为 User.cs 的类文件，并为其提供三个属性，用于存储用户名、一个随机的 salt 值以及经过 salt 和 hash 处理的密码，如下所示：

```
namespace Packt.Shared;

public class User
{
  public string Name { get; set; }
  public string Salt { get; set; }
  public string SaltedHashedPassword { get; set; }

  public User(string name, string salt,
    string saltedHashedPassword)
  {
    Name = name;
    Salt = salt;
    SaltedHashedPassword = saltedHashedPassword;
  }
}
```

(2) 向 Protector 类添加如下语句以声明一个字典(用于存储用户)并定义两个方法。一个用于注册新用户；另一个用于在用户随后登录时验证密码。如下所示：

```
private static Dictionary<string, User> Users = new();

public static User Register(
   string username, string password)
{
  // generate a random salt
  RandomNumberGenerator rng = RandomNumberGenerator.Create();
  byte[] saltBytes = new byte[16];
  rng.GetBytes(saltBytes);
  string saltText = ToBase64String(saltBytes);

  // generate the salted and hashed password
  string saltedhashedPassword = SaltAndHashPassword(password, saltText);

  User user = new(username, saltText, saltedhashedPassword);

  Users.Add(user.Name, user);
  return user;
}
// check a user's password that is stored
// in the private static dictionary Users
public static bool CheckPassword(string username, string password)
{
  if (!Users.ContainsKey(username))
  {
    return false;
  }

  User u = Users[username];

  return CheckPassword(password,
    u.Salt, u.SaltedHashedPassword);
  }

  // check a user's password using salt and hashed password
  public static bool CheckPassword(string password,
    string salt, string hashedPassword)
  {
    // re-generate the salted and hashed password
    string saltedhashedPassword = SaltAndHashPassword(
      password, salt);

    return (saltedhashedPassword == hashedPassword);
  }

  private static string SaltAndHashPassword(string password, string salt)
  {
    using (SHA256 sha = SHA256.Create())
    {
      string saltedPassword = password + salt;
      return ToBase64String(sha.ComputeHash(
         Encoding.Unicode.GetBytes(saltedPassword)));
  }
}
```

(3) 使用喜欢的代码编辑器将名为 HashingApp 的新控制台应用程序添加到 Chapter20 解决方

案/工作区。

(4) 在 Visual Studio Code 中，选择 HashingApp 作为 OmniSharp 项目。

(5) 在 HashingApp 项目中，添加对 CryptographyLib 的项目引用。

(6) 构建 HashingApp 项目，并确保没有编译错误。

(7) 在 Program.cs 中，导入 Packt.Shared 名称空间。

(8) 在 Program.cs 中添加用户注册语句，并提示注册另一个用户，然后提示作为这两个用户之一登录并验证密码，如下所示：

```
WriteLine("Registering Alice with Pa$$w0rd:");
User alice = Protector.Register("Alice", "Pa$$w0rd");

WriteLine($" Name: {alice.Name}");
WriteLine($" Salt: {alice.Salt}");
WriteLine(" Password (salted and hashed): {0}",
  arg0: alice.SaltedHashedPassword);
WriteLine();

Write("Enter a new user to register: ");
string? username = ReadLine();

Write($"Enter a password for {username}: ");
string? password = ReadLine();

if ((username is null) || (password is null))
{
  WriteLine("Username or password cannot be null.");
  return;
}
WriteLine("Registering a new user:");
User newUser = Protector.Register(username, password);
WriteLine($" Name: {newUser.Name}");
WriteLine($" Salt: {newUser.Salt}");
WriteLine(" Password (salted and hashed): {0}",
  arg0: newUser.SaltedHashedPassword);
WriteLine();

bool correctPassword = false;

while (!correctPassword)
{
  Write("Enter a username to log in: ");
  string? loginUsername = ReadLine();

  Write("Enter a password to log in: ");
  string? loginPassword = ReadLine();

  if ((loginUsername is null) || (loginPassword is null))
  {
    WriteLine("Login username or password cannot be null.");
    return;
  }

  correctPassword = Protector.CheckPassword(
    loginUsername, loginPassword);
```

```
  if (correctPassword)
  {
    WriteLine($"Correct! {loginUsername} has been logged in.");
  }
  else
  {
    WriteLine("Invalid username or password. Try again.");
  }
}
```

(9) 运行控制台应用程序，注册一个与 Alice 用户的密码相同的新用户并查看结果，输出如下所示：

```
Registering Alice with Pa$$w0rd:
Name: Alice
Salt: I1I1dzIjkd7EYDf/6jaf4w==
Password (salted and hashed): pIoadjE4W/XaRFkqS3br3UuAuPv/3LVQ8kzj6mvcz+s=

Enter a new user to register: Bob
Enter a password for Bob: Pa$$w0rd
Registering a new user:
Name: Bob
Salt: 1X7ym/UjxTiuEWBC/vIHpw==
Password (salted and hashed): DoBFtDhKeN0aaaLVdErtrZ3mpZSvpWDQ9TXDosTq0sQ=

Enter a username to log in: Alice
Enter a password to log in: secret
Invalid username or password. Try again.
Enter a username to log in: Bob
Enter a password to log in: secret
Invalid username or password. Try again.
Enter a username to log in: Bob
Enter a password to log in: Pa$$w0rd
Correct! Bob has been logged in.
```

即使两个用户使用相同的密码进行注册，也会随机生成不同的 salt，因此 salt 和哈希密码是不同的。

20.4 签名数据

为了证明某些数据来自我们信任的人，可以对它们进行签名。实际上，不需要对数据本身进行签名，而是对数据的哈希进行签名。因为所有的签名算法首先将数据散列作为实现步骤。它们还允许简化此步骤并提供已经散列的数据。

下面使用 SHA256 算法生成哈希，并结合 RSA 算法对哈希进行签名。

可以同时使用 DSA 算法进行哈希和签名。DSA 算法在生成签名方面比 RSA 算法快，但在验证签名方面比 RSA 算法慢。由于签名只生成一次，但要验证多次，因此验证速度最好快于生成速度。

最佳实践

DSA 现在很少使用。改进的等效方法是椭圆曲线 DSA。虽然 ECDSA 比 RSA 慢，但它生成的签名更短，但安全性相同。

使用 SHA256 和 RSA 算法进行签名

下面研究签名数据并使用公钥检查签名。

(1) 向 Protector 类添加语句以声明一个公钥字段和两个扩展方法，然后添加两个方法以生成和验证签名，如下所示：

```
public static string? PublicKey;

public static string GenerateSignature(string data)
{
  byte[] dataBytes = Encoding.Unicode.GetBytes(data);
  SHA256 sha = SHA256.Create();
  byte[] hashedData = sha.ComputeHash(dataBytes);
  RSA rsa = RSA.Create();

  PublicKey = rsa.ToXmlString(false); // exclude private key

  return ToBase64String(rsa.SignHash(hashedData,
    HashAlgorithmName.SHA256, RSASignaturePadding.Pkcs1));
}

public static bool ValidateSignature(
  string data, string signature)
{
  if (PublicKey is null) return false;
  byte[] dataBytes = Encoding.Unicode.GetBytes(data);
  SHA256 sha = SHA256.Create();
  byte[] hashedData = sha.ComputeHash(dataBytes);
  byte[] signatureBytes = FromBase64String(signature);
  RSA rsa = RSA.Create();
  rsa.FromXmlString(PublicKey);
  return rsa.VerifyHash(hashedData, signatureBytes,
    HashAlgorithmName.SHA256, RSASignaturePadding.Pkcs1);
}
```

对于上述代码，请注意以下要点：

- 只需要将公钥-私钥对的公共部分提供给检查签名的代码，以便在调用 ToXmlStringExt 方法时传递 false 值。私有部分需要对数据进行签名，并且必须保密，因为任何拥有私有部分的人都可以对数据进行签名!
- 通过调用 SignHash 方法从数据生成哈希的哈希算法，必须与调用 VerifyHash 方法时的哈希算法集匹配。在前面的代码中，使用了 SHA256 算法。

现在可以测试一些数据的签名。

(2) 使用喜欢的代码编辑器将名为 SigningApp 的新控制台应用程序添加到 Chapter20 解决方案/工作区。

(3) 在 Visual Studio Code 中，选择 SigningApp 作为活动的 OmniSharp 项目。

(4) 在 SigningApp 项目中，添加对 CryptographyLib 的项目引用。

(5) 构建 SigningApp 项目，并确保没有编译错误。

(6) 在 Program.cs 中，导入 Packt.Shared 名称空间。

(7) 添加语句提示用户输入一些文本、进行签名并检查签名，然后修改签名，并再次检查签名，故意造成不匹配，如下面的代码所示。

```
Write("Enter some text to sign: ");
string? data = ReadLine();

string signature = Protector.GenerateSignature(data);

WriteLine($"Signature: {signature}");
WriteLine("Public key used to check signature:");
WriteLine(Protector.PublicKey);

if (Protector.ValidateSignature(data, signature))
{
  WriteLine("Correct! Signature is valid.");
}
else
{
  WriteLine("Invalid signature.");
}

// simulate a fake signature by replacing the
// first character with an X or Y
string fakeSignature = signature.Replace(signature[0], 'X');
if (fakeSignature == signature)
{
  fakeSignature = signature.Replace(signature[0], 'Y');
}

if (Protector.ValidateSignature(data, fakeSignature))
{
  WriteLine("Correct! Signature is valid.");
}
else
{
  WriteLine($"Invalid signature: {fakeSignature}");
}
```

(8) 运行代码，输入一些文本，输出如下所示(此处对内容做了删减)：

```
Enter some text to sign: The cat sat on the mat.
Signature: BXSTdM...4Wrg==
Public key used to check signature:
<RSAKeyValue><Modulus>nHtwl3...mw3w==</Modulus><Exponent>AQAB</Exponent></RSAK
eyValue>
Correct! Signature is valid.
Invalid signature: XXSTdM...4Wrg==
```

20.5　生成随机数

有时需要生成随机数，可能是在模拟掷骰子的游戏中，也可能是在用于加密或签名的加密算法中。有两个类可以用于在.NET 中生成随机数。

20.5.1　为游戏和类似应用程序生成随机数

在游戏等不需要真正随机数的场景中，可以创建 Random 类的实例，如下所示：

```
Random r = new();
```

Random 类有一个带参数的构造函数，这个参数指定了用于初始化伪随机数生成器的种子值，如下所示：

```
Random r = new(Seed: 46378);
```

如第 2 章所述，参数名应该使用驼峰大小写风格。为 Random 类定义构造函数的开发人员打破了这种惯例！参数名应该是 seed 而不是 Seed。

最佳实践

共享的种子值可充当密钥，因此，如果在两个应用程序中使用具有相同种子值的相同随机数生成算法，那么它们可以生成相同的"随机"数字序列。有时这是必要的，例如当同步 GPS 接收器与卫星时，或者当游戏需要随机生成相同的关卡时。但通常情况下，种子值应该保密。

一旦有了 Random 对象，就可以调用 Random 对象的方法来生成随机数，如下所示：

```
// minValue is an inclusive lower bound i.e. 1 is a possible value
// maxValue is an exclusive upper bound i.e. 7 is not a possible value

int dieRoll = r.Next(minValue: 1, maxValue: 7); // returns 1 to 6

double randomReal = r.NextDouble(); // returns 0.0 to less than 1.0

byte[] arrayOfBytes = new byte[256];
r.NextBytes(arrayOfBytes); // 256 random bytes in an array
```

Next 方法接收两个参数：minValue 和 maxValue。现在，maxValue 不是方法返回的最大值，而是唯一的上界，这意味着 maxValue 比最大值大 1。以类似的方式，NextDouble 方法返回的值大于或等于 0.0，小于 1.0。

20.5.2　为密码生成随机数

Random 类能够生成伪随机数。这对于密码学来说还不够好！如果随机数不是真正随机的，那么它们是可重复的；如果它们是可重复的，那么黑客就可以破坏这种保护。

对于真正的随机数，必须使用 RandomNumberGenerator 派生类型，例如 RNGCryptoServiceProvider。

下面创建一个方法来生成一个真正随机的字节数组，该字节数组可用于在算法中加密密钥和 IV 值。

(1) 向 Protector 类添加语句以定义一个方法，从而获取用于加密的随机密钥或 IV，如下所示：

```
public static byte[] GetRandomKeyOrIV(int size)
{
  RandomNumberGenerator r = RandomNumberGenerator.Create();
  byte[] data = new byte[size];
  r.GetBytes(data);

  // data is an array now filled with
  // cryptographically strong random bytes
  return data;
}
```

现在可以测试为真正随机的加密密钥或 IV 生成的随机字节。

(2) 使用喜欢的代码编辑器给 Chapter20 解决方案/工作区添加一个名为 RandomizingApp 的新控制台应用程序。

(3) 在 Visual Studio Code 中，选择 RandomizingApp 作为 OmniSharp 活动项目。

(4) 在 RandomizingApp 项目中，添加对 CryptographyLib 的项目引用。

(5) 构建 RandomizingApp 项目，并确保没有编译错误。

(6) 在 Program.cs 中，导入 Packt.Shared 的名称空间。

(7) 添加语句，提示用户输入字节数组的大小，然后生成随机的字节值，并将它们写入控制台，如下所示：

```
Write("How big do you want the key (in bytes): ");
string? size = ReadLine();

byte[] key = Protector.GetRandomKeyOrIV(int.Parse(size));

WriteLine($"Key as byte array:");
for (int b = 0; b < key.Length; b++)
{
  Write($"{key[b]:x2} ");
  if (((b + 1) % 16) == 0) WriteLine();
}
WriteLine();
```

(8) 运行代码，输入密钥的典型大小(如 256)，并查看随机生成的密钥，输出如下所示：

```
How big do you want the key (in bytes): 256
Key as byte array:
f1 57 3f 44 80 e7 93 dc 8e 55 04 6c 76 6f 51 b9
e8 84 59 e5 8d eb 08 d5 e6 59 65 20 b1 56 fa 68
...
```

20.6 用户的身份验证和授权

身份验证是根据某个权威验证用户的凭据，从而验证用户身份的过程。凭证包括用户名和密码的组合，还可以包括指纹或面部扫描等信息。一旦通过身份验证，授权机构就可以对用户进行声明，例如他们的电子邮件地址是什么、他们属于什么组或角色，等等。

授权是在允许访问应用程序的功能和数据等资源之前，验证组或角色的成员资格的过程。虽然授权可以基于个人身份，但是基于组或角色的成员身份(可通过声明来表示)进行授权是一种良好的安全实践，即使角色或组中只有一个用户也是如此。因为这种方式允许用户的成员身份在未来发生更改，而无须重新分配用户的个人访问权限。

例如，不是将访问白金汉宫的权限分配给 Elizabeth Alexandra Mary Windsor(用户)，会分配访问英国及其他地区的君主权限(角色)，然后添加 Elizabeth 作为唯一的角色。然后，在未来的某个时刻，不需要更改君主角色的任何访问权限；只需要移除 Elizabeth，然后按照继承顺序增加下一个人。当然，可以将继承行实现为一个队列。

20.6.1 身份验证和授权机制

有多种身份验证和授权机制可供选择。它们都在 System.Security.Principal 名称空间中实现了一对接口：IIdentity 和 IPrincipal。

1. 验证用户身份

IIdentity 表示用户，因此拥有 Name 和 IsAuthenticated 属性，以指示用户是匿名的还是通过凭据成功进行了身份验证，如下所示：

```
namespace System.Security.Principal
{
  public interface IIdentity
  {
    string? AuthenticationType { get; }
    bool IsAuthenticated { get; }
    string? Name { get; }
  }
}
```

实现了 IIdentity 接口的最常见的类是 GenericIdentity，该类继承自 ClaimsIdentity 类，如下所示：

```
namespace System.Security.Principal
{
  public class GenericIdentity : ClaimsIdentity
  {
    public GenericIdentity(string name);
    public GenericIdentity(string name, string type);
    protected GenericIdentity(GenericIdentity identity);
    public override string AuthenticationType { get; }
    public override IEnumerable<Claim> Claims { get; }
    public override bool IsAuthenticated { get; }
    public override string Name { get; }
    public override ClaimsIdentity Clone();
  }
}
```

Claims 对象拥有 Type 属性，该属性指示声明是否针对名称、角色或组的成员关系、出生日期等。如下所示：

```
namespace System.Security.Claims
{
  public class Claim
  {
```

```
    // various constructors

    public string Type { get; }
    public ClaimsIdentity? Subject { get; }
    public IDictionary<string, string> Properties { get; }
    public string OriginalIssuer { get; }
    public string Issuer { get; }
    public string ValueType { get; }
    public string Value { get; }
    protected virtual byte[]? CustomSerializationData { get; }
    public virtual Claim Clone();
    public virtual Claim Clone(ClaimsIdentity? identity);
    public override string ToString();
    public virtual void WriteTo(BinaryWriter writer);
    protected virtual void WriteTo(BinaryWriter writer, byte[]? userData);
  }

  public static class ClaimTypes
  {
    public const string Actor =
"http://schemas.xmlsoap.org/ws/2009/09/identity/claims/actor";
    public const string NameIdentifier =
"http://schemas.xmlsoap.org/ws/2005/05/identity/claims/nameidentifier";
    public const string Name =
"http://schemas.xmlsoap.org/ws/2005/05/identity/claims/name";
    public const string PostalCode =
"http://schemas.xmlsoap.org/ws/2005/05/identity/claims/postalcode";
    // ...many other string constants
    public const string MobilePhone =
"http://schemas.xmlsoap.org/ws/2005/05/identity/claims/mobilephone";
    public const string Role =
"http://schemas.microsoft.com/ws/2008/06/identity/claims/role";
    public const string Webpage =
"http://schemas.xmlsoap.org/ws/2005/05/identity/claims/webpage";
    }
  }
```

2. 用户成员

IPrincipal 接口用于将身份与它们所属的角色和组关联起来，因此可以用于授权目的。如下所示：

```
  namespace System.Security.Principal
  {
    public interface IPrincipal
    {
      IIdentity? Identity { get; }
      bool IsInRole(string role);
    }
  }
```

执行代码的当前线程拥有 CurrentPrincipal 属性，该属性可以设置为实现了 IPrincipal 接口的任何对象，并且当因为执行安全操作而需要权限时，应检查 CurrentPrincipal 属性。

实现了 IPrincipal 接口的最常见的类是 GenericPrincipal，该类继承自 ClaimsPrincipal 类，如下

所示。

```
namespace System.Security.Principal
{
  public class GenericPrincipal : ClaimsPrincipal
  {
    public GenericPrincipal(IIdentity identity, string[]? roles);
    public override IIdentity Identity { get; }
    public override bool IsInRole([NotNullWhen(true)] string? role);
  }
}
```

20.6.2 实现身份验证和授权

下面通过实现一个自定义的身份验证和授权机制来探索身份验证和授权。

(1) 在 CryptographyLib 项目中，向 User 类添加一个属性以存储角色数组，如下所示：

```
public string[]? Roles { get; set; }
```

(2) 在 User.cs 中，添加一个参数在构造函数中设置 Roles。

(3) 修改 Protector 类的 Register 方法，以允许角色数组作为可选参数传递，如下所示：

```
public static User Register(
  string username, string password,
  string[]? roles = null)
```

(4) 在 Register 方法中，添加一个参数，以设置 User 对象中的角色数组，如下所示：

```
User user = new(username, saltText,
  saltedhashedPassword, roles);
```

(5) 在 CryptographyLib 项目中，向 Protector 类添加语句以定义 LogIn 方法，从而登录用户，如果用户名和密码有效，就使用通用标识和主体将这些分配给当前线程，表明该类型的身份验证是自定义的 PacktAuth，如下所示：

```
public static void LogIn(string username, string password)
{
  if (CheckPassword(username, password))
  {
    GenericIdentity gi = new(
      name: username, type: "PacktAuth");

    GenericPrincipal gp = new(
      identity: gi, roles: Users[username].Roles);

    // set the principal on the current thread so that
    // it will be used for authorization by default
    Thread.CurrentPrincipal = gp;
  }
}
```

(6) 使用喜欢的代码编辑器将名为 SecureApp 的新控制台应用程序添加到 Chapter20 解决方案/工作区。

(7) 在 Visual Studio Code 中，选择 SecureApp 作为 OmniSharp 活动项目。

(8) 在 SecureApp 项目中，添加对 CryptographyLib 的项目引用。

(9) 构建 SecureApp 项目，并确保没有编译错误。

(10) 在 Program.cs 中，导入使用身份验证和授权所需的名称空间，如下面的代码所示：

```
using Packt.Shared; // Protector
using System.Security; // SecurityException
using System.Security.Principal; // IPrincipal
using System.Security.Claims; // ClaimsPrincipal, Claim

using static System.Console;
```

(11) 编写语句，注册三个用户 Alice、Bob 和 Eve，让他们分别扮演不同的角色。提示用户登录，然后输出关于他们的信息，如下所示：

```
Protector.Register("Alice", "Pa$$w0rd",
  roles: new[] { "Admins" });

Protector.Register("Bob", "Pa$$w0rd",
  roles: new[] { "Sales", "TeamLeads" });

// Eve is not a member of any roles
Protector.Register("Eve", "Pa$$w0rd");

// prompt user to enter username and password to login
// as one of these three users

Write($"Enter your user name: ");
string? username = ReadLine();

Write($"Enter your password: ");
string? password = ReadLine();

if ((username == null) || (password == null))
{
  WriteLine("Username or password is null. Cannot login.");
  return;
}

Protector.LogIn(username, password);

if (Thread.CurrentPrincipal == null)
{
  WriteLine("Log in failed.");
  return;
}

IPrincipal p = Thread.CurrentPrincipal;

WriteLine(
    $"IsAuthenticated: {p.Identity?.IsAuthenticated}");
WriteLine(
    $"AuthenticationType: {p.Identity?.AuthenticationType}");
WriteLine($"Name: {p.Identity?.Name}");
WriteLine($"IsInRole(\"Admins\"): {p.IsInRole("Admins")}");
WriteLine($"IsInRole(\"Sales\"): {p.IsInRole("Sales")}");
```

```
if (p is ClaimsPrincipal)
{
  WriteLine(
    $"{p.Identity?.Name} has the following claims:");

  IEnumerable<Claim>? claims = (p as ClaimsPrincipal)?.Claims;
  if (claims is not null)
  {
    foreach (Claim claim in claims)
    {
      WriteLine($"{claim.Type}: {claim.Value}");
    }
  }
}
```

(12) 运行代码，使用 Pa$$word 作为密码，以 Alice 身份登录，查看结果，输出如下所示：

```
Enter your user name: Alice
Enter your password: Pa$$w0rd
IsAuthenticated: True
AuthenticationType: PacktAuth
Name: Alice
IsInRole("Admins"): True
IsInRole("Sales"): False
Alice has the following claims:
http://schemas.xmlsoap.org/ws/2005/05/identity/claims/name: Alice
http://schemas.microsoft.com/ws/2008/06/identity/claims/role: Admins
```

(13) 运行代码，使用 secret 作为密码，以 Alice 身份登录，查看结果，输出如下所示：

```
Enter your user name: Alice
Enter your password: secret
Log in failed.
```

(14) 运行代码，使用 Pa$$word 作为密码，以 Bob 身份登录，查看结果，输出如下所示：

```
Enter your user name: Bob
Enter your password: Pa$$w0rd
IsAuthenticated: True
AuthenticationType: PacktAuth
Name: Bob
IsInRole("Admins"): False
IsInRole("Sales"): True
Bob has the following claims:
http://schemas.xmlsoap.org/ws/2005/05/identity/claims/name: Bob
http://schemas.microsoft.com/ws/2008/06/identity/claims/role: Sales
http://schemas.microsoft.com/ws/2008/06/identity/claims/role: TeamLeads
```

20.6.3 保护应用程序功能

下面研究如何使用授权来阻止一些用户访问应用程序的某些功能。

(1) 在 Program 类底部添加一个方法，可通过检查方法内部的权限来保护这个方法。如果用户是匿名的或者不是 Admins 角色的成员，就抛出适当的异常，如下所示：

```
static void SecureFeature()
```

```
{
  if (Thread.CurrentPrincipal == null)
  {
    throw new SecurityException(
      "A user must be logged in to access this feature.");
  }

  if (!Thread.CurrentPrincipal.IsInRole("Admins"))
  {
    throw new SecurityException(
      "User must be a member of Admins to access this feature.");
  }

  WriteLine("You have access to this secure feature.");
}
```

(2) 在 SecureFeature 方法的前面添加语句，在 try 语句中调用 SecureFeature 方法，如下所示：

```
try
{
   SecureFeature();
}
catch (Exception ex)
{
   WriteLine($"{ex.GetType()}: {ex.Message}");
}
```

(3) 运行代码，使用 Pa$$word 作为密码，以 Alice 身份登录，查看结果，输出如下所示：

```
You have access to this secure feature.
```

(4) 运行代码，使用 Pa$$word 作为密码，以 Bob 身份登录，查看结果，输出如下所示：

```
System.Security.SecurityException: User must be a member of Admins to access this feature.
```

20.6.4 真实世界的身份验证和授权

尽管了解一些验证和授权如何工作的示例很有价值，但在现实世界中，不应该构建自己的安全系统，因为这很可能会引入缺陷。

相反，应该考虑商业或开源实现方案。这些通常实现了 OAuth 2.0 和 OpenID Connect 等标准。一个流行的开源软件是 IdentityServer4，但它只会维护到 2022 年 11 月。Duende IdentityServer 是一个半商业化的选择。

微软的官方立场是:“微软已经在这个领域拥有了一个团队和一个产品，Azure Active Directory 可以免费提供 50 万个对象。”可以在以下链接阅读更多内容：

https://devblogs.microsoft.com/aspnet/asp-net-core-6-and-authentication-servers/

20.7 实践和探索

你可以通过回答一些问题来测试自己对知识的理解程度，进行一些实践，并深入探索本章涵盖的主题。

20.7.1 练习 20.1：测试你掌握的知识

回答以下问题：

(1) 在.NET 提供的加密算法中，对于对称加密，最好的选择是什么？

(2) 在.NET 提供的加密算法中，对于非对称加密，最好的选择是什么？

(3) 什么是彩虹攻击？

(4) 对于加密算法，块大小是更大好还是更小好？

(5) 什么是哈希？

(6) 什么是签名？

(7) 对称加密和非对称加密的区别是什么？

(8) RSA 代表什么？

(9) 为什么在存储之前，要对密码执行 salt 操作？

(10) 为什么永远不要使用 SHA1 算法？

20.7.2 练习 20.2：练习使用加密和哈希方法保护数据

添加一个名为 Exercise02 的控制台应用程序，它保护存储在 XML 文件中的信用卡号或密码等敏感数据，例如以下示例：

```
<?xml version="1.0" encoding="utf-8" ?>
<customers>
  <customer>
    <name>Bob Smith</name>
    <creditcard>1234-5678-9012-3456</creditcard>
     <password>Pa$$w0rd</password>
  </customer>
  ...
</customers>
```

客户的信用卡号和密码目前以明文形式存储。信用卡号必须经过加密，以便以后解密和使用，密码必须执行 salt 操作和哈希处理。

最佳实践
不应该在应用程序中存储信用卡号码。这只是一个可能想要保护的秘密的例子。如果必须存储信用卡号码，就必须做更多的工作，以符合支付卡行业(PCI)规范。

20.7.3 练习 20.3：练习使用解密保护数据

创建一个名为 Exercise03 的控制台应用程序，打开你在练习 20.2 中尝试保护的 XML 文件，并解密信用卡号。

20.7.4 练习 20.4：探索主题

可通过以下链接来阅读本章所涉及主题的更多细节：

https://github.com/markjprice/cs10dotnet6/blob/main/book-links.md#chapter-20---protecting-your-data-and-applications

20.8 本章小结

本章介绍了如何使用对称加密来加密和解密数据，如何生成经过 salt 处理的哈希，如何对数据进行签名和检查签名，如何生成真正的随机数，以及如何使用身份验证和授权来保护应用程序的功能。